Tomas Herzberger, Sandro Jenny

Growth Hacking

Mehr Wachstum, mehr Kunden, mehr Erfolg

Liebe Leserin, lieber Leser,

die Amerikaner können das ja wirklich gut. Ständig gibt es dort neue Trends und schnell ist auch ein passendes, eingängiges Buzzword gefunden. So hat man leicht den Verdacht, dass auch mit Growth Hacking wieder nur ein weiterer kurzlebiger Hype gefunden wurde. Doch weit gefehlt! Schon die Tatsache, dass Sie bereits die zweite Auflage unseres Buches in den Händen halten, spricht für diese spannende, neue Marketing-Methode.

Mit der Erstauflage haben unsere Autoren Sandro Jenny und Tomas Herzberger für frischen Wind in der Szene gesorgt. Dank der zahlreichen Insider-Tricks zur Produktpositionierung, Akquise und Kundenbindung ist dieser Leitfaden längst vom Geheimtipp zum Bestseller für alle Marketer geworden - ob im Startup, in der Agentur oder beim Branchen-Platzhirsch. Die Neuauflage enthält nun noch mehr Hacks, die nur darauf warten, dass Sie sie ausprobieren. Fear of missing out? Zurecht!

Getreu der Definition von Sean Ellis aus dem Jahr 2010 sind Tomas und Sandro geborene Growth Hacker und komplett auf Wachstum eingenordet. Sie untersuchen einfach alle Faktoren auf skalierbares Wachstum und helfen Unternehmen, die nach neuen Wegen suchen, größer zu werden.

Ich bin überzeugt, dass Sie mit diesem Buch alles in der Hand haben, um die Weichen auf Wachstum zu stellen.

Das Buch wurde mit großer Sorgfalt lektoriert und produziert. Sollten Sie dennoch Fehler finden oder inhaltliche Anregungen haben, scheuen Sie sich nicht, mit uns Kontakt aufzunehmen. Ihre Fragen und Änderungswünsche sind uns jederzeit willkommen.

Ihr Stephan Mattescheck
Lektorat Rheinwerk Computing

stephan.mattescheck@rheinwerk-verlag.de
www.rheinwerk-verlag.de
Rheinwerk Verlag · Rheinwerkallee 4 · 53227 Bonn

Auf einen Blick

Wir hoffen, dass Sie Freude an diesem Buch haben und sich Ihre Erwartungen erfüllen. Ihre Anregungen und Kommentare sind uns jederzeit willkommen. Bitte bewerten Sie doch das Buch auf unserer Website unter **www.rheinwerk-verlag.de/feedback**.

An diesem Buch haben viele mitgewirkt, insbesondere:

Lektorat Stephan Mattescheck, Josha Nitzsche
Korrektorat Petra Biedermann, Reken
Herstellung Nadine Preyl
Typografie und Layout Vera Brauner
Einbandgestaltung Julia Schuster
Satz SatzPro, Krefeld
Druck mediaprint solutions, Paderborn

Dieses Buch wurde gesetzt aus der Linotype Syntax (9,25/13,25 pt) in FrameMaker. Gedruckt wurde es auf chlorfrei gebleichtem Offsetpapier (90 g/m²). Hergestellt in Deutschland.

Bibliografische Information der Deutschen Nationalbibliothek:
Die Deutsche Nationalbibliothek verzeichnet diese Publikation in der Deutschen Nationalbibliografie; detaillierte bibliografische Daten sind im Internet über *http://dnb.d-nb.de* abrufbar.

ISBN 978-3-8362-7018-2

2., aktualisierte und erweiterte Auflage 2020
© Rheinwerk Verlag, Bonn 2020

Informationen zu unserem Verlag und Kontaktmöglichkeiten finden Sie auf unserer Verlagswebsite **www.rheinwerk-verlag.de**. Dort können Sie sich auch umfassend über unser aktuelles Programm informieren und unsere Bücher und E-Books bestellen.

Für unsere Kinder Ben und Emily, die jeden Tag versuchen, ihr Wachstum zu hacken. Und für die zwei kleinen Wunder, Lena und Mila.

Für unsere Frauen Tanja und Lilian. Danke für eure Geduld, euer Vertrauen und die Unterstützung.

Für unsere Eltern Gilbert und Lisa, Monika und Norbert. Danke, dass ihr bei uns die Weichen richtig gestellt habt.

Inhalt

6 Activation: so aktivierst du deine Nutzer 335

7   Retention: so kommen deine Nutzer zurück

Geleitwort

Flackernde Neonröhren sorgen für dieses typische Geräusch. Kennst du es? Es lenkt ab, raubt die Konzentrationsfähigkeit. Aber es gibt diese Momente, da bist du so tief drin in deiner Arbeit, dass du es nicht mehr hörst. Nichts kann dich herausreißen. Du arbeitest noch spätabends an dieser einen Sache, die du fertigbekommen möchtest. Es war nicht leicht, die Kollegen davon zu überzeugen. Dein Chef wird die Idee auch nicht mögen. Und genau deshalb muss dieses Konzept einfach richtig überzeugend sein. Morgen Vormittag um 11 hast du eine halbe Stunde Zeit.

Eine halbe Stunde, in der die neue Welt gegen die alte Welt kämpfen wird. Eine halbe Stunde, in der du deinem Chef erklären musst, warum es sich lohnt, zu experimentieren. Neue Dinge auszuprobieren. Ausgetretene Pfade zu verlassen. Er wird sagen: »Das können wir so nicht machen. Das geht nicht. Können wir nicht ... Blablabla.« Du hörst schon gar nicht mehr zu, weil du dir dieses Szenario schon so oft vorgestellt hast. Dein Chef hat im Anschluss diesen Termin mit den Beratern zur digitalen Transformation. »Ich habe einen harten Anschlag!«, hat er gesagt. Aber du möchtest dieses Experiment so gerne machen. Alte Welt gegen neue Welt.

Du bist die neue Welt. Du gehörst zu denen, die mit Hilfe von Daten und User Tests beweisen können, was besser funktioniert – und was nicht. Du bist der eigentliche Held der digitalen Transformation, der Protagonist von New Work, Leadership 4.0 und Growth Hacking. Du brauchst die Buzzwords nicht, um einen guten Job zu machen, denn du bist mittendrin. Für viele andere haben diese Begriffe keine Bedeutung. *Lean*, *agile*, *data-driven*, *customer-centric* – das sind Worthülsen für Kollegen aus »der alten Welt«, die auf Wikipedia nachschauen müssen, was sie bedeuten. Für dich nicht.

Dieses Buch wird dich und deine Skills noch weiter nach vorn katapultieren. Auch wenn du bereits mittendrin bist, wenn du bis in die tiefsten Abgründe deines Analytics-Accounts vorgedrungen bist oder wenn du schon hunderte Nutzertests gemacht hast, dutzende Interfaces designt hast: Dieses Buch lässt alle Fäden zusammenlaufen. Du wirst lernen, deine Fähigkeiten zu verbessern und deine Ziele zu erreichen.

Natürlich hast Du den 11-Uhr-Termin am nächsten Tag gerockt, und die neue Welt hat gegen die alte Welt gewonnen. Am Schluss war es ein ordentlicher Uplift, den du mit deinem Experiment nachweisen konntest. Selbst dein Chef hat dir dafür anerkennend auf die Schulter geklopft, und dieses Buch hat dabei geholfen.

André Morys
Founder & CEO of konversionsKRAFT

Danksagung

Zunächst möchten wir uns bei den Menschen bedanken, ohne deren wertvollen Input dieses Buch niemals die fachliche Qualität erreicht hätte, die wir angestrebt haben. Die Gespräche mit Sascha Böhr, Ben Harmanus, Mario Jung, Inken Kuhlmann, Vladislav Melnik, André Morys, Mirko Lange, Oliver Rihs, Michael Kocheisen, Björn Tantau und natürlich Sean Ellis haben nicht nur dieses Buch, sondern auch unser Leben bereichert. Auch Alexander Boerger und Robert Weller haben uns an ihrem Wissen teilhaben lassen. Danke für eure Zeit und eure Bereitschaft, euer fachliches Know-how mit uns zu teilen.

Ein besonderer Dank gilt unseren »Beta-Testern«, die das Manuskript der ersten Auflage in einer sehr frühen und noch sehr »anspruchsvollen« Form durchgeackert und uns wertvolles Feedback gegeben haben: Katja Kupka, Dominique Jost, Michael Oberson, Larissa Janka, Arkadius Roczniewski, Alexander Dittrich und insbesondere Dennis Fischer, der darüber hinaus mit seinem Newsletter »52ways« eine Quelle der Inspiration für uns war und ist. Danke an Tina Biedermann für deine Unterstützung.

Aus der Rhein-Main-Region möchten wir uns bei den vielen guten und hilfreichen Menschen bedanken, die ihre Zeit und ihr Wissen uneigennützig teilen. Hervorzuheben sind insbesondere Marina Zayats, Paul Herwarth von Bittenfeld, Jörn Menninger, Kim Körber, Jens Walther, Levent Valente, Dennis Tröger, Pedro Ferreira, Mario Hachemer, Ferdinand von Seggern, Hardy Trentschok, Sebastian Wolf, Kevin Keppler und Andreas Söntgerath.

Wir bedanken uns bei Stephan Mattescheck und Hendrik Flanagan-Wevers vom Rheinwerk Verlag, die uns ihr Vertrauen geschenkt und über Monate die Entstehung und Veröffentlichung dieses Buches begleitet haben.

Zum Schluss möchten wir uns bei den fantastischen Menschen bedanken, die uns auf unserem Weg unterstützt haben: Prof. Dr. Stephan Böhm, Nadine und Pascal Clerc, Kalle Fritz, Margrit und Ernst Hari, der ganze Hari-Clan, Dr. Peter Köbele, die Kamarady Kultury, Patrick Meier, Niels Oeft, Maria Park, Adrian Hess, Aaron Gerig, Ekkehardt Schlottbohm, Thomas Schmid, Dr. Harald Roth und Marc Zwahlen.

Tomas Herzberger und **Sandro Jenny**
Frankfurt am Main (DE) und Fribourg (CH)

1   So profitierst du von Growth Hacking

Allein deine Entscheidung, diese Zeilen zu lesen, sagt etwas über dich aus:
Du bist neugierig, wissbegierig, und du willst etwas bewegen. Vielleicht
deine eigene Karriere? Dein Start-up oder deine Selbständigkeit? Was auch
immer dein »Ding« ist: Du bist ein Macher, der wachsen möchte. Mit
diesem Buch geht's schneller.

Kannst du dich noch dunkel an das Jahr 1989 erinnern? Vielleicht nicht, darum lass
uns deine Erinnerung auffrischen: Es war ein Jahr des Umbruchs für die ganze Welt.
Der Fall der Berliner Mauer brachte das globale Machtgefüge auf das Heftigste ins
Wanken. ProSieben startete seinen Sendebetrieb. Der allererste Game Boy erschien
am Markt, ebenso die allererste Folge der »Simpsons«. Steffi Graf *und* Boris Becker
gewannen in Wimbledon. Es gab noch kein Facebook und kein iPhone (Steve Jobs
arbeitete noch bei NeXT).

Und in den USA kam der Familienfilm »Feld der Träume« in die Kinos. In der Haupt-
rolle: ein junger Kevin Costner, der gerade erst mit seiner Rolle in »Die Unbestech-
lichen« an der Seite des großartigen Sean Connery auf sich aufmerksam gemacht
hatte. In diesem Film spielte Costner Ray Kinsala, einen Maisfarmer aus Iowa. Konfrontiert mit ernsthaften Geldsorgen, hört er auf einmal geheimnisvolle Stimmen:
»Baue es, und sie werden kommen!«, woraufhin er alles stehen und liegen lässt und
ein Baseballfeld baut – mitten in sein Maisfeld. Und tatsächlich erscheinen wie aus
dem Nichts mehrere längst verstorbene Baseball-Legenden, die nichts Besseres zu
tun haben, als ihre Wiederauferstehung mit einem netten kleinen Spiel zu feiern.
Ehe er sich versieht (und ohne, dass er etwas dafür tut), kommen tausende von Zuschauern, die alle dieses Spiel sehen wollen. So verdient Ray genug Geld, um die
Farm zu retten. Und wenn Sie nicht (erneut) gestorben sind, spielen sie noch heute.

Was soll dir diese Anekdote sagen? Ray Kinsala ist einer von nur zwei Menschen,
die eine brillante Idee nur umzusetzen brauchten und ohne weiteres Zutun Erfolg
damit hatten. Der andere war Noah. Ja, der mit der Arche. Beide mussten nur
»etwas bauen«, woraufhin die Kunden bzw. Tiere jeweils von ganz allein kamen.
Ohne Werbung. Wir bezeichnen das gerne als *Hope-and-Pray Marketing* – aber in
der Realität funktioniert das nicht, leider.

Aber das weißt du, und deswegen hast du dieses Buch gekauft. Dafür vorab vielen
Dank und – 'Glückwunsch. Denn du hast einen wichtigen Schritt getan, um dir und
deinem Unternehmen zu mehr Wachstum zu verhelfen. Wie das gehen kann, zei-

gen wir dir gleich. Aber vorher müssen wir dir leider die eine oder andere schöne Illusion zerstören. Du kannst von diesem Buch nur lernen, wenn du die folgenden Umstände verinnerlichst.

1.1   Ist dieses Buch etwas für dich?

Die meisten Produkte scheitern nicht an mangelnder Qualität, sondern am fehlenden Marktzugang. Es reicht nicht, aus einer vermeintlich großartigen Idee ein großartiges Produkt zu schaffen. Man muss es auch noch unter die Augen der Menschen bringen, die es nutzen bzw. kaufen sollen. Jedes Produkt braucht Marketing, um Erfolg zu haben, ob es dir gefällt oder nicht. Man sollte meinen, dass dieser Umstand logisch und daher de facto Allgemeinwissen ist. Aber weit gefehlt: Nach wie vor sind viele Gründer (und solche, die es werden wollen) der Ansicht, dass sie nur ihre App/Website/Services launchen müssten, und schon würden die Nutzer ihnen die Bude einrennen, einfach weil sie alle nur darauf gewartet haben. Wenn du diese Vorstellung aus deinem Gehirn eliminierst, bist du dem Erfolg schon ein gutes Stück nähergekommen.

Oft hört man auch: »Mein Produkt gibt es noch nicht.« Das ist unwahrscheinlich. Es gibt da draußen sehr viele kluge und kreative Köpfe, und viele davon haben genügend Mut, um ein eigenes Unternehmen zu starten. Wenn du kein Unternehmen finden kannst, dass ein vergleichbares Produkt herstellt, ist in der Regel Folgendes passiert: Du hast nicht gründlich genug gesucht. Oder du hast im falschen Markt gesucht. Vielleicht gibt es das Produkt schon, aber in einem anderen Land. In dem Fall könnte das eine große Chance für dich sein, von dem etablierten Unternehmen zu lernen. Oder es gab in der Vergangenheit ein vergleichbares Produkt, aber das Projekt musste mangels Erfolg eingestellt werden. In diesem Fall solltest du vorsichtig sein: Gut möglich, dass es für das Produkt gar keinen Markt gibt. Vielleicht haben sich inzwischen aber auch die Umstände so weit geändert, dass sich ein neuer Versuch lohnen würde.

Du musst akzeptieren, dass du nicht der nächste Steve Jobs oder Elon Musk bist. Du bist (wahrscheinlich) nicht der Gründer eines oder sogar mehrerer globaler Tech-Unternehmen. Tut uns leid, aber solche Menschen sind sehr rar gesät. Allerdings ist das auch gar nicht schlimm, denn sieh es mal so: Wenn du einen Fehler machst, explodiert nicht gleich die nächste Mars-Rakete, und der Unternehmenswert wird auch nicht mit einem Schlag um mehrere Milliarden Euro geringer, während hunderte Mitarbeiter ihre Arbeit verlieren.

Du darfst Fehler machen. Du *sollst* Fehler machen. Wenn du ein neues Produkt erfolgreich starten möchtest, musst du mutig genug für Experimente sein. Das Internet mitsamt all seinen Informationen, Cloud-Speichern, Tools und Webservices ist deine Spielwiese, und noch nie in der Geschichte hatten Menschen so einfach und kostengünstig Zugang zu so vielen anderen Menschen. Es ist die größte Spielwiese der Geschichte. Mach dich also frei von allen Vorbehalten und Hürden in deinem Kopf: Allein der Erfolg entscheidet! Und wenn du dann doch ein erfolgreiches, globales Tech-Unternehmen gegründet hast und die Presse dich als den nächsten Steve Jobs feiert: Schick uns eine E-Mail; und reibe es uns kräftig unter die Nase!

Apropos Wettbewerb: Es gibt nur wenig Schlimmeres als Gründer, die ihre Idee geheim halten, weil sie von Microsoft, SAP oder sonst wem gestohlen werden könnte. Das ist Unsinn. Dein einzig wahrer Vorteil als Start-up ist die Agilität und Dynamik, dich schnell auf Veränderungen am Markt einstellen und das Produkt entsprechend anpassen zu können. Wenn du in einem großen Unternehmen gearbeitet hast, wirst du wissen, wie langatmig und komplex die Prozesse dort sind. Also, selbst wenn der Head of Innovation deines wichtigsten Konkurrenten von deiner Idee erfahren sollte, ist die Wahrscheinlichkeit immer noch sehr gering, dass sie geklaut werden könnte. Denn sämtliche Schubladen seines Schreibtisches sind bereits voller guter Ideen, um das eigene Unternehmen besser zu machen. Und die meisten davon stecken in einer mehrmonatigen Entwicklungspipeline der internen IT fest. Also, selbst wenn jemand deine Idee klauen wollte, ist noch lange nicht gesagt, dass er dazu in der Lage ist. Wenn überhaupt, erhöhst du damit nur die Chancen auf einen erfolgreichen Exit deines Start-ups.

Dieses Buch ist etwas für dich, wenn du ein neues Produkt oder ein neues Unternehmen starten möchtest und dafür überschaubare Ressourcen zur Verfügung hast, wenn du etwas Neues versuchst und die vermeintlich sicheren Wände des Alltags hinter dir lassen willst. Dabei spielt es nur eine untergeordnete Rolle, welche Funktion du genau bekleidest. Vielleicht bist du ein *Intrapreneur*, der ein Corporate Start-up innerhalb eines bestehenden Unternehmens aufbauen soll. Oder ein Experte, der den Schritt in die Selbständigkeit wagt. Vielleicht ein Unternehmer mit einem Dutzend Angestellten, der sein bestehendes Geschäft ausbauen möchte. Oder wirklich der Gründer, Produkt- oder Marketingverantwortliche eines Start-ups, das die Menschheit um ein Problem erleichtern möchte – ganz egal.

Dieses Buch ist etwas für dich, wenn du mutig und kreativ bist. Wenn es da draußen einen tropfenden Wasserhahn gibt, den du reparieren möchtest, worauf du viel Energie und Zeit verwendest. Wenn du akzeptieren kannst, dass Scheitern zum Lernen gehört und Lernen zum Erfolg, wenn du weißt, dass der Erfolg nicht von allein kommt, sondern harte und ausdauernde Arbeit ist – dann ist dieses Buch für dich gemacht.

1.2 Das wirst du in diesem Buch lernen

Wir haben das Buch so geschrieben, dass es sowohl für Laien als auch für erfahrene Marketer verständlich ist. Denn seine Strategien, Taktiken und Prozesse sollen Menschen unabhängig vom Grad ihrer Erfahrung weiterhelfen können – gerade, weil viele Start-ups von Menschen gegründet werden, die sich zwar mit dem Produkt und (hoffentlich) dem Markt gut auskennen, aber mit Marketing noch nie etwas am Hut hatten.

In **Kapitel 2** erläutern wir im Detail, was Growth Hacking ist bzw. was einen Growth Hacker oder Growth Manager ausmacht. Du wirst einige der berühmten Beispiele kennenlernen, mit denen aus ambitionierten Garagen-Start-ups globale Unternehmen geworden sind. Außerdem wirst du feststellen, dass es nur sehr wenige »echte« Growth Hacker gibt, denn nur wenige Menschen sind sowohl technisch als auch kommunikativ in der Lage, dem Anforderungsprofil zu entsprechen.

In **Kapitel 3** behandeln wir den besten Growth Hack, den du machen kannst: Lege dir eine fundierte Strategie zurecht und mach deine Hausaufgaben. Wir zeigen dir, wie du ohne viel Aufwand und Geld deine Nische, deine Zielgruppe und Persona findest, den Wettbewerb analysierst und auf Basis dieser Kenntnisse die Positionierung für dein Unternehmen festlegst. Damit legst du den strategischen Grundstein für alle Growth Hacks und deine gesamte Kommunikation.

In **Kapitel 4** erläutern wir den Growth-Hacking-Prozess. Growth Hacking ohne Prozess ist nichts anderes als Trial and Error. Denn ein einzelner Growth Hack, der für ein anderes Start-up funktioniert hat, muss nicht zwingend auch für deines funktionieren, da Zielgruppe und Markt nicht identisch sind. Daher spielt der Prozess eine umso wichtigere Rolle, damit du für dein Unternehmen die individuell richtigen Taktiken erkennst.

Du wirst lernen, wie du fortwährendes Experimentieren und Lernen in dein Unternehmen implementierst, dabei aber das Wesentliche nicht aus den Augen verlierst. Dieses Kapitel sei auch allen Menschen ans Herz gelegt, die in ihrem (am Markt etablierten) Unternehmen gerne mehr Agilität und Dynamik einbringen wollen, beispielsweise als Produkt- oder Projektmanager. Denn sie können lernen, wie man smarte Ziele definiert, effektiv Ideen generiert, diese anschließend priorisiert und die vielversprechendsten umsetzt.

So weit, so theoretisch. In **Kapitel 5** beginnt das »Playbook«: Du wirst dich einer großen Ansammlung von Growth-Hacking-Taktiken gegenübersehen. Um die Übersicht zu bewahren, haben wir sie nach dem primären Ziel (beispielsweise Nutzerakquisition oder Umsatzsteigerung) sortiert. Diese Taktiken wurden von Unternehmen in der Vergangenheit erfolgreich eingesetzt. Ein Wort der Warnung: Nur, weil diese Vorgehensweisen in der Vergangenheit funktioniert haben, gibt es keine Garantie, dass sie das auch für dich und dein Unternehmen tun werden. Der Erfolg ist immer abhängig von der jeweiligen Marktsituation, und diese kann sich in kürzester Zeit ändern. Primär geht es darum, dich zu inspirieren und dir zu helfen, eigene Ideen zu entwickeln. Aber wir haben die Taktiken so detailliert wie möglich beschrieben, damit du sie gegebenenfalls in kürzester Zeit selbst umsetzen und damit experimentieren kannst. In Kapitel 5 starten wir mit der Akquisition: Wie bekommst du mehr Traffic auf deine Website, App oder dein Blog?

Und wenn die Menschen einmal da sind, was sollen sie dann tun? Einkaufen? Sich informieren, registrieren oder anmelden? Was immer es ist: Du musst deine Nutzer dazu bringen, genau das zu tun, was du willst. Eine Seite ohne Aktivierung ist nutzlos. Selbst auf werbefinanzierten Seiten gibt es eine Aktivierung: Die Menschen sollen die Artikel lesen oder sich die Bilder und Videos ansehen. In **Kapitel 6** zeigen wir dir eine Menge Taktiken, die dir dabei helfen werden.

Das Thema Kundenbindung behandeln wir in **Kapitel 7**. Weil es wesentlich effizienter ist, Geschäfte mit einem Bestandskunden zu machen, als einen neuen Kunden zu gewinnen, zeigen wir dir in diesem Kapitel, wie du die Loyalität deiner Kunden erhöhst. Wenn dir das gelingt und sie mit deinem Produkt und deinem Service zufrieden sind, werden deine Kunden dich weiterempfehlen.

In **Kapitel 8** zeigen wir dir, wie du diese Weiterempfehlung anstoßen und verbessern kannst.

Anschließend hast du qualifizierte, zufriedene und loyale Nutzer – jetzt musst du »nur noch« dein Produkt verkaufen und Umsatz generieren. Wie du die Wahrscheinlichkeit zum Kauf erhöhst, zeigen wir dir in **Kapitel 9**.

Das Zusatzkapitel »Work Hacks und Schlussfolgerungen« findest du in den Downloadmaterialien zum Buch (*https://www.rheinwerk-verlag.de/4896*). In diesem helfen wir dir mit Strategien und Tipps für dein Aufgaben- und Zeitmanagement (»Work Hacks«), damit du dich auf das Wesentliche konzentrieren und den Growth-Hacking-Prozess effizient umsetzen kannst.

Jetzt hast du das Wissen und wir geben dir sogar das Werkzeug an die Hand. Unter den Downloadmaterialien zum Buch findest du eine sehr ausführliche Liste mit Tools und Widgets, die dir in deinem Alltag helfen können. Die meisten davon sind entweder kostenlos oder (beispielsweise in Form eines Probe-Abos) sehr günstig nutzbar. So kannst du schnell herausfinden, ob dieses oder jenes Tool dich unterstützen kann.

1.3 Wie du dieses Buch benutzen solltest

»The great aim of education is not knowledge but action.«
– Herbert Spencer, englischer Philosoph und Biologe

Dies ist ein Action-Buch!

Bereits in der ersten Auflage dieses Buches haben wir darauf hingewiesen, dass sich dieses Buch in Abschnitte teilt: Der erste Teil besteht aus Kapitel 1 bis Kapitel 4 und beschreibt die theoretischen Grundlagen und Modelle hinter Growth Hacking. Sie bilden das Fundament für den zweiten Teil: Kapitel 5 bis Kapitel 9 sind das »Playbook«. Hier findest du hunderte von Hacks, die du entlang jeder Stufe der Customer Journey testen kannst.

Nach zahlreichen Gesprächen mit Growth Hackern und Wachstumsspezialisten hat sich für uns ein wichtiger Grundsatz bestätigt: Kopiere nicht blind Konzepte anderer Unternehmen oder was gerade im Trend ist. Selbstverständlich darfst du dich inspirieren lassen, aber du musst schlussendlich deine eigene Strategie finden. Das ist auch der Hauptgrund, wieso wir ein umfangreiches Kapitel »So stellst du die Weichen auf Wachstum« geschrieben haben. Ohne Product-Market-Fit wird dir auch Growth Hacking nicht zu mehr Wachstum verhelfen können. Dazu mehr in Kapitel 3.

Das Playbook ist deine Inspirationsquelle. Es soll dir Ideen und Ansätze liefern, was du für dich selbst testen kannst. Wir sind sicher, viele der Hacks werden dir tatsächlich weiterhelfen. Aber wir möchten betonen, dass du, getreu dem Grundprinzip des Growth Hackings, jede Maßnahme für dein Business adaptieren und diverse Varianten testen solltest. Setze dich also unbedingt zuerst mit den Prozessen auseinander, bevor du dich dem Playbook zuwendest, denn dort zeigen wir Schritt für Schritt, wie du in der Praxis vorgehen solltet.

Sobald du dir eine Übersicht über den Inhalt geschafft hast, kannst du dieses Buch als Handbuch für dein Start-up oder Projekt nutzen und immer wieder etwas nachschlagen. Denn so wie sich die Anforderungen an dein Unternehmen verändern, so verändern sich auch die Anforderungen an deine Kommunikation, also an das Growth Hacking. Immer wenn du vor einer neuen Hürde stehst, kannst du dieses Buch herausholen und wirst Strategien und Hacks finden, die dich (hoffentlich) weiterbringen – wie eine Komplettlösung für ein Computerspiel.

1.4 Über die Autoren

Sandro Jenny

Nach langjähriger Tätigkeit in der Medienbranche und einem Digital-Marketing- und User-Experience-Studium hat sich Sandro Jenny während rund 6 Jahren bei Scout24 zum Spezialisten für digitales Wachstum entwickelt. Als Product Manager war er verantwortlich für das Wachstum des medienübergreifenden Produktportfolios der Scout24-Gruppe. Heute arbeitet er als Product Owner und Growth Master bei der Firma w-vision (*w-vision.ch*) in Luzern (CH).

Zur Wachstumssteigerung kombiniert er die Methoden des User Experience Designs und Inbound Marketings. Er legt besonderen Wert auf den Aufbau autonomer Growth-Teams, datengetriebene Produktentwicklung und die Etablierung agiler Testprozesse. Auf *sandrojenny.com* bloggt er über digitales Wachstum und hilft Unternehmen dabei, ihre digitalen Businessmodelle zum Wachsen zu bringen. Sandro lebt mit seiner Frau und seinen zwei Töchtern in Fribourg in der Schweiz.

Tomas Herzberger

Tomas Herzberger hat Medienwirtschaft in Wiesbaden sowie Digital Storytelling in den USA studiert. Als Digital Mediaplaner hat er anschließend die Werbekampagnen von Kunden wie Universal Pictures oder Unilever geplant, bevor er als Digital Marketing Manager zu Stefan Raabs Produktionsfirma Brainpool nach Köln wechselte. Dort koordinierte er unter anderem Werbekooperationen und Marketingkampagnen für tvtotal.de und MySpass.de. Anschließend unterstützte er die Messe Frankfurt beim Aufbau der digitalen Business Unit.

Seit 2014 ist Tomas Herzberger als selbständiger Berater und Interim Manager tätig und hilft Start-ups, Mittelständlern, Konzernen und Agenturen dabei, durch digitales Marketing zu wachsen. Zu seinen Kunden zählen Unternehmen wie das Bezahlverfahren paydirekt, die VTB Bank, Axa und die Deutsche Bahn.

Als Experte für digitales Marketing und Growth Hacking spricht Herzberger regelmäßig auf Konferenzen im In- und Ausland. Als Co-Founder der Beratungsagentur Stratos trainiert er Unternehmer, Marketer und Selbständige, wie sie mit Growth Hacking und Digital Storytelling mehr Erfolg erreichen können. Außerdem schreibt er regelmäßig in seinem Blog (*tomasherzberger.net/blog*) und im Newsletter »Think Growth« oder in Fachmedien über digitales Marketing. Zudem ist er Initiator der mittlerweile in vielen Städten präsenten »Growth-Hacking-Meetups« und Mentor für Marketing am Unibator der Frankfurter Goethe-Universität. Mit »Think Growth« und »Aller Tage Morgen« hat er bereits zwei weitere Bücher veröffentlicht. Er lebt mit seiner Frau und zwei Kindern in Frankfurt am Main.

1.5   Wie dieses Buch entstanden ist

Den Anfang macht unsere eigene Geschichte: Wir haben uns, sei es durch berufliche Erfahrung oder eigene Weiterbildung, Wissen angeeignet, das insbesondere jungen Unternehmen und Start-ups helfen kann, erfolgreich zu sein und zu wachsen. Oft wird genau das als Growth Hacking bezeichnet: Marketingtricks für junge Unternehmen. Wie du in Kapitel 2 lesen wirst, ist das zwar falsch, aber der Begriff bleibt im Kopf. Ein Begriff, der sich in den Vereinigten Staaten etabliert hat und immer mehr auch in Europa Verwendung findet.

Wie bei allen Trends, insbesondere im Digital Marketing, besteht natürlich auch bei Growth Hacking die Gefahr, dass es nur ein temporäres Buzzword ist. Schlimmer noch: Growth Hacking positioniert sich sogar eine Meta-Ebene über anderen Themen wie Content Marketing und Social Media. Es ist ein Buzzword umgeben von Buzzwords!

Es war und ist uns besonders wichtig, uns von diesem »Hype« abzusetzen und – neben Unmengen an praktischen Beispielen – auch eine fundierte Analyse von Growth Hacking zu erstellen und es im Marketinguniversum an der richtigen Stelle einzuordnen. Wir wollen theoretisches und praktisches Wissen vermitteln, für Denker und für Macher oder – wie du später noch lesen wirst – für strategische Growth Manager und operative Growth Hacker. Unser Wunsch ist, dass dieses Buch team- und abteilungsübergreifend ständig benutzt und weitergegeben wird, dafür ist es gedacht. Wir wollen dazu beitragen, dass innovative Unternehmen und hungrige Unternehmer in Deutschland und Europa mehr Erfolg haben. Denn gerade vor dem Hintergrund des globalen Wettbewerbs ist Innovation so wichtig wie nie zuvor. Europa war über Jahrhunderte der Motor der Weltwirtschaft, wurde inzwischen aber von den Vereinigten Staaten und asiatischen Ländern in der Führungsrolle abgelöst. Ein wichtiger Grund dafür ist das Streben nach Innovation und der Mut zu Kreativität. Unsere Erfahrung hat gezeigt, dass gerade in deutschen Konzernen und Mittelständlern nur wenig Platz für Kreativität gelassen wird. Natürlich haben Mitarbeiter gute Ideen ohne Ende. Aber sie haben oftmals weder den zeitlichen Freiraum noch den budgetären Spielraum, um diese Ideen testen zu können. Google erlaubt(e) seinen Mitarbeitern, bis zu 20 % der Arbeitszeit an neuen Ideen zu arbeiten. Die typische deutsche Antwort auf solche Freiheiten wäre: »Wo kommen wir denn da hin?«

Richtig … Wo kommen wir denn da hin? Mit diesem Buch wollen wir einen bescheidenen Beitrag dazu leisten, dass noch mehr Unternehmen zumindest versuchen, eine Antwort auf diese Frage zu finden. Was ist möglich? Wo sind die Grenzen des Marktes, nicht der internen Prozessdiagramme? Wie können wir innovative Ideen fördern, validieren und somit wachsen? Vielleicht können wir mit den hier vorgestellten Strategien und Methoden einen kleinen Beitrag dazu leisten, dass sich noch mehr Unternehmen diese Fragen stellen – nicht nur Start-ups, sondern insbesondere auch etablierte Mittelständler und ambitionierte Konzerne, die im internationalen Wettbewerb der Ideen stehen.

Bewaffnet mit unserem jeweiligen Wissen und einer gesunden Neugier, »trafen« wir uns als Zuschauer bei einem Webinar über digitales Marketing auf Twitter. Schnell haben wir festgestellt, dass wir beide nicht nur jeder an einem Buch über Growth Hacking arbeiten, sondern dass sich unsere Fachbereiche auch hervorragend ergänzen: Sandro Jenny ist Profi in Sachen User Experience, Produktmanagement und Webentwicklung. Tomas Herzberger hat viel Erfahrung und Wissen in Sachen Digital Marketing und kennt die Probleme und Herausforderungen von Start-ups. Gemeinsam sind wir der ideale Growth Hacker. Einzeln würden wir uns als ambitionierte und erfahrene Studenten des Growth Hackings bezeichnen. Schnell waren wir uns einig, unsere Kräfte zu bündeln und gemeinsam das beste Buch über Growth Hacking zu schreiben. Es sollte zunächst nur ein E-Book zur Lead-Generierung werden, doch eines führte zum anderen, und schnell wurde klar, dass dieses Thema deutlich mehr Potenzial bietet. Wie wir zu diesem Schluss gekommen sind?

Wir haben uns nicht einfach nur hingesetzt und drauflosgeschrieben. Wir haben eine Methode benutzt, die wir als *Lean Writing* bezeichnen. Getreu dem Motto »do what you preach«. Was das ist? Bei meinem (Tomas') historischen Roman »Aller Tage Morgen« bin ich nach dem Wasserfall-Prinzip vorgegangen: Für eine sehr lange Zeit habe ich mich in mein Kämmerlein zurückgezogen, fleißig recherchiert und geschrieben. Das war die Produktentwicklung. Nach sehr langer Zeit war das Buch dann endlich fertig und wollte gelesen werden. Ich suchte also mein Publikum und kümmerte mich um die Vermarktung. Produktion und Marketing waren komplett unabhängig voneinander. Nicht sehr *lean*, oder?

Die Produktentwicklung für dieses Buch sollte dynamischer werden: Die Wünsche und Bedürfnisse der Zielgruppe wurden fortwährend mitberücksichtigt, um für sie das ideale Produkt zu schaffen. Letztendlich sollte nicht nur theoretisches Wissen vermittelt werden. Kern ist ein *Playbook* mit jeder Menge hilfreicher Tipps, die sofort in die Praxis umgesetzt werden können.

Um das bestmögliche Playbook schreiben zu können, bedarf es eines Iterationsprozesses. Also suchten wir so oft wie möglich den Austausch mit potenziellen Lesern, sprachen über Growth Hacking und fragten sie, was genau sie benötigen. Mit jedem Vortrag, jedem Webinar bekamen wir wertvolles Feedback, wie das Buch zu schreiben und zu gliedern ist. Schöner Nebeneffekt: Wir sammelten viele E-Mail-Adressen von Probelesern ein. So begann auch schon die Vermarktung, bevor das erste Wort geschrieben war. Wie sind wir vorgegangen?

Schritt #1: Gibt es ein Problem?

Zunächst haben wir getestet, ob es ein Problem bzw. einen Bedarf gibt und ob der Begriff Growth Hacking überhaupt der richtige ist. Einfache Umfragen mit Google Forms, die wir in passenden Facebook-Gruppen für Start-ups gepostet haben, haben bei der Bestätigung geholfen.

Auf diese Weise haben wir auch erfahren, dass ein Buch zwar schön und nett ist, aber nicht unbedingt das einzige Medium sein sollte. Wir kamen auf den Gedanken, zusätzlich zum E-Book Webinare und Livevorträge anzubieten. Durch den augenscheinlichen Bedarf bestärkt, nahm die Struktur des Buches bereits erste Formen an.

Schritt #2: MVP und Produktvalidierung

Wir suchten uns Events, bei denen das Zielpublikum (Start-ups und solche, die es werden wollen) bereits präsent war, und bemühten uns um einen Platz als Speaker. Dadurch ist ein Vortrag zwar nur einer unter vielen, aber es gibt kaum Aufwand und Risiko. Wichtig: Diese Vorträge sollten zunächst kostenlos sein, um die Hürde für die Zuhörer bzw. Leser möglichst niedrig zu halten. Natürlich wollten wir auf diesem Weg auch wieder Feedback einsammeln. Die Präsentation war nicht etwa statisch, sondern ein agiles und dynamisches Produkt, das stetig verändert wurde.

Schritt #3: Besteht Zahlungsbereitschaft?

Das schönste Produkt hilft nichts, wenn man es nicht verkauft. Und damit man es überhaupt verkaufen kann, muss die Zielgruppe auch bereit sein, dafür zu zahlen. Wie findet man das heraus (erneut mit möglichst geringem Aufwand und Risiko)? Man lädt selbst zu einem Vortrag ein, bei dem es um nichts anderes geht als um – in unserem Fall – Growth Hacking.

Dafür legten wir ein schickes Event bei Eventbrite an und bewarben es mit »Bordmitteln«, also ohne zusätzliches Werbebudget (in diesem Fall bei den Teilnehmern unserer vergangenen Seminare und Vorträge, unseren Freunden auf Facebook und regionalen Gründern, die wir persönlich kannten). Das Ziel waren mindestens zehn Zuhörer, die jeweils 15 € für den Vortrag bezahlen sollten. Überraschung, Überraschung: Am Ende waren es 18. Test bestanden, Hypothese bestätigt.

Schritt #4: Let's do this!

Um gemeinsam ein Buch zu schreiben und zu veröffentlichen, mussten wir eine Hürde meistern: Sandro wohnt mitten in der Schweiz, Tomas mitten in Deutschland. Uns trennen 480 Kilometer. Mit »lass uns mal bei Starbucks treffen und über das Buch sprechen« würde es also schwierig werden. Glücklicherweise ist das aber kein Hindernis: Nach einem ersten Kennenlernen per Skype organisierten wir den Inhalt des Buches mit dem Mindmapping-Tool *MindMeister* und erstellten den Inhalt Kapitel für Kapitel in *Google Docs*. So konnten wir beide den Inhalt des anderen sehen, ergänzen und kommentieren. Unsere Kommunikation fand – wenig kreativ, aber wirkungsvoll – per Skype, WhatsApp, Slack und Facebook Messenger statt.

Wir vereinbarten, wer primär für welche Kapitel verantwortlich sein sollte, und schrieben einen ersten Entwurf des Manuskripts. Da wir beide nicht nur im Berufsleben stecken, sondern auch Väter sind, mussten wir uns die Nächte und Wochenenden um die Ohren schlagen, um genügend Zeit zum Schreiben zu finden.

Schritt #5: Dreistigkeit siegt!

Und irgendwann bei einer nächtlichen Besprechung der Inhalte waren wir beide der Meinung, dass wir uns für ein einfaches, kleines E-Book zu viel Arbeit machten, auch wenn es Spaß machte. Da kam uns die Idee: Warum nicht einfach einen Verlag anschreiben? Denn was hatten wir schon zu verlieren?

Und tatsächlich: Drei Verlagsanfragen endeten in zwei schnellen Zusagen. Nach langen Telefonaten mit den Lektoren und Prüfung der Verträge entschieden wir uns letztendlich zur Zusammenarbeit mit dem Rheinwerk Verlag und gewannen mit unserem Lektor Stephan Mattescheck einen weiteren Mitstreiter für unser Team.

Schritt #6: Book Hacking

Wenn wir bei unseren Recherchen eine Sache über Start-ups gelernt haben, dann ist das diese: Du bekommst keine zweite Chance für einen Launch. Und die Veröffentlichung dieses Buches sollte nichts anderes sein als ein Produktlaunch. Damit dieser erfolgreich wird, wollten wir natürlich das Marketing nicht erst zur Veröffentlichung starten. Also begannen wir damit, viele unserer eigenen Strategien und Taktiken auf das Buch anzuwenden. Wir starteten unsere Website *http://growth-hacking.rocks*, lokale Growth-Hacking-Meetups, Newsletter, Facebook-Gruppen und informierten Influencer und Multiplikatoren über unser Vorhaben – alles mit dem Ziel, möglichst viele Leute über das Buch zu informieren, damit wir zum Start »nur noch« den Schalter umlegen mussten.

Schritt #7: You'll never walk alone

Mit unseren unterschiedlichen fachlichen Hintergründen als Designer und Marketer können wir eine sehr große Bandbreite an Themen abdecken und beschreiben. Aber getreu dem Motto »Der Grad deines Expertenstatus hängt stark von den Menschen im Raum ab« waren wir uns bewusst, dass wir an einigen Stellen noch den Input von Experten auf dem jeweiligen Gebiet benötigen würden. Also wandten wir uns an einige der besten deutschsprachigen Marketer wie Ben Harmanus, Björn Tantau, Inken Kuhlmann, Mario Jung, Mirko Lange und André Morys. Der Austausch mit ihnen war ein Erlebnis, von dem wir nicht nur für das Buch noch sehr lange werden zehren können. Wir nahmen die Interviews auf, ließen Transkriptionen erstellen und nutzten die Inhalte sowohl für das Buch als auch für das Marketing, die wir im Vorfeld des Launches auf unseren Blogs veröffentlichten.

Schritt #8: Feedback

Nicht nur die Themen wollten wir vorab testen, sondern auch die Form. So gaben wir das Manuskript (als es zu ca. 75 % fertig war) einigen Testlesern und baten sie um ihr Feedback. Alexander Dittrich, Dennis Fischer und Katja Kupka sind selbst Entrepreneure und Experten, die Unmengen an Fachbüchern gelesen haben und deswegen sowohl Inhalt als auch Form bestens bewerten konnten.

Schritt #9 Launch

Getreu dem Motto »If you want to scale, do things that don't scale« haben wir unser gesamtes Netzwerk auf die anstehende Buchveröffentlichung aufmerksam gemacht. Wir haben mit jedem Buch- und Marketingblogger, gesprochen den wir kennen, und ihn um eine Rezension gebeten. Wir haben einen Buch-Trailer sowie Posts auf Instagram und Facebook veröffentlicht, um die Wochen und Tagen bis zum Launch herunterzuzählen. Wir sind unseren Freunden, Familienmitgliedern, Arbeitskollegen und *jedem* anderen auf die Nerven gegangen, unser Buch zu kaufen. Als Entschädigung haben wir eine kleine Launch-Party veranstaltet, um diesen wichtigen Schritt gebührend zu feiern. Und kurz nach dem Launch haben wir uns das erste Mal persönlich getroffen und auf den Erfolg angestoßen. Denn wie sich herausgestellt hat, kann man sich auf Twitter nicht nur kennenlernen, sondern sogar ein ganzes Buch zusammen schreiben, ohne sich zu treffen.

Schritt #10: Product-Market-Fit

Ein Buch zu veröffentlichen, dauert deutlich länger und ist deutlich arbeitsintensiver, als man sich das als Laie vorstellt. Unvergleichlich das Gefühl, wenn man das eigene, gedruckte Buch das erste Mal in der Hand hält – und genau weiß: *rien ne va plus*. Nichts geht mehr. Wer jetzt noch einen Fehler findet, darf ihn behalten, denn das Buch ist gedruckt und im Handel. Bei einer Software kannst du jederzeit einen Bug fixen – bei einem Buch erst in der nächsten Auflage. Entsprechend nervös waren wir zum Start. Aber etwas Wunderbares geschah: Die ersten 5-Sterne-Bewertungen auf Amazon trudelten ein, ebenso wie tolle Presse- und Blogartikel und persönliches Feedback aus unserem Umfeld. Nach einigen Wochen kam sogar die Auszeichnung »Bestseller« auf Amazon dazu. Ein unwirkliches, aber großartiges Gefühl!

Schritt #11: Growth!

Man kann mit Fug und Recht behaupten, dass sich durch die Veröffentlichung des Buches unser Leben verändert hat. Nicht auf einen Schlag, aber es geschahen merkwürdige Dinge. Wir wurden zu Interviews eingeladen. Fremde Menschen kamen auf uns zu und begrüßten uns mit: »Ah, der Kerl, der das Raketenbuch geschrieben hat!« Professoren baten uns um Gastvorlesungen an Universitäten. Verrückt. Natürlich hatten wir uns einen positiven Effekt auf unsere berufliche Tätigkeit erhofft, aber mit den Ereignissen in den kommenden Monaten hatten wir nicht gerechnet.

Beispielsweise die Geschichte mit Christian Lindner: Dass sich Christian Lindner, der Vorsitzende der FDP Deutschland, mit seiner Aussage, Klimapolitik sei nichts für Kinder, sondern für Profis, nicht nur Freunde gemacht hat, dürfte klar sein. Und auch wenn die Boulevard-Presse die Aussage Lindners aus dem Kontext gerissen und überspielt hat, wäre ein etwas geschicktere Wortwahl sicher zielführender gewesen. Lindner dürfte den darauffolgenden Mini-Shitstorm aber kalt gelassen haben, denn mal unabhängig davon, ob man politisch auf seiner Linie ist, in Sachen Digitalisierung und Social Media ist er im Gegensatz zu Abgeordneten anderer Parteien ein echter Profi.

So nutzte er nach dem FDP-Dreikönigstreffen ein vermeintliches Fettnäpfchen auf Twitter zu seinen Gunsten. Folgendes war geschehen: Ein Nutzer hatte ein Foto von Lindner auf Twitter gestellt, auf dem dieser vor seinen Parteikollegen eine Ansprache hielt. Im Hintergrund war eine grüne Wand zu sehen; der Twitter-Nutzer machte sich darüber lustig und meinte, es handle sich dabei um einen unfreiwilligen Greenscreen.kln Ein Steilpass für die Twitter-Community, die sogleich begann, lustige und teilweise peinliche Memes von Lindner auf diesem Greenscreen zu photoshoppen. Lindner und sein Social-Media-Team reagierten prompt, nutzten die Gelegenheit und stellten als Belohnung für die kreativsten Ideen einen Besuch bei Christian Lindner im Deutschen Bundestag in Aussicht.

Sandro folgte dem Aufruf und bastelte ebenfalls schnell ein paar Ideen zusammen (siehe Abbildung 1.1). Und siehe da, eine seiner Ideen gefiel Lindner so gut, dass er bald darauf tatsächlich eine Einladung für einen Besuch bei diesem im E-Mail-Postfach hatte (siehe Abbildung 1.2).

Abbildung 1.1 Sandros Antwort auf Christian Lindners Aufruf

Abbildung 1.2 Sandro Jenny (Mitte) besucht Christian Lindner im Deutschen Bundestag.

Was hat das aber alles mit Growth Hacking zu tun? Die Fülle an Möglichkeiten, Tools, Kanälen und Methoden, die uns heute zur Verfügung stehen, machen Growth Hacking erst so effektiv. Dass Sandro so eine Chance zuteilwurde, hat nichts mit Glück zu tun. Sowohl Sandro wie auch Tomas sind sehr aktiv, haben mittlerweile viele ihrer Growth-Prozesse perfektioniert und automatisiert, nutzen Tools, um Chancen und Gefahren zu erkennen, und in der Fülle der Tests, die sie täglich durchführen, war es nur eine Frage der Zeit, bis einem von ihnen so etwas wiederfährt. Auf eine ähnliche Weise ist ja auch dieses Buch entstanden.

Dieses Beispiel zeigt also, dass sowohl Christian Lindner oder sein Social-Media-Team wie auch Sandro lediglich stark davon profitiert haben, zu wissen, wie Social Media funktionieren. Kleine Hacks müssen nicht immer nur mit großer Reichweite zu tun haben. Du musst einfach dranbleiben, schnell reagieren, Spuren hinterlassen und testen, testen, testen. Irgendwann werden sich aus der Summe der Experimente, die du durchführst, Chancen ergeben.

Die Veröffentlichung dieses Buches war für uns der Beginn eines großen Abenteuers. Wir durften durch ganz Europa reisen und uns mit vielen sehr interessanten Menschen austauschen. Wir konnten unsere beschriebenen Maßnahmen in der Praxis anwenden, wovon die zweite Auflage sehr stark profitiert hat, und wir konnten alles in allem also vor allem viel mehr Praxiserfahrung einbringen.

Bei unseren eigenen Bemühungen, uns und das Buch bekannter zu machen, ging es niemals darum, das »Endziel« zu erreichen – sondern lediglich die nächste Stufe auf dem Weg dorthin. Die Veröffentlichung des Buches hat uns eines gebracht: Glaubwürdigkeit. Jetzt lag es an uns, aus diesem Anschub Kapital zu schlagen: Wir wurden zwar zu Konferenzen, Interviews, Podcasts und Webinaren eingeladen, mussten aber gleichzeitig dafür sorgen, dass möglichst viele Menschen das auch mitbekamen. Also machten wir Werbung in eigener Sache und berichteten fleißig von unseren Erlebnissen. Immer mit einem Ziel: mehr Reichweite. Denn das Plus an Reichweite war es, was uns immer auf die nächste Stufe hob.

Deswegen veröffentlichten wir eine englische Ausgabe des Buches, einen Onlinekurs und veranstalten weitere Meetups in verschiedenen Städten in Deutschland, Österreich und der Schweiz. Spätestens seit der Veröffentlichung dieses Buches ist es unsere Mission, die frohe Kunde des Growth Hackings in die Welt hinauszutragen und damit mehr Menschen und Unternehmen zu mehr Erfolg zu verhelfen. Und wenn es nur ein einziger Lead, ein neuer Mitarbeiter oder ein neuer Investor ist, der dank uns gewonnen worden ist: Wie die Geschichte dieses Buches zeigt, macht *eine Sache* manchmal einen *sehr großen* Unterschied.

1.6 Was ist neu in der zweiten Auflage?

Die Veröffentlichung der ersten Auflage ist nun schon über ein Jahr her, und für uns hat sich dadurch vieles verändert. Es haben sich viele Türen aufgetan, wir durften viele interessante Menschen kennenlernen und unser Growth-Hacking-Netzwerk europaweit, ja sogar weltweit erweitern.

Besonders wertvoll war für uns aber, dass wir die beschriebenen Ansätze vermehrt in der Praxis anwenden. Bereits in der ersten Auflage haben wir Wert darauf gelegt, viele echte Beispiele zu verwenden, die wir oder befreundete Growth Hacker auch tatsächlich getestet hatten.

Neu ist aber vor allem, dass wir unsere Methoden an einem breiteren Publikum testen konnten. Wir bilden in unseren Workshops und Trainings Growth Hacker aus, bauen Growth-Teams auf, tauschen uns mit Start-ups ebenso wie mit etablierten Konzernen aus und testen hunderte Hacks in der Praxis. Diese wertvollen Erfahrungen bringen wir nun in die zweite Auflage ein.

Dazu zählen beispielsweise:

▶ In Kapitel 2 vergleichen wir Growth Hacking mit anderen innovativen Methoden wie Growth Marketing. Außerdem beantworten wir viele der Fragen, die uns während unserer Vorträge und Workshops gestellt wurden, und stellen dir das Growth Mindset als wichtige Voraussetzung für deinen Erfolg vor.

▶ In Kapitel 3 räumen wir mit dem »First-Mover-Mythos« auf und erklären, warum du nicht der Erste im Markt sein musst, sondern der Beste, um den Markt zu dominieren. Darüber hinaus stellen wir dir das Framework »Jobs-To-Be-Done« vor, das dir dabei helfen kann, das Problem deiner Kunden besser zu verstehen und ein erfolgsversprechendes Produkt zu erstellen.

▶ In Kapitel 4 haben wir den Growth-Hacking-Prozess noch deutlicher und (hoffentlich) einfacher beschrieben, damit du ihn besser anwenden kannst.

▶ In Kapitel 5 bis Kapitel 9 findest du das Playbook mit zahlreichen Hacks für jede Phase der Customer Journey. Zum Nachmachen und Sich-inspirieren-Lassen. Hier haben wir Hacks aussortiert, die nicht (mehr) funktionieren, und neue hinzugefügt. Sehr viele: Hatten wir in der ersten Auflage noch 180 Hacks, sind es jetzt 243.

▶ Und natürlich haben wir auch die Liste der in diesem Buch erwähnten Tools aktualisiert, die du in den Downloadmaterialen zum Buch findest (https://www.rheinwerk-verlag.de/4896/).

Besonders stolz sind wir, uns regelmäßig mit Sean Ellis und seinem Team von GrowthHackers.com austauschen zu können (siehe Abbildung 1.3).

Abbildung 1.3 Sandro (links) und Tomas (rechts) treffen Sean Ellis

1.7   Warum Start-ups scheitern

Früher hat man ein Unternehmen gegründet und war Unternehmer. Es gab Dinge wie Bankkredite und Businesspläne. Heute gründet man ein Start-up und ist Entrepreneur. Man spricht über *Business Model Canvas* und *Venture Capital*. Das Ziel ist keinesfalls so etwas Schnödes wie Unternehmenserfolg. Die Weltherrschaft sollte es dann bitteschön schon sein. Erst ab einer Bewertung von mindestens 10 Millionen Euro fängt der Spaß an. Wenn man das nicht innerhalb von, sagen wir, acht Monaten erreicht hat, sollte man sich doch schnellstens etwas Neues suchen. Und wenn du nicht in Berlin bist, hast du ohnehin keine Chance. Ist es nicht so?

> *»A Startup is a human institution created to design a new product or service under conditions of extreme uncertainty.«* – Sean Ellis

Längst ist es hip und angesagt, Entrepreneur zu sein. Wer will schon seine wertvolle Lebenszeit in ein Unternehmen investieren, das einem nicht selbst gehört oder an dem man nicht mindestens Anteile besitzt? Wer arbeitet denn gerne nur 8 Stunden am Tag, und was will man mit sechs Wochen Urlaub im Jahr anfangen? Betriebliche Altersvorsorge ist auch sowas von spießig!

Was ist passiert?

Das Internet. Heute ist jeder Mensch in der Lage, mit seinem Laptop ein Produkt zu schaffen und es einer beliebigen Gruppe von Menschen irgendwo auf der Welt zu präsentieren. Längst gibt es für nahezu jedes Problem nicht nur das Wissen, sondern auch das Werkzeug, das es lösen kann. Und für alles andere bedient man sich günstiger Arbeitskraft aus dem virtuellen, globalen Arbeitsmarkt. Diese globale Vernetzung hat dazu geführt, dass die Hürden zum Unternehmer so gering sind wie nie zuvor. Und diese globale Vernetzung ist es, die eine radikale Skalierung erst möglich macht. Der potenzielle Absatzmarkt beginnt nicht mehr zwingend im geografischen Umfeld, weil er nicht an Produktionsort oder Distribution gebunden ist. Der Markt ist (potenziell) überall. Die Welt ist dein Spielplatz.

Das ist der wichtigste Unterschied zwischen einem klassischen Unternehmen und einem Start-up: Letzteres ist einzig darauf ausgerichtet, möglichst schnell zu wachsen.[1] Das Wachstum muss nicht zwingend nachhaltig sein, idealerweise führt es zu einem schnellen, einträglichen Unternehmensverkauf (einem sogenannten *Exit*), und Gründer wie Investoren können das Geld in das nächste Projekt investieren oder sich an den Strand legen.

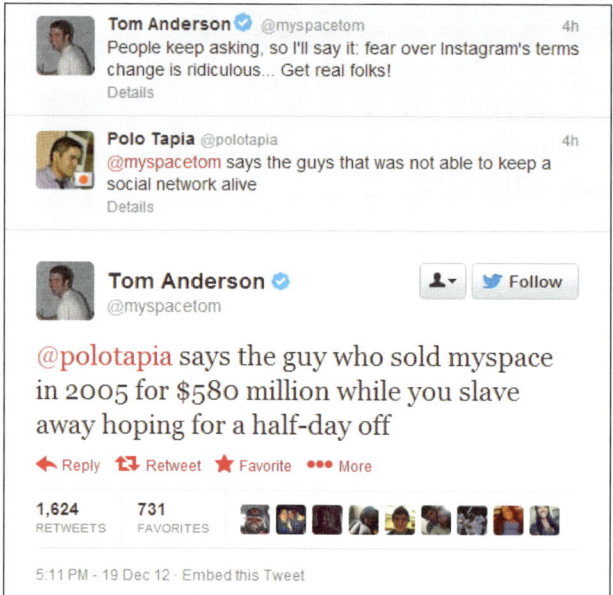

Abbildung 1.4 MySpace-Gründer Tom Anderson »grillt« einen Hater.

---

1 An der Definition eines Start-ups scheiden sich die Geister. Während Moore argumentiert, dass ein Start-up ein Unternehmen ist, das möglichst schnell wachsen soll, sagt Steve Blank, dass ein Start-up eine Organisation auf der Suche nach einem wiederholbaren und skalierbaren Geschäftsmodell ist.

Zum Lifestyle eines erfolgreichen Unternehmers scheint es mittlerweile zu gehören, dass man selbst dann arbeitet und gründet, wenn man das Geld nicht mehr nötig hat. Schließlich will man ja dazu beitragen, die Welt zu einem besseren Platz zu machen, und hat nur noch das Gemeinwohl im Sinn. Deswegen baut Mark Zuckerberg, der Gründer und CEO von Facebook, Drohnen, die in Afrika kostenlosen Internetzugang ermöglichen. Und Elon Musk, einer der Gründer von PayPal und Tesla, baut Raketen, die zum Mars fliegen. Mit dem eigenen Erfolg geben nur die wenigsten an (siehe Abbildung 1.4).

Die »Bibel« der ambitionierten Gründer ist das Buch »Lean Startup« von Eric Ries, ein Name, den du im Laufe des Buches noch mehrmals lesen wirst. Ries studierte Computer Science an der Yale University und gründete anschließend mehrere Unternehmen, darunter die Social Community IMVU. Er arbeitet als Berater für verschiedene Start-ups und lebt in San Francisco.

Basierend auf der Lean-Production-Philosophie eines klassischen Unternehmens (Toyota) entwickelte er eine Vorgehensweise, wie man mit möglichst wenig Input möglichst viel Output generieren kann. In diesem Zusammenhang kann Output auch ein konstruktives Learning sein. Ries wendete diese Idee auf webbasierte Technologie an. Kern seines Buches ist das *Minimum Viable Product* (MVP).

Dieser pragmatische Prototyp soll ein bestimmtes Problem einer bestimmten Gruppe von Menschen lösen. Hat man den MVP erstellt (idealerweise ohne viel Einsatz an Zeit, Geld und Arbeit), wird er der potenziellen Zielgruppe präsentiert und somit der Bedarf validiert. Wenn die Zielgruppe nicht anbeißt, gibt es zwei Möglichkeiten: Entweder war das Problem doch nicht vorhanden und das Projekt war damit zwar nicht erfolg-, aber lehrreich und kann beendet werden. Oder man führt einen sogenannten *Pivot* durch (also eine radikale strategische Richtungsänderung) und ändert auf Basis des Feedbacks der Produkttester das Produkt dahingehend, dass der Bedarf besser bedient wird. Letztendlich geht es darum, mit geringem Risiko ein Produkt zu entwickeln, das jemand kaufen möchte. Sowohl das Produkt als auch der Jemand sind nicht in Stein gemeißelt, sondern können sich im Laufe des Prozesses ändern, je nachdem, mit welcher Kombination das schnellste Wachstum realisiert werden kann. Man spricht vom *Product-Market-Fit*, der die zweite Stufe eines jeden Start-ups darstellt. Mehr zum Thema Product-Market-Fit liest du in Kapitel 3, »So stellst du die Weichen auf Wachstum«.

Und da wären wir wieder beim wichtigsten Wort: Wachstum. Ein Start-up muss schnell genug wachsen, bevor das Geld ausgeht. In dieser frühen Unternehmensphase kommt das Geld entweder von den Gründern selbst – man spricht in diesem Fall von *Bootstrapping* – oder von frühen externen Investoren, sogenannten *Business Angels*. Und da liegt die Krux: Wie groß sind die Chancen für ein neues Unternehmen in einem neuen Markt – ohne Ressourcen? Sehr gering.

Level 1: DISCOVERY

»Ich habe eine gute Idee!«
Du hast die Lösung für ein Problem gefunden und diskutierst sie mit deinen möglichen Kunden.

Level 2: MVP

»Ich habe da mal was vorbereitet!«
Du hast einen MVP/Prototypen gebaut, den du mit vielen Menschen testest und so lange optimierst, bis du den »Product-Market-Fit« erreicht hast.

Level 3: PRODUCT

»Wir schaffen das!«
Aus deinem MVP entsteht ein vollwertiges Produkt.

Level 4: EFFICIENCY

»Katsching!«
Du hast deine ersten zahlenden Kunden und optimierst dein Produkt.

Level 5: GROWTH

»Bald bin ich groß!«
Dein Produkt und dein Conversion Funnel funktionieren. Jetzt willst du möglichst schnell möglichst viele neue Kunden, mehr Umsatz, mehr Mitarbeiter.

Level 6: MATURE

»Ich bin der König der Welt!«
Du führst neue Produkte ein und expandierst in neue Märkte. Dein Start-up hat sich zu einem etablierten Unternehmen gemausert.

Abbildung 1.5 Start-up-Levelmap

Die Antwort auf die Frage, warum so viele Start-ups scheitern, hat ein Gentleman namens Geoffrey A. Moore gegeben. Geoffrey Moore studierte Literatur in Stanford und an der Universität von Washington und war viele Jahre lang Englischprofessor in Michigan, bevor er zurück nach Kalifornien zog und sich von der akademischen Welt verabschiedete. Seitdem arbeitete er in verschiedenen Beratungs- und Venture-Unternehmen. Moore hat sich angeschaut, warum aus einigen wenigen Gründungen erfolgreiche Unternehmen werden und woran viele andere (90%!) scheitern.

Die Gründe für das Scheitern eines Start-ups können so vielfältig wie die Gründungsideen sein. Drei wichtige sind:

1. **Kein Product-Market-Fit:** Noch bevor der Eintrittsmarkt und das erste Zielgruppensegment erobert und damit die Produktidee validiert ist, werden unnötige Kosten verursacht, beispielsweise durch zu viele Mitarbeiter oder unnötige und teure Marketingkampagnen.

2. **Nicht das richtige Team:** Viele schlaue Köpfe ziehen eine gut dotierte und vermeintlich sichere Festanstellung in einem etablierten Unternehmen dem Risiko eines Start-ups vor. Insbesondere in einer frühen Phase sind Start-ups häufig nicht in der Lage, marktgerechte Löhne zu zahlen, und bieten ihren frühen Mitarbeitern als Ausgleich Anteile an. Aufgrund der Unsicherheiten ist das Risiko beträchtlich, dass das Start-up scheitert, die Anteile nichts wert sind und man viel Geld hat liegen lassen. Dazu kommt in Regionen mit hohem Wettbewerbsdruck (wie aktuell beispielsweise in Berlin) der Mangel an gut ausgebildeten Fachkräften, insbesondere an Entwicklern.

3. **»Dumb Money«:** Den frühen Investoren – sofern denn überhaupt welche gefunden werden – dauert es zu lange, bis das Unternehmen endlich die gewünschten Umsätze erzielt, und sie ziehen deswegen den Stecker. Das kann insbesondere dann passieren, wenn der Investor keine Erfahrung mit Start-ups hat, die Kommunikation zwischen dem Start-up und dem Investor nicht gut war und gleichzeitig die sogenannte *Burn Rate*, also die laufenden Kosten für Team und Technik, höher ist als erwartet.

Moore hat insbesondere den Mangel eines echten Product-Market-Fits als häufige Ursache ausgemacht. Um dieses Problem zu veranschaulichen, hat er den sogenannten *Technology Adaption Lifecycle* als Grundlage übernommen. Dieser besagt, dass jedes technische Produkt (die meisten Start-ups haben ein internetbasiertes Technologieprodukt) mehrere Phasen durchläuft (siehe Abbildung 1.6).

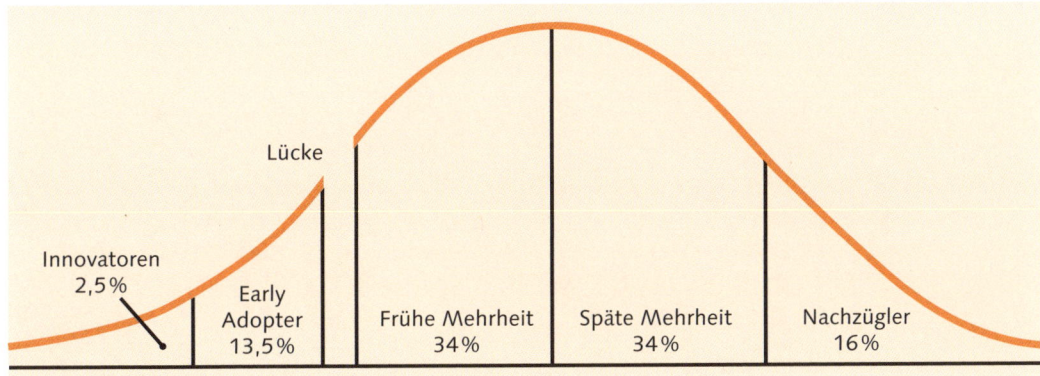

Abbildung 1.6 Technology Adaption Lifecycle inklusive dem gefürchteten Chasm (Quelle: Geoffrey A. Moore: Crossing the Chasm, 2014, Seite 21).

Die ersten Nutzer sind die *Innovatoren* und *Early Adopters*. Sie nutzen das Produkt nicht, weil es perfekt ist, sondern weil es neu ist. Sie sind in ihrem sozialen Umfeld Meinungsführer und probieren ständig Dinge aus, die noch nicht jeder kennt – und lassen es ihre Mitmenschen wissen. Das sind die Menschen, die kein Problem damit haben, dass Apples neue Kopfhörer auffallend weiß sind, weil sie sich genau durch diese Auffälligkeit von den anderen Gruppen abheben.

Am anderen Ende des Lifecycles stehen die *Nachzügler*, die das Produkt erst dann kaufen, wenn es schon nicht mehr in Mode und deutlich günstiger zu haben ist. Um bei unserem Apple-Beispiel zu bleiben, sind das die Menschen, die das abgelegte und benutzte iPhone 4 kaufen, wenn sich ein Bekannter bereits das 8er gekauft hat. Dazwischen sind mit der frühen und der späten Mehrheit (*frühe Mehrheit* und *späte Mehrheit*) die beiden Marktsegmente, die wirklich Umsatz generieren. Moore sagt, dass jedes erfolgreiche Produkt jede dieser Phasen durchleben muss.

Als Ergebnis erbrachte seine Untersuchung eine Lücke: Viele Start-ups konnten zwar die Gruppen der Innovatoren und Early Adopters für ihr Produkt begeistern, sind aber an der sogenannten frühen Mehrheit gescheitert. Der Markt war nicht mehr groß genug, das vielversprechende Wachstum konnte nicht fortgeführt werden. Und wenn ein Unternehmen nicht mehr wächst, hat man ein ernsthaftes Problem.

Um dieses Problem zu lösen, gibt es *Growth Hacking*.

2   So funktioniert Growth Hacking

Die Ausgangslage im Internet ist fast überall gleich: Die Nutzer sind kritischer geworden und wollen ihr Geld nur sehr gezielt ausgeben. Hinzu kommt, dass Unternehmen häufig limitierte Ressourcen haben. Growth Hacking soll dir dabei helfen, über kreative und clevere Lösungswege möglichst effizient und schnell zu wachsen und neue Kunden zu gewinnen.

Du kennst die Situation vielleicht: Du hast eine neue Idee, mit der du auch gleich durchstarten möchtest. Du investierst deine Arbeitszeit und dein komplettes Wissen in die Konzeption und das Produktdesign. Nach monatelanger Planung wird die Website perfekt umgesetzt, und das Produkt ist umfangreich und von hoher Qualität. Nach der Markteinführung werden die ersten Zahlen präsentiert, und du bemerkst, dass das Produkt zu wenig performt und die Investition in keinem Verhältnis zum Ertrag steht.

Kaum ein Unternehmen kann sich solche Rückschläge mehr leisten, denn in den meisten Fällen sind die Ressourcen knapp bemessen. Vor allem das Tempo, in dem Unternehmen neue Produkte auf den Markt bringen müssen, stellt eine große Herausforderung dar. Man hört immer wieder die einzige Konstante in der IT-Branche sei die Veränderung. Und auch wenn dieses Zitat in Wahrheit einfach eine Abwandlung der Aussage des griechischen Philosophen Heraklit ist, der schon vor über zweitausend Jahren feststellte, dass die einzige Konstante im Leben eines Menschen die Veränderung ist, hat die Aussage nichts an ihrer Gültigkeit eingebüßt.

An dieser Stelle möchten wir dir *Sean Ellis* vorstellen, dessen Namen du bereits in Kapitel 1 gelesen hast. Er war früher selbständiger Marketing Manager und unterstützte in dieser Funktion mehrere Start-ups im Silicon Valley. Er hatte das Problem zu hoher Investitionskosten und knapper Zeit erkannt und suchte nach neuen Möglichkeiten, das Wachstum schnell zu steigern, ohne zu viele Marketinggelder zu verschwenden. Ellis begegnete dem mit einer Kombination aus kreativen Marketingmaßnahmen, intensiver Webanalyse und Prozessautomatisierung. Neu war auch das iterative Vorgehen. Anstatt die Produkteinführung monatelang vorzubereiten, plante er in kleinen Schritten und wiederholte diese, bis erste Erfolge verzeichnet werden konnten. Immer wenn Ellis in seinem weiteren Berufsleben von einem Start-up zum nächsten zog und neue Mitarbeiter suchen musste, fragte er sich, nach was für einem Profil er nun suchen sollte. Weil seine Fähigkeiten weit über die eines normalen Online-Marketers hinausgingen, war er gezwungen, für die Stellenausschreibungen eine neue Berufsgattung zu schaffen – der *Growth Hacker* war geboren.[1]

Mit seiner Vorgehensweise und einigen sehr klugen Maßnahmen zur viralen Verbreitung, von denen du später noch lesen wirst, brachte Ellis Dropbox auf die Erfolgsspur. Diese Erfolgsstory war jedoch nicht der erste offizielle Growth Hack. Hotmail erreichte nach seinem Launch im Jahr 1996 innerhalb kurzer Zeit durch einen sehr cleveren Hack ein enormes Nutzerwachstum. Der E-Mail-Dienst sendete mit jeder ausgehenden E-Mail folgende Tagline mit: »PS: I love you. Get Your Free Email at Hotmail.« Wenn also ein Hotmail-User eine E-Mail sendete, konnte der Empfänger ganz einfach auf den Tagline-Link klicken, der ihn automatisch auf eine Landingpage leitete. Dort konnte er einen kostenlosen E-Mail-Account anlegen.[2]

Als Hotmail 1,5 Jahre nach dem Launch an Microsoft verkauft wurde, hatte das Unternehmen 12 Millionen Nutzer.
(Zu dieser Zeit gab es erst 70 Millionen Internetnutzer.)

Juli   September November   Januar   März   Mai   Juli   September November

Abbildung 2.1 Hotmail zählte kurz nach dem Launch 12 Millionen User.

Hotmail wurde nur eineinhalb Jahre nach dem Start von Microsoft für 300 bis 400 Millionen Dollar gekauft (siehe Abbildung 2.1) – und heißt inzwischen Outlook.

2.1 Growth Hacking ist nicht nur für Start-ups

Viele der besten Growth Hacks haben eine sehr begrenzte Lebenszeit, weil sie auf den zu dieser Zeit verfügbaren und effizienten Möglichkeiten fußen. Insbesondere

---

1 *www.quicksprout.com/the-definitive-guide-to-growth-hacking*

2 *https://techcrunch.com/2009/10/18/ps-i-love-you-get-your-free-email-at-hotmail*

solche Hacks, die auf Basis einer dritten Plattform wie YouTube oder Facebook basieren, können durch eine kleine Änderung des Codes von einem auf den anderen Tag verschwinden. Deswegen sind neue Möglichkeiten oftmals streng geheim. Denn wenn jemand Gold gefunden hat, wird er nicht in die nächste Stadt rennen und den Ort seines Claims verraten.

Diese Kurzlebigkeit führt aber auch dazu, dass es immer wieder neue Hacks und Methoden gibt und dass Growth Hacking einem stetigen Wandel unterzogen ist. Zumal die Gruppe der Interessenten größer wird. Auch wenn hierzulande die Methoden im Online-Marketing nach wie vor drei bis vier Jahre im Vergleich zu den USA hinterherhinken, gewinnt das Thema immer mehr an Bedeutung. Ein Hinweis darauf ist der beeindruckende Erfolg von Messen und Konferenzen, die sich dem Thema Digital Marketing widmen, wie beispielsweise das »Online Marketing Rockstars Festival« in Hamburg oder die »DMEXCO« in Köln.

Dafür gibt es vier Gründe:

Aus Start-ups werden Konzerne

Sieht man sich zum einen den Nasdaq an, wird dieser nicht mehr von »Old-School«-Unternehmen wie Exxon, General Electric oder Shell dominiert, wie es jahrzehntelang der Fall war. Drei der aktuell fünf wertvollsten Unternehmen der Welt sind Alphabet (die Holding von Google), Amazon und Facebook, also reine Internet-Player[3]; keine Familienunternehmen oder Konzerne, die jahrzehntelang gewachsen sind, sondern ehemalige Start-ups, die ein skalierendes Businessmodell zum globalen Erfolg geführt haben. Mit Unternehmen wie Airbnb, Tesla, PayPal und Uber steht bereits die nächste Generation der Start-up-Unicorns[4] in den Startlöchern, etablierten Unternehmen das Fürchten zu lehren und bestehende Industrien aus den Angeln zu heben.

> »Every industrial company will become a software company.«
> – Jeffrey Immelt, CEO General Electric

Dieser Druck durch internetbasierte Start-ups und Mitarbeiter, die früher in einem Start-up und jetzt im Konzern arbeiten, ist einer der Gründe dafür, dass inzwischen auch viele mittelständische Unternehmen und Konzerne Growth Hacking für sich

---

3   Die anderen beiden sind Apple und Microsoft, also zwei Unternehmen, die zwar nicht ihr Kerngeschäft im Internet haben, dort aber wachsenden Umsatz erzielen.

4   Ein Einhorn (engl. *unicorn*) bezeichnet ein Start-up-Unternehmen mit einer Marktbewertung von über 1 Milliarde US-Dollar.

entdecken, wie beispielsweise IBM[5] oder der finnische Schiffsbau- und Energie-Konzern Wärtsilä[6].

Deswegen entstehen immer mehr Corporate Start-ups und Accelerators, deswegen wird auch in etablierten Unternehmen immer mehr nach der agilen Scrum- statt nach der Wasserfall-Methodik entwickelt. Die Lean-Start-up-Bewegung ist eine Inspiration für jedes Unternehmen, das sich weiterentwickeln und wachsen möchte. Growth Hacking überträgt diese Dynamik auf das Marketing.

Menschen schauen kein Fernsehen mehr

Der zweite wichtige Grund ist die **Änderung im Medienkonsum**, insbesondere bei der für die werbetreibende Industrie besonders attraktiven Zielgruppe der unter 30-Jährigen. Konnte man sich jahrzehntelang sicher sein, mit einer gut geplanten Werbekampagne im Fernsehen, auf Plakaten und in Zeitschriften einen Großteil seiner Zielgruppe erreichen zu können, so ist das nicht mehr länger zwingend der Fall. Junge Menschen verbringen inzwischen mehr Zeit mit dem Medienkonsum auf YouTube, Facebook und Instagram als mit Fernsehen. Warum? Weil diese Medien nicht nur den passiven Konsum erlauben, sondern auch das aktive Produzieren von eigenem Content. Wir leben im Zeitalter der *Prosumenten*, das heißt, wir sind gleichzeitig Konsumenten und Produzenten von Content. Jede Minute, in der ich das Video eines Freundes auf Instagram TV sehe, ist eine Minute weniger, die ich Fernsehwerbung konsumieren könnte.

Menschen mögen keine Werbung

Dazu kommt, dass insbesondere diese junge, für Werber attraktive Zielgruppe vermehrt zu **Adblocking-Software** greift und damit über traditionelle Werbung im Internet wie Banner oder Pre-Roll-Ads nicht mehr erreichbar ist. In Deutschland nutzen bereits knapp 30% der Nutzer einen Ad-Blocker. Auch die Wachstumsraten der On-Demand-Streaming-Dienste wie Netflix und Amazon Prime sorgen dafür, dass die Nutzer zwar mehr Medien konsumieren, aber Werbung umschiffen – ein Problem für jeden Marketer.

Noch nie in der Geschichte der Menschheit hat es das zuvor gegeben – jeder von uns kann mit nichts weiter als seinem Smartphone und einer Internetverbindung

---

5 In diesem AMA-Interview spricht Jason Barabato, Growth Strategist bei IBM, über die Herausforderungen, ein Growth-Team im Konzern aufzubauen: *https://growthhackers.com/amas/ama-with-jason-barbato-growth-strategist-at-ibm*.

6 In seinem Vortrag auf dem Lead Management Summit sprach Sales- und Marketing-Manager Jaime López sehr aufschlussreich darüber, wie sie die Ziele und Arbeitsweise der Marketingabteilung Schritt für Schritt geändert haben: *https://www.marconomy.de/von-den-finnen-lernen-marketing-transformation-im-industrieunternehmen-a-812650/*.

einen Großteil der gesamten Menschheit erreichen! Jeder kann ein Medienunternehmen sein. Und jedes Medienunternehmen ist daran interessiert, seine Auflage zu vergrößern. So sind also nicht nur die Medien einem nie dagewesenen Wandel unterworfen, sie sind außerdem so fragmentiert und demokratisiert wie nie. Vereinfacht ausgedrückt ist jeder Instagram-Nutzer sowohl passiver Konsument als auch aktiver Publisher. Und wenn er als Publisher ambitioniert ist und mehr Reichweite möchte, tritt er in einen direkten Wettbewerb mit den etablierten werbetreibenden Unternehmen.

Jeder kann Werbung machen

Die klassischen Einstiegshürden in den Werbemarkt, wie große Medienbudgets, Tools zur Mediaplanung, Kontakte zu Vermarktern und Publishern, sind auf diesen neuen Medien nicht nur niedriger, sie sind gefallen. Jeder kann eine Werbekampagne auf Facebook anlegen und schon mit geringem Budget starten. Daher gibt es immer mehr werbetreibende Unternehmen und Unternehmer, was die Nachfrage nach effizienten und smarten Marketingmethoden erhöht. Reichweite und Branding spielen für große Konzerne nach wie vor eine große Rolle. Aber selbst Unternehmen wie Adidas, Unilever oder BMW sind heute bemüht, ihre Marketingaktivitäten möglichst datenlastig, sprich effizient und zielgerichtet, zu planen. Hohe Streuverluste kann sich keiner mehr leisten.

Growth Hacking ist also nicht nur interessant für Start-ups, sondern für alle: vom selbständigen Grafiker, der seine Dienstleistungen im Netz anbietet, über KMU (kleine und mittlere Unternehmen) bis hin zu globalen Konzernen.

2.2 Was ist Growth Hacking?

2.2.1 Was ist Growth – und warum will es jeder haben?

Wachstum liegt in der Natur der Menschen. Und zwar im wortwörtlichen Sinne, denn wir vermehren uns – auch wenn wir nicht mehr genügend Platz und Ressourcen für uns alle auf diesem Planeten haben. Als Menschheit wachsen wir geistig, indem wir uns ständig neue Herausforderungen suchen. Jede wissenschaftlich relevante Erkenntnis wirft nur noch mehr Fragen auf.

Wir wachsen physisch und jagen immer neuen Rekorden hinterher: Usain Bolt war nicht damit zufrieden, die 100 Meter ziemlich schnell zu laufen. Er wollte der schnellste Mann der Welt sein. Michael Jordan ist nicht bekannt dafür geworden, einen Ball relativ oft durch einen Korb werfen zu können. Und wir bewundern

Meryl Streep nicht dafür, weil sie ganz ordentlich schauspielern kann, sondern weil sie 21mal für den Oscar nominiert war (und ihn dreimal gewonnen hat).

Auch wirtschaftlich sind wir auf Wachstum angewiesen, denn Kapitalismus (und sei die Marktwirtschaft auch noch so sozial) funktioniert nicht ohne Wachstum. Wer sein Geld nicht vermehrt, sondern es unter der Matratze liegen lässt, der verliert sein Vermögen Cent für Cent. Die Länder drucken immer mehr Geldnoten, was zu einer Wertminderung, d. h. Inflation, führt. Bis auf wenige Ausnahmen haben sich alle Länder dieser Welt einer kapitalistischen Wirtschaftsordnung verschrieben. Und sogar das »kommunistische« China ist davon abhängig, dass die Wirtschaft beständig wächst – nicht zu sehr, aber vor allem nicht zu wenig.

Ist man also wirtschaftlich aktiv, sollte man Wachstum nicht verfluchen oder sich davor erschrecken. It's part of the game! Denn selbst wenn die eigenen Ziele bescheiden sind und man nur ein kleines Unternehmen mit stabilem Umsatz etablieren möchte, muss man doch immerhin zu diesem Status wachsen.

In der digitalen Boheme hat sich das Wort »Growth« gegenüber dem viel uncooleren, geradezu altbackenem deutschen Wort »Wachstum« durchgesetzt. Unter den Start-ups im Silicon Valley hat der Begriff »Growth« oft eine noch aggressive Bedeutung. Ähnlich wie biologische Organismen sind Unternehmen dort bemüht, mit Geschäftsmodellen in den Markt »hineinzuwachsen« – auch auf Kosten anderer Unternehmen oder sogar ganzer Branchen. So entstehen aus einer kundenzentrierten Denkweise und explorativen Methoden neue Onlineplattformen, Services und Produkte wie Uber oder Airbnb, die traditionelle und oft verkrustete Märkte disruptieren und komplett umkrempeln.

Growth ist dabei keine universelle Messlatte, sondern kann von jedem Unternehmen unterschiedlich definiert werden:

▶ Anzahl der Bewerbungen für neue Mitarbeiter

▶ Bewertung der Kundenzufriedenheit

▶ Bewertung der Mitarbeiterzufriedenheit

▶ Anzahl der Website-Besucher

▶ Anzahl der neuen Leads

▶ Anzahl der Kunden

▶ Höhe des Umsatzes oder des Gewinns

▶ Höhe der Summe, die man für gemeinnützige Organisationen spendet

Wichtig beim Growth Hacking: Das Ziel muss definiert werden. Wie erfährst du in Kapitel 4, »Der Growth-Hacking-Workflow: so gehst du vor«.

2.2.2 Definition Growth Hacking

Wie wir (und immer mehr Studenten, die wir im Rahmen ihrer Bachelor- und Masterarbeiten unterstützen dürfen) herausgefunden haben, gibt es keine einheitliche Definition von Growth Hacking. Deswegen haben wir uns dieses Problems angenommen und möchten diese Definition vorschlagen:

Growth Hacking – die beste Definition

Growth Hacking ist ein interdisziplinärer Mix aus Marketing, datengetriebenen Experimenten und Automatisierung. Das einzige Ziel von Growth Hacking ist das Wachstum eines Unternehmens. Dafür wird ein Prozess zugrunde gelegt, der die schnelle Identifikation von skalierbaren Kommunikationskanälen ermöglicht. Im Gegensatz zu traditionellen Marketingmaßnahmen wird jeder Berührungspunkt des potenziellen Kunden mit dem Unternehmen als potenzieller Kommunikationskanal in Betracht gezogen.

Oder zusammengefasst: Growth Hacking ist die optimale Synthese aus Produkt, User Experience und Marketing – mit nachhaltigem Wachstum als Ziel.

Entscheidend dabei: Growth Hacking ist nicht etwa nur eine Sammlung von smarten Marketingtricks, sondern stellt die Anforderungen des Kunden und das Produkt in den Vordergrund. Growth Hacking ist ein Prozess des fortwährenden Lernens und Anpassens[7].

> *»Das Erkennen und Befriedigen von Kundenbedürfnissen ist der Kern von digitalem Wachstum. Kundenzentrierung ist das Fundament. Daten und Technologie ermöglichen darauf basierend eine grenzenlose Skalierung ohne skalierende Kosten.«*
> *– André Morys, Geschäftsführer konversionsKRAFT*

Für alle Produktmanager und Entwickler unter euch: Growth Hacking ist quasi Scrum für Marketing, denn es ist deutlich agiler und damit schneller als klassisches Marketing.

Außerdem entscheidend: Growth Hacking ist immer eine Teamaufgabe, weil sie sehr unterschiedlicher Kompetenzen bedarf.

2.2.3 Die Gefahren von Growth Hacking

Schnelles Wachstum ist nicht ohne Risiko. Nicht etwa, weil man Gefahr läuft, zu scheitern – sondern weil man Gefahr läuft, zu bekommen, was man will. Was zunächst verlockend klingt, kann mittelfristig im Desaster enden, denn oftmals sind die Kapazitäten gar nicht ausreichend.

---

7 Und damit ist es Prozessen wie Kaizen oder dem »kontinuierlichen Verbesserungsprozess« nicht unähnlich.

Im betriebswirtschaftlichen Sinne kann gesundes (Umsatz-) Wachstum auch funktionieren durch:

▶ Entwicklung nach Minimalprinzip (Produktion mit geringerem Einsatz)

▶ Pricing-Strategie

▶ Verknappung am Markt

Als Coach ist deine Zeit begrenzt, und weil du dich nicht klonen kannst, ist die maximale Anzahl deiner Kunden limitiert. Als Unternehmer kannst du nur eine bestimmte Anzahl von Produkten herstellen und ausliefern oder Kundenanfragen bearbeiten.

Selbst beim Verkauf eines digitalen Produktes wie einer App kannst du nicht unbegrenzt wachsen, ohne die Kapazitäten deiner Server und das Personal der IT-Sicherheit oder des Customer Supports anzupassen. Diese leidvolle Erfahrung mussten einige Start-ups machen, die durch die TV-Show »Die Höhle der Löwen« zu schnell sehr viel Aufmerksamkeit erlangten.

Aber Growth ist nicht nur Wachstum im qualitativen Sinne – es steht auch für Entwicklung, für qualitatives Wachstum. Und dieses Wachstum sollte von jedem angestrebt werden. Nicht mehr Kunden, sondern zufriedenere Kunden. Nicht mehr Mitarbeiter, sondern eine gesunde Unternehmenskultur. Nicht mehr Umsatz, sondern mehr Gewinn. Nicht Wachstum um jeden Preis; Ethik und Verantwortung für unsere Mitmenschen haben oberste Priorität. Wachstum ist gut, nachhaltiges Wachstum ist besser. Mehr dazu am Ende dieses Kapitels.

2.3   Growth Hacking ist keine Revolution

John Wanamaker war ein sehr erfolgreicher Geschäftsmann und Politiker, der den Schwerpunkt seiner geschäftlichen Tätigkeit in Philadelphia hatte. Er eröffnete eine der ersten Kaufhausketten (aus denen später Macy's werden sollte) und durfte später den Posten des amerikanischen Postministers besetzen. Wanamaker war sich der Zwickmühle bewusst, dass er für seine Kaufhäuser werben musste, um erfolgreich zu sein, aber dass Werbung auch so ungezielt ist, dass sie nicht nur seine potenziellen Käufer erreicht. Von ihm stammt der bekannte Ausspruch, dass die Hälfte des für Werbung ausgegebenen Geldes rausgeschmissenen sei und er leider nur nicht wisse, welche Hälfte es ist.

Mit dieser Herausforderung sieht sich auch heute noch jeder Marketer konfrontiert. Aber im Jahr 2019 ist das schlicht und einfach nicht mehr zulässig. Und Growth Hacking tritt dafür den Beweis an. Denn diese Disziplin ist aus der Not junger Unternehmen entstanden, die es sich nicht leisten konnten, die Hälfte ihres Budgets zu verschwenden. Denn das wenige Geld, das diese Unternehmen verwenden kön-nen, sollte primär in die Produktentwicklung fließen. Werbung ist in den Augen vieler Gründer und Produktentwickler ein notwendiges Übel.

Growth Hacking ist keine Revolution, sondern eine Evolution. Und die Ausgangs-lage ist bereits über 50 Jahre alt. Auch wenn es Menschen mit anderen Fähigkeiten und mit einem etwas anderen Mindset sind, die sich Growth Hacker nennen, so ist es letzten Endes doch Marketing, und zwar im klassischen Sinne.

Ist Growth Hacking »alter Wein in neuen Schläuchen«?

Sean Ellis prägte den Begriff des *Growth Hackers* 2010, und er meinte damit daten-getriebene, technikaffine Menschen, die den Fokus ihrer Arbeit darauf richten, einem Produkt oder einem Unternehmen zu mehr Wachstum zu verhelfen. Warum das für Aufsehen sorgte? Weil es in Kontrast zur heutigen Personifikation eines Marketers steht. Marketing Manager sind meistens Menschen mit viel Charme und großartigen PowerPoint-Skills, die sowohl nach innen (in Meetings mit den eige-nen Kollegen) wie auch nach außen (auf eleganten Cocktailpartys) mit englischen Fachwörtern nur so um sich schmeißen. Mit viel Energie und Elan sorgen sie dafür, dass originelle Ideen zu award-verdächtigen Kampagnen mit TV-Spots und Postern werden, über deren sinnstiftende Tiefe sie sich in Interviews mit Fachmedien wie der »Horizont« oder »W&V« ausschweifend auslassen dürfen. Es sind zumeist gute, talentierte Menschen, die ihre Kollegen mitreißen und begeistern können, die ihren Job hervorragend machen. Aber ihr Job ist nicht Marketing, es ist Werbung.

In den meisten Unternehmen ist die primäre Aufgabe der Marketingabteilung, dafür zu sorgen, dass die Kreativ-, Media- und Spezialagenturen, mit denen sie zu-sammenarbeiten, sich nicht in die Haare kriegen, sondern (mehr oder weniger) pro-fessionell miteinander arbeiten, wobei keine Agentur eine Gelegenheit auslassen wird, etwas vom Budgettopf der anderen Agenturen abzubekommen. Im Rahmen dieser Zusammenarbeit dürfen Marketing Manager, sofern sie die Kompetenz sei-tens der Geschäftsführung bekommen haben, die eine oder andere Entscheidung darüber treffen, wie und wo in diesem Jahr das Geld ausgegeben wird. So gesehen sind Marketing Manager Schnittstellen mit Budgetverantwortung. Und auch daran ist überhaupt nichts auszusetzen, denn diese Aufgabe ist nicht einfach, aber not-wendig. Aber in der Regel ist es eine Illusion zu glauben, dass sie mehr als Werbung machen. Und Werbung impliziert nicht Wachstum. Sie ist lediglich einer von vielen möglichen Wegen dorthin.

Die Disziplin Marketing beinhaltet deutlich mehr als Werbung. Jeder, der auch nur eine einzige Vorlesung in Marketing genießen durfte, wurde mit dem *4P-Konzept* vertraut gemacht: Product, Price, Place, Promotion. Dieses Konzept wurde von Edmund Jerome McCarthy, einem amerikanischen Marketingprofessor, in seinem

Buch von 1960, »Basic Marketing: A Managerial Approach«, ersonnen und befindet sich am Anfang sämtlicher marketingwissenschaftlicher Fachliteratur. Auch »der Meffert«, der von Heribert Meffert (der 1968 den allerersten deutschen Marketing-Lehrstuhl an der Westfälischen Wilhelms-Universität Münster innehatte), geschrieben wurde, beschreibt das Konzept der 4P (siehe Abbildung 2.2) ausführlich.

Abbildung 2.2 Das 4P-Konzept

Diese Definition von Marketing ist deutlich umfassender als der Job, der von den meisten Marketing Managern erledigt wird. Denn Marketing ist mehr als nur Kommunikationspolitik, und genau dieser Aspekt ist ein wichtiger Teil von Growth Hacking. Denn Growth Hacking betrachtet nicht nur die Kommunikationsmaßnahmen eines Unternehmens als möglichen Wachstumskanal, sondern jeden Berührungspunkt entlang der Customer Journey. Und damit folgt es nur dem klassischen Marketingkonzept, das auch Produkt-, Preis- und Distributionspolitik beinhaltet. So betrachtet könnte man Growth Hacking sogar als eine Rückbesinnung auf klassische Werte verstehen, addiert mit den Möglichkeiten, die uns eine global vernetzte Welt und ein umfassender Werkzeugkoffer an Marketingtools bieten.

Und was ist mit der Fokussierung auf datengestütztes Marketing? Ist das neu? Ja und nein. Marketingcontrolling ist als Aufgabengebiet in Konzernen etabliert, fokussiert sich aber zumeist auf den Abgleich der Kosten und Erträge, so dass man zumindest den »*Return on Advertising Spent*« *(ROAS)* errechnen kann. Allerdings wird das Thema i. d. R. nicht auf die einzelnen Kanäle heruntergebrochen und wenn, dann nur hinsichtlich der Kosten.

Ist Growth Hacking eine Disziplin des Digital Marketings?

Nein, Growth Hacking umfasst jeden Touchpoint entlang der Customer Journey. Darunter sind viele online und digital – aber eben nicht alle. Im Abschnitt »Vielfalt der Kanäle« in diesem Kapitel wirst du lernen, dass es viele Offlinekanäle gibt, die vielleicht nicht en vogue sind, aber trotzdem effizient für mehr Wachstum genutzt werden können.

Warum wird Digital Marketing immer wichtiger?

1. Seine Wirkung ist deutlich besser messbar als z. B. Plakatwände.
2. Die finanziellen Einstiegshürden für Digital Marketing sind oft geringer als für klassische Medien und deswegen attraktiv für Start-ups.
3. Das Geschäftsmodell vieler junger Unternehmen folgt einem Digital Business Model (z. B. SaaS[8]-Produkte).
4. Der digitale Vertrieb von physischen Produkten wird zunehmend bedeutender.

Aus diesen Gründen nehmen Digital Marketing Hacks einen Großteil dieses Buches ein. Da Growth Hacking zuallererst ein Prozess ist, eignet es sich aber natürlich auch für klassische Geschäftsmodelle, unabhängig davon, ob sie ein physisches Produkt (z. B. Pizza) oder eine Dienstleistung (z. B. Anwaltskanzleien) verkaufen.

Kann Growth Hacking auch für B2B eingesetzt werden?

Definitiv. Denn egal, wer dein Kunde ist und in welchem Unternehmen er oder sie arbeitet: Es geht immer um Menschen. Und auch Geschäftsführer von mittelständischen Maschinenbau-Unternehmen sitzen gelegentlich auf der Couch und surfen auf Facebook. Statt B2C oder B2B sollte dein Geschäftsmodell auf P2P beruhen: People to People. Wir machen keine Geschäfte mit Unternehmen, sondern immer mit Menschen.

Wir haben Erik Stenberg zu diesem Thema befragt. Er ist Senior Consultant bei Avaus, einer finnischen Beratung, die sich auf Growth Hacking in großen Unternehmen spezialisiert hat. Einer ihrer Kunden ist der Mischkonzern Wärtsilä, der u. a. Schiffe baut. Er sagt, dass »auch wenn Sie in der B2B-Welt möglicherweise nicht in der Lage sind, anonymen Webverkehr mit einem Klick in zahlende Kunden umzuwandeln, bedeutet das nicht, dass Sie nicht die gleiche Denkweise und Arbeitsweise anwenden können, um den Traffic zu steigern, Leads zu identifizieren und selbst einen jahrelangen Verkaufsprozess zu beschleunigen«.

---

8   SaaS = Software as a Service

Ein Vorteil in der B2B-Welt: Da die Einkaufsprozesse in der Regel sehr lang sind und viele Stakeholder im Entscheidungsprozess involviert sind, ist die Gefahr von »Fuckups« aufgrund einzelner Entscheidungen deutlich geringer.

Kann man mit Growth Hacking Geld sparen?

Dass Growth Hacking eine kostenlose Marketing-Methode sei, ist einer der größten Growth-Hacking-Mythen überhaupt. Growth Hacking ist erstens keine Marketing-Methode, sondern ein ganzheitlicher Wachstumsprozess und verursacht Aufwand und damit mindestens personelle Kosten. Häufig sind Unternehmen auf externe Berater angewiesen, müssen neue Software anschaffen oder ihr digitales Produkt und die Organisation aufgrund der Ergebnisse dem Growth-Hacking-Prozesses anpassen. Damit entstehen nicht zu unterschätzende Kosten.

Mit Growth Hacking lässt sich aber durchaus Geld sparen. Das größte Potenzial liegt in der Umstellung auf agile Entwicklungsprozesse und Growth-Teams. Durch die agile Arbeitsweise arbeiten die Teams effizienter, und die Gefahr, dass du viel Zeit für die Planung und Konzeption von Produkten aufwendest, die dann niemand kaufen wird, ist damit entsprechend geringer.

Der zweite Grund ist die Ausrichtung auf nachhaltiges Wachstum. Über die Optimierung der Konversionsraten, Abwanderungsquote etc. sinken die Akquisitionskosten in den meisten Fällen erheblich. Außerdem ermöglicht Growth Hacking auch solchen Start-ups Wachstumschancen, die nicht über ein großes Marketing-Budget verfügen. Über die Automatisierung von digitalen Prozessen sollen sogenannte Retention- oder Referral-Loops entstehen, die die Kunden immer wieder zurückbringen oder dazu führen, dass sie dich weiterempfehlen. Möglicherweise sagen dir diese Begriffe im Moment noch nichts. Wir werden dich in diesem Buch aber Schritt für Schritt an die Methode heranführen.

2.3.1 Die Growth Hacking Circles

Traditionelle Marketer haben ihre Fähigkeiten vor allem im Marketing und in der Distribution. Das Know-how eines Growth Hackers geht weit über diese Bereiche hinaus. Nebst der Vermarktung kümmert er sich um die User Experience und ist nahe bei der Produktentwicklung, führt Experimente durch, analysiert und optimiert den Erfolg über die gesamte Customer Journey hinweg. Dabei verfolgt er ein zentrales Ziel: Wachstum. Selbstverständlich verfolgen auch traditionelle Marketer Wachstumsziele, aber nicht mit demselben Nachdruck. Dieser Fokus auf Wachstum hat neue Methoden zur Traffic-Steigerung und Conversion-Optimierung hervorgebracht. Der Growth Hacker kombiniert zur Erreichung der Wachstumsziele verschiedenste Disziplinen und Tools.

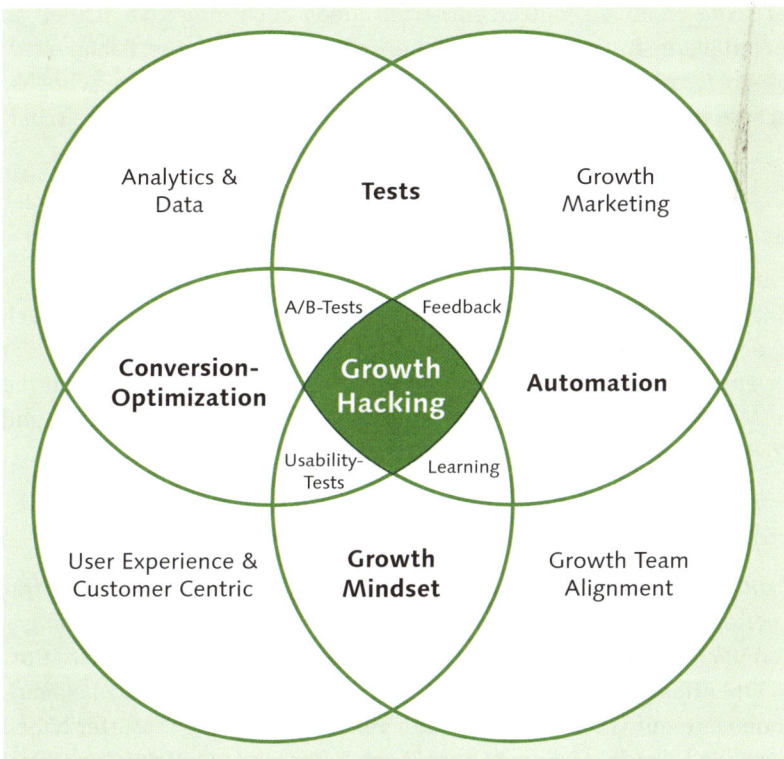

Abbildung 2.3 Die Growth Hacking Circles

Es geht darum, mit kreativen Lösungsideen die Grenzen der heutigen Möglichkeiten auszureizen und sich nicht nur auf gängige Wege zu verlassen. Ein typischer Marketer bei einem Großunternehmen setzt z. B. sehr viel Geld ein, um seine Facebook-Seiten und Social-Media-Profile aufzubauen. Er nutzt dazu die bewährten Lösungswege, was natürlich nicht falsch ist, aber kaum zu Innovation führen kann. Ein Growth Hacker wählt daher andere Ansätze. Er experimentiert mit den Funktionen, die ihm geboten werden, testet neue Tools und Konzepte oder versucht, alte Ideen auf neue Art und Weise umzusetzen. Er ist ein Meister der Kreativitätstechniken und findet auch immer wieder neue Möglichkeiten, das Wachstum zu steigern. Man könnte nun behaupten, dass es sich also nur um einen besonders kreativen Online-Marketer handelt. Das wäre richtig, hätte der Growth Hacker nicht noch Fähigkeiten in anderen Bereichen. Zum einen lebt er die berühmte Philosophie von Steve Jobs: »Design is not just what it looks like. Design is how it works.« Das bedeutet, dass ihm das gesamte Nutzererlebnis am Herzen liegt. Er verlässt sich dabei nicht nur auf sein Bauchgefühl, er nutzt die Möglichkeiten der Webanalyse zur Optimierung seiner kreativen Konzepte.

Und damit er seine kreativen, nutzerzentrierten Ideen auch möglichst schnell an einem echten Publikum austesten kann, setzt er auf seine technischen Fähigkeiten. Besonders die Prozessautomation ist ihm wichtig und ermöglicht es ihm, schneller für mehr Wachstum zu sorgen, als das ein herkömmlicher Marketer je hätte schaffen können.

2.3.2   Was hat das alles mit Hacken zu tun?

Zuerst muss man verstehen, was ein Hacker eigentlich ist. Die meisten Menschen verbinden einen Hacker mit bösartigen Cyberangriffen und Computerviren, doch das ist nicht der Ursprung des eigentlichen »Hackens«. Schon Ende der 1950er Jahre tat sich eine Gruppe experimentierfreudiger Menschen zusammen, um die Grenzen des Machbaren zu erkunden. Wau Holland, deutscher Journalist und Computeraktivist, prägte später die Formulierung:

> »Ein Hacker ist jemand, der versucht, einen Weg zu finden, wie man mit einer Kaffeemaschine Toast zubereiten kann.«

Vielleicht ist dir der Begriff *Life-Hack* bekannt. Ein Life-Hack bezieht sich auf Strategien, Tätigkeiten im Alltag auf eine ungewöhnliche Weise zu erleichtern. So gesehen könnten die meisten von uns sogar ihre Mütter als Hacker bezeichnen. Rost mit Essig und Öl entfernen, Weinflecken auf dem Lieblingshemd mit Salz bekämpfen oder Hundehaare mit Gummihandschuhen vom Sofa entfernen. Mütter haben seit Jahrzehnten die tollsten Hacks auf Lager. Auch Väter greifen anfangs gerne mal zum Kabelbinder, wenn sich die Töchter über ihre Fingerfertigkeit beim Zusammenbinden des Dutts beschweren.

Es geht beim Hacken also um viel mehr als nur darum, in fremde Rechner und Netzwerke einzudringen. In der Hackerkultur gibt es viele, die das Hacken als eine Chance sehen, die Welt zu verbessern. Sogenannte »Hacktivisten« verstehen sich als eine Art digitale Bürgerwehr. So gibt es Gruppierungen wie das *Artificial Intelligence Laboratory*, die sich für freie Software einsetzen. Ihrer Ansicht nach sollte die Kontrolle über die Software nicht bei Unternehmen, sondern beim Nutzer liegen. Eine weitere Bewegung nennt sich *ethische Hacker*. Ein ethischer Hacker sucht im Auftrag eines Softwareanbieters nach Schwachstellen, bevor andere Hacker diese für Angriffe nutzen könnten. Solche Spezialisten erfreuen sich einer zunehmenden Beliebtheit.[9]

Auch wenn historisch gesehen die Hacker also nicht einfach nur reine Computerfachleute waren, verstehen wir in unserem Kulturkreis unter einem Hacker aber vor allem jemanden, der mit großem Sachverstand die Möglichkeiten der digitalen Technologie ausreizt. Und genau das versucht auch der Growth Hacker.

---

9   www.digitalwelt.org/themen/hackerethik/der-begriff-hacker

2.3.3   Wann ist ein Hack ein Hack?

Für Ben Harmanus, Head of Community & Content Marketing D/A/CH bei Unbounce, ist ein Growth Hacker jemand, der auch tatsächlich entwickeln und Skripte schreiben kann. Online-Marketer und Produktmanager, die strategische Entscheidungen über Wachstumsmaßnahmen treffen, ohne dabei tatsächlich Hacks anzuwenden, würde er als Growth Lead, Growth Master oder als Growth Manager bezeichnen. In diesem Sinne wäre auch ein wahrer Growth Hack so selten wie ein Einhorn, weil er nur dann diese Bezeichnung verdient, wenn er zum allerersten Mal eine neue Tür aufgestoßen hat. Sobald dieser Hack von anderen Unternehmen adaptiert wird, ist er Best Practice.

> *»Ein echter Growth Hacker ist wie ein Einhorn: sehr schwierig zu finden.«*
> *– Ben Harmanus, Unbounce*

Die Frage ist also, was man als echten Growth Hack bezeichnet. Muss der Hack einmalig und innovativ sein? Oder muss sich ein Produkt wirklich automatisiert und viral verbreiten, damit es sich um einen echten Growth Hack handelt? Oder reicht es aus, wenn du Experimente durchführst und kreative Lösungswege findest, um das Wachstum auf deinen Websites, Blogs und Social-Media-Seiten zu steigern? Ist ein Growth Hack immer nur nach außen an die Kunden gerichtet, oder kann auch eine Maßnahme, die den eigenen Vertriebsmitarbeitern stundenlange Arbeit erspart, als Growth Hack bezeichnet werden?

Den Unterschied macht vor allem die Kombination der drei Growth-Hacking-Disziplinen, das experimentelle Vorgehen und der vollkommene Fokus auf skalierbares Wachstum. Sobald sich also das Wachstum nach der Durchführung einer deiner Iterationen signifikant verändert, hast du einen echten Growth Hack geschaffen. Unserer Meinung nach ist es unerheblich, ob es diesen Hack schon einmal gab oder nicht. Harmanus erwähnt jedoch noch eine sehr wesentliche Sache, die ein Growth Hacker mit einem Growth Manager gemeinsam hat: Er denkt wie ein Unternehmer. Er meint damit, dass beide den brennenden Wunsch haben, die Zielgruppe mit dem Must-have-Produkt zu verbinden.[10]

2.3.4   Growth Hacking im Vergleich zu anderen Modellen

Wenn von Unternehmens- oder Onlinewachstum gesprochen wird (insbesondere im Start-up-Umfeld), hört man verschiedene Begriffe im Zusammenhang mit Prozesse, und Methoden für das Wachstum des Unternehmens:

---

10 *http://unbounce.com/de/conversion-optimierung/was-ist-growth-hacking-und-was-nicht*

1. Bootstrapping
2. Lean Marketing
3. Inbound Marketing
4. Growth Marketing

Deswegen schauen wir uns die Gemeinsamkeiten und Unterschiede dieser Modelle genauer an:

Bootstrapping

Bootstrapping im engeren Sinne bezeichnet den Aufbau und Betrieb eines Start-ups mit »Bordmitteln«, also ohne finanzielle Unterstützung von außen. Die Bandbreite reicht von einem ambitionierten Sideproject, das von den Gründern nachts und am Wochenende umgesetzt wird, bis hin zu kleinen Unternehmen, die bereits den Bedarf für ihr Produkt am Markt beweisen. Der Vorteil für die Gründer ist: Sie behalten die volle Kontrolle über ihr »Baby« und sind nicht auf Business Angels, Venture Capital oder Förderbanken angewiesen. Sie können sich vollkommen frei dafür entscheiden, wie sie ihr Produkt entwickeln und bewerben. Der Nachteil: Sofern man nicht über große finanzielle Reserven verfügt (was oft der Fall ist, wenn einer der Gründer zuvor einen erfolgreichen Exit hingelegt hat, d. h. ein Unternehmen bereits verkauft hat), wird dieses Modell eher früher als später an seine Grenzen stoßen, weil eine Skalierung nicht möglich ist. Bootstrapping bezeichnet also primär die Entwicklung eines Produkts ohne fremdes Kapital, nur mit eigenen Ressourcen.

Lean Marketing

Lean Start-up will diese Schwächen des klassischen Marketings korrigieren: Es bezeichnet ein dynamisches, datengetriebenes Management-Framework, das in erster Linie das Bilden schlanker, ressourcensparender Prozesse zum Ziel hat. Der verwandte Begriff *Lean Marketing* bezeichnet eine Vorgehensweise zur Optimierung der bezahlten Werbung. Es geht darum, performanceorientierte Werbung – insbesondere Google Ads, Facebook- und Display Ads – durch permanentes Monitoring zu analysieren und fortwährend zu verbessern. Dabei werden ständig neue Kanäle und Werbemittel getestet, um den optimalen *Audience-Ad-Fit* zu erzielen.

Growth Hacking steht beiden Begriffen sehr nahe, hat aber die Wachstumssteigerung über das Etablieren von Experimenten (Tests) zum Ziel. Die Prozesse orientieren sich dabei stark an der Lean-Start-up-Methode und sind daher ebenfalls interessant für Unternehmen, die mit begrenzten Mitteln schnell wachsen wollen oder müssen. Wichtig dabei zu wissen: Die Methode umfasst nicht nur die klassischen Kanäle der bezahlten Werbung, sondern jeden möglichen Berührungspunkt zwischen dem Unternehmen und dem potenziellen Kunden. Jeder dieser Berührungspunkte ist eine Möglichkeit, ihn durch Growth Hacking für weiteres Wachstum zu verbessern. Damit umfasst Marketing auch das Produkt selbst.

Inbound Marketing

Beim Inbound Marketing geht es darum, potenzielle Kunden mit relevanten und hilfreichen Inhalten auf dein Unternehmen aufmerksam zu machen und ihnen über das gesamte Kundenerlebnis hinweg einen Mehrwert zu bieten – über deine Website, deinen Blog und Social Media. Währenddessen haben die potenziellen Kunden die Möglichkeit, per E-Mail, Chat und weiteren Kanälen mit dir zu interagieren.

Anders als beim traditionellen Outbound Marketing musst du dich deiner Zielgruppe nicht aufdrängen und um ihre Aufmerksamkeit kämpfen bzw. dafür bezahlen. Stattdessen kannst du dich darauf konzentrieren, Inhalte zu erstellen, die direkt auf die Interessen und Bedürfnisse deiner Zielgruppe zugeschnitten sind. So ziehst du qualifizierte Interessenten an und etablierst dich als vertrauenswürdige Informationsquelle.

Growth Marketing

Genauso wie das klassische Online Marketing beschäftigt sich Growth Marketing ebenfalls mit der gesamten Customer Journey und weiteren Methoden wie Marketing Automation.

Aber der Prozess endet nicht nach der Nutzerakquise und ist eng verwandt mit nutzerzentrierten Konzepten, denn es geht ebenfalls darum, die Bedürfnisse der Kunden ins Zentrum zu stellen und damit eine optimale Customer Experience zu erreichen.

Es geht also um die Gestaltung einer Customer Experience (genauer gesagt einer User Experience) mit dem Ziel, neue und vor allem aktive Kunden zu gewinnen – und zwar durch das bewusste Überschreiten von typischerweise hart abgegrenzten Kompetenzbereichen (ergo Abteilungen).

Sowohl Growth Hacking wie auch Growth Marketing zielen auf nachhaltiges Wachstum ab, eine Growth-Marketing-Strategie setzt häufig aber weniger Agilität voraus und bezieht meist auch keine weiteren Spezialisten ein.

Beim Growth Marketing sind die Maßnahmen und Abläufe weitestgehend klar und können bis zu einem gewissen Grad als To-do-Liste abgearbeitet werden. Beispielsweise steht am Anfang die Definition einer Persona. Auf dieser Basis wird eine Content-Strategie erarbeitet. Es folgt die Definition der Social-Media- und E-Mail-Marketing-Strategie, und bestenfalls wird alles über ein intelligentes CRM und Lead-Management-Tool verbunden.

Beim Growth Hacking stehen das Bilden von Growth-Teams und das Ermöglichen von agilen Experimenten zu Beginn im Vordergrund. Das Ziel ist, möglichst viele agile Tests durchzuführen. Deswegen werden im Folgenden alle möglichen Kommunikationskanäle auf »versteckte« Wachstumsmöglichkeiten hin abgeklopft. Für manche dieser »Hacks« benötigt man einen Programmierer, für andere nur ein wenig Dreistigkeit. Aber Grundlage für alles ist der systematische Prozess fortwährenden Messens, Analysierens, Testens und Optimierens.

Da unkonventionelle Experimente in Unternehmen häufig nicht auf Gegenliebe stoßen, sind Growth-Marketing-Bemühungen oft auch einfacher durchzusetzen. Auch wenn Growth Hacking mehr als nur ein Buzzword oder ein Hype ist, könnte es dennoch gut sein, dass sich langfristig eher die Bezeichnung Growth Marketing durchsetzen wird.

Auch für den Marketer Robert Weller sind Growth Hacks »meist auf eine Maßnahme und einen Kanal beschränkt und beschreiben Quick Wins, wohingegen Growth Marketing systematisch alle Möglichkeiten mit einbezieht und neben der Akquise eben auch auf die Steigerung der Customer Engagement abzielt«.

Wenn wir die oben genannte Definition von Growth Hacking verwenden, nämlich dass darunter ein systematischer Prozess zur Steigerung von Unternehmenswachstum in jeder Form verstanden werden kann, dann erfüllt Growth Hacking Wellers Ansprüche an Growth Marketing und kann als Synonym verwendet werden. Beide Methoden setzen außerdem die unternehmensweite Etablierung eines Growth Mindset voraus.

Schlussendlich stehen sich die beiden Begriffe sehr nahe, und auch wir verwenden für unsere Tätigkeit gerne mal den Ausdruck Growth Marketing. Das machen übrigens auch bekannte Growth Hacker wie Sean Ellis oder Neil Patel.

In der Literatur, auf Blogs, Podcasts und Konferenzen im Umfeld von Start-ups und digitalem Marketing wird häufig mit diesen drei Begriffen um sich geworfen, ohne dass eine scharfe Trennung erfolgt. Dem wollen wir abhelfen.

Alle Methoden – Growth Hacking, Bootstrapping, Inbound Marketing, Lean Marketing und Growth Marketing – haben gemeinsam, dass sie mit begrenzten Mitteln Unternehmen zu Erfolg verhelfen wollen, weswegen Effizienz und Cleverness eine wichtige Rolle spielen.

Die wichtigsten Unterschiede sind:

▶ **Bootstrapping** bezeichnet die Produktherstellung (ohne externe Mittel), nicht die Kommunikationsmittel.

▶ **Inbound Marketing** fokussiert sich auf die Generierung von neuen Traffic und Leads, nicht auf Retention, Referral und Revenue.

- **Lean Marketing** optimiert nur die Paid-Marketingkanäle, um Unternehmen mit kleinen Werbebudgets zu Wachstum zu verhelfen.

- **Growth Marketing** fokussiert sich auf Experimente im Rahmen von klassischen und neuen Marketingkanälen sowie der User Experience.

- **Growth Hacking** nutzt die Lean-Start-up-Methode und umfasst sowohl das Produkt (und damit alle einhergehenden potentiellen Kommunikationsmöglichkeiten) als auch Werbekanäle und alle weiteren Maßnahmen.

	Inbound Marketing	Lean Marketing	Growth Marketing	Growth Hacking
Was ist das Ziel?	Traffic und Leads durch Content, der Probleme der Zielgruppe löst	Effiziente Paid-Marketing Kampagnen	Erreichung der Marketingziele	Wachstum des Unternehmens
Stufen der Customer Journey?	Awareness, Acquisition, Activation	Awareness, Acquisition	Awareness, Acquisition, Activation, Revenue	Awareness, Acquisition, Activation, Revenue, Retention, Referral
Worauf liegt der Fokus?	Lead-Generie-rung	Optimierung der bestehen-den klassischen Marketing-kanäle	Experimente mit bestehen-den Marketing-kanälen	Growth-Teams und Experi-mente

2.4   Echte Growth Hacks: Praxisbeispiele

Hier haben wir einige bekannte Growth Hacks für euch zusammengestellt, damit ihr euch anhand von Beispielen besser vorstellen könnt, wie Growth Hacking funktioniert und euch in der Praxis tatsächlich helfen kann.

2.4.1   Instagram

Als Facebook im Jahr 2012 mitteilte, dass es Instagram zum Preis von 1 Milliarde US-Dollar übernehmen werde, bestand das Unternehmen aus 12 Mitarbeitern und hatte noch gar kein Ertragsmodell. Damals zählte die App aber bereits 30 Millionen registrierte Nutzer. Ein paar Monate nach der Übernahme durch Facebook gab man bekannt, dass sich mittlerweile über 100 Millionen Nutzer registriert hatten. Bis ins

Jahr 2016 wuchs die Mitgliederzahl dann weiter auf 500 Millionen Nutzer. Dieses enorme Wachstum war möglich, weil Instagram es den Nutzern einfach und schnell ermöglichte, ihre Bilder automatisch auf Facebook und anderen sozialen Netzwerken zu posten, und weil die Entwickler die App stetig sehr nahe an den Bedürfnissen der Nutzer weiterentwickelt haben. So war Instagram zu Beginn noch ein standortbasierter Empfehlungsdienst. Durch die Auswertung von diversen Tests und Analysen bemerkten die Gründer, dass vor allem die Foto-Sharing-Funktionen besonders oft und intensiv genutzt wurden, und fokussierten sich nur noch auf die Optimierung dieser Funktion. Erst dieser von der Community inspirierte Richtungswechsel, auch *Pivot* genannt, ermöglichte das enorme Wachstum. Im April 2017 gelang dem Unternehmen ein weiterer Meilenstein, als man mit der neu implementierten Funktion »Instagram Stories« den großen Konkurrenten Snapchat in die Schranken wies. Die Stories-Funktion ist also nicht nur aufgrund des Wachstums ein wichtiger Schachzug für Zuckerberg. Instagram klaute damit die wichtigste Kernfunktion und gleichzeitig das Alleinstellungsmerkmal eines der größten Konkurrenten und holte sich die jüngere Zielgruppe zurück (siehe Abbildung 2.4). Auch bei den Stories hatte man sich sehr stark an den Wünschen der Community orientiert und damit ein weiteres Mal genau die richtigen Entscheidungen getroffen.

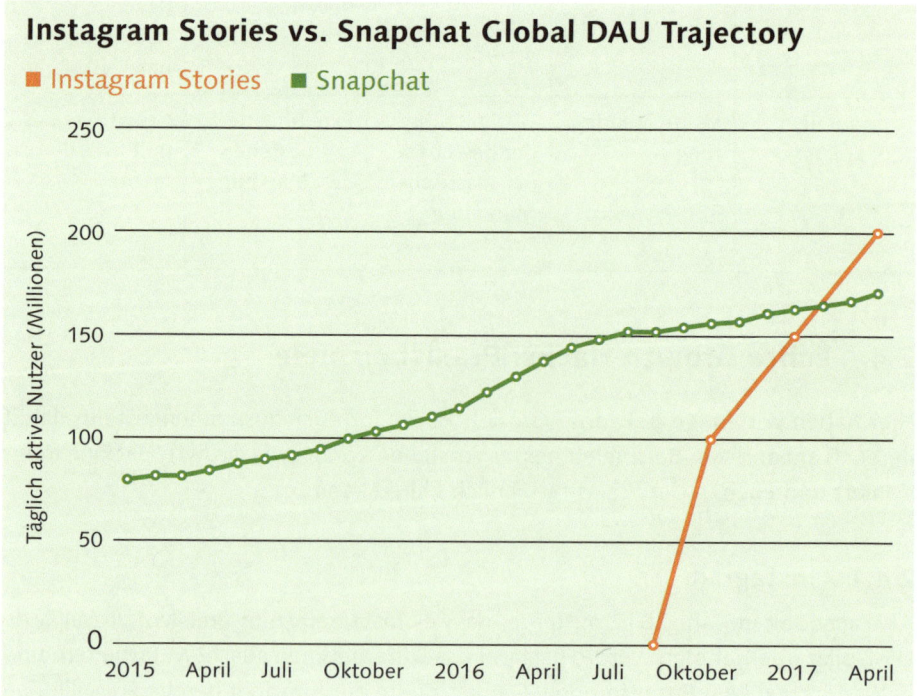

Abbildung 2.4 Instagram Stories überholt Snapchat. (Quelle: Company Filings, Management Commentary, BTIG Estimates)

2.4.2   YouTube's Embed Code

Wie wichtig Produktentwicklung beim Growth Hacking ist, zeigt uns die Geschichte von YouTube. Allein die Möglichkeit, sich selbst in Videos zu inszenieren, war im Jahr 2005 völlig neu. Die ursprüngliche Idee der Gründer war übrigens, ein Dating-Portal zu entwickeln. Die Nutzer sollten sich dem anderen Geschlecht kurz per Video vorstellen. Als sich anfangs nur wenige Nutzer angemeldet hatten, entschied man, das Portal für Videos aller Art zu öffnen. Anstatt Geld für Marketingkampagnen auszugeben, testete man diverse technische Maßnahmen, um das Portal bekannt zu machen. Über eine dieser Experimente ermöglichte das Videoportal den Nutzern, Videos per Embed Code in externe Websites und Social-Media-Plattformen, damals noch MySpace, einzubetten. Die Plattform entwickelte sich damit rasant: 2006 wurden täglich 100 Millionen Clips angesehen, im Jahr 2010 waren es bereits 2 Milliarden Aufrufe.[11] Heute werden täglich 1 Milliarde Stunden Videos angesehen, und YouTube zählt täglich über 30 Millionen aktive Nutzer.

2.4.3   Der Klassiker – Dropbox und das Referral-Programm

Zu Beginn experimentierte man bei Dropbox noch mit bezahlten Ads, fand dann aber relativ schnell heraus, dass die Kosten den anschließenden Nutzen um ein Vielfaches überstiegen. Also suchte man nach alternativen Wachstumsmöglichkeiten. Mit einer genialen Idee schaffte man es dann, in einem Jahr über 4 Millionen neue User zu generieren: Die Gründer bemerkten, dass der Speicherplatz für die Nutzer schnell zu einem limitierenden Faktor wurde, und sie entschlossen sich, daraus ein Angebot zu bauen, das sowohl den Nutzern wie auch dem Unternehmen helfen würde. Jeder Nutzer hatte die Möglichkeit, durch E-Mail Empfehlungen an Freunde mehr Speicherplatz zu erhalten. Meldeten sich die Freunde anschließend bei Dropbox an, profitierten sowohl der Einladende als auch der Eingeladene (siehe Abbildung 2.5).

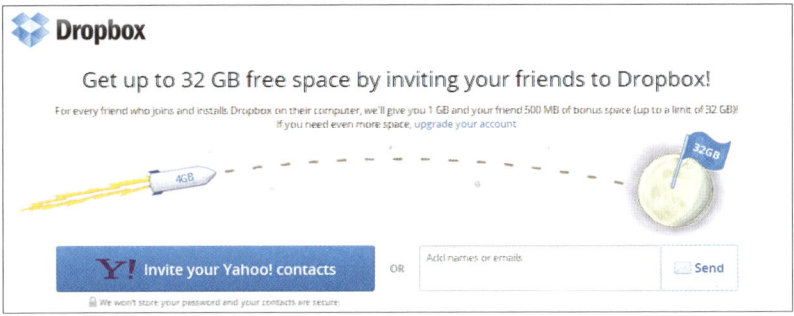

Abbildung 2.5 Virales Marketing bei Dropbox

---

11 *https://de.wikipedia.org/wiki/YouTube*

Doch die Gründer beließen es nicht bei diesem einen Growth Hack. So konnte man seinen Speicherplatz weiter erhöhen, indem man z. B. den Dropbox-Account mit seinem Twitter-Account verknüpfte oder dem offiziellen Dropox-Account auf Twitter folgte. Wie bei vielen anderen Erfolgsgeschichten waren es aber nicht allein die einzelnen Hacks, die das enorme Wachstum für Dropbox ermöglichten. Es war vielmehr eine Kombination aus uneingeschränkter Verfügbarkeit und einer sehr ansprechenden User Experience.

2.4.4   Facebook

Wenn man von gigantischem Wachstum spricht, darf das soziale Netzwerk Facebook natürlich nicht fehlen. Als Facebook 2004 vom damaligen Harvard-Studenten Mark Zuckerberg gegründet wurde, war es noch eine geschlossene Umgebung, die nur spezifischen Studentengruppen zugänglich war. Zuckerberg setze für die Anmeldung eine Uni-Adresse voraus. Nach der Gründung öffnete er das Portal dann ebenfalls für Studenten anderer Unis. Dieser Exklusivitäts-Hack verhalf dem Netzwerk in den ersten Monaten schnell zu einer kritischen Masse. Nach nur einem Jahr zählte thefacebook.com bereits 1 Million Nutzer. Später kamen neben den Unis andere Schulen hinzu, und ab September 2006 hatten alle Nutzer über 13 Jahren mit einer gültigen E-Mail-Adresse Zugriff.

2.4.5   Twitter

Biz Stone, Jack Dorsey, Evan Williams und Noah Glass starteten Twitter bei Odeo in San Francisco als internes Projekt. Dorsey hatte die Idee, einen SMS-Service für eine kleine geschlossene Gruppe zu erstellen. Der erste Prototyp wurde am Anfang bei Odeo ausschließlich für die firmeninterne Kommunikation genutzt. Allein durch die Tatsache, dass man von Anfang an nur Tweets mit maximal 140 Zeichen absetzen konnte, grenzte sich Twitter von anderen sozialen Netzwerken ab. Seine Popularität hat Twitter auch dem Umstand zu verdanken, dass Veranstalter und TV-Stationen begannen, während Events und Sendungen Tweets einzublenden. Das war jedoch kein Zufall, denn Twitter hatte diese Idee selbst an der »South by Southwest Interactive Konferenz« angestoßen. Twitter-Mitarbeiter stellten in den Gängen des Events große Bildschirme auf, auf denen sie exklusiv Tweets rotieren ließen. Daraufhin verbreitete sich diese Idee rasant.

Auch die Einführung des Hashtags war eine von vielen wichtigen Maßnahmen, denen Twitter sein Wachstum zu verdanken hat. Die Idee selbst stammt nicht einmal von Twitter, sie war vom Chatsystem IRC abgekupfert. Und auch den Vorschlag, das Konzept bei Twitter einzuführen, stammte von einem Nutzer, dem

Rechtsanwalt und Internetaktivisten Chris Messina. Durch die Hashtags wurde es möglich, Events und Ereignisse direkt mit den Tweets zu verknüpfen.[12]

Alles tolle Ideen, aber existenziell für das weltweite Wachstum von Twitter war nicht eine einzelne Maßnahme. Als Satya Patel 2011 als VP of Product zu Twitter wechselte, bestand er darauf, dass die Growth Teams nicht einen, sondern zehn Tests pro Woche durchführen sollten. Es war dieser Paradigmenwechsel, der das Wachstum von Twitter befeuerte und den Dienst innert 2 Jahren von etwas über 50 Millionen auf über 200 Millionen Nutzer wachsen ließ.

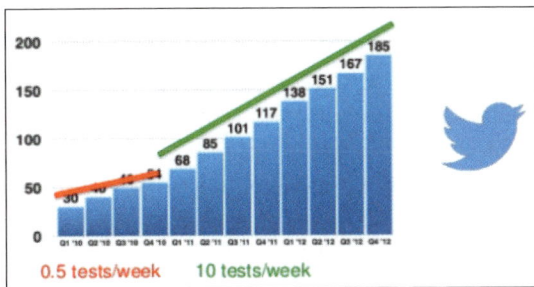

Abbildung 2.6 Twitters Wachstum nach der Umstellung auf 10 Tests pro Woche

2.4.6   Airbnbs Craigslist-Cross-Posting

Airbnb ist heute der weltweit führende Marktplatz zur Vermittlung von Privatunterkünften und ist in 191 Ländern und 65.000 Städten verfügbar. Seinen Erfolg verdankt Airbnb unter anderem auch dem gesellschaftlichen Wandel hin zur *Sharing Economy*. Die Menschen wollen nicht mehr nur ungebremst konsumieren, sondern streben eine Gesellschaft des Teilens an.

Das ist aber nur die halbe Wahrheit. Bei der Lancierung von Airbnb konnten Nutzer ihre Einträge automatisiert auf dem populären Kleinanzeigenportal Craigslist posten (siehe Abbildung 2.7).

Abbildung 2.7 Airbnb-Angebote konnten mit nur einem Klick auf Craigslist gepostet werden.

---

12 *https://en.wikipedia.org/wiki/Twitter#History*

Durch diese Verbindung erreichten Airbnb-Angebote eine wesentlich höhere Reichweite. Um dies zu schaffen, war ein technischer Hack notwendig. Dieses Verfahren war ein Verstoß gegen die Craigslist-Richtlinien und bewegte sich damit in einer Grauzone.

2.4.7 Urlaubsguru – ein Sommermärchen

Das Sommermärchen von Daniel Marx und Daniel Krahn, den Gründern des Portals, beginnt nicht in einer Garage, sondern an einem sommerlichen Grillabend auf einem Balkon in Unna (Nordrhein-Westfalen). Die zwei Freunde sprachen über Gott und die Welt und ihre Zukunftspläne. Beide teilten die Leidenschaft fürs Reisen und erzählten von ihren Städtetrips und Abenteuern. Sie hatten ihre Leidenschaft längst perfektioniert und waren Meister darin, Schnäppchen im Internet zu finden. Im Gespräch hatten sie die zündende Idee: Sie konnten dieses Talent nutzen und anderen Reisenden ebenfalls die besten Schnäppchen auf einem Blog zur Verfügung stellen.

Das Prinzip war einfach: Sie präsentierten täglich neue Reiseangebote zu einem guten Preis-Leistungs-Verhältnis, testen laufend neue Ideen und betrieben ein sehr aktives Community-Management. Und auch wenn der Durchbruch schlussendlich auch einem TV-Beitrag auf RTL Extra zu verdanken war, hat es Urlaubsguru mithilfe von viel Fleißarbeit und dem Mut, Neues auszuprobieren, innerhalb kürzester Zeit geschafft, ohne Startkapital ein sehr profitables Unternehmen mit 120 Mitarbeitern aufzubauen.

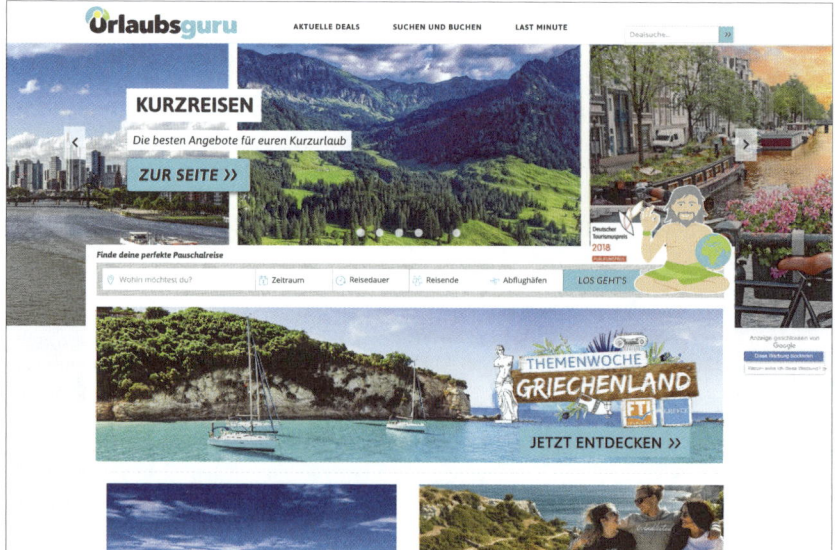

Abbildung 2.8 Das Ferienportal von Urlaubsgsguru

2.4.8 Nasty Gal

Die Geschichte von Sophia Amorusos Modelabel Nasty Gal beginnt im Jahr 2006 in Los Angeles. Was ursprünglich als einfacher eBay-Account startete, entwickelte sich rasch zum Millionenimperium. Amoruso gelang es vor allem durch ein ausgeklügeltes Produktdesign und freche, authentische Marketingmaßnahmen, ein breites Publikum anzusprechen. So präsentierte sie ihre Entwürfe an einfachen Studentinnen – die sie laut eigenen Aussagen anfangs mit Hotdogs bezahlte –, anstatt professionelle Models anzuheuern. Dieser Mix aus frechem Design und Rock 'n' Roll kam bei der jungen Zielgruppe sehr gut an. Es war dann vor allem auch der Mut, neue Wege zu gehen, der Nasty Gal zu schnellem Wachstum verhalf.

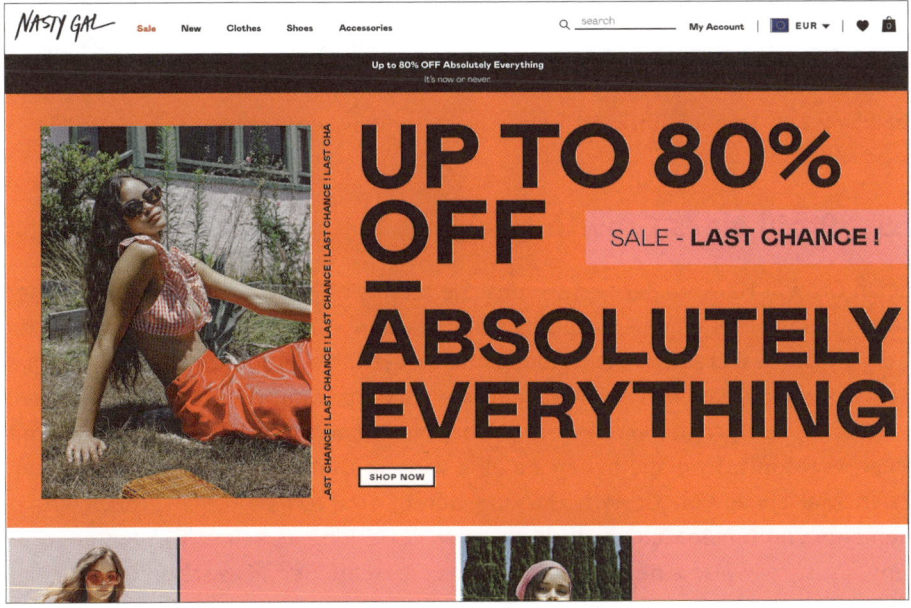

Abbildung 2.9 Die aktuelle Website von Nasty Gal

2.4.9 Spotify

Durch sein distributives Businessmodell stellte Spotify nach seinem Launch die komplette Musikbranche auf den Kopf. Die Gründer Daniel Ek und Martin Lorentzon hatten das Ziel, eine legale Alternative zur Musikpiraterie immer und überall anzubieten. Mit dem Mix aus Millionen kostenlos verfügbarer Musiktitel, einer sehr guten User Experience und der Möglichkeit, die Musiktitel mit Freunden in der App und auf Facebook automatisch zu teilen, schaffte es der Musikdienst, die Zahl der aktiven Nutzer auf über 50 Millionen zu steigern. Und durch das einfach verständliche und sehr attraktive Abo-Modell gelang es, über 10 Millionen zahlende Kunden zu akquirieren (siehe Abbildung 2.10).

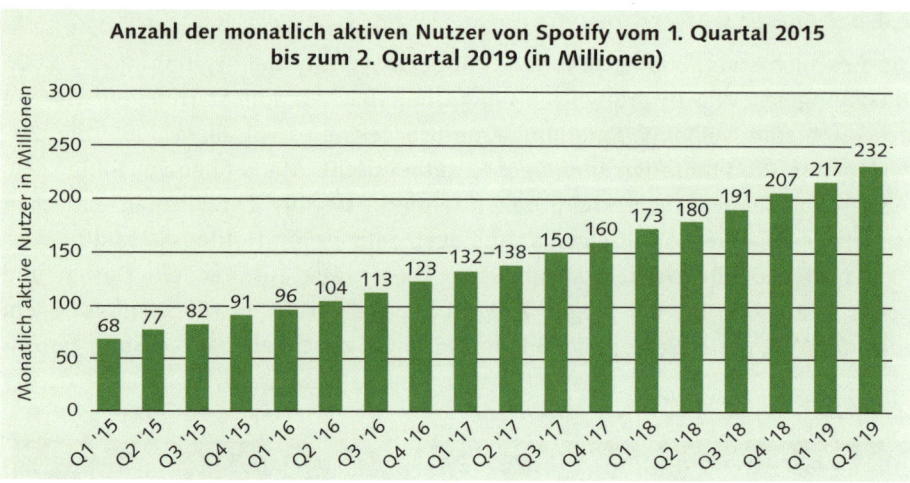

Abbildung 2.10 Spotifys Nutzerwachstum (Quelle: statista/statista.com)

2.5   Profil eines Growth Hackers

Vielen Growth Hackern geht es wie uns. Sie taten sich in der Vergangenheit immer schwer damit, eine klare Aussage zu treffen, wenn es darum ging, ihre berufliche Tätigkeit zu beschreiben. Sie sind technisch versierte Produktmanager, kreative Marketer oder kreative Webentwickler, die auch mal über den Tellerrand blicken. In ihrer Freizeit programmieren sie Webapplikationen oder experimentieren mit neuen Webtools. Und alle haben sie eine weitere Gemeinsamkeit: Wenn sie zum ersten Mal etwas von Growth Hacking hören, erfahren sie einen großen »Aha-Moment« und fühlen sich verstanden. Growth Hacking ist keine völlig neue Erfindung. Es ist teilweise eine neue Art, etwas zu beschreiben, was schon in ähnlicher Weise in der Vergangenheit existierte.

Die neuen Ansätze und Theorien von Pionieren wie Sean Ellis, Neil Patel oder Dave McClure zeigen neue Wege und Vorgehensweisen auf, die uns bei unserer täglichen Growth-Hacking-Arbeit helfen. Mit diesen neuen Werkzeugen können wir Wachstumsmaßnahmen viel besser planen und konzipieren. Außerdem hat allein die Existenz des Begriffs »Growth Hacking« eine Welle in Bewegung gebracht, die eine Interessengemeinschaft entstehen ließ. Es werden Bücher über das Thema geschrieben, Kurse angeboten, Vorträge gehalten. All das wäre nicht möglich gewesen, hätte Sean Ellis nicht das Profil des Growth Hackers definiert. In Abschnitt 2.3.1, »Die Growth Hacking Circles«, hast du gelernt, dass sich Growth Hacker im Wesentlichen mit den drei Bereichen Online-Marketing, Webentwicklung und User Experience beschäftigen. Wie stark ein Growth Hacker auf dem jeweiligen Gebiet sein muss, ist nicht klar definiert und spielt am Ende auch keine Rolle. Ein Growth Hacker, der für ein kleines Start-up arbeitet, kann beispielsweise mit einem Entwicklerteam oder mit anderen Online-Marketern zusammenarbeiten. Bestenfalls kann er auf Analyse- und SEO-Spezialisten zurückgreifen und muss nicht immer alles selbst umsetzen. Anders als seine Kollegen ist sein Fokus jedoch nur auf das Wachstum seiner Produkte gerichtet. Und wo seine Mitarbeiter auf bewährte Methoden setzen, sucht und experimentiert der Growth Hacker.

2.5.1 T-shaped Professional

Wir alle kennen Generalisten und Spezialisten. Wollen wir beispielsweise eine Website umsetzen, können wir einen Generalisten anheuern, der schnell alles für uns erledigt. Oder wir setzen für jedes Teilgebiet auf mehrere Spezialisten. In der Praxis findet man im Management eher die Generalisten und in der Produktion und Entwicklung die Spezialisten. Der Growth Hacker ist häufig ein Generalist mit einem starken Produktfokus. Grundsätzlich kennt er sich mit vielen Themen gut aus, konzipiert, gestaltet und entwickelt Websites, schreibt Online-Marketing-Konzepte und bloggt. Nebenher dreht er auch noch tolle Videos und schneidet diese für Social-Media-Kampagnen zusammen. Auf einem speziellen Gebiet kennt er sich dann aber besonders gut aus. So gibt es Growth Hacker, die eher einen Webentwickler-Background haben, andere waren ursprünglich SEO- oder Content-Marketing-Spezialisten, wieder andere haben ihre Spezialität in Psychologie oder User Experience mit einem Schwerpunkt in SEO/SEA. »Das wichtigste Kriterium für gute Optimierer ist Neugierde«, sagt André Morys, Geschäftsführer von konversionsKRAFT und Herausgeber des Blogs »konversionsKRAFT«. Der Growth Hacker muss *out of the box* denken können, also außerhalb festgefahrener Spuren, und trotz seines umfangreichen Wissens in verschiedenen Bereichen in manchen Disziplinen auch ein tieferes Wissen vorweisen können.

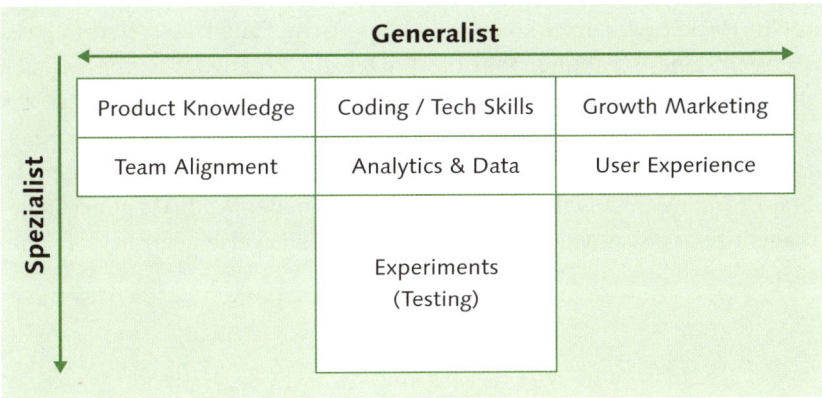

Abbildung 2.11 Beispiel eines T-Shaped Professionals

Der Growth Hacker Henning Heinrich sagt, dass jeder Growth Hacker seine speziellen Talente und Disziplinen hat. Er persönlich investiere viel Zeit darin, neue Fähigkeiten zu lernen, bei denen er noch kein vertieftes Wissen habe, nicht unbedingt, um diese perfekt zu beherrschen, sondern um ein grundlegendes Verständnis zu entwickeln.

Heinrich machte einen Master of Arts am Goldsmiths College in London. Danach arbeitete er als Praktikant für digitales Marketing mit dem Schwerpunkt PPC[13] bei der Tirendo Holding in Berlin. Heinrich entwickelte sich dann zum Growth Hacker weiter und arbeitete in diesem Bereich für diverse Start-ups und Unternehmen in Deutschland und England. Kürzlich ist er nach Kanada gezogen, um dort als Growth Strategist für Hootsuite zu arbeiten.

Für Heinrich ist Growth Hacking ein iterativer Prozess, der das ganze Erlebnis, das ein Kunde mit einem Produkt hat, betrachten sollte. Eine falsche Vorstellung sei, dass es einen bestimmten Growth Hack gebe, der zu Millionen neuer Kunden führe. Es sei vielmehr ein komplexer Prozess. Zuerst solle man versuchen, die Basics wie die Zielgruppe, das Businessmodell, die Vision, die KPIs etc. zu verstehen. Je nachdem veranlasse er Kundeninterviews, um mehr über das Business zu erfahren und den Kontext zu verstehen. Es ginge darum, eine Hypothese zu validieren und Hacks umzusetzen, die dem Nutzer einen wirklichen Mehrwert bieten würden.

2.5.2 Kreativität – immer auf der Suche nach neuen Hacks

Eine der wichtigsten Eigenschaften eines Growth Hackers ist die Kreativität. Schließlich geht es darum, neue Wege zu finden und Tests durchzuführen. Hacks sind eigentlich nichts anderes als Tricks, sprich der Growth Hacker ist ständig auf der Suche nach kreativen Ideen, die er rund um sein Produkt oder Business verwenden kann, um das Wachstum zu steigern. Wenn er zudem ein gewisses Flair für Produktgestaltung und ein Gespür für Usability hat, ist das eine gute Voraussetzung, um als Growth Hacker wirken zu können. Schöpferische Fähigkeiten sind in einer gewissen Hinsicht eine Begabung, aber die Anlage zur Kreativität haben wir alle. Kreativität entsteht vor allem in unserer rechten Gehirnhälfte, und diese lässt sich genauso trainieren wie logisches Denken oder Mathematik. Auch wenn wir Kreativität vor allem mit Künsten wie Malen oder Musizieren in Verbindung bringen, ist sie beim Brainstorming oder während der Konzeption neuer Produkte genauso gefragt. Es braucht zwar etwas Mut, sich auf kreative Arbeitsweisen einzulassen, aber es lohnt sich.

---

13 PPC bedeutet *Pay per Click* und steht für bezahlte Onlinewerbung, wie z. B. Google Ads.

2.5.3   Abstraktes und analytisches Denken

Es geht darum, Probleme zu erkennen, einzelne Komponenten und Aspekte im Gesamtkontext zusammenzufügen und daraus Lösungen herzuleiten. Man sollte sich nicht zu sehr verzetteln und den Blick fürs Wesentliche nicht verlieren. Die Fähigkeit, komplizierte Sachverhalte zu vereinfachen, ist ein typisches Merkmal des analytischen und abstrakten Denkens. Durch abstraktes Denken bist du in der Lage, aus komplexen Sachverhalten kreative Lösungen abzuleiten. Das hilft dir beim Growth Hacking in vielerlei Hinsicht. Du wirst Probleme schneller erfassen, die richtigen Schlüsse daraus ziehen und die passenden Strategien daraus entwickeln können. Und abstraktes Denken ist auch eine Grundvoraussetzung für das Programmieren.

2.5.4   Technisches Know-how

Man muss als Growth Hacker kein Softwareentwickler sein, aber technisches Know-how ist sicher von Vorteil. Es hilft bei der Entwicklung neuer Hacks enorm, wenn du verstehst, wie Software funktioniert. Auch nur die Konfiguration und Einbindung von Plug-ins und Tools setzt häufig technisches Know-how voraus. Wenn du beispielsweise *Conversion Pixel*[14] einbauen willst, solltest du wissen, wie du das auf deiner Website korrekt implementierst. Es ist wichtig, dass du dich für neue Entwicklungen und Trends im Internet interessierst, denn es erscheinen fast wöchentlich neue Tools, die dir in irgendeiner Weise deine Arbeit erleichtern oder für Traffic sorgen können.

Grundsätzlich kann man sagen, je besser du programmieren kannst, desto mehr Möglichkeiten stehen dir für die Weiterentwicklung deiner Produkte offen. Auch wenn es immer mehr Homepage-Baukästen gibt, richtig gute und performante Websites müssen von einem Programmierer umgesetzt werden, gerade weil die Ladezeit deiner Website auch ein wichtiger SEO-Faktor ist und damit von hoher Wichtigkeit für das Wachstum deiner Onlinepräsenz. Je mehr du selbst umsetzen kannst, desto mehr Geld kannst du sparen, da du nicht für jede deiner Idee einen externen Entwickler benötigst.

2.5.5   Produktspezifisches Know-how

Viele der erfolgreichsten Growth Hacks haben mit dem Produkt selbst zu tun. Das klassische Referral-Programm, wie es bei der Dropbox anwendet wurde, ist ein gutes Beispiel dafür. Aber auch für reine Marketing Hacks ist es von Nutzen, wenn

---

14 Mit einem Conversion Pixel wird eine Conversion gemessen: Wenn z. B. eine bestimmte Anzahl von Besuchern in deinem Onlineshop etwas kaufen, wird dies als *Conversion* bezeichnet.

der Growth Hacker das Produkt gut kennt und auch die strategischen Ziele für die nächsten Monate kennt. Er muss schlussendlich beurteilen können, welche Ergebnisse, Feedbacks und Learnings für den langfristigen Produkterfolg ausschlaggebend sind.

2.5.6 Empathie

So ziemlich jeder moderne Produktentwickler stellt den Nutzer ins Zentrum seiner Überlegungen. Das ist auch gut so. Auch wenn uns Daten dabei helfen, das Nutzerverhalten unserer Kunden zu verstehen, braucht es immer auch ein gutes Gespür und Empathie, um in Interviews und Gesprächen herauszufinden, welche Probleme der Kunde denn wirklich gelöst haben möchte, und um Reaktionen der Kunden richtig interpretieren zu können.

2.6 Die fünf kritischen Säulen des Growth Hackings

Wachstum ist ein Weg, kein Ziel. Auch wenn die eine oder andere Ad-hoc-Aktion für kurzfristiges Wachstum sorgen kann, so ist doch die Etablierung eines langfristig angelegten Prozesses das eigentliche Ziel. Denn je häufiger und regelmäßiger man Wachstumshypothesen testet, desto schneller wird man eine gute Kombination aus Kanal (z. B. Facebook) und Mittel (z. B. Gruppen-Posts) finden und wachsen können.

Darüber hinaus ist jeder Growth Hack »sterblich«. Schon eine Änderung im Algorithmus der bespielten Plattform (z. B. reddit) kann einen gerade noch erfolgreichen Kanal von einem auf den anderen Tag zu Grabe tragen. Die folgenden »Säulen des Growth Hackings« sorgen dafür, dass du und dein Team stets an vorderster Front stehen, wenn es darum geht, die neuesten Kanäle und Plattformen auf ihre Möglichkeiten und Schwachstellen hin zu analysieren.

2.6.1 Das Growth Mindset

Was du vom »Erfinder« der Glühbirne lernen kannst

Jeder kennt Thomas Alva Edison als einen der bedeutendsten Erfinder der Menschheit, denn mit seinem Namen verbinden wir die Erfindung der Glühlampe und der Elektrifizierung der Welt.

> »The master has failed more times than the beginner has ever tried.«
> – Stephen McCranie, Autor von »Mel & Chad«

Was wenige wissen: Kurz nach der Eröffnung seines berühmten Labors »Menlo Park«[15] erfand und verkaufte Thomas Edison eine Puppe, die Kindern kurze Lieder »vorsingen« konnte. Die Puppe war ein kommerzielles Desaster. Sie war schwer, ging schnell kaputt, und die abgespielten Lieder waren von so grausamer Qualität, dass sie den Kindern vermutlich Albträume bescherten[16]. Das Produkt war ein Flop. Störte das Edison? Ja. Hielt es ihn davon ab, an seine Fähigkeiten zu glauben und weiterzumachen? Offensichtlich nicht.

> »Ich bin nicht gescheitert. Ich kenne jetzt 1.000 Wege,
> wie man keine Glühbirne baut.«
> – Thomas Alva Edison

Entgegen der weitläufigen Meinung war Thomas Alva Edison keineswegs der Erfinder der Glühlampe im eigentlichen Sinne. Das waren Menschen, von denen du noch nie gehört hast, wie James Bowman Lindsay, der erstmals einer erstaunten Öffentlichkeit elektrisch erzeugtes Licht vorführte. Aber Edison verbesserte die bis dato bekannten Verfahren hinsichtlich der Erzeugung eines Vakuums in einem Glaskolben sowie des Materials des Glühdrahtes. Edison war ein sehr guter Erfinder, aber das waren viele seiner Zeitgenossen auch. Was Edison ihnen voraushatte, waren sein extrovertiertes Auftreten, sein Geschäftssinn und sein Growth Mindset. So sicherte er sich eines der ersten Patente auf die Glühbirne und vermarktete »sein« Produkt in den folgenden Jahren äußerst erfolgreich.

Von der Dampfmaschine über das Flugzeug bis hin zur selbstlandenden Rakete: Wie alle wichtigen Erfindungen in der Geschichte der Menschheit war die Erfindung des elektrischen Lichts keineswegs ein einzelner »Heureka«-Moment eines genialen Geistes, sondern das Ergebnis von Unmengen aufeinanderfolgender Experimente.

---

15 1876 gründete Thomas Edison sein Haus und Forschungslabor im Menlo Park, New Jersey. Das Labor von Menlo Park war insofern von Bedeutung, als es eines der ersten Labore war, das praktische und kommerzielle Anwendungen der Forschung verfolgte. In seinem Labor von Menlo Park erfand Thomas Edison den Phonographen und entwickelte eine kommerziell nutzbare Glühbirne. Die Christie Street in Menlo Park war eine der ersten Straßen der Welt, die elektrische Lampen zur Beleuchtung einsetzte.

16 Im Jahr 2015 entwickelte das Lawrence Berkeley National Laboratory ein optisches Scansystem, mit dem einige von Edison verwendete Discs gescannt und das Audio reproduziert werden konnte. Es lohnt sich, diese Audio-Files anzuhören (wenn man danach nicht mehr schlafen möchte): https://www.smithsonianmag.com/smithsonian-institution/epic-failure-thomas-edisons-talking-doll-180955442/.

Was ist das Growth Mindset?

Carol S. Dweck ist Professorin für Psychologie an der Stanford University. In Ihrem Bestseller »The Growth Mindset« beschreibt sie zwei unterschiedliche Mentalitäten: das »Fixed Mindset« sowie (wer hätte es erraten) das »Growth Mindset«.

Im Kern geht es darum, dass Menschen mit dem Fixed Mindset glauben, dass Dinge »in Stein gemeißelt« wären. Entweder ist man gut im Sport, oder nicht. Entweder ist man schlau, oder nicht. Entweder ist man eine gute Führungspersönlichkeit, oder nicht. Alles ist Begabung, Talent und Veranlagung.

Problematisch wird es dann, wenn Menschen mit diesem Mindset den Erwartungen nicht mehr entsprechen können – seien es die Erwartungen anderer oder die eigenen. Denn wenn man trotz hoher Begabung scheitert, ist man in einer Sackgasse.

Für die Menschen mit einem Growth Mindset steht – um die Worte von T. E. Lawrence aka Lawrence von Arabien zu verwenden – »nichts geschrieben«: Sie glauben daran, dass sie sich jederzeit verändern können, dass sie wachsen können. Egal, wie gut oder schlecht sie in einer Sache sind: Durch Lernen und harte Arbeit können sie jeden Tag ein bisschen besser werden. Sie sagen nicht »Ich kann das nicht!«, sondern »Ich kann das noch nicht!« Ihr einziger Gegner ist das gestrige ich – und solange man dieses gestrige Ich überwinden kann, gewinnt man. Wenn ich Skifahren lernen möchte und gestern an einem Abhang zehnmal hingefallen bin, ist es ein Erfolg, wenn ich heute nur noch achtmal hinfalle.

In vielen Studien hat Dr. Dweck bewiesen, dass es nicht nur Menschen mit dem einen oder dem anderen Mindset gibt, sondern dass wir immer wieder zwischen den beiden Mentalitäten wechseln – je nach Situation.

Vielleicht haben wir ein Growth Mindset in Sachen Unternehmertum und zeichnen uns als herausragende Führungspersönlichkeiten aus, die der persönlichen Entwicklung ihrer Mitarbeiter oberste Priorität einräumen. Aber sobald es um die Kindererziehung geht, verfallen wir in das Fixed Mindset und loben die guten Noten (= lies: die wenigen Fehler) unserer Kinder anstatt den Lernprozess.

> »Really, failure is just a form of feedback.«
> – Brian P. Moran, Autor von »The 12 Week Year«

Growth Hacking beginnt im Kopf. Es beginnt mit der Bereitschaft, Fehlschläge nicht nur zu akzeptieren, sondern als Erfolg anzusehen. Primäres Ziel ist das Lernen. Und wer schon einmal das Vergnügen hatte, einem jungen Kind beim Laufenlernen zuzusehen, der wird verstehen, dass das Hinfallen dazugehört und es in der Regel keine Abkürzung zum Lernprozess gibt – außer natürlich dieses Buch.

Wichtig dabei: Du darfst den Erfolg deines Produktes nicht mit deiner Person gleichsetzen! Wenn dein Produkt scheitern sollte, sagt das nichts über dich als

Mensch aus – und umgekehrt. Menschen mit Growth Mindset können diese Trennung zwischen ihrem Produkt und ihrer eigenen Person mental sehr gut bewerkstelligen. Diese Menschen haben zwar auch Angst vor Misserfolg, aber noch mehr Angst, es nicht versucht zu haben.

Auch beim technischen Fortschritt ist die Trial-and-Error-Methode meistens erfolgreicher als das sture Durchziehen eines bestimmten Plans: Ich kann es nicht beweisen, aber ich wette, dass auch Elon Musk sehr nervös war, als seine erste SpaceX-Rakete startete (und Sekunden später explodierte[17]).

Manchmal sind es auch richtige Fehler, die zu riesigen Durchbrüchen führen. Der schottische Bakteriologe Alexander Fleming entdeckte das Penicillin im Jahr 1928 nur deshalb, weil er sein Laborschälchen nicht richtig sauber gemacht hatte, bevor er es mit Bakterien beimpfte. Die Folge war ein Schimmelpilz, der sich darin ausbreitete. Statt alles wegzuwerfen, erkannte Fleming aber, dass der Schimmelpilz die Bakterien abgetötet hatte, und entdeckte so die Grundlage für Penicillin.

Also tritt einen Schritt zurück, und erwecke den objektiven, neugierigen Forscher in dir, der weiß, dass Erfolg nur das Ende einer langen Experimentierphase ist. Aber ebenso wie Edison wusste, worauf er hinauswollte (elektrisches Licht in einer Glühbirne), brauchst auch du ein Ziel.

»One Metric That Matters« und »North Star Metric«

In ihrem hervorragenden Buch »Lean Analytics« beschreiben Alistair Croll und Benjamin Yoskovitz die *One Metric That Matters* (OMTM) – ein Ziel, auf das alle Maßnahmen ausgerichtet sind. Sean Ellis nennt es die *North Star Metric*. Es ist die Metrik, die du über deinem Schreibtisch hängen hast, an der sich jede Maßnahme messen lassen muss. Für WhatsApp ist die OMTM die Anzahl der gesendeten Nachrichten, für Airbnb die Anzahl der gebuchten Übernachtungen und für Amazon die Anzahl der Bestellungen. Alle Maßnahmen sollen zum Wachstum dieser einen Metrik beitragen.

Dieses Ziel wird definiert abhängig von der Phase, in der sich dein Unternehmen aktuell befindet, sowie von dessen Businessmodell. Die OMTM wird sich also ändern, wenn auch nur langfristig. Und ähnlich wie eine Persona hilft, alle Kommunikation auf ein Segment auszurichten, hilft eine OMTM, alle Growth Hacks auf dieses Ziel auszurichten. Wie der magnetische Pol gibt sie dir und deinem Team die Richtung vor, in der ihr euch bewegt.

Wichtig: Wie jedes gute Ziel muss es quantitativ messbar und mit einem Endpunkt versehen sein. Beispiel: »5 Millionen Euro Umsatz in 2018«. Wie du die richtigen

---

17 Zur Motivation unbedingt ansehen: »How NOT to land an orbital Rocket Booster« über die spektakulären Lande-Fehlschläge: *https://www.youtube.com/watch?v=bvim4rsNHkQ*

Ziele wählst, erfährst du in Kapitel 4, »Der Growth-Hacking-Workflow: so gehst du vor«.

Neben Neugier und der Bereitschaft, durch Experimente zu lernen, gehört zum Growth Mindset aber auch eine gewisse Dickköpfigkeit. Es braucht Leute, die sich von einem Nein nicht einschüchtern lassen, die sich ehrgeizige Ziele setzen und Risiken außerhalb ihrer Komfortzone eingehen.

Im Englischen gibt es die schönen Wörter *hustle* und *grind*, die beide den nötigen Ehrgeiz eines guten Growth Hackers beschreiben. Ich bevorzuge *Chuzpe*. Chuzpe ist jiddisches Wort, für das es kein deutsches Pendant gibt. Es beschreibt eine Mischung aus zielgerichteter, intelligenter Unverschämtheit, charmanter Penetranz und unwiderstehlicher Dreistigkeit – also perfekt für zielstrebige Menschen mit einem Growth Mindset. Trau dich, auch mal unkonventionelle Wege zu gehen! Provoziere, unterhalte und entspreche nicht den Erwartungen! Setze deine eigenen Ziele! Orientiere dich an deiner Vision und nicht an der Vision der Gesellschaft. Im Zweifelsfall bittest du eher um Entschuldigung, statt vorher um Erlaubnis zu fragen.

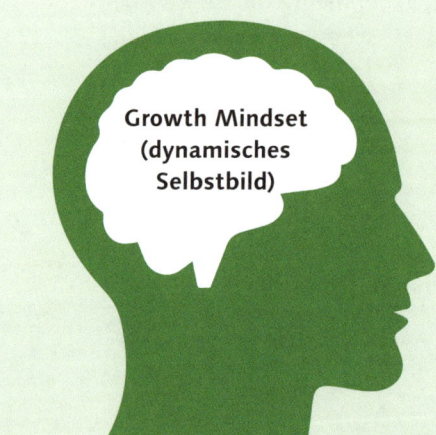

Growth Mindset (dynamisches Selbstbild)

1. Ich kann alles lernen, zu dem ich mich entscheide.
2. Wenn ich frustriert bin, mache ich beharrlich weiter.
3. Ich stelle mich neuen Herausforderungen.
4. Wenn ich scheitere, lerne ich davon.
5. Ich möchte hören, dass ich alles gebe.
6. Wenn du Erfolg hast, inspirierst du mich.
7. Alles hängt von meiner Einstellung und meinen Leistungen ab.

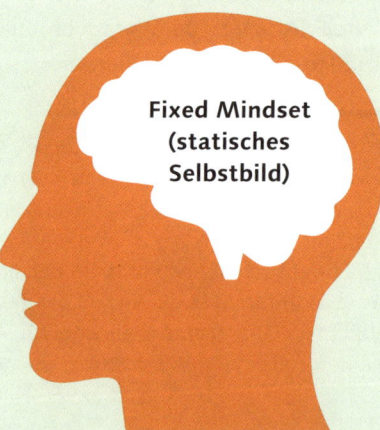

Fixed Mindset (statisches Selbstbild)

1. Entweder kann ich etwas oder nicht.
2. Wenn ich frustriert bin, gebe ich auf.
3. Ich mag Herausforderungen nicht.
4. Wenn ich scheitere, habe ich versagt.
5. Ich möchte hören, dass ich klug bin.
6. Wenn du Erfolg hast, fühle ich mich bedroht.
7. Alles hängt von meinen Fähigkeiten ab.

Abbildung 2.12 Das Growth Mindset (Quelle: www.mindsetworks.com, Dr. Carol S. Dweck)

2.6.2 Fakten vor Meinungen

Segen und Fluch von Unternehmen mit digitalen Businessmodellen und digitalem Marketing ist die Möglichkeit, so gut wie alles zu messen. Für Menschen, die die Bequemlichkeit der Unwissenheit der messbaren Wahrheit vorziehen, ist das ein Fluch. Denn diese Menschen vertrauen einzig und allein auf ihre Erfahrung und auf ihr Bauchgefühl. Oft treffen sie eine Entscheidung nicht, weil die Lösung die beste ist, sondern weil sie es aufgrund ihres Status in der Unternehmenshierarchie schlicht und einfach tun können. Getreu dem Motto: »Ich bin Chef, also habe ich Recht!«

In deinem ersten Impuls verurteilst du diese Menschen aufgrund dieser Einstellung vielleicht, allerdings haben sie dir etwas voraus: ein etabliertes Geschäftsmodell, das ihnen regelmäßige Umsätze beschert und sie in die oben beschriebene Bequemlichkeit versetzt. Denn »never change a winning team«, und warum an etwas rütteln, was funktioniert?

Anstatt Daten zu bevorzugen, werden diese Menschen oft sagen: »Das haben wir schon immer so gemacht«, »Das haben wir noch nie so gemacht« oder »Wo kommen wir denn da hin?« Diese Unwissenheit, ja geradezu Furcht vor unbekanntem Terrain (»Neuland«) sorgt dafür, dass viele gesunde Unternehmen mit etablierten Prozessen und treuen Stammkunden nicht ihr Potenzial ausschöpfen und schnell von veränderten Marktbedingungen bedroht werden.

2013 unternahmen wir eine Meinungsumfrage unter den Marketingverantwortlichen mittelständischer Unternehmen in einer B2B-Branche. Wir wollten wissen, mit welchen Zielen sie an einer Messe teilnahmen (was mit erheblichen finanziellen und zeitlichen Aufwänden verbunden ist) und wie sie die Erreichung dieser Ziele messen.

Was uns wunderte, waren weniger die Ziele selbst. Es war vielmehr die Tatsache, dass viele Unternehmen gar keine Ziele hatten, geschweige denn deren Erreichen maßen. Häufig wurden Antworten genannt wie »Wir sind schon immer hier«, »Die Kunden erwarten es von uns« oder »Weil unser Wettbewerber hier ist«. Kaum ein Unternehmen machte sich die Mühe, die neuen Leads zu zählen, geschweige denn, ihren Messeauftritt und die Kommunikation im Umfeld entsprechend zu analysieren, mit dem Ergebnis, dass diese Unternehmen jedes Jahr mehr oder weniger den gleichen Messeauftritt und die gleiche Kommunikation nutzen. Dadurch werden diese Unternehmen nie feststellen, welche Ursachen ihr Erfolg oder ihr Misserfolg hat. Und wenn sie die Ursachen nicht kennen, können sie auch nicht an den entsprechenden Schrauben drehen.

Wir leben in einer Welt, in der man nicht nur vieles messen kann, sondern in der es für fast jede Messung auch ein Tool gibt. Die generierten Daten sind der Ausgangspunkt für das Verständnis und die Analyse der Customer Journey.

2.6.3 Kundenverständnis

Der primäre Grund, warum Start-ups scheitern, ist der Versuch, ein Produkt zu verkaufen, das niemand möchte. »Build it and they will come« ist das Mantra vieler Visionäre, aber die wenigsten kennen die Wünsche der Kunden tatsächlich und bauen Produkte, die diese Wünsche befriedigen. Die wenigsten von uns sind Visionäre wie Elon Musk oder Steve Jobs, deren Produkte wie der Tesla Model X oder das iPhone so revolutionär waren, dass sie einen Kundenbedarf erst geweckt und ein Marktsegment erst erschaffen haben. Aber auf einen Elon Musk kommen tausende Menschen, die mit ihrer Vision (von der sie nicht weniger überzeugt waren) scheiterten, weil sie ihren Markt nicht kannten oder ihn falsch eingeschätzt hatten, und deren Namen deswegen niemand kennt.

Wenn du früh erkennst, dass es für dein Produkt keinen Markt gibt, und du deswegen einen Pivot vollführst und das Unternehmen in eine andere Richtung lenkst, spart dir das enorm viel Zeit, Aufwand und Frust. Aber das ist nicht einfach. Denn mit je mehr Herzblut ein Produkt erschaffen worden ist, desto schwieriger ist es für den Macher, davon loszulassen und seine vermeintliche Niederlage einzugestehen.

Wie kannst du das vermeiden? Indem du keinen Markt für dein Produkt suchst, sondern indem du ein Produkt für einen bestehenden Markt schaffst. Dafür musst du verstehen, wo der Schmerz deines Kunden liegt. Ist dieser Schmerz akut (»Ich brauche jetzt dringend eine Lösung«) oder chronisch (»Das nervt mich immer wieder«)? Wie geht er mit diesem Schmerz um? Welche Tools und Methoden nutzt er, um diesen Schmerz erträglich(er) zu machen? Was denkt er in dem Moment, bevor er dein Produkt nutzen soll?

Nach André Morys ist eines der größten Wachstumshemmnisse für Unternehmen, dass sie nicht kundenzentriert denken. Idealerweise muss ein Growth Hacker die Denkweise des Kunden besser verstehen, als der Kunde selbst es vermag, da ein Großteil der Entscheidungen unterbewusst geschehen. Deswegen solltest du dich auch mit Konsumpsychologie beschäftigen (mehr dazu in Abschnitt 6.6, »Usability-Hacks«), und deshalb brauchst du auch Personas, die auf Persönlichkeitstypen mit Persönlichkeitspräferenzen basieren.

Beispiel

Horst ist 59 und will sich ein neues Auto kaufen. Als Growth Hacker für einen Autobauer mit passendem Angebot weißt du, dass Horst Traditionalist ist. Er hasst Veränderungen. Kontrollverlust ist für ihn das Schlimmste, deswegen ist er ein schlechter Beifahrer, und deshalb fliegt er auch sehr ungerne. Dieses Wissen kannst du nutzen, um deine Website entsprechend zu gestalten. Einen Schwerpunkt legst du auf die Geschichte und die Tradition exzellenter Ingenieurkunst. Für die Bilderwelten wählst du Personen, die Horst ähnlich sind bzw. mit denen er sich identifizieren kann oder möchte. Um ihm Sicherheit zu vermitteln, zeigst du ihm Testimonials echter Kunden sowie anerkannte Prüfsiegel und Auszeichnungen. Du gibst ihm alle Freiheiten und bietest ihm einen einfachen, selbsterklärenden Konfigurator für sein neues Auto an.

Wie in Abschnitt 3.3, »So findest du deine Kunden«, und Abschnitt 3.4, »Was deine Kunden wirklich wollen (JTBD)«, beschrieben, können dir dabei neben eigener Marktforschung (im Sinne von Kundeninterviews) auch die Bewertungen auf Marktplätzen wie Amazon und Frage-Antwort-Portale wie GuteFrage.net helfen.

2.6.4 Vielfalt der Kanäle

Digital Marketing besteht aus mehr als Bannern und Google-Search-Anzeigen. Gute Growth Hacker sind immer die ersten, die Werbemöglichkeiten auf einem neuen Kanal testen, denn dann können sie nicht nur früh eine eigene *Audience* aufbauen, sondern profitieren neben dem Mangel an Konkurrenz auch von günstigen Preisen. Gerade auf (neuen) Social-Media-Plattformen suchen wir den Austausch mit vertrauten Menschen und Marken, und deswegen waren es die Pioniere, die schnell die meisten Fans auf MySpace, Facebook, Instagram oder Snapchat gewannen und sich einen neuen Kommunikationskanal mit ihrer Zielgruppe aufbauen konnten. Denn die Konkurrenz konzentrierte sich noch auf die bestehenden Kanäle, anstatt neue Chancen zu entdecken.

Das ist die Krux von Growth Hacking: Wenn du über eine neue Plattform liest, kann es – abhängig von der Quelle – bereits zu spät sein, weil dir die Pioniere zuvorgekommen sind und ihren »Claim« bereits abgesteckt haben. Die richtig guten Hacks behält man für sich, damit man möglichst lange aus dem Vollen schöpfen kann. Das gilt natürlich nicht für uns, denn wir wollen ja, dass du erfolgreich wirst.

Damit ist auch noch eine weitere Gefahr (insbesondere für kleine Unternehmen) verbunden: Dein Tag hat nur 24 Stunden. Du kannst nicht auf jeder Plattform mit dem gleichen hohen Engagement vertreten sein, sonst würden du und dein Team in puren Aktionismus verfallen. Es wäre auch sinnlos, denn deine Zielgruppe tummelt sich nicht überall, sondern nur auf ausgewählten Kanälen. Sei da, wo deine Kunden sind, und teste neue Kanäle dann, wenn deine Kunden sie ebenfalls ausprobieren. Bedenke dabei, dass Menschen aus unterschiedlichen Regionen unter Umständen ein vollkommen unterschiedliches Mediennutzungsverhalten haben, auch wenn die soziodemografischen Fakten identisch sind.

Beispielsweise sind die Mediennutzung und Angebotsvielfalt in China, dem größten Markt der Welt, komplett verschieden zum europäischen Markt. Gabriel Weinberg und Justin Mares listen in ihrem Buch »Traction« 19 Kategorien auf, die du für Growth-Hacking-Maßnahmen in Betracht ziehen solltest:

1. virales Marketing
2. Public Relations
3. unkonventionelle PR und Guerilla Marketing
4. Search Engine Marketing (SEM)
5. Search Engine Optimization (SEO)
6. Social und Display Ads
7. Offlinewerbung (TV, Radio, Print, Out-of-Home etc.)
8. Content Marketing
9. E-Mail-Marketing
10. Engineering as Marketing
11. Blogger Relations und Influencer Marketing
12. Business Development
13. Sales
14. Affiliate Marketing
15. bestehende Plattformen
16. Messen
17. Offline-Events
18. Speaking Engagements
19. Community Building

Was sich hinter diesen Kanälen verbirgt und wie du Ideen für mögliche Growth Hacks gewinnst, beschreiben wir in Kapitel 4, »Der Growth-Hacking-Workflow: so gehst du vor«. Auch hier gilt: Es ist gefährlich zu glauben, dass das, was gestern noch zum Erfolg geführt hat, auch morgen das gleiche Ergebnis bringen wird. So schnell sich eine neue Chance auftut, so schnell kann sich eine andere Tür wieder schließen. Gehöre nicht zu den Menschen, die sagen: »Das haben wir schon immer so gemacht.« Es geht dabei nicht um die Reichweite, es geht um die Effizienz, mit der du deine Zielgruppe finden und ansprechen kannst.

2.6.5   Optimierung

LinkedIn ist das weltweit größte Businessnetzwerk. Warum ist es nicht das zeitgleich in Deutschland gestartete XING (damals noch OpenBC), das jetzt auf dem Thron sitzt?

Neben dem Startvorteil eines wesentlich größeren Marktes (USA vs. DACH) hat LinkedIn schnell die Chancen von Lokalisierung verstanden, also die Anpassung an die Bedürfnisse internationaler Märkte, und dementsprechend die Plattform auf mehreren Sprachen verfügbar gemacht. Inzwischen ist LinkedIn das einzige ausländische Businessnetzwerk, das in China zugelassen ist.

Ein ebenso wichtiger Punkt und ausschlaggebend für exponentielles Wachstum: LinkedIn hat von der ersten Minute an auf Optimierung gesetzt. Und das bedeutet: testen, testen, testen. Ähnlich wie bei Google ist auch bei LinkedIn die Chance groß, dass du bei der Nutzung gerade Teil eines Usability Tests bist. Denn dank eigens entwickelter Software führt LinkedIn 500 bis 600 Tests pro Woche aus!

Dafür braucht es nicht nur das richtige Mindset, sondern auch einen systematischen Ansatz zur Aufstellung und Überprüfung von Hypothesen. Diese Hypothesen müssen eindeutig, einfach und relevant bezüglich der Zielerreichung sein.

> **Beispiel**
>
> Aufgrund von *[Daten eines vergangenen Experiments]* erwarten wir, dass die Änderung von *[Objekt des Experiments]* zur Folge haben wird, dass *[erwarteter Ausgang des Experiments]*. Wir werden die Veränderung anhand von *[Metrik]* messen.

An welchem Punkt du startest, hängt von dem Verhältnis zwischen erwartetem Aufwand und Ertrag ab. Eine möglicherweise positive Entwicklung des Umsatzes (wenn das deine OMTM ist) erlaubt auch einen entsprechenden Einsatz von Ressourcen. Allerdings sollte dein Ziel für Experimente immer der *Minimum Viable Test* (MVT) sein – ein Experiment, das grundlegend valide ist und eine aussagekräftige Antwort auf die zuvor aufgestellte Hypothese liefert, aber auch so schnell und einfach wie möglich umsetzbar ist.

Bei welchem Kanal du ansetzt, hängt von deinem Ziel ab: Brauchst du mehr Traffic auf deiner Website? Oder hast du viel Traffic, der nicht zu Leads oder Kunden führt? In Kapitel 4, »Der Growth-Hacking-Workflow: so gehst du vor«, erläutern wir die Vorgehensweise bei der Priorisierung und Umsetzung. In Kapitel 5, »Acquisition: so bekommst du mehr Nutzer«, erklären wir die verschiedenen Ziele und geben dir Inspiration, welche Growth Hacks für andere Unternehmen erfolgreich waren. Dein Mantra sollte lauten: *Test, learn, repeat!*

2.7 Ethische und rechtliche Grauzonen im Netz

Das in Abschnitt 2.4, »Echte Growth Hacks: Praxisbeispiele«, erwähnte Beispiel von Airbnb zeigt, dass es oft Mut braucht, um Erfolg zu haben. Beispielsweise ist ein Verstoß gegen die AGB von LinkedIn juristisch nicht belangbar – aber du musst damit rechnen, dass dein Profil gesperrt wird.

> »It's easier to ask forgiveness than it is to get permission.«
> – Grace Hooper, Informatikerin

Trotzdem sei an dieser Stelle deutlich von Methoden abgeraten, die moralisch fragwürdig oder sogar gesetzlich verboten sind. Denn oft überwiegt das Resultat nicht den entstandenen Schaden (an deinem Konto oder deinem Ruf). Daher sei dir geraten, den Einsatz solcher Methoden gut zu überlegen und die möglichen Konsequenzen zu bedenken.

2.7.1 Hektisch schnell reich werden

> »Exklusives Live-Webinar: Lerne in nur 3 Schritten, wie du deine eigene Social Media Agentur gründest!«

> »Zum 6-stelligen passiven Einkommen in nur 3 Monaten!«

> »Von 130.000 € Kreditschulden mit 22 zu einem 100-Millionen-Euro-Unternehmen«

Wow! Offensichtlich war es noch nie so einfach, finanziellen Erfolg zu haben wie im Moment. Meistens muss man nur ein Platinum-Coaching-Programm, eine exklusive Mastermind-Gruppe oder eine einmalige Masterclass besuchen, um endlich das eine Erfolgsgeheimnis zu erfahren, das zu endlosem Glück und Reichtum führt. In welch einer großartigen Zeit wir doch leben!

Spoiler: Keiner dieser »Gurus« kann dir etwas verraten, was du nicht schon weißt oder mit Hilfe von fünf guten Büchern selbst erlernen kannst. Ihr Geschäftsmodell basiert meistens darauf, für viel Geld digitale Produkte zu verkaufen, mit denen du lernst, wie man digitale Produkte verkauft. Man nennt das *Pyramidenschema*, und es funktioniert! Aber leider nur für die Menschen ganz oben in der Pyramide und nur auf höchst unmoralische Weise. Wie kannst du diesen Menschenschlag erkennen? Sobald ein Sportwagen im Bild erscheint, ist das für dich ein untrügliches Zeichen, den Raum zu verlassen.

Es ist uns sehr wohl bewusst, das Growth Hacking immer wieder mal als ein Zaubertool für mehr Erfolg von diesen Gurus genannt wird. Und dafür entschuldigen wir uns, denn das ist Growth Hacking sicherlich nicht.

Nutze gerne die in diesem Buch vorgestellten Strategien und Hacks, um schneller erfolgreich zu sein, aber bitte tue eine Sache niemals: lügen.

Ist dein Webinar nur aufgezeichnet? Dann bewirb es nicht als »Exklusives Live-Webinar«. Kommst du aus der Mittelschicht und hast eine gute Ausbildung genossen? Dann tu nicht so als hättest du Monate in deinem Auto gelebt, bis dein Guru dir endlich das Erfolgsgeheimnis verraten und damit dein Leben für immer verändert hat. Dich oder dein Produkt kennt noch niemand? Dann kaufe keine gefakten Rezensionen und Empfehlungen.

Noch nie war es so schwierig, echte Informationen von Fake News zu unterscheiden. Bitte trage nicht dazu bei.

2.7.2   Guerilla Marketing

Guerilla Marketing beschreibt eine freche Variante des *Out-of-Home (OoH) Marketings*[18]. Guerilla Marketing ist Werbung außerhalb der klassischen Kanäle. Du kennst vielleicht die kostenlosen Postkarten, die in vielen Kneipen erhältlich sind. Oder die Werbung über Urinalen oder an der Innenseite der Türen von Toiletten-Türen.[19] Dabei ist Guerilla Marketing oft deutlich humorvoller, origineller und dreister als klassische Werbung. Coole Methoden sind beispielsweise *Reverse Graffiti* oder *Streetbranding*, bei denen mit einer Schablone und einem Hochdruckreiniger eine Werbebotschaft auf einem Gehweg oder einer Mauer erzeugt wird[20]. Auch eine überdimensionale Projektion eines Bildes oder Videos an eine Hausfassade kann eine eindrucksvolle Botschaft sein, wie der WWF im Rahmen seiner »Running Tiger Tour« eindrucksvoll unter Beweis gestellt hat[21].

Oft überschreitet Guerilla Marketing aber auch juristische und moralische Grenzen. Greenpeace machte sich viele Feinde, als sie im Juni 2018 über 3.500 Liter gelbe Farbe am Großen Stern im Tiergarten in Berlin auf die Fahrbahn schüttete. Die Autos, die dort im Kreisverkehr fahren, verteilten die Farbe zwangsläufig rund um die in der Mitte des Platzes stehende Siegessäule und in die abgehenden Straßen.

---

18 Dazu zählen Medienkanäle, die »vor der Tür«, also im öffentlichen Raum stattfinden, wie beispielsweise Plakate oder Citylight-Poster.

19 In der Media-Szene gerne als »Shit and Watch«-Werbung bezeichnet

20 Im Prinzip wird damit nur der Schmutz auf einer Straße partiell entfernt. Trotzdem kann es u. U. als Ordnungswidrigkeit geahndet werden.

21 Quelle: *https://www.wwf.de/wenn-es-nacht-wird-in-deutschland-ist-der-tiger-unterwegs/*

Greenpeace-Mitglieder sorgten mit Walzen und Rollen dafür, dass die Farbe gleichmäßig verteilt wurde. So entstand, aus der Luft gesehen, das Bild einer großen Sonne, das Greenpeace mit einer Drohne fotografierte. »Sonne statt Kohle« war das Motto der Aktion.[22] Bei den Berlinern und auf Social Media wurde diese Aktion größtenteils negativ beurteilt – und die Rechnung der Stadtreinigung durfte entsprechend hoch ausgefallen sein und damit den positiven PR-Effekt vollends zunichtegemacht haben. Der beliebte Spruch »besser schlechte PR als gar keine PR« sollte also mit Vorsicht genossen werden.

2.7.3 Events

Live-Events bieten mutigen Growth Hackern zahlreiche Möglichkeiten, auf sich oder ihr Unternehmen aufmerksam zu machen – insbesondere, wenn Journalisten vor Ort sind. Denn oft stehen nur wenige (oder gar keine) Security-Menschen und gesellschaftliche Konventionen zwischen dir und der großen Bühne und der damit verbundenen Aufmerksamkeit.

Ein zweifelhaftes Beispiel für diese Form des Growth Hackings war die als #EscortGate bekannt gewordene Aktion des Portals *Ohlala* 2016. Auf einer Party der Internet-Konferenz *Noah* in Berlin, die unter anderem Daimler-Chef Dieter Zetsche und Rocket-Internet-Chef Oliver Samwer lockte, schwirrten zu späterer Stunde auffällig viele auffällig leicht bekleidete Damen herum. Dahinter steckte eine Aktion des Portals Ohlala, bei der Damen, die sich für Dates bezahlen lassen, ihre Kärtchen an Gäste verteilten. In Windeseile verbreitete sich die Story unter #EscortGate auf Twitter und sorgte mutmaßlich für viele neue Abonnenten, aber auch für schlechte Presse, sowohl für Ohlala als auch für die Noah-Konferenz[23].

Auf die Spitze getrieben hat diese Methode Vitaly Zdorovetskiy, ein russischer Comedian. Beim WM-Finale 2014 nutzte er die Reichweite einer weltweiten TV-Übertragung und zog sich als Flitzer den Unmut der Spieler und der Ordner zu. 2019 tat es ihm seine Freundin gleich, die im Finale der UEFA Champions League in einem sehr gewagten Badeanzug mit der Aufschrift »Vitaly Uncensored« auf den YouTube-Kanal von Zdorovetskiy hinwies und noch während ihres kurzen TV-Auftritts mehrere hunderttausend neue Instagram-Follower gewann[24] – sowie einen Aufenthalt bei der Polizei.

---

22 Quelle: *https://www.faz.net/aktuell/heftige-kritik-an-greenpeace-fuer-farbenfrohen-gruss-15662441.html*

23 Quelle: *https://www.derwesten.de/leben/digital/escort-app-ohlala-nutzt-tech-konferenz-noah-fuer-pr-aktion-id11906204.html*

24 Quelle: *https://www.watson.de/sport/champions_league/314831538-champions-league-finale-flitzerin-mit-shirt-von-vitaly-uncensored-das-steckt-dahinter*

2.7.4   »Black Hat«-SEO

Das Ziel aller Menschen, die sich mit Suchmaschinen-Optimierung (SEO) beschäftigen, ist es, an erster Stelle in den Suchergebnissen zu stehen. Seitdem ein Großteil des Traffics einer Website über Suchmaschinen wie Google generiert wird, versuchen versierte Suchmaschinen-Optimierer zu verstehen, wie genau der Google-Algorithmus funktioniert – und wie man ihn zum eigenen Vorteil manipulieren kann. In der Welt der Suchmaschinen-Optimierung gibt es zwei Denkschulen:

▶ Die »White Hat«-Methoden, die im Rahmen der Google-Anforderungen funktionieren und beispielsweise einen Backlink über einen Gastartikel generieren.

▶ Auf der anderen Seite gibt es die »Black Hat«-Methoden. Diese Hacks sind nicht illegal im juristischen Sinn, verstoßen aber gegen die Google-Richtlinien (und werden deswegen bei Aufdeckung durch Google rigoros abgestraft) und oft auch gegen gängige Anstandsrichtlinien.

Beispiel gefällig? Die vom Outdoor-Ausrüster *The North Face* beauftragte Marketingagentur *Leo Burnett* schmuggelte Fotos mit mehr oder weniger auffälliger Produktwerbung in die Wikipedia-Artikel populärer Urlaubsziele. Mit dem Ergebnis, dass diese Bilder samt der Werbung als Teil des Wikipedia-Artikels von Google angezeigt wurden. Ein kluger Schachzug, dessen Wirkung auch durch die Berichterstattung noch verstärkt wurde. Allerdings wurde damit die Objektivität und Unabhängig von Wikipedia, einem der Grundpfeiler für den digitalen Wissensaustausch vollständig ausgehebelt[25]. Und das gibt bekanntlich hohe Abzüge bei den Karma-Punkten.

2.7.5   Social Stalking

Social Selling beschreibt die Verwendung von Social Media zur Akquise neuer Kunden – also das, was passiert, wenn Vertriebler LinkedIn richtig nutzen. Daran ist auch gar nichts auszusetzen. Das Geschäftsmodell von Xing und LinkedIn basiert darauf, dass Nutzer die Premium-Features nutzen, um Kontakte anzubahnen und zu pflegen, um neue Leads, Bewerber und Kunden zu gewinnen.

Moralisch fragwürdig (und langfristig wenig erfolgsversprechend) ist jedoch die Methode, einen Influencer (z. B. eine Bloggerin) zu stalken, also sie anzuschreiben, ihr einige oberflächliche Komplimente zu ihrem unglaublich tollen Blog zu machen und um eine Verknüpfung bitten, nur um dann sofort um ein Produkt oder einen Gastartikel zu pitchen. Das kostet sie nur Zeit und Nerven.

---

25 Quelle: *https://t3n.de/news/guerilla-seo-the-north-face-schmuggelte-werbebilder-in-wikipedia-1167818*

Investiere stattdessen deine Zeit in echtes Networking, und suche den fachlichen Austausch! Frage um Ratschläge, bitte um Hilfe. Bevor man von einer Beziehung profitieren kann, muss man sie aufgebaut haben.

2.7.6 Wir sind dann mal weg

Ein ganz besonders »cleveren« PR-Stunt brachte das FinTech-Start-up *Savedroid* in die Schlagzeilen. Wenige Tage nach dem erfolgreichen ICO[26] des Unternehmens war die Website nicht mehr erreichbar, und der Unternehmensgründer schien abzutauchen. Es herrschte Panik bei den Investoren und Partnern: War alles nur ein Scam gewesen? Erst nach einigen Tagen löste Savedroid die PR-Aktion auf: Man habe damit auf die Gefahren von ICOs aufgrund der mangelnden Regulierung hinweisen wollen.

Hat sich die Aktion gelohnt? Mutmaßlich nicht: Der Kurs des Savedroid-Tokens ist seit dem ICO um 85 %[27] gefallen.

2.7.7 Facebooks Gewinnspiel-Richtlinien

In unserer täglichen Arbeit, speziell in der Social-Media-Beratung, fällt uns immer wieder auf, wie oft die Facebook-Gewinnspiel-Richtlinien nicht eingehalten werden. Den Nutzer durch das Teilen eines Beitrags an einem Gewinnspiel teilnehmen zu lassen, wird von Facebook beispielsweise klar untersagt. Ebenso Teilnahmebedingungen wie das Markieren auf Fotos, das Verlangen eines bestimmten Postings oder das Nutzen bestimmter Hashtags auf Instagram. Trotzdem sehen wir solche Vorgaben immer wieder. Für einen Game-Changer hatte Facebook im August 2013 gesorgt, als die Gewinnspiel-Richtlinien gelockert wurden. Plötzlich war es erlaubt, seine Fans durch Liken an Gewinnspielen teilnehmen zu lassen. Als Growth Hacker muss man solche Veränderungen genau beobachten, denn oftmals öffnen sich Türen, mit denen ein verstärktes Wachstum herbeigeführt werden kann.

Du kannst Gewinnspiele auf Facebook nach wie vor erfolgreich einsetzen. So darf das Teilen eines Beitrags zwar nicht zur Bedingung gemacht werden, aber ein Hinweis, dass der Beitrag geteilt werden darf, ist nach wie vor völlig in Ordnung.

---

26 Der Begriff *Initial Coin Offering* (ICO) orientiert sich an dem englischen Terminus Initial Public Offering (IPO), also einem Börsengang. Während bei einem IPO Firmenanteile verkauft werden, geht es bei einem ICO um den Verkauf sogenannter Tokens, also Einheiten der jeweiligen Krypto-Währung. Sprich: Das Unternehmen verkauft das von ihm selbst hergestellte Geld in Erwartung einer Wertsteigerung. Klingt dubios? Ist es auch.

27 Stand 09.06.2019

Erlaubt ist die Teilnahme durch:[28]

▶ Liken

▶ Kommentieren (aber nicht durch Markieren eines Freundes)

▶ Kommentar mit den meisten Likes

▶ Bildkommentar

▶ Privatnachricht

2.7.8 Clickbait

Clickbait nennt man eine Methode, mit der man durch stark emotionale Headlines User ködert. Viele User fühlen sich jedoch vermehrt von den sogenannten Klickködern gestört. Häufig wurden die User durch stark emotionale Headlines geködert, doch die Inhalte der Artikel entsprachen dann in keiner Weise den Erwartungen. Clickbaiting ist also ein typisches Beispiel für einen Content Marketing Hack, der sich in einer Grauzone bewegt. Da solche Inhalte die Nutzer stören, will Facebook vermehrt dagegen vorgehen. So will Facebook künftig die Einträge besser analysieren und überprüfen, ob eine Überschrift übertreibt oder Informationen zurückhält. Der News-Feed wurde bereits 2016 so angepasst, dass weniger Beiträge von Quellen erscheinen, die häufig Clickbait-Überschriften enthalten. Clickbait ist per se nicht verwerflich, allerdings muss der Artikel auch den versprochenen Inhalt liefern.

2.7.9 Datenschutz bei E-Mail-Marketing

Sicherlich hast du dich für den einen oder anderen Newsletter angemeldet und dich dabei gefragt, warum du eigentlich deine E-Mail-Adresse in ein Formular eintragen und anschließend einen dir an diese Adresse zugeschickten Link bestätigen musst. Dabei handelt es sich um das sogenannte *Double-opt-in-Verfahren*. Es soll verhindern, dass jemand (aus Versehen oder mit Absicht) deine E-Mail-Adresse ohne dein Einverständnis nutzt und gleichzeitig die Funktionsweise des Posteingangs überprüfen, also ein durchaus sinnvolles Prozedere.

Als Versender hast du rechtlich in Deutschland keine andere Wahl, als diesen Prozess exakt so zu durchlaufen, auch wenn darunter die Conversion leidet, denn nicht wenige Nutzer vergessen es schlicht und einfach, deine Nachricht zu öffnen und den Link zu klicken. Oder deine Aktivierungs-E-Mail landet versehentlich im Spam-Order und wird dort vergessen.

---

28 *https://www.facebook.com/policies/pages_groups_events/*

Trotzdem musst du mit dieser zweifachen Bestätigung arbeiten. Andernfalls kannst du abgemahnt und im schlimmsten Fall verklagt werden. Außerdem musst du Folgendes beachten:

▶ In deiner Bestätigungsnachricht darf keinerlei Werbung platziert werden. Sinn und Zweck ist einzig und allein die Bestätigung der Einwilligung zum Newsletter-Empfang.

▶ Du musst den Nutzer bereits bei der Anmeldung darauf hinweisen, wofür du seine Daten benötigst und was du damit tun wirst.

▶ Du musst ihn bei der Anmeldung auch darauf hinweisen, dass er sich jederzeit und kostenlos wieder abmelden kann, und ihm genau das durch einen Abmeldelink in jeder zukünftigen E-Mail auch ermöglichen.

Nicht jedem Nutzer sind diese rechtlichen Hürden bewusst. Deswegen kann es durchaus helfen, deinen Nutzer »bei der Hand zu nehmen« und ihm das Prozedere zu erklären, damit er sich erfolgreich anmelden kann (siehe Abbildung 2.13).

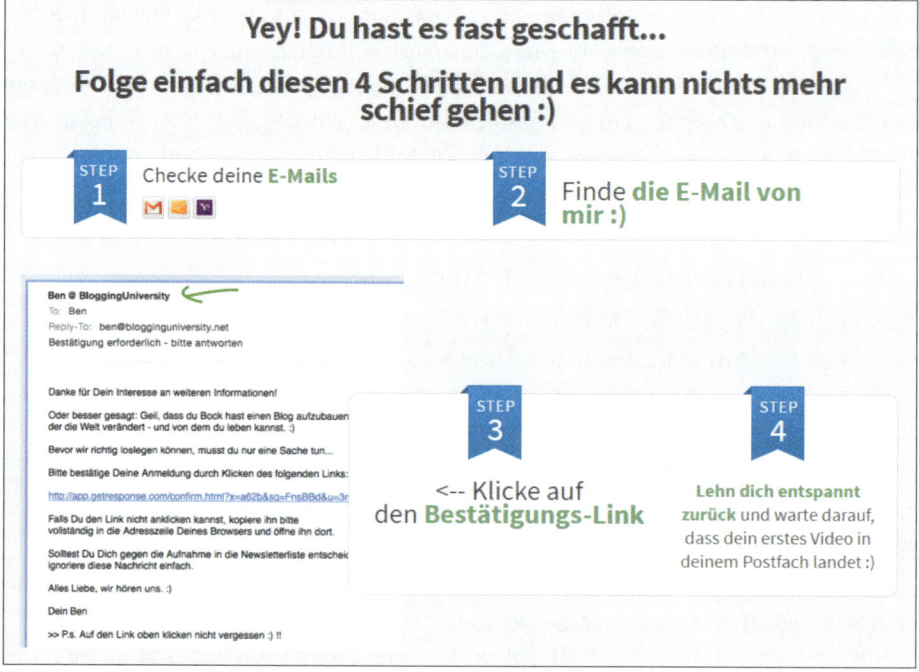

Abbildung 2.13 Erläuterung des Double-opt-in-Verfahrens bei blogginguniversity.net

2.7.10   Datenschutzgrundverordnung (DSGVO)

Auch bei guter Erläuterung: Durch diese rechtlichen Hürden wird dein Newsletter-Verteiler kleiner sein, als er könnte – und natürlich hat eine größere Adressliste in der Regel mehr Erfolgsaussichten. Aber mit einer kleinen Gruppe von echten Fans kannst du mehr erreichen als mit einer großen Liste voller Karteileichen.

Datenschutz seit Mai 2018

Die »Verordnung des Europäischen Parlaments und des Rates zum Schutz natürlicher Personen bei der Verarbeitung personenbezogener Daten, zum freien Datenverkehr und zur Aufhebung der Richtlinie 95/46/EG«, kurz Datenschutz-Grundverordnung (DSGVO) genannt, wurde im April 2016 nach jahrelangen Verhandlungen beschlossen und ist seit dem 25. Mai 2018 in den einzelnen EU-Mitgliedstaaten anzuwenden. Damit wurde der Datenschutz nicht nur europaweit vereinheitlicht, sondern auch gestärkt, was für dich als werbetreibender Unternehmer deutlich mehr Aufwand bedeutet. Denn auch die Strafen bei Zuwiderhandlungen werden erhöht: Für »administrative« Vergehen können 10 Millionen Euro oder 2 % des globalen Umsatzes fällig werden, für »fundamentale ethische Vergehen« sind es 20 Millionen Euro oder 4 % des globalen Umsatzes – je nachdem, was mehr ist. Unternehmen müssen die Regeln der DSGVO nicht nur einhalten, sondern auch demonstrieren können, dass sie sich daran halten; Werbeunternehmen müssen also ihr Customer Relationship Management ebenso wie ihr Social Media Management intern klar dokumentieren.

Ob du diese Anforderungen – insbesondere als kleines Unternehmen – zu 100 % einhältst, ist eine kaufmännische Risikobewertung, die du treffen musst.

Key Learnings in diesem Kapitel

▶ wie sich die digitale Transformation der Gesellschaft auf die Mediennutzung und damit auf die Werbeindustrie auswirkt – und welche Chancen sich damit eröffnen

▶ was Growth Hacking ist – und was nicht

▶ dass Growth Hacking keine Revolution ist, sondern die logische Weiterentwicklung von Marketing angesichts der Anforderungen der Kunden und der digitalen Transformation

▶ was Growth Hacking von anderen Methoden wie beispielsweise Bootstrapping unterscheidet

▶ wie Instagram, Facebook oder YouTube mit Growth Hacks den Sprung aus der Garage an die Börse geschafft haben

▶ was der perfekte Growth Hacker bzw. das Team können muss

▶ dass Growth Hacking auf fünf Säulen basiert, die wichtigste davon das »Growth Mindset«, das fortwährendes Lernen postuliert

▶ welche ethischen und rechtlichen Grenzen im Growth Hacking gelten (sollten)

3   So stellst du die Weichen auf Wachstum

Bevor du mit Experimentieren das Wachstum deines Unternehmens befeu-
ern kannst, braucht es ein paar Vorkehrungen. Ohne eine klare Positionie-
rung, umfangreiche Kenntnisse über deine Zielgruppe und ein solides Ge-
schäftsmodell wirst du nicht erfolgreich sein. In diesem Kapitel zeigen wir
dir, wie du das Fundament für die kommenden Maßnahmen legst.

Es gibt verschiedene Möglichkeiten, eine gute Idee zu entwickeln. Entweder man
verlässt sich auf seine Stärken und versucht, in diesem Bereich ein wirtschaftlich gesundes Unternehmen aufzubauen, oder man sucht nach einem ganz neuen Weg.
Welche Strategie die richtige ist, wollen wir an diesem Punkt nicht beurteilen. Viel
wichtiger ist auch, dass man sich zu Beginn seines Projekts nicht zu stark verzettelt.
Du solltest das ausgewählte Thema so stark eingrenzen, dass noch ein spezifisches
Bedürfnis erfüllt wird und ein ausreichend großer Markt existiert. Wenn du versuchst, alle zu erreichen, wirst du nicht die Sprache deiner Zielgruppe sprechen
können und somit auch kaum jemanden persönlich ansprechen. Das Resultat ist,
dass dein Produkt nicht gekauft wird. Diese Eingrenzung wird auch gerne als
Marktnische bezeichnet.

3.1   Der »First Mover«-Mythos

»Like early pioneers crossing the American plains, first movers have to create
their own wagon trails, but later movers can follow in the ruts.«
– Shane Snow, Co-Founder und Chief Creative Officer bei Contently

In Frankfurt hat vor kurzem eine neue Pizzeria aufgemacht. Obwohl es bereits eine
andere Pizzeria im gleichen Stadtteil gibt! Verrückt, oder? Entgegen der landläufi-
gen Meinung musst du nicht »der Erste« in deinem Markt sein, um Erfolg zu haben.
Ja, die Erfolgsaussichten in einem »blauen Markt« sind größer als in einem »roten
Markt«, in dem eine Vielzahl von Unternehmen und Produkten um Kunden buhlen.
Um bei obigem Beispiel zu bleiben: Vielleicht solltest du lieber eine Salatbar mit
Schwerpunkt auf Superfoods wie Avocado statt einer Pizzeria eröffnen. Aber nur,
weil du nicht der erste bist, bedeutet es noch lange nicht, dass du keinen Erfolg
haben kannst. Google war nicht die erste Suchmaschine (zuvor gab es bereits Alta-
vista) und Facebook nicht das erste Social Network (RIP MySpace und Friendster).

Es ist viel einfacher, ein bestehendes Produkt zu verbessern, als ein neues zu erschaffen. Denn wenn heute eine Idee auf dem Markt noch nicht existiert, ist die Chane groß, dass es einfach kein Bedürfnis dafür gibt.

3.2   So findest du dein Thema (Product-Solution-Fit)

Innovationen basieren also häufig auf Weiterentwicklung oder Verbesserung bestehender Produkte. Aber am Anfang sollte nicht die Produktidee, sondern das Kundenbedürfnis stehen. Du hast vielleicht bereits eine Idee im Kopf, aber weißt du wirklich, was deine Kunden wollen?

Das kann entscheidend sein, denn je näher du deine Produkte an den echten Bedürfnissen der Menschen baust, desto höher sind deine Erfolgschancen. Identifiziere die Probleme deiner Kunden, und löse sie. Das klingt doch eigentlich ganz einfach, oder?

Ist es leider nicht. Die meisten Unternehmer haben eine Produktidee im Kopf und suchen passende Kunden zu dieser Lösung. Aber eigentlich sollte es genau umgekehrt sein. Finde zuerst deine Kunden, und gestalte dann passende Lösungen dazu.

Es gibt also eigentlich keinen Grund, zu Beginn eines Innovationsprozesses kein »User Research« (Nutzerforschung) zu betreiben. Bedenke: Produkte und Dienstleistungen sind nur ein Mittel zum Zweck und damit austauschbar. Eine Lösung ist nur so lange gut, bis eine andere bessere Lösung daherkommt, und je näher du bei deinen Kunden bist, desto kleiner ist das Risiko, dass deine Idee kopiert wird.

Traditionelle Kundenbefragungen bringen meistens nicht die gewünschten Resultate. Die meisten Kunden können sich erstens zum Zeitpunkt der Befragung nicht wirklich vorstellen, was ein Produkt für sie leisten soll, und zweitens haben sie meistens selbst keine Ahnung davon, was sie eigentlich wollen. Was auch in Ordnung ist, denn es ist ja nicht die Aufgabe der Kunden, für dich Innovationen zu entwickeln. Das musst du schon selbst in die Hand nehmen.

Das Dilemma mit den Kundenwünschen

Kawasaki war über Jahrzehnte hinweg der unangefochtene Leader im Jet-Ski-Markt. Als Kawasaki seine Kunden nach Verbesserungsvorschlägen für seine Jet-Skis fragte, verlangten diese »mehr Polsterung«, die die Stehposition komfortabler machen würde. In der Zwischenzeit entwickelten andere Hersteller jedoch Jet-Skis mit einer Sitzgelegenheit und stießen Kawasaki damit von der Marktleader-Position.

Auf der anderen Seite verschätzen sich in diesem Punkt viele Unternehmen. Die meisten Unternehmen glauben, ihre Kunden gut einschätzen zu können. Die Harvard Business Review befragte in einer Studie 270 Unternehmen. 71% gaben an, ihre Kunden gut einschätzen zu können. Tatsächlich scheitern aber die meisten Unternehmen und vor allem Start-ups genau an diesem Punkt.

Es ist kein Zufall, dass sich viele Unternehmen mit nutzerzentrierten Konzepten schwertun. Viele Produktentwickler sind immer noch zu sehr in ihre eigenen Ideen verliebt und können sich schwer vorstellen sich davon zu lösen.

Es gibt zu diesem Zweck der *Value Proposition Canvas* (von *strategyzer.com*, siehe Abbildung 3.1).

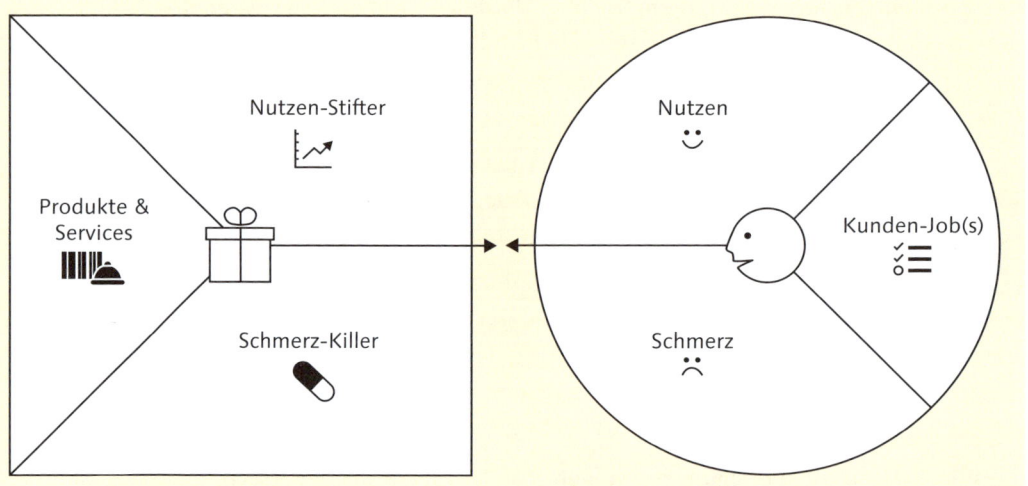

Abbildung 3.1 Value Proposition Canvas (Quelle: www.strategyzer.com)

Der *Value Proposition Canvas* soll dabei helfen, innovative Lösungen zu entwickeln, die auf den Wünschen der Kunden basieren. Er besteht aus zwei Seiten, dem Kundenprofil und der Value Map, und ist Teil des *Business Modell Canvas*, den wir in Abschnitt 3.6 vorstellen. Das Kundenprofil beschreibt die Kundenaufgaben, die Probleme und Wünsche eines speziellen Kundensegments. Wenn du diese identifiziert hast, beschreibst du in der Value Map passende Problemlöser, Lösungen zu den Kundenwünschen und Produkte und Dienstleistungen.

Hier kannst du das PDF zum Value Proposition Canvas downloaden: *www.strategyzer.com*.

Nicht selten kommt es vor, dass Start-ups in den ersten Monaten und Jahren »pivotieren«, d. h. ihr Geschäftsmodell ändern, weil sie mit einer anderen Zielgruppe einen besseren Product-Market-Fit erreichen. Nokia war ein Hersteller von

Gummiprodukten, Nintendo stellte Spielkarten her, Android war zuerst ein Betriebssystem für Kameras und Twitter ein Nebenprodukt von Odeo, einem Podcast-Verzeichnis. Yelp war ursprünglich ein Portal, auf dem Menschen ihren Freunden Geschäfte empfehlen konnten, und lief mit überschaubarem Erfolg. Erst nach einem »Deepdive« in die Nutzerdaten fand man heraus, dass das kleine Feature »Bewertungen« sehr oft genutzt wurde. Bewertungen sind mittlerweile der Kern von Yelp und der Hauptgrund dafür, warum das Portal von über 80 Millionen Menschen jeden Monat genutzt wird.

Solch ein Pivot wirkt sich natürlich auch immer auf die Positionierung aus, die daher nicht in Stein gemeißelt sein darf. Eine neue Zielgruppe und eine Neuausrichtung des Marketings verlangen auch immer eine neue Positionierung. YouTube war ursprünglich eine Video-Dating-Seite und Instagram ein soziales Netzwerk, das nicht auf Fotos, sondern auf örtlicher Nähe basierte.

> »Don't fall in love with your product!«
> – Dr. Carolin Gabor, Finleap

Gründern fällt es oft schwer, ihre liebgewonnene und mit viel Herzblut formulierte Vision und Positionierung aufzugeben. Ein Pivot erfordert ein Umdenken und eine Fokussierung auf neue Ziele. Das ist emotional wie intellektuell nicht einfach. In diesem Moment unterscheidet sich der Gründer vom Unternehmer: Der Unternehmer wird sich auf die Chance mit einer neuen, vielversprechenden Zielgruppe konzentrieren, wenn dort das Potenzial größer ist. Im Fokus steht nicht das Produkt, sondern die Zielgruppe.

3.3   So findest du deine Kunden

Es gibt das schöne Zitat aus dem Disney-Film »Alice im Wunderland«, das besagt: »Wenn du nicht weißt, wo du hinwillst, ist es egal, welchen Weg du einschlägst.« Das trifft nicht nur auf die Vision und Mission deines Unternehmens zu, sondern auch auf die Definition einer Zielgruppe. Welche Gruppe an Menschen soll dein Produkt kaufen oder deinen Service nutzen? Eine Zielgruppe ist die möglichst detailliert beschriebene Gruppe von Menschen, denen du dein Produkt vorstellen möchtest, damit sie es nutzen bzw. kaufen.

> »Do not make the mistake of having a broad audience at the beginning.
> You have to start small and be very specific to develop your early user base.«
> – Franco Varriano

Tatsächlich ist es mit einer einmaligen Definition nicht getan, denn mit dem Alter deiner Produkte wird sich auch deine Zielgruppe verändern. Ein sehr bekanntes

Modell hat Geoffrey A. Moore in seinem Bestseller »Crossing the Chasm« aufgestellt: Je nach »Marktreife« deines Produkts musst du eine andere Zielgruppe ansprechen, um Erfolg zu haben.

Der frühere Literatur-Professor erläutert dabei anhand des *Technology Adaption Lifecycles*, dass ein junges Unternehmen zunächst einen »Brückenkopf« definieren muss: eine kleine, aber passende Zielgruppe, die er als Innovatoren bzw. als Early Adopters bezeichnet. Ohne diese frühen Kunden, die einen starken Einfluss auf die Entwicklung deines Produkts haben, wirst du es nicht in den Massenmarkt schaffen. Und wenn du es nicht in den Massenmarkt schaffst, wirst du mittelfristig nicht genügend Erfolg haben.

Dabei unterscheiden sich die Menschen in diesen unterschiedlichen Zielgruppen erheblich voneinander: Wo die Innovatoren und die Early Adopters als begeisterte Meinungsführer gerne Versuchskaninchen spielen und daher auch den einen oder anderen Fehler eines unausgegorenen, aber innovativen Produkts verzeihen, braucht ein Mitglied der frühen Mehrheit (*Early Majority*) erst den Beweis durch andere Menschen oder Medien im eigenen Umfeld, die das Produkt getestet und empfohlen haben.

Beim Growth Hacking geht es genau darum: den frühen Markt zu identifizieren und zu erreichen, die Menschen, deren Problem du löst und für die du – entsprechend der Lean-Start-up-Philosophie – das Produkt gebaut hast. Aber selbst dann wirst du nicht umhinkommen, deine Zielgruppe möglichst exakt zu beschreiben, und sei es zur Kommunikation mit deinen Mitarbeitern, Partnern und Kapitalgebern.

Eine *Zielgruppe* ist zwar abstrakt (weil ein theoretisches Modell), aber real in dem Sinne, dass sie auf Markt- und Meinungsforschung, also auf den Daten realer Menschen, beruht.

Eine *Persona* hingegen ist ein fiktiver Charakter, der stellvertretend für eine Zielgruppe steht. Es ist das Abbild deines idealen Kunden, sozusagen ein Stellvertreter, mitsamt möglichst vieler Details, die einen Charakter (ob fiktiv oder real) ausmachen. Im Prinzip arbeitest du bei der Erstellung dieser Persona nach dem gleichen Prinzip wie jeder Drehbuchschreiber und Autor, der die Charaktere für seine Welt erschafft. In beiden Fällen ist es hilfreich, den Charakter so detailliert zu beschreiben wie möglich, um ihn »lebendig« werden zu lassen.

Eine Persona wird dir bei jeder Marketingentscheidung helfen, insbesondere aber bei der Erstellung von Texten. Denn es wird dir und deinen Mitarbeitern viel einfacher fallen, für eine definierte Person zu schreiben, als für eine anonyme Masse, in die sich kein Mensch hineinversetzen kann.

Es gibt einen Mythos um Amazon, der die Kundenfreundlichkeit des Unternehmens veranschaulichen soll: In unregelmäßigen Abständen bringt Jeff Bezos, der Gründer und CEO des Unternehmens, einen leeren Stuhl in ein Meeting mit seinen Managern. Dieser leere Stuhl steht symbolhaft für den Kunden, den wichtigsten Menschen im Raum. Wie eine Persona ist auch der leere Stuhl nur ein Gedankenmodell, aber es hilft, Entscheidungen im Sinne des Kunden zu treffen. Damit der Kunde aber nicht nur eine leere Hülle ist, muss jeder Mitarbeiter, unabhängig von seinem Status und Gehalt, einmal im Jahr im Kundenservice arbeiten, um die Fragen und Bedürfnisse der Kunden an vorderster Front zu verstehen.

In den folgenden Abschnitten verraten wir dir einige Maßnahmen, mit denen du deine ersten potenziellen Kunden finden und dadurch deine Persona(s) und Zielgruppe(n) ableiten kannst.

3.3.1 So definierst du deine Zielgruppe

Wenn du dein Start-up entsprechend der Lean-Start-up-Philosophie aufgebaut hast, hast du sicherlich eine gute Vorstellung von deinen Kernnutzern, da du ihre Wünsche und Bedürfnisse bereits bei der Produktion berücksichtigt hast. Viele Start-ups haben allerdings ein Problem damit, aus ihren Early Adopters eine Zielgruppe zu formulieren, auf die sie ihre Marketingmaßnahmen ausrichten, und insofern ihr Produkt in einem definierten Markt zu skalieren. Insbesondere gilt das dann, wenn die Gründer einen technischen Hintergrund haben und noch nie vor der Herausforderung standen, eine Zielgruppe definieren zu müssen, bis sie ein Investor damit konfrontiert hat.

Aber auch für Nicht-Marketer gibt es gute Möglichkeiten, eine valide (weil datenbasierte) Beschreibung anzufertigen. Und das größtenteils sogar kostenlos. Wichtig ist dabei, nicht von den eigenen Vorlieben auszugehen, sondern eine möglichst akademische, objektive Sicht einzunehmen.

Der »Frage deine Mitarbeiter«-Hack

Eigentlich kein Hack, aber so naheliegend, dass es oft vergessen wird: Niemand weiß so viel über die Persönlichkeit deiner Interessenten und Käufer wie die Menschen in deinem Kunden-Support oder im Verkauf, also die Leute an der Front, die jeden Tag mit den realen Kunden konfrontiert sind. Nutze deine Mitarbeiter als verfügbare und daher kostengünstige Informationsquelle zur Definierung deiner Persona.

Der Amazon-Hack

Wir haben bereits über effiziente Keyword-Recherche auf Amazon gesprochen. Marktplätze wie eBay, Rakuten oder Amazon eignen sich aber auch nicht nur zur Keyword-Recherche, sondern auch zur Analyse der Denkweise und des Verhaltens einzelner Personas, und sind deswegen sehr praktisch für unsere Persona.

Analysiere Folgendes: Was sind die Bestseller in deiner Branche? Analysiere das Inhaltsverzeichnis, die Einführung und die Bewertungen. Insbesondere die negativen Bewertungen mit nur einem Stern können für dich am hilfreichsten sein, weil sie die Bedürfnisse und Probleme der Kunden aufzählen. Welche Bewertungen sind am hilfreichsten, und warum? Wer sind die Experten auf dem Gebiet? Entstehen aus den Bewertungen Diskussionen?

Lese dafür Bewertungen von Produkten, die deine Personas kaufen würden. Welche Anforderungen haben sie an das Produkt? Wie sind ihre Tonalität und Schreibstil? Ist ihre Rechtschreibung korrekt? Worauf achten sie besonders? Wie ist ihr Name? Was sind ihre Alternativen zum gekauften Produkt?

Je nach Branche sind auch Unternehmensbewertungen auf Facebook, eKomi, Trusted Shop oder Google eine gute Quelle, um die Bedürfnisse und Probleme der Kunden zu erfahren (sowie die Stärken und Schwächen deiner Wettbewerber).

Der YouGov-Hack

Im Jahr 2000 in London gegründet, ist YouGov mittlerweile mit 35 Standorten in Europa, den USA, im Nahen Osten, Afrika und Asien vertreten. YouGov gehört nach Angaben der renommierten American Marketing Association zu den Top-20-Marktforschungsunternehmen der Welt. Der Grund, warum wir es dir zur Bildung einer Persona empfehlen, ist folgender: Mit Einschränkungen kannst du das Produkt »Profiles« kostenlos nutzen. Profiles sind nichts anderes als Personas, die auf den vorliegenden Meinungsforschungsdaten erstellt worden sind. So kannst du beispielsweise die Affinität zu Snapchat als ausschlaggebendes Kriterium einstellen. YouGov wird dir verraten, wie der typische Snapchat-Nutzer aussieht in den Bereichen Demografie, Lifestyle, Persönlichkeit, Marken, Medien und Unterhaltung. Weitere hilfreiche Statistiken findest du bei Statista[1] und dem Statistischen Bundesamt[2].

---

1 *https://de.statista.com*

2 *www.destatis.de/DE/Startseite.html*

Der Appinio-Hack

Appinio ist ein Meinungsforschungs-Start-up aus Hamburg. Im Gegensatz zu You-Gov gibt es zwar keine Einblicke in seine Datenbank, aber dafür kannst du dort selbst sehr schnell und recht kostengünstig Meinungsforschung betreiben. Erstelle dazu einen Fragenkatalog, und definiere den Personenkreis, der diese Fragen be-antworten soll (Geschlecht, Alter, Region und gegebenenfalls Interessen). Deine Fragen werden den Panel-Teilnehmern per App gestellt, und du bekommst sehr schnell aussagefähige Antworten. Mit Appinio lassen sich auch Bestandteile deiner Marke wie der Unternehmensname, das Logo, der Claim, Werbemittel oder das Verpackungsdesign testen.

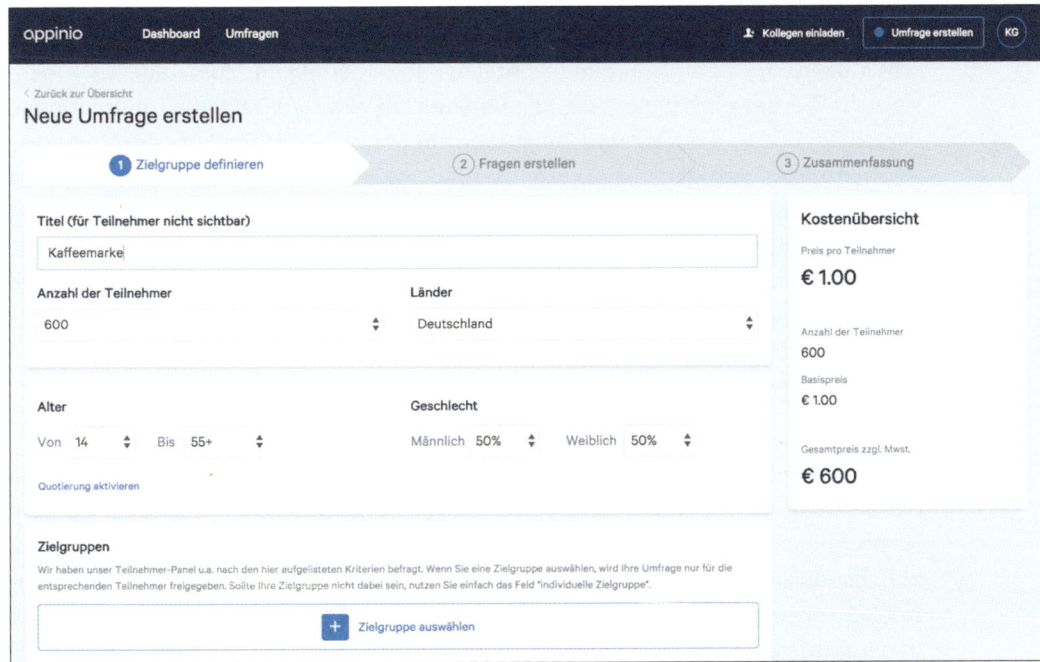

Abbildung 3.2 Die Erstellung einer Umfrage in Appinio (https://www.appinio.com/de/surveys)

Der Inhouse-Analytics-Hack

Auch wenn der primäre Zweck deiner Analytics-Infrastruktur ein anderer ist: Du kannst die vorliegenden Daten nutzen, um mehr über das Verhalten und die Per-sönlichkeit deiner Käufer herauszufinden. Lesen sie gerne Texte, oder ziehen sie Bilder oder Videos vor? Zahlen sie per Rechnung, und damit ohne Risiko, oder per Vorkasse? Bei welcher Bank sind sie? Bei welchem Provider haben sie ihre E-Mail-Adresse? Bewegen sie sich sehr zielgerichtet auf deiner Seite, oder stöbern sie gerne? Auch diese Informationen sind schnell und kostenlos verfügbar, wenn du Analytics-Tools wie Google Analytics oder Piwic verwendest. Beachte bei der Verwendung deiner Analytics-Werkzeuge unbedingt, dass du den Nutzer ausführlich und umfänglich darüber informierst, welche Daten du warum sammelst. Der richtige Platz dafür sind die Nutzungsbedingungen bzw. Datenschutzhinweise, die du auf eine separate Seite platzieren und diese über einen Link im Footer erreichbar machen solltest. Dort solltest du alle Tools nennen, die du verwendest.

Der »Ich tue so, als würde ich Werbung machen«-Hack

Facebook und Google sind zwei der umsatzstärksten Unternehmen auf der Welt – allein durch Einnahmen aus Werbung. Wie haben sie das geschafft? Zum einen, indem sie ihre eigenen Werbeformate nutzen, die sich – im Gegensatz zu klassischen Bannern – nahtlos in den eigentlichen Inhalt einfügen. Zum anderen, indem sie auch Werbetreibende mit kleinen Budgets mit einer Vielzahl von Informationen versorgen, wie und wo sie ihre Zielgruppe am besten erreichen können. Und diese Informationen sind genau das, was du brauchst. Im Gegensatz zu vielen anderen Werbeplattformen kannst du diese Informationen jederzeit und kostenlos nutzen, sowohl für die Werbebuchung als auch für die Beschreibung deiner Zielgruppe. Gehe dazu einfach auf *https://business.facebook.com*, erstelle dort (sofern noch nicht vorhanden) einen Business-Account, lege im Werbeanzeigenmanager (oder im Power Editor) eine neue Kampagne sowie eine Werbeanzeigengruppe an. Und innerhalb dieser Anzeigengruppe kannst du deine Zielgruppe definieren.

Auf Facebook gibt es dafür den Werbeanzeigen-Manager (siehe Abbildung 3.3), der sich innerhalb des Business Managers versteckt (vielleicht musst du dafür einen neuen Account einrichten, aber dieser ist ebenfalls kostenlos). Nachdem du dein Kampagnenziel definiert hast (was für unsere Zwecke vollkommen belanglos ist), kommst du zu diesem Zielgruppen-Planer (früher Audience Insights). Auf der rechten Seite siehst du die Größe deiner Zielgruppe, die du über den Kriterienkatalog in der mittleren Spalte definieren kannst. Jetzt kannst du deine Zielgruppe anhand ihrer demografischen Daten wie Alter, Geschlecht, Wohnort und Sprache definieren. Aber auch – und das ist einzigartig bei Facebook – anhand ihrer Interessen. So könntest du beispielsweise alle Männer zwischen 18–35 Jahren finden, die sich für Angeln interessieren oder für Eintracht Frankfurt. Du kannst deine Zielgruppe auch eingrenzen, indem du ausschließende Kriterien verwendest.

Wenn du eine aktive Facebook-Seite hast, kannst du eine sogenannte *Lookalike Audience* erstellen: Das sind Personen, die den Fans deiner Seite (basierend auf ihrer Demografie und ihren Interessen) ähneln.

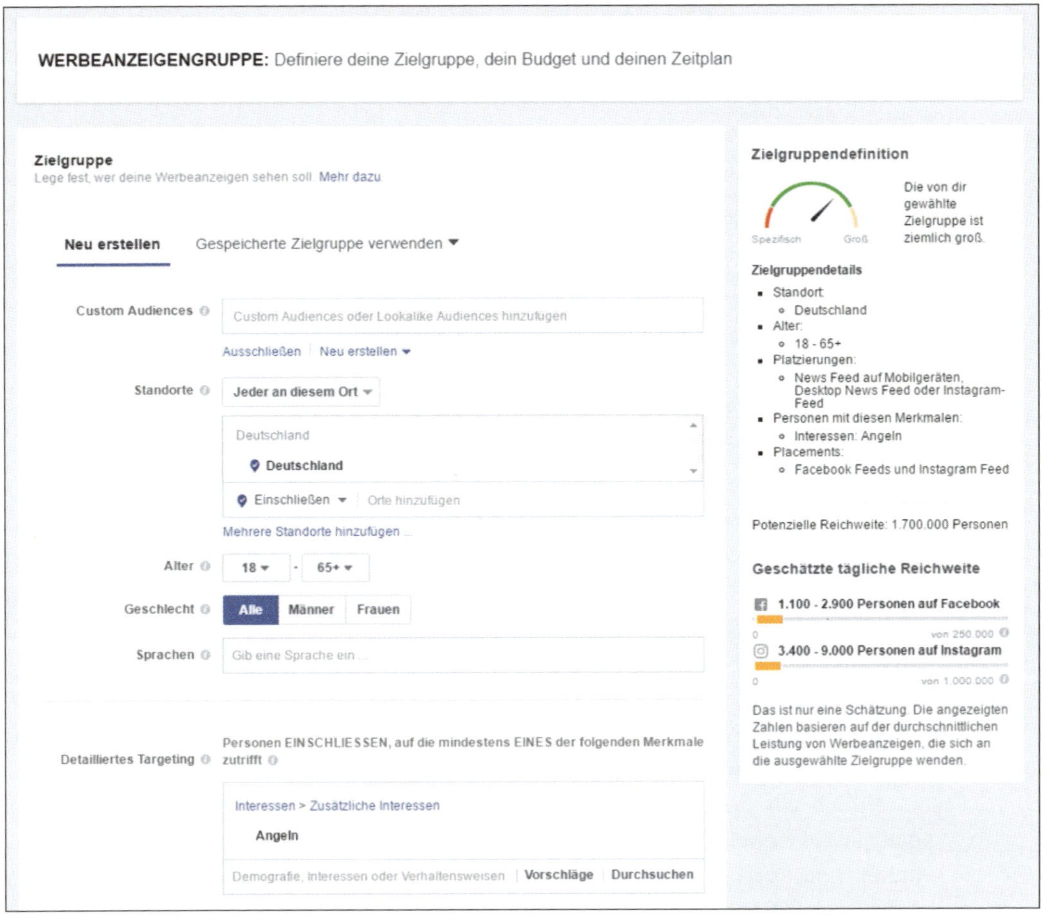

Abbildung 3.3 Facebook Werbeanzeigen-Manager

Eine weitere gute Informationsquelle, die viele Start-ups nicht nutzen, sind die Seitenstatistiken deiner eigenen Facebook-Seite. Dort findest du detaillierte Angaben bezüglich Alter, Geschlecht, Wohnort und Interessen deiner Fans (siehe Abbildung 3.4). Auch auf Twitter gibt es diese Auswertungen deiner Follower.

Apropos Twitter: Auch dort kannst du mehr über deine Zielgruppe erfahren, indem du eine Kampagne im Werbeanzeigen-Manager planst. Allerdings ist zum einen die Reichweite auf Twitter (insbesondere in Deutschland) nicht mit der von Facebook zu vergleichen, und zum anderen ist die Datenbasis deutlich kleiner und damit weniger aussagekräftig.

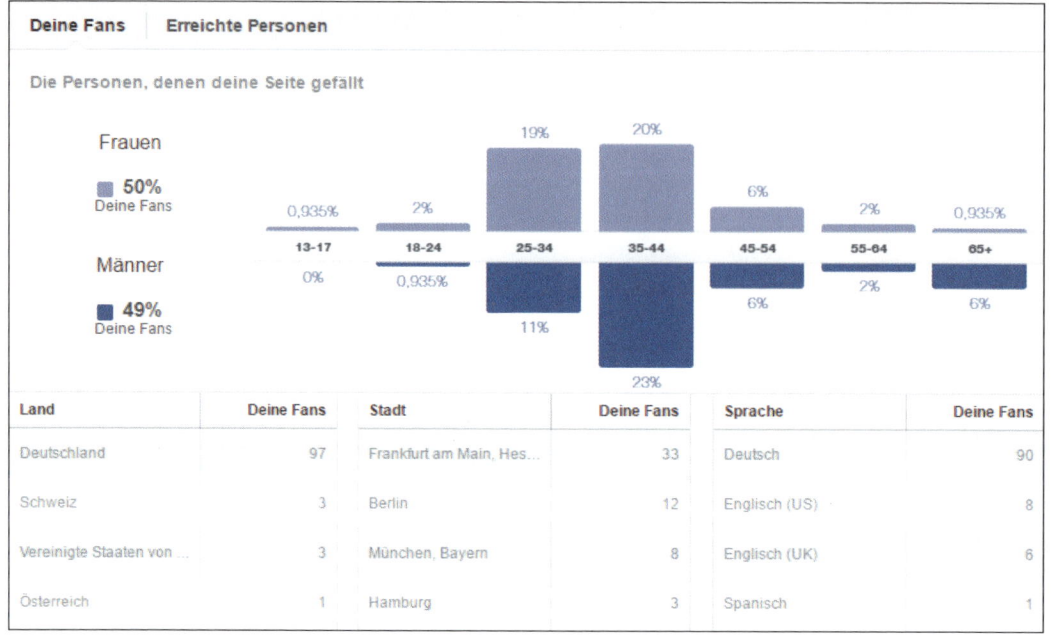

Abbildung 3.4 Facebook liefert wichtige Informationen über deine Fans.

Wenn dir die Möglichkeiten des Facebook-Werbeanzeigen-Managers gefallen, dann wirst du den Google Display Network Planner lieben. Du bist zu niemandem so ehrlich wie zu deiner Suchmaschine – egal, was dich interessiert, du suchst danach auf Google. Und natürlich speichert Google diese Daten über das Suchverhalten und nutzt sie, um Nutzerprofile zu erstellen. Selbst wenn du kein anderes Produkt von Google wie Gmail, Google Maps oder ein Android-Phone nutzen solltest, weiß Google sehr viel über dich. Denn Google kennt nicht nur dein Suchverhalten, sondern weiß aufgrund des Google-AdSense-Programms bzw. DoubleClick sehr genau, welche Webseiten du besuchst.

Google AdSense und das Google Display Network

Google AdSense ermöglicht es Website-Publishern, durch die Integration eines Code-Snippets auf ihren Seiten mit Werbung Geld zu verdienen, indem werbetreibende Unternehmen Banner auf ihrer Website buchen können. Denn durch diesen Codeschnipsel werden die Seiten Teil des Google Display Networks (GDN). Dieses Netzwerk ist eines der größten Werbenetzwerke weltweit und ermöglicht es Werbetreibenden, (laut Google) bis zu 80 % aller Internetnutzer in Deutschland zu erreichen und ihnen ein Banner vor die Nase zu halten. Daran kannst du sehen, welchen Einfluss Google auch außerhalb seines Kernprodukts Search hat.

Ergänzt wird das Google Display Network durch DoubleClick, ein Unternehmen, das Google 2007 für die bescheidene Summe von 3,1 Milliarden US-Dollar gekauft hat. DoubleClick ist so etwas wie der große Bruder des Display Networks: Richtet sich das GDN primär an kleinere Unternehmen, die einfach und schnell Werbung schalten wollen, sind die Zielgruppe von DoubleClick Agenturen und Unternehmen mit großen Budgets. Da schon vor dem Kauf durch Google eine Vielzahl von Webseiten an DoubleClick angeschlossen waren (auch in diesem Fall, um durch Werbebanner Geld zu verdienen), hat Google mit diesem Kauf eine wichtige Lücke in seinem Portfolio geschlossen.

Datenschützer kritisieren – nicht ohne Grund – ein solches Informationsmonopol. Denn DoubleClick wird oft in Verbindung mit Spyware gebracht, da HTTP-Cookies im Browser so gesetzt sind, dass eine Rückverfolgung des Benutzers von Webseite zu Webseite möglich ist. Eine Aufzeichnung darüber, welche Werbung angezeigt und angeklickt wird, ist ebenso möglich.

Somit kann Google der Spur des Nutzers durch das Netz folgen – und diese Fährten wiederum für das sogenannte *Behavioral Targeting*, also das Targeting anhand des Benutzerverhaltens, einsetzen. Wenn diese Profile noch um das Suchverhalten ergänzt werden, ist die Detailtiefe eines jeden Profils enorm.

Sofern du keine ethischen Bedenken hast, kannst du dir dieses Wissen von Google zunutze machen, sowohl für deine eigenen Kampagnen als auch zur Definition deiner Zielgruppe. Kostenlos.

Und das geht so: Du benötigst einen Google-Ads-Account. Unter dem Reiter TOOLS findest du den GOOGLE DISPLAY PLANNER, das von Google auserkorene Planungstool für Anzeigen im Display-Netzwerk.

In der Mitte siehst du die Verteilung nach Alter, Geschlecht und Gerät deiner aktuell selektierten Zielgruppe (siehe Abbildung 3.5). Und die Zielgruppe kannst du mit folgenden Kriterien beschreiben:

▶ KEYWORDS: sinnvoll zur Planung von kontextuellen Anzeigen; für die Zielgruppendefinition nicht geeignet

▶ PLACEMENTS: sinnvoll für die Planung von Anzeigen entsprechend dem Umfeld, sprich der jeweiligen Seite (sofern diese bekannt ist); für uns nur bedingt geeignet, sofern wir keinen Wettbewerber analysieren wollen

▶ THEMEN: Damit ist das Thema der jeweiligen Website gemeint. Wäre sinnvoll, wenn du beispielsweise Anzeigen in möglichst vielen Sport-Umfeldern buchen wolltest und die einzelnen Seiten nicht kennst.

▶ INTERESSEN: Sehr relevant, denn hier findest du Interessengebiete, von Adrenalin-Junkies über Autoliebhaber, Bastler und Heimwerker bis hin zu Bücherliebhabern, Büroarbeitern oder Fast-Food-Hungrigen ist alles dabei. Jetzt kannst du analysieren, ob es zwischen diesen Menschen Überschneidungen gibt und wie ihre demografischen Merkmale sind. Je nach deinem Produkt könnte sich auch ein Blick in die Untergruppe der »kaufbereiten« Zielgruppe lohnen, denn hier findest du die Menschen, die sich für den Kauf eines bestimmten Produkts (Tickets, Autos, Sportschuhe etc.) interessieren und via Google danach suchen.

▶ DEMOGRAFISCHE MERKMALE: Grundlagen wie Geschlecht, Alter und Elternstatus

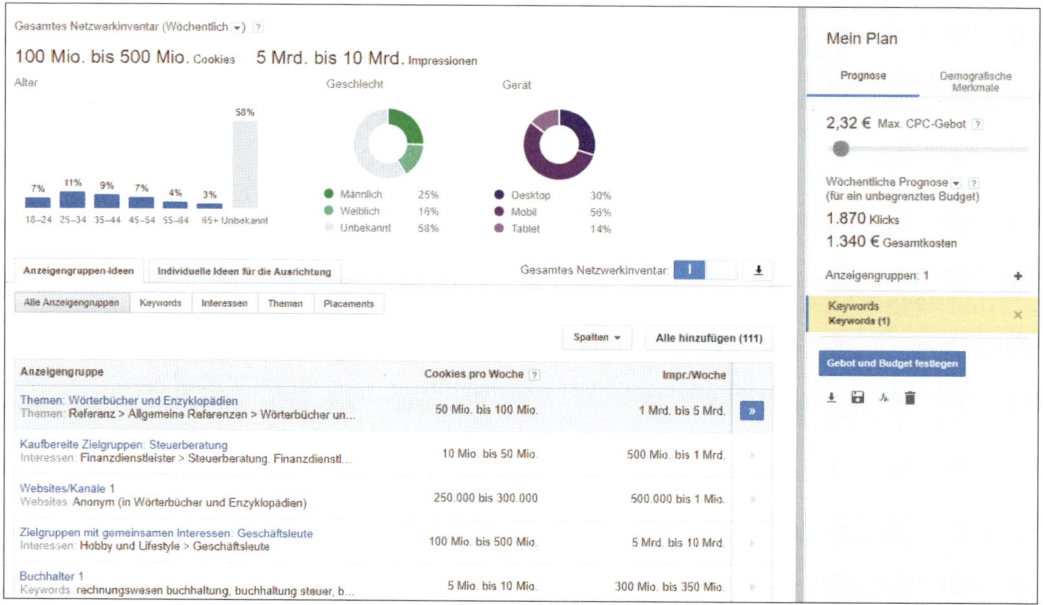

Abbildung 3.5 Planer für Display-Netzwerk-Kampagnen in Google Ads

Google gibt dir keine exakten Daten bezüglich der Zielgruppengröße, aber du kannst mit dem Display Planner sehr intensiv analysieren, auf welchen Seiten sich Menschen mit bestimmten Interessengebieten tummeln, und die Größenverhältnisse von mehreren Zielgruppen miteinander vergleichen.

Es gibt noch eine weitere Methode, wie du Google zur Identifikation deiner Zielgruppe für dich arbeiten lassen kannst: Installiere das Google-Tag auf deiner Website, damit du eine Re-Marketing-Liste anlegen kannst. Damit bekommen alle Nutzer deiner Website ein Cookie auf ihren Browser und können – theoretisch – durch

Banner auf fremden Webseiten erneut auf dein Produkt aufmerksam gemacht werden. Aber du willst ja lernen, keine Banner zu schalten. Und mit Google Ads (über das du auch Google-Display-Network-Kampagnen steuern kannst) siehst du Interessen, demografische Daten und weitere Infos über deine Nutzer. Und das Ganze kostenlos.

Der Mediaplaner-Hack

Mediaplanung beschreibt einen Bereich des Digital Marketings, der zwar klein, aber extrem umsatzstark ist, denn hier wird entschieden, wo und wann welche Werbung zu sehen ist. Eine Mediaplanungsagentur arbeitet dabei eng an der Seite des Kunden und der Kreativagentur. Letztgenannte kreiert die Werbebotschaft der jeweiligen Kampagne (z. B. #UmparkenImKopf von Opel oder »Ich bin doch nicht blöd« von Media Markt) sowie die Werbemittel wie Poster, Videospots und Banner. Die Aufgabe der Mediaagentur ist es, diese Werbemittel unter die Augen der richtigen Zielgruppe zu bringen und Werbeplätze bei entsprechenden TV-, Out-of-Home- oder Digitalvermarktern zu buchen. Dafür muss die Mediaagentur aber wissen, wo und wann die Menschen der Zielgruppe die einzelnen Medien nutzen. Dafür nutzen sie (besonders im Digitalbereich) Messungen von tatsächlichem Nutzerverhalten, aber auch Studien und Ergebnisse der Meinungsforschung. Dieses Wissen (und ihr enormer Einkaufsvorteil durch entsprechend hohe Budgets) ist die Kernkompetenz von Mediaagenturen. Und dieses Wissen kannst du dir (im beschränkten Umfang) für deine Zielgruppendefinition nutzbar machen.

Wie das? Die Studie »best for planning« (b4p) ist eine der umfangreichsten Markt- und Mediennutzungsstudien in Deutschland. Sie vereint Studien über Marken, Medien und Menschen. Für die Zielgruppenplanung bietet b4p darüber viele demografische und psychografische Merkmale an. Diverse generelle Statements zu gesellschaftlichen Themen und Trends, zu Wertorientierungen sowie zu Lebenseinstellungen werden erhoben. Sie werden ergänzt um marktspezifische Einstellungen. Zusätzlich zu den Einzelmerkmalen wird eine Reihe von verdichteten Zielgruppenmodellen bereitgestellt: Typologien, Persönlichkeitsfaktoren, Schichtmerkmale, Lebensphasen oder soziale Milieus.

Das Beste: Die Studie ist kostenlos und online nutzbar. Wenn du keine kostenpflichtige Lizenz erwirbst, kannst du deine Auswertungen leider nicht speichern und hast keinen Zugriff auf die aktuellsten Daten, aber zur Definition deiner Zielgruppe gibt es aktuell kein besseres, frei verfügbares Tool als die b4p-Studie. Und da es sich um eine im ganzen Markt anerkannte Quelle handelt, wirst du keine Probleme haben, jemanden von der Validität deiner Annahmen zu überzeugen – denn bessere Daten kannst du nicht nutzen.

Bei einem unserer Kunden nutzten wir b4p nicht nur zur Definition der eigenen Zielgruppe, sondern auch potenzieller Partner. So hatten wir bei unseren ersten Treffen den Vorteil, dass wir eine ziemlich gute Vorstellung von der Größe und den Eigenschaften der Kundensegmente unseres Gegenübers hatten und auch Überschneidungen zwischen unseren Bestandskunden und der Zielgruppe des Partners aufzeigen konnten. Das vereinfachte vieles.

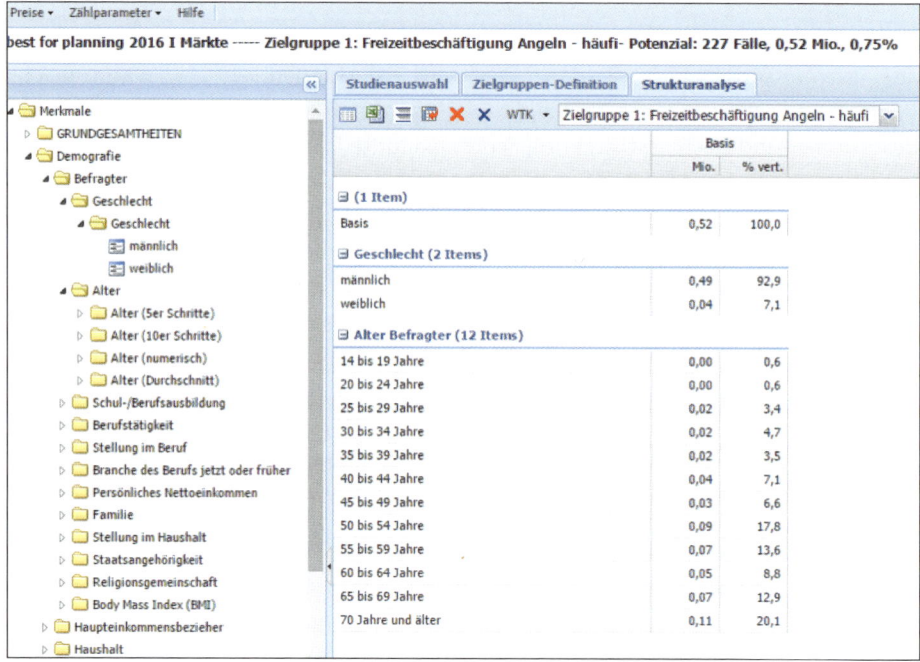

Abbildung 3.6 Mit »best for planning« kannst du deine Zielgruppe definieren.

3.3.2 So erstellt du deine Persona

Vorneweg: Es gibt keinen einheitlichen Prozess, der zur perfekten Persona aus Abbildung 3.7 führt. Dazu sind die Produkte und Märkte zu verschieden. Unstrittig ist dagegen das Ziel: Die Erstellung eines solchen Steckbriefes, um damit ein gemeinsames Verständnis für den Kunden zu bekommen.

Verkompliziere die Sache nicht: Personas leben davon, dass sie überspitzt, fokussiert und einfach zu verstehen sind. Im Zweifel verwendest du lieber eine Persona, deren Anforderungen jeder deiner Mitarbeiter kennt und versteht, als eine realistische Beschreibung der kompletten Lebenswelt.

Biografie

Tanja ist mit 2 Geschwistern in Frankfurt aufgewachsen. Sie hat ursprünglich eine Kaufmännische Lehre gemacht, hat sich dann aber später zur Fotografin weitergebildet. Diesen Beruf verfolgt sie mit einer großen Leidenschaft. In der Freizeit verrückt nach Fashion (Kleider), Sport (Laufen), Reisen und Schokolade. Patricia ist außerdem ein Familienmensch und verbringt auch gerne Zeit mit Freunden. Sie liebt lange Spaziergänge am Strand und Sonnenuntergänge. Wenn sie fotografiert, vergisst sie alles um sich herum. Für sie ist es wie Meditation.

Ziele

Neukunden gewinnen
Bestehende Kunden betreuen

Probleme/Herausforderungen

Monatliche Verrechnungen nehmen viel Zeit in Anspruch.
Zeiterfassung mit Excel ist sehr umständlich.
Rechnungsversand ist umständlich.
Kreditoren sind ihr ein Dorn im Auge.

Name:	Tanja Trüffel
Alter:	23
Beruf:	Fotografin
Geschlecht:	Weiblich
Beziehung:	Single
Wohnort:	Berlin
Geburtsort:	Frankfurt
Herkunft:	Deutschland
Familie:	2 Brüder

Fähigkeiten/Technologie

Fotografie
Hochzeitsfotografie
WordPress und Content Management
Word und Excel

Business

Würde für eine gute Lösung eine monatliche Gebühr bezahlen

Abbildung 3.7 Beispiel einer Persona

Der beste Weg zu einer realistischen Persona sind Interviews mit deinen (Möchtegern-)Kunden. Dabei reicht es nicht, Alter, Geschlecht und Wohnort zu identifizieren, du musst deutlich tiefer gehen. Und auf je mehr Fragen du eine Antwort geben kannst (auch wenn sich diese Antwort nicht auf der oberflächlichen Personabeschreibung wiederfindet), desto wertvoller wird deine Persona sein und desto effizienter deine Kommunikation ihr gegenüber.

Man kann die Fragen in folgende Kategorien einteilen (wobei die ersten beiden die wichtigsten sind):

▶ **Grundlagen:** Alter, Geschlecht, Wohnort, Geburtsort, Familienherkunft etc.

▶ **Produktspezifische Fragen:** Welches Problem in ihrem Leben löst dein Produkt (= Welcher Schmerz wird geheilt)? Ist es ein akuter oder ein chronischer Schmerz? Was wären die Vorteile in ihrem Leben, wenn dieses Problem gelöst werden könnte? Wie oft und bei welchen Gelegenheiten benötigen sie deine Lösung? Wie sind sie bisher mit diesem Problem umgegangen? Warum? Welche Frage werden sie sich unmittelbar vor der Entscheidung für oder gegen dein Produkt stellen? Was ist ihre größte Hürde, sich für dein Produkt zu entscheiden? Wie würden sie dein Produkt beziehen? Wie würden sie es bezahlen?

- **Kindheit:** Von wem wurden sie wie aufgezogen, welchen Beruf und welche Ausbildung hatten die Eltern, wie groß war das Familienumfeld, und welchen Status hatten sie etc.?

- **Ausbildung:** Welcher »Typ« war die Person in der Schule? Welche außerschulischen Aktivitäten wurden unternommen? Wie waren die schulischen Leistungen? Wie war das soziale Umfeld? Was waren die Lieblingsfächer etc.? Gleiches gilt für die Zeit während der (akademischen) Ausbildung.

- **Berufliche Stationen:** Was war der erste (Fulltime-)Job? Wo arbeiten sie aktuell? Welche Position haben sie inne und warum und wie lange bereits? Wie haben sie diese Position erreicht? Was sind ihre Aufgaben? Wie hoch ist ihr Gehalt? Wie sieht ihr soziales Umfeld am Arbeitsplatz aus? Was ist ihr Traumjob?

- **Finanzielles:** Wer ist der Hauptverdiener und wer der Entscheider im Haushalt? Wie viel Geld steht nach Abzug der Fixkosten zur Verfügung, und wofür wird es ausgegeben (Hobbys, Urlaub, Entertainment, Kleidung etc.)?

- **Lifestyle:** Beziehungsstatus und sexuelle Orientierung, politische Haltung, Mediennutzung, Wohnumfeld, Freundschaften, Religion, Hobbys, Urlaubsziele und -vorlieben etc.

- **Persönlichkeit:** Wie würde sich die Person selbst beschreiben und wie ihre Freunde? Ist sie Optimist? Risikofreudig? Spontan? Extrovertiert? Unabhängig?

- **Affinität zu Technologie:** Welches Smartphone nutzen sie wie oft? Wie oft gehen sie online und was tun sie dort? Wie aktiv sind sie auf Social Media? Wo kaufen sie online?

Der beste Weg, Antworten auf diese Fragen zu erhalten, ist ein Interview mit der realen Person (unter der nicht selbstverständlichen Voraussetzung, dass sie jede deiner Fragen ehrlich beantworten würde). Aber oftmals ist *exakt* diese Person nicht oder nur schwer verfügbar. Eben weil die Persona in der Regel ein fiktiver Charakter und keine reale Person ist. Was dann?

Du kannst dir mit bestehenden Typenmodellen weiterhelfen. Das sind die Ergebnisse von repräsentativen Umfragen, also echten Menschen, die sich aufgrund gemeinsamer Interessen oder Einstellungen zu Segmenten zusammenfassen lassen. Zu diesen Modellen gehören:

- Limbic® Map[3]
- Myers Briggs®-Persönlichkeitstypen[4]
- Sinus Milieus®[5]

---

3   *https://www.nymphenburg.de/limbic-map.html*

4   *https://www.16personalities.com/de/personlichkeitstypen*

5   *https://www.sinus-institut.de/sinus-loesungen/sinus-milieus-deutschland/*

Beispiel: Der Limbic®-Ansatz von Dr. Hans-Georg Häusel, Gruppe Nymphenburg

Alle menschlichen Motive, Werte und Wünsche lassen sich mit dem Limbic®-Ansatz darstellen und in Relation zueinander bringen. Mit Unterstützung der Gruppe Nymphenburg oder einem ihrer lizenzierten Partner kannst du deine potentiellen Kunden auf der Limbic® Map anhand ihrer Persönlichkeiten verorten.

Entscheidend für die Einordnung ist dann, wie die Ausprägung der drei Hauptsysteme Balance, Stimulanz und Dominanz ausfällt. Anschließend wird das emotionale Profil abgelesen und einem der sieben sogenannten Limbic® Types[6] zugeordnet:

1. **Abenteurer** zeichnen sich durch eine hohe Risikobereitschaft und eine geringe Kontrolle über die eigenen Impulse aus. Dementsprechend zeigen diese Typen eine hohe Affinität zu Abenteuerreisen und Extremsport – und Red Bull oder Globetrotter haben ihre Kunden gefunden.

2. **Performer** sind ehrgeizig und streben nach bester Leistung und möglichst hohem Status in der Gesellschaft. Familie und Heim spielen eine untergeordnete Rolle. Der Männeranteil in dieser Gruppe ist sehr hoch. Dieser Typ wird von Marken wie Rolex oder Porsche angesprochen.

3. **Disziplinierte** sind ebenfalls auf Erfolg bedacht, aber für sie zählt eher die Leistung als der finanzielle Output. Sie legen Wert auf Präzision; Ordnung, Struktur und Genauigkeit und zeigen eine hohe Affinität zu Technik und anderen funktionalen Produkten. Dekoratives und Emotionales sind hier fehl am Platz.

4. Der **Traditionalist** legt ebenfalls Wert auf Qualität. Allerdings eher in Hinblick auf Verlässlichkeit als auf (technische) Leistungsstärke. Dieser Typus ist in hohem Maße auf Sicherheit bedacht, was ihn empfänglich für beispielsweise Produkte aus dem Bereich Einbruchschutz machen dürfte. Marken wie Johnny Walker oder Jack Daniels wenden sich an diese Gruppe.

5. Der **Harmoniser** legt großen Wert auf Familie, Heimat und Sicherheit. Diesem Typen wird vor allem eine Präferenz für Produkte aus dem Bereich Heim und Garten nachgesagt. Dementsprechend fühlt er sich eher durch Werbung angesprochen, die diese Harmonie vermittelt. Pinterest sollte hier ein vielversprechender Kanal sein.

6. Der **Offene** legt Wert auf Stimulanz – allerdings eher in Richtung Genuss als in Richtung Abenteuer. Er hat eine positive Lebenseinstellung und ist neuen Erfahrungen gegenüber aufgeschlossen, allerdings nicht allzu risikobereit. Diesem Konsumententypen wird eine hohe Affinität zu gutem Wein oder hochwertigen Lebensmitteln nachgesagt. Auf Instagram kannst du ihn mit inspirierenden Bildern ansprechen.

7. Für den **Hedonisten** steht in erster Linie der Spaß im Vordergrund. Somit legt er noch deutlich mehr Wert auf Stimulanz als der Offene. Er zeigt tendenziell wenig Verantwortungsbewusstsein (insbesondere für andere) und ist hochgradig individualistisch. Somit fühlt er sich von Produkten, die Exklusivität, Individualität und Sinnesfreude vermitteln, angezogen, wie beispielsweise die neuesten Gadgets von Apple. Interessanter Typ für alle neuen Produkte (Stichwort Early Adopter).

---

6 Die Beschreibungen sind nicht abschließend und dienen lediglich zu Orientierungszwecken.

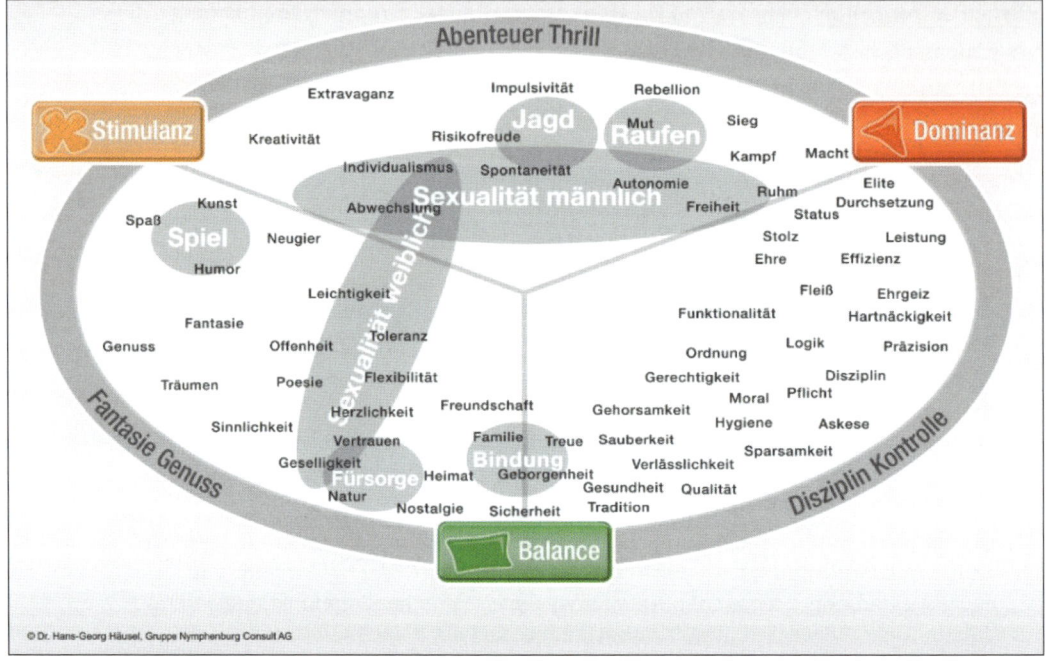

Abbildung 3.8 Die Limbic® Map zeigt den Emotionsraum des Menschen übersichtlich auf einen Blick.

Mit der Zeit wirst du mehrere Kundensegmente ansprechen und dementsprechend mehrere Personas entwickeln. Für den Anfang solltest du dich aber auf *High-Expectation Customer* (HXC) konzentrieren, so Julie Supan. Supan ist eine Spezialistin für Brand und Positionierung, die unter anderem für Airbnb und – wie Sean Ellis – Dropbox gearbeitet hat. Der HXC ist der anspruchsvollste Nutzer innerhalb deiner Zielgruppe. Es ist jemand, der dein Produkt oder deinen Service für seinen größten Vorteil wertschätzen wird. Sein Urteil ist kritisch für deinen Erfolg, denn der HXC ist jemand, der dein Unternehmen weiterempfehlen wird und damit für dich ein wichtiger Influencer ist.

Beispiel: High-Expectation Customer (HXC) für Airbnb

Der HXC für Airbnb ist ein globaler Bürger, der andere Orte nicht nur besuchen, sondern dazugehören möchte. Er ist ein Gast, der wie ein Einheimischer leben möchte und der gleichzeitig auf sein Reisebudget achtet.

Der »Unser trojanisches Pferd«-Hack

Primärer Zweck einer Persona ist die Vereinheitlichung der Kommunikation aus dem Unternehmen heraus nach außen, also zu potenziellen Kunden. Der Conversion-Rate-Experte Ferdinand von Seggern nutzt Personas mitunter aber auch zur internen Kommunikation: Wenn Kunden Verbesserungsvorschläge für einen Onlineservice machen oder häufig über einen Bug stolpern, erstellt er eine E-Mail der fiktiven Persona an die Geschäftsleitung. Damit »spricht« die gemeinsam definierte Persona direkt mit der Geschäftsleitung, und diese gibt daraufhin die nötigen Mittel frei, um das Problem zu lösen.

3.4   Was deine Kunden wirklich wollen (JTBD)

Clay Christensen, Professor an der Harvard Business School, sagt, dass die Gestaltung eines innovativen Kundennutzenversprechens damit beginnt, die zu erledigenden Aufgaben des Kunden wirklich zu verstehen (Jobs-To-Be-Done, JTBD).

JTBD ist der »höhere Zweck, für den Kunden Produkte, Dienstleistungen und Lösungen kaufen« – es ist nicht das Produkt, die Dienstleistung oder die Lösung selbst. Zum Beispiel würden die meisten Leute sagen, dass sie einen Rasenmäher kaufen, um »das Gras zu mähen«, und das ist wahr. Aber wenn ein Rasenmäherunternehmen den höheren Zweck des Mähens des Grases untersucht, z. B. »das Gras immer niedrig und schön halten«, dann könnte es auch gentechnisch veränderten Samen für Grasentwickeln, das nie geschnitten werden muss.

JTBD ist ein Prinzip, das schon Jahrzehnte alt ist und auf die Theorien des renommierten Harvard-Marketing-Professors Theodore Levitt zurückgeht. Bereits 1962 meinte Levitt, die Menschen wollen keine sechs Millimeter großen Bohrer, sie wollen sechs Millimeter große Löcher in den Wänden.

Tony Ulwick, CEO von Strategyn, entwickelte die Idee im Jahre 1999 weiter und nannte seinen Ansatz *Outcome Driven Innovation (ODI)*. Ulwick meinte eine Aufgabe bleibe über Jahre hinweg stabil, sie ändere sich nicht über die Zeit. Produkte hingegen hätten immer eine Lebenszeit. Ulwick sagte schon damals, es sei wichtiger, die emotionalen Jobs (Aufgaben) der Kunden zu verstehen, als sich zu sehr auf die Funktionen zu konzentrieren.

3.4.1   Das Milchshake-Beispiel

Christensen sagt, Menschen beauftragen ein Produkt, damit es für sie einen »Job« erledigt, aber sie feuern es auch wieder, wenn es eine neue, bessere Lösung gibt.

Weltberühmt wurde sein Milchshake-Beispiel. Christensen stellte die Frage in den Raum, wie eine Fast-Food-Kette mehr Milchshakes verkaufen könne. Typisch wären eigentlich die Verbesserung der Produktattribute, wie zum Beispiel die Kreation anderer Geschmacksrichtungen oder die Ausrichtung auf eine neue Zielgruppe.

Tatsächlich scheiterten die Fast-Food-Ketten genau an diesen Bemühungen. Sie bemerkten, dass sie so nicht mehr Milchshakes verkauften, und versuchten einen neuen Ansatz. Sie richteten den Fokus auf den Job (die Kernaufgabe) und stellten fest, dass ein Großteil der Milchshakes am Morgen verkauft wurden: Die Berufstätigen wollten auf der langen Fahrt zur Arbeit eine einfache Beschäftigung, die sie auch während des Fahrens ausüben konnten. Die Fast-Food-Ketten verbesserten also vor allem die Prozesse und erreichten dadurch eine schnellere Kaufabwicklung. Die Verkaufszahlen schossen in die Höhe.

Du solltest dich bei deinen Kundenbefragungen also nicht auf die funktionalen Aspekte, sondern auf die tieferliegenden sozialen und emotionalen Jobs fokussieren.

3.4.2   Unterschied zu Personas

Eine Persona ist ein Wunschkunden-Profil. Die Persona kann eine real existierende Person sein. Sie kann aber auch fiktiv erstellt werden.

JTBD ist kein vollwertiger Ersatz für Personas. Personas sind zur Entwicklung einer grundlegenden Empathie gegenüber deinem Kunden nach wie vor ein gutes Werkzeug. Wenn du z. B. einen Blogartikel schreiben möchtest, ist es nach wie vor sinnvoll, so ein Wunschkundenprofil bereitzustellen, um die Tonalität besser zu treffen.

Für die Produktentwicklung ist JTBD jedoch besser geeignet, da es den Kontext, sprich das eigentliche Kernproblem des Kunden, in den Mittelpunkt stellt. Und genau zu diesen Kernproblemen gilt es, Lösungen zu entwickeln.

3.4.3   Die Anatomie eines Jobs

Eine Aufgabe ist grundsätzlich immer etwas, was dein Kunde während der Arbeit oder im Alltag zu erledigen versucht. Wir unterscheiden drei Hauptformen von zu erledigenden Aufgaben:

- ▸ **Funktionelle Aufgaben:** Wie komme ich von A nach B? Wie streiche ich die Wand?

- ▸ **Emotionale Aufgaben:** Wie erfahre ich Spaß? Was kann ich machen, um mich gut zu fühlen?

- ▸ **Soziale Aufgaben:** Wie erhalte ich Anerkennung durch andere?

Tony Ulwick sagt: »Alle Jobs sind gleichzeitig auch Prozesse.« Er meint damit, dass Jobs in mehrere Schritte aufgeteilt werden können. Den Job »Waschen eines Kleidungsstücks« kannst du beispielsweise in folgende Schritte aufteilen: »in Waschmaschine legen, Waschmittel anwenden, Kleidungsstück herausnehmen, trocknen, falten und auf die Seite legen«. Um ein besseres Verständnis für einen Kundenjob zu erlangen, kannst du also zuerst die Kernaufgabe erfassen und sie dann in Teilaufgaben zerlegen. Das ist einfacher, als zu versuchen, von Anfang an den kompletten Entscheidungsprozess bis ins Detail zu verstehen.

Bei einem Entscheidungsprozess wirken für die Kunden immer verschiedene Kräfte. Die Kunden möchten bei einer bestimmten Aufgabe Fortschritte erzielen und beauftragen dafür ein Produkt. Dabei muss der Kunde sich entscheiden, ob er bei einer alten Gewohnheit bleibt oder sich für ein neues Verhalten entscheidet. Bob Moesta beschreibt diesen Prozess auf *jobstobedone.org* folgendermaßen:

► **Vorantreiben der Situation:** Der Kunde sucht nach einer Lösung für die aktuelle Situation.

► **Die Anziehungkraft der neuen Lösung:** Eine neue, vermeintlich bessere Lösung zieht die Aufmerksamkeit des Kunden auf sich.

► **Die alte Gewohnheit:** Auf der anderen Seite wirkt die Macht der Gewohnheit.

► **Die Angst vor der neuen Lösung:** Und es gibt eine gewisse Angst vor dem Neuen, die zu Unsicherheit führt.

Wenn du dir diesen Prozess bei der Befragung deiner Kunden vor Augen führst, fällt es dir einfacher, zu verstehen, welche Beweggründe deine Kunden bei ihren Entscheidungen haben und durch welche Kräfte sie in ihrer Entscheidung beeinflusst werden.

3.4.4   Die richtige Interviewtechnik

1. **Bereite die Befragung vor:** Bereite dich gut auf das Gespräch vor, sammle Hintergrundinformationen über den Kunden, und versuche, zu Beginn des Gesprächs eine angenehme und lockere Atmosphäre zu schaffen. Frage den Kunden nach seinem Produkt, und lasse ihn ausreden. Steige erst in das Interview ein, wenn der Kunde bereit dazu ist. Das braucht zwar Fingerspitzengefühl, aber mit etwas Übung wird es dir bei jedem Interview etwas leichter fallen, das Eis zu brechen.

2. **Finde heterogene Kundengruppen:** Je vielfältiger die befragten Kundengruppen sind, desto kompletter ist das Feedback, das du erhältst. So deckst du auch falsche Richtungen auf. Wenn z. B. eine Kundengruppe beim MP3-Player

meint, sie wolle einfach andere Knöpfe, sagt die andere Kundengruppe, ihnen seien die Knöpfe egal, sie wollen einfach Musik hören.

3. **Stelle die richtigen Fragen:** Die größte Schwierigkeit besteht darin, die richtigen Fragen zu stellen. Du musst sicherstellen, dass du dich auf die tatsächlichen Aufgaben des Kunden fokussierst, nicht auf den aktuellen Prozess, wie der Kunde die Aufgabe löst. Versuche unbedingt, die Kundenperspektive einzunehmen.

Folgende Fragestellungen helfen dir dabei, tiefer einzutauchen und mehr über die jeweiligen Aufgaben der Kunden zu erfahren.

- Was macht Ihre Aufgabe zeitaufwendig?

- Gibt es Dinge betreffend dieser Aufgabe, die Ihnen zu teuer sind?

- Was möchten Sie mit diesen Aufgaben erreichen?

- Gibt es etwas, was Sie auf jeden Fall verhindern möchten?

- Was macht diese Aufgaben unberechenbar?

- Wenn Sie diese Aufgaben erledigen möchten, was macht »Lösung A« attraktiver als »Lösung B«?

- Gibt es Dinge betreffend dieser Aufgabe, die Ihnen fehlen?

Versuche dann, die Bedürfnisse und Probleme des Kunden zu ergründen:

- Was sind aktuell Ihre wichtigsten Ziele?

- Was bereitet Ihnen aktuell am meisten Kopfzerbrechen?

- Gibt es Risiken oder Entwicklungen, die Ihnen Sorgen bereiten?

Nachdem der Kunde seine Kernaufgaben verraten hat, kannst du auch produktspezifische Fragen stellen:

- Warum kaufen Sie unsere Produkte?

- Bei welchen Aufgaben hilft Ihnen unser Produkt am meisten?

- Welche ähnlichen Produkte kaufen Sie ebenfalls?

- Wobei helfen Ihnen diese Produkte?

- Hatten Sie Bedenken beim Kauf?

- Welche Gedanken haben Sie bei der Verwendung unseres Produkts?

Frage zum Beispiel nach der Art und Weise, wie ein Kunde deine Produkte bezieht:

- Wie haben Sie unsere Produkte zuletzt gekauft?

- Wann haben Sie unser Produkt zuletzt gekauft?

- Wo waren Sie, als Sie unser Produkt gekauft haben?

- Zu welcher Uhrzeit haben Sie unser Produkt gekauft?

Es ist nicht immer einfach, die richtigen Fragen zu stellen, und du solltest auch nicht blind einen Fragekatalog abarbeiten, sondern ein Gespräch mit deinen Kunden führen. Es ist Übungssache, und schlussendlich fällt kein Meister vom Himmel. Kundenbefragungen gehören in die Entwicklungsprozesse integriert und sollten ständig wiederholt und optimiert werden.

3.5 Der Product-Market-Fit

Beim Konzept des Product-Market-Fits geht es darum, zu überprüfen, ob für deine Lösung auch tatsächlich ein Bedürfnis auf dem Markt besteht. Deine Kunden sollen dein Produkt nicht nur benutzen, weil es praktischer oder günstiger als die Alternativen ist. Sie sollen es nutzen, weil es ihnen einen echten Mehrwert bietet und sie es gerne tun. Bietet dein Produkt keinen Mehrwert, wirst du mit keiner Marketingmethode der Welt nachhaltiges Wachstum erzeugen können.

»You shouldn't ›growth hack‹ without product market fit.«
– Phil Suter, Head of UX at Scout24 Switzerland

Beispiel: Microsoft – den Kunden dabei helfen, ihr volles Potenzial auszuschöpfen

Seit dem Führungswechsel von Steve Ballmer zu Sataya Nadella hat Microsoft in vielerlei Hinsicht zurück auf die Überholspur gefunden. Der charismatische Nadella ist nicht nur als Person das komplette Gegenteil seines Vorgängers. Er hat dem staubigen Image des Großkonzernes ein völlig neues Gesicht verliehen und den Unternehmensfokus auf die Bedürfnisse der Kunden gelegt. Um diesen Prozess zu beschleunigen, lud er Kunden zum alljährlichen Unternehmens-Retreat ein. Dutzende Teams trafen sich mit Schülern, Studenten, Lehrern und Managern, um deren Anliegen zu verstehen. Das war eine effektive Strategie, denn nur wer die Probleme der Menschen kennt, kann sie auch lösen!

Beispiel: Slack

Slack ist ein cloud-basiertes Tool für die Teamkommunikation, das hauptsächlich von agilen Unternehmen und insbesondere Start-ups als Ersatz für interne E-Mails genutzt wird. Von Anfang an suchte das Team von Slack den engen Austausch mit ihrer Zielgruppe (Start-ups), um ein Produkt zu schaffen, das exakt deren Bedürfnissen entspricht und damit regelmäßig und oft zum Einsatz kommen würde. Damit schlug das Team um Gründer Daniel Stewart Butterfield, der zuvor unter anderem die Foto-Community Flickr gegründet hatte, zwei Fliegen mit einer Klappe: Zum einen war der PMF bereits sehr früh erreicht, und zum anderen gewannen sie sehr früh Kunden, Multiplikatoren und Referenzen, was eine schnelle Verbreitung begünstigte und Slack zu einem extrem erfolgreichen Start-up macht.

Entsprechend dem Lean-Start-up-Modell solltest du insbesondere in der frühen Phase deines Unternehmens »vor die Tür« gehen und deine Zielgruppe persönlich zu deinem Produkt befragen. Zum einen wirst du dadurch wertvolles Feedback zur Verbesserung deines Produkts erhalten, und zum anderen baust du dir einen Stamm von Early Adopters auf.

Beispiel: Tinder

Tinder ist eine Dating-App, bei der potenzielle Bekanntschaften, die man nicht treffen möchte, einfach per Wischbewegung übersprungen werden, bis man einen geeigneten Kandidaten bzw. eine Kandidatin gefunden hat. Um Feedback von der Kernzielgruppe zu erhalten und dem Produkt einen viralen Kickstart zu geben, ging das Gründungsteam auf Tour und veranstaltete Partys auf Universitäten in der ganzen USA. Zunächst luden sie Mitglieder von Studentinnen-Verbindungen (Sororities) ein. Das Team half beim Installieren der App und beantwortete Fragen. Das Ergebnis war nicht nur wertvolles Feedback, sondern auch eine App voller Profile von Studentinnen. Der nächste logische Schritt für Tinder war die Aktivierung der männlichen Studenten – was nicht schwergefallen sein dürfte. Dadurch wurde Tinder schnell zur Dating-App Nr. 1.

3.5.1   PMF über Daten validieren

Die *Retention Rate* sagt aus, wie viele Nutzer, die dein Produkt oder deine Website bereits einmal genutzt haben, wieder zu dir zurückkehren. Sie ist also der Gegenwert zur Abwanderungsquote. In Kapitel 7, »Retention: so kommen deine Nutzer zurück«, erfährst du mehr über dieses Thema. Über die Retention Rate lässt sich der Product-Market-Fit validieren. Jedes Produkt verliert auch wieder Nutzer, das ist ein völlig normaler Prozess. Aber wenn sich dieser Wert positiv entwickelt und mit der Zeit abflacht, hast du mit größter Wahrscheinlichkeit ein Produkt, das von deinen Kunden geschätzt wird, und hast damit den Product-Market-Fit validiert.

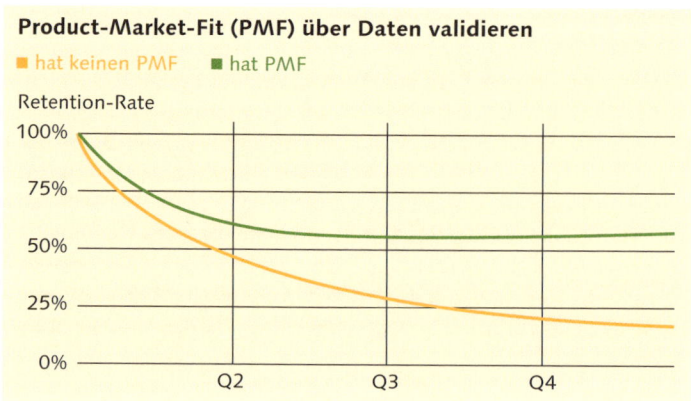

Abbildung 3.9 Den PMF über die Retention Rate validieren

3.5.2 PMF über Kundenfeedback validieren

Gerade zu Beginn ist es nicht einfach, die Retention Rate zu messen, und noch komplizierter, einzuschätzen, wann sie sich tatsächlich positiv entwickelt. Daher sind Kundenbefragungen häufig die erste Wahl, um den Product-Market-Fit zu überprüfen.

Durch Kundenbefragungen wie mit dem Net Promoter Score (NPS, siehe auch Abschnitt 7.2.4, »Die richtigen Inhalte wählen«) kannst du feststellen, ob deine Kunden dein Produkt so sehr mögen, dass sie es ihren Freunden und Kollegen weiterempfehlen würden (siehe Abbildung 3.10).

Abbildung 3.10 Kundenbefragung von Kontist mit dem Net Promoter Score

---

Beispiel: Typeform

Das spanische Umfrage-Start-up Typeform nutzt NPS auch für die Produktentwicklung und den Kunden-Support: Nachdem die Nutzer ihre Meinung abgegeben haben, wurden sie nach dem Grund für ihre Bewertung gefragt. Wenn die Nutzer ihre Zufriedenheit mit 9 oder 10 bewertet hatten, wurde ihnen gedankt, und sie wurden darum gebeten, ihr positives Feedback via Social Media zu teilen. Gleichzeitig wurde im CRM-System (Customer Relationship Management) ein Ticket generiert, damit der Customer Support den Nutzer bei etwaigen Problemen unterstützen kann.

Sean Ellis hat eine einfache Grundregel: Ohne einen stabilen Product-Market-Fit lohnen sich keine Growth-Hacking-Maßnahmen. Deswegen stellt er den Nutzern zu Beginn eines Projekts folgende einfache Frage: »Wie enttäuschst wärst du, wenn dieses Produkt nicht mehr existieren würde?«

1. sehr enttäuscht
2. ein wenig enttäuscht
3. nicht enttäuscht
4. Ich benutze es mittlerweile nicht mehr.

Laut Sean Ellis gilt die Grundregel: Wenn mindestens 40 % deiner Nutzer berichten, dass sie sehr enttäuscht wären, wenn dein Produkt vom Markt verschwände, hast du einen stabilen Product-Market-Fit erreicht. Dann kannst du nachhaltiges Wachstum erreichen.

Um diesen Fit zwischen Produkt und Markt zu erreichen, ist das Marketing im klassischen Sinn nicht ausschlaggebend. Keine Anzeige, kein TV-Spot und erst recht kein Plakat wird dazu führen, dass deine Kunden dein Produkt so sehr mögen, dass sie es vermissen würden. Es geht einzig um die Produktmerkmale. Denk an Produkte wie das Model S von Tesla, das iPhone von Apple oder den Thermomix von Vorwerk: Das Marketing für diese Produkte sind die Produkte selbst. Das Design, die Bedienung, das Universum drumherum – all das hat dazu geführt, dass es echte Fans gibt, die sich mit dem Produkt und der Marke identifizieren und zu kleinen *Evangelisten* werden. In diesem Moment sind die Kunden selbst dein wichtigstes Marketinginstrument. Denn sie erzählen ihren Freunden und Kollegen davon, verteidigen dich bei jedem Shitstorm und werden auch deine kommenden Produkte mit Freude kaufen. Das sind die Vorteile einer echten »Love-Brand«.

Um diesen Fit zu erreichen, musst du dich zunächst mehr auf dein Produkt als auf Wachstum konzentrieren. Nutze dafür jede Chance der Validierung deiner Idee, und verfeinere diese so weit, bis sie von deinen Early Adopters wirklich gemocht wird. Um den Grad der Validierung zu testen, kannst du beispielsweise Interviews mit Probanden durchführen.

Hilfreich dafür ist die Methodik des *Mom-Tests*, bei der du gezielt nach den Informationen fragst, die du objektiv benötigst. So vermeidest du es (weitgehend), dass du aus Angst vor der Antwort die falschen Fragen stellst. Außerdem erzählst du ihm nichts von deiner Idee, sondern stellst nur Fragen zum Verhalten des Probanden.

Beispiel: Du möchtest deine Idee einer Kochbuch-App validieren. Frage nicht danach, ob dein Gegenüber Interesse an einer Kochbuch-App hat, sondern frage ihn oder sie:

▶ Wann hast du das letzte Mal dein iPad benutzt?

▶ Wofür?

▶   Hast du es schon einmal in der Küche benutzt?

▶   Hast du dir schon einmal eine App heruntergeladen? Wofür? Zu welchem Preis?

▶   Benutzt du Kochbücher?

▶   Gibt es etwas an Kochbüchern, was du nicht magst?

▶   Was war das letzte Kochbuch, das du gekauft hast? Wann? Warum?

Auf diese Weise vermeidest du es, dass du falsche Antworten aufgrund deiner Beziehung zu dem Probanden bekommst.

Eine weitere, deutlich anspruchsvollere Methode zur Validierung ist eine Kampagne auf einer Crowdfunding-Plattform wie Indiegogo oder Kickstarter. Dort stellst du deine Idee möglichst anschaulich vor und bittest die Nutzer um Unterstützung. Der Hersteller kann noch vor Herstellung des Produkts wichtiges Feedback der Nutzer einfließen lassen und das Produkt verbessern, wie das Beispiel in Abbildung 3.11 zeigt.

"Type C/E/F/J/L" Power Plug Compatibility

A handful of EU backers with a good eye pointed out that the initial design of our "Type C/E/F/J/L" power plug would not work with recessed power sockets common in Europe. This is why we love coming to Kickstarter. Thanks to backers like you, we're already making changes to our product to ensure it's the best it can be.

Our "Type C/E/F/J/L" electrical plug design has been updated thanks to this valuable feedback. European backers, rejoice!

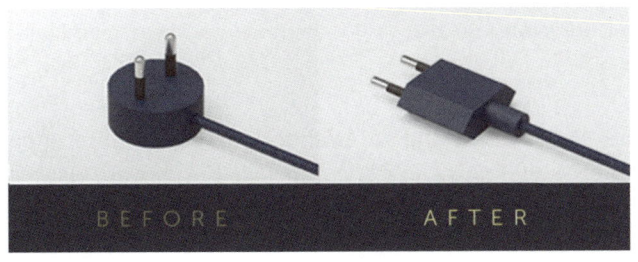

Abbildung 3.11 Verbesserung des Product-Market-Fits durch eine Crowdsourcing-Kampagne auf Kickstarter

Der Vorteil ist, dass du deine Idee nicht nur validierst, sondern gleichzeitig auch noch Investitionsbudget einsammelst und deine ersten Käufer gewinnst. Der Nachteil ist, dass eine Crowdfounding-Kampagne mit sehr viel Aufwand verbunden ist.

Viele Menschen, die sich selbständig machen, eine Firma gründen oder ein Produkt launchen wollen, stehen vor der wichtigen Frage: Wird jemand mein Produkt kaufen? Interessieren sich die Menschen für das Thema? Diese Menschen sind kompetent und motiviert, möchten aber ihre Zeit und ihr Geld nicht in einen Rohrkrepierer investieren. Wie können diese Menschen ihr Produkt validieren?

Eine einfachere Methode ist eine simple *Sign-on-Landingpage*. Schalte günstige Anzeigen auf Facebook und Instagram, und informiere per E-Mail dein gesamtes Netzwerk über dein Vorhaben, und fordere sie dazu auf, bei Interesse ihre E-Mail-Adresse auf deiner Landingpage einzutragen. Vielleicht kennen sie in ihrem Umfeld auch Menschen, für die das Produkt geeignet ist, und empfehlen es weiter. Wenn du genügend Probanden auf diese Weise gesammelt hast, kannst du ihnen per E-Mail einen Fragebogen zuschicken und mit ihnen den Mom-Test virtuell durchführen. Außerdem kannst du deine Idee per Blogartikeln, Webinar oder Vorträgen publik machen und dir so Feedback einholen.

Auch das SaaS-Start-up Unbounce hatte seinen Ursprung in einem E-Book, in dem der Gründer Olli Gardner über Landingpages schrieb, lange bevor sie ein populäres Thema am Markt waren. So gewann er noch vor dem Launch des Produkts über 1.000 Interessenten.

Der Fake-Door-Hack

Nehmen wir an, dass du einen E-Commerce Shop für Kleidung betreibst und du überlegst, Gummistiefel in dein Sortiment mit aufzunehmen. Du bist dir aber nicht sicher, ob deine Kunden Interesse an Gummistiefeln haben. Was kannst du tun?

Du baust eine *Fake Door* ein, das heißt, du legst Gummistiefel als Produkt an und stellst sie auffällig dar. Wenn die Kunden darauf klicken (= Interesse zeigen), sehen sie, dass die Gummistiefel derzeit leider noch nicht verfügbar sind, du sie aber gerne darüber informierst, wenn sich das ändert (idealerweise baust du an dieser Stelle ein Sign-up-Formular ein). Mit einer Fake Door kannst du also das Kundeninteresse messen und beurteilen.

Im Jahr 2012 war Vladislav Melnik selbständiger Webdesigner, der mehr Kundenaufträge brauchte. Was tat er? Kaltakquise: Er rief potenzielle Kunden an, was nicht nur zeitaufwendig, sondern auch relativ erfolglos war. Was tat er dann? Das Gleiche, was jeder von uns tut, wenn er sich mit einem Problem konfrontiert sieht: Er googlete danach, wie man neue Kunden gewinnen kann. Dabei stieß er auf das noch sehr jungfräuliche Thema Content Marketing, das damals in Deutschland noch so gut wie unbekannt war. Vladislav packten Neugier und Leidenschaft, und er startete sein »affenblog«, in dem er anderen Bloggern Strategien und Tipps gab, wie sie besser bloggen können. »Es war eine tolle Zeit, weil der Markt noch so frisch war. Die Menschen verlangten danach!«, sagt Melnik. Er gab seine Tätigkeit als Designer auf, um sich komplett auf das »affenblog« zu konzentrieren.

Mit dem Wachstum des »affenblog« sah sich Melnik aber mit einem Problem konfrontiert: Wie die meisten ambitionierten Blogs lief auch das »affenblog« auf WordPress, einem guten System, das aber für ambitioniertes Marketing nur bedingt ausgelegt ist, sofern man selbst kein Entwickler ist. Melnik wollte sich auf Marketing und Bloggen konzentrieren, nicht aber auf die dahinterliegende Technik.

Durch den regelmäßigen Austausch mit seinen Lesern (hauptsächlich Blogger, Coaches und Solopreneure) erfuhr Melnik, dass er mit diesem Problem nicht allein war, aber niemand eine gute Lösung hatte. Also gründete er gemeinsam mit einem Bekannten Chimpify, eine Inbound-Marketing-SaaS für »die Davids dieser Welt«, quasi HubSpot für kleine Unternehmen. Mehr zu HubSpot, Content und Inbound Marketing liest du in Abschnitt 3.5, »Der Product-Market-Fit«, mehr zum Launch von Chimpify in Abschnitt 8.2.2.

> **Beispiel Smart Socks**
>
> Owlet stellt sogenannte Smart Socks für Babys her. Diese senden Daten auf das Handy der Eltern und dienen als Frühwarnsystem, wenn ein gesundheitliches Problem auftaucht. Die Owlet-Gründer sind mit der Smart-Sock-Idee gestartet, mussten dann aber schnell nach einer ersten Marktvalidierung feststellen, dass Krankenhäuser nicht bereit waren, für das Produkt zu bezahlen. In einem der Folgeschritte setzte Owlet ein Video ein, um zu testen, wie Eltern auf das Angebot reagieren würden. Das Video wurde von diversen renommierten Medien gesendet, und viele Eltern fragten direkt bei Owlet an, wo sie die Smart Socks kaufen können. Auch dieses Video verhalf Owlet zum Durchbruch, weil dann wirklich klar war, dass ein Markt für das Angebot existiert.[7]

3.5.3   Minimum Viable Product (MVP)

> *»If you are not embarrassed by the first version of your product,*
> *you've launched too late.«*
> *– Reid Hoffmann, Co-Founder von LinkedIn*

Das MVP ist ein Prototyp deines Produkts. Es geht darum, ein einfaches Produkt zu definieren, das an deiner Zielgruppe getestet werden kann – ohne dass du viel Zeit und Geld in die Entwicklung eines Produktes investiert, das zwar ausgereift ist, aber am Markt vorbeigeht. Du gehst so vor, dass du ein MVP-Feature-Set definierst (die wichtigsten Funktionen, die dein Produkt haben sollte) und es in die Tat umsetzt.

---

7   YouTube: *https://www.youtube.com/watch?v=f-8v_RgwGe0&t=220s*

Launch: Teste dein MVP

Es bringt nichts, Stunden in die Erstellung deiner Website und den Aufbau eines Publikums zu investieren. Fange an, stattdessen mit potenziellen Kunden zu sprechen und erste Informationen einzuholen.

So erstellst du einen sogenannten *Smoke Test:*

1. Definiere deine SMARTen Ziele (siehe Kapitel 4, »Der Growth-Hacking-Workflow: so gehst du vor«).

2. Gestalte dann eine einfache Landingpage mit ca. drei psychologischen Triggern (mehr über Landingpages in Kapitel 6, »Activation: so aktivierst du deine Nutzer«).

3. Beschreibe auf der Landingpage das Problem, deine Lösung, den positiven Effekt auf das Leben deiner Kunden (Transformation), dein Angebot und einen starken Call-to-Action.

4. Sorge über ein, zwei Kanäle für Traffic, und messe den Erfolg. Gehe dabei auch ungewöhnliche und aufwendige Wege – du musst noch nicht die Maßnahmen und Methoden großer Unternehmen kopieren. Beispielsweise könntest du deinen wichtigsten Followern eine persönliche Videobotschaft schicken[8] oder ein selbstgemachtes Geschenk.

Mit dieser Vorgehensweise schaffst du dir eine gute Informationsbasis für die Modellierung deines eigentlichen Businessmodells.

> *»To Scale, do things that don't scale!«*
> *– Reid Hoffmann, Co-Founder LinkedIn*

Aller Anfang ist schwer

Einer der häufigsten Fehler, den Anfänger oft machen, ist, dass sie zu viel auf einmal wollen. Sie sind verliebt in ihre Produkte und wollen stets die perfekten Konzepte und Resultate veröffentlichen. So verzetteln sie sich oft und verschwenden zu viel Zeit und Energie auf Kleinigkeiten, anstatt mit einem MVP-Ansatz zu starten. Im schlimmsten Fall landet ihr heißgeliebtes Projekt dann im *Museum of Failure* und scheitert am Markt.

Exkurs: Spektakuläre Produkt-Failures

Apple Newton: Der Vorgänger des iPads scheiterte 1993 grandios, unter anderem weil die Schrifterkennung kaum funktionierte.

---

8 So bewarb Lea Ernst den Launch ihres Podcasts »Classy Confidence«, wie Bernhard Kalhammer in seinem Buch »Startup Hacks« beschreibt.

Microsoft Zune: Dieser MP3-Player war faktisch ein besseres Produkt als Apples iPod, aber eben nicht so cool wie das Original.

Amazon Fire Phone: Amazon ist bekannt dafür, viel mit neuen Produkten zu riskieren – darunter auch dieses Smartphone auf Android-Basis. 2015, nur ein Jahr nach dem Launch, nahm Amazon es wieder vom Markt.

Facebook Phone: Auch Mark Zuckerberg wollte ein eigenes Telefon auf den Markt bringen. Wie Amazons Fire Phone scheiterte es sehr schnell und wurde wieder vom Markt genommen.

Google Wave: Auch Google darf auf dieser Liste nicht fehlen. Wave sollte ein Hybrid aus Social Network, Collaboration Tool und E-Mail sein. Den genauen Zweck hat leider niemand verstanden. Auch die Augmented-Reality-Brille Google Glass hätte einen Platz auf dieser Liste verdient – oder Google+.

Zu Beginn eines digitalen Projekts stellen sich viele komplizierte Fragen. Vertraue darauf, dass sich die Fragen im Laufe deiner Arbeit beantworten lassen, und starte einfach mal. Das hat auch den Vorteil, dass du schnell Feedback von deiner Community erhältst und auf einer soliden Datenbasis weitere Entscheidungen treffen kannst. Sich auf das eigene Bauchgefühl zu verlassen ist gut, relevante Daten sind besser.

Optimiere, optimiere, optimiere

Nachdem du gestartet bist und ein Produkt gefunden hast, das ein Problem für deine Kunden löst, musst du es kontinuierlich weiterentwickeln. Sei dir bewusst, dass der erste Entwurf deines Produkts im seltensten Fall dein Unternehmen wachsen lässt. Du kannst deinen Prototypen als eine Art Marktstudie ansehen, die dir die nötigen Informationen für die weitere Produktentwicklung liefert. Erfolg kommt nicht von heute auf morgen. Auch wenn du noch so gut in Suchmaschinenoptimierung bist, es wird eine Weile dauern, bis deine Website auf einer angemessenen Position auf Google angezeigt wird. Wichtig ist, dass du dranbleibst und Geduld beweist.

> »I have missed more than 9000 shots in my career. I have lost almost 300 games. 26 times, I have been trusted to take the game winning shot and missed. I have failed over and over and over again in my life. And that is why I succeed.«
> – Michael Jordan

Entwickle dich kontinuierlich weiter, lese Blogartikel, besuche Weiterbildungen und lerne Neues mit Videotrainings. Das wird dich weiterbringen und dir immer wieder neue Ideen und Möglichkeiten aufzeigen, wie du neue Lösungswege entwickeln kannst, die dein Unternehmen zum Wachsen bringen.

123

Netzwerk aufbauen

Registriere dich auf Businessplattformen wie XING und LinkedIn, suche relevante Gruppen und interessante Kontakte. Tausche Informationen auf Twitter und Facebook aus, und baue dein Netzwerk in deinem Themenfeld auf. Biete selbst immer zeitnah wichtige Informationen und lehrreiche Artikel, so wirst du zu einem ernst zu nehmenden Partner.

Im Start-up-Umfeld sind die Kommunikationsplattformen *Slack* und *Facebook Workplace* sehr beliebt. Hier bedarf es zwar einiger Recherche, um die richtigen, semi-öffentlichen Gruppen zu finden und eingeladen zu werden[9], aber dafür bekommst du einen exklusiven Zugang zu deiner Zielgruppe.

Meetup ist eine digitale Plattform, über die sich Menschen mit gleichen Interessen in der realen Welt treffen können. Das 2001 in New York gegründete Start-up wurde mittlerweile vom Coworking-Anbieter *WeWork* gekauft (bei dem du auch kostenlos Räume für dein Meetup reservieren kannst) und erfreut sich wachsender Beliebtheit, nicht nur, aber insbesondere in der Start-up-Community. Jeder kann kostenlos eine Meetup-Gruppe zu einem beliebigen Thema gründen. Egal, ob Pokerspielen, Stand-up-Paddling, Artificial Intelligence oder Programmatic Advertising: Du bist vollkommen frei, deine eigene Meetup-Gruppe ins Leben zu rufen und dich mit Gleichgesinnten zu treffen. Meetup hat gegenüber anderen digitalen Plattformen wie Slack oder Facebook Groups folgende Vorteile:

▶ Die Treffen finden offline statt, dadurch ist der persönliche Austausch natürlich deutlich intensiver als in digitalen Gruppen.

▶ Meetup schlägt jedem Mitglied basierend auf seinem Wohnort und seinen Interessen passende Meetup-Gruppen vor. Als Organisator hat das den immensen Vorteil, dass Meetup die Werbung für deine Gruppen übernimmt und du automatisch neue Mitglieder gewinnst.

Bevor die erste Auflage dieses Buches 2017 veröffentlicht wurde, stand ich vor der gleichen Frage wie viele Gründer: Wer ist mein Kunde bzw. in diesem Fall mein Leser? Wer würde sich für das Thema Growth Hacking interessieren?

Um diese Frage zu beantworten, rief ich das erste Growth-Hacking-Meetup in Frankfurt ins Leben – und tatsächlich war es mein erster »Build it and they will come«-Moment. Denn viele Menschen traten der Gruppe bei und nahmen am ersten Event teil. Seitdem veranstalte ich regelmäßig Meetups in Frankfurt und mittlerweile auch in anderen Städten. Auch wenn ich damit kein Geld verdiene (die Teilnahme ist kostenlos) und sogar ein paar Euro an Meetup bezahlen muss, genieße ich die folgenden Vorteile:

---

9   Hier ist ein Verzeichnis großer Slack (englischsprachiger) Gruppen: *https://standuply.com/slack-chat-groups*.

▶ Ich komme regelmäßig mit meiner Zielgruppe in den Austausch und erfahre mehr über ihre Herausforderungen.

▶ Ich gewinne neue Partner, Fans, Unterstützer und Kunden.

▶ Ich kann Content generieren und das Event digital verlängern (z. B. durch Social Media vor, während und nach dem Event).

▶ Durch Meetup bekomme ich zwar nicht die E-Mail-Adresse der Teilnehmer, aber es gibt ein Nachrichtensystem. Darüber kann ich alle Mitglieder meiner Gruppen kontaktieren (um neue Event-Details anzukündigen oder Feedback für neue Themen zu bekommen) und mit Lead-Magnets in einen Funnel überführen (siehe Kapitel 5, »Acquisition: so bekommst du mehr Nutzer«). Außerdem kann ich den Teilnehmern bei ihrer Anmeldung (»RSVP«) eine Frage stellen, um mehr über sie zu erfahren.

▶ Während der Meetups haben die Teilnehmer und ich die Möglichkeit, sich mit der »In der Nähe«-Funktion der Xing- und LinkedIn-App schnell und einfach über Bluetooth zu verknüpfen.

▶ Ich trainiere regelmäßig meine Fähigkeiten als Vortragsredner und erprobe neue Themen.

▶ Old School, aber effektiv: Ich kann Flyer oder Give-Aways verteilen.

Du befürchtest, dass sich niemand für dein Meetup anmeldet? Du hast absolut nichts zu verlieren! Selbst wenn nur drei Menschen auftauchen, sind genau diese drei Menschen deine Early Adopter! Nutze die Chance, mehr über ihre Probleme herauszufinden und deine Ideen zu verproben.

So kannst du mehr Menschen auf dein Meetup aufmerksam machen:

▶ Promote das Treffen auf anderen digitalen Kanälen (auf deinen eigenen und den Newslettern von Partnern).

▶ Erstelle Events auf Facebook, Xing und Eventbrite.

▶ Kooperiere mit anderen Meetup-Organisatoren (in der Regel ein sehr hilfsbereiter Menschenschlag) und bitte sie, dein Event auf ihrem Meetup vorstellen zu dürfen. Vielleicht promoten sie es sogar in einer Nachricht an ihre Mitglieder.

3.6   Dein Geschäftsmodell entwickeln (Business Model Canvas)

Nachdem du sicher bist, dass dein Produkt den PMF-Test bestanden hat, kannst du dich um das Geschäftsmodell für dein digitales Produkt kümmern. Nur so ist gewährleistet, dass sich dein Onlineprojekt später auch finanziell auszahlt. Alexander

Osterwalder, Unternehmer, Autor und Mitgründer von Strategyzer, einem Softwareunternehmen, das auf Tools und Content für strategisches Management spezialisiert ist, hat mit dem *Business Model Canvas* eine Methode entwickelt, um schnell und effizient Geschäftsmodelle zu definieren. In Abbildung 3.12 siehst du das Business Model Canvas angewandt auf die Beispielfirma SmallBill, ein SaaS-Start-up, das wir betreut haben. Der Firmenname wurde von uns aus Datenschutzgründen geändert. Wir werden SmallBill in diesem Buch immer wieder als Praxisbeispiel einsetzen.

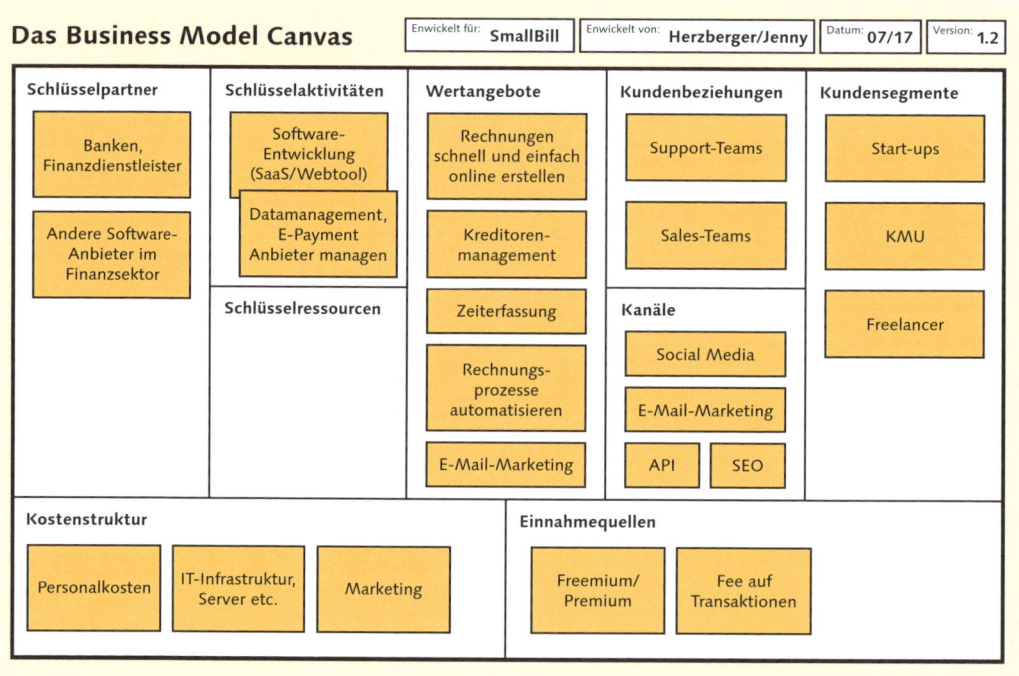

Abbildung 3.12 Business Model Canvas mit dem Beispiel von SmallBill
(Quelle: www.strategyzer.com)

Die neun Elemente des Business Model Canvas

1. **Kundensegmente:** Deine Zielgruppe. Alle Personen oder Firmen, für die dein Start-up Werte kreieren möchte. Die Kundensegmente sind im Beispiel von SmallBill Unternehmen, die zwar regelmäßig Rechnungen generieren und Buchhaltung machen müssen, aber noch keine eigene Person, geschweige denn eine Abteilung dafür haben, also hauptsächlich Freelancer, KMU und Start-ups.

2. **Werteversprechen:** Welchen Nutzen haben die Kunden? Kernwert von SmallBill ist die einfache Rechnungserstellung, weil das ein immer wiederkehrender Prozess ist, ohne den ein Unternehmen nicht weiterbestehen kann. An diesen

Kern werden weitere Werteversprechen in Form von Features »angedockt«, um die Kunden bei allen regelmäßigen Buchhaltungsprozessen zu unterstützen. Das Ganze soll so einfach und schnell wie möglich sein, damit die Kunden ihre wertvolle Zeit nicht auf Buchhaltung verwenden müssen, sondern sich auf ihr Kerngeschäft konzentrieren können. SmallBill hat hier in der Kommunikation ein dickes Brett zu bohren: Jeder Unternehmer weiß, dass er Buchhaltung machen muss – aber die wenigsten beschäftigen sich gerne damit. SmallBill muss also eine Positionierung als Problemlöser und Zeitsparer einnehmen.

3. **Kanäle:** Nutze crossmediale Kanäle und alle Berührungspunkte, über die du mit deinen Kunden kommunizierst. Wie du später lesen wirst, ist die ganzheitliche Betrachtung der kompletten Customer Journey ein Kernpunkt von Growth Hacking. SmallBill bezieht einen Großteil seiner aktuellen Kunden aus den Kanälen Social Media, E-Mail, API und SEO. Wenn das Produkt wirklich ein Problem löst, wird auch *Word of Mouth* (also Mundpropaganda) dazukommen. Ist das Unternehmen erfolgreich, werden auch PR-Arbeit oder Auftritte des Gründers als Speaker wichtig werden.

4. **Kundenbeziehungen:** Hier wird beschrieben, welche Form des Umgangs du mit deinen Kunden pflegen möchtest (persönliche Beratung oder automatisierte Dienstleistungen). An erster Stelle steht dabei in der Regel der Customer Support, weswegen er auch in deinem Unternehmen oberste Priorität genießen sollte. Der Vertrieb ist das Gesicht zu potenziellen Key-Accounts, die eine persönliche Betreuung verdienen.

5. **Einnahmequellen:** Wie erzielst du Umsatz? SmallBill hat sich für ein Freemium-Modell entschieden: Die Nutzung bis zu einem gewissen Grad ist kostenlos, damit der Nutzer das Tool ausprobieren kann. Ab der zwanzigsten Rechnung muss er eine Abo-Gebühr bezahlen. Will der Kunde auch seine Bankgeschäfte über SmallBill abwickeln, fällt eine zusätzliche Gebühr für die Transaktionen an. Die API-Nutzung wird derzeit noch kostenfrei angeboten, um wichtige Early Adopters zu gewinnen.

6. **Schlüsselressourcen:** Welche Infrastruktur und Ressourcen werden benötigt, um dein Produkt oder deinen Service anbieten zu können? Bei vielen Start-ups ist das die »Secret Sauce«, also der Code, das Rezept oder die Technologie, die das Unternehmen einzigartig macht. Darüber hinaus sind hier aber natürlich auch die wichtigsten Mitarbeiter zu nennen, ohne die das Start-up nur eine geringe Chance auf Erfolg hat. Ebenso der Zugang zu Geldmitteln, sei es aus der eigenen Tasche der Gründer oder von externen Investoren wie Business Angels oder Venture Capital.

7. **Schlüsselaktivitäten:** Welche Aktivitäten sind erforderlich, damit du dein Produkt oder deinen Service anbieten kannst? Ein ambitioniertes Start-up wie

SmallBill investiert natürlich in die stetige Weiterentwicklung des Produkts. Und weil die Gründer wissen, dass ihre Kunden nicht in einer Blase leben und *nur* SmallBill nutzen, erweitern sie fortwährend die API-Schnittstellen mit anderen Plattformen im Bereich Payment und Banking.

8. **Schlüsselpartner:** Für welche Ressourcen musst du auf externe Zulieferer zurückgreifen, und welche Schlüsselaktivitäten willst oder musst du auslagern? An dieser Stelle müssen die Investoren, die Dienstleister, Berater oder Partner genannt werden, ohne die der Erfolg von SmallBill stark gefährdet ist.

9. **Kostenstruktur:** Achte auf die übergeordnete Finanzplanung für dein Start-up. Welche Kosten sind kritisch für den Erfolg von SmallBill? In der Regel sind es die Personalkosten, insbesondere für die Entwickler. Aber auch Lizenzgebühren könnten kritisch sein und sollten deswegen an dieser Stelle notiert werden.

Hier kannst du die Business-Model-Canvas-Vorlage als PDF downloaden: *www.strategyzer.com*.

3.7 Warum die richtige Positionierung wichtig ist

Was hat die Bildung einer Marke mit Growth Hacking zu tun? Ersteres ist verbunden mit den Emotionen der Kunden gegenüber einer Marke, Letzteres basiert auf harten Fakten. Start-ups definieren sich über ihr Wachstum, aber Wachstum ist nicht der erste Schritt auf dem Weg zu einem erfolgreichen Unternehmen. Wenn du dich zu früh auf kurzfristiges, schnelles Wachstum konzentrierst, wirst du vermutlich langfristig scheitern. Lass dir selbst die nötige Zeit, ein Produkt und ein Unternehmen zu gestalten, das deine Kunden (und Mitarbeiter) lieben. Die Herausforderung besteht darin, die richtige Balance zwischen »Gehe mit deinem Produkt vor die Tür, und wenn du scheiterst, scheitere früh« und »Stelle sicher, dass dein MVP auch ein fertiges, gutes Produkt ist« zu finden.

> *»Any damn fool can put on a deal, but it takes a genius, faith,*
> *and perseverance to create a brand.«*
> *– David Ogilvy*

Ein Produkt, das nicht fertig ist und das deine Nutzer nicht lieben werden, ist wie ein löchriger Eimer: Du kannst Wasser hineingießen, so viel du willst, du wirst keinen Erfolg haben. Du kannst Traffic auf deiner Website generieren, du wirst keinen Erfolg haben. Die Nutzer bleiben nicht, kaufen nicht und werden wahrscheinlich nicht wiederkommen. Damit deine Nutzer dein Produkt und dein Unternehmen lieben und kaufen, brauchst du eine starke Marke. Du musst dir darüber im Klaren sein, was eine Marke für dein Start-up bedeutet. Häufig wird darunter eine bloße Verbindung aus einem hippen Namen und einem schönen Logo verstanden. Aber eine Marke ist deutlich mehr als eine Website, eine Broschüre oder ein Pitchdeck. Was bedeutet das?

> »That's what a ship is, you know. It's not just a keel and a hull and sails; that's what a ship needs. Not what a ship is. What the ›Black Pearl‹ really is, is freedom.«
> – Captain Jack Sparrow, Figur aus der Filmreihe »Fluch der Karibik«

Der Gründer und CTO von HubSpot, Dharmesh Shah, definiert eine Marke so:

> »Eine Marke ist das, was Menschen über dich sagen, wenn du den Raum verlassen hast.«

Es ist die einzigartige Geschichte, an die sich deine Kunden erinnern, wenn sie an dich bzw. dein Produkt denken, ein Gefühl, ein Erlebnis. Deine Marke verbindet dein Produkt mit den persönlichen, individuellen Geschichten deiner Nutzer, sie hat eine eigene Persönlichkeit, die dich am Markt (und damit auch gegenüber deinem Wettbewerb) positioniert.

Wie würdest du Unternehmen wie Apple, Facebook, Porsche oder Nutella beschreiben? Stylisch, unterhaltsam, sportlich, kindlich? Denke darüber nach, *warum* dir diese Begriffe eingefallen sind. *Das* ist deine Marke. Du kannst auch ohne Marke Growth Hacking betreiben – aber es ist ungleich schwieriger, erfolgreich zu sein, weil sich die Nutzer nicht an dich erinnern werden. Mehr dazu liest du in Kapitel 7, »Retention: so kommen deine Nutzer zurück«.

Besonders im E-Commerce wird eine Markenbildung häufig vernachlässigt, vor allem wenn das Fulfillment über Drittplattformen wie Idealo, eBay oder Amazon stattfindet und der Händler kaum in Erscheinung treten muss. Aber gerade dann, wenn der Händler aufgrund des starken Wettbewerbs austauschbar ist, ist eine starke Marke notwendig, um sich vom Wettbewerb abzuheben. Wenn du dein Produkt nur über den Preis definierst und deine stärkste Waffe die richtigen Keywords in der Produktbeschreibung und gute Rezensionen sind, bist du angreifbar. Denn dann wird dein Unternehmen nur Ad-hoc-Käufer anziehen, aber keine langfristige Kundenbindung aufbauen können. Und es ist deutlich leichter und ressourcenschonender, den Umsatz mit loyalen Stammkunden zu erreichen als mit Erstkäufern.

Eine Marke und eine Positionierung sollen Kunden aber nicht nur anziehen, sondern auch qualifizieren. Oder anders gesagt: Vielleicht hat ein kleines Unternehmen den exakten Bedarf an der Lösung von SmallBill, aber den Entscheidern gefällt es nicht, dass die Vertriebler im Polohemd statt im Anzug zum Termin erscheinen oder dass der Leser im Blog von SmallBill geduzt wird. Und deswegen entscheiden sie sich für einen Wettbewerber. Das ist in Ordnung. Es ist nicht die Aufgabe einer Marke, das Produkt für jeden möglichen Kunden attraktiv zu machen. Bleib souverän und stehe zu deinen Werten und Überzeugungen, denn dafür haben sich deine bestehenden Kunden entschieden. Gerade in Deutschland gibt es das Bestreben, mit dem eigenen Auftritt nicht zu polarisieren. Es entspricht unserer Mentalität, es jedem recht machen zu wollen. Aber besser polarisieren und auffallen als in der Masse untergehen. Auf gar keinen Fall solltest du deine grundlegenden Werte den Vorstellungen potenzieller Kunden anpassen, denn dann bist du nicht mehr authentisch – und damit als Marke nicht mehr glaubwürdig.

Der Gründer oder Geschäftsführer eines Unternehmens hält sich selbst für den besten Kunden, also glaubt er, die gesamte Unternehmenskommunikation auf seinen eigenen Geschmack und seine Vorlieben fokussieren zu können. Oder das Unternehmen ist nur ein Plagiat, das einen Pionier am Markt kopiert, um möglichst schnell in den Markt zu kommen. Das mag anfangs sogar funktionieren, wird aber langfristig nicht für loyale Kunden oder einen Wettbewerbsvorteil sorgen. Denn genau das ist die Stärke einer guten Marke. Um ein Beispiel zu nennen: Das iPhone ist eines der erfolgreichsten Produkte aller Zeiten. Und das liegt nicht daran, dass Apple die beste Technik hat oder den günstigsten Preis, sondern die attraktivste Marke.

Wie kommst du als junges Start-up ohne Budget für die Markenbildung durch eine professionelle Kreativagentur an eine Marke?

3.7.1   Fokus – der Schlüssel für mehr Produktivität

Viele tun sich schwer damit, sich von Bereichen zu trennen, die möglicherweise schon Umsätze bringen. Die allermeisten Start-ups, die ich (Sandro) betreut habe, wurden früher oder später mit der Situation konfrontiert, Anfragen zu erhalten, die sich außerhalb der eigentlichen Positionierung befanden. Solange diese Aufträge das Wachstum deines Produkts nicht bremsen, ist natürlich nichts dagegen einzuwenden, sie anzunehmen. Aber ich habe selbst erlebt, wie es ist, wenn man auf einmal keine Zeit mehr hat, an den eigenen Unternehmenszielen zu arbeiten. Mein erster Versuch in die Selbständigkeit scheiterte unter anderem deswegen, weil ich, anstatt an meiner Unternehmensvision zu arbeiten, mich mit viel zu vielen Kleinaufträgen rumschlug, die mir am Ende des Tages einfach zu wenig Umsatz einbrachten und mich schlussendlich kein Stück näher an mein Ziel brachten.

> »In dieser Welt kommen diejenigen weiter, die sich ausschließlich auf eine Sache konzentrieren.« – Og Madino

Heute weiß ich, dass das es vor allem daran lag, dass ich mein oberstes Ziel, meinen Nordstern, nicht richtig definiert hatte. Das wiederum führte zu einer schwammigen Positionierung. Gerade kleine Start-ups können sich im Haibecken aber nur durchsetzen, wenn sie auf ihrem Gebiet deutlich besser sind als die Konkurrenz und dort sehr viel Mehrwert bieten können. Eine gute Positionierung wird dafür sorgen, dass du auf deinem Gebiet wachsen kannst, indem du dich auf die richtigen Themen fokussierst und so keine Ressourcen verschwendest. So hast du den Freiraum, dich in deinem Spezialgebiet weiterzubilden und ständig dazuzulernen. Sein Wissen zu steigern und jeden Tag besser zu werden ist immer noch der wichtigste Garant für Wachstum. Wenn du morgen mehr weißt als heute, bist du bereits gewachsen.

Entscheidungen zu treffen, ist schwierig, und die Wahrheit ist leider: Auch wenn wir Entscheidungen heute bestenfalls auf der Grundlage von Daten und Analysen treffen können, können wir in den allermeisten Fällen zu dem Zeitpunkt, wo wir die Entscheidung treffen müssen, noch gar nicht wissen, können ob sie sich später als richtig oder falsch herausstellt. Die gute Nachricht ist aber: Es spielt gar nicht so eine große Rolle, wie wir uns entscheiden, viel wichtiger ist, mit welcher Motivation und Energie uns für die eingeschlagene Richtung einsetzen. Dein Commitment für deine Entscheidung ist in diesem Fall also enorm wichtig. Höre bei deinen Entscheidungen also eher auf dein Bauchgefühl, und verliere nicht zu viel Zeit damit, zu überlegen, ob die Entscheidung nun richtig war oder nicht.

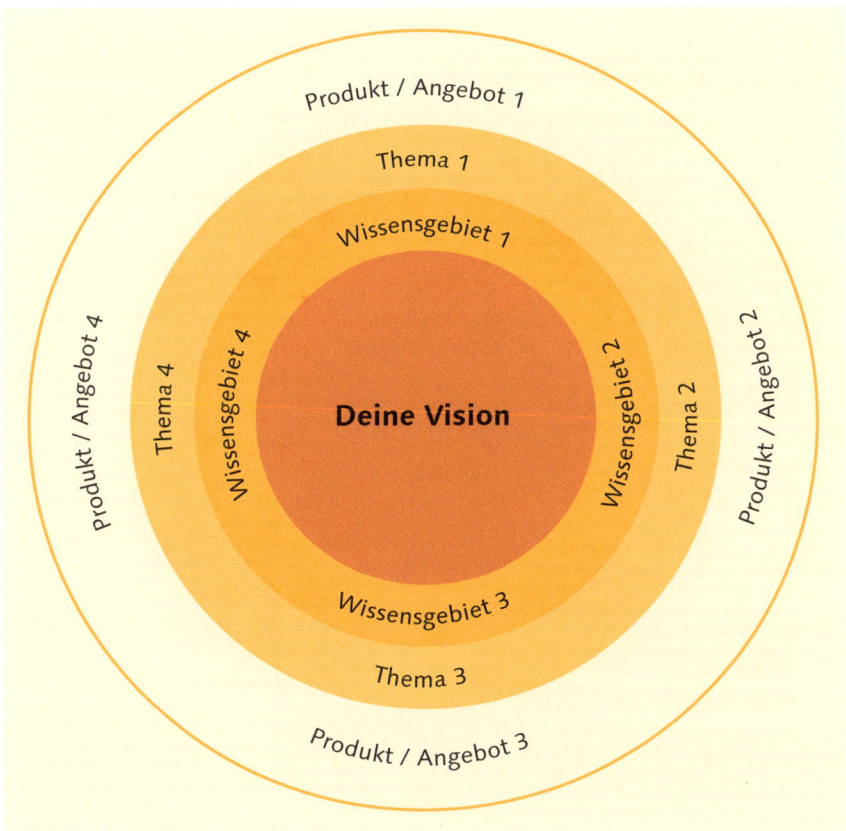

Abbildung 3.13 Finde deine eine Sache, deine Vision.

So findest du deinen Fokus:

▶ Definiere deine Vision; wähle ein Thema, das du über einen längeren Zeitraum verfolgen kannst, auch wenn der Gegenwind mal stärker ist und nicht alles so läuft, wie du dir das vorstellst.

▶ Wähle Wissensgebiete, die zu deiner Vision passen; welches Know-how bringt dich und dein Unternehmen weiter?

▶ Wähle Themen, die zu deiner Vision und zu deinem Know-how passen.

▶ Entwickle Produkte auf dieser Basis.

3.7.2   Der Goldene Kreis – starte mit deinem Warum

Simon Sinek hat ein bewegtes Leben hinter sich: Er wurde in Wimbledon in England geboren, lebte aber bereits in Johannesburg, London und Hong Kong, bevor er in die Vereinigten Staaten zog, wo er unter anderem bei den Werbeagenturen Euro RSCG und Ogilvy & Mather arbeitete, ehe er sein eigenes Unternehmen gründete. Die Öffentlichkeit kennt ihn aber als Autoren von spannenden wie erfolgreichen Büchern und TED-Talks.

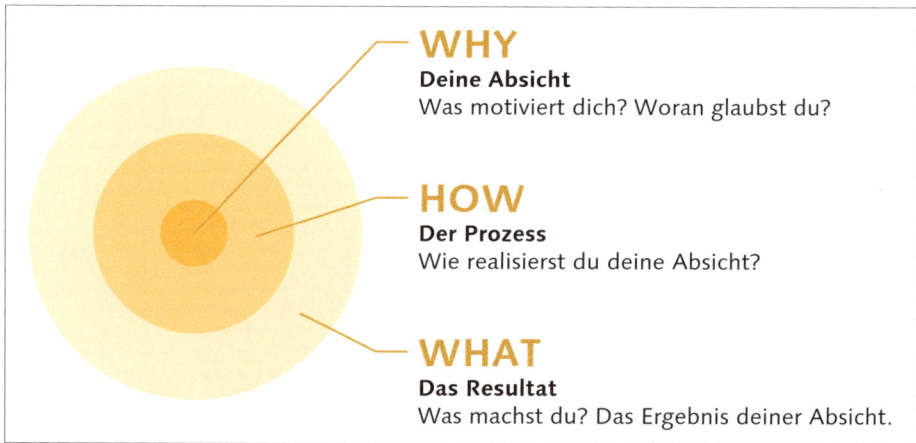

Abbildung 3.14 Der Goldene Kreis von Simon Sinek

Sinek machte mit seiner These des *Goldenen Kreises* auf sich aufmerksam. Er ist der Meinung, dass jede unternehmerische Tätigkeit mit der Erläuterung des Warums beginnen sollte:

> »*Warum ist Apple so viel innovativer als die Konkurrenz? Sie haben dieselben Voraussetzungen wie alle andern. Sie sind nur eine Computerfirma. Sie haben denselben Zugang zu Talenten und zu denselben Agenturen.*«

Sinek entwickelte als Antwort darauf den Goldenen Kreis (siehe Abbildung 3.14), der belegen sollte, dass Unternehmen wie Apple auf eine besondere Art handeln und denken. Er sagt, dass Menschen kein Produkt einfach so kaufen oder weiterempfehlen würden. Vielmehr würden sie dabei von bestimmten Wertvorstellungen geleitet, die sich mit ihren eigenen decken.

Doch beginnen wir beim WAS und WIE. Sinek betont, dass 100 % der Firmen wissen, was sie tun. Einige würden auch wissen, wie sie es tun, also welches Alleinstellungsmerkmal ihre Firma auszeichnet. Aber nur sehr wenige Unternehmen würden wissen, warum sie das tun, was sie tun. Sinek glaubt also, dass der Grundstein jeder Firmen- und Produktidentität das WARUM sein muss. Mit dem WARUM meint er nicht den Profit, sondern die unverwechselbare Unternehmenspersönlichkeit. Anstatt zu kommunizieren, dass man tolle Computer entwickelt, sagt Apple:

> *»Bei allem, was wir tun, glauben wir daran, dass wir den Status quo herausfordern müssen. Wir glauben daran, die Dinge anders zu sehen.«*

Sinek stellte sich anschließend noch die Frage, warum andere Firmen, die ebenfalls hochwertige, schön designte MP3-Player herstellen, gegen den iPod keine Chance gehabt hätten, und erklärte es sich so:

> *»Menschen kaufen nicht, WAS du machst, sondern WARUM du es machst.«*

Nach seiner Aussage ist die emotionale Verbindung zwischen einem Unternehmen bzw. einer Marke und dem Kunden wichtiger und nachhaltiger als das eigentliche Produkt. Nach seiner These kommunizieren weniger erfolgreiche Menschen und Marken vom äußeren zum inneren Kreis. Sie beginnen mit dem WAS und gehen über das WIE zum WARUM. Begeisternde und damit erfolgreiche Menschen wählen genau den anderen Weg. Da es deine grundlegende Motivation beschreibt und somit vollkommen unabhängig von Änderungen auf dem Markt ist, sollte sich dein WARUM über die Jahre nicht oder nur wenig verändern.

Apple ist nicht nur aufgrund seines Designs die stärkste Marke der Welt, sondern weil das WARUM (»Think different«) das komplette Nutzungserlebnis prägt, angefangen beim Apple Store über die Verpackung bis hin zur einfachen Bedienung. Dieses WARUM wirkt nicht nur nach außen (auf deine Kunden, Partner und Wettbewerber), sondern auch nach innen auf deine Wettbewerber. Das WARUM ist es, wofür du und deine Kollegen bis tief in die Nacht arbeiten, wofür sie ihre Freunde vernachlässigen. Weil sie an die Vision glauben, aus der das Unternehmen gegründet worden ist.

Um dein individuelles WARUM zu finden, kann dir der Fragenkatalog des folgenden Abschnitts zu deiner Origin Story helfen.

3.7.3   Beschreibe deine Origin Story

Eine Origin Story erläutert, was und warum du tust, was du tust, aus der Perspektive, wie du dahin gekommen bist. Deine Geschichte muss nicht spektakulär oder ungewöhnlich sein. Je glaubwürdiger und authentischer deine Story ist, desto besser. Denn Menschen bevorzugen einen Helden, mit dem sie sich identifizieren können und dem sie nacheifern wollen, statt eines Over-the-top-Helden.

- ▶ Wo hast du angefangen?
- ▶ Welche Herausforderungen hast du überwunden?
- ▶ Was war dein »Point of no Return«?
- ▶ Warum hast du auch angesichts der Widerstände nicht aufgegeben? Oder hast du deine Strategie angepasst?
- ▶ Wie hast du dich seit dem Start verändert?
- ▶ Wofür stehst du ein? Was ist deine Spezialität? Warum?
- ▶ Auf welchen Grundsätzen oder Erfahrungen basiert dein Handeln?
- ▶ Warum sollte dir jemand auf deiner Reise folgen?
- ▶ Wie fühlst du dich? Und wie fühlen sich deine Unterstützer und Mitarbeiter?
- ▶ Was ist das größte Hindernis auf deinem Weg, und wie planst du, es zu überwinden?

Deine Origin Story sollte auch fester Bestandteil deiner »Über uns«-Kommunikation werden und ist deswegen Grundlage für deine PR-Arbeit.

3.7.4   Beschreibe deine Vision

Entgegen der weitläufigen Meinung ist deine Mission keine Vision. Deine Vision ist dein »Moonshot«, dein (fast) unerreichbares Ziel, auf das du dein Tun ausrichtest. Deine Mission ist dagegen deutlich pragmatischer und beschreibt den Weg, den du einschlägst. Eine Vision basiert darauf, woran du glaubst, wofür du eintrittst und wogegen du dich stellst. Deine Vision ist der Grund dafür, warum man dir glauben (und deine Produkte) kaufen sollte, deswegen wirkt deine Vision sowohl nach innen (als Motivation für deine Mitarbeiter) als auch nach außen (als Motivation für deine Kunden, Partner und Presse). Es geht nicht darum, dass du deine Vision erreichst, sondern um dein unablässiges Streben danach.

> »You will never achieve your vision – but you will die trying.«
> – Simon Sinek

Beschreibe in deiner Vision, warum dieses Ziel wichtig ist – nicht nur für dich, sondern für die Menschheit, und warum man dir deswegen folgen sollte. Deine Vision basiert auf deiner Origin Story, denn sie erklärt, warum du dein Ziel verfolgst.

Ein paar Beispiele:

Die Vision von Bruce Wayne ist ein Gotham City ohne Verbrechen. Das ist der Grund, warum er all das tut, was er tut. Warum? Weil seine Eltern Opfer eines Verbrechens wurden (= Origin Story). Seine Mission ist daher, jede Nacht als Batman über die Stadt zu wachen. Aufgrund seiner Vision folgen ihm seine Anhänger (Robin, Batgirl etc.).

Die Vision von SpaceX ist die menschliche Besiedlung anderer Planeten. Warum? Weil Elon Musk an den unablässigen Forscherdrang der Menschheit glaubt. Seine Mission ist es, Raumfahrt günstiger und praktischer zu gestalten. Deswegen baut er Raketen, die landen und wiederverwendet werden können.

Die Vision von Chimpify ist es, das »nächste WordPress zu sein – nur einfacher«, so der Gründer Melnik. Warum? Weil er daran glaubt, dass sich Solopreneure und kleine Unternehmen auf ihr jeweiliges Fachthema konzentrieren und sich nicht mit der Technik beschäftigen sollten. Deswegen baut er eine SaaS-Lösung, die leicht zu bedienen, aber trotzdem sehr umfangreich ist.

Wie dein Warum sollte sich auch deine Vision nicht verändern. Ansonsten würde deine Marke starken Schaden nehmen und unglaubwürdig werden.

3.7.5   Mache eine SWOT-Analyse

Eine der einfachsten Analysen, die du über dein Unternehmen machen kannst, um zu einer Markenstrategie zu kommen, ist die sogenannte *SWOT-Analyse*. Dabei stellst du deine Stärken (*Strengths*), Schwächen (*Weaknesses*), Möglichkeiten (*Opportunities*) und Bedrohungen (*Threats*) gegenüber (siehe Abbildung 3.15).

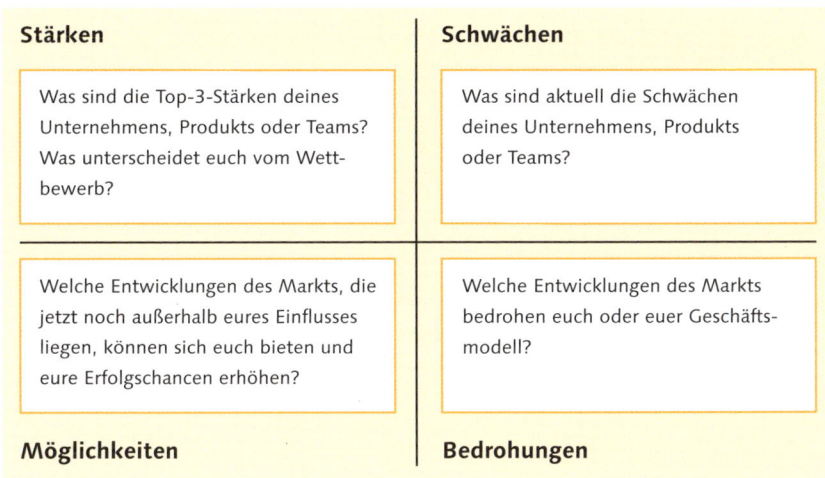

Stärken

Was sind die Top-3-Stärken deines Unternehmens, Produkts oder Teams? Was unterscheidet euch vom Wettbewerb?

Schwächen

Was sind aktuell die Schwächen deines Unternehmens, Produkts oder Teams?

Welche Entwicklungen des Markts, die jetzt noch außerhalb eures Einflusses liegen, können sich euch bieten und eure Erfolgschancen erhöhen?

Welche Entwicklungen des Markts bedrohen euch oder euer Geschäftsmodell?

Möglichkeiten

Bedrohungen

Abbildung 3.15 SWOT-Matrix

135

Stärken und Schwächen sind Teil einer intrinsischen Betrachtung, wohingegen Möglichkeiten und Bedrohungen dein externes Marktumfeld analysieren.

Um deine Stärken und Schwächen zu identifizieren, betrachte dein Unternehmen als Ganzes: Wie ist es um deine finanziellen Ressourcen, dein fachliches Know-how, deinen Standort, deine Mitarbeiter und deine Partner bestellt? Wo gibt es noch Lücken? Wenn du bereits ein Business Model Canvas erstellt hast, werden dir diese Informationen bereits vorliegen.

Möglichkeiten und Bedrohungen betreffen zum einen deine direkten Wettbewerber. Denn deine Stärken können Möglichkeiten sein, wenn die entsprechenden Bereiche bei deinen Konkurrenten weniger stark ausgeprägt sind. Wenn du also einen leichteren Zugang zu Kapital und Talenten hast (beispielsweise, weil du in einer Großstadt und in der Nähe von Universitäten bist), ist das für dich eine Möglichkeit. Zum anderen spielt der Markt in seiner Gesamtheit eine Rolle. Betrachte dazu nicht nur die Wettbewerber aus dem Ausland, sondern auch den Lebenszyklus deines Produkts und des Marktes bzw. der Technologie. Wenn du beispielsweise Tablet-PCs herstellst oder verkaufst, ist die Zeit des schnellen Wachstums vorbei, weil der Markt gesättigt ist. Aber wenn du eine junge Technologie entwickelst, wie beispielsweise Virtual Reality, dann stehen deiner Branche die Zeiten des Wachstums noch bevor. In diesem Fall bestünde die Herausforderung für dich darin, mit den wenigen Early Adopters Umsatz zu erzielen und deine Marke in der entsprechenden Nische zu positionieren, damit du davon profitierst, wenn der Massenmarkt das Feld für sich entdeckt.

3.7.6 Baue ein Brand Strategy Canvas

Als Starthilfe können Gründer das *Brand Strategy Canvas* nutzen. Dabei handelt es sich um eine an das Business Model Canvas (siehe Abschnitt 3.6) angelehnte Methode zur ersten Skizzierung der Markenkerne. Am effektivsten lässt sich mit dem Brand Strategy Canvas arbeiten, wenn man die Vorlage entweder auf ein Whiteboard überträgt oder sie in Plakatgröße ausdruckt und aufhängt – einzelne Ideen lassen sich dann auf Post-its notieren und im Planungsverlauf weiterbewegen oder austauschen. Hier kannst du das Canvas herunterladen: *http://id.agency/download/TheBrandCanvas.pdf*.

Um mithilfe des Brand Strategy Canvas deine Marke definieren zu können, musst du zunächst die folgenden Fragen möglichst kurz und konkret beantworten. Ziel ist ein Satz pro Feld.

Customer/User Insight

▶ Was denken und fühlen die Menschen über deinen Markt? Welche Probleme gibt es?

▶ Inwiefern löst dein Produkt diese Probleme und geht auf die Bedürfnisse der Menschen ein?

▶ Welche Vorteile deines Unternehmens sind für die Menschen am wichtigsten?

Wettbewerbsumfeld

▶ Welche Konzepte und Konventionen sind Bestandteil des Marktes?

▶ Wer sind deine direkten und indirekten Wettbewerber?

▶ Wo ist die strategische Lücke in deinem Markt?

▶ Bist du in irgendeiner Form disruptiv?

Rationale Vorteile

▶ Was sind die konkreten Vorteile deines Produkts?

▶ Welcher Vorteil ist einzigartig oder am wichtigsten?

Unternehmens- bzw. Produktfeatures

▶ Was ist die einfachste Beschreibung deines Produkts und seiner Funktionen?

▶ Inwiefern ist das anders als bei deinem Wettbewerb?

Auf deinen Antworten aufbauend, beschreibst du im nächsten Schritt die Markenpositionierung. Sie soll aussagekräftig und relevant für dich sein, einzigartig, glaubhaft, realisierbar und nachhaltig.

▶ Kunden: Wer sind sie, und was ist ihr wichtigstes Bedürfnis oder ihr wichtigster Wunsch hinsichtlich deiner Branche?

▶ Beschreibung: Was ist die einfachste Beschreibung deines Produkts?

▶ Vorteil: Was ist der einzigartige Vorteil deines Produkts?

▶ Beweis: Was sind die realen, wichtigen Gründe, warum dein Produkt einzigartig ist?

▶ Wirkung: Was ist die emotionale Wirkung für den Nutzer? Erfüllt es das zuvor beschriebene Bedürfnis?

> **Vervollständige mit deinen Antworten diesen Satz**
>
> *FÜR [Kunden] BIETET [dein Markenname] [Beschreibung], DAS [Vorteil], WEIL [Beweis], SO DASS [Wirkung].*

Hier das Beispiel von Zappos, einem amerikanischen E-Commerce-Händler, der sich auf Schuhe spezialisiert hat:

FÜR regelmäßige Onlineshopper mit hohen Erwartungen BIETET Zappos ein digitales Einkaufserlebnis, DAS den besten Kundenservice am Markt bietet, WEIL wir durch unsere Mitarbeiter eine empathische Kultur schaffen und wir ein optimales Nutzererlebnis bei einer großen Produktauswahl mit schnellem kostenlosen Versand und Rückgabe bieten, SO DASS jeder Kunde tief beeindruckt (= »wowed«) ist.

Diese Positionierung wird noch einmal in der *Markenessenz* verdichtet: Was ist die Kernidee deiner Marke? Die Essenz sollte einzigartig, aussagekräftig und kurz (idealerweise zwischen zwei und vier Wörtern) sein. Beispiel Zappos: »Deliver wow«.

3.7.7 Formuliere deine Unique Selling Proposition (USP)

Eine USP soll dem Käufer einen spezifischen und einleuchtenden Grund geben, von dir und nur von dir zu kaufen. Deine USP soll also konkret überzeugen, warum dein Produkt für den Käufer die einzige logische Wahl ist. Wir formuliert man eine USP? In drei Schritten.

Schritt 1: Nachdenken, recherchieren und notieren

1. Mache eine Liste mit allen Problemen, die dein Produkt bzw. Service löst.
2. Mache eine Liste mit all den möglichen Einwänden, die ein potenzieller Käufer gegen den Kauf vorbringen könnte.
3. Priorisiere: Was sind die Top-3-Probleme und was die Top-3-Einwände? Wie können deine Lösungen die Einwände beantworten?
4. Schaue dir deine Persona-Beschreibung an: Welches emotionale Bedürfnis wird am stärksten befriedigt? Das ist dein wichtigster Produktvorteil!
5. Exklusivität: Wie unterscheidest du dich von deinem Wettbewerb? Warum bist du der Einzige, Beste oder Schnellste?

Schritt 2: Formulieren

Formuliere die Alleinstellungsmerkmale anhand der Antworten auf diese Fragen:

So formulierst du deine Alleinstellungsmerkmale

1. WHAT: was du tust
2. HOW: wie du es tust
3. WHO: für wen du es tust
4. WHERE: wo du es tust
5. WHY: warum du es tust
6. WHEN: wann du es tust

Beispiel für Harley-Davidson

WHAT: Der einzige Motorrad-Hersteller,

HOW: der große, laute Motorräder baut

WHO: für Machos und Möchtegern-Machos

WHERE: überall auf der Welt,

WHY: die einer Bruderschaft von Cowboys angehören wollen

WHEN: in Zeiten sinkender persönlicher Freiheit.

Beispiel für Hooters

WHAT: Die einzige Restaurant-Kette

HOW: mit attraktiven Kellnerinnen

WHO: für junge männliche Gäste

WHERE: in den Vereinigten Staaten

WHY: zur Steigerung des sexuellen Verlangens

WHEN: in Zeiten von Prüderie und Political Correctness.

Schritt 3: Komprimieren

Komprimiere das zuvor Formulierte auf deinen einfachen, prägnanten Satz, der beschreibt, warum deine Persona nur deine Lösung kaufen sollte.

Vorlage für deinen USP
Vervollständige diesen Satz:
OUR ____ IS THE ONLY ____ THAT ____.

Beispiel Google: UNSERE Suchmaschine IST DIE EINZIGE Suchmaschine, DIE die von dir benötigte Information finden kann.

Beispiel M&M's: UNSERE Schokolade IST DIE EINZIGE Schokolade, DIE im Mund statt in der Hand schmilzt.

Du kannst auch mehrere USPs formulieren. Besprech sie anschließend mit deinem Team und deinen Kunden. Welche Formulierung war am einfachsten zu verstehen und am überzeugendsten?

Im Gegensatz zu deinem Warum und deiner Vision kann sich der USP ändern. Die Vision bezieht sich auf dein Unternehmen, der USP auf ein Produkt und ist variabel, weil er auf den aktuellen Zustand des Marktes ausgerichtet ist. Und dieser Zustand ist das Ergebnis des Wettbewerbs, des Nutzerverhaltens und der ökonomischen Umstände. Daher solltest du deinen USP mindestens einmal im Jahr einer Überprüfung unterziehen, damit du stets für deine Zielgruppe relevant und dein USP einzigartig bleibt.

3.7.8   Formuliere deinen Unique Value Proposition (UVP)

Dein UVP ist die Grundlage für eine vertrauensvolle Beziehung zu einem Kunden, das emotionale Motto, das sich durch dein Produkt zieht. Dein UVP sollte an jeder Stelle deines Produkts spür- und erlebbar sein.

Dein UVP beschreibt das, was dein Produkt für den Kunden erreichen möchte, und das auf einem möglichst einfach verständlichen Level, als säße dein Kunde dir direkt gegenüber.

Beispiele für hervorragende Value Propositions

- ▶ Apple Macbook: »Light. Years ahead.«
- ▶ Vimeo: »Make life worth watching.«
- ▶ Square: »Start selling today.«
- ▶ Evernote: »Remember everything.«
- ▶ Mailchimp: »Send better Email.«
- ▶ Dropbox: »Your stuff, anywhere«
- ▶ GoPro: »Be a Hero«
- ▶ Instagram: »Capturing and sharing the world's moments«
- ▶ Uber: »Everyone's Private Driver«
- ▶ WhatsApp: »Simple. Personal. Real Time Messaging«
- ▶ Airbnb: »Welcome home« oder »Book Unique Homes and Experiences«
- ▶ Trello: »Mit Trello können Sie besser zusammenarbeiten und mehr erledigen. Mit den Boards, Listen und Karten von Trello können Sie Ihre Projekte auf lustige, flexible und lohnende Weise organisieren und priorisieren.«

Oft ist der UVP auch gleichzeitig der Claim eines Produkts. Im Gegensatz zum USP spricht er nicht das Gehirn mit nachvollziehbaren, objektiven und logischen Tatsachen an, sondern das Herz und das Bauchgefühl des Kunden. Der UVP verspricht einen emotionalen Mehrwert.

Wie du deine Unique Value Proposition findest? Hier sind einige Vorlagen für dich:

Goeff Moore: Der Zielkunden-Pitch

Geoff Moore, den wir bereits im ersten Kapitel kennen gelernt haben, hat in seinem Buch »Crossing the Chasm« eine Vorlage veröffentlicht.

Vorlage zu Goeff Moore

FÜR *[Zielkunden]*, DIE *[Angabe des Bedarfs oder der Gelegenheit]* UNSER *[Produkt/ Dienstleistung]* IST *[Produktkategorie]*, DIE *[Leistungserklärung]*.

Beispiel: Für smarte Macher, die mit ihrem Projekt mehr Wachstum generieren wollen, haben wir ein Buch geschrieben, dass Growth Hacking anschaulich erklärt.

Dan und Chip Heat: Der High-Concept Pitch

In »Made to Stick« erklärten Dan und Chip Heath, wie High-Concept Pitches Film-manager davon überzeugt haben, große Summen in Projekte mit wenig zu keiner Information zu investieren.

Vorlage zu Dan und Chip Heat

[Bewährtes Branchenbeispiel] FÜR/VON *[neue Domain]*

Beispiele: Flickr für Video, Facebook für Hunde, Uber für Recruiting

Steve Blanks XYZ

Der Klassiker unter den Vorlagen, denn sie kann vom Einzelunternehmer bis zum Konzern von jedem genutzt werden:

Vorlage zu Steve Blanks

WIR HELFEN *[X]* DABEI, *[Y]* ZU TUN, INDEM WIR *[Z]* MACHEN.

Beispiel: PreciBake hilft Bäckereien dabei, weniger Backwaren wegwerfen zu müs-sen, indem die Sensoren in unseren Öfen ständig die Qualität kontrollieren.

Dave McClures Elevator Pitch

In seiner Präsentation »How to Pitch a VC« stellt Dave McClure eine einfache Checkliste mit drei Elementen zur Verfügung, um einen Positionierungsabstand zu erstellen.

Vorlage zu Dave McClure

Eine kurze, einfache, einprägsame Beschreibung; was, wie, warum. Drei Schlüsselwörter oder Phrasen. Kein Fachjargon.

Beispiel: *mint.com* ist der kostenlose, einfache Weg, um Ihr Geld online zu verwalten.

Clay Christensens »Jobs-To-Be-Done«

Christenses Konzept haben wir bereits oben in diesem Kapitel kennen gelernt. Du kannst auch den Job deines Produktes in den Mittelpunkt deiner Value Proposition stellen:

Vorlage zu Clay Christensen

[Aktion] + [kontextbezogene Kennung]

Beispiele: Persönliche Finanzen zu Hause verwalten (*mint.com*), beim Joggen Musik hören (iPod)

Praxisbeispiel: Babbel.com

Babbel ist eine deutsche E-Learning-Plattform für webbasiertes Lernen von Sprachen. Nachdem man erst in Deutschland und anschließend in weiteren europäischen Ländern wachsen konnte (u. a. durch die erfolgreiche Verwendung von Content Marketing und Native Advertising über Dienstleister wie Taboola und Outbrain[10]), misslang zunächst der Sprung über den großen Teich in die USA. Auf der Konferenz OMR19 erklärte Gründer und CEO Markus Witte, wie eine Änderung in der Positionierung der Schlüssel zum Erfolg war: Sie engagierten einen lokalen CEO und eine externe Beratungsagentur. Dann analysierten sie die Bedürfnisse der Zielgruppe – denn diese waren unterschiedlich zu denen von Europäern. Anscheinend ist Amerikanern die praktische Anwendung der Sprache besonders wichtig, bei Europäern steht das Lernen bzw. Beherrschen der Sprache mehr im Fokus. Daraufhin änderte Babbel die amerikanische Value Proposition in »Learn conversations. Fast.« Das Ergebnis? Eine Steigerung der Brand Recognition um 36 % und ein Wachstum um 100 % nach einem Jahr.

Benötigst du als Entrepreneur eine UVP für ein gutes Branding? Ja, wenn – wie meistens der Fall – dein Start-up ein einziges Produkt herstellt. Ein Konzern mit einer Vielzahl von verschiedenen Produkten wird für jedes seiner Produkte ein anderes Leistungsversprechen formulieren. Probiere einfach einige Vorlagen aus, teste sie mit deiner Zielgruppe, und entscheide dich für die beste Beschreibung.

---

10 *https://www.gruenderszene.de/allgemein/babbel-millionen-zahlende-abonnenten*

3.8   So analysierst du deinen Wettbewerb

Dank des Internets ist es heute viel einfacher als früher, Daten über das Marketing der Wettbewerber zu erhalten. Insbesondere bei Start-ups und etablierten Unternehmen, deren Geschäftsmodell auf Onlinemarketing basiert, sind diese Informationen für dich als neuer Player Gold wert.

>>Einen Pionier erkennst du immer an den Pfeilen in seinem Rücken.<<
– Brian L. Roberts, CEO Comcast

Wie gut kennst du deine direkte Konkurrenz? Wie steht es mit den Wettbewerbern, die bereits am Markt etabliert sind? In diesem Abschnitt stellen wir dir einige Tools vor, die dir dabei helfen können, das Marketing und das Geschäftsmodell des Wettbewerbs besser zu verstehen. Eine Warnung vorab: Es gibt kein perfektes Tool, das alle Informationen für dich bereithält. Im Gegenteil: Nicht selten verändern diese Portale ihre Preisstrukturen oder Algorithmen, so dass die Ergebnisse für dich weniger relevant sind. Alle Tools haben ihre Vor- und Nachteile. Da die meisten aber einen kostenlosen Testzugang ermöglichen, kannst du sie ausgiebig testen, bevor du dich entscheidest. Tools kommen und gehen – wichtig ist der Prozess des fortwährenden Lernens und entsprechenden Handelns.

Eine gute Wettbewerbsanalyse verkürzt deine eigene Lernkurve erheblich. Dabei reicht es nicht aus, eine Google-Suche durchzuführen und sich die Anzeigen der dort werbenden Unternehmen anzuschauen. Was ist beispielsweise mit Unternehmen, die keine Werbung auf der Suchergebnisseite schalten, sondern im Google-Display-Netzwerk oder auf Facebook? In diesem Fall ist es sicherlich in deinem Interesse, zu erfahren, wie sie das machen. Denn offenbar scheint es sich für sie zu lohnen. Es geht bei der Wettbewerbsanalyse also nicht nur darum, weitere Keywords für die eigene Kampagne zu finden und damit mehr Budget investieren zu können. Es geht darum, neue Kanäle, Angebote und unentdeckte Goldminen zu entdecken.

3.8.1   Analyse von Advertising-Budgets

Google Ads (vormals Google AdWords) ist ein sehr mächtiges und (insbesondere für Google) erfolgreiches Advertising-Tool, weil die Menschen, die nach einem Produkt suchen, auf ihrer Customer Journey bereits sehr weit fortgeschritten sind und kurz davorstehen, das Produkt zu kaufen. Mehr dazu liest du in Kapitel 5, »Acquisition: so bekommst du mehr Nutzer«.

Mit hoher Wahrscheinlichkeit wird auch dein Wettbewerb Google Ads als Werbekanal einsetzen. Wäre es nicht praktisch, wenn du herausfinden könntest, wie die Konkurrenz ihre Kampagnen gestaltet? Du könntest aus ihren Erfahrungen lernen und eine Kampagne aufsetzen, die der deiner Wettbewerber ebenbürtig ist – in einem Bruchteil der Zeit und damit deutlich effizienter.

Da Google Ads bereits seit so langer Zeit verfügbar ist und gut funktioniert, ist der Werbe- und Wettbewerbsdruck entsprechend hoch. Das bedeutet, dass die Preise für Einsteiger nicht günstig sind. Umso mehr lohnt sich die Analyse deines Wettbewerbs für dich, weil du damit deine Kampagnen fortwährend optimieren kannst.

Die in diesem Schritt gesammelten Erkenntnisse (bezüglich Keywords, Anzeigentexten und Landingpages) helfen dir aber auch bei neueren Werbekanälen wie Facebook und Instagram, wo der Wettbewerb noch nicht ganz so hoch und professionell ist wie auf Google Ads.

Ist dein Wettbewerber auf Facebook aktiv? Dann schau dir seine Anzeigen in der *Facebook Ads Library* an: *https://www.facebook.com/ads/library/*. Du kannst somit kannst einen Einblick bekommen

▶   mit welchen Bildern er arbeitet

▶   welche Tonalität verwendet wird

▶   wie der Call-to-Action ist

▶   ob er auch Videos, Animationen oder GIFs verwendet

3.8.2   Der »Das kann ich schon lange«-Hack

Um einen ersten Eindruck von den Wettbewerbsaktivitäten bei Google Ads zu bekommen, benötigen wir kein Third-Party-Tool. In Google Ads selbst ist ein hilfreicher Datenschatz versteckt, der sich Auktionsdatenbericht nennt. Gehe dafür in eine deiner Kampagnen oder Anzeigengruppen. Der AUKTIONSDATENBERICHT für Kampagnen im Suchnetzwerk enthält sechs verschiedene Statistikwerte: ANTEIL AN MÖGLICHEN IMPRESSIONEN, DURCHSCHNITTLICHE POSITION, ÜBERSCHNEIDUNGSRATE, RATE DER POSITION OBERHALB, RATE FÜR OBERE POSITIONEN und AUKTIONSPOSITION. Du kannst den Bericht für einzelne oder mehrere Keywords, Anzeigengruppen oder Kampagnen erstellen. Zudem lassen sich die Ergebnisse nach Zeit und Gerät segmentieren.

Domain der angezeigten URL	Anteil an möglichen Impressionen	Durchschn. Position	Überschneidungsrate	Rate der Position oberhalb	Rate für obere Positionen	Anteil an möglichen Impressionen gegenüber Mitbewerber
mmoga.net	39,45 %	1,8	65,18 %	62,23 %	81,21 %	16,19 %
Sie	27,24 %	2,3	–	–	52,63 %	–
guthaben.de	16,49 %	3,2	37,16 %	28,81 %	54,90 %	24,32 %
online-gold.de	13,38 %	3,3	20,05 %	58,89 %	20,47 %	24,02 %
startselect.com	12,16 %	1,9	29,18 %	61,13 %	84,76 %	22,38 %
gamecodeshop.de	11,33 %	2,0	11,13 %	90,67 %	64,63 %	24,49 %
amazon.de	10,77 %	3,0	18,82 %	29,80 %	45,24 %	25,71 %
gameladen.com	< 10 %	2,8	11,53 %	47,58 %	63,83 %	25,74 %
xxl-rabatte.de	< 10 %	3,5	14,95 %	6,63 %	2,81 %	26,97 %
g2a.com	< 10 %	1,9	8,21 %	71,75 %	66,80 %	25,63 %

Abbildung 3.16 Auktionsdatenbericht in Google Ads

Noch besser – besonders, wenn du in einen neuen Markt einsteigst – ist SEMRush (siehe Abbildung 3.17).

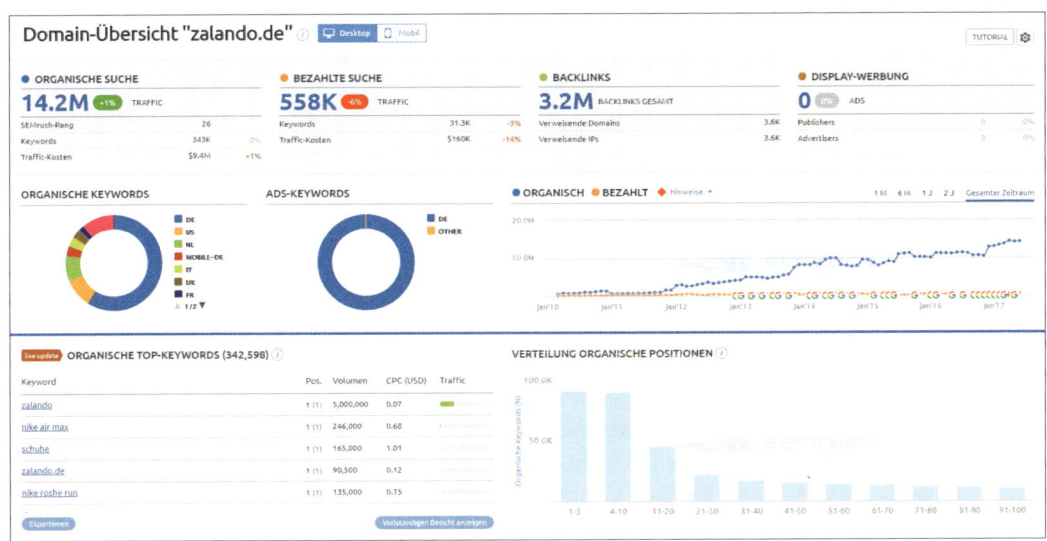

Abbildung 3.17 Wettbewerbsanalyse mit SEMRush

Die Fülle an Daten (selbst in der kostenlosen Version) ist erstaunlich. So kannst du beispielsweise mehr darüber erfahren:

▶ wie viel Traffic eine Seite im Monat aufweist und woher er kommt

▶ wie hoch das Google-Ads-Budget im Monat (ungefähr) ist

145

- wie die Google-Ads-Anzeigen gestaltet sind

- wer die wichtigsten Wettbewerber sind

- was die wichtigsten Keywords (sowohl für die organische Suche als auch für Google Ads) sind

- welche Seiten auf die Website deines Wettbewerbers verlinken

Auch SpyFu ist ein sehr hilfreiches Tool, das du ergänzend einsetzen kannst (siehe Abbildung 3.18). Beachte aber, dass SpyFu aktuell nur Daten aus dem Vereinigten Königreich und den USA analysiert. Bei deutschen Kunden ist die Analyse daher nicht komplett.

Abbildung 3.18 Google-Ads-Analyse deiner Wettbewerber mit SpyFu

3.8.3 Google Display Network

Das Google-Display-Netzwerk erlaubt noch mehr Kreativität als Werbung auf der Google-Suche. Das ist auch notwendig, denn im Gegensatz zur Suche sind die Nutzer von Publishing-Seiten nicht notwendigerweise kurz vor dem Kauf, sondern in der Regel noch in einer früheren Phase ihrer Customer Journey. Deswegen eignet sich dieser Kanal auch dafür, die notwendige Awareness für das eigene Produkt zu erzeugen bzw. zu verstärken (beispielsweise durch Re-Targeting).

Es gibt zwei Tools, die dir einen Einblick darin geben, welche Werbemittel deine Wettbewerber nutzen, um neue Kunden zu gewinnen:

- WhatRunsWhere

- Moat

3.8.4   Der »Ich bin ein Streber«-Hack

Ein weiteres Tool zur Analyse deiner Wettbewerber ist Follow.net. Das Besondere? Follow nutzt die APIs einer ganzen Reihe anderer Tools wie SimilarWeb, AdClarity, AdBeat und Mixpanel und damit eine unerreichte Bandbreite an Wettbewerbsdaten. Außerdem bietet es eine Chrome- und Firefox-Erweiterung.

3.8.5   Analyse von Traffic-Quellen

Alexa ist ein Unternehmen aus der Prädotcomzeit und wurde bereits 1996 gegründet. Ursprünglich als reines Browser-Add-on konzipiert, schlug Alexa dem Internetnutzer interessante Seiten vor, basierend auf der Analyse des Verhaltens aller Alexa-Nutzer. Nachdem das Unternehmen 1999 für 250 Millionen US-Dollar von Amazon gekauft wurde, sollte es als Suchmaschine ein Wettbewerber von Google und Yahoo werden. Aber da diese Marktlücke bekanntlich durch Googles Dominanz immer kleiner geworden ist, ist Alexa »nur noch« ein Tool zu Analyse des Internet-Traffics, allerdings ein sehr mächtiges.

Wichtigste Datenquelle ist nach wie vor das Browser-Add-on, und damit sind die Daten systembedingt fehlerhaft, d. h. nur als Anhaltspunkt zu verstehen. Denn natürlich sind die Nutzer eines einzigen Browser-Add-ons nicht repräsentativ für die Gesamtbevölkerung. Nichtsdestotrotz kann dir Alexa bereits in der kostenlosen Version nützliche Anhaltspunkte zu deinen Wettbewerbern verraten. Noch besser ist inzwischen SimilarWeb, ein englisch-israelisches Analysetool (siehe Abbildung 3.19).

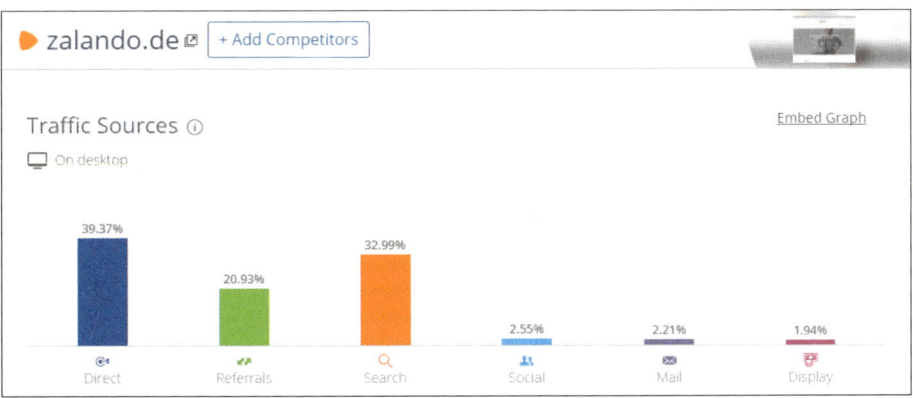

Abbildung 3.19 Traffic-Quellen von SimilarWeb am Beispiel von Zalando

SimilarWeb verwendet Daten, die aus vier Hauptquellen extrahiert werden:

▶ einer Gruppe von Internetnutzern, bestehend aus Millionen anonymer Nutzer mit einem Portfolio von Apps, Browser-Plug-ins, Desktop-Erweiterungen und Software

► globalen und lokalen ISPs

► Datenverkehr über das Internet, der direkt über ein intelligentes Set ausgewähl-
ter Websites gemessen wird und für spezialisierte Schätzalgorithmen bestimmt
ist.

► zahlreichen Webcrawlern, die das gesamte Web durchsuchen

Damit ist es deutlich genauer als Alexa, und – wichtig für Start-ups mit kleinem
Budget – du kannst bereits mit der frei verfügbaren und kostenlosen Version relativ
viel über deinen Wettbewerber erfahren. Beispielsweise Folgendes:

► ob dein Konkurrent mobile Apps anbietet

► wie viele Nutzer jeden Monat auf eine Website kommen und ob sich das im
Zeitverlauf ändert

► aus welchen Ländern die Nutzer auf die analysierte Seite zugreifen

► aus welchen Quellen der Traffic stammt (Search, Social Media, Direct, Referral
etc.)

► welche Seiten auf die analysierte Seite verlinken

► ob der Website-Betreiber Werbung schaltet und, wenn ja, auf welchen Werbe-
netzwerken

► welche Interessen die Website-Besucher haben

► welche Seiten die Website-Besucher noch nutzen

Wie gesagt sind diese Informationen mit Vorsicht zu genießen, aber ein guter Anhaltspunkt. Ergänzend kannst du die Tools Follow.net (das zum großen Teil Daten
von SimilarWeb nutzt) und WhatRunsWhere einsetzen, um mehr darüber zu erfahren, wie und wo deine Wettbewerber Werbung schalten.[11]

Denke daran: Verliebe dich nicht in ein Tool, denn sowohl die Daten als auch die
Preise sind ständigen Veränderungen ausgesetzt. Nutze deswegen mehrere Tools,
und halte regelmäßig mit einer einfachen Google-Suche (z. B. mit »alternatives to
similarweb«) nach besseren Alternativen Ausschau.

Wenn du im Rahmen deiner Wettbewerbsanalyse feststellst, dass deine Konkurrenz einen nicht unerheblichen Anteil ihres Traffics per E-Mail gewinnt, lohnt sich
eine detaillierte Betrachtung des Newsletters. Analysiere die eingehenden Newsletter auf Folgendes:

---

11 Rand Fishkin von MOZ hat mehrere Webanalysetools miteinander verglichen, und die Ergebnisse hier veröffentlicht: *https://moz.com/rand/traffic-prediction-accuracy-12-metrics-compete-
alexa-similarweb*.

▶   Tonalität: Wie wird der Nutzer angesprochen, mit »du« oder mit »Sie«?

▶   Wie sehr wird auf die individuellen Bedürfnisse des Nutzers eingegangen?

▶   Wie ist der Call-to-Action formuliert?

▶   Werden Bilder verwendet? Produktbilder, Stockbilder oder Teambilder?

▶   Wie oft wird ein Newsletter verschickt?

▶   Auf welche Landingpages wird verlinkt?

▶   Wie ist das Anmeldeformular formuliert? Welche Informationen werden abgefragt?

Praktisch hierfür ist auch der folgende Hack.

3.8.6   Der Gmail-Hack

Eine E-Mail-Adresse bei Google heißt: unendliche Adressen. Beispiele: Deine E-Mail-Adresse ist *MaxMustermann@googlemail.com*. Dann bist du unter *MaxMustermann@googlemail.com*, aber auch unter *Max.Mustermann*, *M.axMustermann* erreichbar, der Punkt ist variabel zu verschieben. *MaxMustermann+Twitter*, *MaxMustermann+Facebook* – man kann ein Pluszeichen hinter die eigentliche Adresse setzen und eine beliebige Variable dahinterschreiben (sog. Mail Extensions).

Im Rahmen der Wettbewerbsanalyse kannst du dir diese Funktion wie folgt zunutze machen: Sofern noch nicht vorhanden, lege eine Gmail-Adresse an. Ergänze sie um den Namen deines jeweiligen Wettbewerbers, und melde dich bei dem Newsletter der Konkurrenz an. In deinem Postfach kannst du jetzt Label und Ordner erstellen und mit einer automatischen Regel dafür sorgen, dass die Newsletter deines Wettbewerbs sofort im richtigen Ordner landen. Wer mag, kann diesen Filter um weitere Parameter erweitern. So lassen sich alle Newsletter beispielsweise direkt archivieren oder als gelesen markieren.

Was du mit den gefundenen Daten anstellst

Nach deiner Wettbewerbsanalyse hast du folgende Möglichkeiten:

1. Du kannst die gewonnenen Daten nutzen, um deine eigene Positionierung und deinen Pitch zu verbessern. Schön und gut, aber es führt zu keiner direkten Verbesserung deiner Marktposition.

2. Du kannst deinen Wettbewerber kopieren und ähnliche Anzeigen auf den gleichen Seiten und Keywords schalten wie er. Du kannst sogar deine Landingpages ähnlich gestalten. Aber beachte, dass der Erfolg nicht garantiert ist. Denn du kannst zwar den Funnel, aber nicht das Branding einer starken Marke imitieren.

Unsere Empfehlung: Nutze das Wissen, um damit deine Kampagnen zu starten – und mache sie dann besser. Wettbewerbsdaten sollten nicht 1:1 kopiert werden, sondern dich zu neuen Ideen inspirieren. Deswegen ist es wichtig, dass du diese Wettbewerbsanalyse regelmäßig wiederholst. Denn zum einen haben deine Wettbewerber ihre Taktiken sehr wahrscheinlich optimiert, und zum anderen können weitere Unternehmen in den Markt gestoßen sein, die du bisher noch nicht kanntest. Es lohnt sich also, proaktiv und systematisch vorzugehen.

3.9   Der wichtigste Erfolgsfaktor: Dein Produkt

Bei all den tollen Möglichkeiten, die uns zur Verfügung stehen, dürfen wir das wichtigste Growth-Werkzeug nicht vergessen: das Produkt.

Erstens ist ein gutes Produkt immer noch der Hauptgrund, wieso sich ein Kunde überhaupt für dich interessiert, und zweitens gibt es gerade bei digitalen Produkten und Softwareprodukten viele wirklich hervorragende Möglichkeiten, das Wachstum deines Produkts anzutreiben. Denken wir an den Klassiker, das Referral-Programm von Dropbox oder Gamification-Funktionen diverser Mobile Apps, erkennen wir rasch das Potenzial produktspezifischer Hacks. Auch die Möglichkeit, auf technisch sehr fortgeschrittene native Funktionen der mobilen Geräte (Geo-Targeting, Social Logins, der Zugriff auf diverse Sensoren, Augmented Reality, Bezahlen per Fingerabdruck usw.) zuzugreifen, ermöglicht dem Growth Hacker ein Spielfeld an Möglichkeiten.

3.9.1   Das LIFO-Prinzip

Wie wichtig Gewohnheiten für uns Menschen sind, bemerken wir trotz bester Vorsätze spätestens dann, wenn wir unsere morgendlichen Workouts nach zwei, drei Wochen bereits wieder aufgegeben haben. Unser Hirn ist leider äußerst widerstandsfähig gegenüber Veränderungen. Regelmäßige Abläufe werden tief im sogenannten limbischen System gespeichert, das ebenfalls für unsere Emotionen zuständig ist und unser Befinden nachhaltig prägt. Neue Aufgaben und Vorsätze werden hingegen nur im an der Oberfläche liegenden Neocortex gespeichert.

Warum wir dir das erzählen? Es soll dir zeigen, dass der Mehrwert eines neuen Produkts enorm hoch sein muss, damit sich potenzielle Kunden von ihrer gewohnten Lösung abwenden. Es reicht also nicht, dass dein Produkt ein Problem löst, der Zusatznutzen für die Neuanschaffung muss offensichtlich und sehr groß sein, damit die Nutzer ihre gewohnten Lösungen aufgeben.

Nir Eyal erklärt in seinem Buch »Hooked – Wie Sie Produkte erschaffen, die süchtig machen«, dass die letzten Gewohnheiten auch wieder als Erstes verschwinden. Diese Verhaltensweise wird auch LIFO-Prinzip (Last in, first out) genannt. Das ist auch ein Grund, wieso die Retention Rate für die Produktentwicklung eine sehr wichtige Metrik geworden ist. Mach dir bei der Produktentwicklung also Gedanken darüber, wie du es schaffst, dass dein Produkt nicht nur gekauft, sondern sehr häufig verwendet wird.

3.9.2   Die 10 Thesen von Dieter Rams

Jeder Produktmanager, der sich mit der Frage nach gutem Produktdesign auseinandergesetzt hat, hat schon einmal etwas von Dieter Rams gehört. Es ist längst bekannt, dass sich auch Jonathan Ive, der Chef-Designer von Apple, bei seiner täglichen Arbeit stark von der Designphilosophie inspirieren ließ.

Wenn wir also einen Blick auf die Thesen von Rams werfen und sie mit heutigem Produktdesign und den digitalen Möglichkeiten in Verbindung setzen, erkennen wir schnell, wie wertvoll diese zeitlosen Erkenntnisse nach wie vor sind.

▶ **Gutes Produktdesign ist innovativ:** Gerade die technologische Entwicklung bietet uns viele Möglichkeiten, innovative Konzepte zu entwerfen. Gemäß Rams steht innovatives Design immer in Verbindung mit innovativer Technik. Beides muss denselben Zweck erfüllen.

▶ **Gutes Produktdesign macht Produkte brauchbar:** Wir kaufen Produkte, um sie zu benutzen. Oder um es mit den Worten des amerikanischen Bildhauers Horatio Greenough zu sagen: »Form follows function.« Es ist der Hauptgrund, wieso heute User Experience Design so einen hohen Stellenwert in der Produktentwicklung hat.

▶ **Gutes Produktdesign ist ästhetisch:** Produkte prägen heute unseren Lifestyle und unser Umfeld. Wir nutzen Produkte lieber, wenn sie gut gemacht sind und unserem bevorzugten Stil entsprechen.

▶ **Gutes Produktdesign macht ein Produkt verständlich:** Gutes Design hebt die Struktur eines Produktes hervor. Im besten Fall ist ein Produkt selbsterklärend.

▶ **Gutes Produktdesign ist ehrlich:** Gute Produkte sind nicht manipulativ, sie halten ihr Versprechen und lösen ein Problem.

▶ **Gutes Produktdesign ist unaufdringlich:** Vermeide alles, was die Funktion des Produkts stört. Gutes Design ist neutral und erfüllt seinen Zweck.

▶ **Gutes Produktdesign ist langlebig:** Gutes Design ist nicht modisch und überdauert deshalb auch kurzlebige Trends.

- **Gutes Produktdesign ist konsequent bis ins letzte Detail:** Sei gründlich und genau, und überlasse nichts dem Zufall.

- **Gutes Produktdesign ist umweltfreundlich:** Gerade diese These ist aktueller denn je und erscheint rückblickend doch sehr visionär. Rams erkannte also bereits 1995, dass Unternehmen einen Beitrag zur Erhaltung der Umwelt leisten sollten.

- **Gutes Produktdesign ist so wenig Design wie möglich:** Viele der minimalistischen Designansätze sind stark von dieser These geprägt. Weniger ist mehr, fokussiere die auf die Kernfunktionen.

3.10 Der größte Hebel für mehr Wachstum: Nutzererlebnis

Schon als Kind versuchte Don Norman herauszufinden, wie seine Spielsachen aufgebaut sind und wie sie genau funktionieren. Es war also wenig überraschend, dass er später an der Universität von Pennsylvania einen Bachelor of Science in Elektrotechnik machte. Da er außerdem immer schon sehr interessiert daran war, wie das menschliche Gehirn funktioniert, promovierte er an derselben Universität auch in Psychologie. Er war Vizepräsident der Advanced Technology Group bei Apple, arbeitete für Hewlett-Packard und gründete zusammen mit Jakob Nielsen und Bruce Tognazzini die Nielsen Norman Group, die sich auf dem Fachgebiet der User Experience weltweit einen Namen gemacht hat.

Norman kombinierte im Verlauf seiner Karriere sein Wissen um die Elektrotechnik und Psychologie und entwickelte verschiedene Theorien dazu, wie Menschen mit Gegenständen und Produkten interagieren. Er bemerkte, dass es überall um ihn herum sehr viele Designprobleme gab. Muss man eine Tür stoßen oder ziehen, um sie zu öffnen? Muss man den Wasserhahn nach rechts oder links drehen, um warmes Wasser zu bekommen? Er beobachtete einfach alles und stellte sich eine simple Frage: Wie weiß ich, wie man diese Dinge benutzt? Er forschte weiter und versuchte, den Kommunikationsprozess zwischen Objekten und Menschen besser zu verstehen. Er fand heraus, dass man viele der Produkte verbessern könnte, wenn man die Produktdesigner ein paar einfache, aber mächtige Prinzipien lehren würde:[12]

- Versuche stets den Kontext, in dem die Produkte genutzt werden, zu verstehen.

- Emotionen spielen bei der Nutzung eines Produkts eine große Rolle. Nutze diese Emotionen bei deinem Produktdesign. Frage dich, wie sich der Nutzer bei der Benutzung deines Produkts fühlt, und versuche, ein positives Erlebnis zu kreieren.

---

12 *www.youtube.com/watch?v=Wl2LkzIkacM&t=1s*

▶ Gutes Design ist so einfach und verständlich, dass der Nutzer eine Anweisung zur Nutzung des Produkts nur ein einziges Mal erhalten muss, bevor er versteht, wie es funktioniert.

In seinem Buch »The Design of Everyday Things« erklärt Norman, dass sich gutes Design an den Bedürfnissen und Handlungsweisen der Menschen orientieren sollte und dass du als Designer zuerst verstehen musst, wie sich die Menschen in bestimmten Situationen verhalten. Norman meint, dass die alltäglichen Handlungen nach einem bestimmten Prozess ablaufen. Am Anfang steht immer das Ziel, dann wird die Handlung geplant und anschließend ausgeführt. Danach nimmt man wahr, was passiert ist, interpretiert die Ergebnisse und vergleicht sie mit dem Ziel. Nur wenn das Ergebnis zum Ziel passt, war die Handlung erfolgreich.

Deine Produkte und Webseiten sollten also nicht nur möglichst verständlich, sondern auch emotional und auf den Nutzer ausgerichtet gestaltet werden. Ein Produkt kann nur dann Erfolg haben, wenn es den Kunden zufriedenstellt. Anders gesagt, das Produkt muss die Erwartungen der Kunden erfüllen oder übertreffen. Beim User Experience Design versuchen wir, das Erlebnis, das ein Kunde mit einem Produkt erlebt, so zu gestalten, dass es positive Emotionen auslöst. Auch als Growth Hacker stellen wir dafür nicht mehr nur die Unternehmens- oder Kampagnenziele, sondern vor allem die Bedürfnisse der Nutzer und damit das Produkt selbst ins Zentrum. Sean Ellis meint, dass die Optimierung der User Experience einer der wichtigsten Hebel für einen Growth Hacker sein kann:

> *I think one of the biggest levers for a growth hacker is improving the user experience ... at the root of sustainable growth is delivering a valuable experience. A valuable experience is what leads to retention. Without retention, there is no growth.*«
> *– Sean Ellis*

Während meiner (Sandro Jenny) Zeit bei Scout24 hatten nutzerzentriertes Design und benutzerfreundliche User Interfaces oberste Priorität, denn unsere Produkte waren auf der Priorisierungsliste des Marketings ziemlich weit unten angesiedelt, was uns zu kreativen Maßnahmen zwang.

Wir hatten also sehr wenige Ressourcen für die Vermarktung unserer Produkte. Das Onlinetool, das ich betreute, war bereits sehr gut in die Umgebung der Scout24-Plattformen integriert. Der Traffic war also nicht das Problem. Das Tool wurde einfach zu wenig genutzt. Also mussten wir neue Wege suchen, die Nutzer besser zu aktivieren und damit mehr Verträge zu verkaufen. Die Nutzerbefragungen und Analysen bestätigten unsere Befürchtung: Das Tool war für die Nutzer zu kompliziert. Viele Nutzer waren frustriert und meinten, Konkurrenzprodukte wären schneller und einfacher zu bedienen. Die Nutzung des Produkts löste also negative Emotionen aus. Wir wussten, ein Produkt kann nur dann Erfolg haben, wenn es beim Nutzer positive Emotionen auslöst.

Also machten wir uns daran, das Gesamterlebnis des Kunden zu optimieren. Wir setzten in kurzer Zeit einen funktionsfähigen Prototyp um und testeten ihn an der Zielgruppe. Die ersten Tests waren wenig vielversprechend und zeigten weitere Schwächen auf. Wir optimierten den Prototyp weiter, bis die Tests zufriedenstellend waren. Tatsächlich schafften wir durch die Optimierung der User Experience, dass die Nutzung des Tools enorm anstieg. Es war einer meiner erfolgreichsten Growth Hacks.

Dieses Beispiel zeigt, wie wichtig ein gutes Nutzererlebnis sein kann. Es bringt nichts, tausende neuer Nutzer auf eine Webseite zu bringen, wenn dort dann das Erlebnis nicht stimmt. Ein positives Erlebnis entsteht durch die Erfüllung von Erwartungen, und diese sind wiederum abhängig davon, dass ein Produkt gewisse Merkmale bietet.

Es gibt drei verschiedene Merkmale eines Produkts

1. Erwartete Merkmale: Sie werden implizit erwartet und werden häufig erst dann bemerkt, wenn sie fehlen.

2. Leistungsmerkmale: Sie werden vom Nutzer bewusst gekauft und machen den Unterschied zwischen einem guten und einem sehr guten Modell aus.

3. Begeisterungsmerkmale: Diese besonders innovativen Charakteristika werden nicht erwartet und erzeugen beim Nutzer einen Wow-Effekt.

Nicht nur die Funktionen, sondern auch der Kontext sind für das Design entscheidend. In einem privaten Umfeld werden Produkte häufig ganz anders verwendet als geschäftlich. Du musst alle Berührungspunkte, die der Kunde mit dem Produkt hat, in möglichst realer Umgebung genau untersuchen, um die User Experience erfolgreich zu gestalten. User Experience Design beschreibt dabei alle Aspekte der Erfahrungen eines Nutzers bei der Interaktion mit einem Produkt. Als Growth Hacker versuchst du, das Erlebnis entlang der sogenannten *Pirate Metrics* zu optimieren (siehe Abschnitt 4.5).

Viele Unternehmen möchten ihre Produkte immer noch viel zu sehr auf ihren eigenen Vorstellungen aufbauen. Das Resultat sind meistens Produkte, die am Zielpublikum vorbeientwickelt werden. Damit du ein gutes Benutzererlebnis gestalten kannst, musst du zuerst einmal den Nutzer, seine Bedürfnisse, Ziele und Gewohnheiten verstehen. Im Prinzip geht es darum, möglichst viel über deine definierte

Zielgruppe zu erfahren. Zu Beginn solltest du also ein grundlegendes Verständnis für die Arbeitsabläufe des Nutzers aufbauen. Neben Erhebungstechniken wie Datenanalyse, Interviews und Umfragen nutzen wir beim User Experience Design vor allem auch die Nutzerbeobachtung. Durch die Beobachtung der Nutzer in ihrem realen Umfeld erhältst du zusätzlich zu den Zielgruppeninformationen auch wichtige Informationen über den Kontext der Untersuchung. Begleite den Nutzer, und stelle ihm laufend Fragen zu seiner Arbeit. Vor der eigentlichen Beobachtung solltest du dir ein gutes Basiswissen über das Fachgebiet des Nutzers aneignen, so musst du während der Beobachtung keine zu oberflächlichen Fragen stellen.

3.10.1   Nutzerforschung

Sobald du deine Zielgruppe definiert hast, solltest du zu verstehen versuchen, wer genau deine Kunden sind, wie sie denken und in welchem Kontext sie deine Produkte nutzen. Um das zu erreichen, kannst du bestehende Daten analysieren oder je nach Kontext eine geeignete Untersuchungsmethode einsetzen. Wir unterscheiden qualitative und quantitative Untersuchungsformen. Wo man bei der qualitativen Untersuchung die Kunden einzeln befragt und in die Tiefe geht, werden bei der quantitativen Untersuchung möglichst viele Daten gesammelt:

- ▶ **Interviews:** Mithilfe von Interviews versuchst du, möglichst viel über den Kunden und die Verwendung deines Produkts zu erfahren. Du solltest offene Fragen stellen, damit der Kunde möglichst viele Informationen liefert.

- ▶ **Umfragen:** Umfragen sind besonders gut dafür geeignet, Informationen von einer großen Anzahl Kunden zu sammeln.

- ▶ **Beobachtung:** Beobachte deine Nutzer während der Nutzung deines Produkts. Das kann in einem Workshop passieren oder im Umfeld des Kunden.

- ▶ **Contextual Inquiry:** Contextual Inquiry ist eine Kombination aus einem Interview und einer Beobachtung des Kunden im unmittelbaren Umfeld, in dem er das Produkt nutzt. Ein Experte beobachtet, wie der Kunde das Produkt nutzt. Der Experte führt zusätzlich ein Interview mit dem Kunden durch. So erfährt er weitere wichtige Informationen.

- ▶ **Kundentagebuch:** Frage ausgewählte Kunden, ob sie selbst über einen bestimmten Zeitraum ein Tagebuch über die Verwendung deines Produkts führen möchten.

- ▶ **Fokusgruppen:** Lade ein paar ausgewählte Kunden mit verschiedenen Sichtweisen zu einer Gruppendiskussion ein. Über eine offene Gesprächsrunde erfährst du mehr über deine Kunden. Diese Methode hat den Vorteil, dass du den Gesprächsverlauf gut moderieren und damit den Ausgang beeinflussen kannst.

3.10.2 Prinzipien der Nielsen Norman Group

Als Jakob Nielsen und Don Norman 1998 die Nielsen Norman Group gründeten, gab es noch kaum Unternehmen, die sich Gedanken über das Thema User Experience machten. In der Zwischenzeit wurden die Bücher der Nielsen Norman Group in 22 Sprachen übersetzt.[13]

Wenn du die fünf UX-Prinzipien von Jakob Nielsen verstehst, bist du auf dem richtigen Weg:

1. **Erlernbarkeit:** Versteht der Nutzer das System bei der ersten Nutzung, und kann er seine Aufgaben erledigen?

2. **Effizienz:** Wie schnell kann der Nutzer seine Aufgaben erledigen, sobald er das System verstanden hat?

3. **Einprägsamkeit:** Wenn der Nutzer das System ein zweites Mal verwendet, kann er die Aufgaben immer noch so gut erledigen?

4. **Fehlertoleranz:** Wie viele Fehler macht der Nutzer bei der Benutzung des Systems? Sind sie verkraftbar?

5. **Zufriedenheit:** Wie glücklich ist der Nutzer bei der Benutzung des Systems?

3.10.3 Die Informationsarchitektur

Eine verständliche und gut strukturierte Webseite ist kein Zufall, sondern das Ergebnis einer guten Informationsarchitektur. Es geht darum, Informationen so anzuordnen, dass der Nutzer sie schnell findet. Viel zu oft versuchen Produktdesigner, mit besonders kreativen Begriffen Aufmerksamkeit zu erzeugen, und schaffen dadurch nur Verwirrung. Aus Stellenangeboten wird Job-o-Rama und aus dem einfachen Kontakt-Navigationspunkt eine Member-Area. Buttons werden umbenannt, weil sie im Design zu wenig Platz haben, und Formularbeschriftungen (Labels) werden entfernt, weil das Formular dann schöner aussieht. Auch wenn gutes Design sicher zur Verständlichkeit beitragen kann, sollten Logik und inhaltliche Korrektheit immer erste Priorität haben.

> »Menschen ignorieren Design, das Menschen ignoriert.«
> – Frank Chimero, UX Designer

Konzentriere dich in erster Linie auf einfache Prinzipien, und schaffe klare und selbsterklärende Informationen. Nutzer verwenden unsere Produkte meistens nicht so, wie wir das vermuten, und investieren viel weniger Zeit damit, zu verstehen, worum es auf einer Webseite, Plattform oder Landingpage eigentlich geht. Sie be-

---

13 *www.nngroup.com*

trachten alles nur sehr oberflächlich und lesen viele Passagen erst gar nicht, sie scannen die Seite und suchen sehr schnell eine Möglichkeit, weiterzukommen. Bei der ganzen Vielfalt an verschiedenen menschlichen Bedürfnissen gibt es eine Gemeinsamkeit, die der größte Teil deiner Nutzer teilen: Sie haben keine Zeit.

Der Usability-Experte und Autor Steven Krug sagt, wenn du dir nur eine einzige Usability-Regel merken möchtest, dann ist es: »Don't make me think!«, also: Bring mich nicht zum Nachdenken. Daher empfiehlt es sich, dich beim Entwickeln deiner Produkte soweit es geht an Usability-Patterns zu halten, also bewährte Funktionen einzusetzen und nicht jedes Mal das Rad neu zu erfinden. Das betrifft nicht nur digitale Produkte. Auch im Alltag möchten Menschen Produkte, die sie schnell verstehen, ohne ein Handbuch lesen zu müssen. Der beste Weg, Produkte verständlich zu gestalten und Probleme in jeder Phase der Produktentwicklung zu erkennen, ist die regelmäßige Durchführung von formalen Usability Tests. Mich überrascht immer wieder, wie selten Unternehmen solche Tests in ihren Prozess eingebunden haben oder wie oft solche Tests einfach vergessen werden oder einem zu engen Zeitplan zum Opfer fallen. Dabei liefert jeder Usability Test sehr aufschlussreiche Informationen darüber, wie deine Kunden deine Produkte nutzen und wo die größten Probleme entstehen. Zudem sind solche Usability Tests einfach und schnell durchführbar. Alles, was du benötigst, sind ein Computer, eine Software, die die Nutzung aufzeichnet, und drei bis fünf Testpersonen, die dem Profil deiner Zielkunden entsprechen.

3.10.4   Die Customer Journey

Mit den neu gewonnenen Informationen aus der Webanalyse, dem Social Media Monitoring, Interviews und Kundenbefragungen kannst du damit beginnen, die User Experience (UX) zu gestalten. Wie bei der Modellierung eines Businessmodells nutzt du beim UX Design ebenfalls Personas, um deine Produkte in die richtige Richtung zu entwickeln. Beim UX Design solltest du zwei Merkmale deiner Zielgruppe besonders stark hervorheben:

▶ die Probleme und Herausforderungen deiner Zielgruppe

▶ die Lösungen zu diesen Herausforderungen

Sobald du die Probleme und Lösungen erarbeitet hast, kannst du damit beginnen, alle Berührungspunkte (*Touchpoints*) entlang der Customer Journey[14] aufzulisten. Dabei solltest du alle Online- wie Offlineberührungspunkte, die der Kunde mit dei-

---

14 Die Reise deines Kunden beschreibt alle Zyklen, die dein Kunde durchläuft, bevor er sich dazu entscheidet, dein Produkt zu kaufen.

nem Produkt hat, berücksichtigen. Überlege dir auch, wie sich deine Persona bei den jeweiligen Berührungspunkten fühlt und ob sie bei dem Kontakt mit deinem Produkt positive oder negative Gefühle erlebt.

Bei einem SmallBill-Kunden könnten das folgende Berührungspunkte sein:

1. Der Verantwortliche für die Finanzen eines Start-ups sucht online nach einer einfachen Buchhaltungssoftware, weil er mit seiner aktuellen Lösung unzufrieden ist.

2. Da er noch überhaupt keine Idee hat, in welche Richtung es gehen soll, informiert er sich in Fachblogs, Internetforen und Facebook-Gruppen über die Möglichkeiten, die es auf dem Markt gibt.

3. Er vergleicht die gefundenen Lösungen und filtert zwei Favoriten heraus, darunter ist auch unser SmallBill-Tool.

4. Weil beide Lösungen preislich ähnlich aufgestellt sind und einen ähnlichen Funktionsumfang bieten, entschließt er sich, beide Tools zu testen (beide Tools bieten einen kostenlosen Freemium-Account an).

So in etwa könnte die Auflistung der Berührungspunkte aussehen. Wichtig ist, dass alle Berührungspunkte auf echten Daten basieren. Du solltest diese Informationen also aus Umfragen, Nutzerbefragungen, Nutzerbeobachtungen und Webanalysen beschaffen. Weiter fällt auch bei diesem Beispiel auf, wie wichtig die User Experience für ein Produkt sein kann. Heute werden die meisten Produkte vor dem Kauf von den Nutzern genau untersucht oder wie in diesem Beispiel sogar ausgiebig getestet.

Aus der Analyse der Customer Journey und der Nutzerforschung wählst du die wichtigsten Herausforderungen deiner Kunden und die passenden Lösungen dazu aus und formulierst daraus Anforderungen. Mithilfe von User Storys oder Jobstorys formulierst du aus den Problemen deiner Nutzer kurze Geschichten. Diese Geschichten bilden die Lösung zu den Problemen deiner Nutzer. *Epics* bilden dabei die übergeordneten Themen.

User Storys werden folgendermaßen formuliert:

Formulierung einer User Story

Als (Rolle) möchte ich (Ziel/Wunsch), um (Nutzen) zu erreichen.

Aus dem Job-To-Be-Done-Modell haben sich die Job Stories entwickelt. Diese fokussieren zuerst auf den Kontext, dann auf die Motivation des Nutzers und zum Schluss auf das Ergebnis:

Formulierung einer Job Story

Wenn (Kontext/Situation), will ich (Aktion/Motivation), dann (Ergebnis).

Epic 1 – Rechnungsstellung

JST 1.1) Wenn ich meine Arbeit abgeschlossen habe, möchte ich einfach und schnell eine Rechnung online erstellen können, um Zeit und Geld zu sparen.

JST 1.3) Wenn ich ein Projekt abgeschlossen habe, möchte ich zukünftig per Knopfdruck eine Rechnung per Post versenden können, um Zeit zu sparen.

JST 1.2) Wenn ich ein Projekt abgeschlossen habe, möchte ich aus meiner Arbeitszeit automatisch aus der erfassten Zeit eine Rechnung erstellen können.

JST 1.4) Wenn ich ein Projekt abgeschlossen habe, möchte ich zukünftig per Knopfdruck eine Rechnung per E-Mail versenden können, um Zeit und Geld zu sparen.

Abbildung 3.20 Job Stories am Beispiel des SmallBill-Tools

Zur Formulierung einer User Story oder Job Story kannst du neben den Ergebnissen aus der Nutzerforschung auch deine Persona zur Hand nehmen. Diese Vorgehensweise hilft dir dabei, emphatische und nicht zu funktionale Lösungen zu entwickeln. Die Anforderungen in Form von Storys werden später an die Designer weitergereicht, die auf dieser Basis das Design des Prototyps entwerfen.

3.10.5   Das Flywheel-Modell

Auch Jeff Bezos, Gründer von Amazon, erkannte früh, dass durch ein besseres Nutzererlebnis und eine große Auswahl an Produkten ein starkes Wachstum möglich ist. Anfang der 90er Jahre gab es noch keine guten Möglichkeiten, online Bücher zu kaufen. Bezos schaffte es mit Amazon, einem einzigartigen Kreislauf von günstigen Preisen, einer großen Auswahl an Büchern und einem herausragenden Nutzererlebnis den Traffic und auch die Verkäufe kontinuierlich zu optimieren. Bezos erklärte, dass der Erfolg von Amazon darauf beruhe, dass man es geschafft hätte, diesen Cycle – den er als »Virtuous Cycle« bezeichnete – immer schneller in Bewegung zu bringen. Dies führte zu einer immer höheren Kundenzufriedenheit und ermöglichte es Amazon, auch kontinuierlich die internen Infrastrukturen zu verbessern.

Brian Halligan, Gründer der führenden Inbound-Marketing-Plattform HubSpot, fühlte sich durch diesen Prozess inspiriert und entwickelte daraus das *Inbound Marketing Flywheel*. Anders als bei der Customer Journey steht der Nutzer direkt im Mittelpunkt des Geschehens. Alles dreht sich wortwörtlich um ihn.

159

Vielleicht magst du dich an den berühmten Drehteller auf dem Spielplatz erinnern. Als Kind war es anfangs unglaublich mühsam, den Teller in Bewegung zu versetzen. Wenn er dann aber mal Schwung aufgenommen hatte, war er kaum mehr zu stoppen. Und je mehr Kinder zu Beginn mithalfen, desto schneller drehte er sich. Diese Analogie passt bestens zum Flywheel-Modell. Du musst deinen Kunden ins Zentrum stellen, all deine Maßnahmen um deine Kunden ständig wiederholen und optimieren und nicht nachgeben, bis dein Unternehmen so richtig Schwung aufgenommen hat. Und auch in deinem Unternehmen wird das natürlich schneller gelingen, je mehr mithelfen.

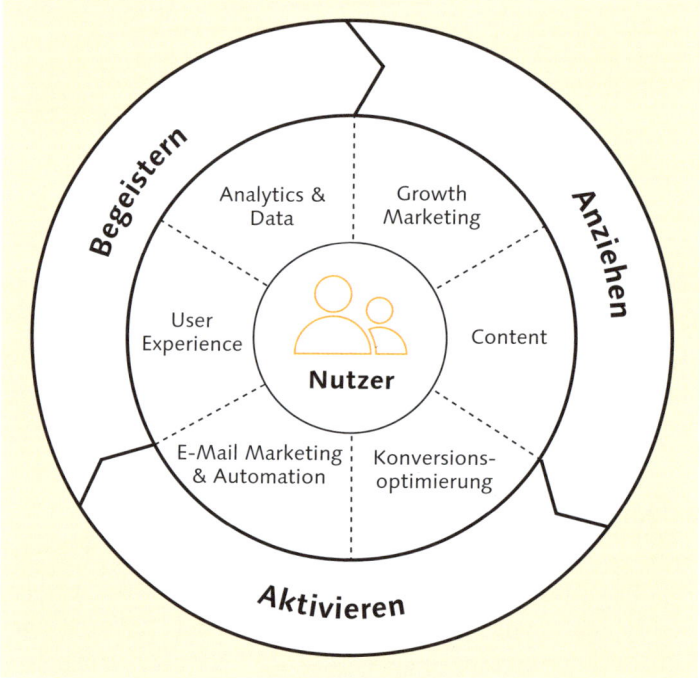

Abbildung 3.21 Das Flywheel-Modell

Es macht zwar durchaus weiterhin Sinn, zur Veranschaulichung der Berührungspunkte eine Customer Journey Map zu erstellen, aber die Reise des Kunden ist in den wenigsten Fällen ein linearer Prozess, daher ist das Flywheel-Modell einfach näher an der Praxisrealität.

Eine Inbound-Business-Philosophie basiert darauf, den Menschen zu helfen. Es geht darum, bessere Wege zum Markt, Verkauf und Service zu entwickeln, Mehrwert und Vertrauen zu bieten und damit das eigene Business zum Wachsen zu bringen. Mehr zu diesem Thema erfährst du in Kapitel 5, »Acquisition: so bekommst du mehr Nutzer«.

Key Learnings

Bei vielen (insbesondere jungen) Unternehmen besteht die Gefahr, schnell und unkompliziert »loshacken« zu wollen. Ohne eine Strategie wird ein Hack nach dem anderen umgesetzt. Aber anstelle von Unternehmenswachstum erzielt man nur Aktionismus und unstrukturierte Tests, denn oftmals wurde das Fundament für Growth Hacking vorab nicht gelegt. Glücklicherweise hast du in diesem Kapitel gelernt:

▶ was der Product/Market-Fit ist und wann du ihn erreicht hast,

▶ wie dir ein Minimum Viable Product dabei hilft, deine Idee zu testen (ohne dass du dich ruinierst),

▶ warum die richtige Positionierung wichtig ist und wie du sie (auch ohne teure Berater) definierst,

▶ wie du deine Konkurrenten analysierst, um deren Fehler zu vermeiden,

▶ wie du ein Produkt herstellst, für das es einen Markt gibt, in dem du nachhaltig wachsen kannst.

4 Der Growth-Hacking-Workflow: so gehst du vor

In diesem Kapitel lernst du, wie der Growth-Hacking-Prozess funktioniert, wieso das Problem immer an erster Stelle steht und wie du gute Ideen für deine Hacks findest. Wir erklären dir außerdem, wie du Hacks umsetzt und analysierst und wie du Growth Hacking in deinem Unternehmen erfolgreich integrieren kannst.

Was gestern nur bestimmte Branchen betraf, ist heute für die meisten Unternehmen Realität geworden. Sie sind gezwungen, kontinuierlich zu lernen, schnell auf Veränderungen zu reagieren und ihre Produkte laufend zu optimieren. Das Internet hat vor allem unsere Vertriebswege radikal verändert. Waren und Güter können auf der ganzen Welt erworben und digitale Businessmodelle können schnell skaliert werden. Deine Kunden erfahren zeitnah alles über dein Unternehmen und deine Produkte. Die Produktteams sind dadurch einem starken Druck ausgesetzt. Der Growth Hacker hat sich perfekt auf diese Evolution eingestellt. Er ist innovativ und kreativ, sehr gut informiert und setzt auf agile Prozesse. Kurze Umsetzungszyklen und nutzerzentriertes Design nutzt er als Wettbewerbsvorteil.

Im vorigen Kapitel hast du gelernt, dass Produkte häufig scheitern, weil sie den Product-Market-Fit nicht erreichen. Das sogenannte *Double-Diamond-Modell* ist ein Lösungsansatz, der diese Herausforderung in vier Phasen unterteilt (siehe Abbildung 4.1):

1. **Discover:** Analysiere deine Nutzer, und versuche, das Problem und den Kontext zu verstehen.
2. **Define:** Interpretiere die Analyseergebnisse, und entwickle Hypothesen.
3. **Develop:** Entwickle einen kreativen Lösungsansatz.
4. **Deliver:** Setze die Lösung um, und erzeuge mehr Wachstum.

Im ersten Diamanten behandeln wir die Phase der Problemfindung. Gelingt es uns, das eigentliche Problem unserer Kunden zu finden, spezifizieren wir das Problem und entwickeln einen kreativen Lösungsansatz, den wir anschließend an unserer Zielgruppe testen. Das Ziel dieser Phase ist, eine passende Lösung zu finden und diese zu validieren. Gelingt das nicht, musst du wieder bei der Problemfindung beginnen.

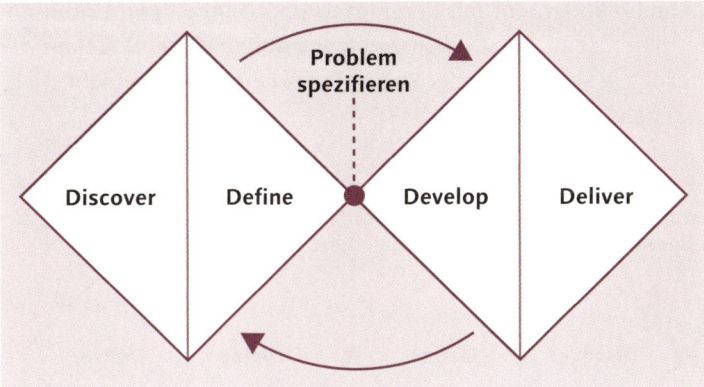

Abbildung 4.1 Das Double-Diamond-Modell

Kim Goodwin, Vice President of Design und Product Manager bei Cooper, einer Beratungsagentur mit Sitz in New York und San Francisco, erklärt in ihrem Buch »Designing for the digital age«, dass alle Herausforderungen im Produktdesign im Wesentlichen eine komplexe Variable beinhalten: das menschliche Verhalten. Bevor du nach neuen, kreativen Lösungen suchst, solltest du also versuchen, die bestehenden Probleme der Nutzer zu lösen. Und um ein Problem zu lösen, musst du es zuerst verstehen. Es ist also essenziell, dass du deine Zielgruppe kennst und ihre Probleme verstehst, um auf dieser Basis einen Mehrwert zu schaffen.

> »Das Problem zu erkennen, ist wichtiger, als die Lösung zu erkennen, denn die genaue Darstellung des Problems führt zur Lösung.«
> – Albert Einstein

Erst dann solltest du dich auf Growth Hacks fokussieren. Viele Produkte scheitern, weil Produktmanager in ihre Ideen verliebt sind und dabei die Bedürfnisse der Zielgruppe vergessen. Etwas, was man auch immer wieder hört, ist, dass die Kunden selbst gar nicht wissen, was sie wollen. Das stimmt, aber die Kunden kennen ihre Probleme, und daraus kannst du Lösungen ableiten. Richte deinen Blick zuerst auf das Was und erst dann auf das Wie.

4.1   Agilität als Grundvoraussetzung

Bevor du mit dem eigentlichen Growth Hacking beginnst, solltest du noch einmal einen Schritt zurücktreten und dir überlegen, welche Strategie du verfolgen möchtest. Beim Growth Hacking möchtest du in absehbarer Zeit möglichst viel Wachstum erzielen. Auch wenn es darum geht, in kurzer Zeit möglichst viel zu erreichen, müssen deine Maßnahmen kongruent mit den mittel- und langfristigen Unternehmens- und Marketingzielen sein, sonst wirst du nicht erfolgreich sein. Neben der Problem- und Lösungsphase kommt mit der Strategie also eine weitere, sehr wichtige Dimension hinzu (siehe Abbildung 4.2).

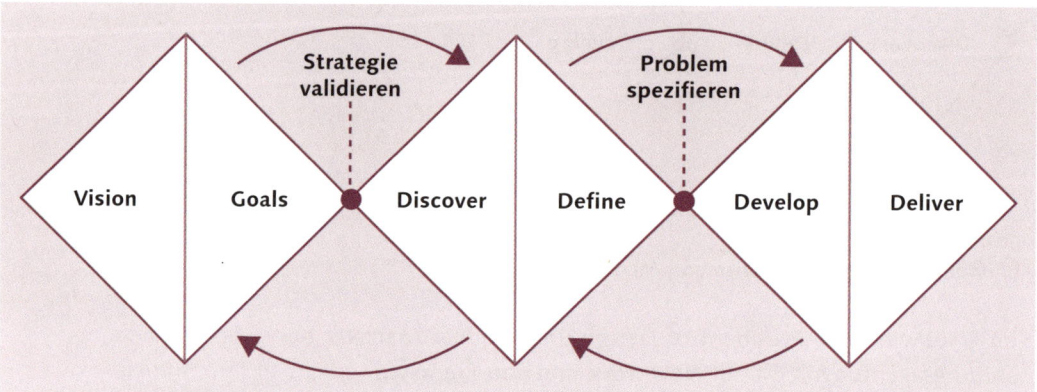

Abbildung 4.2 Das Triple-Diamond-Modell

Sollten deine Bemühungen der Problem- und Lösungsfindung keine Früchte tragen, musst du also möglicherweise noch einen weiteren Schritt zurückgehen und die Strategie überprüfen oder, wie in Kapitel 3 erläutert, die Weichen neu stellen (siehe Abbildung 4.3).

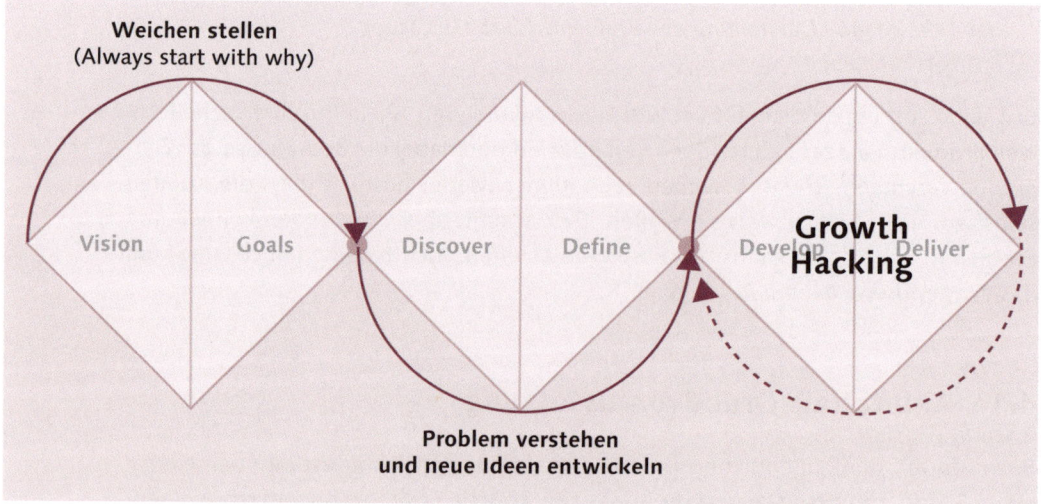

Abbildung 4.3 Das Triple-Diamond-Modell im Growth-Hacking-Kontext

Das oben dargestellte Modell zeigt, wie gut sich das Triple-Diamond-Modell in den Growth-Hacking-Kontext einfügt. Damit schlagen wir die Brücke zwischen Kapitel 3 und dem eigentlichen Growth-Hacking-Prozess. Wenn dein Unternehmen die zwei ersten Phasen nicht erfolgreich durchläuft, ist die Chance, mit Growth Hacking Erfolg zu haben, sehr gering; das ist der Grund, wieso wir hier so vertieft darauf eingehen. Stelle also die Weichen auf Wachstum, versuche, das Problem deiner Nutzer zu verstehen, und baue auf diesem Fundament deine kreativen Lösungsansätze und Testprozesse auf.

Anfang 2016 versammelte sich die Chefetage eines globalen Mietwagenkonzerns in dessen Hauptsitz in Florida, um ein ehrgeiziges Projekt in Angriff zu nehmen: die digitale Transformation des Unternehmens. Die Stimmung war euphorisch; alle Anwesenden spürten diese unsichtbare Kraft, es herrschte Aufbruchsstimmung. In den darauffolgenden Monaten trugen alle Abteilungen in tagelangen Workshops ihre innovativen Ansätze zusammen. Nächtelang arbeiteten sie emsig an Customer-Experience-, Mobile-App- und Social-Media-Konzepten. Das Hauptziel war allen klar: Es sollte ein neues marktführendes digitales Angebot entwickelt werden.

Ben Harmanus machte uns auf dieses Projekt aufmerksam, und gemeinsam mit anderen Nutzern diskutierten wir das Endergebnis dieses ambitionierten Projekts auf LinkedIn – denn der Ausgang der Geschichte war alles andere als erhofft. Was gut gemeint war, liest sich im Nachhinein wie ein Buzzword-Bingo aus der Marketingabteilung, denn der Konzern blies das vermeintliche Customer-Experience-Projekt in Eigenregie zu einem langatmigen, statischen Mammut-Projekt auf. Bei jedem, der nur ansatzweise Projektplanung betreibt, dürften bei den Worten »monatelange Planung« bereits die Alarmglocken geläutet haben.

Das Resultat des Projekts war dann wenig überraschend ein riesiges Desaster, das in einer Millionenklage vor Gericht endete. Anstatt Millionenbeträge in ein *Wasserfall-Projekt*[1] zu stecken, hätte der Konzern das Projekt schon zu Beginn einem erfahrenen Spezialisten überlassen sollen, der die Optimierung in kurzen agilen Zyklen hätte vorwärtstreiben können.

Bevor Anfang der neunziger Jahre die ersten Ansätze agiler Produktentwicklung in Unternehmen eingesetzt wurden, arbeiteten unsere Väter und Großväter größtenteils nach tayloristischen Prinzipien: Klar getrennte Hierarchien und zentral gesteuerte Organisationen prägten jahrzehntelang die Denkweise der Führungskräfte. Oben wurde entschieden und unten umgesetzt.

---

1 Ein Wasserfallmodell ist ein lineares Vorgehensmodell, das insbesondere für die Softwareentwicklung verwendet wird und das in aufeinanderfolgenden Projektphasen organisiert ist. Damit das Projekt vorankommt, muss also immer erst eine Phase abgeschlossen sein, bevor die nächste Phase beginnt. Das unterscheidet es von der agilen Entwicklung.

Heute stehen wir mitten im Sturmzentrum der digitalen Revolution. Märkte verändern sich in einer noch nie dagewesenen Geschwindigkeit. Unternehmen sind gezwungen, umzudenken, weil sie sich mit den alten Prinzipien nicht mehr schnell genug auf Veränderungen einstellen können.

Je nach Studie ist die bittere Wahrheit aber, dass 70 bis 80 % der agilen Bemühungen in Unternehmen scheitern. Viele Führungskräfte sind zwar gewillt, umzudenken, und versuchen auch, diverse agile Methoden und Prozesse zu etablieren, scheitern dann aber an der Umsetzung. Agilität ist in erster Linie eine neue Denkweise, die Wahl der Methode spielt dabei nur eine untergeordnete Rolle. Viel zu viele Chefs sind immer noch zu sehr davon getrieben, alles kontrollieren zu wollen, und stehen deshalb selbst der Veränderung im Weg. Es ist aber nachvollziehbar, denn diese hierarchische Denkweise ist seit Jahrhunderten in unserer Gesellschaft verankert und lässt sich nicht so einfach von heute auf morgen löschen.

> »Geschwindigkeit ist heute Teil der Qualität.«
> – Beat Neuhaus, VP Education Services & Best Practices at Siemens

Im Jahr 2001 wurde von einer Gruppe von 17 renommierten Softwareentwicklern das *agile Manifest* formuliert. Unter den Autoren waren unter anderem Jeff Sutherland und Ken Schwaber, die Begründer des Scrum Frameworks. Es gilt noch heute als Meilenstein der agilen Bewegung. Das Fundament bilden vier Leitsätze:

▶ **Zusammenarbeit mit dem Kunden** steht über der Vertragsverhandlung.

▶ **Individuen und Interaktionen** stehen über Prozessen und Werkzeugen.

▶ **Funktionierende Software** steht über einer umfassenden Dokumentation.

▶ **Reagieren auf Veränderung** steht über dem Befolgen eines Plans.

Agilität ist auch für die Umsetzung des Growth-Hacking-Prozesses eine zentrale Voraussetzung. Verantwortung abzulegen, wäre ein guter erster Schritt. Das Gegenteil von starren Hierarchien ist ja nicht Anarchie, sondern die Berücksichtigung der Stärken aller Mitarbeiter und Wünsche der Kunden.

4.2   Growth-Strategie entwickeln

Reid Hoffmann hat so ziemlich für alle wichtigen Sillicon Valley-Größen gearbeitet. Er war im Firmenvorstand von PayPal und Zynga, arbeitete für Apple und investierte in einer frühen Phase in Facebook, Flickr, Digg und viele andere vielversprechende Start-ups. Sein größter Erfolg dürfte jedoch die Gründung des Business-Netzwerk LinkedIn sein, das er 2002 gemeinsam mit ehemaligen PayPal-Mitarbeitern gründete. 10 Jahre nach dem Start zählte LinkedIn bereits mehr als 180 Millionen registrierte Nutzer, und im Jahr 2016 verkaufte er LinkedIn für 26.2 Milliarden US-Dollar an Microsoft.

Heute zählt LinkedIn 200 Millionen täglich aktive User und total über 546 Millionen registrierte Nutzer, was eine unglaubliche Wachstumsrate von über 1.000 % in 13 Jahren ergibt. In einem Interview mit dem Forbes Magazine spricht Aatif Awan, Vice President of Growth bei LinkedIn, über die Schlüsselelemente, die zu diesem starken Wachstum geführt haben. Awan meint, es sei eine der größten Fallstricke, zu glauben, Wachstum sei eine kurzfristige Metrik, die immer mal wieder nach oben oder unten zeige. Das führe zu kurzfristigem taktischem Denken. Awan nennt ebenfalls den Product-Market-Fit als Grundlage, um überhaupt wachsen zu können, und sagt, dies sei am besten durch eine positive Retention Rate messbar. Je mehr Nutzer dein Produkt mehrmals nutzen, desto größer sei die Chance, dass dein Business langfristig auch wachse. Es sei eine Reise des konstanten Lernens, und es gebe viele wichtige Aspekte, die schlussendlich über Erfolg oder Niederlage entscheiden würden.

> »Begin with the end in mind. In order to attain your goals, you need to visualize the outcome of every action as clearly as possible before doing it.«
> – Stephen R. Covey: The 7 Habits of Highly Effective People

Auch mit agilen Methoden kann langfristig geplant werden. Auch heute brauchen Unternehmen und vor allem die Mitarbeiter Leitplanken, an denen sie sich orientieren können (siehe Abbildung 4.4).

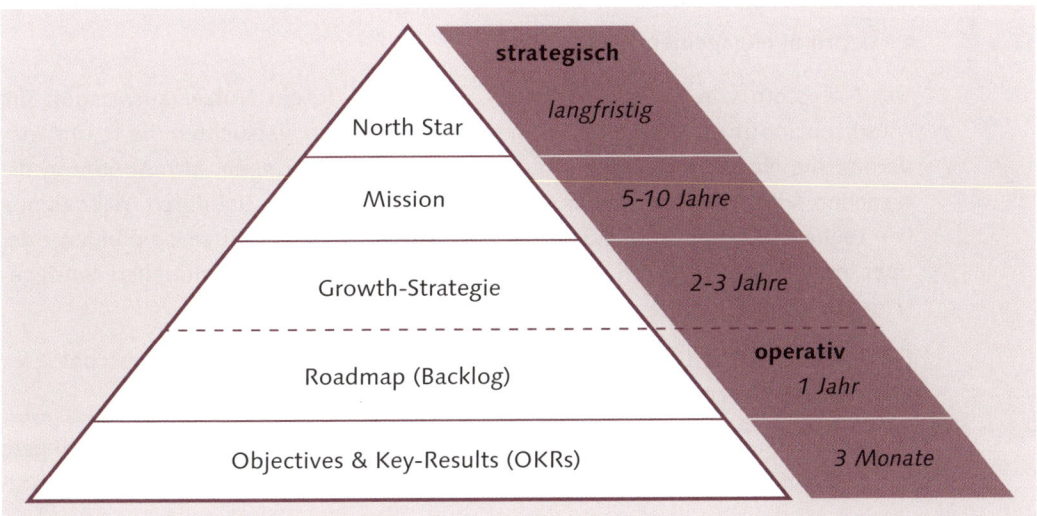

Abbildung 4.4 Aufbau einer Growth-Strategie

4.2.1 North Star Metric – jedes Produkt benötigt einen Nordstern

Als eines der wichtigsten Kernelemente nennt er dann aber die North Star Metric. Sie bringe den Mehrwert für die Nutzer und die Businessziele zusammen und gebe den Mitarbeitern ein gemeinsames Ziel, auf das alle hinarbeiten würden.

Eine North Star Metric ist eine globale Leistungskennzahl für ein Unternehmen oder ein Produkt. Sie verbindet die Kundenbedürfnisse mit dem Umsatzziel des Unternehmens.

Der Einsatz einer solchen Metrik bietet demnach folgende Vorteile:

▶ Deine Teams erhalten **Klarheit** darüber, auf welche Ziele sie sich fokussieren sollten.

▶ **Daten dienen als Grundlage (Messbarkeit)** zur Beurteilung des Unternehmenserfolges.

▶ Das Erreichen dieser Ziele führt automatisch zu **mehr Umsatz**.

▶ Und schlussendlich führt es dazu, dass alle Team-Mitglieder **eine gemeinsame Mission** verfolgen und am selben Strick ziehen.

LinkedIns North Star »is maximizing the value we create for the LinkedIn ecosystem of members and customers«, wie Damien Coullon, Head of Growth bei LinkedIn, erklärt. »From a growth perspective, we look at two main KPIs:

▶ breadth of engagement (a composite metric predicting that a member has what it takes to get value from LinkedIn on a regular basis)

▶ depth of engagement (sessions).«

Der Nordstern von Spotify ist die gesamte Zeit, die ein Nutzer aufwendet, um Musik auf Spotify zu hören. Um dieses Ziel zu erreichen, versuchten die Teams wiederum, die Nutzer möglichst oft auf Spotify zurückzubringen, also Spotify in die täglichen Routinen einzubinden. Erreicht haben sie dieses Ziel durch Maßnahmen wie teilbare Playlists, die Möglichkeiten, Musik zu Freunden zu empfehlen oder über intelligente Playlisten neue Musik basierend auf dem individuellen Musikgeschmack anzubieten.

Für Facebook ist es die Zeit, in der sich die Nutzer aktiv mit dem Feed beschäftigen, also kommentieren, liken oder teilen.

Netflix fokussiert sich auf die Anzahl Stunden, die Abonnenten damit verbringen, Filme zu schauen, und für Amazon sind die Käufe von Prime-Abonnenten relevant.

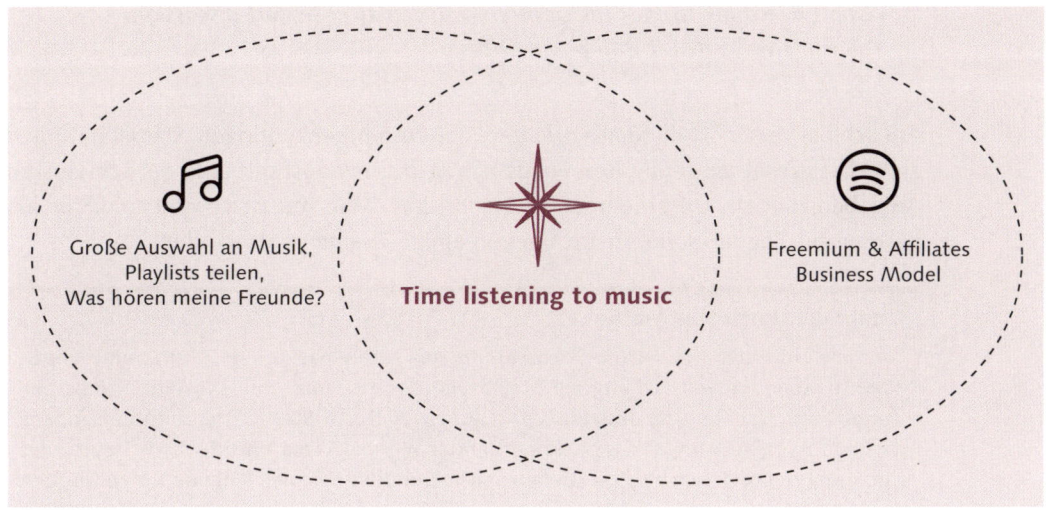

Abbildung 4.5 North Star Metric am Beispiel von Spotify

Deine North Star Metric sollte sich an deiner Vision und deinen Unternehmenszielen orientieren. Sie sollte den Nutzen für deine Kunden und dein Angebot in Einklang bringen. Als Fahrlehrer möchtest du jungen Menschen dabei helfen, Autofahren zu lernen. Dieser Vision könntest du als Nordstern die Anzahl Fahrstunden, die du per Monat gibst, zugrunde legen, denn damit erfüllst du gleichzeitig deine Vision und machst auch noch mehr Umsatz.

So definierst du deinen Nordstern:

▶ Frage dich, welcher KPI deinen Nutzern den größten Mehrwert bringt.

▶ Frage dich, welcher KPI einem Unternehmen den größten Mehrwert bringt und zu deiner Vision passt.

▶ Frage dich, welcher KPI schlussendlich dazu führt, dass dein Unternehmen mehr Kunden gewinnt oder Umsatz macht.

▶ Frage dich, was im schlimmsten Fall passieren könnte, wenn die North Star Metric die Prozesse negativ beeinflusst, um zu überprüfen, ob du nicht doch auf dem falschen Weg bist.

▶ Verkompliziere es nicht; halte die Metrik simpel und für das Team einprägsam.

▶ Nutze die North Star Metric so lange, bis du oder jemand aus deinem Team eine bessere gefunden hat.

▶ Wechsle aber nicht so oft, weil dein Team sonst den Fokus verliert.

»Don't overthink it! Pick the best one you can after a short discussion. You can always revisit it in few months.«
– Sean Ellis

Am Schluss versuchst du, diese drei Bereiche zusammenzubringen. Das ist natürlich einfacher gesagt als getan; den Fokus richtig zu setzen ist mit eine der schwersten Aufgaben, die ein Unternehmer zu Beginn hat. Man muss sich nicht nur für ein bestimmtes Thema, sondern auch gegen einige Themen entscheiden.

Gefahr der North Star Metric

Für viele Unternehmen ist die Fokussierung auf eine einzelne Ziel-Metrik eine ungewohnte, aber sinnvolle Übung zur Steigerung der Effizienz, weil sie Aktionismus bekämpft. Der Nachteil ist, dass die Verfolgung der North Star Metric mitunter andere wichtige Aspekte vernachlässigt. Brian Balfour, vormals Vice President of Growth bei HubSpot, veranschaulicht diese Gefahr mit folgendem Beispiel: Angenommen, du bist Teil des Growth-Teams von LinkedIn, und dein Ziel wäre die maximale Monetarisierung des Newsfeeds. Was machst du? Möglichst viele Plätze für Werbeanzeigen verkaufen. Schnell wirst du dein Ziel erreicht haben. Aber gleichzeitig wird auch die Kundenzufriedenheit sinken, weil die Nutzer von der Werbung genervt sind und die Plattform seltener und kürzer nutzen. Du hättest zwar dein kurzfristiges Ziel erreicht, aber langfristig einen schweren Fehler begangen – und deswegen sind LinkedIns Ziele auf den Mehrwert für den Nutzer ausgerichtet, nicht auf Umsatz mit Werbeeinnahmen. Also achte bei der Wahl deiner North Star Metric darauf, dass sie

▸ das Wohl des Nutzers berücksichtigt,

▸ ein langfristiges Ziel verfolgt,

▸ andere, unterstützende Metriken berücksichtigt.

In diesem Kapitel nutzen wir die Software *North Star* von Sean Elis als zentrales Growth-Hacking-Instrument. Auch wenn wir euch die Verwendung der Software ans Herz legen können, seid ihr aber nicht daran gebunden. Wir haben versucht, alle Beispiele so zu beschreiben, dass sie auch in anderen Tools umsetzbar wären.

Besonders interessant macht North Star die ganzheitliche Verbindung aller wichtigen Growth-Hacking-Methoden. So ist der erste Schritt die Bestimmung der North Star Metric.

Es stehen eine ganze Reihe an Metriken zur Auswahl:

▸ WEEKLY ACTIVE USER (wöchentlich aktive Nutzer)

▸ DAILY ACTIVE USERS (täglich aktive Nutzer)

▸ WEEKLY ORDERS (wöchentliche Bestellungen)

▸ MONTHLY ORDERS (monatliche Bestellungen)

▶ REPEAT PURCHASES (wiederholte Käufe)

▶ ACTIVE SUBSCRIPTIONS (aktive Abonnenten)

▶ WEEKLY REVENUE (wöchentliche Einnahmen)

▶ MONTHLY REVENUE (monatliche Einnahmen)

▶ MONTHLY RECURRING REVENUE (monatlich wiederkehrende Einnahmen)

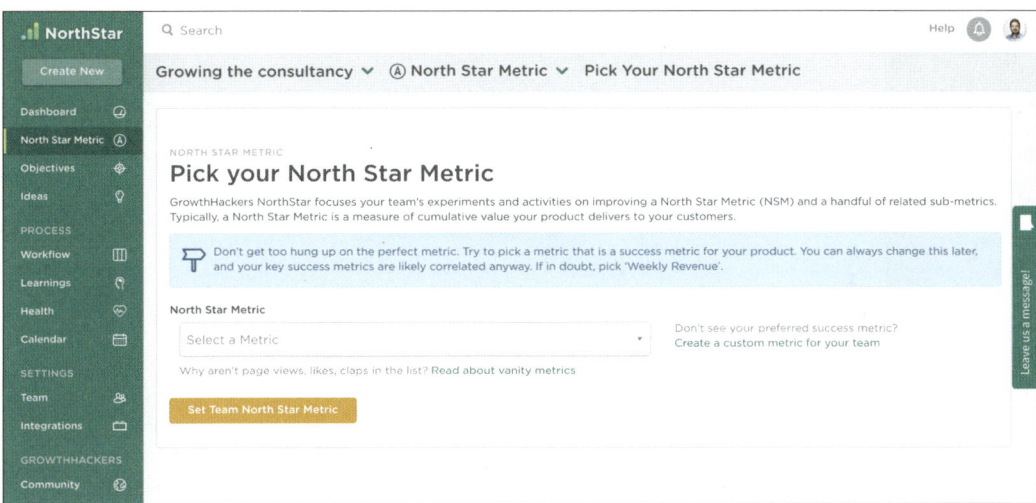

Abbildung 4.6 Wahl einer geeigneten North Star Metric in North Star
(Software: growthhackers.com)

Du kannst pro Team oder pro Produkt eine North Star Metric auswählen. Dies deckt sich auch mit unseren Empfehlungen. Für Software (SaaS, Plattformen, mobile Apps und Onlinedienstleistungen) eignen sich Metriken, die auf »wiederkehrende Nutzer« beziehen, also beispielsweise DAILY ACTIVE USERS. Für andere Geschäftsmodelle empfiehlt es sich, vorerst auf Bestellungen oder »wiederkehrende Einnahmen« zu fokussieren. Grundsätzlich kann die North Star Metric später angepasst werden, auch wenn eine zu häufige Anpassung nicht zu empfehlen ist. Aber es ist eine große Herausforderung, schon ganz am Anfang die richtige Metrik zu definieren, daher ist es besser, du korrigierst die Metrik später, wenn du bemerkst, dass eine andere besser passt. So oder so findest du im Idealfall eine Metrik, die genau auf dein Unternehmen passt. Der Einfachheit halber werden wir in unseren Beispielen mit der Metrik DAILY ACTIVE USERS arbeiten.

Die Fortschritte (Messwerte) deiner North Star Metric kannst du entweder manuell über ADD A MEASUREMENT FOR THIS TIME PERIOD eintragen oder über die Integration einer Analysesoftware.

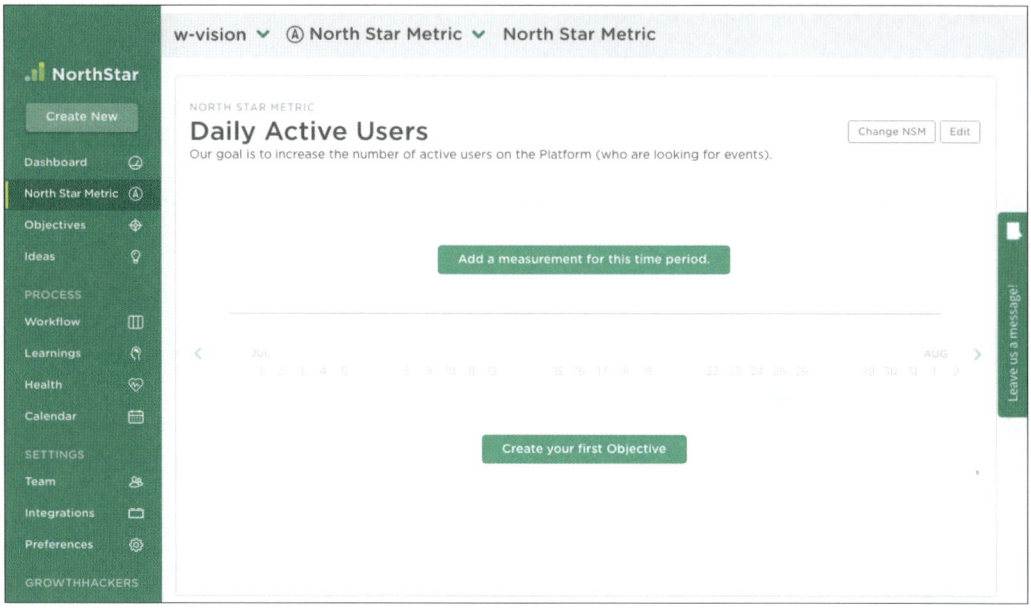

Abbildung 4.7 Die Anzeige deiner North Star Metric-Performance

Dabei gilt es zu beachten, dass wir in North Star nicht die allgemein üblichen Messwerte wie Traffic oder Traffic-Quellen analysieren, sondern die aktive Nutzung deiner Produkte. Deshalb wirst du in den Integrationen vergeblich nach Google Analytics suchen. Die gelisteten Analysetools ermöglichen alle die Auswertung von
verhaltensbasierten Aktionen. Zu diesem Thema erfährst du am Ende des Kapitels
unter »Tests analysieren und auswerten« mehr.

4.2.2   Smarte Ziele setzen

Um ein Ziel zu erreichen, musst du es logischerweise erst einmal definieren. Auch
kleine Etappenziele bei Onlineprojekten sollten den Marketingzielen untergeord-
net werden. Eine Website kann das Unternehmen bei der Erreichung der Ziele nur
unterstützen, wenn diese bei der Umsetzung berücksichtigt wurden.

> »A Goal without a Plan is just a Wish.«
> – André Morys

Neben der einfachen Zielsetzung versäumen es viele, Ziele zu quantifizieren. Dafür
müssen diese Ziele SMART sein, was bedeutet, sie müssen Folgendes sein:

▶ **Spezifisch**, d. h. so exakt wie möglich. Um in fünf Jahren ein Millionär zu sein, musst du 200.000 Euro pro Jahr oder 3.850 Euro pro Woche verdienen. Wenn du bereits 1.000 Euro pro Woche verdienst, musst du deinen Gewinn also um 2.850 Euro pro Woche steigern. »Kundenzufriedenheit erhöhen« ist viel zu abstrakt. Sei so genau wie möglich!

▶ **Messbar:** Du musst deinen Erfolg natürlich auch messen können, idealerweise in Echtzeit, mindestens aber auf Wochenbasis. Nehmen wir ein Flugzeug als Beispiel: Wenn du immer weißt, wo du bist, weißt du auch, ob du auf der richtigen, der geplanten Strecke bist. Wenn nicht, kannst du deinen Kurs entsprechend justieren, um dein Ziel schnellstmöglich zu erreichen.

▶ **Ansprechend:** Ziele müssen ansprechend sein, damit die Motivation nicht auf halbem Weg verloren geht. Alle Beteiligten müssen das Ziel akzeptieren und als wichtig für das Projekt erachten.

▶ **Realistisch:** Bevor du ein Ziel festlegst, analysiere deine Ressourcen, Fähigkeiten und deinen Wettbewerb, um zu sehen, ob dein gesetztes Ziel überhaupt realistisch und erreichbar ist. Dann kannst du dir überlegen, wie du das Ziel erreichst.

▶ **Terminiert:** Wie lange soll es dauern, bis das Ziel erreicht ist? Typischerweise werden dafür zwischen 14 Tage (ein sogenannter *Sprint* in der agilen Produktentwicklung) und 90 Tage angesetzt.

Beispiel für ein SMARTes Ziel

»Ich möchte ein erfolgreiches Unternehmen gründen« ist kein SMARTes Ziel. Stattdessen könntest Du sagen: »Ich möchte bis zum 31. Dezember 10 neuen Kunden jeweils mindestens 5.000 EUR in Rechnung gestellt haben.« Spezifisch, messbar, attraktiv, realistisch und terminiert. Im Prinzip sehr einfach, aber trotzdem oft leider ignoriert.

In seinem großartigen Vortrag »Why Leaders Eat Last«[2] argumentiert Simon Sinek sogar biologisch: Bei der Fokussierung auf und dem Näherkommen an ein Ziel schüttet der Körper das Glückshormon Dopamin aus.[3] Das fühlt sich gut an und macht süchtig, weswegen werden wir motiviert sind, dieses Ziel zu erreichen. Darum muss das Ziel unbedingt aufgeschrieben und möglichst allgegenwärtig publik gemacht werden, damit du dich auf das Ziel fokussieren kannst.

Idealerweise definierst du deswegen nur ein einziges Ziel, dem du alles andere unterordnest. Dieses eine Ziel wird dir helfen, dich komplett zu fokussieren. Solltest

---

2 Den Vortrag findest du hier: *https://www.youtube.com/watch?v=ReRcHdeUG9Y&feature= youtu.be&t=510*.

3 Deswegen fühlt es sich auch so gut an, Dinge von der To-do-Liste zu streichen oder abzuhaken.

du Selbstzweifel haben oder ihr euch intern über die Prioritäten uneinig sein, könnt ihr euch an diesem einen Ziel orientieren[4].

4.2.3   Die Roadmap

Eine gute Roadmap beantwortet die wichtigsten Fragen der Produktteams und der Stakeholder, gewährleistet transparente Prozesse und sorgt dafür, dass die Meilensteine eines Projekts auch tatsächlich erreicht werden. Die Roadmap sollte Teil deines Innovationsprozesses und deiner Unternehmensstrategie sein. Die Umsetzung wird in vier Phasen unterteilt:

1. **Strategisches Denken im Unternehmen etablieren:** Zunächst müssen alle Einheiten in deinem Unternehmen darauf vorbereitet werden, dass zukünftig nach einer Strategie gearbeitet wird.

2. **Strategie aufbauen:** Diskutiere wichtige strategische Positionen, und definiere die gemeinsame Strategie. Alle Entscheidungsträger im Unternehmen müssen an einem Strang ziehen.

3. **Strategie implementieren:** Sorge dafür, dass alle Abteilungen über die neue Strategie in Kenntnis gesetzt werden; das geht am besten mit einem Kick-off Meeting.

4. **Strategie im Tagesgeschäft verankern:** Verteile die Roadmap, und weise die Abteilungsleiter an, sie anzuwenden und im Blick zu halten.

Die Roadmap sollte möglichst grob definiert werden und lediglich die Richtung vorgeben. Es reicht, wenn du pro Quartal definierst, welche Teilprojekte geplant sind und welche Meilensteine erreicht werden sollen. Du kannst die Roadmap mit einer Reiseplanung vergleichen: Du planst eine Weltreise. In der Roadmap definierst du die Reiseziele, die groben Eckpunkte der Reise, aber nicht den kompletten Weg und wie du ans Ziel kommst. Wenn du auf der Reise bemerkst, dass es nun sinnvoller ist, zuerst Neuseeland zu bereisen und erst dann Australien, weil zu dieser Jahreszeit dort mehr zu sehen ist, sollst du die Möglichkeit dazu haben.

4.2.4   Objectives und Key-Results (OKRs)

Das OKR-Modell ist ein agiles Zielvereinbarungssystem, bei dem die Unternehmensziele jeweils quartalsweise definiert werden. Es stammt ursprünglich von In-

---

4 Auch die Fokussierung auf ein einzelnes Produkt kann große Vorteile bieten, weil du alle Energie in die Bewerbung dieses einen Produktes stecken kannst und der Kunde nicht aufgrund der Vielzahl überfordert ist. Ein Beispiel dafür sind die erfolgreichen Matratzen-Startups Emma und Casper, die (im Gegensatz zu Möbelhäusern oder Matratzengeschäften) nur ein einzelnes Produkt haben.

tel, wird heute aber von vielen erfolgreichen Unternehmen wie Google, LinkedIn oder den Spieleentwicklern von Zynga eingesetzt, um ihre über den gesamten Globus verstreuten Teams, trotz autonomer Organisation und viel Freiraum, zu organisieren und gleichzeitig den Unternehmenserfolg messen zu können.

Jedes Team orientiert sich so immer an der Vision, also am Nordstern des Unternehmens. Nach der Definition des Nordsterns wird eine Mission formuliert; diese beinhaltet die strategischen Richtlinien für die nächsten fünf bis zehn Jahre. Die OKRs selbst werden auf Basis dieser Mission erstellt und quartalsweise definiert.

OKRs lassen sich auch sehr gut mit anderen agilen Methoden wie Scrum verbinden, indem beispielsweise die Ziele aus den OKRs die Grundlage für die *Sprint Backlogs* legen. OKRs bilden so eine Art Baumstruktur, in der jede Unternehmensebene die OKRs an die tiefer gelegenen Ebenen weitervererbt, so dass alle Teams und Teammitglieder auf die große Vision, den Nordstern, hinarbeiten.

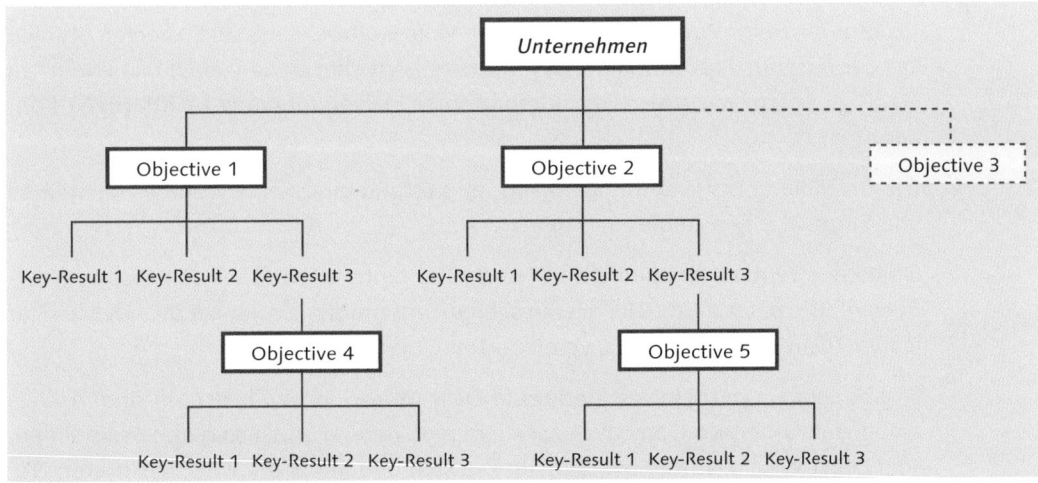

Abbildung 4.8 Die OKR-Baumstruktur

OKRs selbst bestehen aus den *Objectives*, die ein eher abstraktes, aber für das Team motivierendes Ziel beschreiben. Jedes Objective beinhaltet zwei bis fünf messbare *Key-Results*, die beschreiben, wie das Objective konkret erreicht werden kann.

Dabei ist es wichtig, dass OKRs über das gesamte Unternehmen, in jedem Bereich, eingesetzt werden und sowohl operative wie strategische Ziele berücksichtigen. Alles, was nicht in den OKRs steht, ist für das Unternehmen schlicht nicht relevant und wird auch nicht weiterverfolgt. Die große Herausforderung ist, keine allgemeingültigen Ziele zu formulieren. Den Umsatz zu steigern mag wichtig sein, Fehler zu minimieren ebenfalls, aber mit solchen Zielsetzungen werden deine Produkt-teams keine großen Sprünge machen.

Wenn dein Produktteam in Zukunft mit E-Mail-Marketing neue Kunden akquirieren möchte, wäre »Einführung eines erfolgreichen E-Mail-Newsletters« ein gutes Objective. Und »Ein wöchentliches Wachstum von 5 %, um am Ende des Quartals 5.000 Abonnenten zu erreichen« ein gutes Key-Result. Auch die Steigerung der Klickrate von 2,5 auf 5 % ist als Key-Result denkbar. Du solltest auch das Bonussystem konsequent auf den OKRs aufbauen. Es sollte keine weitere zeitliche Terminierung innerhalb des Systems geben, und alle OKRs sollten allen Mitarbeitern des Unternehmens transparent offengelegt werden.

Wichtig ist auch, dass das Top-Management lediglich übergreifende Unternehmens-OKRs definiert und die Teams daraus selbst ihre Team-OKRs festlegen können und im besten Fall alle Teammitglieder dann sogar die Freiheit erhalten, ihre persönlichen ORKs selbst zu definieren. Nur so entfaltet die angesprochene Baumstruktur ihr volles Potenzial. OKRs bieten viele weitere Vorteile. So zeigen Studien aus der Burnout-Prävention, dass Mitarbeiter sich eher trauen, auch mal »Nein« zu etwas zu sagen, wenn sie dies aufgrund ihrer Zielvereinbarung rechtfertigen können.

Die Aufzählung ist nicht abschließend, und es gibt eine Reihe weiterer Richtlinien und Empfehlungen zu diesem Thema[5].

Objectives lassen sich ebenfalls in North Star hinterlegen (über den CREATE NEW-Button). Die beiden Modelle passen sehr gut zusammen. So kannst du in North Star jedem Team die in den OKRs vereinbarten Objectives zuteilen.

Es gibt aber ein paar Unterschiede zum OKR-Modell, die zu beachten sind. Anders als bei den OKRs, wo Objectives vor allem motivierend und inspirierend sein sollen, sind Objectives in North Star ebenfalls messbar und direkt mit KPIs (messbaren Zielen) verbunden. Wir hatten auf die Gefahren bei der Verwendung der North Star Metric hingewiesen. Die Verwendung von OKRs ist sinnvoll, weil es eine Illusion ist, dass alles, was zum Unternehmenserfolg beiträgt, messbar sein soll.

Anstelle von Key-Results werden bei North Star IDEAS generiert. Dabei ist die unterschiedliche Benennung natürlich sekundär. Engscheidend ist, dass die Philosophien ein paar sehr tiefgreifende Unterschiede aufweisen. OKRs sind ein Zielvereinbarungssystem und sollen alle Unternehmensziele greifbar und verständlich

---

5 Allen, die an der OKR-Methode interessiert sind, empfehle ich den Kurs der Firma Murakamy aus München. Der Kurs vermittelt alles, was man wissen muss, um OKRs erfolgreich einzuführen und direkt anwenden zu können. Der Kurs kann über folgenden Link gebucht werden: *http://murakamy.com/okr-online-kurs-seminar.*

machen. Growth Hacking soll hingegen das Wachstum beschleunigen. So werden beim OKR-Prozess die Key-Results quartalsweise definiert und in der Anzahl auf 4 bis 6 begrenzt. Im Kern der Growth-Hacking-Philosophie besagt aber, dass mehr Experimente zu mehr Wachstum führen. Anders als die Key-Results werden Ideen also laufend neu erstellt, und bestenfalls gelingt es, bis zu 10 Ideen oder mehr pro Woche zu testen.

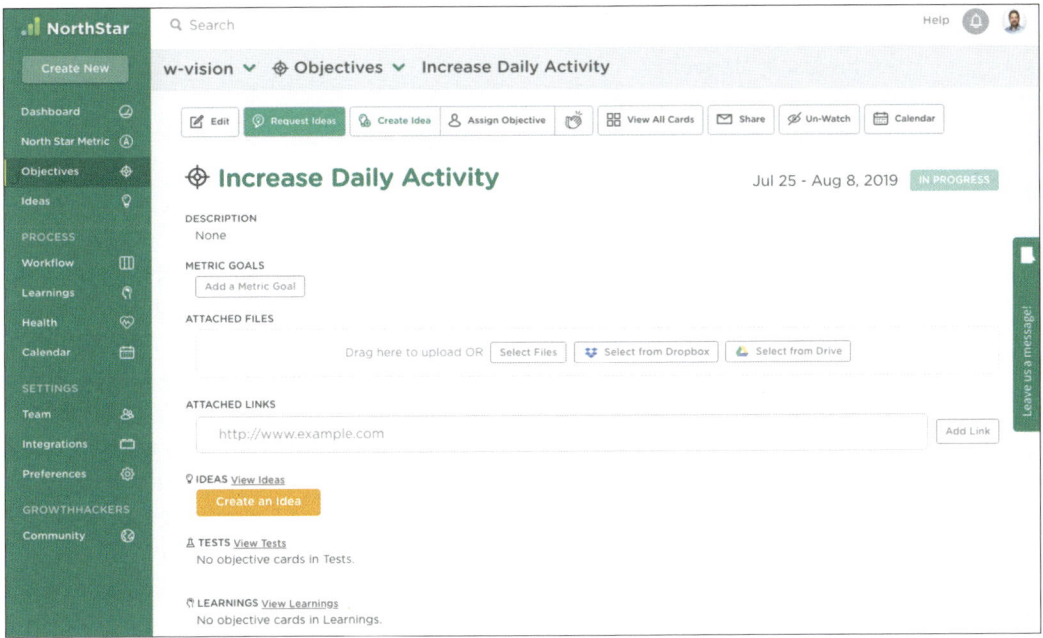

Abbildung 4.9 Ein neues Objective in North Star hinterlegen

Obwohl ich beide Modelle für sehr vielversprechend halte und die gemeinsame Verwendung nicht grundsätzlich ausgeschlossen werden muss, muss man ehrlicherweise sagen, dass das gerade zu Beginn viele Überschneidungen ergeben kann und es die Etablierung von agilen Prozessen nicht unbedingt vereinfacht, wenn man beide Modelle gleichzeitig einführt.

Am besten entscheidet man von Fall zu Fall und passt die Methoden aufeinander an. Ein wesentlicher Bestandteil agiler Prozesse ist es ja, dass die Prozesse selbst nicht in Stein gemeißelt sind und laufend überprüft und optimiert werden sollten.

Wir empfehlen folgende Vorgehensweise:

▶ Definiere inspirierende Unternehmens-Objectives pro Team oder Produkt.

▶ Nenne diese Unternehmens-Objectives aus den OKRs »Team-Missionen«, dann entsteht mit den Begriffen kein Durcheinander.

▶ Definiere gemeinsam mit jedem Team 4 bis 6 Key-Results.

▶ Erstelle passend zur Team-Mission eine North Star Metric und ein Objective pro Team in North Star.

▶ Hinterlege die 4 bis 6 Key-Results als Idee in North Star.

▶ Überlasse es deinen Teams, weitere (auf die Objectives ausgerichtete) Ideen in North Star zu testen.

▶ Als einzige weitere Vorgabe ist die Anzahl Tests, die das Team pro Woche durchführen soll, sinnvoll.

4.2.5   Key Performance Indicators (KPIs)

Fokussiere dich bei der Planung deiner Growth-Hacking-Strategie auf messbare Ziele. Dabei ist es wichtig, dass du dich nicht zu sehr an sogenannten *Vanity Metrics* orientierst. Vanity Metrics sind Statistiken wie Facebook-Fans, Page Views oder Follower, die zwar toll aussehen, aber am Ende keinen echten Nutzen bringen. Setze vielmehr auf leistungsstarke und messbare Kennzahlen, die dein Business wirklich weiterbringen. Um diese zu bestimmen, musst du zuerst herausfinden, welche Metriken für deine Unternehmensziele wichtig sind. Solche leistungsstarken und messbaren Kennzahlen können ein angestrebtes Umsatzziel oder auch nur eine kürzere Reaktionszeit bei Kundenanfragen sein. Du darfst dir daneben natürlich auch untergeordnete Ziele setzen. Auch wenn diese keinem eigentlichen Unternehmensziel dienen, können die Anzahl deiner Newsletter-Abonnenten, die Verweildauer auf deiner Website oder die Absprungrate wertvolle Kennzahlen sein. Sei dir einfach bewusst, dass die Anzahl der Verkäufe wichtiger ist als 100.000 Page Views.

Gute und leistungsstarke Messwerte

▶ Anzahl Kunden

▶ Anzahl Verkäufe

▶ Einnahmen oder Ausgaben

▶ Conversion Rate

▶ Kundenzufriedenheit

▶ Mitarbeiterzufriedenheit

▶ Umsatz pro Kunde

▶ Kunden, die mehr als einmal bei dir einkaufen

4.2.6 Customer Lifetime Value

Eine besondere Metrik bildet der *Customer Lifetime Value* (CLV). Er beschreibt den gesamten Wert, den ein Kunde bis heute hat und auch künftig für dein Unternehmen haben wird. Diese betriebswirtschaftliche Größe soll dabei helfen, den Wert eines Kunden besser einschätzen und Marketingmaßnahmen individuell auf bestimmte Käuferschichten zuschneiden zu können. Nach Ben Harmanus ist der CLV die wichtigste Metrik überhaupt und eignet sich damit hervorragend als *OMTM*, *One Metric That Matters*, bzw. North Star Metric, an der sich alle Maßnahmen orientieren und messen sollten.

Der Customer Lifetime Value wird in einem *Customer Relationship Management (CRM)* pro Kunde gepflegt. Ist der Wert nicht sehr hoch, solltest du auch weniger Aufwand für die Kundenbetreuung aufwenden. Wenn der Kunde A aber über drei Jahre zehn Bücher à 29 Euro kauft, beträgt sein Kundenwert 290 Euro, und es lohnt sich, weiter in diese Beziehung zu investieren.

4.3 Growth-Teams

Andy Johns, Produktmanager und Zuständiger für Wachstum bei Quora, sagt, dass Unternehmen ein Team mit Fokus auf Wachstum bilden sollten.[6] Die eigentliche Herausforderung für Unternehmen ist also nicht unbedingt das Anwenden von Growth Hacks, sondern das Bilden von interdisziplinären Growth-Teams und das Etablieren einer Growth-Kultur (siehe Abbildung 4.10). Auch Erik Stenberg, der Konzerne bei der Umsetzung von Growth-Hacking-Projekten unterstützt, misst den »weichen« Faktoren hohe Bedeutung zu: Teammitglieder, Organisation und Mentalität sind absolut entscheidend. Alles andere ist zweitrangig. Sie brauchen ein Team, das

▶ klein genug ist,

▶ vorzugsweise am gleichen Ort arbeitet,

▶ ein klares Mandat hat,

▶ bei allem, was es tut, unabhängig agieren kann,

▶ einen Sponsor auf C-Level hat, der die Straße frei macht,

▶ die Mentalität hat, Ergebnisse vor Konventionen, Titeln, grafischen Richtlinien usw. zu setzen.

Wenn ein Growth Hacker nicht in die Unternehmensprozesse integriert wird, ist die Akzeptanz meist sehr gering, was einer der Hauptgründe dafür ist, wieso Growth-

---

6 *www.quora.com/profile/Andy-Johns*

Hacking-Initiativen in Unternehmen scheitern. Die Entwicklung einer Growth-Kultur ist kein einfaches Unterfangen – alle Beteiligten müssen das neue Credo akzeptieren und die Änderungen der internen Prozesse befürworten. In kleinen Unternehmen und Start-ups muss häufig der Gründer selbst die Wachstumsinitiativen anstoßen und vorantreiben. In größeren Unternehmen müssen verschiedene Abteilungen und Abteilungsleiter an einer gemeinsamen Wachstumsvision arbeiten.

Hinzu kommt, dass auch agiles Projektmanagement ein gewisses Maß an Planung braucht. Auch wenn es beim Growth Hacking hauptsächlich darum geht, effizient voranzukommen und schnell zählbare Ergebnisse zu erzielen – ganz ohne Struktur geht es dann doch nicht. Meiner Erfahrung nach entstehen in einem Team außerdem die besten Ergebnisse. Wenn sich ein einzelner Produktmanager hinter seinem Computer verkriecht und tagelang an einer Lösung feilt, sind die Resultate häufig zu einseitig. Wenn dein Produkt die Phase der Early Adopters einmal hinter sich hat, wirst du vor neuen, komplexeren Herausforderungen stehen.

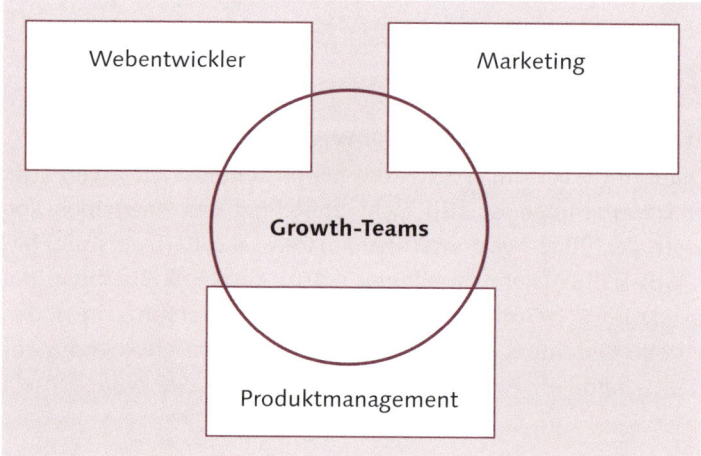

Abbildung 4.10 Growth-Teams

Wachstum darf kein Nebenprojekt sein. Das Growth-Team braucht (neben den notwendigen Ressourcen, insbesondere im Bereich IT und Entwicklung) die unbedingte und nach allen Seiten kommunizierte Unterstützung durch die Geschäftsleitung, um nicht in bürokratischen Grabenkämpfen aufgerieben zu werden. Insbesondere altgediente Mitarbeiter tendieren dazu, neuen Methoden und abteilungsübergreifenden Initiativen mit Skepsis zu begegnen (»Das haben wir doch schon immer so gemacht – wo kommen wir denn da hin?!«), und müssen von den Führungskräften entsprechend ins Boot geholt werden.

Um in dieser Phase weiter wachsen zu können, benötigst du neue Spezialisten in deinem Team:

▶ Produktmanager

▶ User-Experience-Spezialist(en)

▶ Marketingspezialist(en)

▶ Webentwickler

▶ Data-Analyst(en)

Da Growth Hacking noch eine sehr junge Disziplin ist und eigentlich in keine Schublade gesteckt werden kann, wäre es vermessen, zu behaupten, es gäbe die eine richtige Methode. Die gibt es natürlich nicht. Aber grundsätzlich ist es nicht falsch, sich an agilen Methoden zu orientieren, von denen man weiß, dass sie sich in der Praxis bewährt haben. Eine sehr bekannte agile Vorgehensweise ist *Scrum*. Die Scrum-Methode ist gerade deswegen so gut für Growth Hacker geeignet, weil sie nur sehr lose Rahmenbedingungen setzt und dem Nutzer große Freiheiten lässt. Ein typischer Projektablauf in einem Scrum-Projekt sieht folgendermaßen aus:

▶ Anforderungen und Ideen sammeln

▶ Planung der Iterationen (gemeinsam mit Stakeholdern)

▶ Iterationen festhalten

▶ Produkt innerhalb einer Iteration weiterentwickeln

▶ Feedback einholen

▶ Planung gemäß Feedback anpassen

Du siehst, diese Vorgehensweise ähnelt stark den typischen Growth-Hacking-Zyklen. Es kann also durchaus hilfreich sein, Scrum-Techniken zumindest einmal im Unternehmen auszuprobieren. Und was man nicht vergessen darf: Auch Kreativität braucht gewisse Schranken, um sich in die richtige Richtung zu entfalten. So gesehen könnte die Implementierung von Scrum dein gesamtes Team beflügeln und dafür sorgen, dass effektiver und zielführender gearbeitet wird (siehe Abbildung 4.11). Sehr nützliche Scrum-Techniken sind beispielsweise:

▶ **Product Backlog:** In diesem Dokument werden die Ideen und Anforderungen festgehalten. Typischerweise ändern sich diese natürlich während des Projekts. Die Beschreibung enthält zu jeder Anforderung eine Schätzung der Arbeitszeit. Sobald die Anforderungen für die Umsetzung gutgeheißen werden, werden sie in ein sogenanntes *Sprint Backlog* übernommen.

▶ **Sprint:** In Scrum wird die Durchführung einer Iteration *Sprint* genannt.

▶ **Sprint Backlog:** In diesem Dokument werden die Arbeiten für die Entwicklungsabteilung beschrieben, die für den nächsten Sprint (die nächste Iteration) umgesetzt werden sollen.

Neben diesen Techniken kannst du den Growth Hacker den typischen Scrum-Rollen hinzufügen:

▶ **Scrum Master:** Ist dafür verantwortlich, dass die Regeln in einem Scrum-Team eingehalten werden. Er ist für alle im Team der Ansprechpartner bei Unsicherheiten.

▶ **Product Owner:** Ist nahe an den Stakeholdern und kennt deren Anforderungen. Sorgt dafür, dass das Team alle notwendigen Informationen erhält.

▶ **Spezialisten:** Entwickler, die das Produkt schlussendlich umsetzen, Analytics-Spezialisten, Online Marketer, User Experience Designer, Customer Experience Manager usw. Welche Spezialisten du in deinem Growth-Team benötigst, ist abhängig von deinem Produkt.

▶ **Growth Master:** Der Growth Hacker wird als Growth Master in das Scrum-Team integriert, koordiniert alle Wachstumsmaßnahmen und führt das Growth-Team. Der Growth Master wird manchmal auch als *PM of Growth* bezeichnet und sollte ein Generalist sein und das Produkt gut kennen.

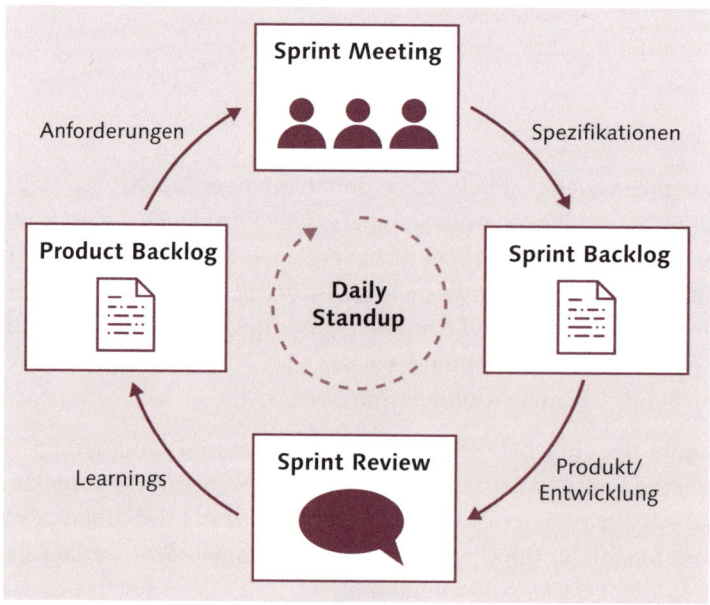

Abbildung 4.11 Das Scrum-Framework

> **Konfliktpotenzial zwischen Product Owner und Growth Master**
>
> Da sowohl der Product Owner als auch der Growth Master einen starken Produktfokus haben, besteht bei diesen Rollen natürlich Konfliktpotenzial. Gute Kommunikation und klar definierte Kompetenzfelder müssen also dafür sorgen, dass es nicht zu Interessenkonflikten kommt.

Für den Growth Hacker bedeutet das, dass er alles, was er nicht sowieso selbst umsetzen kann, auf diese Weise an das Team oder die Entwickler weitergeben kann. In der Praxis ist die größte Herausforderung die Einstellung auf die kurzen Sprints. Nicht jeder Mitarbeiter kann damit gleich gut umgehen, und ehrlicherweise muss man sagen, dass das Arbeiten mit so kurzen Zyklen auch Stress bedeuten kann. Kommt mit dem Growth Master jetzt noch ein weiterer Spezialist zum Scrum-Team hinzu, bedeutet das eine weitere Zunahme der Komplexität. Ob du mit agilen Methoden in deinem Unternehmen Erfolg hast, hat also auch stark mit den Führungsqualitäten des Scrum Masters zu tun, der dafür sorgen muss, dass die Prozesse reibungslos funktionieren.

4.3.1 Hacks in einem Growth-Team umsetzen

Nehmen wir an, du als Growth Master möchtest, dass die Nutzer ihre Freunde per E-Mail zu deinem Produkt einladen, ähnlich wie das Dropbox gemacht hat. Du kannst zwar das Produkt konzipieren und hättest auch die Fähigkeiten, die Lösung selbst zu programmieren, aber in deinem Unternehmen gibt es eine Entwicklungsabteilung, den Produktmanager und die Marketingabteilung, in deren Kompetenzfeld du dich damit bewegst. Es ist also ratsam, dass diese Mitarbeiter deinen Lösungsansatz vor der Umsetzung zumindest einmal gesehen haben oder sogar ihr Einverständnis geben konnten. Möglicherweise sind auch deine Programmierkenntnisse nicht so ausgeprägt, so dass du die Hilfe der Entwicklungsabteilung benötigst. Also macht es Sinn, dein Vorhaben in ein Product Backlog einzutragen und damit in einen etablierten Unternehmensprozess zu übertragen. Du siehst, auch wenn Scrum keine eigentliche Growth-Hacking-Disziplin ist, hilft die Methode, einen Growth Hacker in das Team zu integrieren.

Das widerspricht dank der Freiheiten, die einem Scrum lässt, auch keineswegs den Regeln. Im Gegenteil, da es sich bei Scrum nicht um eine Projekt- sondern eher um eine Prozessmanagementmethode handelt, wird Scrum häufig in das bestehende Projektmanagement integriert. Oder umgekehrt werden Projektleiteraufgaben an den Scrum Master verteilt. In der Praxis ist es oft so, dass auch der Growth Hacker nicht einfach eine »grüne Wiese« vor sich hat und machen kann, was er will. Also macht es Sinn, ihn in die bestehende Struktur einzubetten. Das kann die Akzeptanz für das Growth Hacking in deinem Unternehmen enorm verbessern. Sollte das in deinem Unternehmen nicht möglich sein, ist es zumindest ratsam, vorab gemeinsam mit dem Produktmanagement und den Stakeholdern die Anforderungen und Abgrenzungen genau zu definieren. Nichts ist schlimmer als ein Growth Hacker, der nicht genau weiß, wo seine Kompetenzen liegen, oder diese überschreitet und dann nachträglich immer mal wieder eins auf die Kappe kriegt.

Was sagen uns all diese agilen Methoden? Wichtig ist, dass du in kurzen Iterationen planst. Nach spätestens zwei, drei Wochen solltest du die ersten Tests durchführen können. Ergebnisse kannst du ebenfalls sehr schnell und einfach innerhalb von *Trello-Karten* notieren. Wie genau die Karten benannt und sortiert werden, ist von Projekt zu Projekt unterschiedlich. Es empfiehlt sich aber vor allem zu Beginn, keine zu komplexe Struktur zu wählen und das Board Schritt für Schritt auszubauen. Und du solltest jede Woche ein Meeting mit allen Beteiligten ansetzen, damit jeder kurz und knapp schildert, was der aktuelle Stand ist, welche Ziele in den nächsten Tagen erreicht werden sollen und ob sie dabei Unterstützung benötigen.

Tool-Tipp: Trello

Trello ist eine webbasierte Projektmanagementsoftware, die sich besonders gut für agiles Projektmanagement eignet. Die Nutzer können sogenannte Boards und Listen erstellen, in denen beliebig viele Listen, Texte und Anhänge wie Bilder organisiert werden können. Trello bietet außerdem eine Reihe weiterer Funktionen wie das Festlegen von festen Fristen pro Karte oder das Zuweisen von Trello-Nutzern zu Karten. So können Zuständigkeiten und Termine einfach geregelt werden.

4.3.2 Weekly Growth-Meetings

Gute Ideen entstehen oft in einem Team. Menschen inspirieren sich gegenseitig und entwickeln in einem Team eine ganz andere Dynamik als allein. Ein sehr effektives Mittel ist demnach das wöchentliche Growth-Meeting, in dem alle Wachstumsmaßnahmen kurz besprochen werden. Am Anfang sollten in einem Briefing mit den Stakeholdern die Rahmenbedingungen geklärt und die Ziele festgelegt werden. Auf der Agenda des Growth-Meetings stehen außerdem:

▶ Brainstorming: Kreation und Bewertung neuer Wachstumsideen

▶ KPI-Review: Besprechen der gesetzten Wachstumsziele

▶ Sprint-Review: Besprechen der letzten Tests

▶ Learnings: Besprechen der Learnings aus den letzten Tests

▶ nächste Sprints/Tests planen

▶ Integration des nächsten Sprints in das Sprint Backlog

4.3.3   Daily Stand-ups

Neben wöchentlichen Growth-Meetings können Daily Stand-ups klassische Meetings ersetzen. Anstatt langatmig stundenlang zusammenzusitzen, wird in kurzen, produktiven Meetings im Stehen alles Wesentliche besprochen, und durch das Stehen entsteht eine höhere Dynamik als in klassischen Meetings. Schlussendlich geht es darum, möglichst unkompliziert und unbürokratisch zusammenzuarbeiten. Gerade als Growth Hacker ist es wichtig, keine zu langen Entscheidungswege zu haben, will man effektiv Experimente durchführen können.

4.4   Der Growth-Hacking-Prozess

Das Erarbeiten neuer Growth Hacks funktioniert in allen Bereichen ähnlich und erfolgt in einem iterativen Prozess. Klassische Projektmanagement-Methoden sind dafür nicht geeignet. Die Zeiten, in denen man monatelang Konzepte und Projektbeschreibungen formuliert hat, sind in der Softwareentwicklung und im digitalen Umfeld so oder so vorbei. Gerade der Growth Hacker benötigt eine flexible Arbeitsweise, mit der er schnell auf Veränderungen reagieren kann.

> »Growth is a good thing only when it's managed and controlled and when you have the resources to maintain it. Each location, each point of contact with your market, is an opportunity – but it is also a risk.«
> – Scott Stratten, Speaker, Autor und Podcastler

Du hast ja bereits gelernt, dass Geschwindigkeit beim Growth Hacking ein entscheidender Erfolgsfaktor sein kann. Um schnell voranzukommen, solltest du versuchen, Produkte in kurzen Iterationen weiterzuentwickeln. Dabei wiederholst du dieselben Prozesse mehrfach und näherst dich so immer mehr der angestrebten Lösung. Diese Vorgehensweise kann gerade dann sehr wertvoll sein, wenn du die Kosten niedrig halten möchtest. Ein weiterer sehr wichtiger Aspekt bei agilen Projekten ist der während der Projektlaufzeit gleichbleibende Einfluss der Stakeholder. Du solltest deine Lösungen also möglichst nahe an den Erwartungen der Stakeholder entwickeln. Es macht keinen Sinn, Lösungsansätze zu kreieren, die am Ende nicht den Vorstellungen des Kunden oder deines Vorgesetzten entsprechen.

Auch für den Growth Hacker ist es von großer Bedeutung, dass durch die Planung kurzer Iterationen Kunden, Mitarbeiter und Vorgesetzte immer wieder beteiligt sind und die Ergebnisse damit beeinflussen können. Das wäre früher in klassischen Wasserfallprojekten undenkbar gewesen. Am Ende geht es darum, im Unternehmen eine Growth-Kultur zu schaffen. Damit das gelingt, müssen die agilen Grundwerte im Unternehmen gelebt werden. Nicht zu unterschätzen ist also der menschliche Faktor. Wo sich der Projektmanager früher allein hinter seiner Arbeitsstation vergraben konnte, wird bei agilen Methoden häufiger im Team gearbeitet und in Workshops schnell und möglichst effizient an Lösungen gefeilt. Du hast eingangs des Buches gelernt, dass der Growth Hacker ein Generalist mit Spezialfähigkeiten in gewissen Teilgebieten ist, vieles selbst beginnt und austestet, aber keineswegs alles im Alleingang erledigen muss. Damit du schlussendlich effizient arbeiten kannst, brauchst du also agile Methoden.

Anders als bei dem klassischen Wasserfallmodell setzt sich die Produktentwicklung beim Growth Hacking aus kurzen Zyklen zusammen. Ziel dabei ist es, frühzeitig und in regelmäßigen Abständen Ergebnisse zu sehen und diese analysieren und optimieren zu können. Die einzelnen Zyklen bestehen wiederum aus verschiedenen Etappen (siehe Abbildung 4.12):

▶ **Ideen entwickeln:** Entwickle gemeinsam mit deinem Growth-Team neue Ideen, die sich an den zuvor definierten Objectives orientieren.

▶ **Ideen priorisieren:** Bewerte deine Idee (siehe Abschnitt 1.7), und verfolge die an den besten bewerteten Ideen als Erstes.

▶ **Tests durchführen:** Beschreibe Tests (Experimente), leite falls möglich verschiedene Hypothesen ab, und führe Tests schlussendlich durch.

▶ **Messen und Auswerten:** Als Entscheidungsgrundlage für den nächsten Schritt werden die Daten und das Kundenfeedback analysiert.

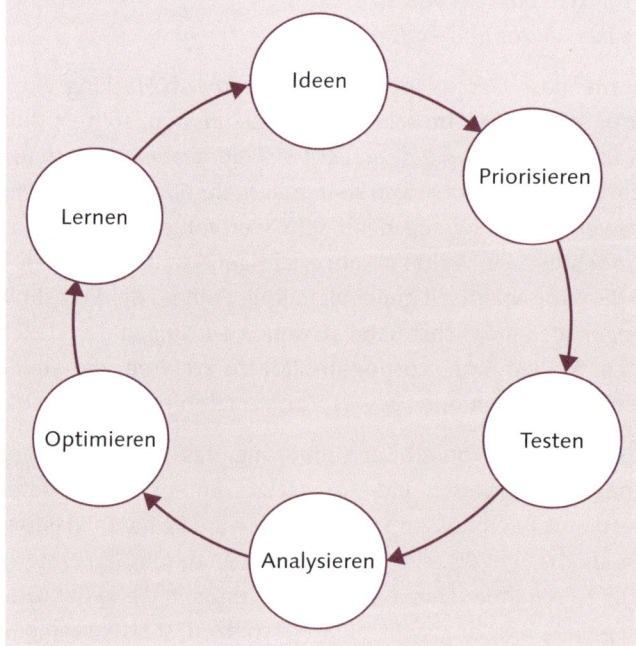

Abbildung 4.12 Der Growth-Hacking-Prozess

▶ **Lernen und wiederholen:** Das Wichtigste ist, dass du am Ende des Prozesses etwas dazugelernt und genügend Informationen gesammelt hast, um dein Produkt weiterzuentwickeln. Betrachte dazu die Auswirkung auf die KPIs, und wiederhole, was funktioniert hat.

Nach dem ersten Durchgang und eingängiger Analyse aller Daten beurteilst du die Ergebnisse, suchst nach Optimierungspotenzial, priorisiert diese nochmals und führst einen weiteren Test durch. Du kannst nur die Headline einer Website austauschen oder gleich komplexe Veränderungen an der Funktionalität des Systems vornehmen. Diese Vorgehensweise wiederholst du immer und immer wieder, bis der entscheidende Hack gelingt.

4.4.1 Der Lernprozess

Sei dir bewusst, dass auch ein fehlgeschlagener Durchgang eine wertvolle Information liefern kann. Zu wissen, wo das Problem liegt und was nicht funktioniert, kann eine erste wichtige Information sein. Growth Hacking ist ein Lernprozess, und man darf nicht Angst vor dem Scheitern haben. Fehler gehören dazu. Wichtig ist einfach, dass du die gewonnenen Informationen richtig interpretierst.

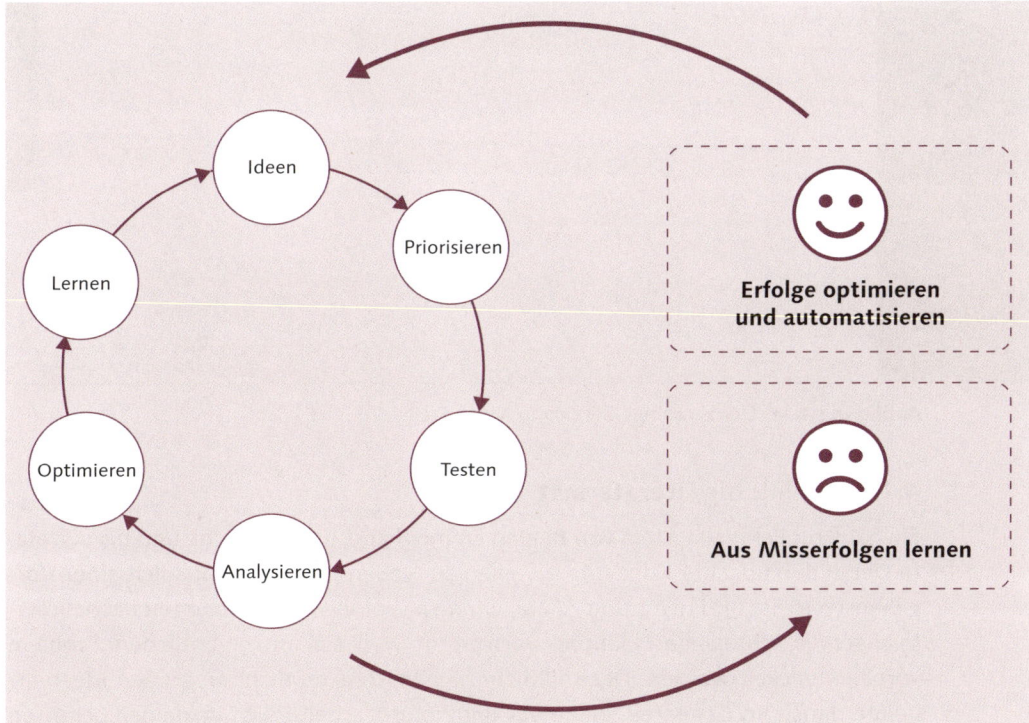

Abbildung 4.13 Lernen, Optimieren, Automatisieren

Jede Optimierung beginnt mit dem Erkennen der Probleme und wo in der Customer Journey diese genau entstehen.

Danach kannst du dich fragen:

▶ Was sind potenzielle Wege, das Problem zu beheben?

▶ Wenn das Problem behoben ist, welchen Effekt hat die Lösung auf das ganzheitliche Wachstum?

Du solltest alle Erfolge und auch Misserfolge dokumentieren und mit deinen Vorgesetzten und Mitarbeitern teilen, damit alle ein Verständnis dafür entwickeln, was das Unternehmen weiterbringt und was nicht.

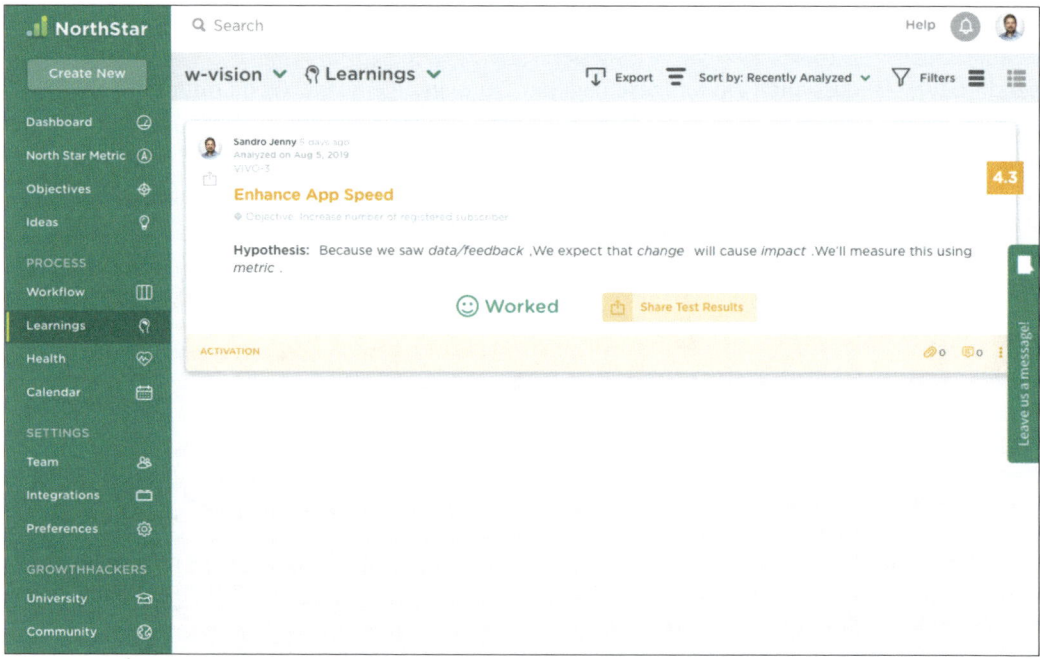

Abbildung 4.14 Der Learnings-Bereich in North Star

4.4.2   Think big, iterate fast

Ein häufiger Fehler ist, stets von Beginn an möglichst umfangreiche und bis ins letzte Detail durchdachte Konzepte erstellen zu wollen. Das Resultat solch einer Vorgehensweise ist oft Frustration. Viele, wirklich sehr viele Ideen werden nach monatelanger, ja jahrelanger Planung verworfen, weil sie am eigentlichen Problem vorbeientwickelt werden. Das soll nicht heißen, dass du nicht an großen Ideen arbeiten darfst, im Gegenteil, plane das Big Picture, arbeite dich in kleinen Schritten an das Ziel heran (siehe Abbildung 4.15).

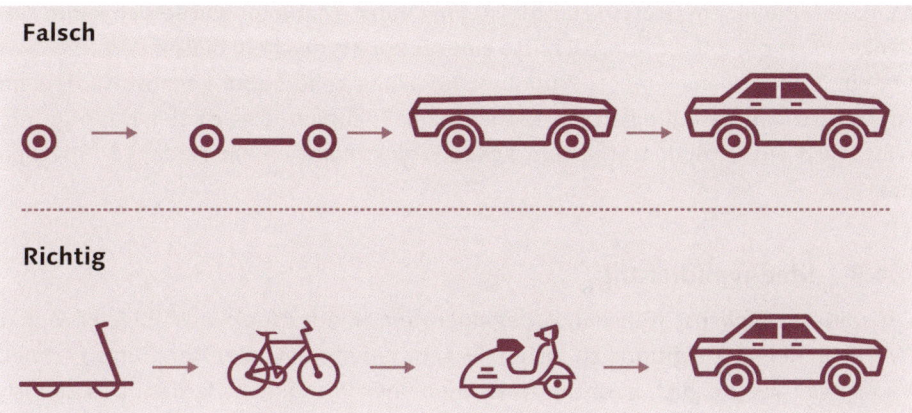

Abbildung 4.15 Plane das Big Picture, arbeite dich in kleinen Schritten an das Ziel heran.

Als ich, Sandro Jenny, als Jugendlicher damit begann, mich mit Softwareentwicklung auseinanderzusetzen, war mein Traum, eine eigene Wirtschaftssimulation zu entwickeln. Mein erstes Testprojekt war ein kleines Spiel, in dem man Schnecken trainieren und gegeneinander antreten lassen konnte. So lernte ich programmieren. Damals waren Browserspiele sehr angesagt, und ich wollte als nächstes Projekt ebenfalls so etwas umsetzen. Ich kann mich noch gut daran erinnern, wie enthusiastisch ich damals an die Sache heranging. Gemeinsam mit ein paar anderen Programmierern, die ich im Internet kennengelernt hatte, hatte ich mir das Ziel gesetzt, ein neues, revolutionäres Internetspiel zu entwickeln. Es sollte alles Bisherige in den Schatten stellen und dem Nutzer tausend Möglichkeiten bieten. Inspiriert von Sid Meiers »Civilization« schrieb ich nächtelang Konzepte. Ich beschrieb hunderte Prozesse. Ich beschrieb sogar, was mit dem Mehl passiert, wenn der Bauer den Mehlsack zum Bäcker bringt. Wir verzettelten uns so sehr in detaillierten Abläufen, dass nach zwei Jahren Planungsphase alle viel zu erschöpft waren, um die Entwicklung anzugehen. Außerdem hatten andere Entwicklerfirmen in der Zwischenzeit ähnliche Ideen bereits in die Tat umgesetzt, und in unserem kleinen Entwicklerteam hätten wir gegen die Konkurrenzprodukte nicht den Hauch einer Chance gehabt.

Selbst Unternehmen wie Google und Amazon initiieren nicht alle fünf bis zehn Jahre den Relaunch eines Produkts. Sie entwickeln die Funktionalität Schritt für Schritt weiter, so dass der Nutzer kaum bemerkt, dass etwas verändert wurde.

Für den Growth Hacker sind diese kleinen Schritte von großer Bedeutung. Und es zeigt uns auch sehr gut was der große Unterschied zwischen einem herkömmlichen

Marketer und einem Growth Hacker ist. Ein Online-Marketer würde sich kaum Gedanken über die Entwicklungsschritte eines Produkts machen, diesen Part überlässt er dem Produktmanagement. Produktentwicklung gehört aber genauso zu deinem Arbeitsfeld wie darauffolgenden Marketingmaßnahmen. Das ist der Hauptgrund, wieso sich ein Growth Hacker um agiles Projektmanagement Gedanken machen muss.

4.4.3   Ideenvalidierung

Du solltest möglichst früh damit beginnen, ein mindestfunktionsfähiges Produkt (MVP) an deiner Zielgruppe zu testen. Es geht darum, bei jeder Iteration so schnell und so viel wie möglich über die Nutzung deines Produkts zu lernen. Das Ziel ist, dich mit jedem Durchgang dem Product-Market-Fit zu nähern (siehe Abbildung 4.16). Mit dem Schritt »Testen« ist somit nicht gemeint, dass man nach jeder Iteration direkt neue Funktionen entwickeln muss. Es geht lediglich darum, dass man nach jeder Durchführung etwas Messbares testen sollte. Und es geht vor allem auch darum, bei jedem Schritt dazuzulernen. Je besser du deine Nutzer und den Kontext verstehst, indem sie deine Produkte nutzen, desto zielgerichteter kannst du den Product-Market-Fit optimieren.

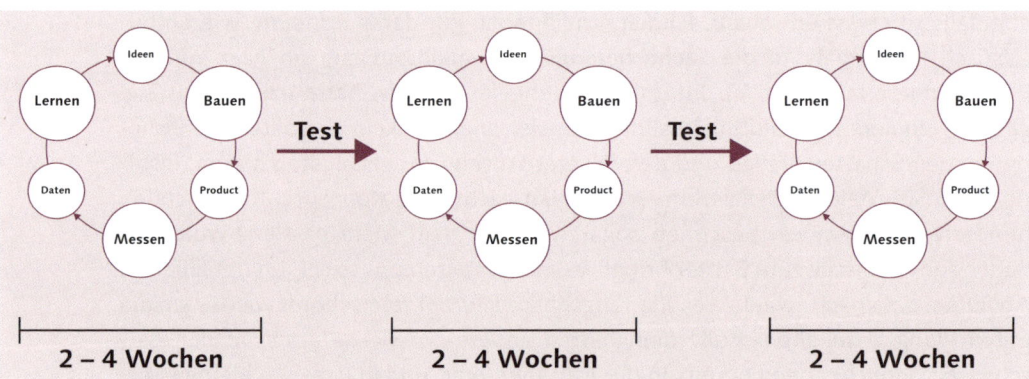

Abbildung 4.16 Nach zwei bis vier Wochen sollte eine Iteration abgeschlossen sein.

Je früher im Prozess du Veränderungen vorantreibst, desto größer ist der Einfluss auf dein gesamtes Business. Änderst du z. B. etwas an der Funktionalität deines Produkts, hat das nur einen kleinen Einfluss auf das gesamte Produkt. Änderst du hingegen deine Zielgruppe, ändern sich automatisch auch die zu befriedigenden Bedürfnisse. Das wiederum hat einen großen Einfluss auf die *Value Proposition* (dein Werteversprechen) und damit auf dein Produkt selbst.

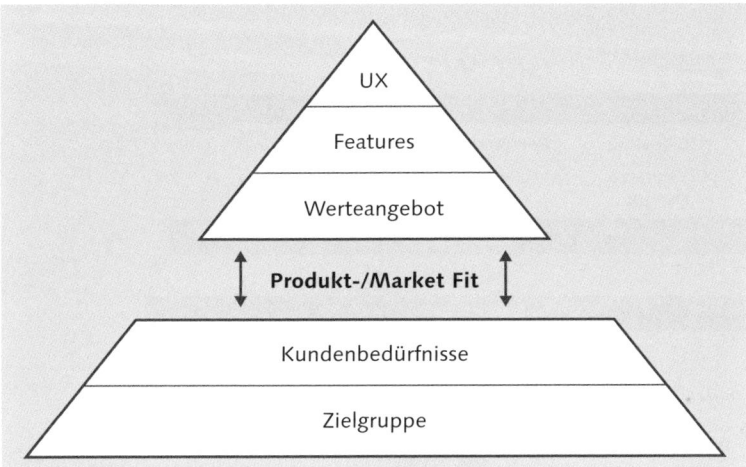

Abbildung 4.17 Die Product-Market-Fit-Pyramide[7]

4.4.4 Vor dem Pivot: Optimierung

André Morys und sein Team bei der Optimierungsagentur konversionsKRAFT haben jahrelange Erfahrung bei unzähligen Kundenprojekten in ein Framework gegossen, das ihre Vorgehensweise bei der Conversion-Optimierung beschreibt. Passend zum Titel dieses Buches trägt das Framework den Namen *Growth Canvas*. Er ist für dich dann von Bedeutung, wenn du zwar Traffic auf deiner Website hast, diesen aber nicht ausreichend aktivieren kannst, also wenn deine Nutzer deine Produkte nicht kaufen, Formulare nicht ausfüllen oder Artikel nicht lesen.

Das Grundprinzip des Canvas ist: Finde die richtigen Ideen, priorisiere und teste sie, in dieser Reihenfolge (siehe Abbildung 4.18).

Eine Inspiration für dieses Modell war die Build-Measure-Learn-Systematik von Eric Ries, die die Basis für die schnelle Entwicklung von Start-ups und auch von Growth Hacking ist. Grundgedanke und Kern des Growth Canvas ist die Übereinstimmung von Nutzerzielen und Unternehmenszielen. Was bedeutet das? Du musst dein Unternehmen auf die tief liegenden Motive und Wünsche des Kunden ausrichten, um erfolgreich zu sein. Du musst, so Morys, »die Realität deiner Kunden erforschen und verstehen, wo deine Kommunikation nicht zu dieser Realität passt«. Dafür benötigst du natürlich sowohl die demografischen Daten deiner Zielgruppe als auch psychologische Insights, die du für deine Persona(s) gewonnen hast. Mit diesem Wissen kannst du die Customer Journey planen und sie entsprechend auf Schwachstellen hin analysieren.

---

7 Dan Olsen: The Lean Product Playbook. John Wiley & Sons: Hoboken 2015

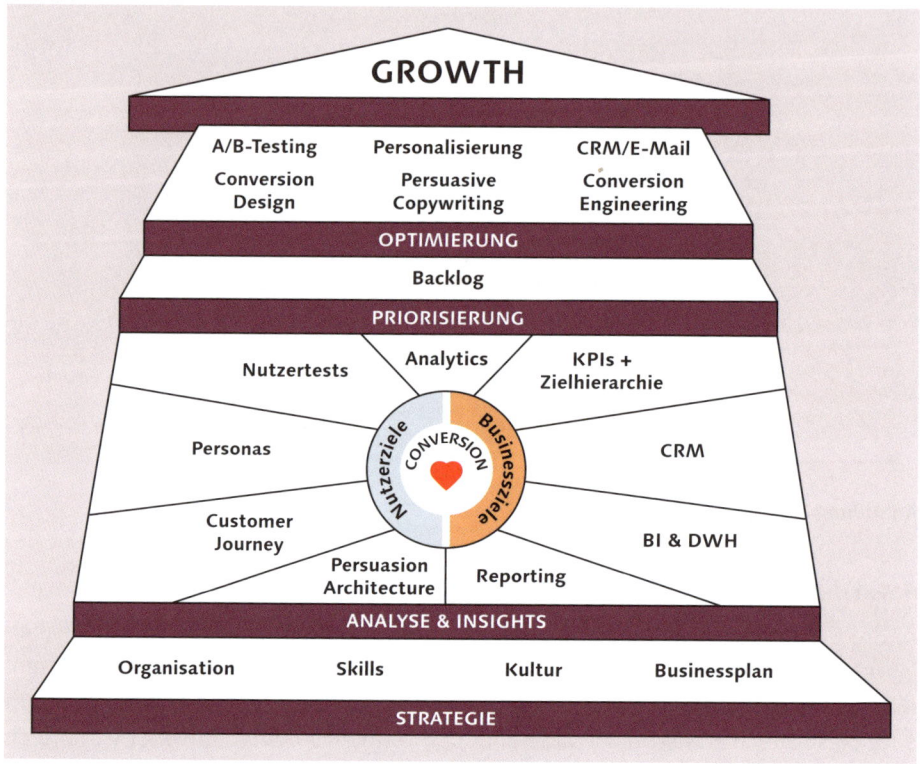

Abbildung 4.18 Das Growth Canvas von André Morys/konversionsKRAFT

Das funktioniert aber nur, wenn auch die unterste, die strategische Ebene auf sta-bilen Füßen steht: Ist das Unternehmen – in diesem Fall dein eigenes – überhaupt in der Lage, die Customer Journey entsprechend den Bedürfnissen der Kunden zu gestalten? Bestehen der Wille und der Mut für tiefgreifende Änderungen, die für wichtige Optimierungen notwendig sind? Gibt es eine Kultur für Tests und Fehler? Besteht die technische Infrastruktur, um die notwendigen Tests durchzuführen? Gibt es das Personal, das die Optimierungen veranlassen und umsetzen kann? Erst mit dem strategischen Fundament und einem Fit zwischen den Nutzer- und den Unternehmenszielen kannst du dich an die Optimierung machen.

Ganz wichtig auch hier: erst Ideen sammeln, dann priorisieren und erst danach eine nach der anderen umsetzen! Die wichtigsten Ansatzpunkte für Conversion-Opti-mierung findest du ganz oben im Modell: A/B-Testing (z. B. von Formularen oder Call-to-Actions auf Buttons), E-Mail-Marketing (z. B. an Kaufabbrecher) oder Per-suasive Copywriting, über das du noch mehr in den nachfolgenden Kapiteln (insbe-sondere in Abschnitt 6.6, »Usability-Hacks«) erfährst.

Start-ups haben in der Regel den Nachteil, dass sie nicht über vergleichsweise viel Traffic wie etablierte Konkurrenten verfügen und somit weniger schnell zu validen Testergebnissen kommen. Aber dafür haben sie einen Vorteil, der deutlich überwiegt, nämlich den Mut zu tiefgreifenden Veränderungen im User Interface, bei denen jeder CI[8]-Evangelist eines Mittelständlers aus dem Fenster springen würde. Morys spricht vom »Mut zu kontrastreichen Veränderungen«, den man zweifelsfrei haben muss.

4.4.5   Weiter iterieren oder Pivot?

Der Begriff *Pivot* stammt aus dem Lean Management und beschreibt einen Richtungswechsel. Sollte die eingeschlagene Strategie in absehbarer Zeit keine Früchte tragen, ist es an der der Zeit, etwas zu verändern. Vor allem für Start-ups mit wenig Erfahrung kann es aber eine große Herausforderung sein, den Moment für einen Pivot nicht zu verpassen. Steigt man zu früh aus, vergibt man möglicherweise eine große Chance; wartet man zu lange, verbraucht man zu viele Ressourcen. In so einer Situation empfiehlt es sich, gemeinsam mit dem Team einen Schritt zurückzutreten, die Ausgangslage nochmals zu analysieren und jede Phase der Product-Market-Fit-Pyramide zu hinterfragen. Spätestens wenn dein Produkterfolg über einige Iterationen hinweg nicht zufriedenstellend wächst, solltest du einen Pivot in Erwägung ziehen. Ein typischer Indikator für einen Pivot ist z. B. auch, wenn deine Kunden einige deiner Produkte bevorzugen, die du selbst nicht im Fokus hattest, oder wenn du bemerkst, dass deine Konkurrenz etwas verändert hat, was ihnen einen entscheidenden Wettbewerbsvorteil gebracht hat.

4.4.6   Der Emotional Cycle of Change

Eine Vorwarnung: Auch wenn du alle in diesem Buch vorgestellten Prinzipien berücksichtigst und alle zwei Wochen einen neuen Hack testest: Es wird Rückschläge geben. Bereite dich emotional darauf vor, dass 8 von 10 Experimenten negativ ausfallen werden. Das ist geistig anstrengend und wirkt sich auf die Motivation aus.

Growth Hacking folgt damit dem »Emotional Cycle of Change«, der von Don Kelley und Daryl Conner Mitte der 70er Jahre entwickelt wurde. Sehr wahrscheinlich wirst du die folgenden Phasen durchleben:

► Stufe 1: uninformierter Optimismus

► Stufe 2: informierter Pessimismus

► Stufe 3: hoffnungsvoller Realismus

---

8   Corporate Identity, die (vermeintlich unumstößlichen) Regeln für das einheitliche Erscheinungsbild einer Marke

▶ Stufe 4: informierter Optimismus

▶ Stufe 5: Vervollständigung

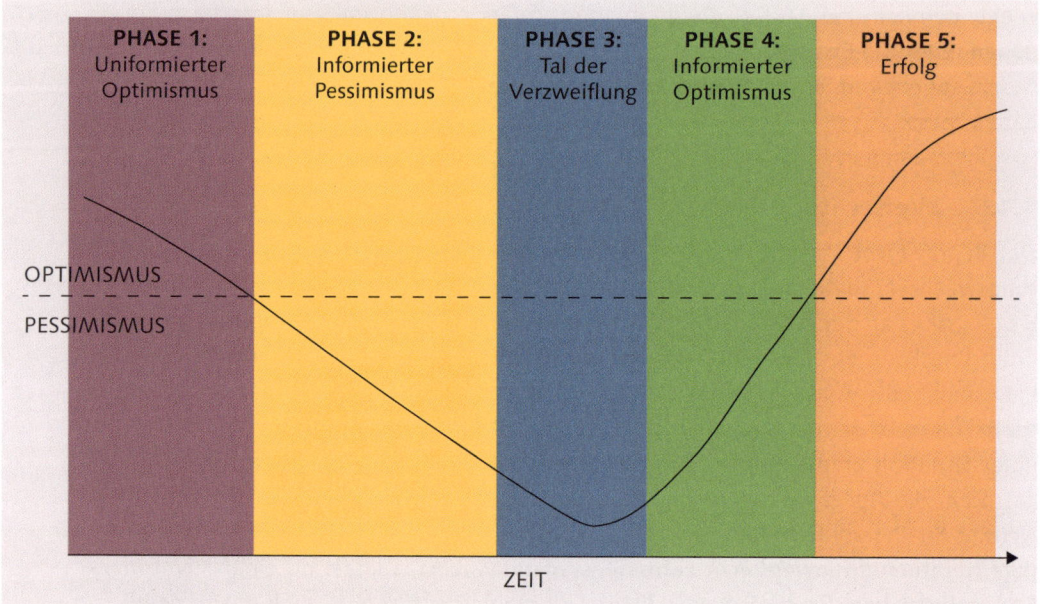

Abbildung 4.19 Bereite dich darauf vor, den Emotional Cycle of Change zu durchleben.

Ein Tipp, wie du die emotionalen Täler gut durchschreitest und nicht aufgibst: Feiere deine Fehler – am besten im Team. Belohne die mutigsten Experimente genauso wie deine Erfolge. Denn es gilt: Ohne Fehler kein Lerneffekt. Und ohne Lerneffekt kein Wachstum.

4.5   Die Pirate Metrics

Dürfen wir dir Dave McClure vorstellen? McClure ist ein alter Hase in der Start-up-Welt, der bereits 1998 sein erstes eigenes Technologieunternehmen nach vier Jahren am Markt verkaufte. Danach arbeitete er unter anderem bei PayPal und Simply Hired. Aber wie so viele wurde er abhängig vom Aufbau neuer Unternehmen und Projekte. In Sichtweite von Googles Hauptquartier in Mountain View gründete er 2010 den Accelerator- und Risiko-Fonds *500 Start-ups*, in den seitdem neuen Ideen realisiert und skaliert werden. Man kann also davon ausgehen, dass McClure weiß, wovon er spricht. Bereits 2007 hielt McClure einen ebenso informativen wie unterhaltsamen Vortrag über die sogenannten *Pirate Metrics*. Was das mit Piraten zu tun hat? Reiht man die Anfangsbuchstaben aneinander, ergibt sich »AARRR«, was nicht viel hergibt, außer vielleicht den typischen Ausruf eines Piraten. Wieso ich dir das erkläre? Der Growth-Hacking-Prozess basiert zu einem wesentlichen Teil auf dieser Metrik. Deine Kunden durchlaufen bestenfalls alle Phasen dieses Funnels, und als Growth Hacker möchten wir die Erfahrungen unserer Kunden in jeder dieser Phasen positiv beeinflussen.

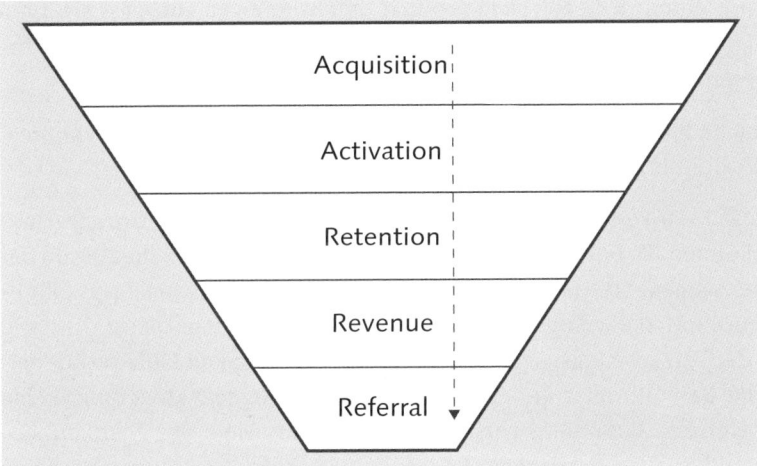

Abbildung 4.20 Die Pirate Metrics

1. **Acquisition (Akquisition):** Auf höchster Ebene besteht Nutzerakquise daraus, etwas Wünschenswertes zu schaffen, das ein Segment der Weltbevölkerung haben möchte, und es ebendiesem Segment anzubieten. Doch woher kommen deine Nutzer? Es geht bei der Akquise darum, möglichst viele potenzielle Nutzer anzulocken. Dazu kannst aus dem Vollen schöpfen. Teste Hacks auf allen möglichen Kanälen: auf Facebook und Twitter, über dein Blog, E-Mail-Marketing oder bezahlte Ads. Das wichtigste Credo ist auch hier: Der Kreativität sind keine Grenzen zu setzen.

2. **Activation (Aktivierung):** Nachdem du neue Besucher auf dich aufmerksam gemacht hast, ist der nächste Schritt die Aktivierung. Eine Aktivierung geschieht genau dann, wenn die Nutzer den Mehrwert deines Angebots erkennen (Aha-Moment) und eine Aktion ausführen, die eine Beziehung mit deinem Unternehmen startet. Die Besucher verwandeln sich in einen Lead, indem du beispielsweise die Kontaktinformationen erfasst, mindestens die E-Mail-Adresse. Es geht also darum, den Mehrwert deines Produkts erkennbar zu machen und anschließend die Conversion Rate zu optimieren.

3. **Retention (Bindung):** Ein optimaler Growth-Hacking-Prozess sorgt für organisches Wachstum und eine bessere Kundenbindung. Der Nutzer soll dazu ge-

bracht werden, die Website oder die App möglichst oft und regelmäßig zu nutzen. In dem Moment wird der Lead im wahrsten Sinne des Wortes zum wiederkehrenden Nutzer, um es in der Sprache von Google Analytics zu sagen.

4. **Revenue (Umsatz):** Kannst du das Verhalten deiner Nutzer zu Geld machen? Streng genommen hast du erst dann ein Business.

5. **Referral (Empfehlung):** Gefällt dein Produkt den Kunden so gut, dass sie ihren Freunden davon erzählen? Können sie ein organisches oder gar virales Wachstum generieren?

Diese fünf Bereiche bilden die Einordnung jeglicher Growth-Hacking-Maßnahmen, sowohl für Start-ups als auch für etablierte Unternehmen.

Für uns sind diese Metriken extrem hilfreich, um eine Einordnung der Growth-Hack vornehmen zu können. Dabei wirst du nicht nur feststellen, dass sich die Anzahl der Taktiken in einer umgekehrten Pyramide darstellen lässt: Die meisten Tipps gibt es im Bereich Akquisition, die wenigsten für den Bereich Empfehlung. Dieser Umstand ergibt sich aus der Tatsache, dass Traffic, also die Generierung von Nutzern auf deiner Website, die Basis für alles andere ist. Ohne Traffic keine Aktivierung, keine Bindung, kein Umsatz. Außerdem wirst du merken, dass viele der Taktiken sich auch für einen anderen Bereich nutzen lassen. Je besser dir die Bindung an deine Kunden gelingt, desto höher die Wahrscheinlichkeit, dass sie dich ihren Freunden und Kollegen empfehlen werden.

Konversionsraten optimieren

Im Beispielszenario in Abbildung 4.21 sehen wir bereits zwei Growth Hacks. Die Nutzer wurden über ein Referral-Programm eingeladen oder sahen die Tagline »Diese Rechnung wurde von SmallBill erstellt«. Damit der Hack funktioniert, ist natürlich wichtig, dass die E-Mail von hoher Qualität ist und den Empfänger davon überzeugt, dass er seine Rechnungen zukünftig auch so versenden will. Auch die nächsten Schritte, Activation und Rentention, zeigen, wie gut ein Szenario visualisiert werden kann und wo du die Hebel ansetzen kannst, um die User Experience optimal zu beeinflussen. Um deine Nutzer zu aktivieren, braucht es eine möglichst überzeugende Landingpage mit einem tollen Produktvideo. Und damit die Nutzer auch zu dir zurückkehren, muss die Erfahrung des Nutzers beim Erstellen des Test-Accounts und der ersten Testrechnung positiv und überzeugend sein. Sonst wird er nicht zurückkommen, wenn er das nächste Mal eine echte Rechnung erstellen möchte. Mit einem kostenpflichtigen Premium-Account monetarisieren wir das Produkt schlussendlich. Und zum Schluss nutzt auch unser Nutzer wieder das Referral-Programm, um weitere Funktionen freizuschalten.

Acquisition	Activation	Retention	Revenue	Referral
▸ Der Nutzer hat eine Facebook-Anzeige gesehen. ▸ Der Nutzer wurde von einem Freund über das Referral-Programm eingeladen. ▸ Der Nutzer hat die Tagline »Diese Rechnung wurde durch SmallBill erstellt« in einer erhaltenen E-Mail gesehen.	▸ Der Nutzer kommt auf eine Landingpage und sieht Informationen zum Produkt. Dort konsumiert er ein Einführungsvideo. ▸ Der Nutzer erstellt einen kostenlosen Test-Account und erstellt damit ein paar Online-Rechnungen.	▸ Der Nutzer hat einen Auftrag, den er verrechnen möchte. Er kehrt zurück zu SmallBill, um seine erste echte Rechnung zu erstellen. ▸ Der Nutzer hat bereits eine erste Rechnung erstellt, welche aber nicht bezahlt wurde. Also muss er eine Mahnung über das System auslösen.	▸ Der Test-Account ist auf einen Zahlungsempfänger beschränkt. Um weiteren Kunden eine Rechnung zustellen zu können, muss unser Nutzer einen Premium-Account lösen.	▸ Der Kunde kann über ein Referral-Programm (Einladen weiterer Nutzer) zusätzliche Funktionen freischalten.

Abbildung 4.21 Szenario entlang der Pirate Metrics

4.6   Ideen entwickeln: so findest du neue Hacks

Das Wachstumspotenzial ist dann am größten, wenn ein Produkt die Erwartungen der Kunden übertrifft. Das erreicht man mit innovativen Lösungsansätzen. Eine gute Idee ist also die Basis einer erfolgreichen Produktentwicklung und entscheidet über Erfolg oder Misserfolg. Nachdem du ein besseres Verständnis für die Customer Journey (Reise deiner Nutzer) entwickelt hast, wird es dir auch einfacher fallen, zu beurteilen, an welcher Stelle der Pirate Metrics du mit neuen Ideen das Wachstum beflügeln kannst.

Bei einem unserer Kunden haben wir als Nordstern »Anzahl registrierter Nutzer« gewählt und als Objective die Steigerung der Anzahl Registrationen. Über einen automatisierten Prozess sammelten wir bereits Kontakte (Leads) und versuchten, über E-Mail-Sequenzen Abonnenten in registrierte Nutzer zu konvertieren, was auch ganz gut gelang. Leider generierten wir aber über die herkömmlichen Kampagnen immer noch zu wenig neue Kontakte. Da die Suche eine zentrale Funktion der Webseite war und es dort immer wieder mal passierte, dass Nutzer nicht das gewünschte Suchergebnis vorfanden, hatten wir die Idee, den Nutzern über einen Chatbot auf der Suchergebnis-Seite Hilfe anzubieten. Damit wir auch mehr Leads generieren konnten, bat der Bot die Nutzer als Erstes darum, die E-Mail-Adresse zu hinterlassen.

In North Star:

1. Wähle einen klaren Titel für deine Idee.

2. Wähle eine geeignete Phase der Pirate Metrics (z. B. Activation).

3. Wähle das zugehörige Objective.

4. Beschreibe die Idee in kurzen Worten.

5. Formuliere eine Hypothese.

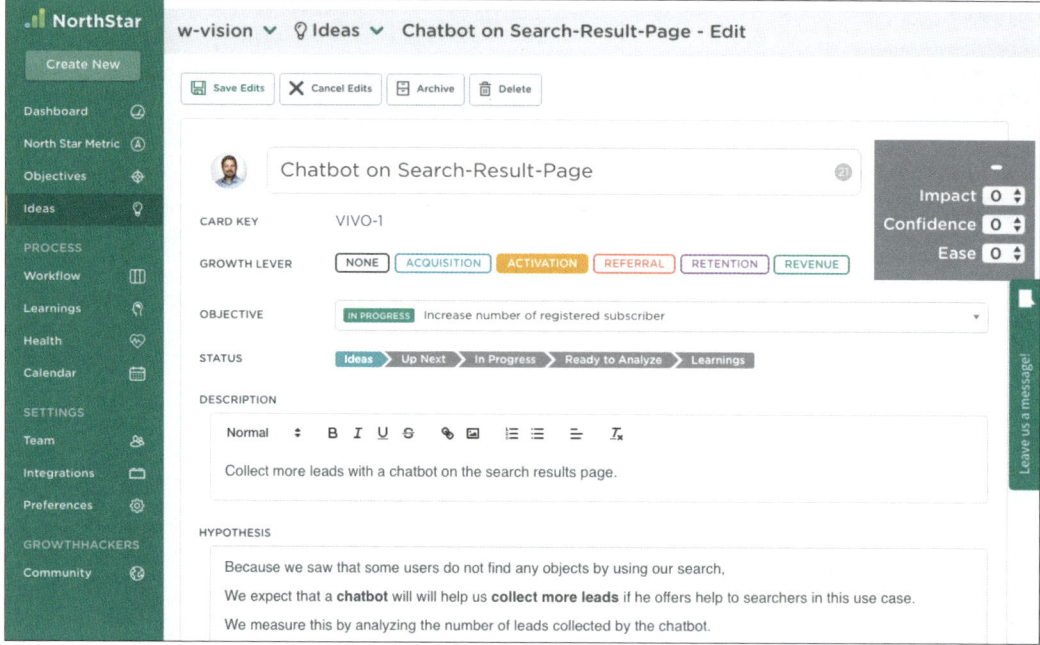

Abbildung 4.22 Erstellen einer neuen Idee in North Star

Hypothesen formulieren

Weil wir erkannt haben, dass *[Daten/Kundenfeedback]*,

erwarten wir, dass *[Änderungen]* folgende *[Auswirkungen]* haben werden,

dies messen wir über *[Metrik/Key Performance Indicator (KPI)]*.

Solche Ideen entstehen natürlich sehr häufig beim Product Owner oder im Growth-Team. Es gibt aber weitere Quellen und Wege, an neue Ideen zu kommen.

4.6.1   Die besten Quellen für neue Ideen

Die allerbeste Quelle für neue Ideen ist natürlich eine offensichtliche Schwachstelle in der Customer Journey. Wenn du beispielsweise viele Nutzer auf deine Webseite bringst, sie dich aber selten kontaktieren oder ihre Kontaktdaten hinterlegen, ist eigentlich klar, dass du die Konversionsraten verbessern musst. Die eigentliche Ursache, wieso die Konversionsraten schlecht sind, herauszufinden, ist dann aber eine ganz andere Sache. Liefere ich zu wenig Mehrwert? Ist mein Produkt nicht nutzerfreundlich? Finden die Kunden einfach nicht, was sie suchen? Die Ursache ist nicht immer offensichtlich. Gerade deshalb ist es besser, viele Ideen zu testen und Hypothesen zu formulieren, anstelle vor dem Test selbst zu entscheiden, was richtig oder falsch ist. Die besten Quellen für neue Ideen sind:

1. **Der Kundenservice/Kritik**
   Viele Unternehmen tun sich schwer mit Kritik und sehen diese vorwiegend negativ. Doch eigentlich ist Kritik pures Gold für die Produktentwicklung. Die Kunden liefern dir völlig kostenlos Antworten zu deinen Problemen und verraten dir, was du tun musst, damit sie dein Produkt kaufen. Natürlich musst du zwischen emotionalen Wutausbrüchen von irgendwelchen Trollen, die dich und dein Unternehmen nicht mögen, und echtem Feedback von Kunden unterscheiden. Es ist nicht immer einfach, Kritik nicht persönlich zu nehmen. Häufig steckt hinter wütenden Reklamationen eine Geschichte, und gute Customer-Service-Mitarbeiter sind trainiert darin, Kritiker zuerst zu beruhigen, bevor sachlich über das tatsächliche Problem gesprochen wird. Im besten Fall gelingt es durch einen guten Umgang mit Kritik, aufgebrachte Kunden in Befürworter zu verwandeln. Viele Produktmanager haben erkannt, wie wertvoll regelmäßige Meetings mit Kundenservice-Mitarbeitern sein können, weil diese oft viel näher am Kunden sind und so sehr wertvolle Informationen für die nächsten Wachstumsideen liefern können.

2. **Ideenwand/Ideenpool**
   Auch Mitarbeiter aus anderen Abteilungen ohne Bezug zur Produktentwicklung und zum Marketing haben oft sehr gute Ideen und Vorstellungen davon, was das Unternehmen weiterbringen würde. Allzu oft gehen gute Ideen verloren, weil sie, der Hierarchie geschuldet, den Weg ins Produktmanagement gar nicht finden. Für viele Mitarbeiter kann es auch sehr motivierend wirken, wenn sie das Gefühl bekommen, etwas zum Unternehmenserfolg beitragen zu können. Und gerade wenn du eine junge Zielgruppe anvisierst, ist es empfehlenswert, auch Lernende öfter nach ihrer Meinung zu befragen.

3. **Automatisiertes Kundenfeedback**
   So oder so gehören Nutzerbefragungen in den Produktentwicklungsprozess. Kundenfeedback sollte also eine der Hauptquellen für neue Ideen sein. Es empfiehlt sich, Kundenfeedback über ein CRM, E-Mail-Marketing-Automation, Chatbots oder andere Tools automatisiert zu erfassen.

4. **E-Mail-Abos, Blogs, Foren, Facebook-Gruppen**
   Growth Hacker gehören eher zu den extrovertierten Persönlichkeiten, und es gibt sicher auch den einen oder anderen, der gerne mal mit einem erfolgreichen Hack prahlt. Deshalb lohnt es sich, anderen Growth Hackern zu folgen, ihre Newsletter zu abonnieren oder den Austausch mit Nutzern aus deiner Branche zu suchen.

5. **Growthhackers.com**

   Eine besonders umfangreiche Datenbank an Wachstumsideen findest du mittlerweile in der Community von *growthhackers.com*.

6. **Verbindung von North Star und Slack**

   Verbinde North Star mit Slack, damit die anderen Growth-Team-Mitglieder sehen, wenn neue Ideen generiert werden. Das wird sie dazu inspirieren, eigene Ideen zu kreieren. Teile ebenfalls erfolgreiche Tests, das wird das Vertrauen in die Methode stärken.

7. **Vermeide den Ideen-Killer Nr. 1, »Wir haben das bereits getestet«**

   Die größte Barriere bei der Generierung von neuen Ideen ist die Aussage, das habe man bereits getestet, oder der Verzicht auf einen Test aufgrund einer festgefahrenen Überzeugung eines Vorgesetzen oder anderen Mitarbeiters.

Wie eingangs des Abschnitts erwähnt, lohnt sich vor allem der Blick auf die Customer Journey. Vergleiche die KPIs mit branchenüblichen Benchmarks, um offensichtliche Schwachstellen festzustellen. Ein Beispiel sind außergewöhnlich schlechte Öffnungsraten oder sehr hohe Kosten pro Lead (CLP).

Wenn dein Produkt sich zwar gut verkauft und das Feedback der Kunden ebenfalls positiv ist, du aber sehr hohe Akquisitionskosten hast, liegt der Verdacht nahe, dass deine Werbekampagnen nicht die gewünschten Resultate erzeugen. Das kann verschiedene Ursachen haben – die falsche Botschaft, kein oder zu wenig scharfes Targeting oder die falschen Kanäle. Auch wenn Instagram Stories gerade im Trend sind, ist dieser Kanal längst nicht für alle Produkte geeignet.

Es gelingt dir zwar, viele Nutzer auf deine Landingpage zu bringen, dort hinterlassen dir aber nicht genügend Besucher ihre Kontakte (Leads)? In diesem Fall sind die User-Experience-Experten gefragt. Als Erstes werden sie die vorhandenen Daten analysieren. Wie ist die Absprungrate, gibt es technische Probleme, wie sieht die mobile Version der Landingpage aus? Dann gibt es eine Reihe fortgeschrittener Möglichkeiten wie die Analyse der Scrolltiefe oder die Durchführung von Usability Tests oder Kundeninterviews.

Konzentriert euch auf den Bereich, in dem eine positive Änderung den größten Effekt auf euer Wachstum hätte.

4.6.2   Die 19 Kanäle

Eine Herausforderung bei der Ideenfindung ist auch das Finden passender Inspirationsquellen. Beim Growth Hacking möchtest du ja unter anderem geeignete Kanäle für deine Acquisition-Hacks finden. In ihrem Buch »Traction« beschreiben

Gabriel Weinberg und Justin Mares 19 Kanäle, die dir zu diesem Zweck zur Verfügung stehen:

1. **Blogger Relations und Influencer**
   Gastbeiträge in etablierten Blogs kann einer der effizientesten Marketingkanäle sein. Noah Kagan gewann damit 40.000 Nutzer für Mint, bevor das Unternehmen überhaupt online ging. Auch das aktuell heiß diskutierte Thema Influencer Marketing gehört in diese Sparte.

2. **Publicity bzw. klassische PR**
   Das basiert auf dem Aufbau eines guten Verhältnisses zwischen dir und Journalisten, die über dich schreiben.

3. **Unkonventionelle PR**
   Wird oft auch als Guerilla Marketing bezeichnet: eine ungewöhnliche, aufsehenerregende Aktion, die sich zuerst viral verbreitet und dann von Journalisten aufgegriffen wird.

4. **Suchmaschinenmarketing (SEM)**
   Sehr gut skalierbar und global verfügbar ist Suchmaschinenmarketing ein gutes Tool, um Nutzer zu gewinnen, die bereits am Ende der Customer Journey stehen und genau wissen, wonach sie suchen. Aufgrund des dominanten Marktanteils ist Google hier die erste Wahl, aber je nach Land gibt es Alternativen wie das Bing- und Yahoo-Network, Yandex oder Baidu.

5. **Social und Display Ads**:
   Klassische Online-Banner auf Websites, wo sich deine Zielgruppe tummelt, oder Anzeigen in sozialen Netzwerken wie Facebook, Twitter und Instagram. Wie Suchmaschinenmarketing sehr leicht zu implementieren, testen und analysieren.

6. **Offline-Werbung bzw. klassische Medien**
   Bezeichnet Werbung, die teilweise seit Jahrhunderten funktioniert: TV-Spots, Printanzeigen, Plakate oder Radiospots. Etablierte Unternehmen investieren in diese Massenmedien immer noch mehr als in Online-Werbung, weil sie (wie der Name sagt) extrem viele Menschen erreichen und damit Awareness für ihre neuen Produkte generieren können. Diese Kanäle werden von Start-ups nur selten bespielt, weil sie in der Regel eine hohe finanzielle Einstiegshürde haben. In Zeiten, in denen aber auch Offline-Werbung immer digitaler wird, lassen sich auch klassische Kanäle immer besser granulieren und somit »günstige« Tests durchführen. Aber natürlich ist die Analyse dieser Werbemaßnahmen schwieriger als bei digitaler Werbung, weil es keine Interaktionsmöglichkeit gibt und du selten messen kannst, wie viele Menschen deine Werbung wahrgenommen und deswegen eine Aktion ausgeführt haben.

7. **Suchmaschinenoptimierung (SEO)**

Wenn du dir die Traffic-Quellen vieler erfolgreicher Seiten und Portale ansiehst, wirst du feststellen, dass der organische Traffic von Suchmaschinen in der Regel den mit Abstand größten Teil ausmacht. Je besser die Nutzer deine Seite bei der Suche nach relevanten Begriffen finden, desto erfolgreicher wirst du sein. Dieser Kanal ist extrem wichtig für jedes Online-Business und besonders nachhaltig.

8. **Content Marketing**

Content Marketing beschreibt die Generierung und Distribution von Inhalten (klassischerweise Blogartikel oder Videos), die einen Mehrwert für deine Zielgruppe bieten. Wie Suchmaschinenoptimierung ist Content Marketing ein Langzeitprojekt.

9. **E-Mail-Marketing**

Regelmäßig wird die E-Mail als Marketingkanal totgesagt, aber sie funktioniert seit über 30 Jahren hervorragend. Die Herausforderung besteht wie beim Content Marketing darin, relevant zu sein und sich von Spam, der über 80% aller E-Mails ausmacht, durch hohe Qualität und hohe Personalisierung abzuheben. Denn deine Werbe-E-Mails sind im gleichen, intimen Umfeld wie die E-Mails von Freunden, Familienmitgliedern und Bekannten.

10. **Virales Marketing**

Virales Marketing oder digitale Mundpropaganda beschreibt nichts anderes als persönliche Empfehlungen von Nutzern deines Produkts an ihr soziales Umfeld. Diese Empfehlungen oder Einladungen waren der Grundstein für das Wachstum der meisten sozialen Netzwerke wie Facebook und Twitter. Aber dieser Kanal ist von allen neunzehn Alternativen der am schwierigsten zu planende und umzusetzende.

11. **Engineering as Marketing**

Wenn du Zugriff auf begabte Entwickler hast, könnte es sich für dich lohnen, wenn du deiner Zielgruppe hilfreiche (und oft kostenlose) Tools zur Verfügung stellst, die sie neugierig auf dein Kernprodukt machen. Insbesondere im B2B-Umfeld ist diese Vorgehensweise oft anzutreffen, und Unternehmen wie Moz oder HubSpot haben damit sehr erfolgreich ihr Wachstum beschleunigt.

12. **Business Development**

Im Gegensatz zum klassischen Vertrieb richtet sich Business Development nicht an den Endkunden, sondern an andere Unternehmen, die die gleiche Zielgruppe mit einem anderen Produkt ansprechen wollen. Idealerweise profitieren beide Partner von einer solchen Zusammenarbeit.

13. **Sales/Vertrieb**

Vertrieb inkludiert die Schaffung eines klassischen Sales Funnels, an dessen Anfang die Generierung und Qualifizierung von Leads und an dessen Ende der Kauf steht. Das Ziel ist ganz banal: mehr zahlende Kunden.

14. **Affiliate-Programme**

Affiliation bezeichnet die Partnerschaft zwischen zwei Unternehmen, bei der ein Unternehmen anteilig für eine bestimmte Aktion (in der Regel die Generierung eines Leads oder eines Kaufs) bezahlt wird. Vorteil: Du kannst dich ganz auf dein Produkt konzentrieren, weil du die Generierung von neuen Kunden einem anderen überlässt. Nachteil: Eine solche Partnerschaft kann zu Abhängigkeiten führen. Viele E-Commerce-Shops wie Amazon, eBay und Netflix verdanken einen Großteil ihres Wachstums solcher Affiliate-Modelle. Auf der anderen Seite gibt es auch sehr erfolgreiche Unternehmen wie HolidayCheck, Urlaubsguru oder mydealz, deren Geschäftsmodell auf der Generierung von neuen Kunden für Partner-Websites basiert.

15. **Existierende Plattformen**

Du lebst nicht in einer Blase. Deine Kunden nutzen bereits bestehende Plattformen und Netzwerke wie XING, Facebook oder GuteFrage.net. Finde heraus, welche das sind, und mache dir diesen Umstand zunutze, indem du deine Kunden genau dort erreichst.

16. **Messen**

Natürlich besonders für B2B-Unternehmen ist das ein wichtiger Kanal. Du musst kein Aussteller sein, um eine Messe für dein Wachstum zu nutzen. Nutze die Gelegenheit, eine Vielzahl von potenziellen Kunden, Partnern und Wettbewerbern in kurzer Zeit an einem einzigen Ort zu treffen. Plane Meetings und gemeinsame Essen weit im Voraus, und informiere dich über die Werbemöglichkeiten vor Ort.

17. **Offline-Events**

Sponsoring oder Organisation von Offline-Events (seien es Meetups oder große Konferenzen) kann ein wichtiger Hebel für dein Wachstum sein, wenn du deine Zielgruppe punktgenau triffst. Denn diese Veranstaltungen erlauben dir wie Messen den persönlichen Kontakt mit Partnern und potenziellen Kunden, insbesondere dann, wenn diese Kunden über digitale Wege nur schwer erreichbar sind.

18. **Speaking Engagements**

Nicht nur für Menschen, die sich selbst als Marke positionieren wollen, sind Rede-Engagements eine gute Möglichkeit, sich potenziellen Kunden vorzustellen. Dieser Kanal funktioniert dann, wenn sich eine Gruppe von Menschen an einem Ort zusammenfindet, die das Wachstum deines Unternehmens schnell positiv beeinflussen könnten. Unabhängig von deinem Vortrag ist oftmals das Networking im Nachgang eine extrem gute Quelle für Feedback und idealerweise für neue Kundenkontakte.

19. **Community Building**

    Zu diesem Kanal gehört, dass du den Austausch und die Beziehungen zwischen deinen Kunden förderst und ihnen damit hilfst, mehr Kunden für dein eigenes Unternehmen zu gewinnen. Paradebeispiel dafür ist Wikipedia, deren Administratoren eine sehr enge Beziehung miteinander pflegen und damit helfen, die Qualität des Produkts stets hochzuhalten.

Wenn dein Team und du Ideen sammeln, verwerft eine Taktik nicht, weil sie an anderer Stelle nicht funktioniert hat. Und obwohl ihr auf die Ratschläge von Gründern hören solltet, die bereits ein paar Schritte weiter sind als ihr, ignoriert keine Kanäle, weil sie gerade »uncool« sind. Gerade diese Kanäle könnten für dich mangels Wettbewerb effizient und wirkungsvoll sein. »Probiert alles aus und schließt nicht vorzeitig mit einem Thema ab, nur weil es für andere nicht funktioniert«, sagt Fabian Spielberger, der Gründer von mydealz.

4.6.3   Brainstorming

Gute Ideen zu finden ist nicht immer einfach, und häufig entstehen die besten Ideen nicht während eines geplanten Meetings, sondern in einem völlig neutralen Moment. Möglicherweise hast du manchmal die besten Ideen auch während des Autofahrens, unter der Dusche oder beim Spaziergang durch den Wald. Das ist kein Zufall, denn Kreativität kannst du nicht erzwingen. Sie braucht Inspiration und ein gutes Klima. Doch viele Menschen sind es auch einfach nicht gewohnt, kreativ zu arbeiten. Gerade wenn die Unternehmenskultur sich wandelt und sich auf einmal auch Mitarbeiter aus weniger kreativen Abteilungen in kreativen Meetings wiederfinden, führt das oftmals zu mehr Frust als Lust. Um Frustration zu vermeiden, braucht es gute Moderatoren und Methoden, die die Kreativität fördern.

Die *Brainstorming-Methode*, der Klassiker unter den Kreativitätstechniken, wurde 1939 von Alex F. Osborn und Charles Hutchison Clark entwickelt. Osborn lehrte kreative Problemlösungen an der Universität in Hamilton, wo er seinen Schüler Charles Hutchison Clark kennenlernte. Gemeinsam suchten sie nach neuen Ansätzen zur Erzeugung neuer Ideen. Dabei orientierten sie sich an der indischen Technik Prai-Barshana, die es bereits seit 400 Jahren gibt. Die daraus entstandene Brainstorming-Methode benannten sie nach dem Prinzip »Using the brain to storm a problem«.[9] Das Brainstorming ist die bekannteste Methode zur Ideenfindung. Es

---

9   www.ideenfindung.de

werden spontan Ideen zur Lösung eines konkreten Problems abgegeben. Der daraus folgende Gedankensturm kann enorm produktiv sein, vorausgesetzt, man hält sich an einige Grundregeln.

Brainstorming-Phasen

▶ Ideen finden: Meistens geschieht dies mithilfe einer Mindmap. In Gruppen können auch Karten verteilt werden, die anschließend an eine Magnetwand geheftet werden.

▶ Ergebnisse sortieren und bewerten: Sämtliche Ideen werden notiert, bewertet und sortiert. Es geht um die thematische Zugehörigkeit und das Aussortieren problemferner Ideen.

Brainstorming-Grundregeln

▶ Keine Kritik: Jede Idee, egal, wie verrückt sie auch sei, ist willkommen. Während des Prozesses findet also keinerlei Bewertung statt. Diskutieren und Kritisieren ist strengstens untersagt.

▶ Je mehr, desto besser: Zu Beginn zählt vor allem die Masse und nicht die Klasse der Ideen.

▶ Offene, kommunikative Atmosphäre schaffen: Durch ein offenes Ambiente können Ideen und Gedanken deutlich besser ausgeschöpft werden. Oftmals ist Humor ein guter Weg, eine offene kreative Atmosphäre zu schaffen.

▶ Unkonventionelle Ideen fördern: Radikale und unkonventionelle Ideen fördern analytisches Denken und erhöhen die Wahrscheinlichkeit, dass Denkblockaden überwunden werden. Beispiel: »Welche Marketingmaßnahme würde unser CEO nie erlauben?« oder »Was ist die Schwachstelle unseres Konkurrenten – und wie können wir sie für uns nutzen?«

Egal, ob du Mindmaps erstellst oder einfach nur scribbelst: Anfangs ist es wichtig, dich nicht allzu sehr einzuschränken. Das fördert die Kreativität.

4.6.4   Design Thinking

Design Thinking ist ein Ansatz, der darauf beruht, dass Menschen unterschiedlicher Disziplinen zusammenarbeiten und Verfahren zur Lösung von Businessproblemen einsetzen, die sich an der Arbeit von Designern orientieren. Die Methode wurde von Terry Winograd, Larry Leifer und David Kelley, dem Gründer der Agentur IDEO, entwickelt. IDEO wurde vor allem durch die Entwicklung der ersten industriell hergestellten Computermaus für Apple bekannt.

Design Thinking ist ein nutzerzentrierter Ansatz, der versucht, möglichst empha-tisch an eine komplexe Fragestellung heranzugehen. Dazu versucht man zuerst, das Problem und den Nutzungskontext zu verstehen, indem man in multidisziplinären Teams Menschen aus den verschiedensten Abteilungen in den Prozess integriert (siehe Abbildung 4.23).

> »Design thinking is a human-centered approach to innovation that draws from the designer's toolkit to integrate the needs of people, the possibilities of technology and the requirements for business success.« – Tim Brown, IDEO

Häufig werden zusätzlich echte Kunden in die Teams integriert, um die Probleme möglichst real abbilden zu können. Manchmal werden auch Feldbeobachtungen vor Ort durchgeführt, und man beobachtet die Kunden in ihrem realen Umfeld.

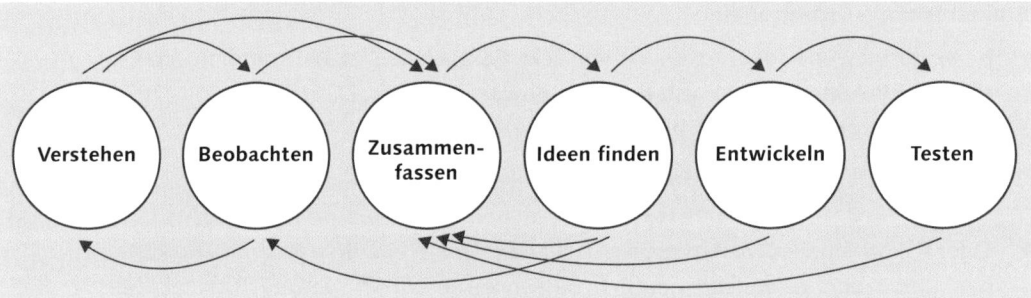

Abbildung 4.23 Der Design-Thinking-Prozess

Dann werden die Beobachtungen mit Klebezetteln und weiteren Hilfsmitteln visua-lisiert und zusammengefasst. Dazu kannst du auch wieder Personas einsetzen. Mit gestalterischen Hilfsmitteln werden dann möglichst viele Lösungsansätze visuali-siert, Papierprototypen entworfen und in kurzen Rollenspielen getestet.

4.6.5   Die 6-3-5-Methode

Eine weitere interessante Kreativitätstechnik ist die *6-3-5-Methode*. Sie wurde im Jahr 1968 von Professor Bernd Rohbach entwickelt. Zu Beginn erhalten alle ein vor-bereitetes Arbeitsblatt, auf dem die Problemstellung kurz erläutert wird. Pro Teil-nehmer gibt es eine Zeile zu je drei Spalten. Sechs Teilnehmer schreiben dann drei Ideen auf das Blatt Papier, und nach 5 Minuten wird das Papier jeweils weiterge-reicht. So entwickelt jeder Teilnehmer die Idee eines anderen weiter, und es ent-stehen in kurzer Zeit 108 Ideen.

4.6.6   Die Walt-Disney-Methode

Mit einer Art Rollenspiel hat das berühmte Walt-Disney-Unternehmen eine Methode entwickelt, bei der ein Problem aus verschiedenen Blickwinkeln betrachtet wird. Jeder Teilnehmer erhält eine Rolle zugeteilt:

▶ **Der Träumer:** Seine Aufgabe ist es, neue Ideen zu liefern.

▶ **Der Realist:** Muss pragmatisch denken und genaue Pläne entwickeln.

▶ **Der Kritiker:** Äußert konstruktive und positive Kritik.

▶ **Der Neutrale:** Er beobachtet nur und berät das Team.

Anschließend setzt sich jeder Teilnehmer auf einen Stuhl, so dass jeder die anderen Teilnehmer im Blick hat. Die Ideen werden aus jeder einzelnen Perspektive diskutiert. Wichtig dabei ist, dass jeder Teilnehmer seine Rolle spielt. Dann rutschen alle Teilnehmer eine Position weiter und nehmen eine weitere Rolle ein. Das wird so lange gemacht, bis jeder Teilnehmer jede Rolle spielen durfte.

4.6.7   Waterholes

Eine spezielle Meeting-Form ist die *Waterholes-Methode*. Angelehnt an Wasserlöcher in der Wildnis, wo sich allerhand verschiedene Tierarten an Wasserlöchern treffen, werden auch im Unternehmen Mitarbeiter aus unterschiedlichen Abteilungen zu einem Meeting eingeladen. Das hat den Vorteil, dass einmal nicht nur Ideen von Produkt-, Marketing- und Entwicklungsteams in eine Diskussion einfließen, sondern auch ganz andere Sichtweisen. Mitarbeiter aus dem Kundenservice, Leute aus der Buchhaltung oder Lernende können sehr wertvolle Ideen einbringen, auf die du sonst möglicherweise nie gekommen wärst. Eine Telefonistin oder Innendienst-Mitarbeiterin ist häufig sehr nahe am Kunden und erfährt wichtige Informationen, die ohne so ein Waterholes-Meeting nie bis zur Produktentwicklung vorgedrungen wären. Da bei solchen Treffen Menschen miteinander diskutieren, die es nicht gewohnt sind, über Produktentwicklung zu sprechen, macht es Sinn, dem Meeting eine klare Struktur zu geben, ansonsten würde die Diskussion in kreativem Chaos enden.

Es braucht also einen Gesprächsleiter, sauber vorbereitete und kurze Präsentationen und einen gut strukturierten Gesprächsablauf. Die Präsentation kann folgendermaßen aufgebaut sein:

▶ Hook: kurze, prägnante Frage, die das Problem schnell auf den Punkt bringt

▶ Ausgangslage

▶ Problembeschreibung

▶ Lösungsansatz

Jede Idee wird anhand dieser Präsentationsvorlage vorgestellt. Nach der Präsentation werden die Teilnehmer in zwei Gruppen aufgeteilt. Eine Gruppe darf nur konstruktive Kritik zur Idee abgeben, die andere darf die Vorteile der Idee hervorheben. Zum Schluss wird das abgegebene Feedback in einer offenen Runde diskutiert. Diese Vorgehensweise mag merkwürdig erscheinen, aber sie führt dazu, dass das Feedback sehr zielgerichtet abgegeben wird. Zu meiner, Sandro Jennys, Zeit bei Scout24 wurden auch Waterholes ohne diese klare Gruppenaufteilung getestet, das Ergebnis war ungenügend und chaotisch. Die Waterholes mit klarer Aufteilung hingegen waren äußerst effektiv und führten zu sehr hilfreichen Ergebnissen.

4.6.8   Die Osborn-Checkliste und SCAMPER

Alex F. Osborn hast du ja bereits kennengelernt. Neben dem Brainstorming entwickelte er 1957 eine weitere Kreativitätstechnik. Diese Fragetechnik dient dazu, Produkte und etablierte Ideen in einem Innovationprozess weiterzuentwickeln, um neue Perspektiven zu gewinnen.

Osborn-Checkliste

▶ Gibt es für mein Produkt eine alternative Verwendung?

▶ Kann ich mein Produkt oder Teile davon anpassen?

▶ Kann ich die Farbe, Bewegung, den Ton, Geruch, die Form oder Richtung verändern?

▶ Kann ich das Produkt vergrößern oder etwas hinzufügen?

▶ Kann ich das Produkt oder Bestandteile davon ersetzen?

▶ Kann ich etwas umordnen?

▶ Kann ich die Idee umkehren oder auf den Kopf stellen?

▶ Kann ich Ideen oder Ansätze kombinieren oder mischen?

Da die Osborn-Checkliste ursprünglich für die Weiterentwicklung physischer Produkte gedacht war, wurde eine Ergänzung 1997 von Bob Eberle entwickelt, die *SCAMPER-Methode*. Diese Kreativitätstechnik ähnelt der Osborn-Checkliste sehr und besteht ebenfalls aus einer speziellen Fragestellung. Wie die Osborn-Checkliste ist sie besonders gut für die Produktentwicklung geeignet, und durch die Vereinfachung kann man die Fragen auch auf digitale Produkte und Online-Marketing-Maßnahmen anwenden.

SCAMPER-Methode

▶ **S – Substitute:** Ersetze einzelne Komponenten, Elemente, Materialen, Personen oder andere Merkmale des Produkts.

▶ **C – Combine:** Kombiniere oder vermische die Funktionen des Produkts.

- ▶ **A – Adapt:** Verändere Teile der Funktionen oder Aspekte des Produkts.
- ▶ **M – Modify:** Steigere, vermindere, variiere Attribute wie Haptik oder die Farbe des Produkts.
- ▶ **P – Put:** Finde andere Verwendungszwecke für das Produkt.
- ▶ **E – Eliminate:** Entferne Komponenten, reduziere oder vereinfache das Produkt.
- ▶ **R – Reverse:** Stelle den Nutzen auf den Kopf.

4.7 Ideen richtig priorisieren

Nebst Ideen, die vom Growth-Team selbst entwickelt werden, gibt es häufig Anforderungen, die erfüllt werden müssen. Diese sollten als Erstes auf die Machbarkeit überprüft und anschließend priorisiert werden. Es geht darum, herauszufinden, ob die Anforderung zu den Geschäftszielen passt, ob genügend Ressourcen und Know-how verfügbar sind oder ob die Erträge höher sind als die Aufwände. Diese Priorisierung geschieht bestenfalls in einem Workshop gemeinsam mit allen Projektbeteiligten.

Am einfachsten ist die Priorisierung über eine Matrix (siehe Abbildung 4.24).

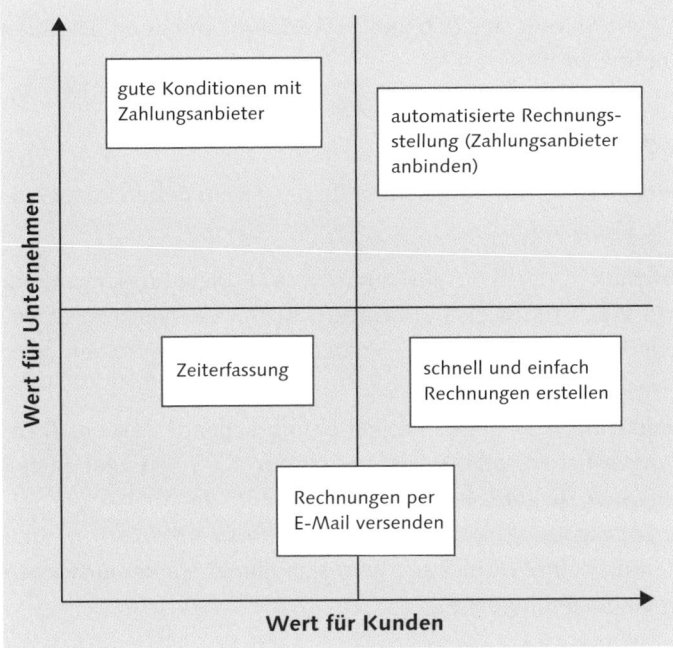

Abbildung 4.24 Die vorher definierten Anforderungen werden in einer Priorisierungsmatrix platziert.

4.7.1   Die BRASS-Methode

Neben der einfachen Priorisierungsmatrix gibt es weitere umfangreichere Priorisierungsmethoden. Bei der *BRASS-Methode* bewertest du deine Growth-Hacking-Ideen für die folgenden Kategorien auf einer Skala von 1 bis 5:

▸ **B – Blink (Bauchgefühl):** Dein intuitives, spontanes Bauchgefühl. Vermeide es dabei, zu viel nachzudenken.

▸ **R – Relevance (Relevanz):** Wie relevant ist diese Idee für deine Zielgruppe und dein Produkt? Wie gut triffst du deine Zielgruppe in diesem Kanal? Die Relevanz beschreibt den Fit zwischen Produkt und Kanal.

▸ **A – Availability (Aufwand):** Eine Bewertung des Aufwands, der für die Umsetzung notwendig ist. Wie einfach lässt sich die Idee testen? Wie lange wird es dauern und wie viel kosten? Hast du die nötigen Ressourcen dafür? Beispiel Content Marketing: Wenn du testen möchtest, ob du deine Zielgruppe mit Blog-Posts überzeugen kannst, du aber keinen guten Schreiber in deinem Team hast, würde das zu Abstrichen bei der Bewertung führen.

▸ **S – Scalability (Skalierbarkeit):** Wie gut lässt sich der Kanal skalieren? Angenommen, deine Hypothese ist korrekt und deine Idee bringt dir jede Menge neuer Nutzer und Leads, könntest du den Kanal ausbauen, um noch mehr zu gewinnen?

▸ **S – Score (Summe):** Die Summe aus den vier Bewertungskategorien. Die Idee mit der höchsten Summe wird umgesetzt.

4.7.2   Das PIE-Modell

Das dritte Scoring-Modell, das du zur Priorisierung deiner gesammelten Ideen einsetzen kannst, ist das *PIE-Modell*:

▸ **P – Potential (Potenzial):** Welches Potenzial hat dieses Projekt tatsächlich, um zur Erreichung deines Wachstumsziels beizutragen? Kann es wirklich etwas bewegen? Je wahrscheinlicher ein bestimmtes Projekt großen Einfluss haben wird, desto näher an 10 wird es eingestuft.

▸ **I – Importance (Bedeutung):** Ist dieses Projekt bahnbrechend? Kann es weitreichende Auswirkungen haben, oder wirkt es sich nur auf einen kleinen Teil deines Unternehmens aus? Ein gutes Beispiel hierfür könnte die Analyse der Seitenzugriffe bei der Entscheidung sein, welche Ressourcen optimiert werden sollten. Die Optimierung deiner Homepage wird sich immer stärker auswirken als die Optimierung einer Landingpage.

▸ **E – Ease (Einfachheit):** Dieser Aspekt ist wichtig, weil hier speziell untersucht wird, wie schwierig die Durchführung des Projekts (etwa die Änderung einer

Seite oder einer Gruppe von Seiten) wäre. Bei der Bewertung werden unter anderem Faktoren wie technische Umsetzbarkeit miteinbezogen.

Jedem dieser drei Faktoren sollte eine Punktzahl zwischen 1 und 10 zugewiesen werden. Berechne dann den Durchschnitt dieser drei Zahlen, um schließlich den PIE-Score zu erhalten.

Die Ergebnisse des Priorisierungsprozesses kannst du in einer Übersicht eintragen, die sich *Bullseye* nennt und aus drei Ringen besteht:

▶ Der äußere Ring bezeichnet, was möglich ist: In diesem Ring kannst du alle Ideen sammeln, die dein Brainstorming ergeben hat.

▶ Der mittlere Ring bezeichnet, was wahrscheinlich ist: Auf dieser Ebene trägst du alle Hypothesen ein, die getestet werden können. Bevor du zu viele Ressourcen in einen Test investierst, führe einen schnellen ersten Test durch. Im Sinne des Lean-Start-ups nennen wir diesen Test *Minimum Viable Test* (MVT). Schreibe deine Hypothese und das erwartete Resultat auf. Stelle sicher, dass du die Ergebnisse messen und analysieren kannst. Und dann führe das Experiment durch. Lass dich von den ersten Ergebnissen nicht entmutigen, aber sei ehrlich bei der Analyse der Ergebnisse. Wenn du das gesetzte Ziel nicht erreicht hast, woran hat es gelegen? Könntest du deinen Text verändern? Das Design? Die Value Proposition?

▶ Der innere Ring bezeichnet, was funktioniert: In diesen Ring trägst du nur die Kanäle und Methoden ein, die einen erfolgreichen MVT hatten und die wirklich zu deinem Unternehmenswachstum beitragen. Konzentriere dich dabei immer nur auf einen Kanal, und lass dich nicht von anderen Möglichkeiten ablenken.

4.7.3 Die ICE-Methode

Eine andere Scoring-Methode wird mit *ICE* abgekürzt und unter anderem von Sean Ellis verwendet. Das Prinzip ist das gleiche wie bei BRASS: Du bewertest jede Idee auf einer Skala von 1 bis 5 anhand der folgenden drei Kriterien:

▶ **I – Impact (Relevanz):** Wenn die Testidee funktioniert, wird sie einen wirklich ausschlaggebenden Effekt haben?

▶ **C – Confidence (Vertrauen):** Wie sehr glaubst du daran, dass deine Growth-Idee funktionieren wird?

▶ **E – Ease (Einfachheit):** Wie einfach ist es, die Idee zu testen, oder wird es Wochen dauern, bis du sie umsetzen kannst?

Die Idee mit dem höchsten Wert wird zuerst durchgeführt.

Sowohl das PIE-Modell als auch die ICE-Methode sind in North Star unter PREFE-RENCES zur Priorisierung deiner Ideen einstellbar. Bei der Erstellung einer neuen Idee kannst du rechts oben im grauen Kasten die gewünschte Priorisierung vornehmen.

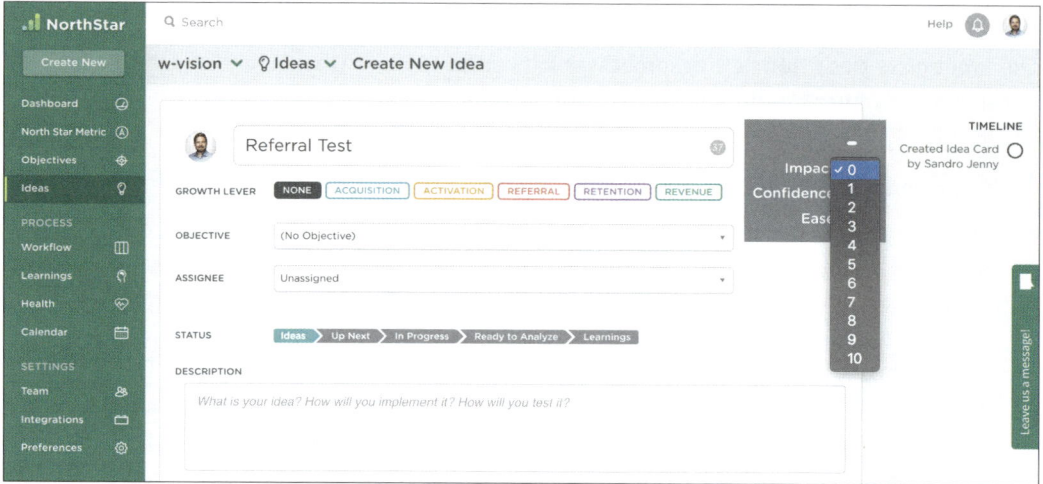

Abbildung 4.25 Priorisierung der Ideen innerhalb North Star

4.8   Tests durchführen

Viele Unternehmen verpassen neue virale Trends, weil sie einfach zu langsam mit der Produktentwicklung sind und lieber lange und detailliert planen, anstatt neue Möglichkeiten einfach mal zu testen. Unternehmen, die am schnellsten wachsen, lernen schneller als die Konkurrenz. Je mehr Experimente du durchführst, desto mehr wirst du also über deine Produkte und deine Maßnahmen lernen und desto mehr Erfolg wirst du mit deinen Experimenten haben. 2016 erklärte Sean Ellis auf der StartCon in Sydney, dass Unternehmen wie Twitter mindestens zehn Tests pro Woche durchführen würden. Anfang 2018 verriet uns Chris Long von booking.com nach einem Product-Tank-Speak, dass bei booking.com bereits über 2.000 Tests (inzwischen dürften es wesentlich mehr sein) durchgeführt wurden und diese Test-kultur nachweislich zum Wachstum beigetragen habe. Chris meinte, dass mit der steigenden Anzahl an Tests vor allem auch die Growth-Teams immer mehr Zuversicht gewannen und es ihnen somit auch gelang, einen immer erfolgreicheren Wachstumsprozess zu entwickeln.

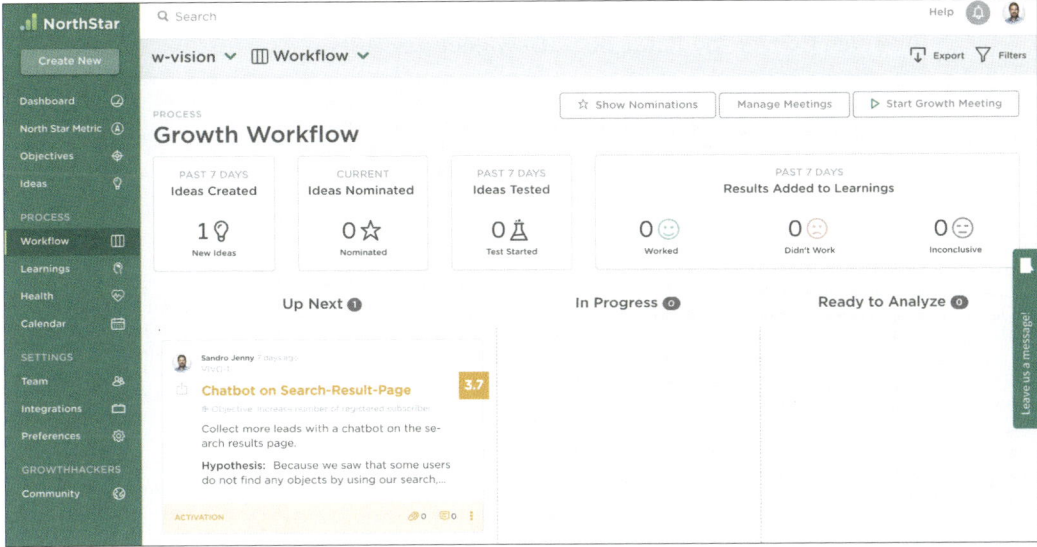

Abbildung 4.26 Der Test-Workflow in North Star

In North Star kannst du (als Growth Master) wie folgt vorgehen:

1. Schaue dir alle generierten Ideen an, und nominiere die wichtigsten oder am höchsten priorisierten Ideen für das Growth-Meeting, indem du auf den Stern (NOMINATE) klickst.

2. Die ausgewählten Ideen werden über die Funktion »Test Idea« gestartet.

3. Im Bereich »Workflow« kannst du die Durchführung des Tests steuern.

4. Sobald du die Tests in »Ready to Analyze« verschiebst, kannst du die Learnings erfassen und festlegen, ob die Idee ein Erfolg war oder nicht.

4.8.1   A/B-Testing

Gute Ideen kreieren ist ein guter Anfang, doch wirst du häufig an den Punkt kommen, an dem du nicht genau weißt, in welche Richtung du eine Lösung entwickeln willst. Vor allem dann, wenn du mehrere gute Lösungsansätze erarbeitet hast und dir nicht sicher bist, welche du nun einsetzen möchtest. Für dieses Problem gibt es eine Lösung: den *A/B-Test* (auch *Split Test* genannt). Das Konzept ist einfach: Du erstellst zwei Versionen einer Webseite oder Landingpage und testest beide, um zu beobachten, welche besser funktioniert. Meistens werden nicht zwei komplett unterschiedliche Varianten verglichen, sondern nur einzelne Elemente innerhalb der Umsetzung. Eine Hälfte der Besucher bekommt Variante A zu sehen, und der anderen Hälfte wird Variante B gezeigt (siehe Abbildung 4.27). Die Variante mit der besseren Conversion Rate gilt als Gewinner des Tests.

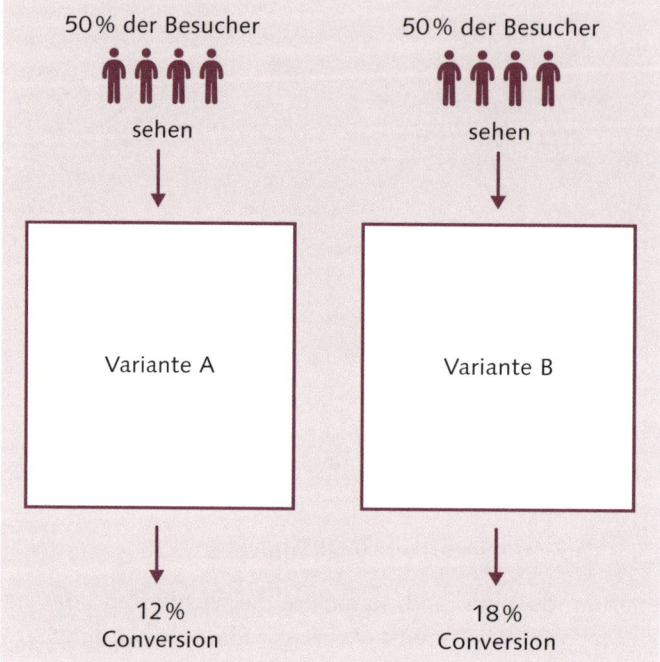

Abbildung 4.27 So funktioniert ein A/B-Test.

Es gibt diverse Elemente, die du mit solchen Tests vergleichen kannst:

- ▶ die Headline oder Untertitel
- ▶ den Copytext
- ▶ den Call-to-Action-Text oder -Buttons
- ▶ unterschiedliche Bilder oder Videos
- ▶ komplett unterschiedliche Designs
- ▶ unterschiedliches Pricing
- ▶ Links
- ▶ Betreffzeilen in E-Mails

Bevor du einen A/B-Test startest, solltest du mithilfe deiner bestehenden Website-Daten analysieren, wo es Conversion-Probleme geben könnte. Dazu kannst du z. B. den Verhaltensfluss verfolgen. An den Stellen, wo die Abbrüche bzw. Absprung-raten am höchsten sind, solltest du ansetzen.

Je mehr Daten du bereits vorliegen hast, desto besser. Nachdem du ein mögliches Problem identifiziert hast, startest du mit einem A/B-Testing-Tool die ersten Versuche. Ein empfehlenswertes Tool ist beispielsweise der *Visual Website Optimizer*. Er ist sehr einfach zu bedienen – nach der Registrierung musst du lediglich folgende Schritte befolgen:

1. Installiere den VWO-Trackingcode.
2. Wähle eine URL, die du testen möchtest.
3. Wähle ein Element auf deiner Website aus, das du testen möchtest.
4. Erstelle eine Variation.
5. Ändere den Inhalt oder den Code des Elements.
6. Wähle deine Trackingziele (z. B. Klick auf CTA).
7. Starte den Test, und messe die Ergebnisse.

A/B-Testing ist die beste Methode, die Absprungrate und Conversion Rate auf deiner Website nachhaltig zu verbessern. Was natürlich am Ende auch einen positiven Effekt auf deine Produktverkäufe hat. Beim E-Mail-Marketing lassen sich über A/B-Testing die Öffnungsraten optimieren, indem man verfolgt, welche Headlines und Inhalte am besten funktionieren.

Wir haben ein sehr einfaches Beispiel gewählt, um dir die Funktionsweise eines A/B-Tests näherzubringen. Wie jeder gute Test sollten auch A/B-Tests auf der Basis eines Nutzerverhaltens oder Problems erstellt werden. Allein der Wechsel der Farbe eines Buttons wird selten eine große Auswirkung haben, es sei denn, es liegt ein Usability-Problem vor, beispielsweise wenn ein Button nicht als solcher erkannt wird, weil der Kontrast nicht stimmt, oder andere Funktionen fälschlicherweise stärker wahrgenommen werden.

4.8.2 Usability Testing

Usability Tests helfen dir dabei, Schwachstellen aufzudecken. Es reicht leider nicht, die Kunden zu fragen, was sie wollen, denn Nutzer tun nicht immer, was sie sagen, und sagen nicht immer, was sie tun. Außerdem kommen Nutzer auch nicht unbedingt auf neue Ideen und Lösungswege. Mit Hilfe eines Usability Tests kannst du Nutzer aber dabei beobachten, wie sie deine Produkte tatsächlich nutzen. Stell ihnen eine Aufgabe, fordere sie dazu auf, laut zu denken und jeden ihrer Schritte zu kommentieren. Aufgrund dieser Beobachtungen wirst du besser bestehen, wo du mit deinen Tests ansetzen musst.

Es gibt auch Usability-Labore, die moderne Eye-Tracking-Verfahren einsetzen, um genau nachzuvollziehen, was die Probanden anschauen. Für den Anfang reicht es, wenn du deine Nutzer beobachtest oder dabei filmst, wie sie dein Produkt nutzen. Lass deine Nutzer laut und deutlich erklären, was sie gerade machen, was sie bei der Ausführung jeder Aktion denken und warum sie das tun. So kannst du noch besser verstehen, was im Kopf deines Nutzers vorgeht.

> *»You will learn more in a day talking to customers than a week of brainstorming, a month of watching competitors or a year of market research.«*
> – Aaron Levie, CEO von Box

Es gibt verschiedene Arten von Usability Test. Auf der einen Seite setzt man auf Experten, die ein System nach bestimmten Gesichtspunkten analysieren und auf der Basis dieser Analyse Verbesserungsvorschläge machen. Auf der anderen Seite lässt man die Nutzer selbst das System testen und erhält so gute Hinweise auf Nutzungsprobleme. In der Praxis werden häufig Experten- und Nutzertests kombiniert.

Die einfachste Form des Usability Testings ist der *Hallway*-Test. Die Idee ist einfach, einen Bürokollegen quasi im Gang (englisch *hallway*) anzusprechen und ihn für einen kurzen Test an den Computer zu holen. Der Vorteil dieser Methode ist, in kurzer Zeit ein Feedback zu erhalten. Die etwas professionellere Form wäre, Leute aus der Zielgruppe auszuwählen und den Test per Screencast (Video und Audio) aufzunehmen. Du solltest mindestens drei Personen einem Test unterziehen.

Die Vorgehensweise bei so einem formalen Test ist folgendermaßen:

1. Du bestimmst ca. fünf Szenarien, die du testen möchtest.

2. Dann erstellst du ein Manuskript, in dem du alle Instruktionen festhältst, die du während des Tests an die Teilnehmer weitergibst. So ist gewährleistet, dass alle Teilnehmer dieselben Voraussetzungen haben.

3. Setze den Teilnehmer vor einen Computer, und beginne mit der Aufzeichnung.

4. Erkläre dem Teilnehmer die Vorgehensweise, mache ihm deutlich, dass nicht er, sondern das System getestet wird und dass er keine Fehler machen kann. Vergiss nicht, das Einverständnis des Teilnehmers einzuholen.

5. Nun lässt du den Teilnehmer jedes Szenario durchtesten. Wichtig ist, dass die Teilnehmer laut und deutlich alle Gedanken aussprechen, die sie während des Tests haben. Du musst jeden Schritt des Teilnehmers nachvollziehen können.

Mit dieser Vorgehensweise kannst du in Echtzeit mitverfolgen, wie deine Website benutzt wird und wo die Nutzer auf Probleme stoßen.

Eine weitere Möglichkeit, das Verhalten der Nutzer zu testen, sind *Heatmaps*. Mit einem Tool wie beispielsweise Hotjar kannst du visualisieren, wie sich der Nutzer auf deiner Website verhält. Die klassische Heatmap stellt einfach die Klicks deiner Nutzer dar. Es gibt aber auch die Möglichkeit, Mausbewegungen und sogenannte *Scrollmaps* anzulegen, die das *Scrollverhalten* aufzeichnen.

4.8.3 Produktideen testen

Keines der erfolgreichen Tech-Start-ups aus dem Silicon Valley ist aufgrund einer genialen Idee wie aus dem Nichts exponentiell gewachsen, auch wenn das einige Erfolgsgeschichten vermuten lassen. Vielmehr wuchsen diese Unternehmen, weil sie hartnäckig immer wieder neue Ideen am Markt testeten, bis sie die richtige Konfiguration gefunden hatten. Die besten Growth-Hacking-Ergebnisse basieren also auf vielen kleinen Erfolgen.

Wenn du noch ganz am Anfang stehst und noch gar kein Produkt hast, besteht die Möglichkeit, Varianten deiner Idee bereits zu einem sehr frühen Zeitpunkt zu testen. Ein schneller Test mit einem MVP ist ein bewährtes Mittel, eine oder mehrere Produktideen zu validieren, bevor man zu viel Zeit und Geld dafür verschwendet. MVP steht für »Minimum Viable Product« und beschreibt eine frühe Version deines Produkts (siehe Abschnitt 3.5.3).

Wie weit der Entwicklungsstand deines MVPs beim Launch ist, hängt schlussendlich von deinen Ressourcen ab. Frage dich vor jedem Entwicklungszyklus, was du in welchem Zeitraum kreieren kannst, das auch tatsächlich am Zielpublikum getestet werden kann. Wenn du in vier Wochen etwas Zählbares umsetzen kannst, dann solltest du diese Zyklusdauer wählen.

Das MVP-Prinzip wird oft nicht richtig interpretiert. MVPs sind keine Prototypen, Marketingtests oder Konzepte, MVPs sind funktionsfähige Produkte, die sich lediglich auf die wichtigsten Funktionen reduzieren. Sie sind nutzbar und zeigen den Mehrwert des Produkts, und im Idealfall begeistern sie deine Zielkunden bereits. Das ist enorm wichtig, weil sonst ein Testergebnis keine verwertbare Aussage ergeben würde. Es geht nicht darum, etwas Halbfertiges in schlechter Qualität zu veröffentlichen, sondern darum, sich zu Beginn auf wenige Funktionen zu fokussieren. Nur so ist es den Projektentwicklern möglich, sich auf das zu fokussieren, was schlussendlich das gesamte Unternehmen weiterbringt.

Es gibt verschiedene Testvarianten aus der Lean-Methodik, mit denen du eine Produktideen in einer frühen Phase validieren kannst. Im Wesentlichen unterscheiden wir aber vor allem Produkt- und Marketingtests. Das hängt natürlich vor allem davon ab, ob es überhaupt bereits ein Produkt gibt, das getestet werden kann. Unterschiedlich sind ebenfalls die Ergebnisse, die erzielt werden können.

Folgende Testvarianten gibt es:[10]

▸ **Qualitative Marketingtests:** Zeige Bilder, Videos, Erklärvideos oder Auszüge deines Produkts in Interviews oder Gesprächen mit dem Kunden, und hole so Feedback ein.

▸ **Werbekampagne:** Zeige deine Produkte in einer Werbekampagne (z. B. in einer Facebook-Ad).

▸ **Landingpage/Smoke Test:** Erstelle eine Landingpage zu einem fiktiven Produkt, und teste dieses an der Zielgruppe. Idealerweise bietest du den Besuchern die Möglichkeit an, ihre E-Mail-Adresse einzutragen, um über Produkt-Updates auf dem Laufenden zu bleiben.

▸ **Crowdfunding:** Über eine Crowdfunding-Kampagne lässt sich sehr gut testen, ob die Menschen bereit sind, für dein Produkt Geld auszugeben. Gleichzeitig sammelst du Geld für die Produktion deines Produkts ein.

▸ **Fake Doors:** Ein guter Weg ist auch, Teile des Produkts noch gar nicht umzusetzen und sogenannte *Fake Doors* zu entwickeln. Damit sind Links gemeint, die zwar suggerieren, dass sich dahinter eine Funktion oder eine neue Seite befindet, die aber letztendlich nur auf eine Landingpage zeigen. Auf dieser Auffangseite misst du alle Zugriffe. So lässt sich herausfiltern, welche Funktionen später tatsächlich von den Kunden gesucht werden. Diese Variante solltest du mit Bedacht einsetzen, da fehlende oder mangelhafte Funktionen deine Nutzer auch schnell verärgern können.

Idealerweise kannst du natürlich ein echtes Produkt testen, denn Marketingtests liefern zwar bereits wichtige Informationen, über Produkttests erhältst du aber wesentlich detailliertere und tiefer gehende Information über die Nutzung.

4.8.4   Prototypen

Doch auch frühe Prototypen sind ein wertvolles Instrument in der Produktentwicklung. Sie helfen dir, in der Konzeptphase bereits wichtige Rückschlüsse über die Nutzbarkeit und Verständlichkeit deiner Produkte zu erhalten. Folgende Prototyp-Arten gibt es:

▸ **Papierprototypen:** Das ist die einfachste und schnellste Form, dein Produkt zu testen. Anstatt bereits viel Zeit zu investieren und am Computer detaillierte Entwürfe anzufertigen, zeichnest du die Funktionen deines Produkts auf Papier.

▸ **Wireframes:** Da Papierentwürfe die Funktionalität des Produkts nur sehr spärlich demonstrieren können, werden Prototypen häufig mithilfe von klickbaren

---

10 Dan Olsen: The Lean Product Playbook. John Wiley & Sons: Hoboken 2015

Wireframes erstellt. Ein Wireframe stellt nur die nötigsten Elemente einer Website dar. Es geht darum, die Struktur und Logik der Website kurz und knapp mit einem Tool, wie z. B. Balsamiq, zu visualisieren. Dabei können schon erste Rückschlüsse auf die Struktur, Anordnung und Priorisierung der einzelnen Elemente gezogen werden.

▶ **Mock-ups:** Wer einen Schritt weitergehen möchte, kann bereits Screendesigns seines Produkts herstellen lassen und sie untereinander verlinken.

▶ **Interaktive Prototypen:** Du kannst auch bereits funktionsfähige HTML-Prototypen zusammenbauen. Und je nach Möglichkeiten kannst du diese um CSS oder JavaScript ergänzen. Auch Systeme wie WordPress oder Drupal eignen sich hervorragend dazu, schnell ein funktionierendes Produkt umzusetzen. Wie weit du mit deinem Prototyp gehen willst oder kannst, ist abhängig von deinen Ressourcen und der Situation, in der du dich befindest. Entscheidend ist, dass du schnell etwas umsetzen und testen kannst.

4.8.5 Mechanical Turk

Der *Mechanical Turk* ist eine Methode, bei der bestimmte Funktionen eines Systems durch Menschen simuliert werden, ohne dass die Nutzer dies bemerken. Dem Nutzer wird also suggeriert, dass eine Software seine Aufgaben erledigt, in Wahrheit kümmert sich aber ein Team darum, dass die Aktionen korrekt durchgeführt werden. Diese Methode wird häufig bei komplexen Funktionen in einer frühen Phase angewandt, wenn noch nicht sicher ist, ob sich die Programmierung tatsächlich lohnt.

Ein berühmtes Beispiel ist die Präsentation des ersten iPhones durch Steve Jobs. Ehemalige Mitarbeiter erzählen, das Gerät sei zum Zeitpunkt der Präsentation gar nicht einsatzfähig gewesen. Sowohl Software wie auch Hardware seien voller Fehler gewesen, und es sei nur mit Bangen und Zittern möglich gewesen, das iPhone, auf der Bühne zu zeigen.

Steve Jobs habe den Mitarbeitern mit Konsequenzen gedroht, würde die Präsentation scheitern. Trotz völlig misslungener Proben habe Jobs darauf bestanden, mit dem iPhone auf der Bühne zu telefonieren, was der blanke Horror für die Techniker gewesen sei. Auch Videos ließen sich nicht ohne Absturz des Geräts in kompletter Länge abspielen. Am Ende ging die Präsentation in die Geschichte ein, und niemand bemerkte die gravierenden Mängel.

Online Shops wenden die Methode häufig an, um die Nachfrage nach einem neuen Produkt zu testen, bevor sie große Lagerbestände einkaufen.

4.9   Tests analysieren und auswerten

Viele Unternehmen treffen heute immer noch zu viele Bauchentscheidungen, frei nach dem Motto: »Wir machen das so, weil wir das immer so gemacht haben.« Das Wissen stützt sich häufig auf Aussagen weniger Kunden, zu denen ein persönlicher Kontakt besteht. Das hat aber mehr mit Glückspiel als mit echter unternehmerischer Entscheidungsfindung zu tun. Du solltest bei der Entscheidungsfindung reflektieren und Entscheidungen immer auf der Grundlage echter Daten treffen. Mit jeder durchgeführten Iteration solltest du bestenfalls richtungsweisende Informationen gewinnen können. Kombinierst du deine gewonnenen Informationen zusätzlich mit deiner Erfahrung, entsteht eine sehr gute Entscheidungsgrundlage.

Für die Webanalyse unterscheiden wir vier verschiedene Teilbereiche:

▶ **qualitative Analyse:** Session Monitoring oder Usability Testing

▶ **quantitative Analyse:** Traffic-Analyse oder User-Engagement-Analyse

▶ **komparative Analyse:** A/B-Tests

▶ **kompetitive Analyse:** Konkurrenzvergleich

Es gibt eine Reihe von Fragen, die du beantworten solltest, bevor du mit einer Webanalyse beginnst. Zuerst solltest du dir Ziele und Prioritäten setzen, damit du genau weißt, worauf du bei der Analyse achten solltest. Stelle dir folgende Fragen:

▶ Was sind die Ziele deiner Nutzer?

▶ Welche Schritte müssen deine Nutzer unternehmen, damit Sie diese Ziele erreichen?

▶ Was musst du über deine Nutzer und ihre Ziele wissen?

▶ Wie willst du die gesammelten Daten nutzen, um deine Produkte zu verbessern?

Nachdem du weißt, was du messen willst, kannst du folgende Schritte in die Wege leiten:

▶ **Datenquellen auswählen:** Es gibt eine Menge an Informationen, die du auf deiner Website messen kannst, doch nicht alle Informationen helfen dir wirklich weiter. Identifiziere alle relevanten Datenquellen. Dabei solltest du auch die Daten berücksichtigen, die außerhalb der Webanalyse existieren.

▶ **Daten auswerten:** Sobald du alle Datenquellen identifiziert hast, kannst du mit der Auswertung beginnen. Ein Excel-Sheet reicht, um erste Schlüsse zu ziehen. Sehr hilfreich ist die Pivot-Tabelle. Sie dient dazu, Daten unterschiedlich darzustellen und auszuwerten, ohne dabei die Ausgangsdaten verändern zu müssen.

Eine gute Analyse ist also umsetzbar, vergleichbar und beantwortet deine Fragen. Alle Informationen, die du misst, sollten dir dabei helfen, zu identifizieren, welche Änderungen die größten Auswirkungen auf deine Produkte haben. Valide Daten ebnen also den Weg für datengetriebene Entscheidungen.

4.9.1   Growth Health

Die *Growth Health* gibt Auskunft darüber, wie stark etabliert der Growth-Hacking-Prozess in deinem Unternehmen ist. Bevor du businessrelevante KPIs und Daten analysierst, solltest du überprüfen, ob die Growth Prozesse in deinem Unternehmen funktionieren:

Abbildung 4.28 Growth-Health-Bereich in North Star

▶ Wie viele Ideen werden pro Monat generiert?

▶ Wie viele Ideen wurden in den letzten 8 bis 12 Wochen generiert?

▶ Wie viele Tests wurden tatsächlich durchgeführt?

▶ Wie viele Tests pro Wachstumsphase wurden durchgeführt?

▶ Wie viele Mitarbeiter beteiligen sich am Growth Prozess?

▶ Welche Mitarbeiter sind besonders aktiv, und welche beteiligen sich zu wenig an den Testprozessen?

- ▶ Gibt es bereits Learnings aus den durchgeführten Tests?
- ▶ Wie viele Tests waren erfolglos?
- ▶ Welche Tests waren am erfolgreichsten?

4.9.2   Google Analytics

Google Analytics ist das meistverbreitete Webanalysetool der Welt. Doch die meisten Website-Betreiber nutzen das Tool nur sehr oberflächlich und profitieren nicht von den vielen Funktionen, die es bietet. Neben geografischen, demografischen und technischen Daten lässt sich das Verhalten deiner Nutzer bis ins Detail zurückverfolgen, du kannst Ziele hinterlegen und die Conversions messen und sogar den Customer Lifetime Value verfolgen.

Weitere fortgeschrittene Analysemöglichkeiten sind die folgenden:

- ▶ **Zielvorhaben definieren und messen:** Durch die Auswahl eines bestimmten Zielvorhabens lassen sich Ziele messen. Du kannst als Ziel den Aufruf einer bestimmten URL, das Erreichen eines Umsatzziels, eine Kontaktanfrage, die Erstellung eines Kontos oder eine gezielte Interaktion wie das Abspielen eines Videos hinterlegen.
- ▶ **Multi-Channel-Trichter:** Identifiziere Besucher über mehrere Sessions und Kanäle hinweg bis hin zur Conversion.
- ▶ **Events tracken:** Neben der Analyse von Seitenaufrufen lassen sich auch Events wie der Klick auf einen ausgehenden Link messen. Dazu musst du mithilfe von JavaScript spezielle Tracking-Snippets einbauen.
- ▶ **On-Site-Suche analysieren:** Vor allem für Onlineshops kann die eigene Suche wertvolle Informationen liefern. Finde heraus, welche Begriffe auf deiner Seite am meisten gesucht werden.
- ▶ **Kampagnen tracken:** Über Parameter kannst du spezielle Links erstellen. Diese kannst du in Google Analytics hinterlegen und so die Herkunft des Traffics einer spezifischen Kampagne zuweisen.

Diese Übersicht ist nicht abschließend, aber sie zeigt dir, dass du mit Google Analytics nicht nur einzelne Seitenaufrufe analysieren, sondern komplette Customer-Journey-Analysen machen kannst. Das liefert dir wichtige Indikatoren für das Zusammenspiel der verschiedenen Kanäle und Conversions.

Da du bei deinen Growth-Hacking-Maßnahmen häufiger Kampagnentracking einsetzen wirst, werfen wir einen genaueren Blick auf diese Methode. Es gibt mittlerweile viele Tools, die dich dabei unterstützen können. Da Google Analytics in der Praxis mit Abstand am häufigsten eingesetzt wird, werden wir für unser Beispiel diese Software verwenden. Es gibt verschiedene Arten von Kampagnen, die sich messen lassen:

- Imagekampagnen
- E-Mail-Marketing-Kampagnen
- Social-Media-Kampagnen
- Mobile-Kampagnen
- Display- oder Google Ads-Kampagnen
- klassische Kampagnen (Tracking über QR-Codes)

Ganz am Anfang musst du dich fragen, welche Ziele du mit deiner Kampagne verfolgen willst. Mögliche Ziele sind:

- die Lead-Generierung
- das Markenbewusstsein steigern
- Registrierung
- Kauf eines Produkts in einem Onlineshop

Du kannst ein übergeordnetes Ziel wie den Kauf eines Produkts auch in kleinere Ziele unterteilen. So wird vor der eigentlichen Kaufabsicht möglicherweise noch die Produktbroschüre heruntergeladen, oder der Kunde stellt über ein Kontaktformular Fragen zu deinem Produkt. Wichtig ist, dass du dir die richtigen Ziele setzt und sie mit den entsprechenden Zahlen unterlegst. Willst du z. B. mit einer Kampagne 1.000 neue E-Mail-Adressen generieren oder den Absatz eines Produkts um 30 % steigern?

Durch den Einsatz von Kampagnentracking lassen sich die Besucherströme segmentieren. So kannst du eine exakte Erfolgsmessung durchführen und die Conversions tiefgehend auswerten.

Damit du deine Kampagnen auswerten kannst und die Links in Google Analytics nicht als Organic, Referral oder Direktzugriffe erfasst werden, musst du deinen Kampagnenlinks sogenannte *UTM-Parameter* hinzufügen. UTM-Parameter lassen sich unterschiedlich kennzeichnen:

- über den Kanal (z. B. E-Mail)
- über die Quelle (z. B. Google)
- über eine spezifische Kampagne
- über Keywords
- über den Anzeigeinhalt

Möchtest du als Besitzer eines Blumenladens also eine spezielle Muttertags-Kampagne über dein Newsletter-Tool erstellen, kannst du den Link zu deiner Kampagne um die jeweiligen UTM-Parameter ergänzen. Das wird wie folgt aussehen:

http://webseite.com/landingpage/?utm_campaign=muttertag&utm_source=e-mail-liste&utm_medium=e-mail

4.9.3   Mixpanel

Mixpanel hat einen ähnlichen Funktionsumfang wie Kissmetrics und ist ein sehr stark anpassungsfähiges Analysetool. Mithilfe des Funnels-Tools kannst du verschiedene Schritte definieren, die getrackt werden sollen.

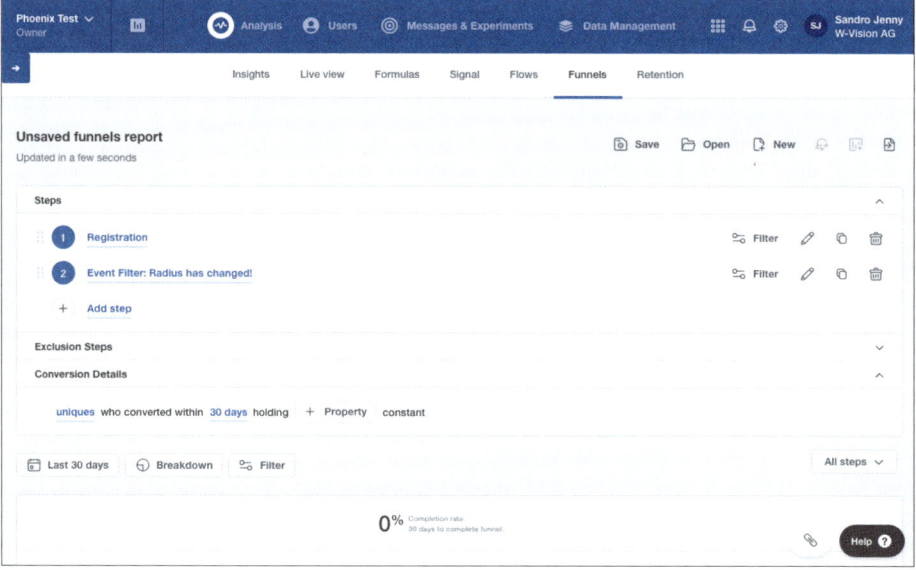

Abbildung 4.29 Mit Mixpanel kannst du verschiedene Schritte definieren, die getrackt werden sollen.

Du kannst z. B. messen, wer eine spezielle Landingpage besucht hat, dort einen Account erstellt hat und später eine bestimmte Aktion wie das Abspielen eines Videos oder Songs ausgeführt hat. Ähnlich wie in Google Analytics kannst du auch Kampagnen über UTM-Parameter tracken.

Im Segmentation-Report kannst du deine Analyseberichte nach Events sortieren und nach Wunsch weitere Filterkriterien wie System, Gerät, Kanal oder demografische Merkmale hinzufügen.

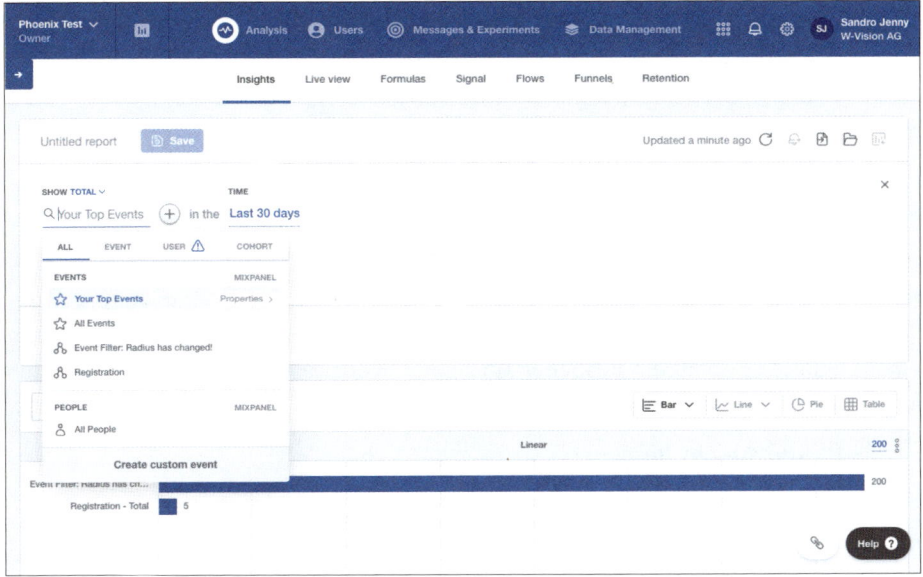

Abbildung 4.30 Der Segmentierungsreport in Mixpanel (Quelle: mixpanel.com)

Mit dem RETENTION-Report kannst du einfach analysieren, wie viele deiner Nutzer über einen bestimmten Zeitraum eine Aktion mehrmals ausgeführt haben. So erhältst du wichtige Informationen darüber, ob die Nutzer zu dir zurückkehren.

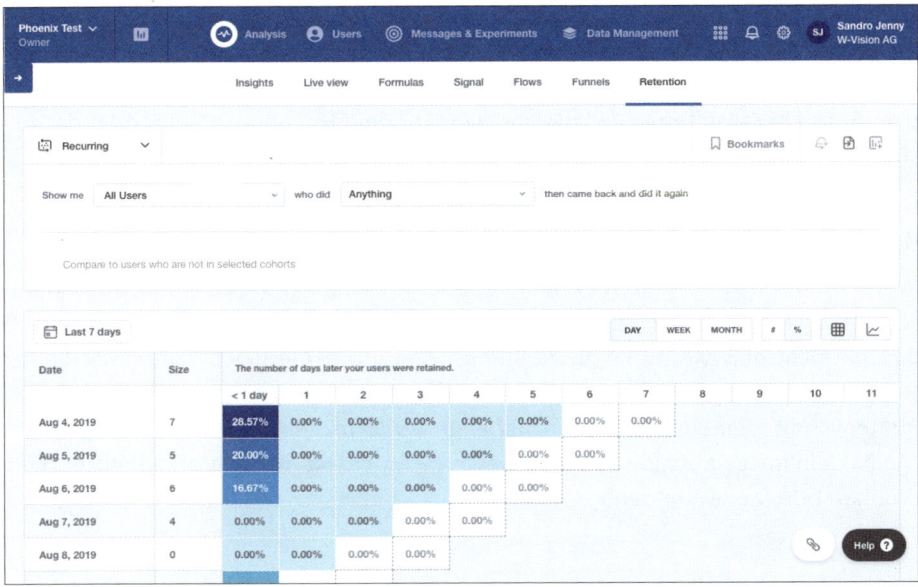

Abbildung 4.31 Der Retention-Report in Mixpanel (Quelle: mixpanel.com)

Wie Kissmetrics bietet auch Mixpanel die Möglichkeit, eventbasierte Mitteilungen und E-Mails an deine Nutzer zu senden oder A/B-Tests zu machen.

Damit Mixpanel die verschiedenen Events tracken kann, musst du lediglich ein paar JavaScript-Trackingcodes in deine Website einbauen.

4.9.4   Logdateianalyse

Wenn bei dir im Unternehmen die Analysetools bisher nur oberflächlich eingerichtet waren und dir nicht genügend Informationen liefern, gibt es eine weitere Möglichkeit, an nützliche Daten zu kommen. Webserver protokollieren Seitenaufrufe in einer Logdatei. Sobald ein Besucher auf deiner Website eine Seite aufruft, werden folgende Daten gespeichert:

▶   die IP-Adresse des Besuchers

▶   Datum, Uhrzeit und Zeitzone des Aufrufes

▶   der Aufrufbefehl (z. B. `GET`)

▶   der Statuscode der HTML-Seite (Dieser beschreibt, ob die Seite korrekt ausgeliefert wurde.)

▶   die Ausgangsseite (`Referr`), von der die Seite aufgerufen wurde

▶   der User-Agent (Browser) und das Betriebssystem, mit dem die Seite aufgerufen wurde

Du siehst, auch ohne den Einsatz eines Analysetools wie Google Analytics kannst du ganz schön viele Informationen von deinem Webserver beziehen. Kommt ein Nutzer z. B. über Google auf deine Website, lassen sich sogar die Suchbegriffe aus dem Aufruf herausfiltern. Die Logdatei kann dir dein Hosting-Anbieter oder der zuständige Systemadministrator besorgen.

4.9.5   Social Media Monitoring

Wenn du mit deinem Unternehmen auf Social Media aktiv bist, solltest du Analysetools einsetzen, die dir dabei helfen, deine Social-Media-Strategie zu überprüfen. Es geht nicht nur darum, herauszufinden, wie groß deine Reichweite oder die Interaktionsrate sind, sondern du solltest auch überprüfen, ob deine Social-Media-Strategie mit deinen Unternehmenszielen konform geht. Willst du über Social Media dein Image aufbauen oder verbessern? Möchtest du die Markenbekanntheit erhöhen oder neue Kunden gewinnen?

Du kannst dazu Folgendes untersuchen:

▶ Wie setzt sich mein Publikum zusammen?

▶ Wann ist meine Zielgruppe aktiv? Wann lohnt es sich, etwas zu posten?

▶ Wer spricht wie über mein Unternehmen?

▶ Wie ist die Social-Media-Strategie meiner Konkurrenz?

▶ Was sind die aktuellen Trends und Top-Themen?

Durch den Einsatz von Social-Media-Tools wie Hootsuite oder Buffer kannst du außerdem deine Social-Media-Prozesse automatisieren und monitoren oder umfangreichere Wettbewerbsanalysen erstellen. Facebook liefert mit dem hauseigenen Tool Facebook Insights bereits eine sehr umfangreiche Analyseplattform, mit der du detaillierte Metriken zu deinen Posts und deinem Engagement erhältst. Auch Twitter, Pinterest und YouTube liefern eigene Analysetools, die du unbedingt nutzen solltest.

Weitere Analysetools, die dir wertvolle Informationen liefern, findest du in den Downloadmaterialien zum Buch unter *https://www.rheinwerk-verlag.de/4896/*.

4.10   So beginnst du als Neuling

Du hast jetzt viel von agilen Prozessen, Tools, der Arbeit in Teams und Kreativitätstechniken gehört. Doch wie beginnt man mit Growth Hacking und kann selbst Hacks möglichst schnell umsetzen?

Tools wie North Star und HubSpot vereinfachen den Growth-Hacking-Prozess und sind früher oder später sehr empfehlenswert, ja eigentlich unverzichtbar – aber wieso nicht den Prozess selbst zuerst einmal testen, bevor man bereits neue Software einkauft und komplizierte Methoden einführt?

4.10.1   Das Growth Hacking Board für Einsteiger

Wir haben eine Methode für Neulinge entwickelt, die den Einstieg vereinfachen und dabei helfen soll, Hacks unkompliziert umzusetzen und schnell Lernfortschritte zu erzielen. Das Growth Hacking Board besteht aus einem Raster und zwei verschiedenen Dimensionen (siehe Abbildung 4.32):

▶ **erste Dimension (vertikal):** der Growth Hacking Funnel

▶ **zweite Dimension (horizontal):** der Growth-Hacking-Prozess

Funnel	Ideen	Experimente	Konversionen (Learnings)
Nutzer akquirieren		A	A
		B	B
Nutzer aktivieren		A	A
		B	B
Kunden binden		A	A
		B	B

Abbildung 4.32 Das Growth Hacking Board

In einem ersten Arbeitsschritt entwickelst du mithilfe einer Kreativitätstechnik kreative Lösungswege für die verschiedenen Phasen des Funnels. Wir haben für unser Beispiel einen ganz einfachen Funnel verwendet. Je nachdem, wie detailliert du arbeiten möchtest, kommt ein anderer Funnel in Frage. Bei Bedarf kannst du das Raster z. B. um alle Phasen der Pirate Metrics erweitern. Um schnell an einem Whiteboard neue Hacks zu entwickeln, ist die einfache Variante, die wir bei unserem Beispiel gewählt haben, die richtige Wahl. Für die detaillierte Erarbeitung verschiedener Hacks wären die Pirate Metrics besser geeignet. Dazu kannst du das Raster auch auf ein A3-Blatt zeichnen.

Nehmen wir an, du möchtest als Taschenhersteller deinen Onlineshop neu entwickeln, weil die Käufe in den letzten Monaten stark zurückgegangen sind. Weil du bereits Kundenbefragungen durchgeführt hast, dein Produkt und deine Konkurrenz gut kennst, weißt du, dass deine Kunden sich vermehrt individuellere Produkte wünschen. Du organisierst ein Growth-Meeting mit Mitarbeitern aus deinem ganzen Unternehmen. Für das Meeting zeichnest du das Growth Hacking Board an das Whiteboard.

Selbstverständlich kannst du auch zusätzliche Kreativitätstechniken einsetzen. Lass deine Mitarbeiter z. B. mit Mindmaps nach neuen Lösungswegen suchen. Die erarbeiteten Wachstumsideen schreibst du dann pro Funnel-Zeile in die Zellen in der Spalte »Ideas«. Nehmen wir an, während des Meetings hatte ein Mitarbeiter die

Idee, ein neues Tool zu entwickeln, mit dem die Nutzer ihre eigenen Taschen gestalten können. Und ein anderer Mitarbeiter hat den Einfall, die Nutzer über die bestehende E-Mail-Liste auf die neue Funktion aufmerksam zu machen. Um die Kunden zu binden, möchtest du außerdem eine Onlineabstimmung veranstalten, bei der die Nutzer über die schönsten Entwürfe abstimmen können. All diese Ideen werden auf dem Growth Hacking Board notiert.

In einem zweiten Schritt bestimmst du nun, welche Experimente du durchführen möchtest. Du kannst beispielsweise unterschiedliche E-Mail-Betreffzeilen testen. Oder du versuchst, den Konfigurator einmal schnell und oberflächlich mit drei Prozessschritten und einmal umfangreich und etwas länger in fünf Prozessschritten umzusetzen. Solche Tests können dir in einer sehr frühen Produktentwicklungsphase wichtige Erkenntnisse liefern und das Benutzererlebnis für dich und deine Kunden nachhaltig verbessern. Die verschiedenen Varianten notierst du dann in der Spalte »Experiment« in die jeweiligen Zellen A und B.

Sobald du weißt, was du testen möchtest, kannst du damit beginnen, alle Maßnahmen zu planen und die Funktionen zu entwickeln. Achte auch bei diesem Schritt darauf, nur das Wichtigste umzusetzen. Erste Priorität bei so einem typischen Growth-Hacking-Experiment ist das Feedback der Community. Auf Basis dieses Feedbacks kannst du später deine Produkte immer noch optimieren. Wenn die Umsetzung abgeschlossen ist und die Analysetools implementiert sind, kannst du mit den Tests beginnen.

Sei nicht enttäuscht, wenn die Nutzung deines Produkts nicht nach dem ersten Test durch die Decke geht. An erster Stelle stehen jetzt die Analyseergebnisse und die Learnings, die du daraus ziehen kannst. Möglicherweise kommen nicht genügend Nutzer auf die Website, um das neue Tool zu nutzen. Dann musst du den Kanal und die Werbebotschaft hinterfragen. Vielleicht kommen viele Nutzer auf die Seite, brechen aber den Prozess bei beiden Varianten nach dem ersten Schritt ab. Dann musst du das Produktdesign und die User Experience hinterfragen. In einem erneuten Growth-Meeting zeigst du allen beteiligten Mitarbeitern die Experimente und die Testergebnisse. Dazu werden alle Learnings in der Spalte »Konversionen (Learnings)« notiert (siehe Abbildung 4.33).

Möglicherweise kannst du im ersten Growth-Meeting erste Erfolge vermelden. Falls nicht, musst du das nicht unbedingt als Rückschlag sehen. Manche der erfolgreichen Silicon-Valley-Unternehmen veranstalten zwanzig oder mehr solcher Tests, bevor eine Idee wirklich einschlägt. Manche Tests werden dir aber einfach zeigen, dass deine Idee nicht funktioniert. Auch in diesem Fall hast du mit dieser Methode wenigstens teure Entwicklungskosten für die Umsetzung des fertigen Taschen-Konfigurators gespart.

Funnel	Ideen	Experimente	Konversionen (Learnings)
Nutzer akquirieren	E-Mail/Newsletter Gratis-Tasche über Referall-Funktion	A Betreff A B Betreff B	A 23% Öffnungsrate Gewinner B 5% Öffnungsrate
Nutzer aktivieren	Taschen-Konfigurator Neues Tool entwickeln	A Prozess A (3 Steps) B Prozess B (5 Steps)	A 23% Öffnungsrate Gewinner B 75 bestellte Taschen Gewinner
Kunden binden	Taschen-Wettbewerb	A Wettbewerb auf Website B Wettbewerb über Facebook	A 300 Teilnehmer 255 neue Fans B 34 Teilnehmer

Abbildung 4.33 Growth Hacking Board mit Learnings

4.10.2   Fortschritte in einer Tabelle notieren

Dieses Board funktioniert natürlich nur bei ganz einfachen Hacks. Wenn du komplexere Strukturen testen und optimieren möchtest, lohnt es sich, alle Funktionen und Hacks in eine Tabelle zu übertragen (siehe Tabelle 4.1) und die Veränderungen über alle Iterationen hinweg zu testen und nach jedem Durchgang zu optimieren. Möglicherweise findest du so heraus, dass eine bestimmte Funktion vermisst wird, der Registrierungs-Button nicht erkannt wird, die Nutzer etwas nicht verstehen oder ein bestimmter Hack nicht den gewünschten Effekt erzielt.

Funktionen/Hacks	Iteration 1	Iteration 2	Iteration 3	Iteration 4
Anzahl der Nutzer, die Funktion 1 vermissen	40%	0%	0%	0%
Nutzer, die Funktion 2 nicht verstehen	60%	32%	15%	12%
Nutzer, die den Registrierungs-Link nicht erkannt haben	35%	25%	8%	7,5%
Conversion Rate, Lead-Magnet	1,5%	2,2%	6%	6,5%

Tabelle 4.1 Growth-Hacking-Tabelle mit Ergebnissen aus den Iterationen

Funktionen/Hacks	Iteration 1	Iteration 2	Iteration 3	Iteration 4
Nutzerwachstum durch Hack 1	–	–	125%	260%
Nutzerwachstum durch Hack 2	–	–	175%	360%

Tabelle 4.1 Growth-Hacking-Tabelle mit Ergebnissen aus den Iterationen (Forts.)

Die erste Auswertung zeigt, dass wir in der ersten Iteration schwerwiegende Probleme mit der User Experience haben und unbedingt die Nutzung optimieren sollten, bevor wir mit weiteren Maßnahmen beginnen. Nach der zweiten Iteration konnten wir die meisten Usability-Probleme eliminieren. Nach Durchgang 3 und 4 konnten wir dann die eigentlichen Hacks implementieren und für mehr Wachstum sorgen.

Key Learnings

In diesem Kapitel hast du viel über die agilen Grundprinzipien und Techniken wie Design Thinking gelernt. Growth Hacking ist Teil dieses »Universums« und nutzt viele ähnliche Methoden wie z. B. Objectives & Key-Results (OKR). Außerdem hast du gelernt:

1. aus welchen Elementen der Growth Hacking Prozess besteht;

2. warum Growth-Teams wichtig sind, wie sie zusammen gesetzt sein sollten und wie sie am besten funktionieren;

3. was die Pirate Metrics sind und wie du sie nutzen kannst, um das größte Potential für Wachstum entlang deiner Customer Journey zu identifizieren;

4. Wie du mit verschiedenen Methoden neue Ideen generieren kannst;

5. Wie du basierend auf diesen Ideen Experimente aufsetzt und diese mit Hilfe von Tools analysieren kannst.

5 Acquisition: so bekommst du mehr Nutzer

Ab hier beginnt das Playbook, und wir zeigen dir viele praktische Tipps, die du umsetzen und testen kannst. Aufgrund der Vielzahl an verfügbaren Kanälen behandeln die meisten Hacks das Thema Nutzerakquise, also die Erhöhung des Traffics auf deiner Website. Damit beschäftigen wir uns in diesem Kapitel.

Denke immer daran: In den seltensten Fällen gibt es den einen, ultimativen Growth Hack. Es bedarf mehr, als aus einer Liste zwei, drei Hacks zu wählen und für das eigene Business zu adaptieren. Growth Hacking ist ein Prozess des fortlaufenden Experimentierens. Diese Beispiele sollen dich inspirieren, deinen eigenen Weg zu finden.

Wir starten mit Acquisition-Maßnahmen. Das Ziel dieser Hacks ist es, deiner Website oder App mehr Traffic zuzuführen, was die Voraussetzung für jeglichen Erfolg darstellt. Nun willst du nicht irgendwelchen »dummen« Traffic, sondern idealerweise genau und ausschließlich deine Kunden gewinnen. Um das eine vom anderen unterscheiden zu können, bedarf es einer korrekt implementierten und analysierbaren Analytics-Infrastruktur. Außerdem setzen wir voraus, dass dir deine Zielgruppe bekannt ist und dass du mindestens eine Persona deines »Lieblingskunden« gebildet hast. Wie das funktioniert, wird in Kapitel 2, »So funktioniert Growth Hacking«, erläutert.

Die wichtigste Metrik für diese erste Stufe des Growth Hacking Funnels sind die sogenannten *Customer Acquisition Costs* (Akquirierungskosten):

KPI: Customer Acquisition Costs

Die Akquirierungskosten beschreiben den Preis, den du bezahlen musst, um einen neuen Kunden zu gewinnen. Verwechsle diese Metrik nicht mit dem Cost per Action, der nur eine einzelne Aktion beschreibt (beispielsweise das Ausfüllen eines Formulars). Zu Berechnung teilst du die Kosten durch die Anzahl der neuen Kunden in einem bestimmten Zeitraum.

Die Akquirierungsmaßnahmen unterteilen wir in zwei Kategorien, die jedem Digital Marketer bekannt sein sollten: Push- und Pull-Maßnahmen.

Unter *Pull* verstehen wir alle Taktiken, die den Menschen einen Anreiz geben, zu dir zu kommen. Sie werden nicht dazu gedrängt, sondern quasi eingeladen, »herangezogen«. Du bzw. dein Produkt bietet einen Mehrwert – und im Gegenzug wird der Nutzer zu deinem Kunden. Ganz simpler Vergleich: Stell dir eine Blüte vor, die möglichst viele Bienen durch ihren verführerischen Geruch und leckeren Nektar anlockt. Der einzige Grund für das Aussehen, den Geruch und den Nektar ist die Absicht, Pollen zu verteilen. Genau so funktioniert Pull-Marketing. SEO und Content Marketing sind zwei der wichtigsten Bausteine für Pull-Marketing.

Im Gegensatz dazu ist *Push-Marketing* aggressiver und mit klassischer Werbung gleichzusetzen. Die Menschen werden durch Werbung in ihrem Verhalten gestört und unterbrochen, sie wird ihnen »aufgedrückt«. Deswegen werden Fernsehspots als nervig empfunden: Sie unterbrechen das eigentliche Benutzerverhalten (Unterhaltung durch das aktuelle Programm) durch eine vollkommen unterschiedlich ausgerichtete Kommunikation (Verkauf von Produkten). Du »drückst« dein Produkt sozusagen in die Welt hinaus.

5.1   Suchmaschinenoptimierung (SEO)

Suchmaschinenoptimierung ist ein »Urgestein« des digitalen Marketings, denn Suchmaschinen (und damit meinen wir Google[1]) sind für einen Großteil der Bevölkerung *der* Einstiegspunkt ins Internet. Wer Besucher auf seiner Seite haben möchte, der kommt um das Thema SEO nicht herum.

Suchmaschinenoptimierung beschreibt jede Maßnahme, deren Ziel es ist, dass deine Website und ihre Inhalte in den entsprechenden Suchergebnissen möglichst weit oben stehen. Wir reden dabei von der sogenannten organischen Suche, also nicht von werblichen Anzeigen (die du mit Geld kaufen kannst und die entsprechend gekennzeichnet sind). Wie genau man eine Website und ihren Inhalt aufbaut und erstellt, um möglichst weit oben in der Suchliste zu stehen, damit beschäftigen sich weltweit zehntausende Menschen. Sie alle versuchen, Googles Anforderungen möglichst genau zu verstehen und daraufhin Optimierungsmaßnahmen durchzuführen.

Aber Achtung: Im Gegensatz zu vielen anderen Maßnahmen, über die du in diesem Buch lesen wirst, ist SEO ein langfristiges Projekt. »SEO und kurzfristig passt nicht zusammen«, sagt Mario Jung, SEO-Experte und Geschäftsführer der Onlinemarke-

---

1   In Deutschland liegt der Marktanteil von Google bei 87 %, weit vor Bing und Yahoo. Trotz einiger nationaler Konkurrenten wie Yandex in Russland und Baidu in China ist Google weltweit mit ca. 88 % Marktanteil absolut dominant.

ting-Agentur ReachX. Aber langfristig ist SEO der günstigste Kanal von allen, und du bekommst Traffic und Conversions zu einem Preis, den du über Google- oder Facebook-Ads niemals erreichen kannst. In einer Nische ist das natürlich deutlich einfacher als in einem umkämpften Markt, wie beispielsweise Versicherungen.[2]

5.1.1 Der »Warum in die Ferne schweifen«-Hack

Grundsätzlich sollte man immer schauen, was das Unternehmen bereits macht. Oft betreiben Unternehmen gute Pressearbeit und wissen gar nicht, dass man die Inhalte, die dort produziert werden, auch relativ einfach für die Suchmaschinenoptimierung nutzen könnte. Damit spart man sehr viel Geld, weil man das Geld bereits ausgegeben hat, und man müsste nur an kleinen Stellschrauben drehen, um das auch für die Sichtbarkeit im Internet nutzen zu können. Andere Firmen haben vielleicht einen eigenen Programmierer. Es ist relativ einfach, das technische SEO gut aufzusetzen und damit schon an einer großen Stellschraube zu drehen.

Prinzipiell ist es ratsam, sich auf sogenannte *Longtail-Keywords* zu fokussieren. Das sind Keywords, die aus mehreren Wörtern bestehen und deswegen nicht sehr oft gesucht werden – aber eben genau von deiner Zielgruppe. Wenn du die Suchergebnisse in deiner Nische dominierst, hast du einen großen Schritt zum Erfolg gemacht!

Außerdem musst du nicht ständig neue Artikel veröffentlichen. Wenn du bestehende Artikel fortwährend aktualisierst und optimierst, wird der Google-Algorithmus »merken«, dass du eine verlässliche Quelle für dein Themengebiet bist.

5.1.2 Die »Mehr Links für meine Website«-Hacks

Wenn du dich mit dem Thema Suchmaschinenoptimierung beschäftigst hast, dann weißt du, dass viele und »gute« Links auf deine Website dazu führen, dass du in den organischen (im Gegensatz zu den werblichen) Ergebnissen bei Google und Co. über deiner Konkurrenz stehst.

> *»Es bringt nichts, guten Content zu haben, wenn Google ihn nicht indexieren kann. Aber es bringt auch nichts, guten Content zu haben, wenn ich kein Link-Building betreibe. Man wird sich aufgrund der Fülle des Contents, der mittlerweile im Netz existiert, relativ schwer nur durchsetzen und Google bevorzugt ein Zusammenspiel dieser Rankingfaktoren.«*
> – Mario Jung, GF ReachX

---

2 Wer sich intensiv mit dem Thema Suchmaschinenoptimierung beschäftigen möchte, dem sei folgendes Buch nahegelegt: Sebastian Erlhofer: Suchmaschinen-Optimierung. Rheinwerk Verlag: Bonn 2018 (*https://www.rheinwerk-verlag.de/4629*).

Historisch hat das einen ganz logischen Grund: Larry Page und Sergey Brin, die Gründer von Google, mussten ein Verfahren entwickeln, das die Wertigkeit von Webseiten bewertet, um ihren Nutzern die besten Ergebnisse anzuzeigen. Sie ließen sich von akademischen Referenzen inspirieren: Je häufiger ein Fachbuch von anderen zitiert wird, desto wichtiger muss es für das jeweilige Thema sein. Genauso gingen sie vor und entwickelten den sogenannten *Page Rank*: Je öfter eine Seite von anderen relevanten Seiten verlinkt ist, desto wichtiger muss sie für das jeweilige Thema sein. Die Bewertung hängt (vereinfacht ausgedrückt und neben vielen anderen Faktoren) von der Anzahl der Links und von der Relevanz ihrer Quelle ab. Schöner Nebeneffekt: Du bekommst nicht nur mehr Traffic von Suchmaschinen, sondern auch von diesen Quellen selbst. Mit den folgenden Tipps bekommst du mehr Links auf deine Website.

Links von Web-2.0-Profilen

Etwas altbacken, aber eine gute Ausgangsbasis: Erstelle Profile auf den relevanten Social Communitys, und verlinke auf deine Website. Neben den bekannten Facebook und Twitter gehören dazu auch YouTube, WordPress, blogger.com, Tumblr, about.me, Gravatar, DailyMotion, BuzzFeed, Answers.com, GuteFrage.net, XING, LinkedIn und viele mehr. Vergiss nicht lokale Verzeichnismedien!

Links von Freunden, Kunden und Partnern

Eigentlich naheliegend, aber trotzdem selten genutzt: Schau dich in deinem persönlichen und beruflichen Bekanntenkreis um (z. B. über XING und LinkedIn). Mache eine Liste mit allen Bekannten, die Einfluss auf den Inhalt einer vertrauenswürdigen Website haben. Berücksichtige auch passende Verbände und Vereine. Beschreibe ihnen dein Projekt, und gib ihnen zu verstehen, dass sie dich mit einem Link (idealerweise an prominenter Stelle und auf dein wichtigstes Keyword) sehr unterstützen könnten.

Links von bestehenden Artikeln

Installiere die MozBar für Google Chrome. Suche auf Google nach deinem Keyword. Mache aufgrund der Moz-Daten eine Liste mit den besten Artikeln, die dein Keyword benutzen, es aber nicht verlinkt haben. Statt der MozBar kannst du für diese Aufgabe auch den *Content Explorer von Ahrefs*[3] nutzen. Dein Ziel sind Artikel ohne Backlink, aber mit über 1.000 Visits im Monat. Wenn der Autor des Artikels nicht angegeben ist, kannst du das Tool Lead Generation von *builtwith.com* nutzen, um die Seitenbetreiber zu identifizieren und sie kontaktieren zu können. Bitte sie um einen Link auf deine Website.

---

3   *https://ahrefs.com/de/content-explorer*

Links von Blogkommentaren

Finde mit Google, BuzzSumo oder der MozBar passende Blogbeiträge über dein Thema. Sofern möglich, schreibe einen Kommentar unter den fraglichen Blog-Post, und inkludiere deine URL. Denke aber daran, mit deinem Kommentar einen echten Mehrwert zu bieten. Lobe den Autor, und teile ihm mit, was dir am besten gefallen hat. Verweise auf bisher ungenannte Aspekte, die im Artikel noch fehlen, oder stelle eine Frage. Idealerweise verlinkst du auf einen eigenen Blog-Post. Positiver Nebeneffekt: Wenn du das regelmäßig bei den fünf wichtigsten Blogs in deinem Gebiet machst, werden die Leser auf deinen Namen aufmerksam werden und sich dafür interessieren, wer du bist. Außerdem wirst du davon nicht dümmer.

Links mit Content Marketing

Finde mit Tools wie *openlinkprofiler.org* oder *ahrefs.com* die Seiten, die auf einen Blog-Post deines Wettbewerbs verlinken. Schreibe dann einen besseren und aktuelleren Post, und informiere die Seitenbetreiber, dass sie doch lieber auf deinen neuen Artikel verlinken sollten, um ihren Lesern einen Mehrwert zu bieten. Schau dir dazu auch Abschnitt 5.2.5, »Der ›Skyscraper‹-Hack«, an!

Link von Wikipedia

Versuche nicht, einen Artikel über dich, dein Unternehmen oder dein Produkt auf Wikipedia zu veröffentlichen. Die Relevanz-Richtlinien sind sehr streng und werden von einem kleinen Kreis Administratoren genau überwacht. Suche stattdessen auf Wikipedia nach Fachartikeln über dein Gebiet. Analysiere sie gründlich nach Fehlern oder fehlenden Informationen. Schreibe dann einen Blogartikel mit exakt diesen fehlenden Infos, und verlinke von Wikipedia auf dein Blog.

Link-Building-Content

Vergiss für einen Moment deine eigentliche Zielgruppe, und erstelle Content speziell für Blogger, Autoren oder Publisher. Studien, Karten, Statistiken, Grafiken, Rankings, besondere Ressourcen oder Infografiken eignen sich besonders gut. Dazu musst du das Rad nicht neu erfinden. Mögliche Inspirationsquellen sind:

▶ Wikipedia-Artikel

▶ Datenbanken und Bundesämter

▶ Google Trends

▶ Fachzeitschriften oder akademische Informationen

▶ Reports

▶ Studien

▶ Social-Media-Statistiken

Nun übermittle anschließend deinen erstellten Content an die auserwählten Blogger, Autoren und Publisher, und weise sie darauf hin, dass sie ihn kostenlos verwenden dürfen, wenn sie deine Seite verlinken.

5.1.3   Der »Meine Website soll schneller werden«-Hack

Die Ladegeschwindigkeit deiner Website ist für Google ein sehr wichtiges Qualitätskriterium – und wirkt sich auch direkt auf deine Conversions und deinen Umsatz aus. Insbesondere für Besucher mit mobilen Endgeräten sollte sich deine Website so schnell wie möglich laden, um wertvolles Datenvolumen zu sparen. 47 % der Nutzer erwarten, dass sich eine Website innerhalb von 2 Sekunden öffnet, und 40 % verlassen eine Seite wieder, wenn sie nach 3 Sekunden noch nicht geladen ist.

Außerdem wirkt sich eine schnelle Website direkt auf die Nutzerfreundlichkeit aus – und damit bei einem E-Commerce-Unternehmen unmittelbar auf die Conversion Rate. Der Onlineverkäufer Shopzilla reduzierte seine Ladegeschwindigkeit von 7 auf 2 Sekunden und erzielte eine Zunahme von 25 % beim Seitenabruf und eine Umsatzsteigerung von 7–12 %. Kein schlechtes Ergebnis für einen kleinen Aufwand.

Oder andersherum betrachtet: Eine Verzögerung von nur 1 Sekunde kann eine Reduzierung der Conversions um 7 % bedeuten. Bei einer E-Commerce-Website mit einem Umsatz von 100.000 Euro pro Tag wären das 2,5 Millionen Euro verlorener Umsatz pro Jahr! Eine schnelle Website ist daher für den Nutzer, für Google und für dich von Vorteil.

Tipp 1: Identifiziere die Bilder auf deiner Website

Gehe auf *google.com* und tippe dort ein: »site:*meinewebsite.de*« (ersetze »meinewebsite.de« durch deine Domain). Klicke auf BILDER, und du siehst alle von Google indexierten Bilder auf deiner Website. Suche nach den »schwersten« (die kB-Zahl) und größten (die px-Zahl) Bildern. Alternativ kannst du auch das Pagespeed-Tool von Google nutzen: *developers.google.com/speed/pagespeed/module*

Tipp 2: Komprimiere die größten Bilder

Nutze ein Tool wie *tinypng.com* oder *optimizilla.com*, um die Bildgröße bis zu 70 % zu reduzieren, ohne dabei nennenswerte Qualitätsverluste in Kauf zu nehmen. Wenn du schon dabei bist, überprüfe auch gleich den Dateinamen der Bilder, und gehe sicher, dass dort dein wichtigstes Keyword vorkommt.

5.1.4   Der »Barkeeper«-Hack

Grundlage von vielen digitalen Maßnahmen – insbesondere von allen Maßnahmen im Umfeld der Suchmaschinenoptimierung – ist eine Keyword-Recherche. Jeder Website-Betreiber sollte wissen, bei welchen Suchphrasen er möglichst weit oben gelistet sein möchte, um möglichst viel Traffic zu bekommen. Entsprechend dieser Suchphrasen sollte er die Struktur, Verlinkung und die Inhalte seiner Website aufbauen. Die deutliche Mehrheit aller Blogartikel und jede Seitenbeschreibung sollte dieses wichtige Keyword beinhalten. Nur, woher weiß man, welche Keywords wichtig sind? Welche Suchphrasen nutzen Menschen, die genau das Problem haben, für das deine Website die Lösung bietet?

Wie ein guter Barkeeper musst du deinen Kunden zuhören, um ihre Fragen und Bedürfnisse zu identifizieren. Um diese herauszufinden, gibt es eine Reihe von Onlinetools. Neben den bekannten Google Trends (*trends.google.de*) und dem Google Keyword Planner (ein Feature von Google Ads) sind vor allem *ubersuggest.io* und *hypersuggest.com* empfehlenswerte und kostenlose Alternativen für die Anfänge.

Ein Großteil der Menschen nutzt Google, um die Lösung eines akuten Problems zu finden, das heißt, ihre Keywords sind Fragen:

▶ Wie orte ich mein Handy?

▶ Wohin mit dem Handy beim Konzert?

▶ Wo Handy verkaufen?

▶ Welches Handy hat den besten Empfang?

Schlaue Marketer werden exakt diese sogenannten W-Fragen als Themen für ihr Blog wählen, um das Problem der Menschen zu lösen und einen Mehrwert zu bieten. Und schlaue Marketer können genau für diese Recherche das umfangreiche und kostenlose Tool *answerthepublic.com* nutzen.

5.1.5   Der »Was schert mich mein Geschwätz von gestern?!«-Hack

Nehmen wir an, du möchtest bzw. musst einen Blog-Post über einen Artikel schreiben, der vermutlich kritisch aufgenommen werden und nicht viele Backlinks generieren wird. Was machst du? Du könntest einen Blog-Post über das Thema schreiben, aber dabei einen populären Standpunkt oder eine How-to-Anleitung schreiben. Nachdem du den Post über deine Kanäle publik gemacht und damit möglichst viele Backlinks eingesammelt hast, änderst du einfach den Inhalt. Natürlich solltest du dabei die Kernaussage nicht verändern, denn ansonsten lässt du jeden Kommentar und jeden Link-Geber doof aussehen, und er wird es sich in Zukunft sehr genau überlegen, ob er noch einmal mit dir zusammenarbeitet. Doch wenn du den Text, aber nicht den Sinn änderst, dann hast du gewonnen.

5.1.6 Der »Minion«-Hack

Den folgenden Hack haben wir von Mario Arabov, Co-Founder und COO von Lama bekommen. Das Ziel: mehr Traffic von Quora (wobei du die Mechanik auch bei anderen Portalen wie z. B. Medium anwenden könntest).

Und so kannst du vor gehen:

1. Suche auf *quora.com* nach Fragen, die sich auf dein Gebiet beziehen.
2. Gibt es noch keine passenden Fragen? Dann erstelle einen Dummy-Account, und stelle sie selbst.
3. Liefere eine hervorragende Antwort, und verlinke auf deine Website.
4. Um die Top-Platzierung zu bekommen, kaufst du Likes bzw. »Upvotes« auf *https://www.microworkers.com/*. Dort sind deine »Minions«, die für dich kleine Aufgaben für kleines Geld erledigen. Es soll Menschen geben, die sogar »Downvotes« für den Wettbewerb einkaufen, aber das gibt ganz schlechtes Karma!
5. Durch die Upvotes ist deine Antwort die beste Antwort und wird dementsprechend oft gesehen, und die Wahrscheinlichkeit, dass die Nutzer auf deinen Link klicken, ist deutlich größer.

5.1.7 Der »Self-Fulfilling Prophecy«-Hack

Du willst für dein wichtigstes Keyword auf Platz 1 bei Google stehen. Wer will das nicht? Das geht natürlich nur, wenn du deine Hausaufgaben gemacht und eine SEO-optimierte Seite angelegt hast. Um den Google-Algorithmus davon zu überzeugen, dass deine Seite wirklich die beste Seite für diese Keywords ist, müssen möglichst viele Menschen von der SERP[4] auf deinen Link klicken. So weit, so klar. Aber wie kannst du das schaffen?

Indem du so laut wie möglich verkündest, du hättest es schon geschafft – und den Menschen zeigen möchtest, wie es geht. Zwei Beispiele haben wir dafür gefunden: Kai Spriestersbach berichtet auf seinem Blog Search-One.de[5] von Ruan M. Marinho, der es mit dieser Methode auf Platz 1 für das Keyword »New York SEO« geschafft hat. Und Neil Patel hat für wenig Geld (es war noch vor der großen Influencer-Schwemme) Influencer auf Instagram dafür bezahlt, ein Schild mit der Aufschrift »Who is Neil Patel?« hochzuhalten. Mit dem vorhersagbaren Ergebnis, dass Follower dieser Influencer sofort zu Google eilen und ebenjene Frage eintippen. In beiden Fällen wurde eine hohes Suchvolumen generiert und damit der Google-Algorithmus beeinflusst.

---

4 *Search Engine Result Page*, also die Seite mit den Suchergebnissen
5 *https://www.search-one.de/new-york-seo-case/*

Tatsächlich steckt hinter diesen Beispielen ein interessanter Mechanismus, den viele Growth Hacker nutzen können: Man wird, was man vorgibt, zu sein. Wenn du auf deinem LinkedIn-Profil angibst, Investor zu sein, wirst du mit interessanten Start-ups in Kontakt kommen und kannst diese an Investoren weitervermitteln. Wenn du dich als Experte und Vortragsredner darstellst, wirst du auch als solcher wahrgenommen und zu Vorträgen eingeladen. Und wer auf Vorträgen sprechen darf, der *muss* Experte sein. Du musst immer nur einen Schritt voraus sein! So hat es Frank Abagnale[6] geschafft, ohne jegliche Ausbildung als Lehrer, Arzt oder Dozent zu arbeiten. An einem bestimmten Punkt musst du dein Können natürlich unter Beweis stellen, ansonsten wirst du deinen Ruf ruinieren. Aber nicht nur deine Mitmenschen, auch du selbst wirst dich anders wahrnehmen und schnell alles dafür tun, deinen Angaben gerecht zu werden.

5.1.8 Der »Emoji«-Hack

Von Social Media Experte Felix Beilharz kommt dieser Hack: Emojis kannst du nicht nur im Social Media nutzen, sondern auch in der Beschreibung deiner Website. Warum du das tun solltest? Auf der SERP wird sich dein Eintrag deutlich von dem deiner Wettbewerber unterscheiden. Alles, was sich unterscheidet, fällt der Nutzerin auf und erhöht damit die Chance, dass sie auf deinen Link klickt – was sich wiederum positiv auf dein Search-Ranking auswirkt[7].

5.1.9 Die »Das sind keine Hacks, aber es schadet nicht«-Hacks

Die nun folgenden Punkte sind zwar keine wirklichen Hacks, aber dennoch solltest du diese Tipps beherzigen:

Seitentitel und Meta-Description

Der Titel und die Meta-Description ist die »Vorschau« deiner Seite, die bei der Liste der Suchergebnisse auf Google und Co. angezeigt wird. Sie ist entscheidend dafür, ob der Nutzer auf deinen Eintrag klickt (und deine Seite besucht) oder nicht. Gib dir also viel Mühe bei der Formatierung und Formulierung dieser Texte! Mache dem Nutzer deutlich, warum gerade deine Seite seine Frage beantwortet oder warum gerade deine Produkte die besten sind. Du kannst nach dem AIDA-Prinzip vorgehen, um die Vorteile deines Produktes entsprechend der Stufe der Customer Journey darzustellen.

---

6 Ein berühmt-berüchtigter Scheckfälscher und Hochstapler, dessen Leben von Steven Spielberg unter dem Titel »Catch me if you can« verfilmt worden ist.

7 Hier findest du eine praktische Übersicht, wo du welche Emojis einsetzen kannst: *https://www.facebook.com/felixbeilharz.de/posts/1549603288501771*.

Beispiel:

▶ Attention (Aufmerksamkeit): Durch einen Satz wie »Endlich mal wieder Zeit ohne Kinder« hat man die Aufmerksamkeit (idealerweise mit dem ersten Satz). Die Verwendung von Emojis kann dies noch fördern.

▶ Interest (Interesse): Ein Satz wie »vom Top-Babysitter« würde wohl direkt Interesse wecken.

▶ Desire (Begehren): »5.000 zufriedene Kunden« würde zusätzlich ein Begehren wecken.

▶ Action (Handlung): »jetzt 15 % Rabatt sichern!« würde zum Klicken aufrufen.

Content Design

Berücksichtige immer den Lese-Komfort deines Nutzers auf deiner Website. Nutze viel Weißraum auf der Seite, mache die Schrift nicht zu klein (insbesondere bei Nutzern über 50 Jahre), achte auf deutlichen Kontrast und benutze ausreichend viele Absätze. Statt einer Aufzählung im Text solltest du Bullet-Point-Listen verwenden (dann wäre dir die Lektüre dieses Absatzes leichter gefallen). Das vereinfacht nicht nur die Lektüre für deinen Leser und sieht besser aus, es hilft dir auch bei einer besseren Strukturierung deiner Artikel.

Content Recycling

Lasse deinen Nutzern die Wahl, ob sie den Inhalt als Text lesen, als Podcast hören oder als Video sehen wollen. Ja, die Produktion in mehreren Formaten ist sehr aufwendig, sie kann sich aber auch lohnen. Mit der Zeit wirst du lernen, welche Formate deine Nutzer präferieren.

5.2 Inbound und Content Marketing

Die Begriffe Inbound Marketing und Content Marketing liegen gerade stark im Trend im Digital Marketing. Content Marketing beschreibt das wichtigste Werkzeug im Bereich Pull-Marketing: Ergänzend oder sogar anstelle von klassischer Werbung, bietet das werbetreibende Unternehmen seinen potenziellen Kunden einen Mehrwert in Form von Information und Inhalten. Der Nutzer findet die (idealerweise hilfreichen) Inhalte und beginnt in diesem Moment seine Beziehung zum Unternehmen.

> »Content Marketing ist die Kunst, mit Kommunikation Bedürfnisse zu erfüllen und deswegen geliebt oder geachtet zu werden.«
> – Mirko Lange, Scompler

Content Marketing ist also Werbung, die die Leute hören und sehen wollen. Das Prinzip ist nicht neu: Der »Guide Michelin« zeichnet seit 1900 herausragende Restaurants aus. Seit 1956 informiert die »Apotheken-Umschau« über allerlei medizinische Bedürfnisse. Seit 1964 zeigen sich Top-Models in knapper Bademode jedes Jahr in der »Sports Illustrated Swimsuit Issue« oder ganz ohne jedwede Mode im Pirelli-Kalender, der im gleichen Jahr erstmalig erschien.

Aber wenn Content Marketing schon seit über 100 Jahren auf der Welt ist, warum spricht dann die ganze Welt jetzt darüber? Weil inzwischen so viele Werbebotschaften jeden Tag auf die Menschen einprasseln, dass diese sich mit Werbeblockern davon schützen. Viele Unternehmen haben erkannt, dass der Kampf um Aufmerksamkeit nicht mit traditionellen Mitteln wie TV-Werbung oder Bannern gewonnen werden kann. Diese Unternehmen wollen die Probleme von Menschen lösen und einen Mehrwert bieten, damit diese aus eigenem Antrieb zu ihnen kommen.

In diesem Kapitel nehmen wir dich mit auf einen kleinen Crash-Kurs in Sachen Content Marketing. Wir sprechen auch über praktische Growth Hacks, aber bei diesem komplexen und anspruchsvollen Thema ist eine gute Strategie entscheidend, wenn du deine Zeit nicht durch Trial and Error vergeuden möchtest.[8]

Wer von Content Marketing spricht, der muss auch über Inbound Marketing sprechen. In der Literatur werden die beiden Begriffe oft verwechselt, es herrscht ein »Grabenkampf« zwischen diesen beiden Begriffen, wie Vladislav Melnik sagt. Dabei gibt es einen wichtigen Unterschied. Inken Kuhlmann ist Senior Manager Growing Markets bei HubSpot, einem SaaS-Anbieter (Software as a Service) von Inbound-Marketing-Software und eine *der* Expertinnen im deutschsprachigen Raum für Inbound und Content Marketing. Sie sagt: »Inbound-Marketing ist für mich ein umfassendes Konzept, das das ganze Unternehmen neu ausrichtet. Nicht nur die Marketingsicht wird durch die Kundenansprache mit relevantem Content verändert, auch Vertrieb und Service agieren ganz anders. Beim Inbound-Ansatz geht es darum, hilfreiche Inhalte anzubieten. Und das an jeder Stelle des Kaufzyklus, nicht nur beim Marketing. So kann es sein, dass der Vertrieb weitere Informationsmaterialien anbietet und zugleich sicherstellt, dass die Beratung auf den Kunden abgestimmt ist.« Oder wie Melnik sagt: »Inbound-Marketing ist vertriebsorientiertes Content Marketing.«

Sprich: Es geht um mehr als die Erstellung und Produktion von Content, denn diese Elemente sind im Inbound Marketing immer Teil eines Sales Funnels, ebenso wie Landingpages oder E-Mail-Marketing. Ganz vereinfacht ausgedrückt: Inbound Marketing ist Content Marketing mit einem Button und einem Call-to-Action.

---

8   Wer sich noch tiefer mit dem Thema Content Marketing beschäftigen möchte, dem empfehlen wir das folgende Buch: Miriam Löffler: Think Content! Rheinwerk Verlag: Bonn 2020.

Wichtig: Erwarte von Inbound Marketing keinen kurzfristigen Erfolg! Im Schnitt dauert es etwa sechs Monate, bis er sichtbar wird. Kuhlmann vergleicht Inbound Marketing gerne mit einem Hauskauf: Im Gegensatz zu einer Wohnung, die man vorübergehend mietet wie einen Anzeigenplatz im Marketing, investiert man mit Inbound Marketing in eine dauerhafte Präsenz im Netz. Und wie bei einem Haus auch, dauert es einige Zeit, bis sich der Einsatz amortisiert. Der Erfolg ist dann aber umso größer.

Die Inhalte können dabei in mannigfaltiger Form auftreten:

- Case Studies
- Infografiken
- Artikel
- Bewertungen
- Bilder und Fotos
- FAQ-Websites

- How-to-Guides
- Reports und Trends
- PDF und E-Books
- Videos
- Interviews
- Gewinnspiele

- Pressemitteilungen
- Studien
- Webforen
- Präsentationen
- Listen
- Podcasts

Der Kunde ist König – diesen Leitsatz eines jeden Dienstleisters solltest du auch als Growth Hacker verinnerlichen. Denn wenn du dein Produkt und dein Marketing nach den Nutzern ausrichtest, wirst du nicht scheitern. Durch eine gute Internetrecherche weißt du bereits, über welche Themen du schreiben solltest, bevor du den ersten Tastenanschlag machst. Wenn du dich an der Nachfrage orientierst, wird sich der Erfolg automatisch einstellen.

Wie man die besten Themen findet

- Recherchiere auf Frage-Antwort-Seiten wie Foren, GuteFrage.net oder Quora nach Fragen im Umfeld deines Fachgebiets. Mache eine Liste mit den am häufigsten gefragten Themen und Problemen. Stelle sicher, dass du den genauen Wortlaut kopierst, denn daraus bilden sich deine Keywords und Überschriften.

- Nutze unbedingt BuzzSumo, um populäre Blogbeiträge zu identifizieren, und lies dort auch die Kommentare und Fragen, die dem Autor gestellt werden.

- Analysiere die Fragen, die dir deine bestehenden Nutzer und Kunden stellen. Sprich dafür mit deinem Customer Support, analysiere die Zugriffsdaten der Hilfeseite und die On-Site-Suche auf deiner Website. Identifiziere die wichtigsten Fragen und Probleme, und erstelle dazu hilfreichen Content. Tipp: Auch die Hilfeseiten deiner Wettberber sollten dir Inspiration geben können.

Wie man die besten Themen priorisiert

Stelle zu jedem recherchierten Thema eine Frage auf Twitter, Facebook, LinkedIn oder XING (je nachdem, wo du die meisten Follower hast). Jetzt warte etwas. Das Thema mit der höchsten Interaktionsrate wird zu deiner obersten Priorität.

5.2.1 Die richtige Content-Strategie

Damit deine Content Hacks funktionieren können, musst du dich zuerst um die richtige Content-Strategie kümmern. Jeder Content sollte ein spezifisches Ziel verfolgen. Du kannst nicht mit jedem Content jedes Ziel erreichen.

Mirko Lange, Content-Stratege, Autor und Gründer von Scompler, sagt, dass Content Marketing die Aufgabe hat, Informationen und Botschaften so zu vermarkten, dass Nutzer das Angebot als wünschenswert wahrnehmen. Strategisches Content Marketing ist die nachhaltige Ausrichtung der Kommunikation auf die konkreten Informationsbedürfnisse der Zielgruppen, um strategische Unternehmensziele zu erreichen, wie z. B. Vertrauensaufbau, Kompetenz- oder Serviceführerschaft sowie Markenbildung und Profilierung. Ein Unternehmen kann die Preisführerschaft anstreben, aber Content Marketing wird dazu keinen Beitrag leisten können.

Damit ein Unternehmen die richtige Strategie finden kann, hat Lange das sogenannte SCOM-Framework[9] entwickelt (siehe Abbildung 5.1).

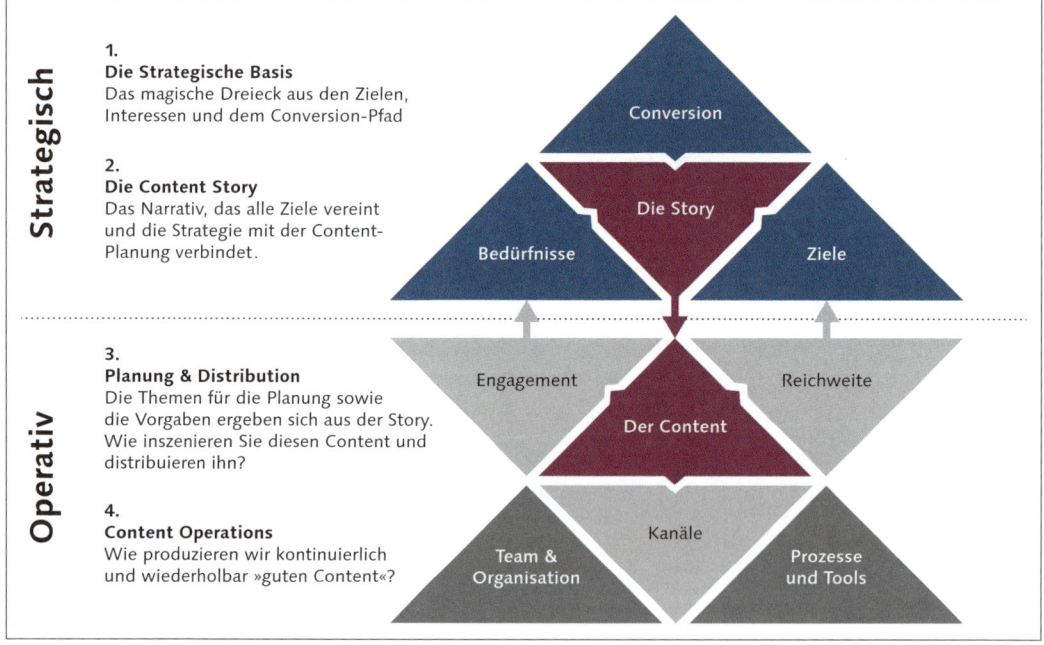

Abbildung 5.1 Das SCOM-Framework von Scompler

Auf der strategischen Ebene sind die Informationen wichtig, die du im Rahmen deiner Positionierung (siehe Abschnitt 3.7) gesammelt hast:

---

9 SCOM: strategisches Content Marketing

- Bedürfnisse: Was sind die Bedürfnisse und Motive deiner Zielgruppen? Je besser du die Bedürfnisse kennst, desto besser wird auch dein Content werden.

- Ziele: Welche Ziele verfolge ich für meinen Geschäftserfolg?

- Wie erreiche ich meine Ziele, indem wir Bedürfnisse erfüllen?

- Die Story beantwortet die Frage nach dem Warum. Warum sollten die Menschen das lesen oder anschauen, was du veröffentlichst? Warum hebst du dich von allen anderen ab? Die Story ist der Kern und das Herz deines Content Marketings.

- Erst wenn du diese Fragen beantwortet und deine eigene Story entwickelt hast, solltest du in den operativen Modus wechseln:

- Mit welchem Content »erzähle« ich die Story am besten?

- Kanäle: Über welche Kanäle veröffentliche ich meinen Content?

- Reichweite: Wie sorge ich dafür, dass mein Content Reichweite bekommt?

- Engagement: Wie bringe ich die Nutzer dazu, mit meinem Content zu interagieren?

- Team und Organisation: Wer ist verantwortlich, wer koordiniert, wer produziert, wer veröffentlicht?

- Prozesse und Tools

Du kannst dieses Framework als eine Checkliste[10] nutzen, um Schritt für Schritt deine Content-Strategie zu entwickeln.

Wenn du das geschafft hast, kannst du im nächsten Schritt konkret planen, was du veröffentlichen solltest, damit du deine Ziele erreichen kannst. Auch dazu hat Lange zwei Modelle entworfen: Das *FISH-Modell* und den *Content Radar*.

Der Grundgedanke des FISH-Modells ist, dass Content bestimmte Aufgaben erfüllen muss (siehe Abbildung 5.2), sowohl für dich als auch für deine Kunden. Da sich diese Aufgaben auch gegenseitig behindern können, bedarf es einer klaren Strukturierung.

Folgende vier Kategorien gibt es:

1. **Follow Content:** Dieser Content ist darauf ausgerichtet, Menschen so sehr zu interessieren, dass sie mehr davon haben möchten. Es eignen sich dafür spezielle Rubriken, Serien oder Storytelling. Entscheidend ist, dem Kunden eine Möglichkeit anzubieten, den Content zu abonnieren.

---

10 Lange selbst bezeichnet seine Modelle als »betreutes Denken«.

2. **Inbound Content:** Aufwendig produzierter Content mit hohem Nutzen für deine Kunden. Zielt darauf ab, den Nutzer in einen Lead zu verwandeln. Studien und Whitepapers sind z. B. sehr gut für diese Content-Form geeignet.

3. **Search Content:** Mit diesem Content möchtest du eine Frage beantworten. Dein Nutzen ist, dass du einerseits gefunden wirst und andererseits Reputation aufbaust. SEO und Keyword-Optimierung spielen bei dieser Content-Form eine wichtige Rolle.

4. **Highlight Content:** Damit möchtest du Aufmerksamkeit erregen. Dieser Content soll deine Zielgruppe begeistern. Bestenfalls soll sich der Content viral verbreiten. Videos sind z. B. sehr gut für diese Form geeignet.

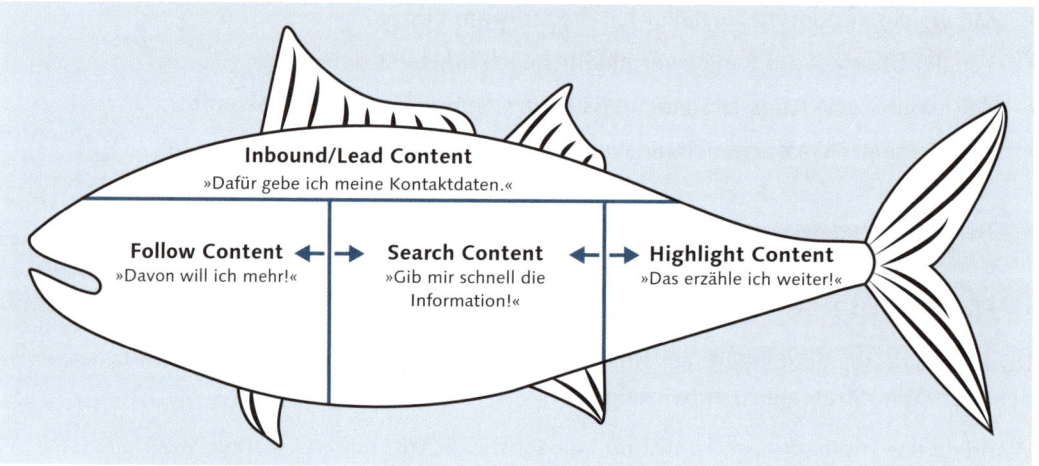

Abbildung 5.2 Das FISH-Modell

Das zweite Modell fügt eine weitere Dimension hinzu. Während sich das FISH-Modell vor allem um deinen Nutzen kümmert, stellt der Content Radar den Nutzen für deine Kunden dar. Wenn beide Modelle kombiniert werden, erhältst du eine genaue Strategie für die Umsetzung deines Contents. Mit dem FISH-Modell bekommst du ein Tool an die Hand, das dir hilft, deine Content-Typen strategisch zu kategorisieren. Die verschiedenen Kategorien beschreiben den Nutzen, den du für dich generierst, indem du einen Nutzen für deine Zielgruppe schaffst.

Das zweite Modell, der Content Radar, unterscheidet emotionalen bzw. funktionalen Content einerseits und vorder- bzw. tiefgründigen Content andererseits (siehe Abbildung 5.3).

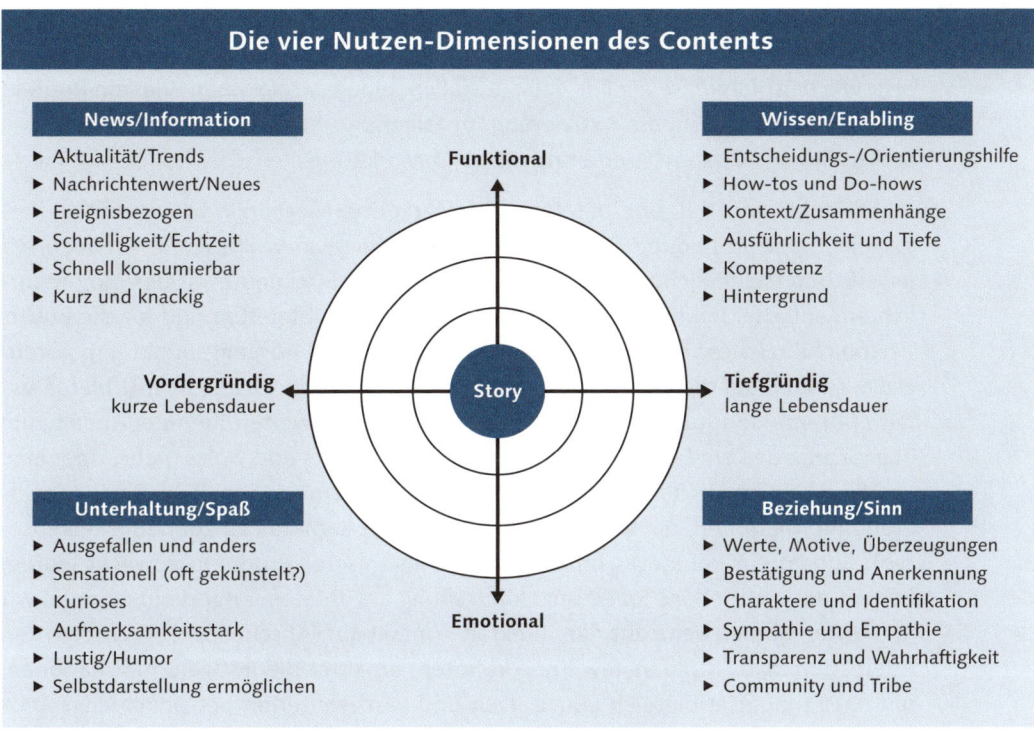

Die vier Nutzen-Dimensionen des Contents

News/Information
- Aktualität/Trends
- Nachrichtenwert/Neues
- Ereignisbezogen
- Schnelligkeit/Echtzeit
- Schnell konsumierbar
- Kurz und knackig

Funktional

Wissen/Enabling
- Entscheidungs-/Orientierungshilfe
- How-tos und Do-hows
- Kontext/Zusammenhänge
- Ausführlichkeit und Tiefe
- Kompetenz
- Hintergrund

Vordergründig
kurze Lebensdauer

Story

Tiefgründig
lange Lebensdauer

Unterhaltung/Spaß
- Ausgefallen und anders
- Sensationell (oft gekünstelt?)
- Kurioses
- Aufmerksamkeitsstark
- Lustig/Humor
- Selbstdarstellung ermöglichen

Emotional

Beziehung/Sinn
- Werte, Motive, Überzeugungen
- Bestätigung und Anerkennung
- Charaktere und Identifikation
- Sympathie und Empathie
- Transparenz und Wahrhaftigkeit
- Community und Tribe

Abbildung 5.3 Der Content Radar (Quelle: talkabout, Mirko Lange)

- **Emotional/funktional:** Wir unterscheiden, ob der Nutzer mit unserem Content etwas lernt oder ob wir vor allem Emotionen transportieren wollen.

- **Vordergründig/tiefgründig:** Betrifft die Frage, wie viel Zeit der Nutzer hat, um unseren Content zu konsumieren, und ob nur oberflächliches Interesse vorhanden ist. Ist das der Fall, muss der Content z. B. kurz und knackig sein, damit der Leser das Interesse nicht verliert.

Achtung

Erst die Story, dann der Content, dann der Kanal.

Bevor du also Content erstellst, solltest du dich immer fragen, ob er der Story und damit deinen Unternehmenszielen dient. Ob dein Content gut oder schlecht ist, richtet sich nach der Story: Wenn der Content der Story dient, ist er gut, wenn nicht, dann nicht. Du wirst erkennen, dass Content Marketing kein Selbstzweck ist, sondern immer zielgerichtet sein muss. Aufmerksamkeit für deine Marke (*Brand Awareness*) ist gut und schön, aber Bekanntheit ohne Interaktion hilft nicht. Auch gute Filme mit berühmten Schauspielern können floppen, wenn sie nicht genügend

Kinozuschauer anlocken. An dieser Stelle musst du Traffic generieren und ihn möglichst elegant »aktivieren«, also die Nutzer dazu bringen, das zu tun, was du möchtest, wie beispielsweise ein Formular ausfüllen, einen Artikel lesen oder ein Produkt
kaufen (mehr zum Thema Aktivierung im folgenden Kapitel). An dieser kritischen
Stelle wird aus Content Marketing Inbound Marketing.

Inken Kuhlmann hat uns die Inbound-Marketing-Methodik von HubSpot vorgestellt (siehe Abbildung 5.4): »In den unterschiedlichen Phasen verwenden wir
jeweils unterschiedliche Content-Formate. Für den Erstkontakt ist das Blog natürlich ein entscheidender Faktor: Mit suchmaschinenoptimierten und für die Buyer-
Persona hilfreichen Inhalten ist das Corporate Blog der Ausgangspunkt, um potenzielle Kunden auf die Website zu holen (Anziehen). Im nächsten Schritt bieten wir
dem potenziellen Kunden über Calls-to-Action (CTA) weiterführenden Inhalt zum
Thema an, etwa ein E-Book oder auch Videos, Podcasts und vieles mehr. Über eine
Landingpage erhält der potenzielle Kunde den Premium-Inhalt und wir Hintergrundinformationen, um weitere nützliche Inhalte anbieten zu können (Konvertieren). Sobald ein konkretes Interesse für eines unserer Produkte geweckt wurde,
kommt der Vertrieb ins Spiel, um Hilfestellung anzubieten – nur dann nehmen wir
von Unternehmensseite aus den direkten Kontakt auf (Abschließen). Wenn wir den
Interessenten als Kunden gewinnen konnten, erhält er die nötigen Informationen,
um das Produkt erfolgreich einzusetzen und wird weiterhin persönlich angesprochen. Ganz wichtig ist hier die Kundenpflege (Begeistern). Inbound Marketing hat
den gesamten Customer Lifecycle im Blick und ist deswegen so wirksam. Der Kö-
nigsweg ist dabei, das Inbound-Mindset über alle Abteilungen hinweg zu etablieren, um neue Kunden zu gewinnen und bestehende zu begeistern.«

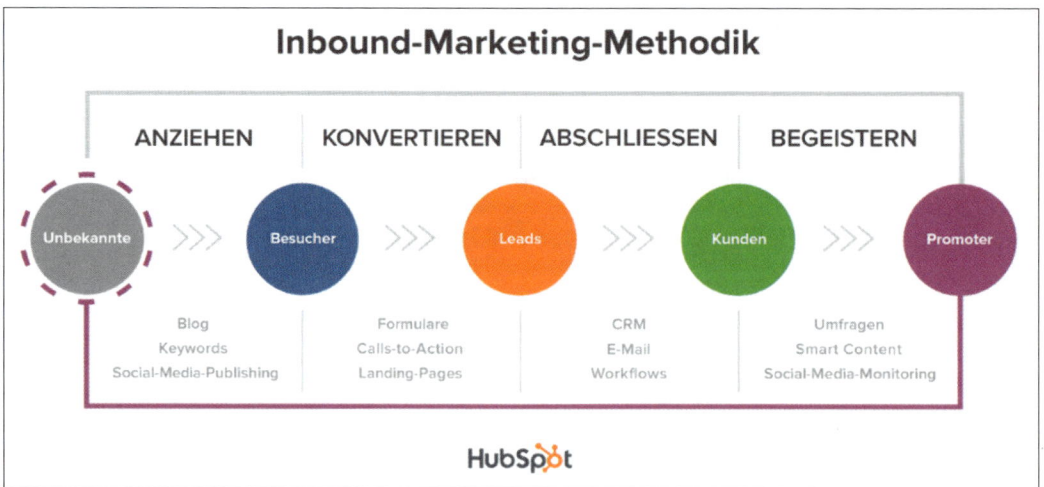

Abbildung 5.4 Der Inbound-Marketing-Prozess entlang der Customer Journey von HubSpot

5.2.2 Gutes Content Marketing in der Praxis

Für ein Buch, das dir pragmatische Tipps und Tricks für mehr Wachstum zeigen möchte, waren die letzten beide Abschnitte sehr theoretisch. Aber viele Unternehmen, die auf diese strategischen Überlegungen verzichten, vergeuden ihre wertvollen Ressourcen oder verzetteln sich in ihrem Aktionismus. Getreu dem Motto: Es reicht nicht, keine Content-Strategie zu haben, man muss auch unfähig sein, sie umzusetzen. Wir möchten dir jetzt einige Beispiele von Unternehmen präsentieren, die ihre Hausaufgaben gemacht haben und sehr erfolgreich Content Marketing betreiben:

▶ *Springlane* ist primär ein Onlineshop für Küchenutensilien. Um mehr Produkte zu verkaufen, nehmen sie den Nutzer nicht nur an die Hand und erläutern mit vielen wertvollen Details, worauf man z. B. bei einem guten Messer achten sollte und wie man mit diesem sicher umgeht. Sie gewinnen auch durch die vielen liebevollen Rezepte in ihrem Blog[11] sehr viel Traffic, den sie anschließend elegant zu Käufern machen.

▶ Der Kosmetikhersteller *Schwarzkopf* hat ebenfalls ein sehr detailliertes Blog[12], bei dem sich alles rund um das Thema Schönheit und Gesundheit dreht – (beinahe) ohne dabei die eigenen Produkte anzubieten.

▶ *Ken Block* ist Co-Founder der Marke »DC Shoes« – und gleichzeitig ein professioneller Rallye-Fahrer. Er verband das eine mit dem anderen und produzierte aufwendige Videos, in denen er spektakuläre Stunts fuhr – oft an ungewöhnlichen Orten. Das Ergebnis ist so erfolgreich, dass seine »Gymkhana-Videos« zu den meistgesehenen Videos auf YouTube gehören[13].

▶ *Dove* hat weltweit mit ihrer Initiative »Real Beauty« für Aufsehen gesorgt. In einer Reihe von Kampagnen und viralen Videos[14] sprechen sie offensiv über unsere moderne Definition von Schönheit – und wie sehr das Selbstbild vieler Frauen darunter leidet. Der Content ist nicht nur hervorragend produziert, sondern er begegnet den Menschen »auf Augenhöhe« und spricht über ein kontroverses, relevantes Thema in einer Form, wie man es von einem etablierten Unternehmen nicht gewohnt ist. Denn Dove hat herausgefunden, wie wichtig die Selbstwahrnehmung ihrer Kunden ist.

▶ Der Kamerahersteller *GoPro* setzt fast ausschließlich auf Content Marketing. Sie erstellen spektakuläre Videos[15], die mit ihren Kameras in exotischen Kulissen

---

11 *www.springlane.de/magazin*
12 *www.schwarzkopf.de/de/haarfarbe.html*
13 *https://www.youtube.com/playlist?list=PLhU72li4fhIfBIHMHSa5ZtjGCplUazKlu*
14 *www.dove.com/us/en/stories/campaigns/real-beauty-sketches.html*
15 *www.youtube.com/watch?v=vlDzYIIOYmM*

249

aufgenommen worden sind, und laden Kunden damit dazu ein, ebenfalls Teil dieses Abenteuers zu werden (indem sie eine Kamera kaufen).

▶ Früher war *Red Bull* eine Firma, die Energydrinks dank origineller TV-Spots verkaufte. Inzwischen ist Red Bull zu einem globalen Medienkonzern geworden. Sämtliche Sponsoring-Maßnahmen (auf deren Auflistung wir zugunsten der Übersichtlichkeit verzichten) werden für multimediales Content Marketing genutzt. Red Bull hat einen eigenen TV-Sender (Servus TV), ein eigenes Magazin (Red Bulletin) und mit dem Red Bull Media House eine eigene Produktionsfirma.

5.2.3 Der »Dieser Hack wird dein Leben verändern!«-Hack

Egal, ob ein Video, ein Blogbeitrag oder ein Newsletter: Die richtige Überschrift ist entscheidend für den Erfolg deines Content Pieces. Du willst ja, dass deine Inhalte nicht nur von deinen Schulfreunden und Mitarbeitern gelesen werden. Denn eine Überschrift ist keine Zusammenfassung des Artikels, sondern nichts anderes als ein weiteres Marketingtool. Und sie hat nur ein einziges Ziel: Neugierig zu machen und damit zum Klicken anzuregen. Ähnlich wie Betreffzeilen von E-Mails sind Überschriften das erste und wichtigste Werkzeug, um potenzielle Leser zum Öffnen zu verleiten.

Wie kann das funktionieren? Überschriften sind Werbung. Und Werbung basiert auf Wahrnehmung und damit auf Psychologie. Es mag dir vielleicht widerstreben, in diese Werbewelt einzutauchen und diese Regeln zu beherzigen. Aber führe dir vor Augen, dass diese Regeln die Grundlage des Erfolgs für viele Publikationen und Blogs sind, beispielsweise für den Bestseller »1000 Places To See Before You Die«. Würden sie nicht funktionieren, würde sie niemand beherzigen. Und was ist frustrierender: eine Überschrift, die nach Werbung klingt, oder ein Blogbeitrag, den niemand liest?

16 Strategien für erfolgreiche Überschriften

1. Überraschung: »Das ist kein perfekter Artikel (aber er könnte es sein)«

2. Fragen: »Weißt du, wie man den perfekten Artikel schreibt?«

3. Neugier (und Zahlen): »10 Bestandteile des perfekten Blogartikels. Nummer 9 hat mich umgehauen!«

4. Vermeidung von Nachteilen: »So schreibst du niemals wieder einen langweiligen Blogartikel«

5. How to: »So schreibst du den perfekten Blogartikel«

6. Ansprache deiner Zielgruppe: »Für Menschen auf der Suche nach dem perfekten Blogartikel«

7. Spezifizierung: »Mit diesen 6 Schritten verdoppelst du die Zugriffe auf dein Blog«

8. Halte dich kurz! Denk daran, dass maximal 65 Zeichen in den Suchergebnissen von Google und Co. angezeigt werden. Versuche daher, längere Headlines zu vermeiden. Die Content-Marketing-Profis von Kissmetrics haben außerdem herausgefunden, dass die Nutzer tendenziell die ersten und die letzten drei Wörter einer Headline lesen. Die ideale Länge wären somit sechs Wörter.

9. Beginne mit einem Bang!

10. Ende mit einem Cliffhanger!

11. Verwende starke Adjektive. Damit verleihst du deinen Überschriften Charakter. Je stärker, persönlicher und provozierender deine Adjektive sind, desto eher wirst du deine Leser dazu bringen können, den Beitrag zu lesen.

12. Verwende Zahlen. Es wird Aufmerksamkeit erzeugen und gibt deinen Lesern einen Vorgeschmack darauf, was sie erwartet. Studienergebnisse zeigen, dass Zahlen besser als Wörter wirken (also schreibe nicht »fünf«, sondern »5«).

13. Nutze populäre Suchanfragen, wie beispielsweise »wie man …« oder »was ist …«. Menschen suchen immer nach relevanten und hilfreichen Informationen. Tipp: Führe selbst eine Google-Suche durch, um zu recherchieren, welche Überschriften für dein Thema schon verwendet werden.

14. Negative Überschriften können unter Umständen effizienter sein als positive, weil sie sich von der Masse abheben. Beispiel: »Wir haben diese 5 Fehler gemacht, damit du sie vermeiden kannst«

15. Vermeide Irreführungen. Wenn deine Headline nicht die Essenz deines Blog-Posts wiedergibt, dann verlierst du an Glaubwürdigkeit und beschädigst deinen Ruf. Auch wenn es verführerisch ist, deinen Titel anzupassen, um ein ganz klein wenig mehr Aufmerksamkeit zu generieren, wird es deinem Blog langfristig nur schaden. Außerdem wird dein Blog von Suchmaschinen abgestraft werden.

16. Lass dich nicht eingrenzen. Auch nicht von diesen Tipps und dieser Liste. Verliere niemals deinen einzigartigen Stil. Sei (und bleibe) kreativ!

Weitere Beispiele

▶ »Das Geheimnis von ____«

▶ »So ____ die Profis«

▶ »Was du über ____ wissen solltest«

▶ »Was ich von ____ gelernt habe«

▶ »____ für Anfänger«

▶ »So überlebst du (deinen ersten) ____«

Vorgehensweise für bessere Überschritten

Überlege dir 25 verschiedene Überschriften. Wähle die zwei bis vier besten aus. Teste deine Ideen anschließend per Crowdsourcing: Frage in passenden Facebook-Gruppen, frage bei Twitter oder nutze Facebook-Ads. Die Headline mit mehr Likes und Shares »gewinnt«. Das amerikanische Medienunternehmen BuzzFeed testet nach einem internen Scoring zwei verschiedene Überschriften zu einem Artikel in verschiedenen Regionen, um die Überschriften mit den besten Klickraten zu ermitteln.

5.2.4   Der »Wer nicht fragt, bleibt dumm!«-Hack

Der wesentliche Unterschied zwischen digitalem und klassischem Marketing ist das Element der Interaktion: Digitales lebt vom Austausch mit den Lesern und Zuschauern, die nicht nur passiv konsumieren, sondern auch aktiv gestalten und kommentieren. Nutze diese Möglichkeiten aktiv, indem du deine Leser/Zuschauer nach ihrer Meinung fragst! Wenn du beispielsweise in einem Blogartikel die fünf wichtigsten Möglichkeiten zum Geldsparen beschreibst, frage am Ende deine Leser nach einer sechsten Möglichkeit.

Oder du stellst (beispielsweise auf Social Media) Fragen zu Themen, mit denen du dich noch nicht auskennst. Das funktioniert wunderbar in Facebook- und Xing-Gruppen oder auf Foren. Vorteil: Mit diesem Feedback kannst du deinen Content verbessern, und du gewinnst schon im Vorfeld Aufmerksamkeit und wirst Teil der Community. Natürlich gibst du jedem, der im Vorfeld auf deine Frage geantwortet hat, Bescheid, wenn du deinen Blogbeitrag veröffentlichst.

5.2.5   Der »Skyscraper«-Hack

Als Skyscraper wird ein Blogartikel bezeichnet, der sich sehr intensiv mit einem Thema auseinandersetzt. Er hat seinen Namen von der Länge: 5.000 Wörter dürfen es schon sein, gerne mehr. Der Begriff wurde von Brian Dean, einem SEO-Profi und Autor, geprägt. Diese Technik basiert auf dem Prinzip des Reverse Engineerings: Du schaust dir an, was bei anderen bereits gut funktioniert hat – und machst es besser! Dadurch ist das Risiko, nicht den gewünschten Erfolg zu haben, sehr gering.

Marco Janck ist einer der bekanntesten deutschen SEO-Experten und Geschäftsführer der Agentur sumago. Er beschreibt Skyscraper-Artikel als »holistische Landingpage«, weil das jeweilige Thema extrem intensiv beschrieben wird, so dass dem Leser jede mögliche Frage beantwortet wird. Gemeint ist damit, dass man auf einer Seite (URL) ein Thema angemessen umfangreich abhandelt, um eine bestmögliche Antwort auf eine Suchanfrage anzubieten. Statt vieler einzelner Seiten für jedes exakte Keyword eines Themas erstellt man eine Seite, auf der die Inhalte gebündelt werden – ein ganzheitlicher, eben holistischer Ansatz.

Aber nicht nur der Leser, auch Google »mag« Skyscraper und indexiert sie entsprechend positiv. Dadurch wirst du die Reichweite deiner Website steigern und neue Nutzer gewinnen können.

Beispiel: Der Low-Carb Guide von Springlane

Ein gelungenes Beispiel ist »Der große Low-Carb-Guide, der all deine Fragen beantwortet« auf Springlane[16]. Springlane ist eigentlich ein E-Commerce-Shop für Küchenzubehör. Aber sie haben ihr Content Marketing so weit perfektioniert, dass (laut SimilarWeb) über 60 % des Traffics über Suchmaschinen kommen – beinahe komplett organisch, also ohne Anzeigen.[17]

Sehen wir uns die Bestandteile dieses Beispiels einmal genauer an! Der Skyscraper von Springlane besteht aus:

1. einer kurzen Einleitung, die die wichtigsten Fragen in den Raum wirft
2. einem ausführlichen Inhaltsverzeichnis (Google liebt Inhaltsverzeichnisse!)
3. jede Menge gut beschrifteten, hochwertigen Bildern (Pinterest lässt grüßen)
4. fast 4.000 Wörtern Text, hervorragend formatiert in kurzen Sätzen, Absätzen und Bullet-Points
5. Unterüberschriften, die mit Fragen zum Weiterlesen verführen (»Die Low-Carb-Idee: Warum weniger Kohlenhydrate?«)
6. Hervorhebungen wichtiger Wörter zur besseren Orientierung
7. Jede Menge interner Links auf passende Artikel und Rezepte. Dort sind teilweise auch Instagram-Posts direkt im Artikel integriert und damit interaktiv nutzbar.
8. zwei Infografiken
9. einem Rezeptheft als Lead-Magnet für den Newsletter
10. einem physischen Produkt (dem Jahresplaner)
11. Ach ja: Kochzubehör kannst du bei Springlange auch noch kaufen.

Man kann den kompletten Artikel sogar als fein-säuberlich formatiertes PDF-Dokument herunterladen. Theoretisch hätte man daraus auch einen Lead-Magneten erstellen können. Haben sie aber nicht.

Dieser Artikel dominiert die erste Seite auf Google für das Keyword »low carb guide«, für das es immerhin über 75 Mio. Ergebnisse gibt.

---

16 *https://www.springlane.de/magazin/low-carb-guide/*

17 Darüber hinaus ist Springlane ein hervorragendes Beispiel dafür, wie man Pinterest als Traffic-Quelle einsetzen kann. Beinahe der komplette Traffic aus sozialen Netzwerken (immerhin 7 %) kommt von Pinterest.

Um einen Skyscraper zu schreiben, solltest du wie folgt vorgehen:

1. Finde heraus, für welche Themen sich deine Leser interessieren. Das hast du bereits gemacht, als du die Persona deines »Lieblingskunden« erstellt hast. Nutze außerdem das Tool *BuzzSumo*. BuzzSumo ist eine Suchmaschine, die zu jedem Suchbegriff den Content findet, der am häufigsten geteilt wurde. Sie zeigt sogar genau an, wie oft ein Artikel in den einzelnen großen Netzwerken geteilt wurde.

2. Wenn die am häufigsten geteilten Artikel zu einem Thema sehr viele Shares in sozialen Netzwerken bekommen haben (also ca. 500+), handelt es sich erwiesenermaßen um ein populäres Thema. Das heißt: Wenn du zu diesem Thema Content verfasst, wird er mit Sicherheit in sozialen Netzwerken geteilt werden.

3. Finde heraus, welche Blogbeiträge es zu diesen Themen bereits gibt und wer sie geschrieben hat. Schau dir auch ganz genau an, wie diese Texte geschrieben wurden. Was steht drin? Was steht nicht drin? Was kannst du besser machen?

4. Weiterer Ninja-Trick: Nutze die gute alte Google-Suche nach Blogbeiträgen, die zu deinem Thema weit oben stehen. Leider gibt dir Google im Gegensatz zu BuzzSumo keine Infos darüber, welcher dieser Beiträge am meisten geteilt worden sind. Aber das kannst du trotzdem herausfinden! Nutze SEO-Tools mit Backlink-Checker, wie z. B. *Ahrefs* oder *SEO SpyGlass*, um herauszufinden, welche Blogbeiträge viele Backlinks bekommen haben.

5. Schreibe einen besseren Beitrag zu dem Thema, besser und länger. Mehr als 5.000 Wörter dürfen es gerne sein. Damit schaffst du die inhaltliche Tiefe und zeigst deinen Lesern und Google, dass du Experte auf dem Gebiet bist. Und warum ist das wichtig? »Menschen vertrauen bei ihrem Handeln auf Autoritäten«, sagt André Morys. »Sie folgen z. B. anerkannten Experten ohne große Bedenken. Je bekannter bzw. etablierter eine Person oder ein Unternehmen ist, desto größer ist das Vertrauen.«

6. Starte mit einem kleinen Inhaltsverzeichnis und nutze dafür Sprungmarken (Jump-Links). Das erleichtert Google, deinen Text zu indexieren, und dem Leser, zu verstehen, was ihn an welcher Stelle erwartet.

7. Erstelle Bilder, Videos und Grafiken, um deinen Text aufzulockern und dem Leser den Sachverhalt anschaulich zu erklären. Pro Textblock solltest du ein Multimediaelement einfügen. Die Videos sollten nicht länger als 3 Minuten sein und auf YouTube gehostet werden.

8. Erstelle deine Überschriften als Fragen, damit deine Leser sofort verstehen, worum es geht. Zumal viele Suchanfragen als Frage formuliert werden – ein Trend, der durch Voice Search[18] noch verstärkt werden dürfte.

---

18 Als *Voice Search* bezeichnet man die Suche per Sprachbefehl, wie es mit Apples Siri, Googles Assistant oder Amazons Echo möglich ist.

9. Nutze Daten und Statistiken von *Statista*, um deine Artikel zu verbessern. Selbst mit der kostenlosen Version von Statista und dem Newsletter bekommst du wertvolle Informationen, mit denen du deine Artikel aufpeppen und deine Thesen belegen kannst.

10. Verlinke zu den Autoren der bisherigen Beiträge zu diesem Thema, und kontaktiere sie. Schreibe ihnen, dass ihr Artikel für dich sehr hilfreich war, dass dir aber A und B aufgefallen ist oder du C vermisst hast. Deswegen hast du A, B und C in deinem Blogartikel ergänzt. Frage die Experten freundlich und höflich, ob sie nicht deinen Artikel lesen und, wenn er ihnen gefällt, mit ihren Followern teilen wollen.

11. Finde mit BuzzSumo heraus, welche Influencer den ursprünglichen Artikel geteilt haben, und informiere sie über dein Update.

Du merkst, der Aufwand für einen Skyscraper ist erheblich. Daher solltest du dir sicher sein, dass deine Kunden sich exakt für dieses Thema interessieren, das du behandeln möchtest.

5.2.6 Der »Egobaiting«-Hack

Wer von uns wird nicht gerne öffentlich gelobt und ausgezeichnet? Das kitzelt unser Ego, und wir werden es jedem in unserem Bekanntenkreis mitteilen, dass wir diesen Preis gewonnen haben. Der »Egobaiting«-Hack bedient sich genau diesem Mechanismus

Beispiel: Expertenlisten bei Unbounce

Unbounce ist ein Anbieter von Landingpage-Software und richtet sich an Digital-Marketer. In ihrem Blog haben sie die beiden Artikel »75 Marketing-Expertinnen, mit denen du dich vernetzen solltest« und »50 Marketing-Experten, die du nicht auf dem Schirm hast, jedoch kennen solltest« veröffentlicht. Natürlich haben viele der darin genannten Experten diese Auszeichnung nur allzu gerne in ihrem sozialen Umfeld geteilt und damit die Reichweite des Blogs – und die Awareness von Unbounce – stark vergrößert. So gewinnen beide Parteien.

Und so gehst du vor: Sofern du sie nicht bereits kennst, suche und finde Experten in deinem Fachgebiet mithilfe von BuzzSumo und Followerwonk. Neben einem reinen Listicle, bei dem du die Experten aufzählst, kannst du auch ein Mini-Interview machen und ihnen allen eine kurze, fachlich spezifische Frage per E-Mail stellen. Wenn du die Antworten bekommen hast, füge alles zu einem Blogbeitrag zusammen, und informiere die Experten über die Veröffentlichung. Markiere sie außerdem in deinen Social-Media-Posts. Viele werden deinen Beitrag teilen.

Natürlich kannst du deine Experten auch zu einem längeren Interview einladen und beispielsweise einen Podcast produzieren oder ein Buch schreiben. Tim Ferris Bücher »Tools der Titanen« und »Tribe of Mentors« sind nach diesem Prinzip entstanden. Das Ansehen deiner Interviewpartner wird auf dich abfärben und kann zu einer positiven Positionierung als »Thought Leader« beitragen – außerdem wirst du eine Menge lernen. Du kannst den »Egobaiting«-Hack aber auch zur Akquise nutzen, wie das folgende Beispiel zeigt:

Beispiel: Kundenblogs bei 247Grad/dirico.io

dirico.io ist eine Social-Media-Management-Software für mittlere und große Unternehmen. Dem Geschäftsführer und Gründer, Sascha Böhr, ist ein Round-up-Hack gelungen, indem er einfach einen Blogartikel über die 38 besten Corporate Blogs veröffentlichte und die erwähnten Unternehmen – die natürlich die perfekten Kunden für dirico.io sind – über die Veröffentlichung informiert hat. 80 % der Unternehmen haben sich dafür bedankt, und 5 % wurden zu Kunden – kein schlechter Erfolg für einen einfachen Blogbeitrag.[19]

5.2.7 Der »Kurator«-Hack

Du möchtest gerne mit Content Marketing starten, hast aber leider zu wenig Zeit und Ressourcen, um ein Blog aufzubauen und jede Woche einen Newsletter zu verfassen? Dann es ist empfehlenswert, mit *Curated Content* zu starten: Du sammelst die besten Blogartikel, Videos oder Interviews über dein Thema und schickst deinen Abonnenten in regelmäßigen Abständen diese Sammlung – zusammen mit deinem professionellen und persönlichen Kommentar. Diese Vorgehensweise ist wenig zeitaufwendig (insbesondere wenn du diese Artikel ohnehin schon liest), günstig und wirkungsvoll, weil du dich als Experte auf deinem Gebiet etablierst und – am wichtigsten – deinen Lesern einen Mehrwert bietest. Je genauer du weißt, wie du deinen Lesern helfen kannst, desto besser wird auch deine Artikelauswahl sein – und deine eigenen Artikel. Denn ein kuratierter Newsletter ist eine gute Vorstufe für ein eigenes Blog. Ich, Tomas Herzberger, nutze inzwischen das Tool Revue für meinen Newsletter »Growth Hacking Rocks«, das auf kuratierte Newsletter spezialisiert ist.

5.2.8 Der »Daten mit einer Seele«-Hack

Gibt es etwas Langweiligeres als Statistiken? Wenig. Aber es gibt Unternehmen, die aus ihren Nutzer-Statistiken hervorragendes Content Marketing produzieren. Der

---

19 *http://dirico.io/blog/content-marketing/die-35-besten-corporate-blogs/*

schwedische Musik-Streaming-Anbieter Spotify präsentiert seinen Nutzern auf *https://spotify.me/* individuelle Statistiken wie beispielsweise die meistgespielten Songs, die aktivste Tageszeit und die Top-Genres. Anonyme Daten nutzt das Unternehmen außerdem für seine internationalen Out-of-Home-Kampagnen:

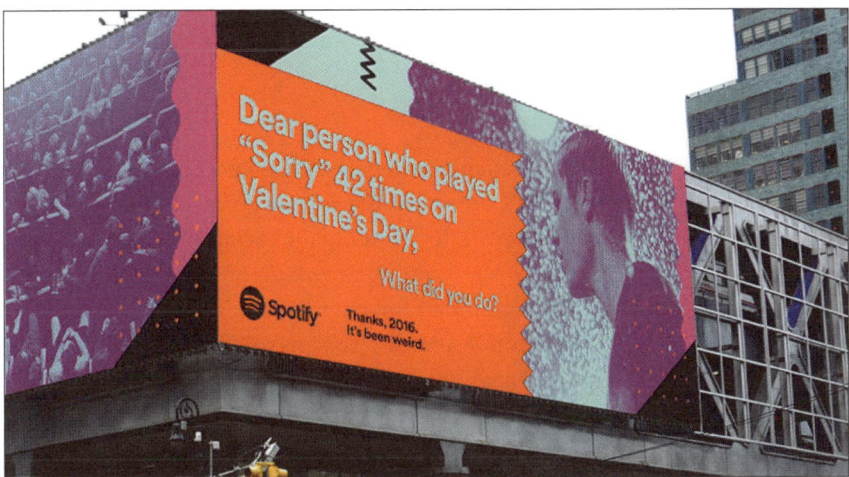

Abbildung 5.5 Spotify nutzt Nutzer-Daten für unterhaltsame Plakate.

Auch das Porno-Portal *Pornhub* analysiert und präsentiert seine Nutzerdaten auf dem Blog öffentlichkeitswirksam: So veröffentlichen sie beispielsweise Statistiken über das Nutzerverhalten während des Finales der Champions League oder der Suche nach Avengers-Charakteren.

5.3 Content Distribution

Die Produktion von hervorragendem Content ist nur die halbe Miete. Schau dir noch einmal das SCOM-Framework an, insbesondere die beiden Module »Reichweite« und »Engagement« (siehe Abbildung 5.1 in Abschnitt 5.2.1): Du musst deinen Content unter die Augen deiner Zielgruppe bringen und sie idealerweise aktivieren. Der Tipp von Vladislav Melnik dazu lautet, genauso viel Zeit in die Distribution deines Contents zu investieren, wie du in dessen Erstellung investiert hast!

Dazu solltest du natürlich deine eigenen Kanäle nutzen, beispielsweise deine Social-Media-Profile und deinen Newsletter. Und natürlich solltest du es deinen Lesern so einfach wie möglich machen, deinen Beitrag zu kommentieren (fordere sie am Ende sogar zur Interaktion auf!) und ihn auf ihren Kanälen zu teilen, indem

257

du deutlich sichtbare Sharing-Buttons integrierst. Aber exponentiell vergrößerst du deine Reichweite erst, wenn du andere Menschen auf anderen Plattformen mit ins Boot holst. Verfalle auch beim Thema Content Marketing nicht dem Hope-and-Pray-Ansatz, sondern promote deinen Content offensiv auf so vielen (passenden) Plattformen wie möglich! Diese Vorgehensweise ist auch als *Cross-Publishing* bekannt.

5.3.1 Der »Öl ins Feuer«-Hack

Sowohl bei seinem »Affenblog« als auch bei seinem aktuellen Start-up Chimpify setzt Vladislav Melnik sehr stark auf Content Marketing in Form von Blogartikeln, Podcasts und Interviews. Natürlich verbreitet er diese auf Social Media, aber er bedient sich eines Tricks, um die virale Verbreitung anzufeuern: Er nutzt zum einen Überschriften, die neugierig auf den Inhalt machen, etwa »David vs. Goliath: 7 Gründe, warum du jetzt mit Inbound Marketing starten solltest«, und zum anderen bewirbt er diese Blog-Posts auf Facebook mit bezahlter Werbung. Dabei macht er sich die vielfältigen Targeting-Möglichkeiten zunutze, um beispielsweise Blogger oder Solopreneure zu erreichen. Ist die Zielgruppe zu klein, unterstützt ihn Facebook mit der Funktion der Lookalike Audiences und findet für ihn Personen, die beispielsweise seinen Fans oder Kunden ähneln und sich mit großer Wahrscheinlichkeit auch für das Thema interessieren – auch wenn sie sich mit deinem Thema noch gar nicht auseinandergesetzt haben und deswegen nicht aktiv nach einer Lösung suchen. So befeuert Melnik die Interaktion (Likes und Klicks) und damit auch die Reichweite für seine Posts. Diese Methode ist zwar nicht kostenlos, aber schnell und gleicht damit einen großen Nachteil von Content Marketing aus: Man sieht schnell Ergebnisse. Gerade zu Beginn kannst du mit dieser Methode Traffic und potenzielle Kunden generieren *und* das Fundament für nachhaltigen SEO-Erfolg ausbauen.

5.3.2 Der »Ich kenne den ganzen Club«-Hack

Nehmen wir an, du hast einen ausführlichen Blogartikel, eine Podcast-Episode oder ein Video erstellt und willst es jetzt distribuieren. Dann informiere die Menschen, die du in deinem Blog-Post verlinkt und erwähnt hast, und lasse sie wissen, dass du dich freuen würdest, wenn sie den Artikel mit ihrem Netzwerk teilen würden.

Markiere erwähnte Menschen und Unternehmen in deinen Social-Media-Posts, mit denen du den Blogbeitrags bewirbst. Das Ergebnis? Der Großteil der angesprochenen Menschen wird nicht nur deinen Post lesen, sondern ihn auch liken, teilen und kommentieren. Somit bekommst du mehr Interaktion und mehr Reichweite. Diese beiden Tipps haben weitere positive Nebeneffekte: Indem du etablierte

Quellen in deinen Blog-Posts angibst, erhöhst du deine eigene Glaubwürdigkeit und verbesserst deinen Content. Außerdem beginnst du ganz automatisch, Beziehungen zu den Experten in deinem Gebiet aufzubauen und dein Netzwerk zu vertiefen.

Bei der Bewerbung meines (Tomas Herzberger) kuratierten Newsletters »Think Growth« markiere ich regelmäßig alle Autoren, deren Artikel ich erwähne, in den Social-Media-Posts. Zum Dank erreicht mein Post mehr Likes und Shares, das bedeutet mehr Reichweite und somit mehr neue Abonnenten für den Newsletter.

5.3.3 Der »Denk um die Ecke«-Hack

Nutze nicht nur deine Profile, sondern gehe noch einen Schritt weiter: Teile deinen Beitrag mit relevanten Gruppen auf Facebook, XING, LinkedIn sowie gegebenenfalls Expertenforen und unter entsprechende Fragen bei Quora, reddit und GuteFrage.net.

Suche und nutze relevante Hashtags, wenn du den Beitrag auf Twitter und Instagram teilst. Damit erhöhst du die Chance erheblich, dass deine Zielgruppe auf deinen Beitrag aufmerksam wird. Für Instagram ist das Tool Display Purposes sehr gut geeignet, bei Twitter kann dir die erweiterte Suche (*https://twitter.com/search-advanced*) oder RiteTag helfen.

Außerdem hindert dich niemand daran, deine Blogartikel als Pressemitteilung auf kostenlosen Portalen[20] zu veröffentlichen. Die Erfolgsaussichten, dass durch diese Maßnahme tatsächlich ein Journalist auf dich aufmerksam wird, sind gering – aber dein Aufwand auch. Außerdem kann es deinem SEO-Ranking helfen, weil noch mehr Links auf deine Website zielen.

5.3.4 Der »SlideShare«-Hack

Falls du SlideShare nicht kennen solltest: Es handelt sich dabei um eine Mischung aus Social Network und PowerPoint-Bibliothek, das 2012 von LinkedIn für über 118 Millionen US-Dollar gekauft wurde. Es ist eine Plattform, um Wissen mit der Welt zu teilen, und kann daher in deiner Content-Distributionsstrategie eine wichtige Rolle spielen. Die Nutzer von SlideShare mögen Informationen, die sie schnell »zwischendurch« konsumieren können. Halte daher deine Präsentation zwischen 10 und 30 Folien, und nutze eine Schriftgröße von mindestens 90 pt. Platziere deinen Call-to-Action an Anfang und Ende der Präsentation.

---

20 Hier findest du eine gute Liste: *https://www.gruenderkueche.de/fachartikel/die-besten-10-kostenfreie-presseportale/*.

5.3.5   Der »Multimedia«-Hack

Integriere den Tweet, mit dem du deinen Blogbeitrag beworben hast, mit der Embed-Funktion im Blogbeitrag selbst. Klingt nach einer Banalität, aber ein eingebetteter Tweet ist voll funktionsfähig. Dadurch vergrößerst du nicht nur die Reichweite deines Twitter-Profils (weil du es den Lesern sehr einfach machst, dir zu folgen), sondern sorgst auch für mehr Likes und Shares. Das Gleiche gilt auch für YouTube: Wenn du ein Video zu deinem Beitrag erstellt hast, solltest du es auf YouTube posten und dieses Video ebenfalls in den Blog-Post integrieren.

5.3.6   Der »Recycling«-Hack

Im Gegensatz zu einem Buch, das nur einmal veröffentlicht wird und dann erst wieder bei der nächsten Auflage geändert werden kann, solltest du deinen Online-Content immer wieder aus dem Regal holen und anpassen. In Wahrheit stört es niemanden bzw. merkt es keiner, dass du deinen Content mehr als einmal postest, solange du dich nicht wie ein Spammer benimmst. Du solltest deine Nachrichten nicht zu schnell nacheinander versenden und deswegen einen Zeitplan für alle deine Konten in den sozialen Netzwerken erstellen. Dabei kann dir eine Social-Automation-Software wie Buffer helfen.

Tipp: Aktualisiere deinen Content regelmäßig. Egal ob Blogbeitrag, E-Book oder Video: »12 Tipps für den perfekten Sommerurlaub 2020« ist immer relevanter für deine Nutzer als »12 Tipps für den perfekten Sommerurlaub«.

5.3.7   Der »Geheimtipp«-Hack

Die meisten Publikationen beschäftigen sich mit den Möglichkeiten von Facebook, Instagram oder LinkedIn und vernachlässigen die Tatsache, dass es noch viele weitere Plattformen mit großer Reichweite gibt. Auch diese Plattformen bieten dir die Möglichkeit, deine Zielgruppe zu finden, Content mit ihnen zu teilen, Werbung zu schalten und Traffic zu generieren – und das meist zu deutlich niedrigeren Preisen bedingt durch geringeren Wettbewerb. Drei prominente Beispiele dafür sind:

▶ *Reddit* – »das Tor zum Internet«: eine Plattform, auf der Nutzer über gefühlt jedes Thema interessante, lustige oder auch irrelevante Beiträge und Links auf andere Webseiten miteinander teilen

▶ *9gag* ist eine Seite, auf der die Nutzer lustige und kreative Memes, GIFs und Bilder teilen, also hervorragend für Content Distribution geeignet (bei passenden Inhalten.

▶ *Medium.com*: gegründet von Evan Williams, einem der Co-Founder von Twitter (und offensichtlich frustriert durch die Begrenzung auf 140 Zeichen). Eine Publishing-Plattform, auf der Unternehmen und Menschen einen eigenen, öffentlichen Blog publizieren können. Dieser Blog kann sogar auf die eigene Website integriert werden.

Was diese drei exemplarisch gewählten Plattformen gemeinsam haben, ist nicht nur eine große Reichweite (auch für Nutzer im deutschsprachigen Raum). Auf allen kann man günstig Banner schalten sowie Content teilen, in der Hoffnung, dass dieser unter Umständen viral verbreitet wird.

Aber Obacht: Die Nutzer dieser Plattformen sind bekannt dafür, sich als aufgeklärte Early Adopter zu bezeichnen, die scheinheilige Werbung verdammen und öffentlich anprangern werden, wie sie es beispielsweise mit McDonald's gemacht haben[21]. Es ist also kritisch, dass der Content die richtige Tonalität hat. Nur wer sich mit der Szene auseinandersetzt, wird mit der Zeit ein Gefühl dafür bekommen, was angesagt ist und was nicht.

Alle drei Plattformen basieren auf einem öffentlichen Bewertungssystem, bei dem die Beiträge mit den meisten »Likes« öfter und prominenter angezeigt werden. Dieser Mechanismus soll guten Content belohnen, ist aber natürlich angreifbar. Denn es kostet nicht viel Geld, eine kleine Horde »Minions« dafür zu bezahlen, den eigenen Beitrag nach oben zu voten. Schau dir dazu noch einmal den »Minion«-Hack in diesem Kapitel an.

5.4   E-Mail

Die E-Mail ist eines der ältesten Werkzeuge im Koffer eines Online-Marketers, denn es gibt sie bereits seit Anfang der 1970er Jahre. Nach seinem Studium am MIT arbeitete Ray Tomlinson als Computertechniker bei Bolt Beranek and Newman (BBN) in Cambridge (Massachusetts), einem privaten Forschungsunternehmen, das 1968 vom US-amerikanischen Verteidigungsministerium den Auftrag erhielt, das ARPANET – den Vorgänger des Internets – aufzubauen. Dabei entstand CPYNET, ein Protokoll, das Dateien zwischen miteinander verbundenen Computersystemen übertragen konnte. Es sollte dahingehend erweitert werden, dass auch Nachrichten übertragen werden können. Weil es in der Schriftsprache nicht verwendet wurde, wählte Tomlinson das @-Zeichen als eindeutiges Trennzeichen zwischen Computer und Adressat. 1971 präsentierte Tomlinson seinen Mitarbeitern das Programm und versandte die erste E-Mail. Deren genauer Inhalt ist unbekannt; Tomlinson konnte sich nur noch daran erinnern, dass er darin unter anderem die Verwendung des @-Symbols erklärte.

---

21 *https://medium.com/@BBerdah/reddit-and-reddit-ads-hitchhikers-guide-5d47a99cf076*

Natürlich hat sich die E-Mail seitdem kontinuierlich weiterentwickelt, aber weitaus weniger als andere Technologien. Im Grundsatz ist es immer noch eine textbasierte Nachricht zwischen zwei oder mehreren Nutzern.

Der Vorteil für den Marketer: E-Mail-Versand ist spottbillig, und man ist unabhängig von Gatekeepern wie Facebook, Google oder Microsoft. Stell dir vor, du hast es mit viel Aufwand und Zeit geschafft, sehr viele Follower auf Facebook zu generieren – und nun ändert Facebook von einem auf den anderen Tag plötzlich seine AGB oder seinen Algorithmus (wie in der Vergangenheit bereits geschehen), und du erreichst deine Fans plötzlich nicht mehr. Es gibt nichts, was du dagegen machen könntest – außer Geld zu investieren.

Bei E-Mail bist du hingegen vollkommen unabhängig von jedem technischen Dienstleister. Die Liste mit den Adressen ist dein Kapital. Und du solltest von Anfang an damit beginnen, sie zu füllen.

In Deutschland wie in der gesamten EU ist das Thema Datenschutz sehr wichtig, und die Regeln sind sehr streng. Um auf der sicheren Seite zu sein, solltest du unbedingt das *Double-opt-in-Verfahren* anwenden, bei dem der Nutzer nach Eingabe seiner Adresse eine E-Mail mit einem Bestätigungslink bekommt. Erst nach dieser Aktivierung darf er werbliche E-Mails von dir bekommen. Außerdem solltest du darauf hinweisen, dass er sich jederzeit und kostenlos wieder abmelden kann. Achte darauf, einen deutlich sichtbaren Abmelde-Link in jedem Newsletter einzufügen (siehe Abschnitt 2.7.9). Die meisten E-Mail-Provider wie CleverReach, Mailchimp oder AWeber bieten diese Funktionen an.

5.4.1   Der »Erdrücken-durch-Umarmen«-Hack

Biete deinen Nutzern ein wertvolles, digitales Produkt im Austausch für ihre E-Mail-Adresse an, beispielsweise Zugang zu einem Blogbeitrag, ein E-Book, einen Gutschein, einen Rabattcode oder Ähnliches. Diese Belohnung (böse Zungen würden es Bestechung nennen) solltest du nicht erst auf der Website, sondern bereits in deinen E-Mails bewerben. Dieser Content ist deine Visitenkarte, dein Aushängeschild. Von seiner Qualität hängt dein Ruf ab, denn wenn ein Mensch dir seine E-Mail-Adresse anvertraut und im Gegenzug nur Informationen minderwertiger Qualität bekommt, wirst du es sehr schwer haben, dich als Experte zu etablieren. Björn Tantau, der diese Methode sehr erfolgreich nutzt, vergibt nicht weniger als sieben E-Books, fünf Checklisten und drei Whitepaper an neue Abonnenten seines Newsletters. Natürlich vergibst du diesen Content nicht nur aus Nächstenliebe, sondern weil du dahinter einen Sales Funnel aufgebaut hast.

Warum funktioniert diese Taktik so gut? Jeff Walker spricht von *Reciprocity*: Die Verpflichtung zur Gegenleistung ist tief in der menschlichen Kultur verankert. Erhalten Menschen eine Gefälligkeit oder ein Geschenk, fühlen sie sich in der Schuld, auch wieder etwas zurückzugeben, um dies auszugleichen.

Überlege dir also, ob du bei deinen Nutzern etwas »gut« hast und ob du nicht für die eine oder andere positive Überraschung sorgen kannst. Mehr Informationen zu *Content Upgrades* oder auch *Lead-Magneten* findest du in Kapitel 6, »Activation: so aktivierst du deine Nutzer«, und zum Sales Funnel in Kapitel 9, »Revenue: so verdienst du Geld«.

5.4.2   Der »Nutze jede Gelegenheit«-Hack

Du solltest keine Gelegenheit auslassen, die E-Mail-Adresse deiner Nutzer einzusammeln. Du kannst folgende Ideen für dich nutzen:

1. Schicke ihnen eine Quittung per E-Mail.
2. Lade sie ein, sie als Erste über dein nächstes Produkt zu informieren (sogenannter Pre-Sell).
3. Biete einen Onlinekurs an.
4. Veranstalte ein Event oder ein regelmäßiges Meetup.
5. Poste einen Call-to-Action in deinem Skype-Status.
6. Führe eine Umfrage durch, und frage am Ende nach der E-Mail-Adresse.
7. Kreiere ein Quiz, bspw. benutze das Tool *Involve.me*[22]
8. Bitte deine bestehenden Abonnenten um Weiterleitung.
9. Nutze ein Tool wie WiseStamp, Mailtastic oder den Signaturgenerator von HubSpot, um einen Call-to-Action in deiner E-Mail-Signatur zu integrieren

5.4.3   Der »Nutze jede Gelegenheit in Social Media«-Hack

1. Tweete einen Call-to-Action mit der Belohnung, die deine Newsletter-Abonnenten bekommen. Pinne diesen Tweet an dein Profil.
2. Integriere den Call-to-Action in einen Post auf Instagram, Pinterest, Facebook, LinkedIn, Xing und in deinen YouTube-Videos (und wiederhole das regelmäßig).
3. Starte eine exklusive Facebook-Gruppe ausschließlich für deine Newsletter-Abonnenten (der Zugang ist das Incentive für die Registrierung).
4. Teile deinen Call-to-Action in passenden Slack-Communitys. Eine Übersicht von 1.000 wichtigen Slack-Gruppen findest du hier: *https://standuply.com/slack-communities*.

---

22 Wenn du diesen Affiliate-Link benutzt, bekommst du 15% Rabatt: *http://www.involve.me?via= growthhacking*

263

5. Veranstalte ein Webinar, und gib dein Wissen virtuell an deine Zielgruppe weiter. Das ist nicht nur gut für dein Karma, du bekommst auch jede Menge neuer E-Mail-Adressen.

6. Sei Gast bei einem regelmäßigen Podcast – oder starte deinen eigenen.

7. Bemühe dich um Gastbeiträge auf etablierten Blogs, und erwähne dein Incentive.

8. Blogge auf Medium.com, einer Plattform für *Social Journalism*. Als Alternative zu Twitter konzipiert, hat sich Medium mittlerweile als Kanal für hochwertigen Content in der englischsprachigen Welt etabliert.

5.4.4   Der »Exportiere deine LinkedIn-Kontakte«-Hack

Du hast hunderte Kontakte auf LinkedIn und würdest ihnen gerne eine Nachricht zukommen lassen? Dann brauchst du entweder einen sehr teuren Profi-Account, oder du bedienst dich dieses relativ unbekannten Features: Bereits mit einem kostenlosen LinkedIn-Account kannst du alle Kontaktdaten exportieren. Gehe auf MEIN NETZWERK • LINKEDIN-KONTAKTE • KONTAKTE EXPORTIEREN.

Aber Achtung: Diese Kontakte haben dir per se kein Einverständnis für werbliche E-Mails gegeben, und streng genommen verstößt du damit gegen bestehende Datenschutzgesetze. Wenn du diesen Hack trotzdem durchführen möchtest, dann solltest du diese Adressen auf keinen Fall in deinen regulären Verteiler aufnehmen, sondern sie persönlich mit Verweis auf eure LinkedIn-Bekanntschaft anschreiben und sie auf dein Angebot hinweisen.

5.4.5   Der »Ich kenne dich doch!«-Hack

Wir reagieren sehr sensibel auf unseren eigenen Namen. Selbst auf einer belebten, lauten Party wirst du aufhorchen, wenn jemand deinen Namen sagt. Dieses Prinzip kannst du dir auch beim Newsletter-Versand zunutze machen: Erstelle einen Platzhalter für den (Vor-)Namen im Betreff, und deine E-Mail wird unter allen anderen E-Mails im Posteingang deines Adressaten hervorstechen. Ein ähnlicher Trick: Du beginnst deinen Betreff mit »AW:« oder »WG:« und gaukelst dem Leser damit vor, dass diese E-Mail Teil einer bestehenden Unterhaltung ist, was sich positiv auf die Öffnungsrate auswirken kann. Ob verschiedene Betreffzeilen einen positiven Effekt haben oder nicht, solltest du testen, indem du einen A/B-Test vornimmst: Schicke dazu an ca. 10% deiner Nutzer deine Nachricht, wobei 5% Betreff A und die anderen 5% Betreff B erhalten. Der Betreff mit der höheren Öffnungsrate wird für die verbleibenden 90% verwendet.

5.4.6 Der »Let's keep it simple«-Hack

E-Mail ist eine auf Text basierende Kommunikation. Es waren Marketer wie wir, die unbedingt HTML benutzen wollten, um E-Mails mehr wie Webseiten aussehen zu lassen. Das ist aber nicht nur in der Erstellung deutlich aufwendiger, es führt auch zu einer ganzen Reihe von Nachteilen, unter anderem, weil viele Clients Bilder nicht automatisch herunterladen. Daher solltest du maximal ein Header-Bild integrieren, aber ansonsten auf reine Text-E-Mails setzen. Text wird auf jedem Endgerät vollständig dargestellt, und Links werden automatisch farblich hervorgehoben. Je weniger Ablenkung du deinen Lesern bietest, desto höher die Chancen, dass sie deinen Call-to-Action betätigen.

5.4.7 Der »Teste deine E-Mails vor dem Versand«-Hack

Nutze *mail-tester.com*, um deine E-Mails vor dem Versand auf Spam-Verdacht hin zu testen und gegebenenfalls Änderungen vorzunehmen. Außerdem empfehlen wir dir, deine E-Mails vor Versand auf verschiedenen Clients (z. B. *t-online.de*, *gmail.com*, *web.de*) und verschiedenen Endgeräten zu testen, insbesondere wenn du HTML verwendest.

5.4.8 Der »Zweimal hält besser«-Hack

Bilde ein Segment aus den Adressaten, die deine letzte E-Mail nicht geöffnet haben. Schicke ihnen vier bis sieben Tage später die E-Mail erneut, aber mit einem anderen Betreff. Auf diese Weise verdoppelst du deine Chancen, dass die E-Mail geöffnet wird, ohne deine Adressaten zu belästigen. Gleichzeitig etablierst du dich bei den E-Mail-Providern als vertrauenswürdiger Absender und reduzierst damit das Risiko, dass deine E-Mails im Spam-Ordner landen.

Viele E-Mail-Anbieter, wie beispielsweise Mailchimp, erlauben Automation, d. h. in diesem Fall, dass automatisch ein Segment der Nicht-Öffner generiert wird, an die deine E-Mail einige Tage später mit einem alternativen Betreff geschickt wird. Mit diesem automatischen Workflow kannst du viel Zeit sparen. Diesen Hack nutze ich bei den meisten meiner Kunden. Noch nie hat sich ein Leser beschwert, und mit kaum einer anderen Methode wirst du derart günstigen Traffic auf deine Website bekommen.

5.4.9 Der »Macht meine E-Mail auf!«-Hack

Es gibt zwei Gründe, warum keiner deinen Newsletter liest: Entweder landet er im Spam-Ordner, oder – wesentlich wahrscheinlicher – deine Überschriften regen nicht dazu an, den Newsletter zu öffnen. Hier sind einige Hacks, wie du die Chancen deutlich steigern kannst:

- **Fear Of Missing Out (FOMO)**[23]: Setze den Leser mit einem begrenzten Angebot unter Zeitdruck: »Nur noch 30 Tickets verfügbar! Sparen Sie jetzt 100 Euro!«

- Rege das Denken des Lesers mit tiefgründigen Fragen an, die ihn dazu zwingen, seine Fantasie zu benutzen, sich die Zukunft oder eine andere Version seiner selbst oder seines Unternehmens vorzustellen: »Wo willst du in 5 Jahren stehen?«, »Wird es deine Abteilung in 2 Jahren noch geben?«

- **Wenn-Dann:** Qualifiziere die Leser mit einer Bedingung: »Wenn du dieses Jahr befördert werden willst, muss du das tun«. »Wenn du eine Website hast, brauchst du dieses Tool.«

- **E-Mail von einem Freund:** Formuliere den Betreff so, als würdest du einem alten Freund schreiben – formlos und vertraut: »Brauche deine Meinung«, um Antworten für eine Umfrage zu gewinnen. Oder »Können wir morgen telefonieren?« für eine Kundenbefragung.

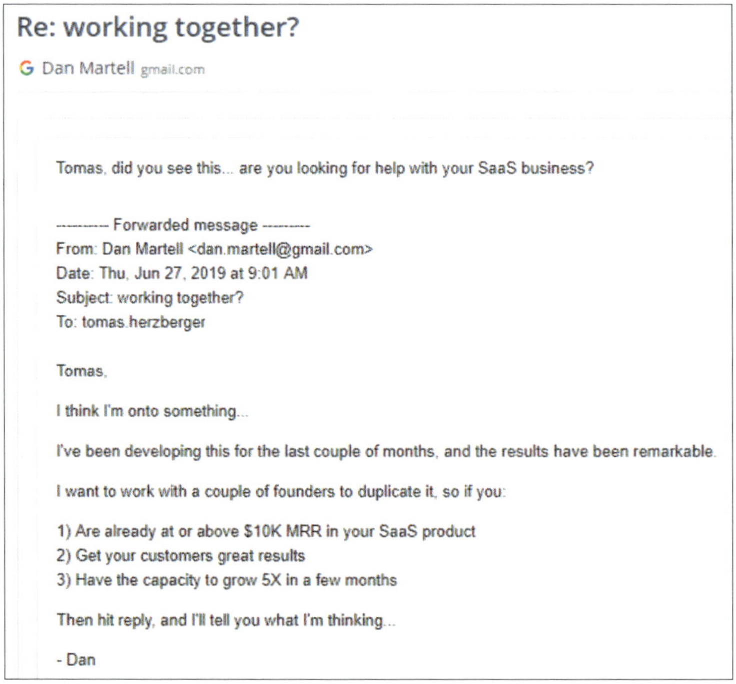

Re: working together?

G Dan Martell gmail.com

Tomas, did you see this... are you looking for help with your SaaS business?

--------- Forwarded message ---------
From: Dan Martell <dan.martell@gmail.com>
Date: Thu, Jun 27, 2019 at 9:01 AM
Subject: working together?
To: tomas.herzberger

Tomas,

I think I'm onto something...

I've been developing this for the last couple of months, and the results have been remarkable.

I want to work with a couple of founders to duplicate it, so if you:

1) Are already at or above $10K MRR in your SaaS product
2) Get your customers great results
3) Have the capacity to grow 5X in a few months

Then hit reply, and I'll tell you what I'm thinking...

- Dan

Abbildung 5.6 Informelle Ansprache kann zu mehr Response führen.

- **Ansprache der Gruppe:** Nenne die berufliche oder soziale Gruppe, der sich der Empfänger zugehörig fühlt: »Gutes Kochen für sparsame Studenten«, »Schlaue Tipps für Vertriebler« oder »Yoga für Athleten«.

---

23 Für mehr Infos zum FOMO-Effekt schaue dir den »Blaue Mauritius«-Hack in Kapitel 6 an!

▶ **Cliffhanger:** Ende den Betreff abrupt, und löse den Satz erst im eigentlichen Text auf. Beispiel: »Willkommen im Club, Stephan! Sichere dir jetzt dein...«. Oder »Das Geheimnis eines unvergesslichen Urlaubs ist...«.

▶ **Clickbaiting:** Nur wenn der Inhalt deines Newsletters oder die Landingpage nicht auch den Inhalt liefert, den die Überschrift versprochen hat. Du kannst diese Muster natürlich auch auf Blog-Headlines anwenden.

5.4.10   Der »Noch ist lange nicht Schluss«-Hack

Nutze jeden Berührungspunkt (Touchpoint) mit dem Nutzer, auch z. B. den, wenn er sich von deiner Liste abmelden möchte. Du kannst festlegen, auf welche Seite der Abmeldelink in deinen E-Mails führen soll. Mach nicht den Fehler, die Abmeldung für deine Adressaten technisch schwierig oder kompliziert zu machen.

Mach es aber emotional schwierig, indem du beispielsweise deine Trauer ob des Abschieds ausdrückst, etwa mit einem humorvollen Video auf der Opt-out-Seite. Oder frage nach dem Grund für die Abmeldung und verweise auf deine Social-Media-Kanäle (für den Fall, dass der Nutzer zwar nach wie vor Interesse an deinem Produkt hat, aber einfach weniger E-Mails bekommen möchte).

5.5   Offline-Events

Bei allen Möglichkeiten in der digitalen Welt: Unterschätze niemals die von Live-Events. Sie bieten dir die großartige Chance, dich zu vernetzen und Freunde, Partner und Kunden zu finden. Der Austausch ist immer intensiver und wertvoller als auf sozialen Netzwerken. Auch bei Offline-Events sollte dein Mantra lauten: Die Welt ist eine Spielwiese. Als junges Start-up musst du dich nicht an die gängigen Konventionen halten. Hab lieber den Mut, eine kreative Idee umzusetzen (auch wenn du dich dabei vielleicht lächerlich machst), als zwei Tage frustriert hinter der Theke deines teuren Messestandes vergeblich auf Besucher zu warten.

5.5.1   Der »Das traut sich sonst keiner«-Hack

Messen gibt es schon seit Jahrhunderten. Das bedeutet: Sie funktionieren, und sie sind etwas eingestaubt. Als frecher Newcomer wird es dir leichtfallen, dich mit kreativen Ideen von der Masse abzuheben. Solltest du in einer sehr traditionellen Branche tätig sein und deinen ersten Messeauftritt planen, empfehlen wir dir den Besuch einer Messe mit einer komplett anderen Zielgruppe, um dich von den originellen Standideen inspirieren zu lassen.

Hebe dich und deine Teammitglieder von den anderen Messeausstellern ab, indem ihr freche, originelle Shirts oder sogar Kostüme tragt. Damit macht ihr die Menschen neugierig auf euch, und Neugier führt zu Aufmerksamkeit und vielleicht zur Interaktion.

Ihr könnt auch verkleidete Hosts und Hostessen anstellen und diese entweder als Eyecatcher an eurem Stand platzieren oder mit einem deutlich sichtbaren Hinweis auf den Stand über die Messe laufen lassen. Der Klassiker sind sogenannte *Walking Acts*, also Menschen in Ganzkörper-Kostümen, aber deiner Fantasie sind keine Grenzen gesetzt. Schon mal an Bodypainting gedacht? Sehr viele Besucher lockst du auch mit originellen Fotogelegenheiten an, beispielsweise mit lustigen Schildern, kleinen Accessoires oder Fotoboxen. Die Menschen werden ein Erinnerungsfoto schießen wollen, dieses idealerweise auf Social Media teilen und werden in diesem Moment Brand-Ambassador für dich (Stichwort »Instagrammable Moment«). Ebenso gut funktioniert Live-Printing von T-Shirts oder Taschen, die du an die Besucher (gegen einen Tweet oder Ähnliches) verschenkst.

Denke daran, dass sich – egal, wie ernst und konservativ die Branche ist – unter jedem Anzug ein Mensch versteckt. Und Menschen haben alle die gleichen Bedürfnisse.

5.5.2 Der »Hier, lass mich dir helfen«-Hack

Als Messeaussteller ist es dein Ziel, möglichst viele Besucher an deinen Stand zu locken und mit ihnen zu interagieren. Biete auf deinem Stand gratis gemütliche Sitzgelegenheiten, WLAN, Strom für Handys (Adapter!) und Getränke an. Die Messebesucher werden es dir danken und sich eine kleine Auszeit gönnen. Sind sie erst einmal an deinem Stand, werden sich die meisten gerne über dein Angebot informieren lassen und sich mit einem Tweet bedanken. Twitter funktioniert übrigens hervorragend auf Messen, Konferenzen und Live-Events und bieten dir eine gute Möglichkeit, dich mit Menschen in deiner Nische zu vernetzen. Achte darauf, die richtigen Hashtags zu nutzen. Hilfreiche Tipps über die Messe (z. B. aktuelle Events vor Ort, kostenloses Essen, wichtige Events) werden in der Regel immer sehr dankbar angenommen und weiter geteilt.

5.5.3 Der »Wenn es ein Problem gibt, mach eine Party draus«-Hack

Warte nicht, bis es passende Events für dein Start-up gibt, sondern organisiere selbst eines. Anlass können ein wichtiger Meilenstein, ein neues Feature oder ein neuer Partner sein. Oder du organisierst eine »Danke für das tolle Jahr«-Feier. Um das Event digital zu verlängern, lade auch Multiplikatoren mit hoher Reichweite auf den sozialen Medien ein. Auch der eine oder andere Journalist freut sich über kostenlose Getränke und Häppchen. Nutze dein Event, und vermarkte es, wo und wie du nur kannst. Kündige es auf allen passenden Kanälen an, verfasse Blogartikel, begleite es mit Livevideos und Twitter-Kommentaren und fasse alles in einem Recap zusammen. Spätestens bei dieser Gelegenheit solltest du dich bei den wichtigen Teilnehmern für ihr Erscheinen durch einen öffentlichen Shout-out bedanken.

5.5.4 Der »Event sponsored by«-Hack

Nehmen wir an, du hast ein Event wie eine Konferenz oder eine Messe gefunden, wo sich deine Zielgruppe tummelt, also ein lohnendes Ziel, um auf dich aufmerksam zu machen. Nun könntest du dich dort vermutlich als Aussteller, Sponsor oder Speaker einbuchen – aber je größer das Event, desto teurer die Preise dafür. Das Gleiche gilt für klassische Werbung, beispielsweise im Ausstellerkatalog oder in den Messehallen selbst. Es gibt auch Alternativen, deine Zielgruppe zu erreichen:

▶ Im Vorfeld, während und kurz nach dem Event buchst du Google-Ads-Anzeigen mit dem Namen des Events als Keyword.

▶ Während des Events buchst du Anzeigen auf Facebook mit starker regionaler Einschränkung um den Veranstaltungsort (mit Hilfe der Stecknadel im Werbeanzeigenmanager), also im Umkreis von bis zu einem Kilometer. Somit vermeidest du Streuverluste.

▶ Einen Versuch wert: *Tailored Audiences* auf Twitter. Es gibt sehr, sehr viele Tipps und Tricks, wie man seine organische Reichweite bei Twitter vergrößern kann. Aber nur die wenigsten beschäftigen sich damit, dass man bei Twitter auch Werbung schalten kann. Und ebenso wie bei Facebook ist es möglich, Nutzer anhand ihrer Interessen auszuwählen. In Kombination mit einem Geo-Targeting (derzeit leider nur für Großstädte verfügbar) könnte es unter Umständen ein lohnenswerter Kanal für dich sein.

5.5.5 Der »Bluetooth«-Hack

Ein verstecktes, aber sehr hilfreiches Feature der LinkedIn-App (und mittlerweile auch der Xing-App) ist die Verknüpfung mit Menschen im direkten Umfeld. Dafür müssen alle Beteiligte ihr Bluetooth einschalten und die Funktion IN DER NÄHE bzw. FIND NEARBY aufrufen. Dann werden alle Mitglieder angezeigt, die in der Nähe sind und das ebenfalls tun. Besonders praktisch für mittelgroße Gruppen, beispielsweise bei einem Vortrag. Und so funktioniert es:

1. Aktiviere Bluetooth.

2. Öffne die LinkedIn-App.

3. Gehe auf MEIN NETZWERK (das Icon mit den zwei Menschen).

4. Gehe auf PERSON HINZUFÜGEN (das Icon mit dem Plus-Zeichen).

5. Gehe auf IN DER NÄHE.

6. Aktiviere die Funktion.

Auf Xing funktioniert es ähnlich.

5.6 Community Building

Für Communitys gibt es eine Vielzahl unterschiedlicher Begriffe: »Fans«, »Tribe«, »Stammkunden« oder schlicht »Freunde« sind einige davon. Egal, welches Wort du verwendest: Eine starke Gemeinschaft, die dich und dein Start-up unterstützt, ist mit Geld nicht aufzuwiegen. Sie wird nicht nur dazu beitragen, deine Bekanntschaft durch Mundpropaganda zu erhöhen. Sie wird dich auch vor Kritikern in Schutz nehmen. Viele dieser Fans gewinnst du insbesondere in der frühen Phase deines Start-ups unter den Innovatoren und Early Adopters. Denn sie sind – oft mit Recht – der Meinung, dass sie zum Erfolg deines Unternehmens beigetragen haben, und haben es damit auch zu ihrem Projekt gemacht. Erfolgreiche Beispiele sind die Administratoren von *Wikipedia* oder von *Kicktipp*, die sich jeweils freiwillig für das Start-up engagieren. Es ist sehr empfehlenswert, eine solche Gemeinschaft zu fördern, zu hegen und zu pflegen.

5.6.1 Der »Über ein Geschenk freut sich jeder«-Hack

Insbesondere Influencer mit (noch) kleiner Reichweite (Blogger, YouTube, Instagramer) freuen sich über Geschenke und kostenlose Probeexemplare deines Produkts, über das sie berichten können. Aber Vorsicht: Wähle deine Partner sorgsam aus. Hat der Influencer bereits eine große Reichweite erzielt, wird er vermutlich regelmäßig von Agenturen und werbetreibenden Unternehmen kontaktiert, um ihre Produkte zu promoten. Der Preis ist dabei ganz abhängig von der Reichweite und der Frequenz der Promotion und wahrscheinlich zu hoch für deine Ressourcen. Suche daher nicht nur Influencer, die thematisch und hinsichtlich ihrer Follower zu dir passen, sondern die noch nicht den Durchbruch geschafft haben. Indikatoren sind die Anzahl der Follower, die Erwähnung von Sponsored Posts oder (bei Blogs) die Reichweite der Website. Nutze *SimilarWeb*, um die Anzahl der Seitenbesucher zu sehen. Sprech sie so persönlich wie möglich an, und frage sie, ob sie an einer Promotion bzw. fairen Bewertung deines Produkts Interesse haben. Blogartikel haben den positiven Nebeneffekt, dass du einen zusätzlichen Link für deine Website generierst, was wiederum zu besseren Platzierungen in den Suchergebnissen bei Google und Co. führt.

5.6.2   Der »Veranstalte ein Gewinnspiel«-Hack

Gewinnspiele zu veranstalten ist weder neu noch schwierig. Und viele Menschen können nicht widerstehen, wenn sie die Aussicht auf einen attraktiven Preis haben. Aber du wirst kaum in der Lage sein, Autos, Häuser oder tausende Euro zu verschenken. Aber lass dich davon nicht abschrecken!

Ein gutes Beispiel ist #myKavaj. Es ist ein regelmäßiges Gewinnspiel des Start-ups Kavaj, das Handyhüllen herstellt und verkauft. Unter allen Kunden, die mit dem Hashtag #myKavaj ihre Hülle auf den sozialen Medien posten, verlosen sie regelmäßig Preise, wie z. B. Amazon-Gutscheine. Auf diese Weise werden die Gewinnspielteilnehmer zu Multiplikatoren für das Unternehmen.

Je origineller der Preis ist, den die Teilnehmer gewinnen können, desto erfolgreicher wird dein Gewinnspiel sein. Gewinnspiele mit iPads gibt es mehr als genug. Aber warum nicht mal ein ganzes Paket Donuts für die ganze Abteilung verschenken? Sei kreativ, und mache das, was sich deine Wettbewerber nicht trauen.

5.6.3   Der »Veranstalte ein Webinar«-Hack

Webinare sind Onlinevorträge. Im Vergleich zu Livevorträgen haben sie den Vorteil, dass du dich nicht um einen Veranstaltungsraum kümmern musst und deine Zuschauer auf der ganzen Welt verteilt sein können. Außerdem bekommst du von jedem Teilnehmer die E-Mail-Adresse. Du kannst eine Vielzahl von Tools nutzen, beispielsweise GoToMeeting oder auch Google Hangout. Bei der Durchführung empfiehlt es sich, die Aufgaben zu verteilen: Es sollte einen Redner geben, der sich um den inhaltlichen Vortrag kümmert. Und einen Moderator, der die Vorstellung übernimmt, sich um die Einhaltung des Zeitplans kümmert, den Chat im Auge behält und der dem Redner »den Rücken freihält«. Mache es deinen Zuschauern außerdem einfach, indem du die Teilnahme am Webinar per E-Mail bestätigst, so dass sie den Termin in den Kalender (Google, Outlook, iCal) importieren können.

5.6.4   Der »Wer nicht fragt, bleibt dumm!«-Hack

Clevere Marketer und Community Manager nutzen das Potenzial ihrer Fans und Follower, um das eigene Produkt sinnvoll weiterzuentwickeln. Es geht nicht nur darum, auf Kritik zu reagieren, sondern proaktiv nach gewünschten Features und Inhalten zu fragen. Björn Tantau fragt seine Community beispielsweise, über welches Thema er seinen nächsten Kurs abhalten oder sein nächstes E-Book schreiben soll. Genauso kannst du fragen, über welche Themen du in deinem Blog, auf Facebook und auf deinem Newsletter schreiben sollst. In diesem Moment hast du von Beginn an einen Product-Market-Fit und damit die Grundlage für Erfolg, anstatt für ein bestehendes Produkt mühsam die richtige Zielgruppe finden und ansprechen zu müssen.

5.7 Bestehende Plattformen

Es gibt für dein Start-up eine Reihe von etablierten Plattformen, die dich beim Launch unterstützen können. Sie sind der perfekte Ort, um die wichtigen Innovatoren und Early Adopters zu generieren. Wenn dir eine Partnerschaft mit einer dieser Plattformen gelingt, profitierst du nicht nur von der großen Reichweite, sondern auch von dem etablierten »guten Ruf« in der Branche.

5.7.1 Der »Warum das Rad neu erfinden«-Hack

Product Hunt ist eine Website, auf der Benutzer neue Produkte teilen und entdecken können. Aufgrund ihres Potenzials, massive Mengen an Website-Traffic und neuen Benutzeranmeldungen zu generieren, ist sie schnell zur führenden Plattform für Produkteinführungen geworden.

1. Identifiziere eine in der Product-Hunt-Community einflussreiche Person, die möglicherweise gewillt ist, dein Produkt einzureichen.

2. Suche auf Twitter nach »on @producthunt« oder »from:producthunt«. Damit werden die Tweets aus dem @ProductHunt-Twitter angezeigt. Du musst lediglich nach einem Produkt suchen, das deinem Produkt ähnelt, und dann die Person finden, die es eingereicht hat.

3. Denke daran, diese Person zunächst zu bitten, dein Produkt zu testen, bevor du sie bittest, es für dich einzureichen.

4. Richte eine Landingpage mit einem speziellen Rabatt oder Angebot für Product-Hunt-Mitglieder ein.

5. Bitte die einreichende Person, dich als Hersteller des Produkts zu markieren.

6. Sammel Upvotes, indem du das Product-Hunt-Listing per Social Media und Newsletter teilst. Bitte deine Follower, dein Projekt zu kommentieren oder positiv zu bewerten.

Die Community *betalist.com* funktioniert ähnlich, erlaubt aber jedem Gründer ohne Hürde die Einreichung seines Projekts.

5.7.2 Der »Wir helfen uns gegenseitig«-Hack

Hast du schon einmal etwas bei Outfittery bestellt? Das Berliner Start-up stellt Männern, die keine Lust und/oder Zeit für Shopping haben, individuell zusammengestellte Outfits zusammen und verschickt sie in großen Paketen. Neben Klamotten findet man dort auch Unmengen von Gutscheinkarten anderer junger Unternehmen. Warum? Weil diese Unternehmen mutmaßen, dass ein Kunde von Outfittery auch in ihrer Zielgruppe ist. Für Unternehmen mit unterschiedlichen Produkten, aber einer vergleichbaren Zielgruppe kann es sehr lohnend sein, zusammenzuarbeiten. Paketbeileger sind nur ein Beispiel. Man könnte auch gemeinsamen Content wie Videos, Infografiken oder Webinare anbieten und die Kunden beider Unternehmen davon wissen lassen.

5.7.3   Der »Wir sind im Fernsehen«-Hack

Du hast ein B2C-Start-up? Bewerbe dich für die TV-Show »Die Höhle der Löwen«. Mit etwas Glück darfst du dein Start-up im Fernsehen vorstellen und wirst in kürzester Zeit Unmengen neuer Interessenten gewinnen – unabhängig von der Bewertung der Jury. Die Reichweite dieses Sendeplatzes (2,5 bis 3,5 Mio. Zuschauer) verbunden mit einem neugierigen und aufgeschlossenen Publikum werden deine Produktbestellungen nach oben schnellen lassen!

Abbildung 5.7   Berichterstattung in der »Bild« über den Auftritt bei DHDL

Der Auftritt bei »Die Höhle der Löwen« sorgte für das Start-up Lizza nicht nur für ein Investment, sondern auch für rekordverdächtige Bestellungen.

Wichtig: Du musst ein skalierbares Produkt haben, wie beispielsweise eine App oder eine SaaS-Software. Nichts ist frustrierender als Unmengen von Bestellungen, die du nicht bedienen kannst, denn damit würdest du deine Early Adopter sehr verärgern. Deswegen ist es wichtig, dass du vor der Ausstrahlung ausreichend Server-Kapazitäten bereitstellst.

5.7.4   Der Promi-Hack

Finde einen Experten oder Prominenten, und begeistere ihn für dein Start-up. Manche haben vielleicht Interesse an einer Partnerschaft und werden dich von der immensen Reichweite ihrer Social-Media-Profile profitieren lassen oder stehen als Testimonial zur Verfügung. Einem Trend in den USA folgend, wollen sich immer mehr Prominente, wie hierzulande beispielsweise Joko Wintherscheid oder Philipp Lahm, als Investoren engagieren.

Sascha Böhr, der Gründer und CEO von 247Grad (einem SaaS-Start-up aus Koblenz) hat mit diesem Hack einen großartigen Coup gelandet: Er konnte den Investor Carsten Maschmeyer (u. a. bekannt aus der TV-Show »Die Höhle der Löwen«) davon überzeugen, live auf Twitter zu pitchen, und ihn für ein Investment begeistern. Unabhängig vom Ergebnis war der Hack erfolgreich: Sascha demonstrierte während des Pitches[24] sein Produkt (eine Social-Media-Management-Software) und gewann durch die Berichterstattung in den Medien[25] jede Menge Reichweite und Aufmerksamkeit für sein Unternehmen.

5.7.5   Der »Jetzt wird's kontrovers«-Hack

Das Thema »Haltung« ist ein aktueller Trend in der Kommunikationsbranche, denn immer mehr Menschen (insbesondere Millenials und Generation Z) legen nicht nur Wert auf Produktqualität, sondern auch auf das umwelt- und gesellschaftspolitische Engagement eines Unternehmens. Corporate Social Responsibility ist schon seit vielen Jahren Thema in den Kommunikationsabteilungen der großen Unternehmen, hat aber bisher ein Nischendasein geführt. Mittlerweile werden das gesellschaftliche Engagement und die Haltung eines Unternehmens zu wichtigen Themen in großen Kampagnen vermittelt – was aber auch Gefahren mit sich bringt.

Das bekannteste Beispiel ist die »Just Do it!«-Kampagne von Nike mit Colin Kaepernick als Testimonial[26]. Kaepernick ist ein ehemaliger Football-Quarterback,

---

24 *https://twitter.com/maschmeyer/status/969257030283419655*

25 *https://www.t-online.de/unterhaltung/stars/id_83321060/carsten-maschmeyer-laesst-dirico-io-gruender-auf-twitter-pitchen.html*

26 *https://www.vox.com/2018/9/4/17818162/nike-kaepernick-controversy-face-of-just-do-it*

der eine nationale Debatte auslöste, als er während der traditionellen National-hymne vor den Spielen nicht wie alle anderen ehrfurchtsvoll stand, sondern sich hinkniete. Das war sein stiller Protest gegen die Polizeigewalt gegen Schwarze in den USA. Immer mehr Spieler taten es ihm gleich, und das Thema beherrschte die amerikanischen Medien.

Als Nike ihn als das neue »Gesicht« seiner Kampagne vorstellte, waren die Meinungen gespalten. Viele begrüßten das politische Statement von Nike, andere fühlten sich verraten und verbrannten ihre Nike-Sneaker.

Wie kannst du dir diesen Trend zunutze machen?

Indem du eine klare Meinung zu gesellschaftlich relevanten Themen hast und diese Meinung nach außen kommunizierst – auch wenn sie kontrovers ist. Du wirst starke Emotionen auslösen und sowohl Zu- als auch Widerspruch erfahren. Bereite dich darauf vor, deine Meinung auch gegen Kritik zu verteidigen!

Es müssen nicht gleich die großen gesellschaftlichen Debatten sein, an denen du dich beteiligst. Manchmal reicht es schon, ein Tabuthema in deiner Branche zu benennen. Ein hervorragendes Beispiel ist die Rasierer-Marke Billie, die sich auf Rasierer für Frauen spezialisiert hat und – im Gegensatz zum Wettbewerb – tatsächlich Frauen mit Körperbeharrung zeigt![27] Unvorstellbar, geradezu skandalös! Bisher wurden Frauen-Rasierer nur auf nahezu haarfreier Haut gezeigt, was den Produktnutzen nicht wirklich demonstriert, wenn man ehrlich ist. Passend dazu initiierte Billy das Hashtag #januhairy auf Instagram.

5.8   YouTube

Schon jetzt gehen laut Ciscos Visual Networking Index rund 68 % des weltweiten privaten Internet-Traffics auf die Kategorie Video zurück. Und das Netz wird immer visueller. Die Popularität von Videoangeboten wie Netflix oder YouTube, Livevideo via Facebook und Instagram lassen das Internet immer mehr zum Videonet werden. Den Cisco-Analysten zufolge werden Videos im Jahr 2020 für 84 % des Festnetz- und 75,4 % des Mobil-Traffics verantwortlich sein.

5.8.1   Die »Mehr Zuschauer auf YouTube«-Hacks

YouTube ist nach Google die zweitgrößte Suchmaschine der Welt. Und trotzdem wird die Plattform häufig unterschätzt, wenn es um die Generierung neuer Nutzer geht. Dabei gibt es eine Vielzahl von Optionen, mit deren Hilfe man das Ranking

---

27 *https://getdolphins.com/blog/digital-marketing-billie/*

der eigenen Videos verbessern kann, mehr Zuschauer finden und diese in Traffic verwandeln kann – obwohl es das primäre Ziel von YouTube ist, dass die Zuschauer ein Video nach dem anderen sehen und die Plattform nicht verlassen (sogenanntes »Binge Watching«).

Die höchste Zuschauerbindung erreichst du (wenig überraschend), wenn du mit hoher Frequenz Premium-Content veröffentlichst und deine Zuschauer wie ein TV-Sender dazu anregst, ein Video nach dem anderen zu schauen.

5.8.2 Der YouTube-SEO-Hack

Sorge dafür, dass deine Videos in den relevanten Suchergebnissen über denen der Wettbewerber stehen, indem du diese Richtlinien befolgst:

▶ Beschreibe dein Video mit 300 bis 500 Wörtern, wobei du eine Keyword-Dichte von 2 % bis 5 % anstreben solltest.

▶ Verwende dein wichtigstes Keyword auch im Dateinamen deines Videos sowie in der Beschreibung deines Kanals (insbesondere bei *Channel Keywords*).

▶ Erstelle Untertitel für dein Video (das kannst du inzwischen auch automatisch von YouTube erledigen lassen). Ganz wichtig deswegen: Erwähne deine Keywords auch im Video selbst, damit sie Teil der Transkription werden. Übrigens kannst du diese Funktion auch dafür nutzen, Transkriptionen von Interviews schnell und einfach zu erstellen (beispielsweise für deinen Blog oder Podcast). Das Video kann auch ein schwarzes Bild mit Audiospur sein und muss nicht zwingend veröffentlicht werden.

▶ Mit sogenannten »Timestamps« kannst du ein Inhaltsverzeichnis erstellen. Gerade bei längeren Videos kann es sinnvoll sein, in der Beschreibung ein Inhaltsverzeichnis zu erstellen und dank der Timestamps die jeweilige Szene zu markieren, damit der Nutzer dorthin springen kann.

▶ Das Tool vidIQ (*https://vidiq.com/*) kann dir bei der Optimierung deiner Videos und der Wettbewerbsanalyse helfen.

▶ Das Ende deines Videos ist kritisch, denn weder du noch YouTube wollen, dass der Zuschauer die Seite verlässt. An dieser Stelle kommt der sogenannte *After-Roll* ins Spiel: Mit Bild- und Videoelementen bittest du den Zuschauer darum, dein Video zu liken, deinen Kanal zu abonnieren oder sich weitere Videos aus deinem Kanal anzusehen.

▶ Erstelle eine Playlist, die dein wichtigstes Keyword verwendet, und speichere dort auch relevante Videos von anderen Nutzern.

▶ YouTube ist eine Social-Media-Plattform, und die Nutzer scheuen sich nicht, dem Urheber ihre ungeschminkte Meinung zu sagen. Mache dir das zunutze, und fordere zu Kommentaren und Fragen auf! Du wirst erfahren, was du besser machen kannst und welche Bestandteile deine Zuschauer lieben. Berücksichtige dieses Feedback bei der Themenplanung. Dazu gehört natürlich auch, dass du die Fragen deiner Zuschauer zeitnah beantwortest. Aber Achtung: Auf YouTube sind auch viele Trolle unterwegs, die nur provozieren wollen. Zeige dich stets humorvoll und souverän.

▶ In dem Zusammenhang ist Storytelling sehr wichtig. Gibt der Inhalt des Videos dem Benutzer auch eine Antwort? Die ersten 10 bis 15 Sekunden sind entscheidend für die Verweildauer. Verzichte daher auf ein langes und nichtssagendes Intro!

▶ Die Länge deines Videos ist entscheiden. Zwar bevorzugt der YouTube-Algorithmus mittlerweile längere Videos, da die Gesamtverweildauer deiner Videos ein entscheidender Faktor ist. Das Video sollte aber trotzdem nur so lang sein, wie die Story trägt. Wenn dein Video zu lang ist, werden die meisten Nutzer schon nach kurzer Zeit wieder abschalten. Und die Absprungrate wird sich negativ auf dein Video auswirken.

▶ Platziere das relevante Keyword im Dateinamen, im Titel, im Infotext, in der Beschreibung, in den Tags und im vertonten Sprechertext.

▶ Wähle einen guten Titel. Das Haupt-Keyword sollte am Anfang platziert werden. Der Titel sollte beschreibend sein und neugierig machen. Nutze maximal 64 Zeichen. Platziere den Firmennamen (wenn überhaupt) erst zum Schluss. Und natürlich sollte der Titel zum Inhalt passen.

▶ Mache mit deinem Infotext den Zuschauer neugierig. Nutze die 140 Zeichen, und zeige, was ihn erwartet.

▶ Nutze die Bezahlangebote auf YouTube. Du kannst für relativ wenig Geld schon eine gute Reichweite aufbauen.

▶ Passe die Transkription an. Lade das automatisch erstellte Transkript von YouTube herunter, bearbeite es, und lade es erneut hoch.

▶ Lade ein Startbild (Thumbnail) mit Text hoch. So wichtig wie das Cover eines Buches ist das Thumbnail (das kleine Vorschaubild) deines Videos. Erstelle ein gutes, aussagekräftiges Thumbnail, das den Titel enthält. Um das bestmögliche Thumbnail zu identifizieren, kannst du verschiedene Entwürfe mit kleinen Facebook-Kampagnen testen. Das Thumbnail mit der höchsten Klickrate wird dann das Startbild.

▶ Mach den Mobile-Check. Denke sowohl beim Startbild als auch bei den Videos immer daran, dass diese vor allem auch auf den mobilen Endgeräten gut funktionieren müssen.

5.8.3 Der »Premiere«-Hack

Die Funktion »YouTube Premiere« bietet dir und deinen Zuschauern die Möglichkeit, ein neues Video von dir gemeinsam anzusehen – ähnlich wie bei einer Filmpremiere. Videopremieren sind gut geeignet, um einen Video-Upload zu planen. Mit einer Wiedergabeseite zum Teilen kannst du die Vorfreude deiner Fans steigern und das Video ordentlich bewerben. Diese Funktion solltest du insbesondere beim Launch deines Produktes testen, denn du kannst im Vorfeld ordentlich Buzz generieren.

5.8.4 Der »Das ist gerade angesagt«-Hack

Musikvideos sind auf YouTube sehr gefragt und die Suchanfragen entsprechend hoch. Das bietet dir die Chance für folgenden Hack: Mit Parodien von oder Rezensionen zu aktuell populären Musikvideos wirst du sehr schnell sehr viele Zuschauer generieren können. Das gilt auch für Filme, Games und Serien. Bei der Identifikation lohnender Videos hilft dir die *Trends*-Liste von YouTube selbst.

5.8.5 Der »So verlinkst du auf eine externe Website«-Hack

YouTube macht es dir aus den oben genannten Gründen sehr schwer, auf eine externe Website zu verlinken. Die einfachste Möglichkeit besteht darin, den Link in der Beschreibung deines Videos einzusetzen, allerdings werden ihn dort nicht viele Zuschauer finden, sofern du es nicht in deinem Video explizit erwähnst und zum Klick aufrufst. Du kannst allerdings auch auf externe Links innerhalb von Einblendungen (*Annotations*) verweisen, wenn du ein verifizierter Partner von Google bist und die Einstellungen in deinem Kanal entsprechend anpasst. Noch eleganter ist die Nutzung der neuen Infokarten: Du kannst in deinem Videomanager ein Text-Bild-Element erstellen, das eine Verlinkung auf deine externe Website beinhaltet. Diese Karte wird dann sichtbar, wenn der Zuschauer den Button in der oberen rechten Ecke klickt.

5.9 App Store Optimization

Es ist erstaunlich, wie viele Unternehmen viel Zeit, Energie und Geld in die Entwicklung einer App stecken, nur um anschließend auf *Hope-and-Pray Marketing* zu setzen und sich zu wundern, warum die Download-Zahlen so niedrig sind.

Um dem vorzubeugen, gibt es *App Store Optimization* (ASO). Dadurch soll die Auffindbarkeit der App bei iTunes und im Google Play Store erhöht werden. Dieses

Beispiel zeigt, dass die Grenze zwischen Growth Hacking und gutem Digital Marketing fließend ist, denn wenn man seine Hausaufgaben macht, ist man häufig schon weiter als der Wettbewerb.

5.9.1 Der »Mach deine Hausaufgaben«-Hack

1. Der erste Berührungspunkt zwischen deinem potenziellen Kunden und der App ist das Icon. Daher solltest du auf die Gestaltung des Icons auch am meisten Zeit verwenden. Verwende am besten keine Wörter für dein Icon (dafür gibt es den Namen und die Beschreibung), sondern eine passende Metapher. Das erste Icon von Instagram war beispielsweise eine Retro-Kamera. Füge gegebenenfalls eine Umrandung hinzu, damit das Icon auf jedem Hintergrund heraussticht und dadurch nicht nur heruntergeladen, sondern auch häufiger genutzt wird. Sei innovativ und originell, damit du dich vom Wettbewerb abhebst! Und teste deine Icon-Entwürfe vorab auf jeden Fall innerhalb deiner Zielgruppe.

2. Die Auswahl des richtigen Namens ist kritisch für den Erfolg einer App. Suche nach einem einfachen, einprägsamen Namen, der idealerweise auch ein Keyword enthält (dafür kannst du Tools wie HyperSuggest oder Ubersuggest nutzen). Versetze dich in die Lage des Nutzers, und erlaube ihm, zu erahnen, wozu die App gut ist. Dein App-Name sollte zwischen 20 und 40 Zeichen haben, um optimal dargestellt zu werden. Schau dir vor deiner Wahl auch den Wettbewerb an.

3. Nutze die oben genannten Keyword-Tools auch für die Beschreibung deiner App. Am wichtigsten sind die ersten drei Zeilen, denn sie sind *above the fold* und können gelesen werden, ohne dass der Nutzer auf MEHR klickt. Weil diese Zeilen so wichtig sind, solltest du sie mit testen lassen. Mit Umfragen bei deinen Fans oder einer kleinen Google Ads- oder Facebook-Kampagne kannst du schnell und einfach den besten Text finden. Liste die wichtigsten Features in Bulletpoints auf, damit sie schnell gelesen werden können.

4. Ebenso wichtig wie die Beschreibung sind die Bilder und Videos. Geize hier nicht mit Zeit und Aufwand, denn deine potenziellen Nutzer werden es merken. Lade nur exzellente Bilder und Videos hoch. Der App-Store-Algorithmus wird deine App bevorzugt behandeln, wenn sie in verschiedenen Sprachen und für möglichst viele Endgeräte (Wearables, Tablets, Android Auto, Android TV) verfügbar ist.

5. Sorge dafür, dass du insbesondere zum Launch möglichst viele möglichst gute Bewertungen erhältst. Aktiviere dafür dein Netzwerk, Fans und Early Adopters. Je mehr Downloads du in kurzer Zeit generieren kannst, desto besser ist dein Ranking.

5.10 Presse

Es gibt wohl wenig, was ein Start-up – oder irgendein Unternehmen – so sehr benötigt wie gute Presse, sprich die möglichst ausführliche und möglichst positive Berichterstattung in einem redaktionellen Medium. Presse bringt einem Unternehmen alles, was es in der Wachstumsphase benötigt: Nutzer auf die Website, Erläuterung des Geschäftsmodells, Legitimation und Backlinks. Von all diesen Dingen kann man gar nicht genug bekommen.

Im Prinzip ist der PR-Prozess ein sehr einfacher: Du musst dein Unternehmen nur dem richtigen Journalisten zur richtigen Zeit pitchen. Sprich: Du verkaufst dich bzw. die Story deines Unternehmens an eine weitere, neue Zielgruppe. Tatsächlich sind es sogar mehrere Zielgruppen, abhängig von der Reichweite des Mediums. Wir brauchen also drei Dinge: spannenden Content (das Produkt) und Journalisten und Blogger (die Zielgruppe) sowie einen Weg, das Produkt unter die Augen der Zielgruppe zu bringen (in der Regel E-Mail).

Dieser Prozess ist aufwendig und schwer zu skalieren, weil er auf der persönlichen Interaktion beruht. Kein Journalist beklagt sich darüber, dass Start-ups ihn nicht genug pitchen würden; du hast also massive Konkurrenz, gegen die du dich durchsetzen musst.

Gleichzeitig wird er auf keinen Fall über dich schreiben, wenn er die nötigen Informationen nicht bekommen kann. Auf der anderen Seite haben viele Journalisten, insbesondere die der großen Medienhäuser, den Anspruch, jeder Story etwas Neues hinzuzufügen, über das bisher noch niemand anderes berichtet hat. Diese Journalisten wollen exklusiven Content (z. B. ein Interview) oder Insights (z. B. Nutzerdaten). Exklusivität ist allerdings ein rares Gut, wenn du mit möglichst vielen Journalisten sprechen möchtest.

> »The Truth is: nobody cares about your Startup!«
> – Vincent Dignan

Um diese Herausforderung noch schwieriger für dich zu machen, gibt es außerdem eine klare Hackordnung unter den Journalisten. Diese Hackordnung hat der Growth Hacker Vincent Dignan als Presse-Pyramide beschrieben (siehe Abbildung 5.8). Der Grundgedanke ist: Wenn ein Journalist in Erwägung zieht, über dein Unternehmen zu schreiben, wird er zunächst recherchieren, was andere Kollegen bereits geschrieben haben. Wie alle anderen Kunden auch wollen sie den Social Proof, also den Beweis, dass es sich lohnt, über dich zu berichten. Gleichzeitig wollen sie aber auch nicht den fünfzigsten Artikel schreiben, der sich nur in Nuancen von deiner Pressemitteilung unterscheidet. Hier gilt es, den »Sweet Spot« zu finden.

Die Presse-Pyramide beginnt am Fundament, wo du eine große Anzahl an (mehr oder weniger professionellen) Blogs finden musst, die sich mit deinem Thema bzw. deiner Branche beschäftigen. Je genauer das Blog auf dein Produkt passt, desto besser. Auf dieser Ebene funktioniert die Skalierung noch am besten: Statt mit Harpune kannst du mit Dynamit fischen. Es gilt, die URLs der passenden Blogs und die E-Mail-Adresse des Bloggers zu finden, um ihn zu kontaktieren und auf deine Story aufmerksam zu machen. Das Gleiche gilt auch für lokale Medien, die gerne über innovative Unternehmer aus ihrer Region berichten.

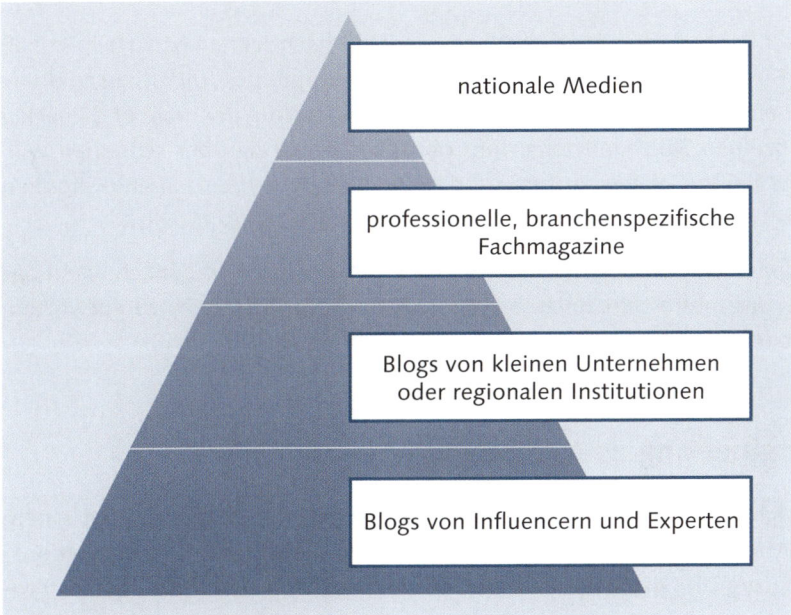

Abbildung 5.8 Die Pressepyramide

Hier kommen die folgenden Hacks ins Spiel.

5.10.1 Der »Du bist ein großartiger Journalist«-Hack

Dieser Hack kann dir bei der Formulierung deiner Pitch-Mail helfen, insbesondere, wenn du einen Journalisten gefunden hast, der sich regelmäßig und intensiv mit deiner Branche auseinandersetzt. Wenn sie bzw. er in Social Media aktiv ist, umso besser! Folge ihm dort, und lege einen Google Alert mit seinem Namen an. Ziel ist es, ein langfristiges, gutes Verhältnis zu ihm aufzubauen. Dafür solltest du die meisten seiner Artikel lesen und – wenn passend – möglichst früh kommentieren. Gratuliere ihm zu diesem spannenden Artikel, und lobe einzelne Aussagen oder Passagen. Stelle gelegentlich eine fachliche Frage. Teile gelegentlich seine Tweets und Posts. Das Wichtigste: Bleibe dabei authentisch, und biedere dich nicht an. Wenn du davon ausgehen kannst, dass der Journalist deinen Namen kennt (z. B. indem er deine Fragen beantwortet oder sich für das Teilen bedankt), schicke ihm eine E-Mail, und stelle dich kurz vor. Gratuliere ihm zu seinem Artikel, und beschreibe, warum du seine Artikel gerne liest. Hebe die Punkte A und B hervor, die dir besonders gut gefallen haben. Und frage ihn, warum er nicht über Punkt C geschrieben hat. Auch wenn es dich in den Fingern juckt: Vermeide es, dein Unternehmen zu pitchen!

Verfasse anschließend (zwei bis drei Wochen später, nach seinem nächsten Artikel) eine zweite E-Mail an den Journalisten. Rufe dich in Erinnerung, indem du an deine erste E-Mail erinnerst. Stelle ihm anschließend dein Start-up vor, kurz und knackig in einem einzelnen Satz, und frage ihn, ob er nicht mal darüber schreiben will. Nicht, um dir einen Gefallen zu tun, sondern weil es perfekt zu seinen bisherigen Artikeln passt. Biete an, ihm bei Interesse dein Press-Kit zuzuschicken.

Wichtig dabei: Weniger ist mehr. Mache es dem Journalisten so einfach wie möglich, mit »ja, das interessiert mich, bitte schick mir Informationen« zu antworten. Lass alles Überflüssige weg, und versuche, dich so kurz wie möglich zu fassen.

5.11   Engineering as Marketing

Einer der wichtigsten Unterschiede zwischen einem Growth Hacker und einem klassischen Marketer ist seine Fähigkeit, abseits der klassischen Kommunikationskanäle Wachstumsmöglichkeiten zu entdecken. Insbesondere das (digitale) Produkt selbst steht dabei im Vordergrund, denn jeder Berührungspunkt zwischen Nutzer und Produkt kann zu Wachstum führen. Bestes Beispiel ist der klassischste aller Growth Hacks: die Signatur »Sent from my iPhone«, die als Default unter jeder mit einem iPhone verschickten E-Mail steht. So wird nicht nur der Sender, sondern auch der Empfänger daran erinnert, welches Gerät verwendet worden ist. Dabei hatte sich Apple diesen Hack von Hotmail, einem browserbasierten E-Mail-Provider, abgeschaut. Dort lautete die Default-Signatur unter jeder Mail: »Get your free Email at Hotmail.«

Es sind Hacks wie diese, die für schnelles, exponentielles Wachstum sorgen können, denn einmal implementiert, sind sie kostengünstig und bedienen sich des Nutzerverhaltens, um virales Wachstum zu ermöglichen. Effektives Engineering ist effektives Marketing. Dabei versteht es sich von selbst, dass auch diese Maßnahmen zunächst und im Folgenden mit A/B-Tests optimiert werden.

5.11.1 Der »Matrix«-Hack

Betrachte dein Produkt nicht isoliert vom Rest der Welt. Deine Kunden werden nicht aufhören, YouTube, Facebook oder Slack zu benutzen, nur weil es jetzt dein Tool gibt. Betrachte diesen Umstand nicht als Hindernis, sondern als Möglichkeit. Sorge also dafür, dass sich dein Produkt harmonisch ins digitale Ökosystem einfügt, und erstelle Schnittstellen. Der schnellste Weg, ein Produkt zu verbreiten, ist der über die API-Anbindung an eine bestehende Plattform wie Facebook. Business Development, Marketing und Wachstumsstrategien sind heute API- und nicht mehr menschenzentriert.

Erfolgreiche Beispiele sind die Browsererweiterungen von Pinterest oder Pocket, die es mit nur einem Mausklick erlauben, sich den jeweiligen Inhalt zu merken und später im eigentlichen Produkt wieder anzusehen. YouTube und Twitter haben es ermöglicht (und sehr einfach gestaltet), Videos bzw. Tweets vollständig funktionsfähig auf Drittseiten zu embedden. Dadurch sind diese Dienste nicht nur auf ihre eigenen Plattformen beschränkt, sondern quasi omnipräsent. Für Instagram war die Möglichkeit zum Cross-Posten auf Facebook, Tumblr und Twitter mit einer der entscheidenden Growth Hacks. Das Gleiche gilt für LinkedIn, wo es die Entwickler 2003 schafften, es den Nutzern sehr einfach zu machen, ihre bestehenden Outlook-Kontakte zu dem Businessnetzwerk einzuladen.

5.11.2 Der »Kansas City Shuffle«-Hack

Beim »Kansas City Shuffle« lockst du deine potenziellen Kunden in eine kleine Falle: Du programmierst ein kleines, feines Tool, das mitunter gar nichts mit deiner Marke zu tun hat. Dieses Tool erfüllt zwei Zwecke: Es löst ein Problem deines Kunden und du bekommst den Lead.

Und so gehst du vor:

Im Rahmen deiner Persona-Definition findest Probleme, die deine Kunden in ihrem Alltag haben. Das wichtigste Problem löst dein Hero-Produkt. Aber darüber hinaus gibt es womöglich auch noch kleine Probleme, die nichts mit deinem Hero zu tun haben. Und zur Lösung dieser Probleme erstellst du ein eigenes, kleines Tool.

Um erfolgreich zu sein, muss es folgende Bedingungen erfüllen:

► Es muss einen Mehrwert liefern.

► Es muss günstig in der Entwicklung sein.

► Es muss günstig im Unterhalt sein.

► Es muss hervorragende Leads generieren.

► Es muss sich auf ein Nischen-Problem fokussieren.

▶ Es sollte vom Wettbewerb nur schwer zu kopieren sein (z. B. weil man im Team den Experten für das Thema hat).

▶ Es sollte einfach zu bewerben und zu vermarkten sein, um die Customer Acquisition Costs so niedrig wie möglich zu halten.

Insbesondere Für B2B-Marketer hat sich diese Vorgehensweise bezahlt gemacht, denn für die Nutzer sind diese Tools kostenlos (können also schnell ohne Risiko oder Freigabe genutzt werden) und erhöhen die Bekanntheit des werbenden Unternehmens. Einige Beispiele sind:

▶ Das SEO-Unternehmen *Moz* bietet ein kostenloses Chrome-Add-on an, mit dem jede Seite hinsichtlich SEO analysiert werden kann.

▶ *HubSpot* hat mit dem Website Grader[28] ein kostenloses Tool entwickelt, das perfekt auf die Bedürfnisse der Buyer-Persona passt und deswegen ein sehr effizientes Tool für Neukundenakquise ist.

▶ *Buffer* hat Pablo[29] gelauncht, um damit Menschen zu identifizieren, die im Rahmen ihres Social Media Managements Grafiken erstellen müssen. Und wer viele Grafiken erstellt, der braucht sehr wahrscheinlich auch das Kern-Produkt von Buffer, das Social Media Management Tool. In diesem Fall ist das Tool sogar ohne »Lead-Schranke« frei verfügbar, aber Buffer kann die Nutzer durch Re-Targeting erneut erreichen.

▶ Der WordPress Speed Test von *WP Engine* testet – du wirst es erraten – die Geschwindigkeit deiner WordPress-Seite. Die Ergebnisse gibt es gleich nachdem du deine Kontaktdaten abgeschickt hast[30].

5.11.3   Der »Riddler«-Hack

Weißt du, warum Zeitschriften seit Jahrzehnten Quiz und »Persönlichkeitstests« integrieren? Weil die Leser sie lieben! Wer mag nicht den kurzen Kitzel eines schnellen Quiz, gerne auch zu fachlichen Themen? Mach dir diesen Spieltrieb der Menschen zunutze und baue Quiz, die leicht und schnell überall einzubetten sind. Der Clou daran: Füge ein Sign-up hinzu, und du hast eine Lead-Maschine gebaut. Beispiel: »Glückwunsch, du hast 123 Punkte! Willst du wissen, wie viele Menschen du überholt hast? Trage deine E-Mail-Adresse ein, und du siehst das komplette Ranking!« Neben den Leads selbst hast du gegebenenfalls sogar Informationen über die

---

28 *https://website.grader.com/*
29 *https://pablo.buffer.com/*
30 *https://wpengine.com/de/speed-tool/*

Nutzer durch das Quiz gesammelt. Wenn du die Technik testen möchtest, können dir fertige Bausatztools wie Involve.me[31] helfen.

5.11.4   Der »Bill Murray«-Hack

Sagen wir, wie es ist: Es gibt extrem viel gute Software für beinahe jeden Zweck. Bestimmt bist du auch in deiner Branche nicht das erste Unternehmen, das sich der Lösung eines bestimmten Problems verschrieben hat. Wie kann man sich vom Wettbewerb unterscheiden? Humor ist immer einen Versuch wert. Selbst wenn es nicht zu besseren Resultaten führen sollte, habt ihr Spaß beim Versuch gehabt – und nur in wirklich spießigen Branchen werden es dir einige Nutzer übelnehmen.

Wie kannst du vorgehen? Nimm ein Standardelement einer jeden Website bzw. User Experience – und gestalte es um. Es gibt viele originelle Beispiele für humorvolle 404-Fehlerseiten[32] (siehe Abbildung 5.9), Teamübersichten, Ladebalken und Success-Seiten.

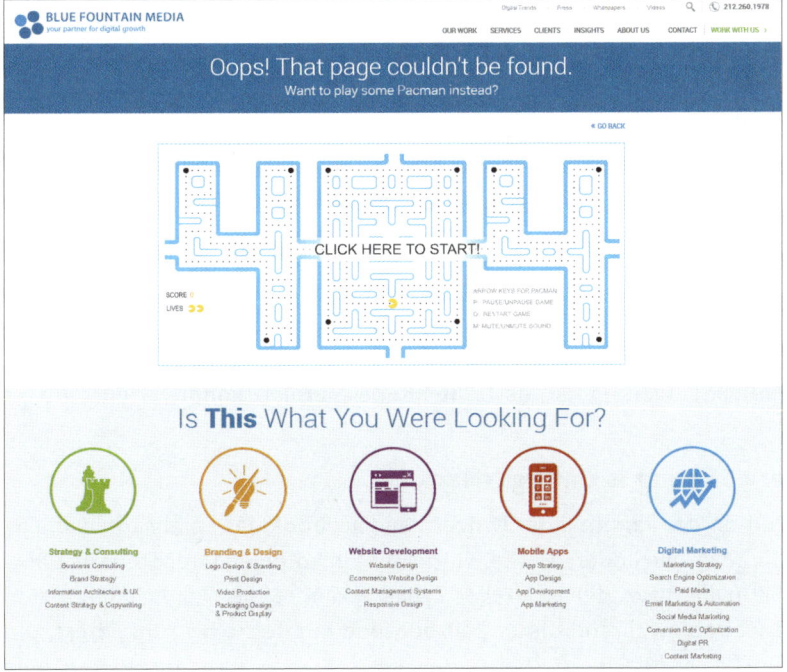

Abbildung 5.9 Auf dieser 404-Seite kannst du Pacman spielen.

---

31 Wenn du diesen Affiliate-Link benutzt, bekommst du 15% Rabatt: *http://www.involve.me?via= growthhacking*

32 Viele unterhaltsame Beispiele für 404-Fehlerseiten findest du auf *https://onlineingenieur.de/ error-404-137-kreative-fehlerseiten/*.

Sobald die Menschen anfangen, bei der Nutzung deines Produkts zu schmunzeln, hast du bereits einen wichtigen Schritt getan und die Basis für eine emotionale Verbindung aufgebaut.

Wir empfehlen dir, mit der Adaption eines Elements zu starten, das sofort messbar ist und einen Effekt auf dein Wachstum hat. Beispiel: *Groupon* und *Hootsuite* hatten bzw. haben auf ihrer Newsletter-Abmeldebestätigungsseite ein sehr unterhaltsames Video integriert. Der Nutzer war zwar vom Newsletter abgemeldet, aber durch das Video wurde die emotionale Bindung dennoch gestärkt und die Wahrscheinlichkeit, dass der Nutzer sich erneut für den Newsletter abmeldet, erhöht. Das ist das Mantra eines guten Growth Hackers: Suche stets nach neuen Chancen!

5.11.5 Der »Oprah Winfrey«-Hack

Ein Klassiker unter den Growth Hacks: Motiviere die Nutzer, dein Produkt zu benutzen, indem du ihnen (wie Oprah) Geschenke machst! So machte es beispielsweise *PayPal* zu Beginn: Jeder neue Nutzer bekam bei Eröffnung seines PayPal-Accounts 10 US-Dollar Guthaben. Wenn der Customer Lifetime Value entsprechend hoch ist und die Akquirierungskosten von Nutzern in der Regel höher sind, kann sich dieses Vorgehen lohnen. Aber günstig ist es nicht[33] – zumal du erst einmal für Traffic sorgen musst. Lass das deine bestehenden Nutzer machen! Die Taxidienste *DriveNow* (vormals MyTaxi) und *Uber* haben diese Mechanik auf das nächste, virale Level gehoben und mit klassischer Freundschaftswerbung verbunden: Wenn ein Kunde einen anderen Kunden geworben hat, haben beide einen Fahrgutschein bekommen.

Noch besser, weil günstiger: Verwende als Belohnung etwas, von dem du im Überfluss hast – idealerweise ist das der Kernwert deines Produkts! *Dropbox* hat dieselbe Mechanik verwendet, aber als Incentive kostenlosen Speicherplatz genutzt. Je mehr Freunde ein Nutzer geworben hat, desto mehr Speicherplatz konnte er nutzen.

5.11.6 Der »Sharing is Caring«-Hack

Es gab eine Zeit, in der kannte jeder Nutzer von Facebook das Spiel *Farmville*: Die eine Hälfte spielte es, die andere Hälfte wurde mit Einladungen ihrer Freunde überschwemmt. Farmville bzw. der Hersteller Zynga erkannte die Möglichkeiten zum Sharing, die Facebook während dieser Zeit bot, und nutzte sie bis zum Exzess, um sein Wachstum voranzutreiben. Dieses Beispiel soll dich dazu inspirieren, wie schnell man virales Wachstum erreichen kann, wenn man es den Nutzern nicht nur möglichst einfach macht, ihren Freunden öffentlich per Social Media dein Produkt zu empfehlen, sondern sie aktiv dazu anregt, indem man sie belohnt.

---

33 PayPal-Co-Gründer Elon Musk sprach von Kosten zwischen 60 und 70 Millionen Euro.

Der GPS-Beacon Hersteller *TrackR* bietet noch während des Bestellprozesses die Möglichkeit an, durch Social Sharing zusätzliche Farben seines Produkts freizuschalten und damit bestellen zu können. Auch nach der Bestellung erhält der Käufer (auf der Danke-Seite und zusätzlich in der Kaufbestätigungs-E-Mail) einen Promotion-Code, den er mit seinen Freunden teilen kann.

Auch Blogger können sich diese Mechanik zunutze machen, indem sie das Tool *Pay with a Tweet* einsetzen. Dann können Nutzer einen Artikel erst lesen, wenn sie vorab auf ihrem Netzwerk dein Blog empfohlen haben. Das funktioniert für den Leser mit zwei Klicks. Neben einer öffentlichen Kundgebung kann die Gegenleistung für die Nutzung auch aus einem Link bestehen. Das Grafikportal *Flaticon* bietet die kostenlose Nutzung seiner Icons und Grafiken an, wenn man auf das Portal verlinkt. Das sorgt nicht nur für zusätzliche sichtbare Reichweite, sondern auch für jede Menge Backlinks, was wiederum der Suchmaschinenoptimierung sehr förderlich ist. Diese Technik ist nicht nur auf digitale Produkte beschränkt: Sogar der Autohersteller *Tesla* startete eine Viral-Kampagne, die denjenigen mit einem neuen Tesla belohnte, der zuerst eine bestimmte Anzahl neuer Käufer vermittelte.

5.12 E-Commerce

Solltest du deine Produkte online verkaufen, ist die Präsentation das Wichtigste, sogar noch vor einem unkomplizierten und einfachen Check-out-System. Investiere in qualitativ hochwertige Bilder deiner Produkte, und demonstriere den Nutzen wenn möglich in einem Video. Darüber hinaus spielt Copywriting, also die Texte auf der Verkaufsseite, eine entscheidende Rolle. Mit folgenden Taktiken gelingt es dir, den Mehrwert deines Produkts so zu beschreiben, dass sich der Kunde »abgeholt« fühlt.

5.12.1 Der »Was schreiben andere darüber«-Hack

Analysiere ähnliche Produkte wie deine auf anderen Plattformen wie eBay und Amazon. Analysiere nicht nur deren Produktbeschreibungen, sondern vor allen Dingen ihre Produktrezensionen. Dort findest du nicht nur die für dich wichtigen Keywords, sondern auch die genauen Probleme, die Käufer mit dem Produkt haben. Finde heraus, warum die Menschen es kaufen und warum nicht. Weitere wichtige Quellen sind Frage-Antwort-Foren wie *GuteFrage.net* und *Quora*, Fachbücher (bei Amazon kannst du häufig die ersten Kapitel lesen, ohne das Buch kaufen zu müssen). Suche mit *BuzzSumo* auch populäre Blogartikel zu deinem Thema, und schau dir an, was Experten schreiben.

Die gewonnenen Erkenntnisse kannst du nicht nur auf deiner Produktseite nutzen, sondern in deiner gesamten Kommunikation (Werbemittel, Landingpage, Produktvideo etc.).

5.13   Google Ads (AdWords)

An dieser Stelle verlassen wir die Welt der *Owned Channel*, also unserer eigenen organischen Möglichkeiten. Jetzt geht es darum, Geld in die Hand zu nehmen und es möglichst effizient zu investieren. Wir sprechen über *Paid Marketing*.[34]

> »*The moment you know what you really can afford to pay to acquire one profitable user is when the game starts.*«
> – Andrei Marinescu, 500 startups

Es war bereits im Jahr 2000, als Google sein eigenes Werbeprogramm Google AdWords launchte und die enorme Reichweite seiner Suchmaschine werbetreibenden Unternehmen öffnete. Was mit 300 Beta-Testern begann, hat sich zur erfolgreichsten Gelddruckmaschine der Gegenwart entwickelt: Allein im zweiten Quartal 2016 setzte Google über 21,5 Milliarden US-Dollar um – nur mit AdWords. Im gesamten Jahr 2015 waren es über 60 Milliarden US-Dollar! Seit 2018 heißt Google AdWords nur noch Google Ads.

Was ist das Erfolgsgeheimnis? Mehrere Faktoren spielen eine wichtige Rolle und können auch für dein Unternehmen ein Vorbild sein:

▶ **Einfachheit:** Es ist genauso einfach, eine Kampagne in Deutschland, im gesamten Land, zu schalten wie auch ausschließlich nur im Süden von Buenos Aires. Auch die Eintrittshürde hinsichtlich Know-how und notwendiger Technik ist sehr gering – ein Internetanschluss genügt. Ein Vermarkter, wie es sie bei allen anderen damals verfügbaren Werbekanälen gab, ist nicht notwendig. Du musst nicht einmal Werbematerial wie Banner gestalten lassen, weil die Anzeigen nur aus Text und einem Link bestehen.

▶ **Skalierbarkeit:** Du kannst eine Kampagne mit 5 Euro Tagesbudget ebenso einfach schalten wie eine Kampagne mit 50.000 Euro Tagesbudget. Du kannst den Betrag auch jederzeit wieder ändern oder abhängig von den Resultaten dynamisch anpassen. Kein anderes Medium bot damals diese Flexibilität.

---

34 Der dritte Kanal im Bunde des sogenannten EOP-Modells wird mit *Earned* bezeichnet. Damit sind alle Kanäle gemeint, die nicht direkt vom werbetreibenden Unternehmen, sondern von Dritten bedient werden. Dazu gehören insbesondere Presse, Tests bzw. Bewertungen und Social Media.

▶ **Responsivität:** Die Anzeigen funktionieren auf jedem Gerät, unabhängig von der Bildschirmgröße.

Auch wenn Google Ads per se ein sehr einfach zu bedienendes Werbemedium ist, so bietet es doch sehr vielfältige Möglichkeiten zur Optimierung. Über die meisten dieser Möglichkeiten kannst du dich mit einem guten Fachbuch oder einem Seminar informieren. Wir wollen dir einige Tricks verraten, die in den meisten Büchern unerwähnt bleiben, aber Grundkenntnisse über die Funktionsweise von Google Ads voraussetzen.

5.13.1 Der »Auf welche Keywords soll ich bieten?«-Hack

Sicherlich sind dir die grundlegenden Techniken der Keyword-Suche bekannt. Nutze nicht nur das in Google Ads integrierte Keyword-Research-Tool, sondern auch externe Seiten wie *hypersuggest.com* oder *ubersuggest.io*. Recherchiere aber auch nach passenden Produkten bzw. Rezensionen auf Amazon und Udemy und finde die Vokabeln, die deine Zielgruppe verwendet, auf *GuteFrage.net*. Dein Ziel ist dabei, die »schmutzigen« Keywords zu finden, nach denen deine Nische sucht und auf die kein etabliertes Unternehmen bietet. Denn mit diesen Keywords wirst du die erfolgreichsten Kampagnen starten.

Wenn du noch ganz am Anfang stehst oder einen neuen Markt erobern willst, dann lass dich von deinen Wettbewerbern inspirieren. Setzen sie konstant auf Google Ads, wird sich der Kanal für sie lohnen. Profitiere von der Lernkurve, die sie bereits hinter sich haben. Dabei helfen dir Tools wie *Alexa*, *iSpionage* und *SpyFu*.

5.13.2 Der »Ich will weit oben stehen«-Hack

Kenne deine Key Performance Indicators (KPIs): Für eine effiziente und performante Kampagne sind einzig und allein die Kosten pro Conversion entscheidend, keinesfalls die Position der Anzeigen. Sicherlich tut es dem eigenen Ego gut, wenn man regelmäßig über dem Wettbewerb steht, dem Kontostand allerdings nicht. Optimiere daher dein Gebot dahingehend, dass du die beste Korrelation aus Kosten und Ertrag hast. Die Conversion-Optimierung von Google kann dir dabei helfen.

5.13.3 Der »Kellner«-Hack

Du kennst es aus dem Restaurant: Ein guter Kellner wird deine Bestellung wiederholen und dabei deine eigenen Worte verwenden. Nutze die gleiche Technik: Für Keywords mit der Option EXAKT kannst du Keyword Insertion nutzen. Dabei platzierst du einen Platzhalter in deine Anzeigen, der mit dem Keyword des Nutzers gefüllt wird. Auf diese Weise erscheint der Suchbegriff des Nutzers in deiner Anzeige, und er wird sich »erhört« fühlen.

5.13.4 Der »7 Gründe, diese Anzeige zu klicken«-Hack

Kennst du den Begriff *Clickbaiting*? Darunter versteht man die Formulierung von Überschriften auf solche Art, dass sie extrem neugierig machen und zum Klick anregen. Meistens wird diese Methode leider missbraucht, um auf Artikel mit zweifelhaften Inhalten zu verlinken, worunter ihr Ruf sehr leidet. Tatsächlich ist die Methode aber ein sehr effizientes Werkzeug, das auf den Grundlagen der Psychologie beruht. Clickbaits werden meist für Blogartikel verwendet, aber sie können sich auch sehr gut für Google-Anzeigen eignen. Insbesondere seitdem die kreativen Möglichkeiten mit der Einführung von *Extended Text Ads* (ETA) deutlich größer geworden sind. Lies dir noch einmal die Headline-Hacks in Abschnitt 5.2.3, »Der ›Dieser Hack wird dein Leben verändern!‹-Hack«, durch und adaptiere die Prinzipien für Google-Anzeigen.

5.13.5 Der »Wer braucht schon mehr als ein Keyword?«-Hack

Wenn deine Google Ads-Kampagnen bereits mindestens drei Monate lang laufen, könntest du die Ergebnisse mit *Single Keyword Ad Groups* (SKAGs) noch verbessern: Identifiziere dafür deine Top-5-Keywords, und erstelle für sie jeweils eine eigene Anzeigengruppe. In diesen neuen Anzeigengruppen hast du also nur jeweils ein Keyword, aber mit verschiedenen Anzeigenoptionen (Weitgehend passend, Wortgruppe und Genau passend).

Für das Buchhaltungs-Start-up SmallBill sähe das Keyword-Set wie folgt aus:

▶ `[einfache buchhaltung]`

▶ `"einfache buchhaltung"`

▶ `+einfach +buchhaltung +online`

Starte mit diesen Keywords, und analysiere die Performance. Achtung: Deaktiviere die alten Keywords nicht, sondern pausiere sie nur. Abhängig von deinem Budget sollten die Daten nach zwei bis drei Wochen aussagekräftig genug sein, um den Hack zu validieren. SKAGs erlauben dir außerdem die Verwendung von *Keyword Insertion* in deinen Anzeigen. Hilfreich ist dabei auch die etwas versteckte Funktion Suchbegriffe auf Keyword-Ebene. Dort zeigt dir Google nämlich die exakten Suchbegriffe, die eine Impression deiner Anzeige ausgelöst haben, also den exakten Wortlaut deiner Nutzer. Überprüfe diesen Bericht regelmäßig, füge gute Keywords (mit der Option GENAU PASSEND) ein, und schließe negative Keywords aus, damit sie keine Anzeigenschaltung auslösen.

Apropos negative Keywords: Du solltest niemals eine Kampagne ohne Keyword-Ausschlüsse beginnen. Darunter versteht man solche Wortkombinationen, bei denen du auf keinen Fall eine Anzeige schalten möchtest, sei es, weil es nicht zielführend ist (z. B. »jobs« oder »kostenlos«) oder weil es deine Marke beschädigt (z. B. »hacks«).

5.14 Google Display Network

Das Google Display Network (GDN) ist eine der reichweitenstärksten Netzwerke weltweit. Neben Millionen von Partnerseiten erlaubt es auch die Schaltung von Werbung auf den Google-Töchtern YouTube und Gmail – alles über eine einzige Plattform mit vielfältigen Targeting-Möglichkeiten. Anstatt also einen nicht unerheblichen Teil deines Budgets an Vermarkter zu verschwenden, kannst du auch mithilfe des GDN direkt auf anderen Seiten Banner-, Text- und Videoanzeigen schalten.

Werbung im GDN ist wohl das am schlechtesten gehütete Geheimnis, denn die Plattform besteht schon sehr lange und ist unsexy – wer mag schon Banner? Aber trotzdem entwickelt Google diese einträgliche Plattform immer weiter, damit die Kampagnen effizienter werden. Deswegen ist das GDN bei vielen großen Unternehmen fester Bestandteil der Marketingstrategie – aber fehlt bei mittleren und kleinen Unternehmen, obwohl die Einstiegshürden wie bei klassischer Suchmaschinen-Werbung sehr gering sind – mittlerweile muss man nicht mal selbst Banner gestalten (das übernimmt Google).

Aber ein Wort der Vorsicht: Im Gegensatz zu Google Search Ads befinden sich die Nutzer noch nicht auf der Suche nach einem Problem, sie stehen also an einer wesentlich früheren Stelle des Customer Lifetime Cycles, und du musst mehr Energie aufwenden, um sie von deiner Lösung zu überzeugen.

In der Praxis bedeutet das: niedrigere Klickraten und Conversion Rates als bei Google Search Ads. Die Kosten pro Conversion können mitunter dennoch attraktiv sein. Daher eignet sich Werbung im GDN besonders dann, wenn die Möglichkeiten von Search-Anzeigen ausgereizt sind. Mache dich insbesondere mit den vielfältigen Targeting-Möglichkeiten vertraut, und denke daran: Je spitzer deine Zielgruppe erfasst ist, desto effizienter ist die Kampagne. Du kannst beispielsweise Nutzer erreichen, die eine bestimmte App (z. B. die deines Wettbewerbers) installiert haben.

5.14.1   Der »Das funktioniert immer«-Hack

Wenn du erstmalig eine Bannerkampagne schalten möchtest und keinerlei Erfahrungswerte hast, mit denen du starten kannst, *und* auch deine Wettbewerber keine Display Ads schalten, dann halte dich bei der Gestaltung der Banner an einige grundlegende Regeln:

1. Menschen mögen Menschen. Zeige attraktive Gesichter als Eyecatcher.

2. Weniger ist mehr: Dein Banner wird nur Sekundenbruchteile wahrgenommen. Je kürzer dein Text ist, desto besser.

3. Das Wichtigste ist der Call-to-Action: Kurz und knapp, originell, aber trotzdem eindeutig.

5.14.2   Der »Immer besser als die anderen«-Hack

Bevor du auch nur deinen ersten Euro investierst, solltest du dir anschauen, wo und wie deine Wettbewerber Werbung schalten. Dafür stehen dir Tools wie *MixRank*, *SimilarWeb*, *Adbeat* oder *WhatRunsWhere* zur Verfügung. Denk daran, dass die anderen Unternehmen, insbesondere wenn sie schon länger erfolgreich am Markt vertreten sind, bereits gelernt haben, wo sich ihre Zielgruppe befindet. Mach dir diese Erfahrungswerte zunutze!

5.14.3   Der Gmail-Hack

Kein Hack, aber noch nicht vielen Unternehmen bekannt ist die Möglichkeit, Werbung im Gmail-Postfach zu platzieren. Mittlerweile ist Gmail regulärer Teil des Google Display Networks. Dies beinhaltet alle Seiten, die Teil des Google AdSense Programms sind und somit Banner-Plätze zur Verfügung stellen. Somit erreichst du Nutzer, die ein Postfach von Google nutzen. Um die für dich relevanten Nutzer zu finden, stehen dir alle Targeting-Optionen des Google Display Networks zu Verfügung, darunter auch Keywords. Und mit dieser Funktion kannst du Werbe-E-Mails an Leute verschicken, deren E-Mails bestimmte Begriffe beinhalten. Diese Begriffe können deine Branche, dein Nutzerproblem, relevante Messen und Veranstaltungen oder den Namen (oder die Domain) deiner Wettbewerber beinhalten.

5.14.4   Der »Wir nehmen, was wir kriegen können«-Hack

Apropos Werbung auf YouTube: Natürlich kannst du dort mehr als nur Banner oder Textanzeigen schalten. Kern der Seite sind Videos, und es gibt kaum eine Plattform, auf der du so günstig Videos schalten kannst wie auf YouTube (gemessen am Cost per View). Denn mit TrueView-Videoanzeigen bezahlst du nur, wenn der Nutzer sich das ganze Video angesehen hat! Bricht er vorher ab, hast du einen kostenlosen Branding-Effekt generiert. Hier sind einige Tricks für deine Videowerbung:

1. Erzähle das Wichtigste zuerst! Die ersten 5 Sekunden sind entscheidend dafür, ob der Nutzer sich dein Video weiter anschaut oder es überspringt.

2. Mache alle 1 bis 3 Sekunden einen Schnitt, um den Unterhaltungsfaktor hochzuhalten.

3. Die Länge deiner Videos sollte 31 Sekunden betragen. Damit nutzt du die maximale Länge eines Video-Ads aus. Und wenn die Nutzer es sich nicht komplett ansehen, bezahlst du nichts, hast aber trotzdem »die Saat gelegt«.

5.14.5   Der »Neu ist immer besser«-Hack

Google bietet regelmäßig neue Formate und neue Funktionen, um die Effizient der Kampagnen weiter zu erhöhen – und somit auch mehr Geld zu verdienen. In der jüngeren Vergangenheit haben beispielsweise *Extended Text Ads* mit längeren Anzeigentexten für mehr kreative Möglichkeiten und besserer Klickraten gesorgt (weil sie deutlich länger und damit auffälliger waren als traditionelle Anzeigen). Aktuell[35] sind die Werbeformate *Discovery Ads* (quasi Native Ads auf der Discovery-Seite bei Android-Phones) und *Gallery Ads* (Suchanzeigen mit mehreren Bildern) neu ins Portfolio aufgenommen worden.[36]

Der Clou: Neue Funktionen erreichen i. d. R. eine sehr gute Performance. Zum einen, weil sie von Google bevorzugt behandelt werden, und zum anderen, weil sie vom Wettbewerb noch nicht genutzt werden. Als einer der ersten Tester neuer Funktionen bist du deiner Konkurrenz einen Schritt voraus und kannst sehr effiziente Kampagnen schalten.

Aktuell geht der Trend bei Google zur KI-gestützten[37] Automation. Der Werbetreibende gibt Google nur noch das Ziel der Maßnahmen, einzelne Assets[38] sowie die Landingpage, und Google macht den Rest. Die Aussteuerung und Optimierung der Kampagne hinsichtlich der Anzeigentexte, der Zielgruppen und der Platzierungen rückt immer weiter in den Hintergrund, weil der Algorithmus diese Variablen schnell und besser erkennt als Menschen und nur noch die »Gewinner« ausspielt.

Die neueste Funktion (Stand Sommer 2019) sind *Smarte Displaykampagnen*. Mit smarten Displaykampagnen lassen sich die komplexen Variablen der Display-Network-Werbung einfach und effektiv verwalten. Über eine smarte Displaykampagne

---

35 Stand August 2019

36 *https://www.seo-suedwest.de/4867-google-discovery-ads-versprechen-grosse-reichweite.html*

37 KI = künstliche Intelligenz

38 Texte, Bilder, Videos und Logos

können Sie Anzeigen in fast allen Formaten im Google Display Network schalten. Damit erreichst du Nutzer auf jedem Gerät in jeder Phase des Kaufzyklus – von interessierten Nutzern bis hin zu potenziellen Kunden, die kurz davorstehen, einen Kauf abzuschließen. Du musst noch nicht einmal Banner gestalten, denn auch das übernimmt Google für dich.

5.14.6   Der »Voll Porno«-Hack

Regel Nummer #1 im Marketing: Sei da, wo deine Kunden sind. Und wo sind die meisten Menschen in Netz? Auf Porno-Seiten. Unter den 300 beliebtesten Webseiten weltweit sind 11 Pornographie-Portale[39], und Deutschland ist keine Ausnahme: 4 der Top 25-Seiten fallen laut SimilarWeb in die Kategorie »Adult« und haben teilweise mehr Traffic als Instagram oder Twitter. Natürlich kann man auf diesen Seiten Werbung schalten – sogar deutlich günstiger als auf den meisten anderen Seiten. Die Klickraten sind unterdurchschnittlich, aber die TKP-Preise ebenso. Und als Werbetreibender kann man sich immer noch einer gesteigerten Aufmerksamkeit sicher sein, wenn die Medien über die Kampagne berichten. Das machten sich unter anderem der dänische Politiker Joachim B. Olsen und die Jeansmarke Diesel[40] zunutze. Achtung: Informiere dich vorab genau über die in deinem Land geltenden Gesetze!

5.15   Social Media

Die Nutzung von Social Media als Privatperson und als Marketer unterscheiden sich sehr stark voneinander, insbesondere dann, wenn dein Ziel schnelles Wachstum ist. Denn dann richtest du alle deine Aktivitäten darauf aus, mehr Follower, Interaktionen und letztendlich Leads zu generieren und Kunden zu gewinnen.

Gutes Social Media Management für dein Business basiert auf der sozialen Interaktion. Dafür wurden Twitter, Facebook und Co. konzipiert. Schnelles, hilfreiches und freundliches Engagement wird belohnt werden und dich von der Masse abheben. Allerdings nimmt es auch sehr viel Zeit in Anspruch. Daher solltest du keineswegs versuchen, auf jeder Plattform aktiv zu sein. Experimentiere und analysiere, wo sich deine Zielgruppen tummeln und austauschen. Investiere deine wertvolle Zeit nur in solche Kanäle, die dir beim Wachstum helfen.

Ein großer Vorteil von professionellem Social Media Management: Es ist sehr datenlastig und erlaubt dir daher, den Erfolg deiner Bemühungen schnell und einfach

---

39 *https://www.similarweb.com/blog/new-website-ranking*
40 *https://omr.com/de/pornhub-advertising-daenischer-politiker-eat24/*

zu messen. Gleichzeitig hast du auch die Möglichkeit, deine Bemühungen mit bezahlter Werbung zu flankieren, und das mit sehr flexiblen Budgets. Kurzum: Es ist eine ideale Spielwiese für Growth Hacker. Aber denke daran, dass du dich zu Teilen von der jeweiligen Plattform abhängig machst und nur eine kleine Änderung im Algorithmus oder den AGB dazu führen kann, dass du deine schwer erarbeiteten Follower nicht mehr erreichst.

> »Today ›PR‹ no longer stands for ›public relations‹ or ›press release‹: it stands for ›people react‹. You can't control the reaction and you can't control how we all share common events and experiences online. Instead of spending time and energy trying to control the conversation, focus on providing good stories to share and watch them spread.« – Scott Stratten, Autor, Speaker und Podcastler

Achte außerdem darauf, viel zu posten – aber nur mit relevanten Inhalten. Zu wenige Beiträge, und man sieht dich nicht. Zu viele wahllose Inhalte (insbesondere für dein Thema irrelevanter Content), und du wirkst beliebig und austauschbar. Den Unterschied macht dein persönliches Engagement in der sozialen Interaktion. Poste im Zweifel lieber einmal zu viel als einmal zu wenig. Immerhin scheuen wir Growth Hacker das Risiko nicht.

Wie viel ist viel? Das hängt von deiner Zielgruppe ab (auf welchen Social Networks ist sie wie oft mit welchem Bedürfnis aktiv?) und von der Plattform selbst. Auf einem Netzwerk mit Fokus auf dem »Hier und Jetzt« wie Twitter und Instagram kannst du bis zu zehnmal am Tag posten, ohne dass es negativ auffällt. Denn weil die Nutzer sehr oft posten, ändert sich der Newsfeed fortwährend, und du *musst* sogar oft posten, um überhaupt eine Chance zu haben, gesehen zu werden. Auf LinkedIn würde diese Vorgehensweise schnell störend wirken, weil sich der Newsfeed dort in der Regel nicht so schnell ändert.

Außerdem: Teste unbedingt neue Plattformen, besonders, wenn es noch niemand anderes tut. Bist du zu Beginn eines Social Networks aktiv, fällt dir die Verknüpfung oft noch sehr leicht, weil sich viele Early Adopters dort vernetzen wollen. So hast du einen großen Vorteil gegenüber etablierten Unternehmen, die erst später einsteigen. Denke beispielsweise an Snapchat, TikTok oder Slack. Auch auf etablierten Kanälen wie Facebook und Instagram kannst du schnell Reichweite generieren, wenn du neue Funktionen so schnell wie möglich nach Release testest, wie beispielsweise Livevideo oder Storys. Die Plattformbetreiber werden die neuen Funktionen, in deren Entwicklung viel Zeit und Geld geflossen ist, schnell bekannt machen wollen und belohnen Early Adopters daher oft mit hoher Reichweite.

Außerdem solltest du keine Scheu vor Konventionen haben: Nur weil du ein B2B-Produkt vermarktest, musst du keinen Bogen um Instagram machen. Auf der anderen Seite des Bildschirms sitzt immer ein Mensch, egal, ob du ihn bei der Arbeit oder in der Freizeit erreichst. Wage dich also auch in Netzwerke, wenn du zunächst keinen unmittelbaren Fit zwischen der Plattform und deinem Unternehmen siehst, solange sich deine Zielgruppe dort tummelt.

5.16   Trigger für mehr Engagement auf Social Media

Social Media ist einer Droge nicht unähnlich: Wie beim Glücksspiel oder Rauschmitteln werden zwei chemische Stoffe in unserem Gehirn produziert – Dopamin und Oxytocin.

Dopamin ist das »Glückshormon«. Es sorgt dafür, dass du dich gut fühlst, dass du lächelst. Es wird normalerweise ausgeschüttet, wenn du auf irgendeine Art und Weise belohnt wirst. Dinge, die dich einfach glücklich machen, wie z. B. Sport, dein Lieblingshobby, Musik, soziale Interaktion, sexuelle Aktivität usw. beeinflussen die Ausschüttung des Hormons und Neurotransmitters im Gehirn.

Das andere Hormon ist *Oxytocin*. Indem Oxytocin die Ausschüttung von Cortisol verringert, reduziert es Stress und aktiviert das Belohnungssystem. Es wird umgangssprachlich als »Kuschelhormon« bezeichnet und hat folgende Wirkungen:

▶ Es kann Stress reduzieren und entspannend wirken.

▶ Es kann das Belohnungssystem aktivieren und sorgt damit für ein gutes Gefühl.

▶ Es kann zu einem vertrauteren Umgang mit den Mitmenschen und damit einem besseren Miteinander führen.

Beide Stoffe werden bei der Nutzung von Social Media reichlich ausgeschüttet, was uns (zumindest für kurze Zeit) glücklich macht. Wir bekommen einen kleinen Rausch. Das Gehirn merkt sich die positive Assoziation, und schwupps, hängen wir an der Nadel bzw. am Handy. Der bekannte Autor und Speaker Simon Sinek vergleicht diese Gefahr sehr anschaulich mit einer Schnapsbar, zu der wir Teenager einladen[41].

Warum ist Engagement so wichtig?

Je mehr wir uns mit etwas beschäftigen, desto höher unsere Loyalität. Interaktion ist dabei noch höher zu bewerten als bloßer Konsum: Auch wenn wir einen Spot von Audi zehnmal sehen, beschäftigt sich unser Gehirn noch lange nicht so sehr mit dem beworbenen Auto wie drei Minuten Interaktion auf der dazugehörigen Web-

---

41 *https://youtu.be/YPmNf362_K0*

site. Je höher die Interaktionsrate, desto höher die Kaufwahrscheinlichkeit. Außerdem belohnen uns die Social-Media-Plattformen für hohe Interaktion unserer Fans und Follower: Ihr Ziel ist es, dass die Nutzer auf der Website bleiben und dort Werbung konsumieren (womit Facebook und Co. schließlich Geld verdienen). Je besser es uns also gelingt, mit unseren Fans zu interagieren, desto besser werden unsere Beiträge bewertet, und desto höher ist die Reichweite.

Was ist ein Trigger?

Unser Gehirn ist faul und will sich und damit uns das Leben so einfach wie möglich machen. Deswegen übernimmt es viel Arbeit im Hintergrund, ohne dass du dir dessen (im wahrsten Sinne des Wortes) bewusst wirst. Ein Trigger ist der Auslöser für eine unbewusste Reaktion.

Beispiel: Die Farbe Rot löst in dir Aufmerksamkeit aus. Rot heißt »Gefahr« oder »Stopp«. Ein Lächeln hingegen löst in dir unbewusst Sympathie und Freude aus. Eine Verknappung kann in dir den Drang auslösen, ein Produkt zu kaufen (siehe Black Friday).

Die folgenden Trigger können mehr Interaktion auslösen:

5.16.1   Win!

Der Klassiker: Wenn es etwas zu gewinnen gibt, können die wenigsten von uns widerstehen. Für ein erfolgreiches Gewinnspiel sind zwei Dinge kritisch: der Preis und die »Hürde«, also der Aufwand, den man betreiben muss, um am Gewinnspiel teilzunehmen.

Das wohl erfolgreichste Gewinnspiel aller Zeiten war »The Best Job in the World«[42], einer Tourismus-Kampagne des australischen Bundesstaats Queensland. Die Hürde war relativ hoch: Die Teilnehmer mussten ein Video hochladen und möglichst viele Stimmen einsammeln. Dadurch wurde automatisch ein viraler Effekt erzielt, weil die Teilnehmer für ordentlich Traffic sorgten. Dieser Mechanismus konnte nur funktionieren, weil der Preis auch sehr lohnenswert war: Der Gewinner durfte mehrere Monate lang auf eine wunderschöne, australische Insel »aufpassen« und über seine Erlebnisse bloggen. Dieses Modell hat viele Touristen-Destinationen[43] und Hotels dazu inspiriert, einen Job als exklusiver Blogger zu verlosen, beispielsweise die Insel Norderney[44]:

---

42 *https://teq.queensland.com/industry-resources/teq-case-studies/best-job-in-the-world*

43 Beispielsweise sucht die Dominikanische Republik jedes Jahr einen »Walflüsterer«: *https://www.walfluesterer.de.*

44 Quelle: *https://www.norderney.de/meinezeit.html*

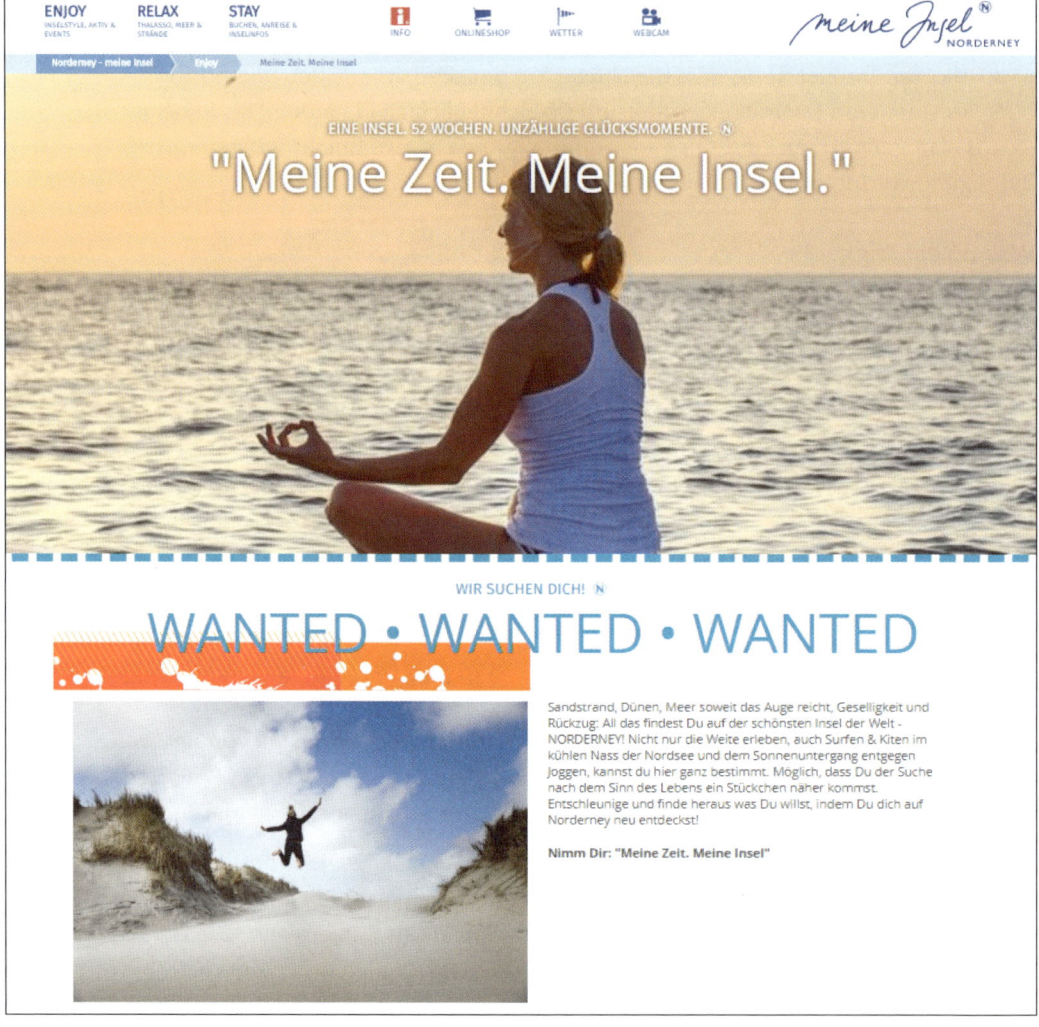

Abbildung 5.10 Die Insel Norderney verlost einen Job als Insel-Blogger.

Als ich (Tomas Herzberger) für Brainpool arbeitete, verlosten wir eine Wildcard für die »TV Total Stock Car Crash Challenge«: die Möglichkeit, mit vielen B- und C-Promis um die Wette zu fahren (so lange, bis das Auto Schrott ist). Im Gegensatz zu vielen anderen TV-Total-Gewinnspielen also kein hoher monetärer Wert, aber die Chance, ins Fernsehen zu kommen. Auch unsere Teilnehmer mussten sich bewerben und möglichst viele andere Nutzer davon überzeugen, für sich zu stimmen.

Mit Gewinnspielen bist du auf der sicheren Seite und wirst immer Interaktion erreichen. Wichtig: Setze die Teilnahmehürde nicht zu hoch, und verlose einen Preis, der einen emotionalen Gewinn hat!

5.16.2 Give!

Denke darüber nach, wie du deine Berufserfahrung, dein Wissen und deine Fähigkeiten einsetzen kannst, um Inhalte zu erstellen, die für deine Fans und Follower von hohem Wert sind. Das kann beispielsweise ein kostenlos eBook sein, ein Video-Tutorial oder Onlinekurs. Je höher der Mehrwert, also je besser das Problem deiner Fans gelöst wird, desto höher wird die Interaktion sein. Und was passiert dann?

Deine Fans werden dir dankbar sein - und der sogenannte *Reziprozitäts-Effekt* wird in Gang gesetzt. Bewusst oder unbewusst werden deine Fans dir dankbar dafür sein und sich revanchieren wollen. Wir Menschen sind soziale Herdentiere, die in Gruppen leben. Dankbarkeit ist daher ein sehr starker Trigger für uns.

5.16.3 Vote!

Wir lieben es, nach unserer Meinung gefragt zu werden – und diese kundzutun. Viele Gewinnspiele werden mit einer Abstimmung gekoppelt: Man denke nur an die zahlreichen Casting-Shows, deren Gewinner vom Publikum bestimmt wird. Würden die Menschen so zahlreich bei Wahlen teilnehmen wie bei Votings, hätten wir eine deutlich interessantere politische Debatte hierzulande.

Du kannst dir diesen Trigger zunutze machen, indem du deine Fans und Follower regelmäßig um ihre Meinung fragst. Welche Themen interessieren sie am meisten? Wie gehen mit sie einer aktuellen Herausforderung um? Wie ist ihre Meinung zum Thema XY? Je mehr Menschen deinen Post kommentieren, desto höher wird er vom Algorithmus der jeweiligen Plattform gerankt, und desto mehr Menschen werden ihn sehen.

Neben der Abstimmung per Kommentar oder Like bietet Facebook, Twitter und Instagram sogar an, Umfragen direkt per Post zu erstellen.

Wichtig dabei ist, dass das Ergebnis der Abstimmung relevant und wertvoll für deine Zielgruppe ist.

5.16.4 (Co-)Create!

Gib deinen Fans die Möglichkeit, gemeinsam mit dir etwas zu erstellen. Lade sie ein, Teil eines gemeinsamen Projektes zu werden!

Ein schönes Beispiel dafür ist Lego Ideas[45]. Hier können Nutzer ihre eigenen Ideen für ein neues Lego-Bauset hochladen und über die besten Ideen abstimmen.

---

45 *https://ideas.lego.com/*

Auch Wikipedia oder die vielen Ableger (z. B. Wookieepedia für Star Wars Fans) sind im weiteren Sinne Social-Media-Plattformen, zu denen jeder etwas beisteuern kann.

Der Autor und Social-Media-Experte Guy Kawasaki hatte zu einem Designwettbewerb aufgerufen, um ein Cover für sein nächstes Buch zu bekommen.[46] Die Fashion Marke Asos ruft ihre Kunden dazu auf, ihr Outfit mit dem Hashtag #AsSeenOnMe auf Instagram zu posten. Die besten Beiträge werden von Asos selbst mit ihren 7 Mio. Followern geteilt, was der feuchte Traum so manches Möchtegern-Influencers ist.

Aber ein Wort der Warnung: Diese Wettbewerbe können auch eine nicht beabsichtigte Wendung nehmen. Im März 2016 rief der britische Natural Environment Research Council (NERC) zu einem Voting auf, auf dem neuesten Schiff der Flotte einem Namen zu geben.

Der klare Gewinner? »Boaty McBoatface«.

Also Obacht, wenn du deinen Nutzern in den Entscheidungs- oder Kreationsprozess involvierst. Achte auf transparente und einfach verständliche Regeln, denn die Menschen sind kreativ genug, jede kleine Lücke zu entdecken.

Kreation ist ein schwierig zu bedienender Trigger, denn die Teilnehmer müssen Zeit und Energie investieren. Funktioniert nur bei top-motivierten Menschen in einer spitzen Zielgruppe – dann aber hervorragend!

5.16.5 Share!

Wir wollen die Dinge (Informationen, Bilder, Links, E-Mails usw.) teilen, die mit der Art und Weise übereinstimmen, wie wir von unseren Freunden und gesellschaftlichen Kreisen wahrgenommen werden wollen.

Denke bei der Erstellung von Share-Content also nicht daran, wie du wahrgenommen wirst – sondern daran, wie deine Fans von ihren Fans wahrgenommen werden. Was sagt es über sie aus, wenn sie deinen Content teilen? Wie werden sie dastehen?

Wichtig: Mach es deinen Fans so einfach wie möglich, deine Inhalte nicht nur zu entdecken, sondern auch zu teilen. So kannst du beispielsweise wichtige Passagen in deinen Blogbeiträgen zum Tweeten vorbereiten, Zitate als Instagram-Post integrieren und Bilder auf Pinterest teilen lassen.

---

46 *https://www.crowdspring.com/print-design/design-a-cover-for-guy-kawasakis-new-book-2286882/*

Das Teilen von gutem Content ist mittlerweile gelernt und kann gar nicht mehr verhindert werden. Aber denke daran: Fordere auch aktiv dazu auf, dass die Nutzer deinen Inhalt teilen – und gib ihnen einen guten Grund dafür!

5.16.6   Riddle!

Manchmal müssen wir gar nichts gewinnen können, sondern lösen ein Rätsel nur der Herausforderung wegen. Deswegen sind Rätsel in Zeitschriften für Leser jeden Alters so beliebt, von »Findest du alle 8 Fehler im rechten Bild?« über Sudoku bis zu Kreuzworträtsel in der Süddeutschen Zeitung.

Unser Gehirn liebt diese Herausforderungen – und die kleinen Belohnungen in Form von Dopamin, die diese Rätsel mit sich bringen.

Stark mit Rätsel verbunden sind Teaser. Insbesondere in der Filmwerbung werden Teaser bei fast jedem großen Release eingesetzt, um Neugier in der Zielgruppe zu erzeugen. Da werden Bilder vom Set »geleakt«, ein Poster veröffentlicht und schließlich der eigentliche Teaser gezeigt, damit sich die Fans über den eigentlichen Film Gedanken machen können.

Auch die Verwendung eines Countdowns im Vorfeld zu einem Event oder Produktlaunch kann dabei helfen, die Neugier zu schüren und mehr Interaktion zu erreichen.

Rätsel sind ein Geheimtipp und werden im Social Media Marketing noch viel zu selten genutzt – dabei ist der Aufwand überschaubar und der potentielle Ertrag hoch! Unbedingt testen!

5.16.7   Learn!

Dieser Trigger bedient sich des menschlichen Bedürfnisses, besser zu werden. Die meisten von uns wollen lernen, wollen die Welt um sich herum besser verstehen. Deswegen schauen wir Dokumentationen oder Do-it-Yourself-Videos auf YouTube, und deswegen können Social-Media-Posts, die einen kleinen Beitrag zur persönlichen Entwicklung der Leser beitragen, sehr erfolgreich sein. Wie die Quantität der zahlreichen inspirierenden Zitate auf Instagram zeigt. Wenn du deinen Content planst, kannst du dir diesen Trigger zunutze machen. Ein Post, der uns dazu anregt, inne-zu-halten, zu reflektieren und einen klaren, guten Ratschlag gibt, kann sehr erfolgreich sein.

Neben einem reinen »So funktioniert XY« können auch Listen hilfreich sein. Warum? Unser Gehirn mag keine Unordnung. Wir mögen Dinge, die sauber, simpel und übersichtlich sind. Deswegen sind Listen so effektiv!

5.16.8   New!

Studien zeigen, dass unsere Gehirne einen ordentlichen Schuss Dopamin erzeugen, wenn wir mit etwas Neuem konfrontiert sind. Besonders für die Early Adopter unter uns ist das Label »Neu« ein großer Anreiz, mit einem Post in irgendeiner Form zu interagieren – und sei es nur, auf MEHR LESEN zu klicken und den gesamten Inhalt zu sehen.

Der Erfolg von Plattformen wie Product Hunt, Kickstarter und Indiegogo beweisen, dass viele Menschen bereit sind, ein Produkt zu kaufen, auch wenn es nicht perfekt ist. Denn diese Menschen wollen von ihrem sozialen Umfeld als risikobereit und gut informiert erscheinen. Bediene dieses Bedürfnis!

Mit Content, der explizit »Neu« ist, weckst du das Interesse von Early Adoptern und solchen, die es gerne sein wollen. Funktioniert nicht bei vorsichtigen und konservativen Menschen.

5.16.9   Fire!

Du kannst Interaktion natürlich auch hervorrufen, indem du provozierst und polarisierst. Dafür muss deine Meinung von dem vorherrschenden, einheitlichen Stimmungs- oder Meinungsbild deiner Zielgruppe abweichen. Beispielsweise indem du dich *für* die Klimaerwärmung aussprichst (was wir nicht hoffen!). Mit dieser Methode wirst du:

▶ einige Fans und Kunden verlieren, die sich mit dir nun nicht mehr identifizieren können

▶ neue Fans und Kunden gewinnen, die deine Meinung teilen

▶ viel Engagement generieren

Also mach dir vorher die möglichen Konsequenzen bewusst, und achte darauf, dass du deine Geschäftspartner oder Investoren nicht vor den Kopf stößt.

5.16.10   Me!

Social Media ist ein Platz für Selbstdarstellung –zumindest für einen Teil der Nutzer. Wie so oft im Leben, gilt auch hier die Pareto-Regel: 20% der Nutzer erzeugen 80% des Contents. Diese 20% sind von Natur aus nicht gerade introvertiert: Sie mögen es, sich ihrem Umfeld mit zu teilen und teilen bereitwillig ihre Meinung zu aktuellen Themen oder Bilder ihres Frühstück-Müslis.

Insbesondere als Betreiber einer Gruppe (z. B. auf LinkedIn oder Facebook) kannst du dir diesen Trigger zunutze machen, indem du deine Plattform regelmäßig als Bühne zur Selbstdarstellung anbietest. Lade deine Gruppenmitglieder dazu ein, über ihr aktuelles Projekt oder ihren letzten Blogpost zu posten – viele werden es tun und dir daraufhin dankbar sein.

> »That is what every successful person loves: the game. The chance for self-expression. The chance to prove his or her worth, to excel, to win. The desire of a feeling of importance.«
> – Dale Carnegie, Autor von »How to win friends and influence people«

Dieser Trigger funktioniert umso besser, je extrovertierter deine Fans sind. Gib ihnen eine Bühne, und sie werden sie dankbar annehmen.

5.16.11   Wow!

Wer mag nicht gerne Feuerwerk? Warum schauen so viele Menschen Filme wie »Avengers« oder »Star Wars«? Es ist Unterhaltung pur! Für einen Moment entfliehen wir unserem Alltag und flüchten uns in eine faszinierende, neue Welt. Der Wow-Effekt ist der Grund für den Erfolg vieler erfolgreicher Social-Media-Posts und -Kampagnen, wie beispielsweise die Videos des »Magiers« Zach King[47] oder des »Epic Split«-Videos von Volvo[48] mit Jean-Claude van Damme. Um den Wow-Effekt zu bedienen, musst du natürlich auch innovativen und überraschenden Content erstellen. Nicht einfach – besonders wenn du dir nicht eben mal Jean-Claude van Damme als Testimonial leisten kannst. Aber eine gute Idee knackig umgesetzt kann funktionieren und vielleicht ein viraler Hit werden. Der Wow-Trigger ist der schwierigste, aber auch der Trigger mit dem größten Potential.

Wenn dir Interaktion wichtig ist, dann ende nicht mit einem klassischen Call-to-Action, also sage den Leuten nicht, was sie zu tun oder zu lassen haben. Ende lieber mit einem *Call-to-Opinion* (also einer offenen Frage), um ein Gespräch anzustoßen. In einer normalen Unterhaltung würdest du ja auch nicht jeden Satz mit einer Aufforderung beenden, oder?

5.16.12   Der »Den kenne ich doch!«-Hack

Wichtige Voraussetzung für professionelles Social Media Marketing ist ein eindeutiges und konsequent umgesetztes Corporate Design. Nutze überall den gleichen Namen, die gleichen Profilbilder, Textbausteine und Profilbilder, damit dich deine Nutzer und Kunden wiedererkennen. Man spricht von einem *Branding-Effekt*. Nutze dazu das Tool *knowem.com*, um mit einem Klick die Verfügbarkeit deiner Marke auf den wichtigsten sozialen Netzwerken zu überprüfen. *Photofeeler* hilft dir dabei, das richtige Profilbild auszuwählen, indem deine Bekannten Feedback ge-

---

47 *https://www.youtube.com/watch?v=kT_KMsh1ARs*
48 *https://www.youtube.com/watch?v=M7Flvfx5J10*

ben. Das hervorragende (und in der Basisversion kostenlose) Grafiktool *Canva* hilft dir bei der schnellen und einfachen Erstellung von Header-Bildern.

5.16.13   Der »Einer für alle«-Hack

Guter Content kann in sozialen Medien sehr schnell einen viralen Effekt erreichen, wenn er innerhalb von kurzer Zeit von möglichst vielen Menschen geteilt und gelikt wird. Leider ist virales Marketing nur schlecht planbar, insbesondere mit begrenztem Budget. Aber das Mindeste, was ihr, du und dein Team, tun könnt, ist die Interaktion mit den Posts eures Unternehmens.

Sprich: Sobald ihr von eurem offiziellen Account postet, sollten die eigenen Teammitarbeiter die ersten sein, die den Beitrag liken und teilen. Sucht euch zusätzlich einen kleinen, aber feinen Kreis von Unterstützern und echten Fans, die das ebenfalls gerne tun. Beliebt sind auch gegenseitige Shout-outs (die öffentliche Ansprache eines anderen Accounts), beispielsweise anlässlich von Events und Messen, zum #FollowerFriday oder #ThrowbackThursday. Damit erreichst du regelmäßig hohe Interaktion und damit mehr Sichtbarkeit für dein Profil.

Die professionellere Version dieses Hacks sind sogenannte *Engagement Groups*, die insbesondere bei Einzelpersonen wie Coaches, Influencern und Experten wirkungsvoll sein können. Sie funktionieren wie folgt: Wo immer es Überschneidungen in der Zielgruppe und keine Interessenkonflikte gibt, vereinbaren die Inhaber von Instagram-, Twitter- oder Facebook-Accounts, dass sie ausgewählte Posts gegenseitig liken und teilen. Damit erhöhen alle Teilnehmer der Engagement Group ihre Reichweite und ihre Chancen auf Traffic und damit Umsatz.

Eine weitere Steigerung dieser Engagement Groups ist die gemeinsame Erstellung von Content, wie es beispielsweise viele »Let's Play«-YouTuber tun, wenn sie nicht allein, sondern miteinander spielen und dann die Videos in ihren jeweiligen Kanälen teilen. Auch Unternehmen mit den gleichen Zielgruppen können zusammenarbeiten und beispielsweise Webinare oder E-Books gemeinsam anbieten und ihren jeweiligen Social-Media-Fans oder E-Mail-Abonnenten anbieten.

Josh Fechter berichtet in seinem Buch »BAMF-Bible« von hochprofessionellen *Engagement Pods*. Das sind Gruppen, die sich in einem geschlossenen, externen Raum (z. B. in einer Telegram-Gruppe) dazu verpflichten, jeden Beitrag der anderen Gruppenmitglieder zu liken und zu kommentieren. Wer sich nicht an diese Regeln hält, wird rigoros und automatisch aus der Gruppe verbannt.

Die Anfänger-Variante dieser Engagement Pods sind *Mini-Kampagnen*, die insbesondere Einzelpersonen (z. B. Selbständige) gut für sich nutzen können, und im Gegensatz zu den oben genannten »Geheimbünden« verstoßen sie nicht gegen die Richtlinien von Facebook und Co. Dazu startest du mit einem Beitrag zu einem bestimmten Thema (beispielsweise Methoden für besseres Zeitmanagement) und forderst via Markierung zwei weitere Menschen dazu auf, es dir gleichzutun. Wichtig: Nutze dafür ein einheitliches Hashtag! Die Ice-Bucket-Challenge (siehe Kapitel 8, »Referral: so wirst du weiterempfohlen«) war ein sehr gelungenes Beispiel für diese Kampagnen.

5.16.14 Der »Jab, Jab, Jab, Right Hook«-Hack

Der Tipp von Gary Vaynerchuk: Für jeden werblichen Post solltest du drei, vier Posts zur Information oder Unterhaltung beisteuern. Sorge mit Videos, Bildern, Links, Studien usw. für Abwechslung bei deinen Followern, und überfrachte sie nicht mit Werbung – egal, auf welcher Social-Media-Plattform.

5.16.15 Der »Mehr als nur ein Link«-Hack

Es gibt drei Tools, die du immer dann nutzen kannst, wenn deine Nutzer auf einen Link klicken sollen. Nutze zunächst das kostenlose Tool *bit.ly*, um deine Links zu verkürzen und um die Klicks messen zu können.

Willst du noch mehr Informationen erhalten, nutze den *UTM-Builder* von Effin. Damit kannst du deinen Link um kampagnenbezogene Variablen ergänzen und so beispielsweise nicht nur messen, ob ein Besucher von Facebook auf deine Website gekommen ist, sondern exakt herausfinden, welchen Link er geklickt hat. Das funktioniert in Kombination mit *bit.ly* übrigens hervorragend, um schon auf Mikroebene den Erfolg von Links messen zu können. Du kannst mit *bit.ly* sogar deine eigene, individuelle Short-URL erzeugen.

Noch einen Level weiter kannst du mit *snip.ly* gehen. Das Tool erlaubt dir, einen eigenen Call-to-Action zu erstellen, der dann als Button jedem Nutzer angezeigt wird, der auf deinen Link geklickt hat. Selbst wenn du also Content von Dritten teilst, kannst du mit *snip.ly* deine Marke bewerben und mehr Traffic generieren. Zusätzlich hast du auch hier ein implementiertes Tracking.

Wenn du Ambitionen hast, mit deinen Content-Maßnahmen Erfolg zu haben, solltest du dir die Möglichkeiten von Link-Shortenern eingehend anschauen, denn ansonsten lässt du eine eindrucksvolle und sehr günstige Chance auf Wachstum (und Validierung deiner Thesen, was den Nutzern gefällt) liegen. Tabelle 5.1 bietet eine kurze Übersicht.

Shortener	Editierbare Links?	Tracking	weitere Features	Preis
goo.gl	nein	▶ Klicks ▶ Referrers ▶ Browser ▶ Länder ▶ Zeitleiste	–	kostenlos
Bit.ly	ja	▶ Klicks ▶ Referrers ▶ Länder ▶ Zeitleiste	Enterprise-Version	Basisversion kostenlos
ReBrand.ly	ja	▶ Klicks	▶ Chrome-App ▶ Emojis	kostenlos
snip.ly	nein	▶ Klicks ▶ Conversions	▶ Call-to-Action ▶ Chrome-App ▶ Integrationen zu Buffer, Twitter, Facebook etc.	Basisversion kostenlos

Tabelle 5.1 Populäre Link-Shortener im Vergleich

5.16.16   Der »Was sagen andere über mich?«-Hack

Seitdem es Social Media gibt, wollen werbetreibende Unternehmen feststellen, was andere Menschen über ihr Unternehmen schreiben. Dafür gibt es eine Reihe von Social-Media-Monitoring-Tools wie *Talkwalker* oder *Mentions*, die das öffentlich zugängliche Netz nach definierten Begriffen scannen. Leider sind diese Tools in der Regel zu teuer für Einzelunternehmen oder Start-ups (was dich bei Interesse nicht davon abhalten sollte, mit den Vertriebsmitarbeitern zu verhandeln). Eine günstige Alternative ist *BuzzBundle*. Eine kostenlose, aber auch eingeschränkte Alternative ist *Google Alerts*. So bekommst du immer eine E-Mail, sobald Google deine ausgesuchten Keywords irgendwo im Netz findet. Für Social Media funktioniert Google Alerts allerdings nur sehr eingeschränkt.

5.16.17   Der »Wann sollte ich meine Beiträge posten?«-Hack

Viele Social-Media-Influencer sind der Ansicht, dass man gar nicht oft genug posten kann. Gerade bei Heavy Usern von Social Media ist der Newsfeed ständig in Bewegung, so dass du sehr oft posten *musst*, um überhaupt sichtbar zu sein, zumal deine Fans natürlich nicht den ganzen Tag online sind und du früher oder später auch Follower aus anderen Zeitzonen haben wirst. Ob das für dein Business sinnvoll ist, musst du entscheiden. Aber wenn es dir erst einmal nur um die Anzahl der Follower geht (was es nur dann tun sollte, wenn sich diese Anzahl direkt positiv auf dein Business auswirkt), dann poste auch zehnmal am Tag. Unter anderem können diese zwei Tools dir dabei helfen:

Buffer und *SocialBee*[49] sind, insbesondere für Einzelunternehmer und kleine Unternehmen, ein hervorragendes Social-Media-Management-Tool. Du kannst damit nicht nur deine Beiträge über mehrere Plattformen gleichzeitig planen und auswerten, sondern dir auch eine Queue an zukünftigen Posts erstellen. Wenn du willst, postet Buffer deine Beiträge auch in der Zeit, in der die höchste Interaktion zu erwarten ist.

5.16.18 Der »Was sollte ich posten?«-Hack

Die Inhalte deiner Posts sind zum einen von dir und deinen Zielen abhängig, zum anderen aber auch von der jeweiligen Plattform. Um die jeweiligen Gepflogenheiten kennenzulernen, solltest du zunächst einen privaten Account eröffnen und ein wenig experimentieren.

Generell gilt: Wenn möglich, inkludiere ein Bild zu deinen Posts, insbesondere auf Twitter und Facebook. Mit Tools wie *Canva* oder *Pablo* kannst du sehr schnell und einfach Social-Media-Grafiken erstellen (eine Liste weiterer Tools findest du in den Downloadmaterialien zum Buch). Bilder haben den Charme, dass du andere Nutzer und auch Unternehmen auf ihnen markieren kannst. Solltest du beispielsweise den Link zu einem Blogbeitrag über eine Fachkonferenz posten, könntest du die Teilnehmer auf dem Bild innerhalb des Twitter-Posts verlinken, um sie darauf aufmerksam zu machen. Somit erhöhst du die Chancen, dass dein Beitrag wahrgenommen und geteilt wird.

Eine Steigerung ist die Interaktion von animierten GIFs, wie du sie beispielsweise mit *Giphy* oder der Instagram-App *Boomerang* erstellen kannst.

Noch aufwendiger, aber auch Erfolg versprechender sind Videos. Aber vermeide, wenn möglich, YouTube-Links. Auf Facebook oder Twitter hochgeladene Videos ermöglichen dir nicht nur bessere Reporting-Daten, sondern spielen im Newsfeed deiner Follower auch automatisch ab, was wiederum die Wahrscheinlichkeit auf Interaktion erhöht. Wenn du einen passenden Anlass hast, könntest du noch einen Schritt weitergehen und Livevideos auf Facebook, Instagram oder (nach Anmeldung) LinkedIn posten. Aber denke daran, dass sehr viele Nutzer Plattformen wie

---

49 Mit dem Affiliate-Link *https://socialbee.io/ghr/* bekommst du 20% Rabatt im ersten Jahr sowie ein kostenloses Onboarding.

Facebook und Instagram ebenso auf ihrem Handy nutzen. Die Aufmerksamkeitsspannen sind kurz, daher sollten deine Videos schnell (innerhalb der ersten 5–10 Sekunden) auf den Punkt kommen. Außerdem kann es sinnvoll sein, Videos im Hochkantformat zu drehen, weil sie auf mobilen Endgeräten deutlich auffälliger sind als Videos im 16:9-Format. Und da ca. 80 % der Nutzung von Facebook und 99 % der Nutzung von Instagram auf dem Smartphone stattfindet, ist dieses Format in der Regel zu bevorzugen. Übrigens kannst du auch aus einfachen Standbildern schnell und einfach Videos machen und diese dann posten. Vorteil: Der Facebook-Algorithmus bevorzugt diese vor Bildern und externen Links, und du wirst mehr organische Reichweite erzielen.

5.16.19   Der »Newsjacking«-Hack

Live-Events eignen sich hervorragend, um neue Follower, Nutzer und Kunden für das eigene Unternehmen zu gewinnen. Mit provokanten Plakaten zu tagesaktuellen Ereignissen hat das Mietwagenunternehmen Sixt viel Aufsehen erregt. Dank digitaler Medien kannst du einen ähnlichen Effekt mit deutlich weniger Kosten erzielen. Der richtige Post zum richtigen Zeitpunkt mit dem richtigen Hashtag kann schnell viral gehen und eine sehr große Reichweite erzielen. Beispiele sind Messen, Konferenzen, populäre Fernsehshows, Feiertage oder Live-Sport-Events. So hat die NASA das Bild in Abbildung 5.11 während des Superbowls gepostet.

Abbildung 5.11 Die NASA nutzt das Hashtag #SB48, um während der Halbzeitshow des Superbowls mehr Menschen zu erreichen.

Wichtig: Mache dir im Vorfeld des Events Gedanken dazu, wie du die Ereignisse mit deinem Produkt verknüpfen kannst, und bereite entsprechenden Content auf. Plane die Veröffentlichung über Buffer, aber interagiere live. Gerade auf öffentlichen Plattformen wie Twitter und Instagram kannst du auch als kleineres Unternehmen mit innovativen, hilfreichen oder humorvollen Posts eine erhebliche Reichweite bekommen.

Viele inspirierende (deutschsprachige) Beispiele findest du auf *www.dasbesteaussocialmedia.de*.

5.16.20 Der »Ich bin neu hier«-Hack

Ein guter Start, um eine gesunde Basis an Followern zu generieren und dich mit den wichtigen Influencern zu vernetzen, ist wie folgt: Finde mit *BuzzSumo* oder *Ninja-Outreach* die zehn wichtigsten Influencer in deiner Nische. Folge ihnen und ihren treuesten, wichtigsten Followern (die findest du mit Followerwonk oder der erweiterten Twitter-Suche). Like mindestens drei ihrer Beiträge, teile mindestens einen (via Buffer), und markiere sie regelmäßig in Kommentaren und deinen eigenen Beiträgen. Du kannst diese Tätigkeiten auch automatisieren (schaue dir dazu die Tool-Liste, die du in den Downloadmaterialien zum Buch findest, an), aber wir sind Freunde von persönlichen Netzwerken.

5.17 Facebook

Bis 2015 waren die meisten Unternehmen bestrebt, möglichst viele Fans für ihre Facebook-Seiten zu gewinnen. Denn dort konnten sie kostenlos[50] mit ihrer Zielgruppe interagieren, Gewinnspiele veranstalten, auf neue Produkte hinweisen und Katzenvideos teilen.

> *»Facebook ist die BILD-Zeitung im Social Media –*
> *angeblich liest es niemand, hat aber immer noch*
> *die höchsten Nutzerzahlen.«*
> *– Dennis Tröger, Social Media Experte*

Diese Zeiten sind vorbei, denn die organische Reichweite von Facebook-Posts sinkt stetig. Inzwischen erreichen große Unternehmen nur noch 5–10 % ihrer Fans mit einem Post. Gut für Facebook, denn spätestens jetzt ist die Zeit der Monetarisierung gekommen: Was früher noch kostenlos war, lässt sich Facebook nun gut bezahlen. Viele Unternehmen unterstützen ihre organischen Posts nun mit Mediabudget und »boosten« damit ihre Beiträge, um ihre Fans zu erreichen.

---

50 Natürlich entstehen für die Planung, Erstellung und Distribution immer noch interne Kosten.

Wenn man also alle Möglichkeiten zur Erhöhung der organischen Reichweite verprobt und optimiert hat (siehe Abschnitt 5.15, »Social Media«), geht es um die Optimierung der Anzeigen auf Facebook.[51]

> »Not advertising on Facebook is like winking to a girl in the dark –
> you know it, but she doesn't.«
> – Dennis Yu, CTO BlizzMetrics

Facebook und Instagram erlauben mit ihren mannigfaltigen Targeting-Optionen vielversprechende Möglichkeiten, genau deine Nische zu erreichen. Je spitzer und genauer deine Zielgruppe abgesteckt ist, desto weniger Reichweitenverluste wird deine Kampagne haben oder – besser gesagt – desto effizienter investierst du ein Geld.

Tipp

Unter *www.facebook.com/ads/preferences/edit* kannst du alle Interessen sehen, die Facebook für die personalisierte Werbung auf deinem Newsfeed nutzt. Dies kann dir als Inspiration für deine eigenen Kampagnen dienen.

Prinzipiell gilt: Nutze die zahlreichen Targeting-Möglichkeiten, die dir Twitter, Facebook und Google (sowohl für Banner im Google Display Network als auch auf YouTube) bieten. Je genauer dein Targeting ist, desto weniger Reichweitenverluste hast du und desto effizienter wird deine Kampagne sein. Der CPC (Cost per Click) kostet dann vielleicht etwas mehr, aber die Kosten pro Conversion, Order oder pro Lead sollten deutlich niedriger sein. Wenn du dich mit diesen Grundlagen auseinandergesetzt hast, können dir diese Taktiken bei der Verbesserung deiner Kampagnen helfen. Beginnen wir mit den Möglichkeiten der bezahlten Werbung auf Facebook, wobei Instagram immer impliziert ist.

5.17.1   Der »Was macht mein Wettbewerber so?«-Hack

Auch beim Thema bezahlte Werbung auf Facebook sollte eine gute Wettbewerbsanalyse am Anfang deiner Aktivitäten stehen.

Der Erfolg von Facebook-Ads hängt dabei von drei Faktoren ab:

1. Zielgruppe
2. Anzeigen
3. Landingpages

---

51 Damit wird Facebook Google immer ähnlicher, denn es wird bald zwei Social-Media-Fachbereiche geben: Optimierung des organischen Contents (SEO) und Optimierung der bezahlten Anzeigen (SEA).

Folgende Fragen solltest du versuchen, im Rahmen einer Wettbewerbsanalyse zu beantworten:

▶ Welche Art von Anzeigen haben die höchste Interaktion (Newsfeed-Ad, Video-Ad, Lead-Ad, Carousel-Ad etc.)?

▶ Welche Platzierung nutzt der Wettbewerb (Desktop, Mobile, Instagram etc.)?

▶ Welche Art von Bildern und welche Farben werden verwendet?

▶ Welches Werteversprechen macht der Wettbewerb? Wie sind Wording und Tonalität?

▶ Wie aktiv betreibt der Wettbewerb Facebook-Anzeigen-Management? Ist das Targeting durchdacht? Gibt es A/B-Tests oder verschiedene Landingpages?

Letztendlich geht es darum, welche Lerneffekte du für dich daraus ziehen kannst, damit deine Kampagnen von Anfang so effizient sind wie die des Wettbewerbs (sofern er ein gutes Kampagnenmanagement macht). Ein mögliches Ergebnis kann aber auch sein, dass dieser Kanal von deinen Konkurrenten bisher kaum bespielt wird. Liegt das daran, dass die Ergebnisse nicht zufriedenstellend sind? Oder gibt es hier tatsächlich eine strategische Lücke, die du zu deinem Vorteil nutzen kannst?

So gehst du vor:

1. **Analysiere die Facebook-Seiten der Konkurrenz**
   Diese Analyse lohnt sich immer, unabhängig davon, ob du Anzeigen auf Facebook schalten möchtest oder nicht. Denn die Facebook-Seite deines Wettbewerbs zeigt dir wesentlich aktueller auf, welche Produkte und Themen das Unternehmen kommuniziert – und in welcher Tonalität.

   Tools wie Fanpage-Karma erlauben es dir sogar, genau zu erfahren, welche Beiträge die höchsten Interaktionsraten haben, also besonders erfolgreich waren, oder zu welchen Uhrzeiten die Posts veröffentlicht worden sind, was dir unter Umständen bei der Optimierung der eigenen Maßnahmen (sowohl organisch als auch werblich) sehr helfen kann.

2. **Nutze Facebook als Spionagetool**
   Du kannst bei jeder Anzeige (»Gesponsert«) einen kleinen, nach unten gerichteten Pfeil entdecken. Klicke darauf und öffne WARUM WIRD MIR DAS ANGEZEIGT. Jetzt siehst du die Targeting-Mechanismen deines Wettbewerbers (siehe Abbildung 5.12).

   Wenn du nicht selbst Teil der Zielgruppe bist, hast du folgende Optionen:

   – Besuche die Website des Wettbewerbers. Vielleicht hat er eine Re-Targeting-Kampagne für Website-Besucher.

– Finde jemanden, der vermutlich zur Zielgruppe des Wettbewerbers gehört (z. B. einen Kollegen oder Freund).

– Erstelle ein Fake-Profil einer Persona, die in der Zielgruppe sein müsste.

Abbildung 5.12 Erläuterung von Facebook mit Hinweisen zum Targeting

3. **Analysiere die Facebook Ads**

Spätestens seit der umstrittenen Brexit-Kampagne und der mutmaßlichen Beeinflussung der amerikanischen Präsidentschaftswahlen durch Russland wurde Facebook zu mehr Transparenz genötigt. Seit März 2019 sind daher Facebook-Ads einer Seite nicht nur auf Third-Party-Tools wie *AdEspresso*, sondern auch auf der jeweiligen Seite selbst sowie in der *Facebook Ads Library* unter *https://www.facebook.com/ads/library/* einsehbar. Bei »politischen« Anzeigen sind mittlerweile sogar Details bezüglich Region und Targeting einsehbar. So kannst du analysieren, wie der Wettbewerber seine Zielgruppe anspricht (siehe Abbildung 5.13).

4. **Analysiere die Landingpages der Konkurrenz**

Schau dir die Webseiten an, auf die die Facebook-Ads verlinken:

– Ist es die Homepage, eine Produktseite oder sogar eine spezielle Landingpage für diese Facebook-Anzeige?

– Ist dort ein Facebook-Pixel installiert? Das kannst du beispielsweise mit der kostenlosen Chrome-Erweiterung Ghostery herausfinden.

– Analysiere das Wording: Was ist der Call-to-Action? Welcher Mehrwert wird versprochen? Inwiefern finden sich Text und Bild der Anzeige auf der Landingpage wieder?

- Gibt es Rabatte?
- Gibt es A/B-Tests?[52]

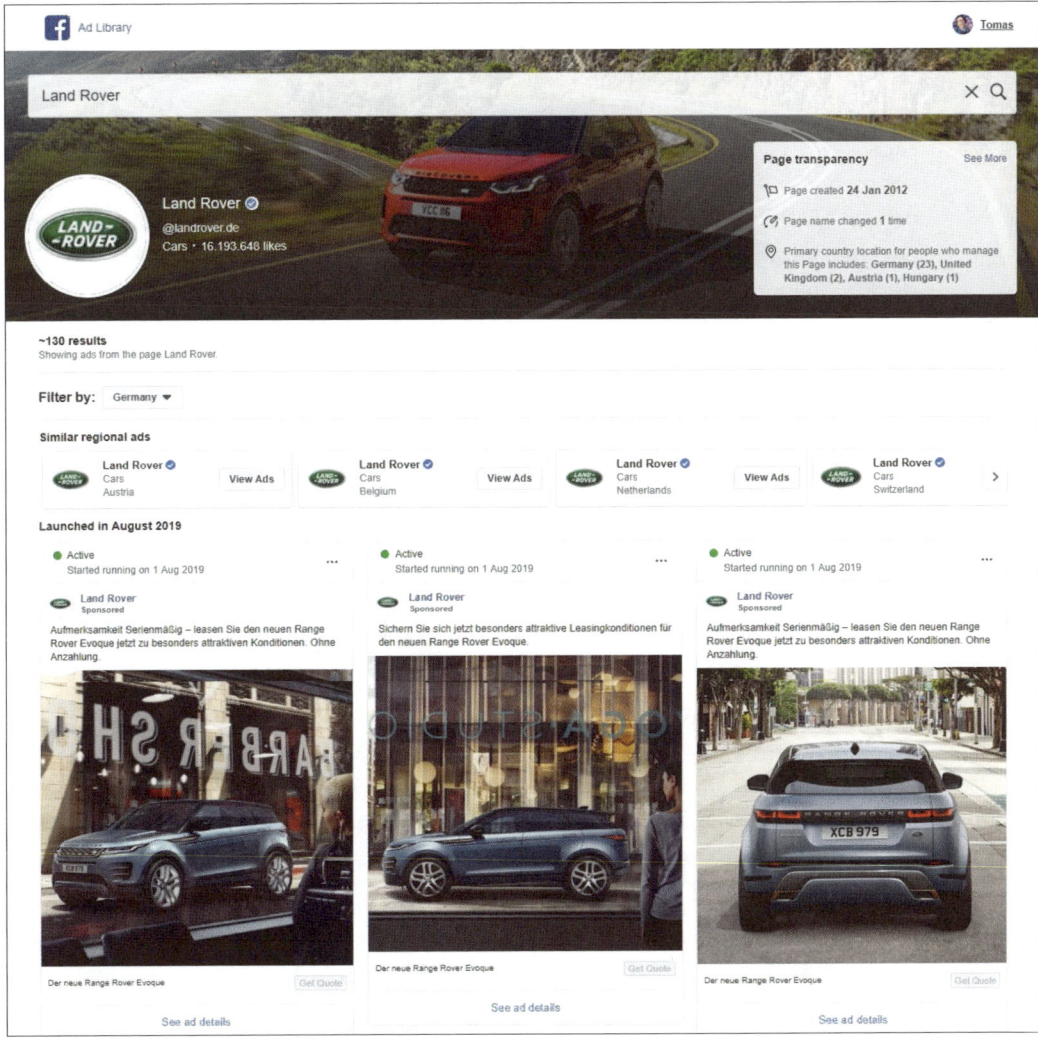

Abbildung 5.13 Die Anzeigen der Wettbewerber in der Facebook Ad Library

---

52 Mit *www.stillio.com* kannst du automatisch und regelmäßig Screenshots von den Websites deiner Konkurrenz machen. Somit wirst du feststellen, ob und welche Elemente verändert und ob A/B-Tests durchgeführt werden. Eignet sich auch hervorragend für die Analyse des Check-out-Prozesses.

Wichtig: Wenn wir von Facebook-Ads sprechen, dann meinen wir damit auch automatisch Ads auf Instagram. Denn Instagram steht werbetechnisch jetzt da, wo Facebook vor fünf Jahren stand, und wird in den nächsten Jahren an Bedeutung gewinnen.

5.17.2   Der »Legolas«-Hack

Facebook ist vor allem deswegen als Werbeplattform so erfolgreich, weil es eine enorm große Reichweite hat, sprich man kann dort viele Menschen mit überschaubarem Aufwand erreichen. Aber dank der Informationsvielfalt der Nutzerprofile und der unzähligen Targeting-Möglichkeiten kann man auch extrem spitz abgesteckte Zielgruppen auf Facebook erreichen. Dieses Mikro-Targeting macht Facebook für den Growth Hacker so attraktiv. Denn es ist keinesfalls die Kunst, mit viel Budget eine Vielzahl von Menschen zu erreichen, sondern exakt die richtige Nische zu finden und anzusprechen.

Hier sind einige Beispiele, wie du mit wenig Mediabudget auf Facebook viel erreichen kannst:

1. Du kannst das Targeting entsprechend dem Arbeitgeber einrichten. Auf diese Weise kannst du beispielsweise alle Facebook-Nutzer erreichen, die bei einem potenziellen (Groß-)Kunden arbeiten und dies in ihrem Facebook-Profil entsprechend genannt haben. Du kannst so auch potenzielle neue Mitarbeiter ansprechen, die aktuell noch bei einem Wettbewerber arbeiten.

2. Targeting nach der Berufsbezeichnung, z. B. Anwälte, Journalisten, Fotografen oder Architekten: Wenn dein Start-up eine für Konzerne relevante Software anbietet, kannst du auf diesem Weg womöglich exakt die Entscheider (oder deren Kollegen) für deine Wunschkunden finden. Oder du machst die Redakteure eines für deine Zielgruppe wichtigen Magazins auf dein Produkt aufmerksam.

3. Mit sehr exaktem geografischem Targeting ist es möglich, alle Menschen im Umfeld eines Quadratkilometers[53] anzusprechen. Diese Option ist beispielsweise spannend bei Konzerten, Parks, Messen, Bahnhöfen, Flughäfen oder Sportveranstaltungen, insbesondere dann, wenn die Menschen in einer Wartesituation sind und Zeit haben, auf Facebook oder Instagram zu surfen.

4. Wenn du deine Zielgruppe nicht bereits durch das Targeting treffgenau erreichst, kannst du sie mithilfe der Copy, also des Anzeigentextes identifizieren. Formuliere bei deiner Copy klar, scharf und direkt. Wer nach »Hundebesitzer aufgepasst: Bester Hundewaschsalon« oder »Hochpreisige Frankfurter Eigentumswohnung mit Skyline-Blick« noch weiterliest, der fühlt sich angesprochen.

---

53 Durch den gleichzeitigen Ausschluss von angrenzenden Gebieten

Der Text wirkt als Qualifizierungsmerkmal für potenzielle Kunden. Mit diesem einfachen sprachlichen Hebel minimierst du Streuverluste und erhöhst die Relevanz deiner Anzeige. Das funktioniert auch für Seiten und Gruppen. Der Fachverlag *Thieme* hat deswegen viele Seiten wie »Thieme liebt Medizinstudenten«, um potentielle Leser der Bücher zu identifizieren. Denn wer diese Seite mag oder Mitglieder der Gruppe ist, hat sich als Medizinstudent oder Fan von Thieme geoutet und würde Teil einer Custom Audience werden, die dann mit Ads erreicht werden kann.

5. Relevanz spielt eine wichtige Rolle – auch geographische! Willst du also eine spezielle Zielgruppe finden, die du über die üblichen Targeting-Kriterien nicht erreichen kannst, dann teste spezifische Seiten und Gruppen, wie beispielsweise »Know-how für Münchner Anwälte« oder »Jobs für Jura-Studenten Dresden«.

5.17.3 Der »Carpet-Bomber«-Hack

Das Gegenteil des Legolas-Hacks ist dann relevant, wenn du nicht weißt, wer sich für dein Produkt interessiert, du also keine ausgearbeitete Buyer Persona hast. Du startest mit sehr breitem Targeting und spitzt es weiter zu, bis du die perfekte Zielgruppe gefunden hast. Der Gedanke ist, dass sich die Menschen durch die Interaktion mit der Anzeige als potentielle Kunden »qualifizieren«. So baust du deinen Funnel auf:

1. Du erstellst deine Anzeige inklusive breitem Targeting (beispielsweise nur nach soziodemografischen Kriterien wie Alter).

2. Du definierst eine Mini-Conversion als KPI, wie beispielsweise Durchsichtsrate (View-Through-Rate) des Videos in deiner Anzeige. Anschließend bildest du aus den Menschen, die sich das Video zu 90 % angesehen haben, eine Custom Audience und eine Lookalike Audience.

3. Du definierst (mithilfe des Facebook-Pixels) eine weitere Conversion, diesmal auf der Landingpage, wie beispielsweise die Aufenthaltsdauer (»Time on Site«) oder das Ausfüllen eines Formulars, und misst, welche Nutzer zu Leads werden.

4. Jetzt erstellst du aus diesen Leads wiederum eine zweite Custom und Lookalike Audience, und mit diesem Targeting kannst du Menschen erreichen, die sich mutmaßlich für dein Produkt oder deine Dienstleistung interessieren.

Weil du mit diesem Hack herausfindest, wer deine Leads und Kunden sind, eignet er sich auch gut um deine »Early Adopter« zu identifizieren und deine Persona zu spezifizieren.

5.17.4 Der »Herdentier«-Hack

Was andere liken, sharen und kommentieren, das muss relevant sein. Ein wenig wie in der Gastronomie: Wo keiner isst, ist auch nichts los. Wo die Tische voll sind, wollen alle hin. Das Engagement auf einer Ad schafft nicht nur Relevanz für den Nutzer, erhöht dessen Vertrauen und die Conversion-Chance, sondern das Engagement auf der Ad wird auch von Facebook belohnt. Das Ergebnis: Bessere Ausspielung deiner Ads und ein günstigerer Preis.

So geht's: Suche eine konversionsstarke Kampagne mit viel Engagement. Nimm die Post-ID der konversionsstarken Kampagne für eine neue, und ändere das Kampagnenziel.

Das Ergebnis: Dadurch bekommen die »neuen Nutzer« direkt Ads mit Likes und Shares ausgespielt und dieser Social Proof steigert automatisch deinen Relevance Score.

Du hast noch keine Kampagne mit Social Proof? Dann kann dir dieser Hack helfen: Schalte eine Anzeige in einem Land, in dem der Wettbewerb noch nicht so hoch und die Preise entsprechend niedrig sind. Setze »Engagement« als Kampagnenziel. Wenn die Kampagne viele Likes und Shares gesammelt hat, kannst du das Ziel und das Targeting ändern.

5.17.5 Der Custom-Audience-Hack

Im idealen Fall hast du bereits eine Liste mit den E-Mail-Adressen deiner Fans, Freunde und Early Adopters gesammelt. E-Mail ist allein aufgrund der Unabhängigkeit von großen Gatekeepern wie Facebook und Co. eine hervorragende Möglichkeit, deine potenziellen Kunden zu erreichen. Du kannst sie auch nutzen, um deine Nutzer auf anderen Websites zu finden und so Mehrfachkontakte zu generieren und die Wahrscheinlichkeit auf eine Aktion zu erhöhen. Denn Facebook, Twitter und Google bieten an, aus den E-Mail-Adressen deiner Subscriber eine sogenannte *Custom Audience* zu bilden, also eine von dir eigens erstellte Zielgruppe, bestehend aus deinen Kunden, Freunden und Fans (sofern diese Nutzer einen Account auf der jeweiligen Plattform haben). Diese kannst du nun entweder ganz gezielt mit Anzeigen erreichen oder sie ganz gezielt auslassen, wenn du neue Nutzer erreichen möchtest.

Weitere Einsatzbeispiele von Custom Audiences:

1. Erstelle in deinem Newsletter-CMS ein Segment der »*Nicht-Öffner*« deiner Newsletter. Das sind Adressen, die deine letzten Newsletter zwar bekommen, aber nicht geöffnet haben. Diese Nicht-Öffner kannst du nun über Werbung erreichen.

2. Auf Facebook und Google kannst du auch eine sogenannte *Lookalike Audience* aus Menschen bilden, die ein vergleichbares Profil wie deine Custom Audience haben (Demografie, Interessen etc.), und diese Nische mit Werbeanzeigen gezielt ansteuern.

3. Du kannst die Reichweite deiner organischen Facebook-Posts günstig vergrößern, indem du sie zusätzlich deinen E-Mail-Kontakten anzeigst. Das funktioniert in dem Fall auch, wenn sie deine Seite nicht gelikt haben. Gleichzeitig sorgst du für mehr Fans für deine Facebook-Seite.

4. Custom Audiences lassen sich nicht nur aus E-Mail-Adressen, sondern auch aus Telefonnummern oder Facebook-IDs generieren. Laut den Richtlinien von Facebook müssen die Nutzer ihr Einverständnis gegeben haben, dass du ihre Daten dahingehend verwendest (beispielsweise mit einer entsprechenden Erweiterung deiner Datenschutzbestimmungen). Theoretisch könntest du also auch mit jeder Datensammlung, sei sie selbst generiert oder extern eingekauft, eine Custom Audience bauen. Wenn du eine kleine, aber sehr bestimmte Gruppe von Nutzern auf Facebook erreichen möchtest (z. B. Messebesucher, Influencer, Reporter oder Entscheider in bestimmten Unternehmen), deren Namen du bereits kennst, dann könntest du ihre Facebook-ID herausfinden (Links zu entsprechenden Helferlein findest du in der Tool-Liste in den Downloadmaterialien zum Buch) und somit deine Nischenzielgruppe als Custom Audience definieren. Kleiner Tipp für solche Aufgaben: Auf *Fiverr* findest du problemlos Freelancer, die solche Projekte für wenig Geld realisieren. Aber sei dir bewusst, dass du damit gegen die Richtlinien von Facebook verstößt.

5.17.6 Der »Lustig, klick ich!«-Hack auf Facebook

Als Seitenbetreiber ist dir sicher schon aufgefallen, dass die organische Reichweite, also die Anzahl der Impressions deiner Posts, nicht der Anzahl deiner Follower entspricht. Das liegt zum einen natürlich daran, dass nicht jeder deiner Fans die ganze Zeit über online ist. Zum anderen will Facebook aber auch mit Werbeanzeigen Geld verdienen und begrenzt dadurch die Reichweite künstlich. Diese Begrenzung hast du bei Gruppen und Events in dieser Form aber noch nicht. Überlege dir also ein originelles Event, bei dem dein »Lieblingskunde« gerne dabei wäre. Denke auch an virtuelle Events (Messe, Produktlaunch) oder fiktive Veranstaltungen (z. B. »Marty McFly Welcome Party«, siehe Abbildung 5.14).

Ein gelungenes Beispiel für solches virales Marketing war beispielsweise die »30-Day-Plank-Challenge«. Da sowohl Teilnehmer als auch deren Freunde über die Veranstaltung benachrichtigt werden, können Gruppen schnell viral gehen. Wichtig wird es dann sein, die Teilnehmer auch »abzuholen« und mit klugen Calls-to-Action in Leads umzuwandeln. Außerdem kannst du alle Menschen, die sich für das Event angemeldet haben, per Re-Targeting und Facebook-Ads sehr zielgenau mit gesponserten Posts erreichen.

Abbildung 5.14 An diesem virtuellen Facebook-Event haben über 430.000 Menschen »teilgenommen«.

5.18 Facebook-Gruppen

Auf der F8-Konferenz in San José kündigte Facebook CEO Mark Zuckerberg ein Facebook Redesign an. Im Zentrum stand nicht nur die grafische Aufmachung, sondern dass private Kommunikation und vor allem die Gruppen stärker ins Zentrum rücken würden.

318

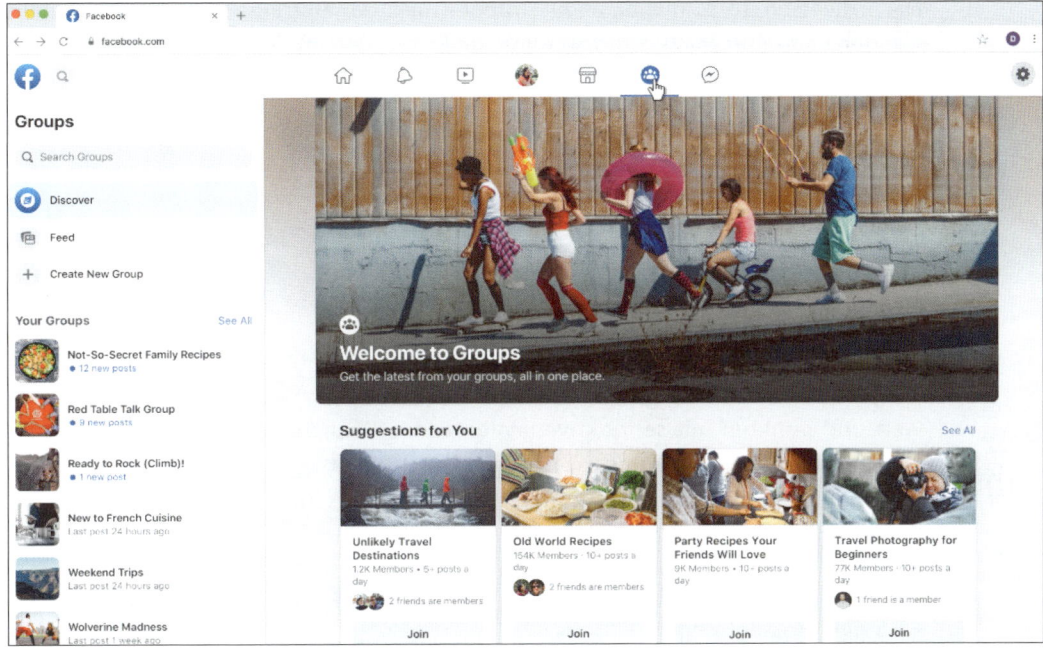

Abbildung 5.15 Das neue Facebook-Design, Facebook-Gruppen

5.18.1   Kriterien für das Wachstum deiner Gruppe

Die diversen Tests mit Facebook-Gruppen haben gezeigt, dass nebst einer aktiven Community das Erreichen einer kritischen Mitgliederanzahl ein großer Hebel für das Wachstum deiner Gruppe sein kann. Die meisten meiner Gruppen wuchsen erst nach dem Erreichen von ca. 2.000 Mitgliedern richtig stark.

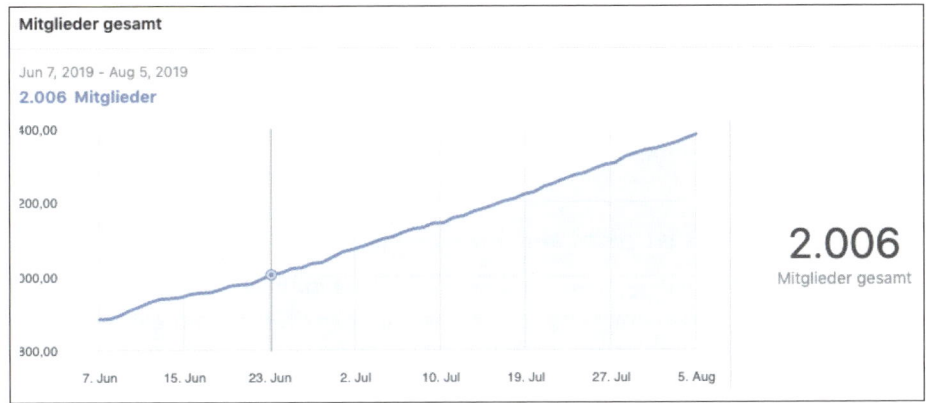

Abbildung 5.16 Gruppen wachsen stärker, nachdem sie eine kritische Anzahl an Mitgliedern erreicht haben.

319

Nach diversen Tests mit eigenen Gruppen und der Betreuung der Gruppen von Kunden waren für mich (Sandro) folgende Kriterien maßgebend für das Wachstum der betreuten Gruppen:

▶ das Erreichen einer kritischen Grenze von ca. 2.000 Mitglieder

▶ Förderung der Aktivität durch ein gutes Community Management

▶ Vertrauen in die Moderatoren

▶ ein freundlicher Umgangston

▶ die Wahl des richtigen Themas

Grundsätzlich kann jede Gruppe wachsen. Aber nicht jede Gruppe muss tausende Mitglieder haben. Auch kleine Nischengruppen bieten häufig einen tollen Mehrwert und punkten mit sehr aktiven Mitgliedern. Manchmal sind es auch ein paar wenige Mitglieder, die einen großen Mehrwert in Form von Fachwissen liefern. Es gibt aber bestimmte Gruppenarten, die sich besonders für starkes Mitgliederwachstum eigenen:

▶ Marktplatz-Gruppen

▶ Single-Börsen

▶ Fitness-, Beauty- und Diät-Gruppen

▶ Gruppen zu spezifischen Gesundheitsthemen

▶ Beratungsgruppen (z. B. zu Webdesign-, Onlinerecht- oder Onlinemarketingthemen)

Im letzten Jahr hatten wir die Gelegenheit, mit Dietmar Reh, Social Media Manager bei *SchwarzesBrett.de*, Speaker und Mitglied bei den Developer Circles von Facebook, zu sprechen. Vom ersten Gespräch an bemerkten wir seinen Enthusiasmus und seine Begeisterung für das Thema »Facebook-Gruppen« und wie engagiert er war. Wir hatten Dietmar angesprochen, weil er als Admin in diversen sehr großen Deutschen Communitys tätig war. Eine seiner regionalen Communitys hatte über 300.000 Mitglieder, was doch eine sehr beeindruckende Größe ist. Im Gespräch verriet er uns einige seiner Erfolgsgeheimnisse und Wachstums-Hacks.

5.18.2 Der »SEO ist nicht nur für Google relevant«-Hack

Du solltest dir gut überlegen, wonach deine Gruppenmitglieder suchen, und relevante Keywords in deinem Gruppentitel und deinen Beschreibungen einfügen. Auch die Meta-Tags solltest du danach wählen. Facebook-SEO ist also kein Märchen, es ist eine wichtige Grundlage für das organische Wachstum deiner Gruppe.

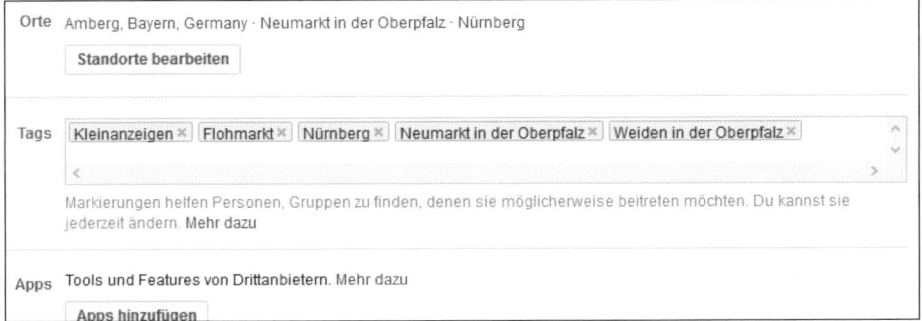

Abbildung 5.17 Meta-Tags für Marktplatz-Gruppen

Es kann auch helfen, aktuelle Themen in die Tags mitaufzunehmen. Ein Beispiel sei die Wohnungsnot in Deutschland. Allein der Tag »Wohnungen« hätten in manchen Gruppen zu einer Zunahme von 20 Mitgliedern pro Tag geführt.

5.18.3 Der »Hereinspaziert«-Hack

Denk daran: Als Admin bist du der derjenige, der für das Engagement in der Gruppe und zufriedene Mitglieder verantwortlich ist. Du musst den ersten Schritt in der Konversation tun, damit die anderen Mitglieder sich willkommen und sicher fühlen. Nur dann werden sie sich öffnen und mit den anderen interagieren. Wie kannst du von Anfang für Engagement sorgen? Begrüße (und markiere) regelmäßig neue Mitglieder mit einem »Herzlich Willkommen in unserer Gruppe«-Post, um eine emotionale Bindung aufzubauen. Gleichzeitig kannst du sie auffordern, sich kurz vorzustellen, relevante Fragen zu stellen oder anderen Mitgliedern zu helfen. Frage sie, was ihre Erfahrungen und Meinungen zu einem bestimmten Thema sind, und antworte mit offenen Fragen, um eine Konversation in Gang zu bringen.

5.18.4 Der »Alleine rennt man schneller, zu zweit kommt man weiter!«-Hack

Besonderes Augenmerk solltest du auf deine Moderation legen. Je besser du eine Gruppe moderierst, desto aktiver wird sie; je aktiver eine Gruppe ist, desto stärker wächst sie. Außerdem sei eine große Gruppe alleine gar nicht zu moderieren.

> »If you don't lead the conversation in your FB group, then no one will.«
> – Josh Fechter

Dietmar meinte, er kenne viele Admins, die aufgrund des Aufwands die Gruppen weitergegeben oder geschlossen haben. Schon fast etwas wehmütig meint er, es sei ein harter Kampf geworden, und man könne nur gemeinsam etwas erreichen. Er sei mittlerweile mit sehr viele anderen Admins vernetzt, die sich gegenseitig unterstützen und auch die Gruppen untereinander empfehlen, das sei eine der wichtigsten Wachstums-Maßnahmen einer Gruppe.

5.18.5   Der »Deine Mitglieder verlangen nach Futter«-Hack

Du solltest auch deine Gruppenkommunikation in deiner Content-Marketing-Strategie einbetten, denn gute Inhalte befeuern auch das Wachstum einer Gruppe. Sei einfach vorsichtig, und poste nicht langweilige Informationen, sondern Formate, die eine Diskussionen anregen. Du kannst beispielsweise Influencer in deiner Branche in deiner Gruppe interviewen.[54] Eine gute Social-Media-Kommunikation erzeugt Engagement, sprich, je stärker deine Fans und Mitglieder auf deine Inhalte reagieren, desto relevanter wirst du in den Streams der sozialen Netzwerke. Das gilt für Facebook und insbesondere für Facebook-Gruppen nochmals stärker.

5.18.6   Der »Stammtisch«-Hack

Die Gespräche auf Social Media sind häufig mit einem Gespräch an einem Stammtisch zu vergleichen. Viele Nutzer plaudern drauflos, teilen Fake News ohne groß zu hinterfragen, ob der Inhalt des Beitrags auch tatsächlich stimmt. Es geht jetzt nicht darum, darüber zu debattieren, ob das gut oder schlecht ist, es ist einfach eine Tatsache, dass du mit witziger und authentischer Kommunikation auf Social Media mehr erreichst als mit trockenen Informationen. Darum funktioniert häufig auch ein Personal Branding (der Chef oder ein Mitarbeiter steht im Vordergrund) deutlich besser als unpersönliche Unternehmensprofile. So lautet der Rat von Dietmar auch, durchaus manchmal etwas zu polarisieren und Posts zu bringen, die zur Diskussion und Reaktionen anregen.

5.18.7   Der »Du kommst hier ned rein«-Hack

Genauso wichtig ist es aber, Nutzer, die übertreiben, Regeln brechen und andere Mitglieder stören, beleidigen oder bedrohen, schnell und konsequent der Gruppe zu verweisen oder besser erst gar nicht hereinzulassen. Mitglieder ohne Profilbild sind immer zu überprüfen. Weitere gute Hinweise liefern die Gruppen, in denen der Nutzer bereits Mitglied ist – diese werden bei der Beitragsanfrage angezeigt. Mit der Zeit wirst du ein Gespür dafür entwickeln, worauf du schauen musst, um Trolle schon bei der Beitragsanfrage zu erkennen.

---

54 Hierfür eignet sich das »Ask Me Anything«-(AMA-)Format. Die Gruppenmitglieder stellen Fragen und stimmen über diese ab. Der Gast beantwortet die beliebtesten Fragen schriftlich.

5.18.8 Der »Facebook kennt dich besser als deine Frau«-Hack

Wir wissen alle: Dass Facebook als Datenkrake betitelt wird, ist nicht weit herge-
holt. Jeder, der sich professionell mit Facebook beschäftigt, ist erstaunt, was die
Amerikaner alles über uns wissen. Ja, Facebook kennt dich mit größter Wahrscheinlichkeit besser als deine Frau. So ist es zum Beispiel ratsam, diese Daten zu nutzen
und regelmäßig über Social-Media-Tools und in den Facebook-Insights zu überprüfen, wann die beste Zeit für Ankündigungen und Posts in deiner Gruppe ist.

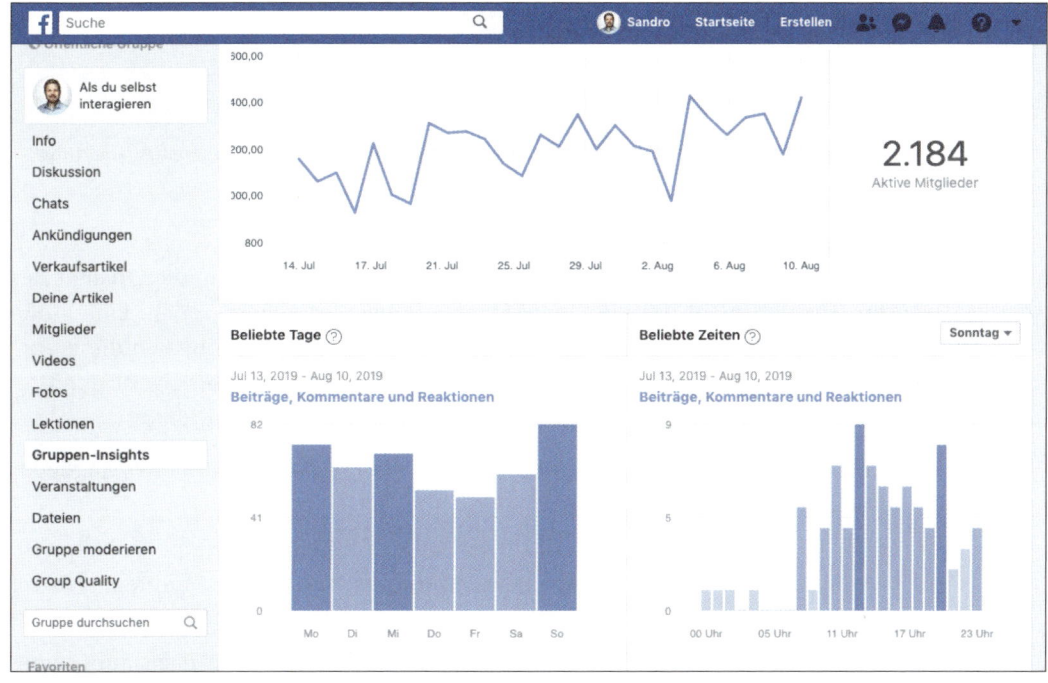

Abbildung 5.18 Facebook-Insights liefert wertvolle Informationen, die du nutzen solltest.

5.18.9 Der »Deine Community ist schlauer als du«-Hack

Wie immer solltest du beim Growth Hacking nicht einfach blind andere Konzepte
kopieren, sondern testen, was für deine Idee am besten funktioniert. Manchmal
reicht es, eine Umfrage zu starten und die Gruppenmitglieder zu fragen, was sie
sich eigentlich wünschen. In diesem Fall war ein großer Teil der Community der
Meinung, man solle die Gruppe geografisch etwas neu ausrichten. Wunsch der
Gruppe befolgt, und siehe da, die Umstellung der regionalen Ausrichtung be-
scherte mir wenige Stunden nach der Änderung bereits viele neue Mitglieder.
Konkret habe ich den Namen der Gruppe geändert und auch neue Ortschaften hinzugefügt. Bei dieser Gruppe handelt es sich um eine kleine regionale Community.
Dieser Hack funktioniert also auch für kleine Unternehmen und Vereine.

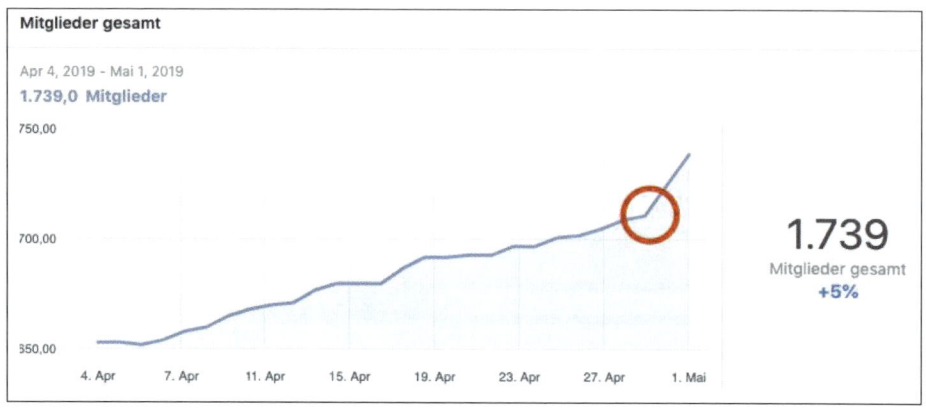

Abbildung 5.19 Anstieg der Gruppenmitglieder nach Änderung der regionalen Ausrichtung

5.18.10   Die »Eins, zwei, drei, ganz viele«-Hacks

In einer Facebook-Gruppe sollte es (wie in jeder Community) um die Qualität des Austauschs und nicht um die Quantität der Mitglieder gehen. Sprich: Eine große Gruppe ist nicht immer besser. Aber mit mehr Mitgliedern erhöht sich die Wahrscheinlichkeit, dass jede Frage beantwortet werden kann. Außerdem ist der Titel dieses Buches nicht »Klein und fein«, sondern »Growth Hacking«. Ergo:

▶ Veranstalte ein Gewinnspiel, und belohne die Mitglieder, die neue Mitglieder anwerben.

▶ Rufe in deinem Newsletter dazu auf, deiner Facebook-Gruppe beizutreten. Menschen tragen sich oft aus Newslettern aus, aber nur selten verlassen sie Facebook-Gruppen.

▶ Rufe in deiner E-Mail-Signatur und deinem LinkedIn-Profil dazu auf, deiner Facebook-Gruppe beizutreten.

▶ Integriere deinen Call-to-Action auch in den Beiträgen in deinem eigenen Blog und in deinen Gastartikeln.

▶ Frage befreundete Admins, ob sie netterweise ihre Mitglieder über deine Gruppe informieren würden.

5.19   Instagram

Instagram war in den letzten drei Jahren *die* Spielwiese für Growth Hacker und Digital Marketer, denn die Plattform genießt weltweit stark wachsende Nutzerzahlen (mittlerweile sind es über 1 Mrd. Nutzer weltweit und 15 Millionen in Deutschland[55]) – oft zu Lasten von Facebook, das für viele junge Menschen schlicht und einfach uncool geworden ist. Mark Zuckerberg wird sich daran nur bedingt stören, denn er hat Instagram 2012 für 1 Mrd. US-Dollar gekauft. Seitdem ist Instagram Teil der Facebook-Produktwelt. Viele Funktionen, wie beispielsweise der Ad Manager, sind identisch oder sogar schon miteinander verschmolzen. Trotzdem sind die »Regeln« auf Instagram noch weitaus liberaler als auf Facebook, so dass Werbetreibende und Growth Hacker sich austoben können. Mit den folgenden Hacks kannst du mehr Follower auf Instagram gewinnen:

5.19.1   Der Hashtag-Hack

Die Wahl der richtigen Hashtags ist nach Qualität des Bildes wohl das wichtigste Erfolgskriterium für Instagram. Du kannst bis zu 30 Hashtags unter dein Bild integrieren und gegebenenfalls noch weitere in den Kommentaren. Die Meinungen darüber, an welcher Stelle du wie viele Hashtags einfügen solltest, gehen dabei weit auseinander.

Unsere Empfehlung: Achte auf eine aussagekräftige Beschreibung deines Bildes, in der du deine Geschichte erzählst. Denn nur eine gute Geschichte wird deine Follower dazu bringen, den Text komplett zu lesen und mit dem Post zu interagieren. Wenn es sich anbietet, füge die ersten Hashtags (#) bereits im Fließtext ein, alle anderen entweder unter den Text oder in den ersten Kommentar. Beides hat aber allein optische Gründe und wird die Reichweite des Posts nicht beeinflussen.

Wichtiger ist es, die richtigen Hashtags auszuwählen. So gehst du vor:

1. Etabliere dein eigenes Marken-Hashtag, bei beispielsweise #starbucks, um die Brand Awareness zu erhöhen. Idealerweise fangen deine Nutzer und Fans auch an, das Hashtag zu benutzen, und werden somit zu Markenbotschaftern.

2. Nutze Tools wie Display Purposes (*https://displaypurposes.com/*), um die populärsten Hashtags zu identifizieren. Weitere Tools findest du in der Tool-Liste in den Downloadmaterialien zum Buch.

3. Suche auf der EXPLORE-Seite (der Tab mit der Lupe) nach passenden Influencern in deiner Branche bzw. für dein Thema, und analysiere die Hashtags, die sie verwenden.

4. Nutze dafür die Suchfunktion und schaue dir dann die Vorschläge von Instagram an. Josh Fechter empfiehlt in seinem Buch »BAMF Bible« folgende Verteilung:
   – 10 kleine Hashtags mit 10.000 bis 50.000 Posts
   – 10 mittlere Hashtags mit 50.000 bis 250.000 Posts
   – 10 große Hashtags mit über 250.000 Posts

---

55 *https://allfacebook.de/instagram/instagram-nutzer-deutschland*

5.19.2   Der »Teile und herrsche«- Hack

Eine der effektivsten Methoden, die Reichweite des eigenen Profils zu erhöhen, ist die »Share for a Share«-Taktik (auch bekannt als »S4S«). Es funktioniert ähnlich wie eine Engagement-Gruppe, ist aber kleiner und deswegen gerade leichter zu managen. Hierbei recherchierst du nach Profilen, die eine ähnliche Zielgruppe wie du, aber mit anderem Content ansprechen wollen und ungefähr die gleiche Reichweite haben. Anschließend verabredest du mit dem Profilbetreiber, dass ihr die Posts des jeweils anderen teilt, um euch gegenseitig zu mehr Followern zu verhelfen.

5.19.3   Der »Like, Like, Like, Follow«-Hack

Dieser Hack beruht auf dem Prinzip der Reziprozität, über das du in Kapitel 6, »Activation: so aktivierst du deine Nutzer«, noch viel lesen wirst, und er funktioniert ebenso auf Twitter und LinkedIn. Vereinfacht gesagt: Tut uns jemand etwas Gutes, wollen wir uns unweigerlich dafür revanchieren. Wenn in diesem Fall also jemand unsere letzten drei Bilder likt und uns folgt, werden wir uns revanchieren und dem anderen Profil auch folgen wollen.

Als Growth Hacker heißt das für dich: Suche und finde deine Zielgruppe über die richtigen Hashtags oder über Influencer bzw. Wettbewerber in deiner Branche (indem du dir anschaust, wer diesem Influencer folgt). Like ihre Bilder, und folge ihnen. Du wirst sehen, dass ein Großteil dieser Menschen auch dir folgen wird.

Es gibt natürlich auch Bots, die genau diesen Job für dich automatisch erledigen können. Manche hinterlassen auch automatisch geistreiche Kommentare wie »Nice pic!« auf neue Bilder und »entfolgen« den Nutzern, die dir nicht auch folgen. Natürlich kannst du diese Bots nutzen – solltest es aber nicht. Zum einen ist es unmoralisch, und zum anderen wird Instagram immer besser darin, diese Bots zu identifizieren und zu sperren.

5.19.4   Der »Glücksrad«-Hack

Auch dieser Hack funktioniert nicht nur auf Instagram (dort aber sehr gut). Du erhöhst das Engagement deiner Follower, indem du ein Video postest, das sich fortwährend verändert, bis jemand darauf klickt und es damit anhält. Das Beispiel der Instagram-Expertin Sue Zimmermann veranschaulicht die Mechanik: *https://www. instagram.com/p/BcPbQsfnMwl/*. Die Grafik kann wie hier ein inspirierender Satz sein, aber auch ein Glücksrad sein. Der Fußballverein Eintracht Frankfurt nutzte diesen Hack, um mögliche Ergebnisse des anstehenden Spiels darzustellen.

Entscheidend ist: Es muss dem Nutzer Spaß machen. Idealerweise postet er »sein« Ergebnis als Bild und trägt somit zu einer höheren Reichweite von deinem Beitrag bei.

5.19.5   Der »Gewinnspiel für Fortgeschrittene«-Hack

Im Prinzip ganz einfach: Du verlost einen coolen Preis. Der Hack? Die Teilnahme-bedingungen sehen vor, dass jeder Teilnehmer den Beitrag nicht nur liken muss, sondern auch dir (und gegebenenfalls einem Partner, der den Gewinn gespendet hat) folgt *und* einen Freund taggt.

Abbildung 5.20 Ein Gewinnspiel mit zahlreichen Teilnahmebedingungen

Dieser Hack ist an sich nichts Neues und hat schon vielen Unternehmen dazu ge-holfen, mehr Facebook-Follower zu bekommen – aber dort ist es mittlerweile nicht mehr erlaubt und kann dazu führen, dass der Account gesperrt wird. Auf Instagram handhabt man Gewinnspiele glücklicherweise noch großzügiger.

5.20   Twitter

2,5 Millionen Menschen nutzen Twitter in Deutschland, weltweit sind es ca. 330 Millionen. An diesen Zahlen hat sich in den letzten Jahren nicht viel geändert, das heißt, das Wachstum hat nachgelassen, aber die bestehenden Nutzer sind der Plattform gegenüber treu. In den USA ist Twitter *die* Plattform für Echtzeitkommunikation: Alles, was neu und aktuell ist, wird über Twitter veröffentlicht (nicht erst seit Donald Trump). In Deutschland ist Twitter auch für aktuelle Ereignisse und Trends sehr wichtig, allerdings nicht für jedes Thema. Wo es in den USA vor allem die Größen aus Sport und Entertainment sind, die Trends setzen, sind es hierzulande Politiker und Journalisten. Die Tonalität in Deutschland ist sehr »kopflastig«, die Nutzer sehen sich oft als eine bildungspolitische Elite, die das aktuelle Tagesgeschehen mit Ironie, Satire und Provokation kommentieren. Wenn deine Nutzer auf Twitter sind, mache dich also gut mit der Tonalität vertraut, in der sie »tweeten«. Mit den folgenden Hacks kannst Twitter nutzen, um mit deinem Unternehmen erfolgreicher zu sein:

5.20.1   Der »Hier ist dein Lieblingscontent«-Hack

Mit diesem Hack findest du die Menschen, die sich für dein Produkt oder deinen Content interessieren:

1. Suche nach den besten Artikeln, die Branchenexperten oder Wettbewerber zu deinem Thema geschrieben haben.

2. Nutze das Tool *Topik*, um die Nutzer zu finden, die diesen Artikel auf Twitter geteilt haben.

3. Nutze den »Like, Like, Like, Follow«-Hack aus diesem Kapitel, damit sie dir folgen.

4. Tritt per Direktnachricht in Kontakt, und pitche (nach einer Kennenlern-Phase) dein Projekt oder deinen Content. Du weißt mit Sicherheit, dass sie das Thema interessieren wird, denn sie haben vergleichbaren Content bereits geteilt.

5. Es gibt Tools, die dir dabei helfen können, die E-Mail-Adresse des Twitter-Nutzers zu finden, wie beispielsweise *Hunter.io* oder *VoilaNorbert*. Aber beachte, dass du diese Nutzer nicht ohne Erlaubnis anschreiben darfst, ohne gegen die DSGVO zu verstoßen, wenn sie Bürger der EU sind.

5.20.2   Die »Cool, DAS geht?!«-Hacks auf Twitter

»Twitter is the Bing of Social Media!« – Dennis Yu, CTO BlizzMetrics

Twitter kann mehr, als es den Anschein hat. Also, wenn du herausgefunden hast, dass Twitter für deine Zielgruppe ein relevantes Medium ist, solltest du dir folgende Tricks anschauen:

Du kannst sowohl private als auch *öffentliche Listen* erstellen. Das kann dir nicht nur dabei helfen, deine Lieblings-Follower (z. B. wichtige Kunden, Fans, Experten) zu sortieren und sie öffentlich durch die Aufnahme auf eine Liste auf ein Podest zu heben, sondern auch, auf dem Laufenden zu bleiben, was Journalisten oder Wettbewerber twittern, ohne dass du ihnen folgst. Das funktioniert großartig in Verbindung mit *TweetDeck*.

Auf *https://twitter.com/search-home* findest du die erweiterte Twitter-Suche. Dort kannst du beispielsweise Tweets von Menschen finden, die das Problem haben, für das dein Produkt die Lösung ist – unabhängig von etwaigen Hashtags. Mit dem Geofilter kannst du auch Menschen finden, die sich gerade an einem bestimmten Ort an der Welt befinden (z. B. auf einer Messe), und du kannst ihnen daraufhin live eine Frage zum jeweiligen Ort bzw. Event stellen. Außerdem kannst du die Suche auch nutzen, um über deinen Wettbewerber auf dem Laufenden zu bleiben. Wenn sich beispielsweise seine Kunden über ein Produkt beschweren, könntest du in die Bresche springen und die Vorteile deines Produkts erläutern.

5.20.3   Twitter-Ads

Im Vergleich zu Facebook ist Twitter als Werbeplattform so etwas wie Bing zu Google: Ja, es funktioniert, aber die Performance ist einfach nicht die gleiche. Bei Twitter hast du weder die große Reichweite von Facebook noch die granularen Targeting-Optionen oder die Vielzahl an Anzeigenformaten.

Wie bei Bing gibt es bei Twitter einen Vorteil: wenig Wettbewerb. Daher können unter Umständen niedrigere CPCs als auf Facebook erzielt werden. Zudem ist Twitter – insbesondere in Deutschland – sehr populär bei der »Bildungselite« wie Journalisten und Politikern. Daher kann es sich mit dem passenden Produkt lohnen, auch eine Kampagne auf Twitter zu testen.

Achte vorher darauf, dass du dein Profil entsprechend pflegst und dass dein Profilbild, deine Biografie, dein Titelbild und dein angehefteter Tweet aussagekräftig sind.

5.21   LinkedIn

LinkedIn ist das weltweit größte professionelle Netzwerk mit über 500 Millionen Mitgliedern und über 260 Millionen aktiven Nutzern. Aufgrund seines professionellen Charakters und weil die meisten Mitglieder mit ihrem Klarnamen aktiv sind, gibt es deutlich weniger Spam und Trolle als auf anderen sozialen Netzwerken. Das macht LinkedIn zum idealen Ort, um Produkte oder Dienstleistungen an andere Unternehmen zu verkaufen (B2B) und eine starke persönliche Marke zu schaffen.

Jede Person, die sich um ihre persönliche Marke und Karriere kümmert, wird definitiv davon profitieren, Zeit zu investieren, um ein engagiertes Publikum auf

LinkedIn aufzubauen. Auch viele Unternehmen, von großen Unternehmen bis hin zu KMUs, können ihre Mitarbeiter-Netzwerke nutzen, um viel Aufmerksamkeit zu generieren. Darüber hinaus kann die Möglichkeit, eine Unternehmensseite zu erstellen und gezielte Anzeigen mit LinkedIn Advertising Solutions zu schalten, die Reichweite der Markenbotschaft weiter erhöhen.

Braulio Medina ist Co-Founder des Growth-Teams in Brasilien. Er hat sich mittlerweile auf LinkedIn als Akquisekanal spezialisiert: Allein im Jahr 2018 konnte er über 10 Millionen Views mit 251 Posts und weniger als 25.000 Followern und Verbindungen erreichen, was bedeutet, dass es relativ einfach ist, die Viralität außerhalb des eigenen Netzwerks zu erreichen. Somit konnte er dutzende Kunden für sich selbst und seine Kunden akquirieren. Hier sind einige Tipps von ihm:

5.21.1 Die »LinkedIn für Fortgeschrittene«-Hacks

Dranbleiben!

Am Ende (oder im ersten Kommentar) eines hochwertigen Posts könntest du enden mit: »Wenn du auf dem Laufenden bleiben willst, like meinen Beitrag, damit LinkedIn dich beim nächsten Mal informiert.«

LinkedIn-SEO

Besonders für Selbständige interessant: Achte darauf, dass deine wichtigsten Keywords in deinem Titel, deiner Beschreibung bzw. Slogan und in deinen Artikeln auftauchen, damit du bei Suchen von potentiellen Kunden schnell gefunden wirst.

LinkedIn-Suche

Du kannst die Effizienz der Suche von LinkedIn mit sogenannten *booleschen Operatoren* deutlich steigern. Boolesche Operatoren sind logische Operatoren und stammen aus der nach George Boole benannten booleschen Algebra. In der Informatik und der Mathematik dienen sie zur logischen Verknüpfung von Aussagen.

Beispiele: Gründer OR unternehmer OR geschäftsführer

Social Selling

Unter *Social Selling* versteht man die Nutzung von Social-Media-Plattformen (insbesondere LinkedIn) zur Akquise von neuen Kunden und Geschäftspartnern. Die steigende Reichweite in Deutschland und im Ausland sowie die hohe Nutzerfreundlichkeit verführen dazu, auf LinkedIn alles und jeden anzuschreiben, um das eigene Produkt zu pitchen. Aber hier ist Vorsicht geboten, denn bei Missbrauch sperrt LinkedIn gerne mal das Profil des Verkäufers für unbestimmte Zeit.

Wie kannst du das verhindern?

1. Es ist ratsam, so vorzugehen wie im richtigen Leben: Indem man sich vorstellt und ein Gespräch beginnt.

2. Personalisierung ist dafür der Schlüssel: Mache deutlich, welche Gemeinsamkeiten ihr habt, wie beispielsweise gemeinsame Bekannte oder Veranstaltungen. Ein Beispieltext für Social Selling könnte so aussehen:

   Hallo, {Vorname}! Wir haben hier auf LinkedIn einige gemeinsame Freunde, und ich habe bemerkt, dass du auch in der Tech/Start-up-Welt bist.

   Ich habe mich gefragt, ob du ein paar Ideen über Growth Hacking austauschen möchtest, damit wir voneinander lernen können.

   Mit freundlichen Grüßen

3. Keine Kaltakquise, also kein Pitch bei der Kontaktanbahnung, bevor man miteinander vernetzt ist!

4. Auf deiner Kontakte-Seite findest du eine Liste mit Menschen, die eine ähnliche Position haben. Mit diesen Menschen kannst du dich bedenkenlos vernetzen, ohne gesperrt zu werden (bis zu 300 Kontakte pro Tag).

5.21.2 Der »Sieht aus wie Instagram«-Hack

Ein schönes Feature von LinkedIn ist die einzigartige Anzeige von mehrseitigen PDF-Dokumenten im Newsfeed. Damit kannst eine Slideshow erstellen, durch die Nutzer »durch-swipen« können, sehr ähnlich zu Instagram. Achte darauf, dass dein Text groß genug ist, damit er gut lesbar ist.

5.21.3 Der »LinkedIn-Teaser«-Hack

LinkedIn ist mittlerweile nicht nur ein berufliches Social Network, sondern auch eine Content-Plattform. Und wie auf jeder Plattform mit viel Reichweite ist auch hier der Kampf um Aufmerksam längst entbrannt. Mache dir die Möglichkeiten von LinkedIn zunutze, einen Blogbeitrag in deinem Profil zu veröffentlichen.

Du willst den Traffic auf deine eigene Seite lenken? Dann verfasse einen kurzen Abstract deines Beitrags, und veröffentliche ihn auf deinem LinkedIn-Profil. Integriere deine Headline in ein gutes Bild, und setze das als Header. Ende mit einem Cliffhanger und einem starken Call-to-Action (= Handlungsaufruf), wie beispielsweise »Neugierig? Hier weiterlesen«, und verlinke auf dein Blog – et voilà, du hast Traffic auf deinem Profil (wo sich die Leute direkt mit dir persönlich vernetzen können) und auch auf deiner Website.

5.21.4   Der »Hallo Welt«-Hack

Die einzigartige Stärke auf LinkedIn (besonders im Vergleich zu Xing) ist die Internationalität der Plattform. Nur hier gelingt es dir schnell, Content zu veröffentlichen, der von Menschen auf der ganzen Welt gesehen werden kann.

Levent Valente, Gründer des Frankfurter Start-ups *Sphira* mit ca. 300 Followern auf LinkedIn, veröffentlichte zum offiziellen Launch seines Unternehmens einen Post[56] samt Video auf LinkedIn, das die Funktion des Produkts erklärte. Es geht nur 20 Sekunden und ist auch ohne Ton selbsterklärend, was besonders wichtig für die Anzeige auf mobilen Geräten und im Ausland ist. Außerdem markierte er im Beitrag einige Freunde und Unterstützer, die dadurch sofort auf den Post aufmerksam wurden und für einen schnellen Engagement-Boost sorgten.

Durch die Kombination dieser Elemente (und einer guten Portion Glück) wurde der Beitrag über 25.000mal angesehen, und Valente konnte bereits über 70 Leads und potenzielle Partner begrüßen. Seine Follower-Zahl hat sich innerhalb eines Tages mehr als verdoppelt. Alles, ohne dafür einen einzelnen Euro für Werbung investiert zu haben.

5.21.5   Der »LinkedIn auf Autopilot«-Hack

Um ganz ehrlich zu sein: Wir sind keine großen Fans von Bots, wenn es um die Kommunikation mit Menschen geht. Der digitale, aber »echte« Austausch ist einer Automatisierung immer vorzuziehen, denn nichts ist besser als ein persönliches Netzwerk.

Aber der Vollständigkeit halber sei hier erwähnt: Das kostenlose Tool *LinkedIn Helper* kann dir dabei helfen, auf LinkedIn sehr schnell eine große Reichweite aufzubauen. Die Funktionen beinhalten:

▶ personalisierte Einladungen an 2. und 3. Kontakte

▶ Automatisches Mailingsystem, Auto-Responder, sequenzielle Nachrichten an 1. Kontakte oder LinkedIn-Gruppenmitglieder

▶ eine Signatur in den eigenen Nachrichten

▶ automatisches Zurückziehen gesendeter ausstehender Einladungen (Einladungsabbruch)

Mehr dazu findest du in den Downloadmaterialien zum Buch.

---

56 *https://www.linkedin.com/feed/update/urn:li:ugcPost:6514551399345319936/*

5.21.6 Der »Anatomy eines viralen LinkedIn-Posts«-Hack

Dieser Hack stammt ebenfalls von Braulio Medina, der LinkedIn sehr erfolgreich für sich einsetzt. Seine Posts erreichen zehntausende Menschen, weil er die folgende Struktur anwendet:

1. *Once upon a time*: Eröffne mit einem starken ersten Satz, der neugierig genug macht, damit die Nutzer auf MEHR LESEN klicken. Eine persönliche Geschichte wirkt in der Regel am besten.

2. Drama/Problem: Schildere deine Herausforderung.

3. Sacrifices: Was hast du getan, um die Herausforderung zu meistern? Welche Maßnahmen haben nicht funktioniert?

4. Solution: Mit welcher Lösung hast du deine Herausforderung gemeistert?

5. Results/Benefits: Was ist geschehen, nachdem du deine Herausforderung gelöst hast? Wie hat sich dein Leben verändert?

6. Key Take-away: Was hast du aus dieser Geschichte gelernt?

7. Call-to-Action: Was sollten deine Leser jetzt tun?

Ende nicht mit einem externen Link, denn das ist nicht im Sinne des Business Models von LinkedIn, denn dadurch werden Nutzer von der Plattform weggeleitet. Wenn es sein muss, dann integriere einen Link in den ersten Kommentar. Am einfachsten ist der Aufruf zum Like, Share und natürlich zu einem Kommentar.

Apropos Kommentar: Beantworte möglichst jeden Kommentar unter deinem Post. Das ist sowohl höflich wie auch hilfreich, denn mehr Interaktion führt zu mehr Reichweite. Idealerweise antwortest du sogar mit einer offenen Frage und bringst einen Dialog in Gang.

Schreibe kurze Sätze, einfache Sprache mit deinen Keywords, und nutze viele Absätze, damit du deinen Lesern die Lektüre erleichterst. Denke immer daran, dass viele Menschen LinkedIn (und alle anderen Social Media Plattformen) auf ihrem Smartgerät nutzen, während sie unterwegs sind. Indem du »Mobile first« schreibst, stellst du sicher, dass jeder Nutzer deinen Gedanken folgen kann.

KEY-LEARNINGS

Das ist unser längstes Kapitel, ein Füllhorn von praktischen Strategien und Hacks, mit denen du mehr Nutzer auf deine Website oder deinem Social-Media-Profil gewinnen kannst. Du hast gelernt:

1. Dass es nicht entscheidend ist, auf welchem Kanal du gerne aktiv sein möchtest – sondern wo deine Zielgruppe ist

2. Das es nicht damit getan ist, großartigen Content zu produzieren – du musst ihn auch noch vor die Augen deiner Zielgruppe bringen.

3. Das Facebook nicht tot ist, nur der Fokus hat sich verschoben: »Gruppen« sind die neuen »Seiten«, Instagram ist der neue Newsfeed, und der Messenger ist das neue E-Mail. All das bietet dir Chancen für Wachstum.

4. Dass Social Media primär dem Zweck dienen, sich mit anderen Menschen auszutauschen. Interaktion, nicht Traffic sollte dein Ziel sein.

5. Dass du psychologische Trigger benutzen kannst, um mehr Interaktion zu erreichen.

6 Activation: so aktivierst du deine Nutzer

Im vorigen Kapitel haben wir Taktiken beschrieben, mit denen du möglichst effizient Traffic generierst. Jetzt gilt es, eine möglichst positive Beziehung zwischen deinem Unternehmen und den Nutzern aufzubauen. Dazu sollen sie eine wie auch immer von dir bestimmte Aktion durchführen. In der Regel wird der Traffic in sogenannte Leads umgewandelt.

Besucher werden zu Leads, indem ihre Kontaktinformationen erfasst werden, mindestens die E-Mail-Adresse. Diese Kontaktinformationen sind als Start-up dein wichtigstes Kapital – sogar noch vor tatsächlichem Kapital –, da du aus diesen Kontakten Aufträge oder im besten Fall langjährige Kundenbeziehungen aufbauen kannst.

Doch bevor du daran denken kannst, Leads zu generieren, musst du dafür sorgen, dass die User Experience auf deiner Website oder Landingpage so gestaltet ist, dass sich der Nutzer schnell zurechtfindet. Und nicht nur das, deine Website sollte die Erwartungen des Kunden erfüllen oder bestenfalls sogar übertreffen. Erst dann ist ein Besucher bereit, dir seine Kontaktinformationen zu hinterlassen.

> *»A user journey of a thousand upgrades begins with a single activation.«*
> *– Quelle unbekannt*

Aktivierung bedeutet also, dass deine Nutzer mit deinem Produkt interagieren sollen. Warum ist das so wichtig? Jeder Mensch strebt nach konsistentem Denken und Handeln. Der erste Eindruck zählt, und eine einmal gewählte Richtung wird selten korrigiert. Festlegung ist der Auslöser für konsistentes Verhalten: Der eigene Standpunkt wird vertreten. Wenn du also einen Nutzer deiner Website dazu bringst, eine bewusste Aktion durchzuführen – sei sie auch noch so klein –, hat er einen ersten Schritt getan, um dein Kunde zu werden, da er in seinen Handlungen konsistent bleiben möchte. Deine Aufgabe ist es, die Nutzer, so gut es geht, dahin zu führen, dass sie eines deiner geplanten Aktivierungsziele tatsächlich ausführen.

Es gibt viele verschiedene Möglichkeiten, wie du deine Nutzer aktivieren kannst:

▶ Die Nutzer füllen ein Formular aus.

▶ Die Nutzer laden eine Datei herunter (z. B. ein kostenloses E-Book).

▶ Die Nutzer teilen deine Inhalte auf Social Media.

▶ Die Nutzer konsumieren ein Video.

▶ Die Nutzer hören sich eine Audiodatei an.

▶ Die Nutzer hinterlassen einen Kommentar.

▶ Die Nutzer erstellen einen Account

Oft ist das Ziel der Aktivierung der Lead: Die Kontaktinformationen des Besuchers und sein Einverständnis, ihn zu kontaktieren. Alternativ kannst du jeden Website-Besucher zu deiner Re-Targeting-Liste hinzufügen und ihn durch bezahlte Werbung im Google Display Network oder auf Facebook/Instagram wieder erreichen.[1]

6.1   Der Aha-Moment

Da Nutzer auch schnell wieder abwandern oder nach einer einmaligen Registrierung auch häufig nicht wieder zurückkommen, ist der Erhalt eines Kontakts zwar bereits sehr wertvoll, sagt aber noch nichts darüber aus, ob der Nutzer später dein Produkt auch tatsächlich nutzen wird. Die eigentliche Aktivierung passiert also, wenn der Nutzer den wahren Wert deines Produktes erkennt. Dies wird als *Aha-Moment* bezeichnet.

Du musst also selbst erkennen, wann der Nutzer tatsächlich bemerkt, dass er dein Produkt unbedingt benötigt. Der Aha-Moment und der in Kapitel 3, »So stellst du die Weichen auf Wachstum«, beschriebene Product-Market-Fit sind also eng verbunden. Im letzten Kapitel haben wir bereits über das Beispiel von Slack gesprochen, bei dem die Aktivierung erst nach 2.000 versendeten Mitteilungen innerhalb eines Teams stattfindet. Slack hat erkannt, dass der Nutzer erst dann diesen Aha-Moment erfährt.

Weitere Beispiele eines Aha-Moments:

▶ **Facebook**: in 10 Tagen mit 7 Freunden verbinden

▶ **Zynga**: Nutzer kehren bereits am ersten Tag nach der Registrierung zurück.

▶ **Spotify**: Anzahl Stunden, die ein Nutzer mit dem Hören von Musik verbringt

▶ **Twitter**: Anzahl der Accounts, denen man folgt (und die Anzahl der eigenen Follower)

▶ **LinkedIn**: Anzahl Verbindungen in einem bestimmten Zeitraum

▶ **Dropbox**: Bereits nach der ersten Datei, die man hochlädt

Am Beispiel von Dropbox sehen wir, dass sich der Aha-Moment mit der Zeit verändern kann. Dropbox hatte das Hochladen einer Datei damals stark vereinfacht.

---

1   Beides ist durch die Integration des jeweiligen Pixels auf deiner Website möglich.

Heute sind solche Prozesse fast überall Standard. Man war daher gezwungen, den Service weiterzuentwickeln und den Moment der Aktivierung erneut herauszufinden.

Deshalb spielt eine herausragende User Experience so eine wichtige Rolle beim Wachstum eines Produkts. Ein effektives Onboarding, also eine schrittweise Heranführung der Nutzer an das Produkt, spielt dabei eine entscheidende Rolle. Das Onboarding beginnt bei der Aktivierung und begleitet die Nutzer über jede Phase der Customer Journey. Das ist alles andere als ein linearer Prozess. Die Nutzer springen häufig zwischen den Phasen hin und her. Vor allem die Phasen »Activation« und »Retention« sind aus diesem Grund nur schwer auseinanderzuhalten. Wenn es dir gelingt, deine Nutzer immer wieder zurückzuholen, ist das ein Indiz dafür, dass eine Aktivierung stattgefunden hat.

6.2   Landingpages

Stell dir vor, du willst ein neues Bild an deine Wand hängen. Dafür brauchst du das Bild und Werkzeug, um es zu befestigen. Du gehst also erwartungsvoll in einen Baumarkt und findest dich in einer endlosen Halle wieder, mit nicht enden wollenden Reihen hoher Regale voller Werkzeuge, Farbtöpfe, Grillzubehör, Lampen und Teppiche wieder. Zwischen den Regalen siehst du einzelne, verwaiste Info-Stände. Beim Blick zwischen die Regale erhaschst du einen Mitarbeiter, der sich gerade eilig aus dem Staub macht. Schwermütig begibst du dich auf die Suche nach einem Hammer und Nägeln, wohlwissend dass du etwas Kritisches vergessen oder übersehen wirst und wahrscheinlich in zwei Stunden wiederkommen musst.

Das ist das Gefühl, das deine Nutzer haben, wenn du sie nicht auf eine Landingpage verweist, sondern auf die Startseite deines Unternehmens: Hilflosigkeit. Der eine oder andere mutige Nutzer wird die Unterseite finden, wo du die für ihn wichtigen Infos versteckt hast – und wenige Auserwählte werden sich sogar das Whitepaper herunterladen, das ganz am Ende des Artikels versauert.

Viele Unternehmen machen den Fehler, den Nutzer einfach auf die Startseite ihres Webauftritts zu leiten – und wundern sich dann, dass sie keine Leads generieren. Warum auch? Auf der Startseite wird das gesamte Produktportfolio angeboten. Alle möglichen Interessensgruppen (darunter auch Investoren, Bewerber und eigene Mitarbeiter) sollen dort angesprochen werden, daher ist der Content auf der Startseite sehr unspezifisch.

Vermeide diesen Fehler, und nutze Landingpages!

»*The main content on a landingpage should answer two simple questions:*
›*What is it?*‹ (*solution*) *and* ›*Why should I care?*‹ (*problem*).«
– *Georgiana Laudi, Unbounce*

Einen Nutzer auf eine themenspezifische Landingpage zu leiten, ist oftmals deutlich effizienter als die Verlinkung auf die Startseite. Wenn du z. B. eine spezielle Marketingkampagne lanciert hast, solltest du die Nutzer in jedem Fall auf eine Landingpage leiten, die thematisch und optisch dem entspricht, was ihnen mit der Kampagne versprochen wurde. So ist die Chance um einiges höher, dass sie dir tatsächlich ihre Kontaktinformationen hinterlassen.

Eine gute Landingpage sollte folgende Elemente berücksichtigen

1. Die Navigation ist auf das Allernotwendigste reduziert. Das sind in der Regel das Impressum und (am wichtigsten) der Call-to-Action-Button bzw. Formulare.

2. Wähle den Titel möglichst kurz mit Erwähnung des Kundennutzens bzw. der Überschrift der Anzeige, die auf die Landingpage verlinkt.

3. Entscheide dich für einen kurzen und emotionalen Untertitel, der den Besucher dazu anregt, weiterzulesen.

4. Beschreibe das Problem, das dein Produkt löst.

5. Benutze ein gutes Produktbild oder Produktvideo (der »Hero-Shot«).

6. Verwende einen eindeutigen Call-to-Action (CTA). Ein CTA ist eine Handlungsaufforderung (z. B. »Hier klicken!«). Er leitet den Besucher zu einer Aktion. Dieser Call-to-Action sollte auf der rechten Seite und auf jeden Fall above the fold, also im sofort sichtbaren Bereich, sein. Außerdem sollte er so spezifisch wie möglich sein: »Ja, ich will mehr über XY lernen!«

7. Vertrauensfördernde Elemente: Eine Empfehlung eines bekannten Experten oder ein Testimonial eines echten (!) Kunden kann das Vertrauen in dein Unternehmen stärken.

8. Schreibe den Originalpreis und deinen (reduzierter) Preis hin.

9. Zeige Einwände auf, die gegen den Produktkauf sprächen – und das Gegenargument.

10. Gib Beispiele für die Verwendung des Produkts.

11. Scarcity: Wie lange ist das Angebot noch gültig, bzw. wie viele Produkte sind noch vorrätig?

12. Der erste Eindruck zählt: Eine Landingpage sollte grammatisch und inhaltlich von hoher Qualität sein.

Wie bei einem Banner funktioniert die Verwendung von Bildern in der Regel gut, insbesondere von Gesichtern. Wenn das Hintergrundbild dann auch noch mit dem Call-to-Action harmoniert (beispielsweise indem ein Mensch auf den Button schaut, wie in Abbildung 6.1), wird das Auge des Nutzers perfekt geführt.

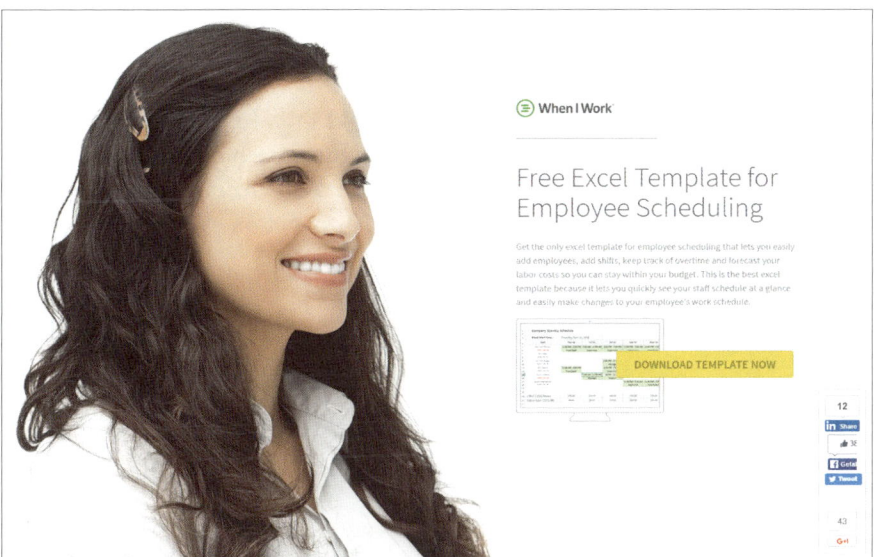

Abbildung 6.1 Sehr schlichte Landingpage mit Blickführung

Erstaunlich viele Unternehmen, junge wie etablierte, scheitern am effizienten Einsatz von Texten auf Landingpages. Zu wenige Informationen – und der Nutzer wird dir nicht vertrauen. Zu viele Informationen – und der Nutzer ist verwirrt und weiß nicht, was er tun soll.

Wie findest du das richtige Maß?

Ein Vorteil von Landingpages ist die Tatsache, dass sie sich durch ihren Minimalismus sehr leicht anpassen lassen. So kannst du schnell eine Vielzahl von Landingpages erstellen und diese auf die jeweiligen Bedürfnisse der einzelnen Personas abstimmen, indem du einfach Text (sowie Bilder und Buttons) veränderst. Durch Testen findest du die optimale Länge und Tiefe der Texte.

Solltest du Inspiration für das Design von Landingpages benötigen (oder diese auch einfach und schnell aufsetzen wollen), empfehlen wir dir die Marktplätze von Leadpages[2] und Unbounce[3] sowie unsere Checkliste, die du in den Downloadmaterialien zum Buch findest (*https://www.rheinwerk-verlag.de/4896*).

Wie du eine Landingpage, aber auch einen gesamten Conversion Funnel dahingehend erstellst, dass der Nutzer möglichst schnell und einfach die gewünschte Aktivierung vollzieht, wird als *Conversion-Optimierung* bezeichnet.

---

2 *https://www.leadpages.net/templates/*

3 *https://unbounce.com/langding-page-templates/ und das Analyse-Tool kann dir ggf. auch helfen: https://unbounce.com/landing-page-analyzer/.*

6.3   Conversion-Optimierung

Als Barack Obama im Jahr 2008 mit dem Wahlkampf für die Präsidentschaftswahl begann, hatte Dan Siroker, CEO und Gründer von Optimizely, die Aufgabe, die Kampagne digital zu unterstützen. Seine Idee war, mit verschiedenen Kampagnen und Landingpages zu experimentieren und A/B-Tests durchzuführen. Siroker uns sein Team testeten unterschiedliche Bilder und Call-to-Action-Buttons.

Abbildung 6.2 Die Siegervariante der Landingpage von Barack Obama[4]

Die Siegervariante zeigte ein Bild der Familie Obama und statt eines Sign-up-Buttons einen Learn-more-Button (siehe Abbildung 6.2). Die Siegervariante zählte eine Conversion Rate von über 11 %, was einer Steigerung von 40 % gegenüber der anderen Variante entsprach.

Neben einem A/B-Test kannst du Folgendes tun, um die Conversion Rate deiner Landingpages zu optimieren:

▶   Kreiere deine Landingpage mithilfe von Nutzerdaten. Das wichtigste Problem deiner Zielgruppe sollte in der Headline und im Text erkennbar sein.

▶   Nutze Umfragemodule auf deiner Landingpage, um mehr über deine Nutzer zu erfahren.

▶   Formulare gruppieren: So merkt der Nutzer schneller, welche Elemente zusammengehören.

---

4   Quelle: *http://blog.optimizely.com*

▶ Primary Color: Hebe alle klickbaren Elemente klar vom restlichen Design deiner Webseite ab, indem du ihnen eine eindeutige Farbe zuweist.

▶ Zeige auf das Conversion-Ziel, indem du richtungsweisende Elemente verwendest (z. B. einen Menschen, der in eine bestimmte Richtung schaut).

▶ Mache Usability Tests (in Abschnitt 4.6.4 beschrieben).

Es gibt eine Reihe »Conversion-Killer«, die dir bekannt sein sollten, damit du einen großen Bogen um sie machen kannst. Slider z. B. sehen toll aus und bringen etwas Dynamik auf die Startseite. Sie werden auch immer wieder gerne verwendet, weil man sich nicht eindeutig entscheiden kann, welche Produkte oder Angebote man auf der Startseite priorisieren möchte.

Doch genau hier liegt die Krux. Diese Entscheidung dem Kunden zu überlassen ist eine denkbar schlechte Lösung, weil der Kunde selbst Probleme damit haben wird, eine klare Entscheidung zu treffen. Anstatt den Nutzer also zu einem klaren Ziel zu leiten, wird er mit Möglichkeiten überhäuft. Ich, Sandro Jenny, habe in meinem Projekt, der »webworker academy«, selbst Slider eingesetzt und mit A/B-Tests herausgefunden, dass die Conversion Rate bei der Variante ohne Slider um über 200 % höher war (siehe Abbildung 6.3).

Abbildung 6.3 Die Startseite der »webworker academy« ohne Slider erzielte eine um 200 % höhere Conversion Rate.

Es gibt eine Reihe weiterer Conversion-Killer, die du beseitigen solltest, wenn du diese auf deiner Webseite einsetzt:

▶   Deine Website ist zu langsam.

▶   Deine Website ist nicht mobil optimiert.

▶   Deine Website verfügt über keinen klaren Call-to-Action.

▶   Deine Website hat keine eigene Persönlichkeit (z. B. wegen der Verwendung von langweiligen Stockfotos).

▶   Deine Website hat keine klare visuelle Hierarchie.

▶   Schlechte Testimonials schaden deiner Website.

▶   Deine Kommunikation ist nicht konsistent (Kampagnen und Landingpages sollten aufeinander abgestimmt sein).

▶   Deine Website sieht nicht vertrauenswürdig aus (schlecht gemachte Templates oder Schreibfehler wirken unprofessionell und schaden dem Vertrauen).

▶   fehlende Zahlungsmittel (nicht jeder hat z. B. einen PayPal-Account)

▶   fehlende Kontaktmöglichkeiten

▶   fehlende oder schlechte Produktbilder

6.4   Call-to-Action-Buttons

Es ist eine Wissenschaft für sich, den Call-to-Action-Button in der richtigen Größe, der richtigen Farbe, der richtigen Beschriftung und an der richtigen Position zu markieren, um ein Maximum an Conversions zu erzielen. Warum? Weil es »richtig« nicht gibt. Jeder Marketer wird dir bestätigen, dass seine Erfahrungen von Projekt A bei Projekt B womöglich wertlos sind. Denn es gibt nur wenige allgemeingültige Regeln, wenn es um CTA geht. Zu verschieden sind die Nutzer von Projekt A und B: Sie haben verschiedene Motive, verschiedene Erwartungen und stellen verschiedene Ansprüche an eine Website und dementsprechend auch an den CTA. Deswegen gilt auch bei diesem Thema: Daten vor Erfahrung und – noch wichtiger – Daten vor Meinungen. Teste verschiedene Variationen, um eine höchstmögliche Conversion Rate für *deine* Nutzer zu identifizieren.

All diese Einschränkungen vorangestellt, möchten wir dir doch einige Tipps geben, damit du schneller zum Erfolg kommst.

Anfänger-Tipps für Call-to-Action-Buttons

▶   Der CTA muss sich deutlich durch eine auffällige Farbe und einen deutlichen Umriss vom Hintergrund abheben.

▶   Die Schrift muss deutlich lesbar sein.

▶   Der Nutzer muss verstehen, was bei einem Klick passieren wird.

Eine der weltweit führenden Growth-Marketer, Angie Schottmuller, bietet eine Formel für die Formulierung von CTA an:

Schottmullers CTA-Formel

I'd like to [WHAT *(specific reason)]*.

Because I want [WHY *(benefit)]*.

Mit »Hier klicken!« ist es also nicht getan. Laut Schottmüller erreichst du die besten Ergebnisse, wenn du deutlich machst, was beim Klick passieren wird und warum der Nutzer das tun sollte – aus der Sicht des Nutzers. Also beispielsweise:

- »Kostenloses E-Book herunterladen und die Konkurrenz überflügeln«
- »Anmeldung abschließen und Zugang bekommen«
- »Konto eröffnen und ab sofort Geld sparen«
- »Bestellung abschicken und leckere Pizza genießen«

Der Vorteil ist, dass der Nutzer nicht nur genau weiß, was beim Klick geschehen wird, du sprichst auch seine Motivation an, und er fühlt sich von dir »abgeholt« und verstanden. Du kommunizierst auf Augenhöhe.

6.4.1   Multivarianten-Tests

In Inbound-Marketing-Systemen wie *HubSpot* oder *Chimpify* sind CTA wesentlich mehr als nur klickbare Buttons. Sie können umfangreich konfiguriert und analysiert werden. Über Multivarianten-Tests kannst du in HubSpot verschiedene Varianten und Variablen deiner CTA testen. Du erstellst dazu einen CTA, definierst das Aussehen, den Text und die Ziel-URL. Diesen einmalig erstellten CTA kannst du dann an diversen Orten platzieren. *HubSpot* zeigt dir in der Auswertung jeweils, wo der CTA die besten Ergebnisse erzielt hat.

Anschließend kannst du so viele Varianten erstellen, wie du möchtest. HubSpot wird die Anzeige der jeweiligen CTA gleichmäßig verteilen und dir entsprechende Analyseberichte zur Verfügung stellen.

6.4.2   Smarte CTA

Nebst der Testung verschiedener Varianten kann *HubSpot* smarte CTA anzeigen. Diese intelligenten Buttons zeigen verschiedene Inhalte basierend auf von dir definierten Anzeigeregeln. Du kannst den Inhalt und die Form beispielsweis davon abhängig machen, welchem Kundensegment der Kontakt zugeordnet ist, von welchem Kanal er stammt, welche Sprache er spricht, welchen Gerätetyp er benutzt oder in welcher Lifecyle-Phase er sich befindet.

6.5 Hacks für bessere Formulare

Formulare bilden den Kern bei der Aktivierung eines Nutzers: Erst wenn du die Kontaktdaten eines Nutzers bekommen hast, wird aus einem anonymen Nutzer ein vielversprechender Lead. Deswegen kannst und solltest du ein besonderes Auge auf die Gestaltung und Formulierung deiner Kontaktformulare legen, denn hier ist viel Potenzial für Conversion-Optimierung. Im Folgenden findest du sechs Ansätze für deine Optimierung.

6.5.1 Das GIGO-Prinzip

Die Qualität der Ausgabe hängt von der Qualität der Eingabe ab. Das *GIGO-Prinzip* (*Garbage in, Garbage out*) stammt aus den 1950er Jahren. Wenn die Nutzer z. B. eine fehlerhafte E-Mail-Adresse, eine falsche Telefonnummer oder den Vornamen ins Feld des Nachnamens eintragen, kann das große Auswirkungen auf die Verarbeitung und Anzeige der Daten haben. Folgende Grundsätze sollten dir bei der Erstellung deiner Formulare bewusst sein:

▸ Je mehr Eingabemöglichkeiten es gibt, desto höher ist die Wahrscheinlichkeit für falsche Eingaben.

▸ Schränke die Eingabemöglichkeiten durch Auswahllisten ein.

▸ Schränke die Anzahl der Eingabefelder ein (z. B. bei Kreditkartenfeldern).

▸ Versuche, bereits gespeicherte Daten automatisch zu übernehmen.

▸ Zeige dem Nutzer das Ergebnis der Eingabe vor dem Versand der Daten.

6.5.2 Der »Keep it simple«-Hack

Frage stets nur die wichtigsten Informationen ab, und verzichte auf alles, was den Nutzer von der Eingabe ablenken könnte. Gerade wenn du Leads generieren möchtest, reicht die Abfrage der E-Mail-Adresse in den meisten Fällen aus. Jedes weitere Feld kann den Nutzer davon abhalten, zu einem Lead zu werden. Wenn du trotzdem mehr Daten erfragen möchtest, sollten alle Pflichtfelder klar gekennzeichnet werden. Oder du gehst den umgekehrten Weg und markierst die optionalen Felder. Sehr wichtig ist auch die Relevanz – wichtige Fragen sollten an erster Stelle stehen.

6.5.3 Der »Nimm den Kunden an die Hand«-Hack

Achte genau auf die visuelle Hierarchie, und hilf dem Nutzer durch die Gruppierung der Felder zu Untergruppen, das Formular besser zu verstehen. Bei umfangreicheren Datenabfragen kannst du das Formular auch in Schritte auf mehreren Seiten unterteilen. Setze eine Prozessnavigation ein, damit der Fortschritt sichtbar ist. Gib dem Kunden außerdem immer genügend Hinweise zu den Feldern, damit klar wird, wieso welche Daten gebraucht werden.

6.5.4 Der »Sicherer Check-out«-Hack

Schaffe Vertrauen, indem du Garantiehinweise und Icons für sicheres Bezahlen vor dem Absenden des Formulars platzierst. Erläutere, was mit den Nutzerdaten geschieht und dass diese vertraulich behandelt werden. Wiederhole beim Check-out nochmals dein Alleinstellungsmerkmal, und zeige dem Kunden, wieso er bei dir einkauft; das erhöht die Chancen auf einen Abschluss nochmals.

6.5.5 Der »Zur Hölle mit normalen Formularen«-Hack

Jeder kennt Internetformulare, denn es hat sich inzwischen ein globaler Standard hinsichtlich Inhalt und Optik der Formularfelder durchgesetzt. Es kann sich lohnen, sich von der Masse abzuheben und sein Formularfeld »menschlicher« zu gestalten. Warum solltest du den Nutzer nicht einen umgangssprachlichen Text ausfüllen lassen? Dadurch baust du bereits früh eine persönliche Beziehung zu ihm auf. Abbildung 6.4 zeigt ein Beispiel.

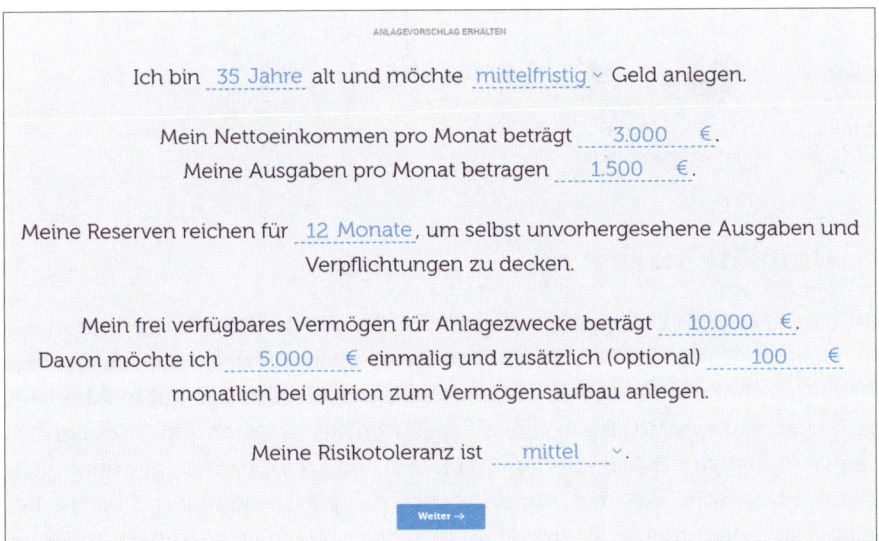

Abbildung 6.4 Der Robo-Advisor Quirion nutzt ein Formular, das wie ein Dialog gestaltet ist.

6.5.6   Der »Wenn es schnell gehen muss«-Hack

Wir leben in Zeiten, in denen die Menschen sofort Ergebnisse sehen wollen. In Kapitel 5, »Acquisition: so bekommst du mehr Nutzer«, haben wir bereits darüber geschrieben, wie wichtig die Ladezeit deiner Website für die Conversion Rate ist – das gilt natürlich auch für Formulare. Wenn du also eine »langsame« Website hast (die du aus welchen Gründen auch immer nicht zeitnah optimieren kannst), dann bediene dich doch eines Pop-up-Formulars, das sich über deine (langsame) Seite legt, wie es beispielweise *Mixpanel* macht:

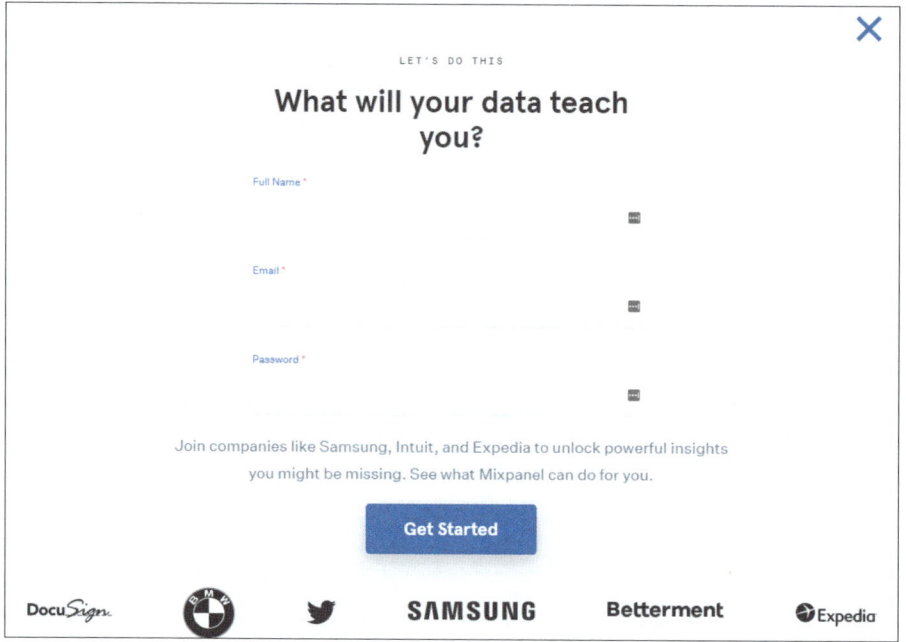

Abbildung 6.5 Dass dieses Formular keine eigene Website, sondern nur ein Pop-up ist, lässt sich am X in der Ecke erkennen.

6.6   Usability-Hacks

Es gibt eine Reihe von Designmöglichkeiten, mit denen du deine Nutzer besser aktivieren kannst. Durch die Verwendung dieser etablierten Prinzipien, sogenannter *UX-Patterns*, erhöhst du die Wahrscheinlichkeit, dass dein Design gut funktioniert. Versuche dabei, diese Patterns in einem neuen Kontext zu testen. Ein gutes Beispiel ist die psychologische Theorie der *Affordanz*, ein von *afford* (bieten, gewähren) abgeleitetes Kunstwort, das den Aufforderungscharakter bestimmter Objekte beschreibt. Ein Stuhl fordert z. B. zum Hinsetzen auf, ein Krug zum Trinken und eine Türklinke zum Öffnen.

Du kannst dir das zunutze machen, indem du diese Gegebenheit in einem neuen Kontext verwendest.

Beispiele für Affordanz

▸ **Explizite Aufforderung:** Benenne einen CTA-Button mit »Klick mich«.

▸ **Versteckte Affordanz:** Dropdown-Menüs sind zwar unsichtbar, aber nach einmaliger Nutzung weiß der Nutzer, dass sich in der Navigation ein Dropdown öffnet, wenn er mit dem Mauszeiger darüberfährt.

▸ **Negative Affordanz:** Der Button zum Versenden eines Formulars ist so lange grau, bis alle Pflichtfelder ausgefüllt sind.

▸ **Nutze bekannte Muster:** Platziere das Logo links oben auf deiner Webseite, und mache es klickbar.

▸ **Skeuomorphismus:** Stelle Objekte digital so dar wie in der realen Welt, z. B. eine E-Book-Bibliothek in Form eines echten Regals.

Es gibt eine Vielzahl solcher Muster, die du für deine Zwecke verwenden kannst. Dazu gehören z. B. auch bestimmte Designprinzipien.

> »Design is not just what it looks. Design is how it works.«
> – Steve Jobs

Gutes Design lässt dein Unternehmen nicht nur professioneller aussehen, es zeigt deinem Publikum, dass du Wert auf Qualität legst. Aber Design geht viel weiter, als nur die Farbe und Form der Website zu bestimmen. Design bestimmt auch die Funktionsweise und die ganzheitliche Identität deines Unternehmens.

Eine einheitliche Identität kann dein Image nachhaltig fördern, deinen Wiedererkennungswert steigern und deine einzigartige Persönlichkeit und Vision unterstreichen. Eine einheitliche Identität schafft Vertrauen bei deinen Kunden und kann die Differenzierung von deinen Mitbewerbern vereinfachen. Eine Corporate Identity (CI) vereinheitlicht Verhaltensregeln (Corporate Behaviour), deine Kommunikationsmaßnahmen (Corporate Communication), deine Bildsprache (Corporate Imagery) und zu guter Letzt dein Design (Corporate Design, CD). Gerade ein einheitliches Design kann wesentlich dazu beitragen, dass du auf allen Kanälen von deinen potenziellen Kunden wiedererkannt wirst. Nehmen wir als Beispiel deine Social-Media-Kanäle. Wenn du dir einen Namen machen und ein Thema besetzen möchtest, ist es von Vorteil, wenn deine Posts, Pins und Tweets eine einheitliche Bildsprache aufweisen. So erkennen deine Follower und Fans immer auf den ersten Blick, dass es wieder Content von dir gibt, und du gehst in der Masse nicht unter.

Versuche, deine Website neben einem einheitlichen Design über folgende visuellen Hacks hervorzuheben:

- Form folgt Funktion: Lesbarkeit und Logik sind wichtiger als Ästhetik.
- Sei konsistent – wähle ein Design, und bleib dabei.
- Weißraum ist gut! Weniger ist mehr, fokussiere dich!
- Mach deine Website mit einer guten Struktur scannbar.
- Nutze nicht zu viele Farben oder Schriften auf deiner Website.
- Bilder sagen mehr als tausend Worte.
- Nutze Bilder mit Menschen.
- Sei authentisch, zeige die Menschen hinter dem Projekt.
- Vermeide dunklen Hintergrund für Text.
- Entwickle Mobile first und responsiv.
- Nutze ein typografisches Raster.
- Die meisten Menschen lesen von rechts nach links, priorisiere wichtige Elemente nach dieser Regel.
- Text ist verständlicher als Icons.

Was haben diese UX-Patterns mit Hacken zu tun? Ganz einfach, durch die Verwendung bestehender Muster in einem neuen Kontext kannst du tolle Ergebnisse erzielen. Schon allein die Änderung der Proportionen kann viel bewirken. Gute Beispiele dafür sind der *Goldene Schnitt* oder die sogenannte *Fibonacci-Zahlenfolge*.

6.6.1   Das Pareto-Prinzip

Das von Vilfredo Pareto entdeckte statistische Phänomen besagt, dass 80% der Ergebnisse mit 20% des Aufwands erreicht werden. Pareto untersuchte die Verteilung des Bodenbesitzes in Italien und bemerkte, dass 20% der Bevölkerung ca. 80% des Bodens besitzen.

Nutze das Pareto-Prinzip ebenfalls in einem neuen Kontext:

- 80% des Umsatzes eines Unternehmens werden meisten mit 20% der Produkte erzielt.
- 80% der Anrufe führt man mit 20% seiner gespeicherten Kontakte.
- 80% der Innovationen stammen von 20% der Bevölkerung.
- 80% der Fehler werden von 20% der Komponenten verursacht.
- 80% der Nutzer erreichst du mit 20% der Funktionen.

Für dich bedeutet das, dass du dich auf das Wesentliche konzentrieren solltest. Finde heraus, welche Funktionen tatsächlich wichtig für deine Nutzer sind (also 80 % der Nutzung ausmachen), und priorisiere sie entsprechend.

6.6.2   Der Bedeutungsträger-Hack

Gute Designer setzen dezente Hinweise für die Nutzung eines Produkts ein. Dabei unterstützen Symbole oder textliche Aufforderungen die Bedienung eines Produkts oder einer Webseite dort, wo die Affordanz nicht selbsterklärend ist. So sollten beispielsweise die Knöpfe einer Kaffeemaschine klar gekennzeichnet sein, damit der Nutzer auch genau weiß, was er machen muss, um einen Espresso oder einen Milchkaffee zu bekommen.

Auf einer Website solltest du genauso verfahren und alle Funktionen beschriften, die in ihrer Bedeutung nicht klar sind. So ist es z. B. angebracht, bei Datei-Downloads zu vermerken, was der Nutzer bekommt, wenn er auf den Link klickt.

6.6.3   Der iPod-Hack

Als Job Rubenstein im Februar 2001 Steve Jobs eine erste Version des iPods zeigte, war dieser gleich begeistert. Anders als die damals üblichen MP3-Player war die Funktionalität auf das Wesentliche reduziert, was den iPod sehr einfach bedienbar machte. Nespresso wendet mit seinen Kapseln dasselbe Prinzip an: Die Kapseln können nur auf eine Weise in das Gerät gesteckt werden. Durch diese Einschränkung der Funktionalität werden Fehlanwendungen vermieden und die Anwendung damit vereinfacht.

6.6.4   Der Feedback-Hack

Bestimmt hast du schon einmal eine Website besucht, auf der du an irgendeiner Stelle nicht mehr weitergekommen bist. Das wird besonders dann mühsam, wenn du dich mitten in einem Zahlungsprozess befindest, einen Bezahlen-Button gedrückt hast, und aufgrund einer schlechten Performance tut sich einfach nichts mehr. Erhältst du nun kein Feedback, bist du verunsichert und drückst weiter auf den Knöpfen herum. Dieses Beispiel zeigt, wie wichtig ein gutes Feedback ist. Sorge also dafür, dass der Nutzer bei deinen Designs stets ein zufriedenstellendes Feedback erhält.[5]

---

5 Don Norman, The Design of Everyday Things. Basic Books: New York 2013

6.6.5   Der Archetyp-Hack

Marken wie Harley-Davidson oder Nike benutzen *Archetypen*, um ihre Werbebotschaften zu transportieren. Ein Archetyp ist z. B. ein Held oder ein Rebell, der Stärke, Macht oder Freiheit symbolisiert. Diese Symbole nutzen die Marken, um sich in dieser Rolle zu präsentieren.

Die verschiedenen Archetypen sind:

- **Der Held:** Er wird häufig von Sportmarken eingesetzt. Er steht für Mut und Disziplin.

- **Der Rebell:** Er widersetzt sich gesellschaftlichen Konventionen und will die Welt verändern. Berühmte Beispiele sind Steve Jobs (Apple) oder Richard Branson (Virgin).

- **Der Abenteurer:** Er ist, wie der Name schon sagt, abenteuerlustig, steht für Freiheit und Natur. Viele Outdoor-Marken, wie beispielsweise GoPro, nutzen diesen Archetyp.

- **Der Leidenschaftliche:** Steht für Liebe und alles Verführerische.

- **Der Humorvolle:** Witz und Humor sind seine Stärken. Er nimmt vieles nicht ganz so ernst, und sein Motto lautet: »Humor ist, wenn man trotzdem lacht.«

- **Der Leader:** Er steht für Macht und Unterstützung und treibt die Menschen an.

6.6.6   Der Kindchenschema-Hack

Wir Menschen neigen dazu, Dinge, die kindlich wirken, stärker unterstützen zu wollen. Große Augen oder eine kleine Nase lassen Figuren kindlich aussehen. Besonders in Zeichentrick- und Animationsfilmen kommt dieses Schema zum Einsatz. Vor allem in Manga-Comics sind diese Merkmale sehr stark ausgeprägt. Unternehmen nutzen diese Vorteile in PR oder Werbung. Es wird auch oft vom *Bambi-Effekt* gesprochen. So verkaufen sich Produkte mit niedlichen Tierfotos besonders gut.

6.6.7   Fitts' Gesetz

Fitts' Gesetz beschreibt die Dauer, die du benötigst, um mit deinem Mauszeiger ein bestimmtes Bildschirmelement zu erreichen und anzuklicken. Diese Zeit ist proportional zur Entfernung des Ziels, das du anklicken möchtest. Außerdem benötigst du weniger Zeit, je größer das Bildschirmelement ist, das du ansteuerst. Wichtige Elemente wie Call-to-Action-Buttons sollten also möglichst nahe am Ausgangspunkt und genügend großflächig gestaltet werden.

6.6.8   Hick'sches Gesetz

Das Hick'sche Gesetz erklärt den Zusammenhang zwischen der Entscheidungszeit und der Anzahl an Auswahlmöglichkeiten. Je mehr Auswahl- oder Navigationselemente zur Verfügung stehen, desto komplizierter ist der Entscheidungsprozess für den Benutzer. Das Gesetz von Miller geht noch einen Schritt weiter: Gemäß Miller kann ein Mensch nur sieben (+/– zwei) Elemente im Gedächtnis behalten. Eine Hauptnavigation sollte demnach nicht mehr als sieben Elemente beinhalten.

6.7   Psychologische Hacks

Wir Menschen verweisen gerne darauf, dass wir einen freien Willen haben und stets bewusste Entscheidungen treffen. Diese Aussage stimmt nur zur Hälfte: Zwar haben wir einen freien Willen, aber wir sind durch unsere Erziehung und Sozialisierung so konditioniert, dass wir äußeren Impulsen unbewusst folgen – wir sind manipulierbar. Gute Verkäufer machen sich diese Effekte zunutze, und auch als Growth Hacker solltest du zumindest testen, wie du diese Möglichkeiten ausschöpfen kannst, damit deine Nutzer das tun, was sie sollen. Das gilt nicht nur für B2C-, sondern auch für B2B-Kampagnen. Denn unabhängig davon, in welcher Branche dein Unternehmen tätig ist: 100 % deiner Kunden sind Menschen. Und die überwältigende Mehrheit der Menschen funktioniert nach den gleichen psychologischen Prinzipien.

Ein Experte auf dem Gebiet der psychologischen Hacks ist André Morys, Geschäftsführer der Bad Homburger Conversion-Agentur *konversionsKRAFT*. Das primäre Ziel der Conversion-Optimierung ist es, »den inneren Dialog der Nutzer aufgreifen«, sagt Morys. Um diesen Dialog zu kennen und aufgreifen zu können, musst du vorab Personas deiner Kunden entwickelt und diese mit Nutzertests validiert haben. Du musst die Gedankengänge der Nutzer verstehen und ihre Dialoge dokumentieren, damit du richtig reagieren kannst.

6.7.1   Die »Booking.com«-Hacks

Eines der besten Beispiele ist die Hotelplattform *Booking.com*, das erfolgreichste Onlineportal rund um Unterkünfte, das 65,6 % aller europäischen Portalbuchungen auf sich vereint. Auf der ganzen Plattform wird mit geschicktem Einsatz von Texten und Farben das psychologische Erlebnis des Nutzers gesteuert und dieser somit zum Kauf motiviert.

Mit Texten wie »Weltweiter Bestseller« und »Sehr gefragt« werden gleichzeitig die Mittel *Social Proof* wie auch *Verknappung* verwendet. Wenn dann auch noch (in roter Schriftfarbe!) danebensteht, wie oft das Hotel in den letzten 24 Stunden gebucht worden ist, dann wird der Verknappungseffekt sogar noch einmal verstärkt (siehe Abbildung 6.6). Dieses Schema zieht sich durch den kompletten *Funnel*.

Abbildung 6.6 Booking.com setzt verstärkt auf psychologische Hacks.

Achte im Buchungsprozess darauf, wie oft sie dich mit »Ihre« oder »deine« persönlich ansprechen, um damit die emotionale Relevanz zu erhöhen und dem Nutzer stets das Gefühl zu geben, die Kontrolle zu haben.

Schauen wir uns die CTA an, also den Text auf den Buttons. Erst ganz am Schluss sagen sie JETZT BUCHEN. Alle anderen Handlungsaufforderungen wirken freundlich und nie aufdringlich. Ihr einziges Ziel ist es, den Besucher Schritt für Schritt tiefer in den Trichter zu stoßen:

1. SUCHE

2. PREISE ANZEIGEN

3. UNSERE LETZTEN VERFÜGBAREN ZIMMER ANSEHEN • VERFÜGBARKEIT ANZEIGEN • IHR ZIMMER WÄHLEN

4. ICH RESERVIERE oder RESERVIEREN

5. WEITER: LETZTE ANGABEN

6. JETZT BUCHEN

Der wichtigste Erfolgsfaktor für Booking.com ist die ständige und gleichzeitige Durchführung von Online-Tests bzw. Experimenten, sowohl auf der Website als auch in der App. Durch den großen Traffic kann Booking.com mithilfe von A/B-Tests ständig testen, welche Texte, Farben, CTA und Bilder die Conversion Rate erhöhen. Deswegen sieht die Buchungsstrecke auch so gut wie nie identisch aus. Wenn du das (im Screenshot dargestellte) Hotel buchen möchtest, sieht die Seite bei deinem Besuch vermutlich anders aus.

6.7.2   Der »Ich bin Arzt!«-Hack

Autorität zieht. Menschen tendieren dazu, Menschen mit Autorität zu folgen. Um beim Beispiel Straßenverkehr zu bleiben: Wenn du willst, dass Autofahrer deinen Anweisungen auf einem Parkplatz Folge leisten, erhöhen sich deine Chancen durch das Tragen einer Warnweste und eines Walkie-Talkies deutlich – von einer Polizeiuniform ganz zu schweigen. Auch in einem Krankenhaus wird man einem Menschen mit einem weißen Kittel und Stethoskop mehr Aufmerksamkeit schenken als jemanden mit einem Bauhelm. Für dich gilt: Wenn du dich als Experte auf deinem Gebiet positionierst und dies deinen Besuchern kommunizierst, werden sie dir Glauben schenken. Wenn du ein Experte bist: Hebe es auf deinen Social-Media-Profilen deutlich hervor. Bescheidenheit ist eine Zier, verkauft aber nicht gut.[6]

6.7.3   Der »Vertrau-mir«-Hack

Vertrauen ist die Grundlage jeder geschäftlichen und persönlichen Beziehung. Vertrauen ist eines der stärksten psychologischen Motive für Entscheidungen. Vertrauen wächst in der Regel durch Zeit und ist daher unmöglich durch einen TV-Spot oder ein Banner aufzubauen. Ziel ist es, eine langfristige Beziehung aufzubauen, in der du als Verkäufer beweisen kannst, dass du (und damit dein Produkt) vertrauenswürdig bist und den guten Willen (oder die Nutzerdaten) nicht ausnutzt. Vertrauen ist auch der Grund, warum Onlineunternehmen Gütesiegel, wie z. B. von Trusted Shops, dem TÜV, der Stiftung Warentest, oder positive Berichte von Medien auf ihren Websites prominent platzieren.

Abbildung 6.7 Das »Testsieger«-Siegel der Stiftung Warentest war und ist für das Matratzen-Start-up bett1.de der ultimative Conversion Hack.

---

6   Natürlich solltest du dich nicht »Experte« nennen, wenn du keiner bist, denn das würde schnell auffliegen, deinen Kunden schaden und deinen Ruf ruinieren.

Sogar die prominente Darstellung der Bezahlmethoden (also der Logos der Kredit-karten, paydirekt etc.) kann dafür sorgen, dass die Nutzer dir mehr vertrauen und die Conversion Rate steigt.

Amazon nutzt mittlerweile sogar zwei eigene Trust-Signals: »Bestseller« sowie »Amazon's Choice«. Nichts hält dich davon ab, auch in deinem E-Commerce-Shop Produkte mit eigenem Siegel hervorzuheben.

6.7.4   Der »Nur noch zweimal schlafen«-Hack

Vorfreude ist der Grund dafür, warum Filmstudios Teaser-Poster, Teaser-Clips und Trailer produzieren, um damit im Vorfeld den Kinostart eines Films zu bewerben. Die Zielgruppe wird schon früh über das kommende Ereignis informiert, und mit Ausschnitten wird die Vorfreude geschürt. Auch Apple hat sich dieses Prinzips zu-nutze gemacht und kündigt seine Keynotes, auf denen die kommenden Produkte und Updates veröffentlicht werden, weit im Vorfeld an, um die Vorfreude der Käu-fer und Journalisten zu schüren.

Lass deine potenziellen Kunden wissen, dass etwas Wichtiges (wie dein Product-launch) bevorsteht, und erinnere sie immer wieder daran. Wenn es dann so weit ist, sind sie mental vorbereitet und (im Idealfall) freuen sie sich sogar darauf.

6.7.5   Der »Weil wir das schon immer so gemacht haben«-Hack

Events, Gemeinschaft und Rituale sind für uns eine wichtige Sache. Menschen sind Herdentiere. Ein Erlebnis wird dadurch aufgewertet, dass wir es mit anderen Men-schen teilen. Deswegen geben wir viel Geld für Konzerte und Sportveranstaltungen aus. Als Online-Business kannst du dir diesen Effekt zunutze machen, indem du dich bemühst, den Launch eines neuen Produkts als ein großes, einzigartiges Event zu kommunizieren, an dem viele Menschen teilnehmen. Der Nutzer wird sich in seiner Entscheidung bestätigt fühlen, wenn er sich als Teil einer Gruppe fühlt. Denn eine Veranstaltung, an der viele gleichgesinnte Menschen teilnehmen, muss schließlich toll sein! Die Königsdisziplin ist die Erschaffung eines regelmäßigen Events, dem deine Kunden bereits im Vorfeld entgegenfiebern. Zum einen wissen sie, was sie er-wartet, zum anderen freuen sie sich auf die neuen Aspekte. Nehmen wir erneut den Sport als Beispiel: Viele Menschen gehen regelmäßig alle zwei Wochen zu den Heimspielen ihrer Lieblingsmannschaft und durchleben mit ihren Freunden das immer gleiche Ritual von der Bahnfahrt bis zur Stadionwurst, kennen aber den Aus-gang des eigentlichen Spiels nicht. Diese Mischung aus Bekanntem und Neuem in der Gemeinschaft kann süchtig machen.

6.7.6   Der »Blaue Mauritius«-Hack

Ein weiterer Growth-Hacking-Klassiker: künstliche Verknappung, auch bekannt als *Fear Of Missing Out (FOMO)*. Sobald ein Produkt nur einer kleinen Gruppe oder für einen begrenzten Zeitraum zugänglich ist, steigert es seinen Wert.

Ein großartiges Beispiel für künstliche Verknappung (und für Storytelling) ist die Kampagne »Hornbach Hammer« des gleichnamigen Baumarktes. Aus dem Stahl eines eingeschmolzenen Panzers (!) wurden 7.000 Hämmer gefertigt und zum Preis von 25 Euro verkauft. Die Verbindung zwischen emotionaler Geschichte mit künstlicher Verknappung sorgte für einen enormen Erfolg, und die Hämmer werden für hunderte Euro auf eBay gehandelt.[7]

Abbildung 6.8 Der stark begrenzte Hornbach-Hammer aus Panzerstahl

Ein wichtiger Teil für den Erfolg von Dropbox, Googles Gmail, Amazons Echo oder dem Handy One Plus war die künstliche Verknappung zum Start des Produkts. Nur wer eine Einladung hatte, konnte das Produkt kaufen bzw. nutzen. Weitere Beispiele für Verknappung sind Limited Editions, Black Fridays und der Hinweis »nur solange der Vorrat reicht«.

Diese Mechanik lässt sich noch mit Gamification-Elementen verbinden: Je mehr Anmeldungen ein Nutzer vermittelt, desto höher sind seine Chancen auf die Teil-

---

7   Der Erfolg ist auch mit dem »Fit« zwischen der Entstehungsgeschichte und der Zielgruppe begründet. Wenn Männer »Panzerstahl« hören, gibt es gleich einen Testosteron-Schub. Dem Nagel wird es egal sein, aus welchem Material der Hammer gefertigt ist.

nahme. Mit einer Tabelle lässt sich sogar darstellen, an welcher Stelle die Nutzer stehen und wie viele ihrer Freunde und Bekannte sie noch überzeugen müssen, um eine Gewinnchance zu haben.

FOMO kann besonders gut im Betreff deiner E-Mails wirken, um die Öffnungsrate zu erhöhen, beispielsweise »Nur noch 3 Tage verfügbar«. Du kannst FOMO sogar dazu einsetzen, dass mehr Follower deine Posts lesen, indem du so tust, als würdest du einen Beitrag nachträglich editieren und mit »(Dieses Angebot ist leider nicht mehr verfügbar)« oder »(Leider schon weg)« beginnst. Viele Menschen werden neugierig und werden sich ansehen, was sie angeblich verpasst haben. Im nachfolgenden Text könntest du dann darauf hinweisen, wann das Angebot (wieder) verfügbar ist.

Dieser Hack kann für jedes Produkt, das zeitlich oder sonst wie limitiert ist, verwendet werden, unabhängig davon, ob diese Beschränkung künstlich oder real ist.

Analysiere die Customer Journey auf Booking.com, wenn du das FOMO-Prinzip in der Praxis erleben möchtest. Wenn du dort Interesse an einem Hotel zeigst, wirst du mit Hinweisen wie »Letzte Buchung: vor 7 Minuten«, »In den letzten 24h 107mal gebucht«, »Ihre Reisedaten sind sehr gefragt! Wir empfehlen, bald zu buchen« oder »Unsere letzten verfügbaren Zimmer ansehen« bombardiert, die alle nur ein Ziel haben: das angebotene Gut (in dem Fall Hotelzimmer) künstlich zu verknappen und damit in dir als potenziellem Kunden das Gefühl der Dringlichkeit auszulösen.

Auch Verkäufer von physischen Produkten bedienen sich gerne dieses Effekts. Die Umsatzzahlen an Tagen wie Black Friday oder Cyber Monday sprechen für den Erfolg dieser Maßnahme. Aber auch wenn du keinen Onlineshop hast, kannst du deine Kunden zur Eile drängen, und zwar mit einem *Drop*. Ein Drop bezeichnet eine Maßnahme, die durch amerikanische Streetwear- und Sneaker-Label bekannt geworden ist: Eine neue Kollektion wird in stark begrenzter Stückzahl angeboten, und dadurch ist die Verfügbarkeit stark limitiert. Der Verkaufsstart wird durch Videos auf Instagram und Facebook beworben. Wenn die Kollektion ausverkauft ist, sind die Stücke nicht mehr zu haben. Dieser FOMO-Effekt kombiniert mit einer starken Markenbindung führt mitunter dazu, dass die Kunden vor den Läden Schlange stehen und sich sogar um die Ware prügeln.

6.7.7 Der »Nudging«-Hack

Nudging oder »Anstupsen« ist ein weiterer psychologischer Hack, den du dir zunutze machen kannst. Mit *Nudging* werden unauffällige Verhaltensmanipulation bezeichnet. Was bedeutet das?

Ein paar Beispiele: Du verkaufst Ketchup und willst deine Käufer dazu bringen, die Flasche auf den Kopf zu stellen, damit der Ketchup schnell und problemlos herauskommt. Was machst du? Du klebst das Etikett einfach »verkehrt« herum, und die Menschen werden die Flasche so hinstellen, wie du es vorgesehen hast. Oder du willst die Menschen dazu motivieren, dass sie eine Spende im Klingelbeutel der Kirche hinterlassen? Dann lass ihn von vorne nach hinten durchgehen. So stellst du sicher, dass jeder Mensch die Gelegenheit für eine Spende hat und jeder sieht, was der Sitznachbar macht. Außerdem wird ein Klingelbeutel (genauso wie der Gitarrenkoffer eines Straßenmusikanten) nie leer sein, sondern schon zu Beginn einige Münzen enthalten.

Wie kannst du das für dich nutzen?

Menschen scheuen sich davor, komplexe Aufgaben zu lösen, wie beispielsweise sich für ein Produkt mit sehr vielen Variablen zu entscheiden. Insbesondere in der B2B-Branche steht jeder Growth Hacker immer wieder vor dieser Herausforderung: Wie bringst Menschen dazu, Dinge zu tun, die sie nicht gerne tun? Beispielsweise könntest du nicht von vornherein alle Optionen und Alternativen anzeigen, sondern einen Filter/Dialog (oder »Einkaufsberater«) voranstellen. Führe deine Nutzer Schritt für Schritt durch den Sales Funnel, und nimm sie dabei an der Hand.

6.7.8 Der »Ich gehe lieber auf Nummer sicher«-Hack

Zero-Risk Bias nennt sich im Englischen die Tendenz, Risiken um jeden Preis zu vermeiden; die meisten Menschen würden am liebsten gar kein Risiko eingehen. Selbst wenn etwas für manche implizit als risikofrei erscheint, kann es von Vorteil sein, es auch explizit als risikolos oder so gut wie risikolos zu bezeichnen. Zeige deinen Nutzern explizit auf, wenn etwas risikolos ist.

Wie schaffst du es, dass deine Nutzer sich sicher fühlen? Ein »Killer-Argument« ist eine Geld-zurück-Garantie. Wenn du Vertrauen in den Mehrwert deines Produktes hast, kannst du dem Kunden diese Garantie aussprechen. Der Bekleidungshändler Land's End spricht diese Garantie seit Jahren aus und hat extrem niedrige Missbrauchsfälle verzeichnet.

Du könntest sogar noch einen Schritt weiter gehen und dein Versprechen erhöhen: Wenn der Kunde mit dem Produkt nicht zufrieden ist oder es nicht die versprochenen Resultate erzielt, bekommt er nicht nur sein Geld zurück, er darf außerdem das Produkt behalten *oder* er bekommt sogar mehr zurück, als er bezahlt hat. Durch solche Versprechen nimmst du dem Kunden jegliche Befürchtung, einen Fehler zu machen und vor seinem Umfeld schlecht dazustehen.

6.7.9 Der »Der Anfang und das Ende«-Hack

Wichtig für deinen nächsten Pitch: Der Primacy-Recency-Effekt beschreibt das Phänomen, dass den zuerst und zuletzt erhaltenen Informationen am meisten Aufmerksamkeit geschenkt wird. Diese Informationen werden später in der Erinnerung als die wichtigsten abgerufen. Sorge also dafür, dass du mit einem Knall eröffnest und endest.

6.7.10 Der »Das kenne ich, das ist gut!«-Hack

2006 führten Adam L. Alter und Daniel M. Oppenheimer an der Princeton University ein Experiment durch. Die Probanden sollten vorhersagen, welche Aktien mit hoher Wahrscheinlichkeit eine bessere Performance auf dem Markt haben werden. Die Mehrzahl der Probanden bevorzugten Unternehmen mit einem leicht auszusprechenden Firmennamen. Ein Ergebnis, das die Aktienwelt maßgeblich beeindruckt hat. Viele Firmen wissen um diesen Umstand und kreieren Marken, die diesem Prinzip folgen, wie beispielsweise Zalando. Nur noch wenige junge, global erfolgreiche B2C-Marken nutzen Abkürzungen.

Der *Mere-Exposure-Effekt* besagt, dass allein die wiederholte Darbietung von Personen, Situationen oder Dingen die Einstellung eines Menschen dazu positiv beeinflussen kann. Unzählige Marktforschungen im Rahmen von Awareness-Kampagnen haben ergeben, dass die Menschen eine Werbebotschaft mindestens sieben Mal innerhalb von zwei Wochen wahrnehmen müssen, damit sie sich an die Marke und das Produkt erinnern können. Das Wiedererkennen erleichtert die kognitive Verarbeitung; die Vertrautheit steigt. Wie du das für dich nutzen kannst? Willst du die Bekanntheit deines Produktes steigern? Dann wiederhole deine Werbebotschaft immer und immer wieder, beispielsweise indem du Re-Targeting[8] einsetzt.

6.7.11 Der »Zahnarzt«-Hack

Schmerz und Angst wollen wir unbedingt vermeiden; aus evolutionstechnischen Gründen sind wir darauf gepolt, schnellstmöglich eine Linderung zu suchen. Du musst verstehen, ob der Schmerz deiner Zielgruppe chronisch oder akut ist: Chronische Schmerzen treten immer wieder mal auf, dafür aber nicht so intensiv. Das Langsamerwerden eines Computers oder ein Handy mit kaputtem Display sind beispielsweise chronische Schmerzen, für die wir nicht sofort eine Lösung suchen (müssen). Im Gegensatz dazu stehen akute Schmerzen: Wir brauchen jetzt gleich

---

8 Beim *Retargeting* wird der Browser eines Nutzers durch ein Pixel (»Cookie«) markiert und kann von Adservern wiedererkannt werden. So kannst du Besuchern deiner Website immer wieder die Banner mit dem Produkt zeigen, für das er sich interessiert (und das er noch nicht gekauft) hat.

eine Lösung für unser Problem, wenn beispielsweise der Rechner oder das Handy ihren Dienst komplett versagen. Kenne deine Nutzer, halte diesen Schmerz in deiner Persona fest – und deine Texte werden sie fesseln.

6.7.12 Der »Be like Mike«-Hack

Als »Herdentiere« vergleichen wir uns stetig mit unserem Umfeld und streben danach, den Anführern nachzueifern. Das ist der Grund, warum jeder Sportartikelhersteller mit einem prominenten Testimonial wirbt: Wenn wir die gleichen Schuhe tragen wie Michael Jordan, können wir auch (fast) so gut Basketball spielen wie er.

6.7.13 Der »Onkel Dagobert«-Hack

»Kaufe zwei zum Preis von einem« – wer kann da schon widerstehen? Wir sind darauf gepolt, möglichst sparsam mit unseren Ressourcen (insbesondere Geld) umzugehen. Und wenn wir einen überdurchschnittlichen Wert im Tausch gegen unser Geld erhalten, umso besser! Darum kaufen Menschen so gut wie alles, wenn der Preis reduziert *oder* der Gegenwert erhöht worden ist.

6.7.14 Der »Winzer«-Hack[9]

Warst du schon mal auf einer Weinprobe? Der Winzer führt dich mit vielen persönlichen Geschichten in das Reich seiner Weinberge ein. Er wird davon erzählen, wie er zu diesem Weinberg gekommen ist, was einen guten Wein ausmacht und welche Rolle das Wetter spielt. Dann wird der Winzer jeden einzelnen Wein in liebevoller Handarbeit öffnen, ausschenken und dir erzählen, wie du den Geschmack interpretieren kannst. Am Ende fühlt sich jeder Kunde zum Kauf verpflichtet. Es ist unvorstellbar, zu sagen, dass der Wein nicht schmeckt.

> *»Always make the other person feel important.*
> *The desire to be important is the deepest urge in human nature.«*
> *– Dale Carnegie, Autor von »How to win friends and influence people«*

Warum ist das so? Der Winzer verwendet viel Zeit und Mühe darauf, dir den Wein zu erklären und genau das Richtige für dich zu finden. Bewusst oder unterbewusst bist du ihm für seine Mühe dankbar und wirst du dich deswegen (durch den Kauf) revanchieren wollen.[10]

---

9 Dieser Hack ist von André Morys.

10 Aus diesem Grund bekommen kleine Kinder an der Fleischtheke auch die berühmte Scheibe Wurst geschenkt.

Wie du diesen Hack für dich anwenden kannst? Mach es persönlich! Wann immer du Gelegenheit dazu hast, kommuniziere so persönlich und individuell wie möglich. Das geht damit los, dass du deinen Newsletter nicht von einer anonymen »donotreply@« oder »info@«, sondern von einem persönlichen Account verschickst. Statt mit »Ihr Team XY« unterschreibst du mit deiner Unterschrift und deinem Namen. Statt einer E-Mail kannst du auch eine Postkarte (per Hand) schreiben und versenden. Oder du tust es Outfittery gleich und legst deinem Produkt eine handgeschriebene Notiz bei. Auch der Social-Media-Guru Gary Vaynerchuck ist dadurch bekannt geworden, dass er sich persönlich um seine Kunden und Fans kümmert, beispielsweise indem er live auf Instagram ihre Fragen beantwortet und ihnen Tipps gibt.

6.7.15   Der »Door in the Face«-Hack

Folgender Dialog zwischen meinem Sohn und mir:

Sohn: »Papa, gehen wir morgen in den Zirkus?«

Ich: »Nein, morgen habe ich leider keine Zeit.«

Sohn: »Schade. Darf ich einen Keks haben?«

Ich: »Na gut.«

Es dauerte zehn Minuten, bis mir bewusst wurde, was gerade passiert war. Hätte mich mein Sohn zuerst um den Keks gebeten, hätte ich nein gesagt. Aber weil ich seine vorherige Bitte abgelehnt hatte, hatte ich unterbewusst ein schlechtes Gewissen und stimmte deswegen seiner zweiten Bitte zu. Du kannst dir diesen Hack im Verkauf zunutze machen, indem du das erste Angebot so formulierst, dass es abgelehnt wird, und dann dein zweites, dein eigentliches Kernprodukt, anbietest. Im Vertrieb ist dieser Hack als »Door-in-the-Face«- oder »Neuverhandeln nach Zurückweisung«-Taktik bekannt.

6.7.16   Die »QVC«-Hacks

Keiner mag Teleshopping, trotzdem setzt die Branche jedes Jahr Milliarden um. Warum? Weil die Produzenten sämtliche psychologische Taktiken beherrschen und nutzen. Willst du im B2C-Sektor verkaufen lernen? Schau dir QVC an, und halte nach den folgenden Hacks Ausschau:

▶ **Nodding**: Sorge dafür, dass dein Kunde zustimmt und möglichst oft und möglichst früh »ja« sagt (zumindest in seinem Kopf). Wie? Indem du offensichtlich rhetorische Fragen stellst: »Ärgern Sie sich darüber, dass die Farbe beim Malen überallhin spritzt?« »Möchten Sie sich auch gesund und fettfrei ernähren?« »Möchten Sie auch einen fitten und durchtrainierten Körper haben?«.[11]

▶ **Zero-Risk Bias:** Was immer du kaufst, du kannst es innerhalb von X Tagen zurückgeben und bekommst dein Geld zurück. Manchmal gibt es auch noch eine lebenslange Garantie auf den Artikel. Also kein Risiko.

▶ **Anchoring:** »Dieser Artikel würde normalerweise 1.000 Euro kosten. Aber heute kostet er ausnahmsweise nur 500 Euro!« Dadurch, dass du zuerst den höheren Preis genannt hast (= den mentalen Anker gesetzt hast), erscheint der tatsächliche Preis wie ein Schnäppchen.

▶ **Inner Dialogue:** »Fällt das Kleid groß oder klein aus?« »Kann ich die Bettwäsche bei 60 Grad waschen?« Du greifst den inneren Dialog des Kunden auf und beantwortest seine Fragen und etwaige Vorbehalte gegen den Produktkauf.

▶ **Primacy-Recency Effect:** Den zuerst und zuletzt erhaltenen Informationen wird am meisten Aufmerksamkeit geschenkt. Diese Informationen werden später in der Erinnerung als die wichtigsten abgerufen. Deswegen kommt das »Killer-Argument« (oft das zusätzliche und damit »kostenlose« Zubehör) ganz am Schluss. Denn wenn der Zuschauer bis zum Ende dabeibleibt, ist er in seiner Kaufentscheidung schon ziemlich weit, und das Zubehör schubst ihn dann das letzte Stück zur Kaufentscheidung.

▶ **FOMO & Social Proof:** Oft wird die Stückzahl der vorhandenen Exemplare eingeblendet. Diese Anzahl geht immer weiter nach unten. Bei dir löst das gleichzeitig Beruhigung aus (»Andere Menschen kaufen das auch, das muss gut sein!«) wie auch Stress (»Ich muss schnell kaufen, bald ist der Artikel ausverkauft!«).

6.8 On-Page-Hacks

Als *On-Page* bezeichnet man Elemente, die direkt in deinem Einflussbereich, nämlich auf deiner Website, liegen. Als *Off-Page* bezeichnet man Websites, Plattformen

---

11 In seinem Bestseller »How to win Friends and influence People« räumt Dale Carnegie dieser Taktik einen hohen Stellenwert zu, wenn es darum geht, das Vertrauen des Gegenübers zu gewinnen – nicht nur im Verkaufsprozess, sondern im täglichen Umgang mit den Mitmenschen: »The skillful speaker gets a number of ›Yes‹ responses. This sets the psychological process of listeners moving in the affirmative direction. When a person says ›no‹ and really means it, he or she is doing far more than saying a word of letters. The entire organism gathers itself together into a condition of rejection. The organism is in a forward-moving, accepting, open attitude. Hence the more ›Yeses‹ we can induce, the more likely we are to succeed in capturing the attention for our ultimate proposal.«

und Portale, die – du wirst es erraten haben – nicht dir gehören, aber auf die du (z. B. mit deinem Profil) Einfluss nehmen kannst, wenn auch begrenzt.

6.8.1   Der »McDonald's«-Hack

Vor amerikanischen Filialen des Fast-Food-Restaurants McDonald's begrüßt dich oft ein Schild mit »over 99 billion served«. Warum steht das da? Weil der Mensch ein Rudeltier ist. Was so vielen anderen Menschen schmeckt, kann für mich nicht schlecht sein. McDonald's bedient sich einer Technik, die als *Social Proof* oder schlicht und einfach *Konformität* bekannt ist. Wir Menschen vertrauen Empfehlungen anderer Menschen. Wir wollen nicht allein dastehen, sondern fühlen uns in der Gruppe wohl. Deswegen sind HolidayCheck, eBay, Yelp und Amazon so erfolgreich: Die Bewertungen kommen (in der Regel) von anderen, echten Menschen mit den gleichen Problemen und Sorgen wie du und ich. Wenn so viele von ihnen Produkt XY positiv bewerten, dann wird es gut sein.

Du kannst und solltest dich des Social Proofs ebenfalls bedienen und möglichst viele möglichst positive Stimmen sammeln, um eine Aktivierung zu erreichen. Der Social-Media-Management-Dienst Buffer hat dies auf seiner Website hervorragend gelöst, indem er nicht nur die Anzahl der Nutzer hervorhebt, sondern sie auch mit ihrem Gesicht nahbar und real darstellt (siehe Abbildung 6.9).[12]

Abbildung 6.9 Buffer zeigt zufriedene Kunden als Social Proof.

---

12 Bei der Verwendung von Nutzerdaten solltest du immer vorher abklären, ob die Umsetzung nicht gegen das Datenschutzrecht verstößt.

6.8.2　Der Lead-Magnet-Hack

Was ist ein Lead-Magnet? Nichts anderes als die »Belohnung« oder der Anreiz, der aus einem anonymen Nutzer einen Lead mit validen Kontaktinformationen macht. Es ist ein in der Regel ein kostenloses Angebot, das der Nutzer im Austausch gegen (mindestens) seine E-Mail-Adresse erhält (siehe Abbildung 6.10).

Die Theorie dahinter ist folgende: Die meisten Besucher deiner Website sind noch nicht bereit, dein Produkt oder deinen Service zu kaufen, weil sie dich nicht kennen. Dein Start-up ist keine bekannte Marke, die sich mit glamourösen TV-Spots und großflächigen Postern am Berliner Alexanderplatz schmücken kann. Dein potenzieller Kunde hat noch keinerlei Beziehung zu dir aufgebaut; du bist ein unbeschriebenes Blatt, das sich Vertrauen erst verdienen muss. Und der Lead-Magnet ist der erste Schritt zum Aufbau einer Beziehung zwischen Kunde und Anbieter.

Der Lead-Magnet, gelegentlich auch *Content Upgrade* genannt, ist in der Regel ein Angebot, das aus der Sicht des Kunden einen hohen Mehrwert und ein geringes Risiko hat. Die Eingabe der E-Mail-Adresse oder ein öffentliches »Like« auf Facebook ist ein kleines »Opfer«, wenn man dafür einen Leitfaden, ein Buch oder ein Geschenk erhält. Wie jeder gute Verkäufer bescheinigen kann, ist das wichtigste Wort im Verkaufsprozess das Ja. Und mit der Einverständniserklärung zum Lead-Magneten hat der Kunde das erste Mal in eurer gemeinsamen Beziehung aktiv ja gesagt. Im Folgenden gilt es, diesem ersten (Mikro-)Ja weitere folgen zu lassen.

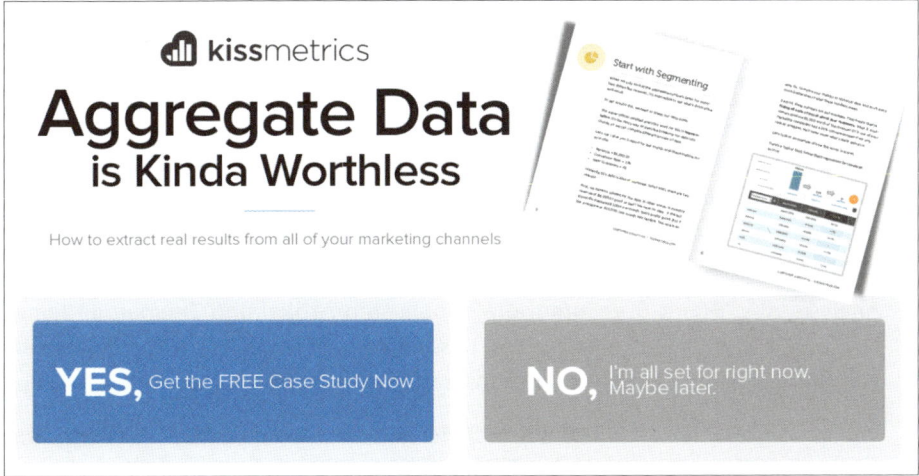

Abbildung 6.10　Kissmetrics lockt mit einer kostenlosen Case Study.

Die Basis dafür ist gelegt, denn der Nutzer hat dir seine E-Mail-Adresse gegeben und vertraut darauf, dass du sie nicht missbrauchst. Auch wenn kein Geld geflossen ist, wurde bereits die erste Transaktion getätigt. Im nächsten Schritt ist es für dich entscheidend, dich dieses Vertrauensvorschusses würdig zu erweisen und deinen neuen Lead nicht zu enttäuschen.

Der Lead-Magnet muss nicht groß und aufwendig sein. Im Gegenteil, die meisten Nutzer werden tendenziell eher abweichen von einem sehr langen Dokument oder einer kompletten E-Mail-Serie. Stattdessen muss der Lead-Magnet wertvoll sein. Und das wird er, wenn er ein Problem des Nutzers löst (oder zumindest beginnt, es zu lösen) oder er dem Nutzer hilft, etwas Neues zu entdecken.

Um das zu erreichen, musst du wissen, in welcher Phase der Customer Journey dein potenzieller Lead gerade ist und welches Problem er mit sich herumträgt, damit du zu dessen Lösung beitragen kannst. Einmal mehr wird die Qualität deiner Zielgruppenanalyse und deiner Personas auf die Probe gestellt. Aber wenn du deine Hausaufgaben im Vorfeld gemacht hast, kennst du die Probleme, Herausforderungen und Befürchtungen deiner Nutzer gut genug, um sie von deinem Mehrwert zu überzeugen. Wenn du einmal das Prinzip verstanden und richtig angewendet hast, wird es dir leichtfallen, nicht nur einen, sondern mehrere Lead-Magneten zu entwickeln – für jede Phase der Customer Journey, jeden Markt und jede Buying Persona einen.

Wie kannst du einen Lead-Magneten erstellen? Es gibt drei effiziente Methoden, Ideen für einen Lead-Magneten zu generieren:

1. Lasse deine potenziellen Kunden eine kleine Umfrage ausfüllen, und frage nach ihren größten Herausforderungen, Wünschen und Befürchtungen im Umfeld deines Produkts bzw. Services. Die häufigsten Antworten sollten sich in deinem Lead-Magneten widerspiegeln.

2. Analysiere das Verhalten deiner Wettbewerber: Bieten sie einen Lead-Magneten an? Wenn ja, in welcher Qualität, Tonalität und in welcher Tiefe? Was ist das Beste an dem kostenlosen Content deines Wettbewerbers? Wie sprechen seine Fans und Kritiker auf Social Media über ihn?

3. Analysiere (z. B. mit BuzzSumo) die populärsten Artikel und Themen in deiner Nische. Kannst du eine einzigartige, bessere oder tiefgründigere Perspektive ergänzen, dich durch Humor oder Provokation abheben?

Die notwendige Aktion ist in der Regel die Eingabe von Kontaktdaten, es kann aber auch ein öffentlicher Social-Media-Post sein, der den Bonus-Content freischaltet. Dafür eignen sich die Tools *Pay with a Post* oder *Smartbribe*. Letzteres erlaubt sogar eine zweidimensionale Schranke: Der Nutzer muss einen Hinweis auf deinen Content erst über Social Media und anschließend per E-Mail teilen, bevor er Zugang erhält.[13]

Schreibe alle diese Ideen auf, und priorisiere sie mit der im Kapitel 4 vorgestellten ICE-Methode. Einige Beispiele:

Artikel als PDF

Die einfachste aller Methoden: Wenn du keine Zeit zur Erstellung eines Lead-Magneten hast, formatiere deinen Blogartikel als PDF-Datei und biete diese zum Download an.

Werkzeugkasten

Erstelle eine Liste mit allen Tools, die dem Nutzer bei der Lösung seines Problems helfen können.

Leseempfehlung

Erstelle eine Liste mit allen Artikeln, Büchern, Infografiken oder Videos, die dem Nutzer helfen können.

Webinare

Webinare haben den großen Vorteil, dass sie Nutzer sehr schnell in Leads umwandeln, da sie viel Spielraum für die Erläuterung des eigenen Produkts bieten. Der Nachteil ist, dass die Vorbereitung und Durchführung zeitaufwendig sind.

Minikurs via E-Mail oder WhatsApp

Ein solcher Kurs kann sehr praktisch sein, ist aber mit Problemen behaftet. Zum einen kannst du dir nicht sicher sein, dass die Leser auch wirklich jede E-Mail öffnen und lesen, zum anderen bekommt der Rezipient nicht den versprochenen Mehrwert auf einmal, sondern in einzelnen Teilen.

Minikurs via Video

Wenn du alle Videos auf einmal bereitstellst, hast du nicht das Problem des »gestückelten« E-Mail-Kurses. Aber die Planung, Produktion und Distribution von Videos ist natürlich deutlich aufwendiger. Dafür sind Videos ein hervorragender Weg, deine Leads zu qualifizieren. Außerdem kannst du durch Re-Targeting deine Zuschauer durch Werbeanzeigen ansprechen, zusätzlich zur E-Mail.

---

13 Wir empfehlen dir, eingehend zu testen, ob eine zweifache Schranke für deine Nutzer unter Umständen nicht doch zu hoch ist.

How-to-Video

Die einfachere (und für den Leser hilfreichere) Alternative zum Videokurs. Mit einem Tool wie Screenflow (bei Macs kannst du einfach den Recorder des Quick-Time Players verwenden) kannst du schnell und einfach Tutorials erstellen und deiner Zielgruppe demonstrieren, wie man ein relevantes Problem lösen kann. Dieses Video kannst du einfach auf Vimeo und/oder YouTube hochladen und auf einer geschützten Landingpage einbetten. How-to-Videos werden vergleichsweise selten als Lead-Magnet genutzt, dabei erfüllen sie alle relevanten Kriterien.

E-Books

Der Klassiker unter den Lead-Magneten: Erstelle ein hilfreiches, kleines E-Book, und biete es zum Download an. Aber Vorsicht: Das Wort »E-Book« oder »Buch« ist mitunter für den einen oder anderen Interessenten eine Hürde, weil er vermeintlich viel lesen muss. Verwende daher Titel wie »Guide«, »Strategie«, »Leitfaden« oder einfach »Tipps«. Hervorragende Beispiele für solche E-Books sind die Bibliotheken von *HubSpot* und *Unbounce* und die Academy von *AdEspresso*.

Free Trial

Die einfachste und populärste Lösung für SaaS-Start-ups. Gewähre dem Besucher die kostenlose Nutzung deines Produkts für einen definierten Zeitraum. So kann er in Ruhe ausprobieren, ob dein Produkt auch wirklich sein Problem löst. So macht es Adobe für seine Produkte wie *Photoshop* und ist damit sehr erfolgreich. Wenn du den Testzeitraum nicht begrenzt, wird dein Unternehmen einen Teil seiner Ressourcen in die Unterstützung solcher Testnutzer investieren müssen, ohne dass du dafür Geld bekommst.

Kostenloser Newsletter

Vermutlich der häufigste Lead-Magnet. Du versprichst dem Nutzer damit einen kontinuierlichen Strom an hilfreichem Content. Dieses Versprechen führt aber unter Umständen nicht zur sofortigen Gegenleistung des Nutzers, nichtsdestotrotz stehst du in der Verpflichtung, regelmäßig zu liefern.

VIP-Club

Eine Weiterentwicklung des kostenlosen Newsletters (und ein Bestandteil für den Aufbau einer eigenen Community, eines »Tribes«) ist der Zugang zu einem geschützten und damit exklusiven Mitgliederbereich, in dem du regelmäßig deine neuen Inhalte posten kannst. Der Vorteil: Bei einer lebendigen Gruppe bekommst du zeitnah Feedback deiner Fans, und sie können sich gegenseitig austauschen. Wenn du es dir einfach machen willst, kannst du eine geschützte Facebook- oder Slack-Gruppe aufbauen, zu der du Zutritt gewährst.

Infografiken

Wenn du etwas erstellen möchtest, das auch auf bildlastigen Kanälen wie Pinterest geteilt wird, dann sind Infografiken ein probates Mittel. Allerdings funktionieren sie aufgrund ihres Formats nicht gut auf Smartphones, zudem sind sie sehr aufwendig bzw. teuer in der Erstellung, sofern du selbst kein Grafiker bist. Und für die meisten Nutzer ist eine Infografik nicht wertvoll genug, um im Austausch die E-Mail-Adresse herzugeben.

Kostenlose Beratung oder Beurteilung

Insbesondere bei Beratern oder Coaches ist dieser Lead-Magnet beliebt, der quasi die »humane« (nicht technische) Version des Freemium-Modells ist: Gegen die Kontaktdaten gibt es eine kostenlose Beratung, die der erste Schritt eines langfristigen Coachings sein soll. Häufig wird dafür Skype verwendet. Die Herausforderung für den Berater ist, sich nicht ausnutzen zu lassen und seine Zeit mit Nutzern zu »verschwenden«, bei denen die Wahrscheinlichkeit für einen Kauf sehr gering ist. Dieses Risiko lässt sich reduzieren, indem die Nutzer vorab einen umfangreichen Fragebogen ausfüllen müssen. So erfährst du bereits im Vorfeld, wo die *Pain Points* liegen. Wenn du gerade als Berater oder Coach startest, könnte diese Methode für dich die ersten Kunden und Referenzen bringen. Später kannst du wählerischer sein.

Kritisch ist hierbei, deinen Interessenten im Vorfeld genau zu erläutern, was sie erwarten können, und sie nahtlos in deinen bezahlten Beratungsservice zu überführen. Da deine Zeit sehr wertvoll ist, solltest du dir genau überlegen, wie du aus diesen kostenlosen Beratungen mit dem geringstmöglichen Zeitaufwand den größten Mehrwert für die Kunden erzielst.

Wenn du technisch versiert oder Unternehmer bist, könntest du auch ein Tool erstellen, das automatisch die Beurteilung übernimmt. Ein Beispiel dafür ist *HubSpots Marketing Grader*. Die abgespeckte Version davon ist die Erstellung eines Quizzes oder eines Tests. Auf diese Weise generiert beispielsweise der Life-Coach Tony Robbins neue Leads auf seiner Website.[14] Die Tools *Involve.me*[15] oder *LeadQuizzes* können dir dabei helfen.

---

14 Tony Robbins bedient sich dabei eines Persönlichkeitstests mit dem Namen »Wheel of Life«: *https://core.tonyrobbins.com/wheel-of-life-4/*. So wissen seine Vertriebsmitarbeiter im folgenden Gespräch genau, wo bei dem potenziellen Kunden der Schuh drückt und in welchem Bereich (Ernährung, Arbeit, Beziehungen etc.) das Coaching ansetzen kann. Auch Hermann W. Hala bedient sich eines ähnlichen Tests: *https://ich-endlich-einzigartig.com/*.

15 Mit dem Affiliate-Link http://www.involve.me?via=growthhacking bekommst du 15% Rabatt.

Tabelle/Checkliste/Mindmap

Mit diesen drei Formaten kannst du deine Besucher von deinen eigenen Erfahrungen profitieren lassen und ihnen damit extrem viel Zeit für Recherche ersparen. Nutze dein Wissen zu einem bestimmten Thema, und bringe es in Form einer Tabelle, einer Checkliste oder einer Mindmap unter die Leute. Alle drei Formate sind einfach zu erstellen, und du kannst den Zugang via Google Drive oder Dropbox reglementieren. Für die Erstellung von Mindmaps gibt es eine Vielzahl guter Tools, wie *XMind*, *FreeMind* und *MindMeister*.

Gewinnspiel

Eine sehr gute und sehr einfache Methode, mehr Leads zu bekommen, ist ein Gewinnspiel. Der deutsche Marketer Björn Tantau verlost beispielsweise regelmäßig Fachbücher unter seinen Followern und Subscribern. Der Schlüssel zum Erfolg ist dabei, ein Produkt zu erschaffen, das extrem relevant für deine Zielgruppe ist.

6.8.3   Der »Du willst doch nicht etwa schon gehen?!«-Hack

Die wenigsten Nutzer mögen Pop-ups. Kein Wunder, denn meistens legt sich ein großformatiger Layer mit Werbung sinnfrei und überraschend über den eigentlichen Content. Wenn dann auch noch der Schließen-Button nicht deutlich oben rechts ist, wird diese Werbeform zu Recht verteufelt – und das werbetreibende Unternehmen hat einen potenziellen Kunden weniger.

In diesem Fall sprechen wir aber nicht von Werbe-Pop-ups, sondern von Maßnahmen, die den Nutzer aktivieren sollen. Insbesondere bei Unternehmen im E-Commerce können Pop-ups eine sehr effektive Maßnahme sein, zu Käufen anzuregen.

Ein sogenanntes *Exit-Intent-Pop-up* erscheint dann, wenn der Nutzer die Seite verlassen will und dazu den Mauszeiger in den Bereich der Browsernavigation bewegt. Daraufhin erscheint ein Pop-up, das ihn vom Verlassen abhalten und zur gewünschten Aktion anregen soll. Das kann beispielsweise ein einmaliger Rabatt sein, den der Nutzer beim Kauf einlösen kann (siehe Abbildung 6.11).

Eine Steigerung dieser Mechanik ist das *Feel-bad-Pop-up*. Bei dieser Variante wird dem Nutzer durch den entsprechenden Text der negative Effekt des Verlassens vor Augen geführt. In der Praxis hat das Pop-up zwei Buttons: einen zur gewünschten Aktion, wie beispielsweise »Ja, ich will beim Kauf von Rasierklingen sparen«, und einen zweiten, der das Pop-up schließt und dem Nutzer die Konsequenz vor Augen führt: »Nein danke, ich mag meine Rasierklingen überteuert.«

Ein hilfreiches Tool zur Erstellung passender Pop-ups ist *OptinMonster*.

Abbildung 6.11 Exit-Intent-Pop-up lockt mit 10% Rabatt.

6.8.4 Der »Lass uns spielen!«-Hack

Gamification beschreibt die Nutzung von spielerischen Elementen, insbesondere Belohnungen, im Rahmen der Produktnutzung. Das beginnt bei der simplen Darstellung eines Fortschrittsbalkens beim Ausfüllen des eigenen Profils. Auf LinkedIn wird man mit einem komplett ausgefüllten Profil zum »Superstar« deklariert – denn je mehr Arbeit du in dein Profil investiert hast, desto höher stehen die Chancen der regelmäßigen Nutzung und damit des Wachstums. Ursache für den Erfolg von Gamification sind zwei Dinge: Zum einen wird beim Erreichen eines neuen Levels das Hormon Dopamin ausgeschüttet, das nicht umsonst als »Glückshormon« bezeichnet wird. Kluge Spieleentwickler (und Growth Hacker) sorgen dafür, dass der Nutzer für sein Handeln regelmäßig belohnt wird, damit es zu einem regelmäßigen Dopamin-Ausstoß kommt und er dabeibleibt und nicht vor Beendigung der gewünschten Aktivität abspringt. Zum anderen ist – und das gilt insbesondere für Communitys – der sogenannte *Unlocking-Effekt* wichtig. Wenn es die Möglichkeit gibt, etwas vorher Unzugängliches (wie beispielsweise einen Sticker, einen Superstar-Level oder Ähnliches) zu erreichen, versuchen Menschen, Zugang dazu zu erhalten, um so davon profitieren zu können. Dieses Prinzip kannst du nutzen, um etwas attraktiver zu machen.

Die App *Foursquare* bzw. *Swarm* ermöglicht das Einchecken an bestimmten Orten (lange bevor das bei Facebook möglich war). Je häufiger man die App benutzt, desto mehr Punkte und virtuelle Sticker kann man bekommen und sogar »Mayor« eines bestimmten Ortes werden. Und wer wäre nicht gerne der »Bürgermeister«

seines Lieblingslokals oder eines bekannten Ortes, wie z. B. dem Brandenburger Tor?

Gamification ist ein ausschlaggebender Grund für den globalen Erfolg des Bewertungsportals *Yelp*, das jeden Monat über 145 Millionen Nutzer zählt. Das Team von Yelp erschuf Nutzer-Level. Die Nutzer können einen »Elite«-Status erlangen, indem sie gute und häufige Bewertungen veröffentlichen und mit anderen Bewertungen interagieren. Somit hat Yelp eine Community mit aktiven Mitgliedern erschaffen. Vielleicht kannst auch du aus deinem Produkt einen exklusiven Club auf die Beine stellen und damit eine loyale Community gründen?

Google wirkt nicht nur durch sein Logo verspielt: Das Doodle des Google-Logos, das beinahe jeden Tag an ein besonderes Event erinnert und gelegentlich auch interaktive Spiele ermöglicht, ist ein hervorragendes Beispiel für Gamification. Ebenso das Spiel »Jumping T-Rex«, das die Zeit vertreibt, wenn man Chrome nutzt und keine Internetverbindung hat.

Seit Kurzem hält Gamification auch bei Product-Launches Einzug. Beispiel: Du startest die Beta-Phase deines Unternehmens und suchst Tester. Du könntest eine gute, simple Landingpage bauen und dort ein Sign-up-Formular integrieren. Jetzt musst du für Traffic auf dieser Landingpage sorgen. Warum nicht die Nutzer einspannen und sie dazu auffordern, ihre Freunde und Bekannten zu animieren, sich ebenfalls zu registrieren? Jeder registrierte Nutzer bekommt einen Tracking-Link (vergleichbar mit einem Affiliate-Code), den er mit seinen Freunden auf allen erdenklichen Kanälen teilen kann. Je mehr neue Nutzer sich über diesen Link erfolgreich registrieren, desto attraktiver sollte die Belohnung sein (z. B. Merchandising wie das berühmte kostenlose T-Shirt, ein Meet & Greet mit dem Team oder eine Vergünstigung auf die zukünftige Vollversion des Produkts) – voilà, du hast die Grundlage für virales Wachstum gelegt.

Diese Technik funktioniert ebenfalls sehr gut bei Events wie Konferenzen: Wenn der Nutzer auf deine Veranstaltung via Social Media aufmerksam macht, bekommt er Punkte und landet weiter vorn in der Rangliste[16]. Tools wie Queue können dir beim Aufbau einer solchen Viral-Maschine helfen.

6.9   Off-Page-Hacks

Off-Page-Hacks sind technisch etwas anspruchsvoller als On-Page-Hacks, weil du nicht die Reaktionshoheit hast und eine externe Seite nicht nach Belieben deinen

---

16 Das muss natürlich incentiviert werden. Beispielsweise könnten die ersten zehn ein zweites Ticket kostenlos bekommen oder sie gewinnen ein Meet & Greet mit den Speakern.

Wünschen und Vorstellungen entsprechend anpassen kannst. Aber indem du Werbeanzeigen oder Videos via Re-Targeting aussteuerst, kannst du deine Kunden auch auf anderen Seiten als deiner eigenen Website ansprechen. Außerdem zeigen wir dir, wie du nicht öffentlich zugängliche Daten finden, extrahieren und für dich nutzen kannst – sogar ohne Coding!

6.9.1   Der »Bitte komm zurück«-Hack

War der potenzielle Kunde einmal auf deiner Seite, hat sich aber aus nicht nachvollziehbaren Gründen gegen dein Angebot und gegen den Lead-Magneten entschieden und die Seite verlassen, ist der Kampf noch nicht verloren. Mit einer Technik namens *Re-Targeting*[17] kannst du ehemalige Besucher wieder zurückholen.

Und das geht so:

1. Du installierst ein sogenanntes *Tag* bzw. ein *Pixel* von Facebook und/oder Google auf deiner Website.

2. Kommt der Besucher auf deine Website, wird durch das Tag im Browser des Besuchers ein Cookie gesetzt. Somit kann erkannt werden, dass er bereits auf deiner Website war.

3. Jetzt kannst du eine Kampagne auf Facebook, YouTube oder im Google Display Network schalten und nur die Menschen anvisieren, die dein Cookie haben (also bereits auf deiner Website waren).

4. Arbeite mit verschiedenen Werbeformaten und verschiedenen Texten. Optimiere fortwährend!

Die Vorteile:

▶ Der Nutzer ist bereits mit deinem Angebot vertraut – du kannst ihm also etwas mitteilen, was die Infos auf deiner Website ergänzt (z. B. einen Sonderrabatt auf dein Produkt anbieten).

▶ Dieser Hack kostet zwar Geld, ist aber extrem zielgerichtet. Wenn du die Kampagne korrekt aufsetzt, hast du keine Streuverluste und bist damit sehr effizient.

Stelle sicher, dass du die Menschen mit deiner Werbung nicht nervst. Das gilt insbesondere dann, wenn du Video-Ads auf YouTube einsetzt. Niemand mag innerhalb von 3 Stunden sechsmal die gleiche Werbung sehen. Das schadet deinem Markenimage. Setze daher ein striktes *Frequency Capping*, und begrenze die Anzahl der Kontakte auf drei/Woche (bei Videos) und fünf/Woche (bei allen anderen Wer-

---

17 Bei Google und YouTube heißt die gleiche Technik Re-Marketing.

bemitteln). Länger als eine Woche sollte dein potenzieller Kunde die Ads nicht sehen. Wenn er sich bis dahin nicht für dich entschieden hat, wird er es nicht mehr tun.

Du kannst und solltest deine Werbebotschaft exakt darauf anpassen, an welcher Stelle der Nutzer ausgestiegen ist. Hat er nur deine Landingpage gesehen, oder war er bereits kurz vor dem Check-out? Finde heraus, was der Grund für seinen Abbruch war, und versuche, diesen Grund mit deinen Werbemitteln anzusprechen und zu widerlegen.

6.9.2   Der »Darth Vader«-Hack

Im Gegensatz zu B2C-Businessmodellen basiert B2B oft auf einer kleineren Anzahl von Kunden, nämlich den richtigen Ansprechpartnern bei Unternehmen, die über den Kauf des eigenen Produkts entscheiden. Betreibst du ein B2B-SaaS-Unternehmen, musst du wissen, wie du deine potenziellen Kunden findest und ansprichst.

Um die richtigen Ansprechpartner in den richtigen Unternehmen zu finden, kannst du wie folgt vorgehen:

1. Identifiziere die richtigen Unternehmen. Das Vorgehen ist dabei stark abhängig von deinem Produkt. Wenn es sich um SaaS (Software as a Service) handelt, kannst du mitunter das Tool *BuiltWith* nutzen, um zu sehen, mit welchen Werkzeugen die bestehenden Webauftritte produziert sind. Alternativ kannst du in Jobboards wie *Monster.com* recherchieren, welche Unternehmen Experten mit Kenntnissen in der jeweiligen Software suchen.

2. Um Zeit zu sparen, kannst du auch Recherchetools benutzen, die Daten von Webseiten extrahieren. Dabei werden die öffentlich verfügbaren Daten einer Website von einem Bot gecrawlt und in eine Tabelle kopiert, so dass du sie sehr einfach nutzen kannst. Diesen Vorgang nennt man *Scraping*. Erwähnenswert sind insbesondere *import.io* und *Scraping Hub*.

3. Hast du eine Reihe von Unternehmen und deren Websites gesammelt, kannst du Clearbit, FullContact oder hunter.io nutzen, um E-Mail-Adressen von Angestellten zu bekommen. Somit siehst du auch das Muster, mit dem die E-Mail-Adressen aufgebaut sind (z. B. *Vorname.Nachname@firma.de*) und kannst das für eine individuelle Person adaptieren. Mit ZoomInfo kannst du sogar Telefonnummern recherchieren.

4. Reichere die E-Mail-Adressen mit weiteren Informationen an: Mit *Owler* oder *Mattermark* findest du leicht und schnell weitere Informationen zu den relevanten Unternehmen und deren Mitarbeitern (Abbildung 6.12). Diese Daten sind auch für die Wettbewerbsanalyse sehr hilfreich.

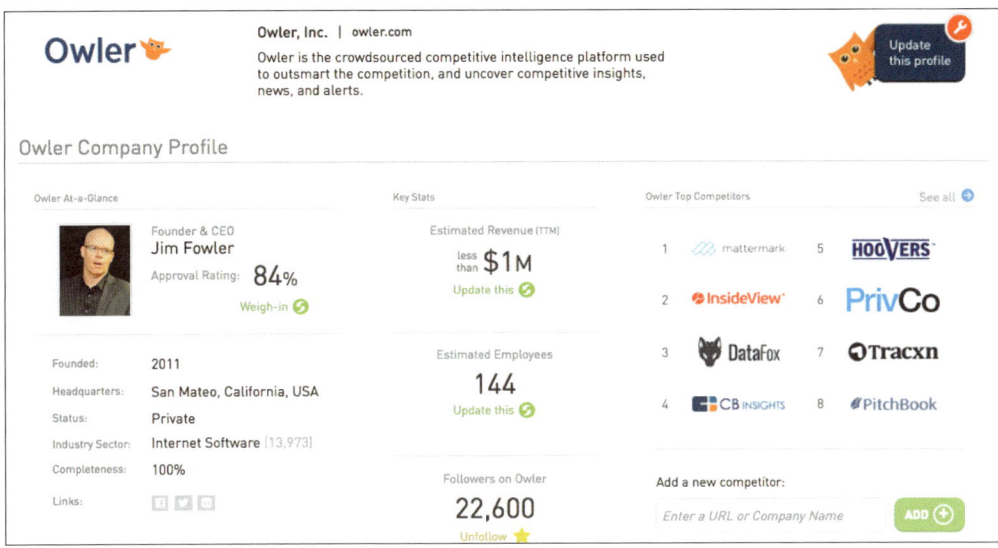

Abbildung 6.12 Finde Unternehmensinfos mit Owler.

5. Was machst du jetzt mit den gewonnenen Daten? Ohne Einwilligung des Empfängers darfst du keine Werbe-E-Mails versenden. Aber du kannst beispielsweise die gute alte Postkarte mit deiner Botschaft verschicken, denn Direct Mailings sind aktuell noch erlaubt (siehe dazu die Warnhinweise in Abschnitt 2.7.9). Diese Taktik ist inzwischen so altmodisch und »uncool«, dass eine Postkarte schon wieder auffällt und dich vom Wettbewerb abhebt (mehr dazu unter »Old School«-Hacks in Abschnitt 8.5.1).

6. Du könntest die Adressen auch in Google, Facebook, LinkedIn oder Twitter hochladen und somit die Menschen (oder Menschen mit einem ähnlichen Profil im Rahmen einer Look-alike Audience) durch bezahlte Werbung auf diesen Plattformen erreichen – ohne Streuverluste. Das funktioniert aber nur, wenn die Personen auch ihre geschäftliche E-Mail-Adresse in ihrem Profil hinterlegt haben. Ist das DSGVO-konform? Nein. Aber in Märkten außerhalb Europas gängige Praxis.

E-Mail und Social Media sind dafür günstige und effiziente Methoden. Aber wie in Kapitel 2, »So funktioniert Growth Hacking«, beschrieben, musst du in Deutschland die Einwilligung des Empfängers via Double-opt-in-Verfahren einholen, um Werbe-E-Mails senden zu können. Aus diesem Grund dient dieser Hack lediglich als Inspiration für die Growth-Hacking-Denkweise.

Ganz davon abgesehen ist Spam, der mittlerweile ca. 80 % des E-Mail-Traffics ausmacht, auch unmoralisch, und wenn deine Versand-IP einmal als Spam-Absender markiert worden ist, hast du ein richtig großes Problem.

7 Retention: so kommen deine Nutzer zurück

Laut einer Studie von HubSpot kommen 98 % der Besucher deiner Seite nicht wieder zurück. Dabei sind Stammkunden die wichtigsten Kunden. Ihre Bewerbung kostet wenig(er), ihre Umsätze sind höher, und sie machen kostenlose Werbung für dich. In diesem Kapitel erfährst du, wie du Kunden zu Stammkunden machen kannst.

Auch wenn die Mehrheit der beschriebenen Taktiken in diesem Buch die Generierung von Traffic und neuen Nutzern zum Ziel hat, sind zufriedene und glückliche Stammkunden vielleicht dein wichtigstes Kapital. Denn es ist deutlich einfacher und dreimal wahrscheinlicher, einen bestehenden Kunden zum häufigeren Kauf zu bewegen, als einen neuen Kunden zu seinem allerersten Kauf. Zumal zufriedene Kunden dein Unternehmen nicht nur vor Kritikern verteidigen, sondern es auch weiterempfehlen werden.

In diesem Kapitel geht es darum, wie aus Leads Kunden werden, die dein Produkt regelmäßig benutzen. Traffic ist nur der Mittel zum Zweck, um Leads und Nutzer zu generieren. Abhängig von deinem Geschäftsmodell hat jeder Nutzer für dich einen monetären Wert, selbst wenn der Nutzer dein Produkt kostenlos verwenden kann. Die Nutzer haben einen sogenannten *Customer Lifetime Value*: einen monetären Wert für die durchschnittliche Dauer der Kundenbeziehung. Dieser Wert ist in der Regel höher, je öfter und intensiver der Kunde dein Produkt nutzt. Die folgenden Techniken zielen daher darauf ab, deinen Nutzer zum »Wiederholungstäter« zu machen.

7.1 Customer Experience

Als ich vor kurzem mit meiner Frau in einem Restaurant zu Abend essen wollte, wurden wir trotz Reservierung darauf aufmerksam gemacht, dass zurzeit kein Tisch frei sei und wir uns noch etwas gedulden müssen. Christian, der Chef des Hauses, begrüßte uns freundlich und entschuldigte sich für die Umstände. Uns wurde ein Platz an der Bar angeboten, wo uns der Barmann freundlich begrüßte und über die verschiedenen Drinks aufklärte. Wir genossen einen ersten Cocktail, als der Chefkoch (trotz vollem Haus) sich ganze fünf Minuten Zeit nahm, um mit uns über unsere Lieblingsspeisen zu unterhalten. 40 Minuten später als geplant erhielten wir unseren Tisch. Nicht wie geplant einen normaler Tisch, sondern die große Deluxe-Variante am Fenster. Christian entschuldigte sich nochmals für die Verspätung und offerierte uns Champagner. Zu guter Letzt erhielten wir kleine Appetithäppchen, die genau unserer Vorliebe entsprachen – der Chefkoch hatte sich unsere Wünsche gemerkt und etwas Besonderes für uns gezaubert.

Anstatt uns während der Wartezeit zu verärgern, nutzten die Restaurantbetreiber die Zeit, um uns ein einzigartiges Erlebnis zu bieten. Solche Maßnahmen führen langfristig zu Stammgästen und begeisterten Kunden.

Die gute Nachricht ist, dass du ein solches Kundenerlebnis online übertragen kannst, in jeder Branche. Es wird nur zu wenig genutzt. Kundenservice sollte auf keine Abteilung oder Rolle reduziert, sondern in der Unternehmenskultur fest integriert sein.

Erfolg ergibt sich nicht aus Unternehmenszielen, Erfolg wird von Kunden definiert. Vertrauen ist einer der wichtigsten Bausteine für Kundenzufriedenheit.

▶ Vertrauen in das Unternehmen

▶ Vertrauen in die Ansprechpartner

▶ Vertrauen in das Produkt oder den Service

Um Vertrauen zu erzeugen, musst du die **drei Bausteine für Kundenzufriedenheit** befolgen:

1. **Innovation**: Nur über Innovation kannst du deinen Kunden auf Dauer die Produkte und Services anbieten, die sie zufriedenstellen.

2. **Kommunikation:** Werde zum Unterstützer und Problemlöser. Über persönliche Kommunikation kannst du den Kunden helfen. Sie werden es dir zurückzahlen.

3. **Informationen:** Höre deinen Kunden zu, sammle Informationen, und unterstütze sie, in dem du ihnen wertvolle Inhalte bietest.

7.1.1 Die Buyer's Journey

Die Buyer's Journey ist der aktive Rechercheprozess, den deine potenziellen Kunden durchlaufen, bis sie einen Kauf tätigen. Wir müssen uns fragen: In welcher Phase befindet sich unser potenzieller Kunde, wenn wir ihn ansprechen wollen? Kennt er schon unser Unternehmen? Unsere Produkte? Vergleicht er bereits Preise? Die Buyer's Journey bildet zwar wie die Pirate Metrics die Reise des Kunden ab, basiert aber nicht auf dem Verhalten, sondern auf dem Entscheidungsprozess des Kunden.

Die drei Phasen der Buyer's Journey sind:

1. **Awareness:** das Bewusstsein wecken. Welches Problem hat mein potenzieller Kunde (Lead)? Wie kann ich es lösen?

2. **Consideration**: Der Kunde denkt bereits über eine passende Lösung nach. Wie können wir ihn davon überzeugen, dass unsere Lösung die beste ist?

3. **Decision**: Der Kunde fällt eine Entscheidung. Wie muss unser Produkt oder unsere Dienstleistung aussehen, damit er schlussendlich auch kauft?

Das Kundenerlebnis wird durch jeden Berührungspunkt, jede Interaktion mit deinem Unternehmen geprägt.

Wie in Kapitel 6, »Activation: so aktivierst du deine Nutzer«, beschrieben, wird aus einem anonymen Interessenten ein Lead, sobald er dir seine Kontaktdaten und das Einverständnis der Kontaktaufnahme gegeben hat. Du solltest mindestens die E-Mail-Adresse deiner Leads verlangen, damit du dir einen Verteiler aufbauen kannst. Das geschieht natürlich nicht von allein.

Um die *Conversion Rate* zu erhöhen, musst du deinen Besuchern etwas Interessantes bieten, einen Lead Magnet. Dazu eignen sich E-Books, Whitepaper oder Ratschläge in einer anderen Content-Form. Denke auch daran, eine klare Handlungsaufforderung (*Call-to-Action*), wie etwa E-BOOK HERUNTERLADEN, auf deine Website zu integrieren und auf eine Landingpage weiterzuleiten, die die exakten Informationen zum versprochenen Angebot enthält. Nur so springen nicht zu viele deiner Besucher wieder ab.

Nutze in einem weiteren Schritt möglichst einfache und schön gestaltete Formulare, um an die nötigen Informationen deines potenziellen Kunden zu kommen. Wenn deine Besucher dann endlich einmal in Leads umgewandelt wurden, solltest du diese Leads auch weiterhin pflegen, ansonsten fühlen sich diese schnell vernachlässigt und springen wieder ab. Hast du einen neuen Lead gewonnen, beginnt der nächste Schritt:

7.1.2   Lead Nurturing

Jeder Kunde hat in den Phasen seiner Kaufentscheidung verschiedene Bedürfnisse nach Informationen. Den Interessenten zum richtigen Zeitpunkt mit relevanten Informationen zu versorgen, nennt man *Lead Nurturing*. Für ein erfolgreiches Lead Nurturing ist es wichtig, den richtigen Content in der richtigen Phase bereitzustellen. Beim Lead Nurturing unterscheidet man vier Phasen:

1. **Neugier wecken:** Der Lead ist an allgemeinen Informationen interessiert, um ein bestimmtes Problem zu lösen. Dein Content sollte also das Interesse des Leads wecken.

2. **Beziehung aufbauen:** Der Interessent ist auf der Suche nach einer Problemlösung. Baue in dieser Phase eine Beziehung zwischen dir und dem Lead auf.

3. **Mehrwert bieten:** Der Interessent hat nun die richtigen Produkte entdeckt und studiert die Details. Biete dem Lead den gesuchten Mehrwert.

4. **Geschäftsabschluss:** Der Interessent entscheidet sich, das Produkt zu kaufen, und wird damit zum Kunden. Pflege den Kunden, indem du ihn über Neuigkeiten auf dem Laufenden hältst.

Eine Lead-Nurturing-Kampagne soll dir dabei helfen, deine Leads in ihrer Customer Journey weiterzubringen. Sie befinden sich meistens in der Awareness-Phase und sollen von der Consideration-Phase in die Decision-Phase gebracht werden. Es geht darum, den richtigen Mehrwert in der richtigen Phase der Customer Journey zu bieten und deine Kunden in jeder Phase in Gespräche zu verwickeln.

Eine **Lead-Nurturing-Kampagne** besteht aus 5 Schritten:

1. Setze dir ein Ziel.

2. Wähle die entsprechende Persona.

3. Erstelle Content.

4. Finde den richtigen Zeitpunkt.

5. Analysiere und optimiere

7.1.3   Lead Scoring

Beim *Lead Scoring* bewertest du deine Leads nach der Vollständigkeit ihres Profils und nach dem vorhandenen Kaufinteresse. Das hilft dir dabei, die richtigen Entscheidungen zu treffen, wenn du mit den vorhandenen Leads in Kontakt trittst. Je mehr Informationen du über den Lead hast, desto höher ist die Chance auf einen Verkaufsabschluss.

Du kannst beispielsweise Punkte für folgende Aktivitäten vergeben:

▶ Hat der Lead unseren Newsletter abonniert?

▶ Hat er unser Whitepaper heruntergeladen?

▶ Hat er uns bereits persönlich kontaktiert?

▶ Ist er Fan auf unserer Facebook-Seite?

▶ Hat er schon bei uns eingekauft?

7.1.4   Kundenfeedback

Kunden, die sich langfristig an dein Unternehmen binden, sind entscheidend für deinen Markterfolg. Wer die Loyalität der Kunden gegenüber seinen Produkten steigern möchte, sollte seine Kundenbeziehungen pflegen. Beachte daher folgende Regeln der Kundenbindung:

▶ Sei emphatisch, und versuche, dich in die Gefühlswelt deiner Kunden hineinzuversetzen. Deine Kunden werden bemerken, dass du sie ernst nimmst.

▶ Gestalte visuell ansprechende Produkte: Menschen sind visuelle Wesen, und der erste Eindruck zählt.

▶ Minimiere den Aufwand, an dein Produkt zu gelangen. Menschen sind bequem– sie wählen, was einfach erhältlich ist.

▶ Wecke Erinnerungen: Deine Kunden assoziieren deine Produkte unbewusst mit ihren Erinnerungen. Nutze diesen Effekt, indem du z. B. nostalgische Gefühle weckst.

▶ Loyale Mitarbeiter: Trage Sorge für deine Mitarbeiter, und fördere diese. Langjährige gute Fachkräfte werden von deinen Kunden geschätzt. Es entstehen wichtige Geschäftsbeziehungen.

▶ Zeige deine Wertschätzung, und überrasche deine Kunden ab und zu mit Goodies, wie beispielsweise einem Geburtstagsgeschenk. Kunden fühlen sich dadurch geschätzt. Zeige langjährigen Kunden, dass du sie bevorzugt behandelst (z. B. mit Treuerabatten).

▶ Nimm jede Reklamation ernst, und antworte freundlich und kompetent.

7.1.5   Kundenbindung

Grundsätzlich sollte das Produkt die Erwartungen deiner Kunden erfüllen. Es gibt aber auch die Möglichkeit, personalisierte und kundenspezifische Angebote zu erstellen. Oder du entwirfst spezielle kundenspezifische Produktdesigns. Mit den heutigen nutzerzentrierten Produktentwicklungsmethoden werden die Produkte außerdem sehr nahe an den Bedürfnissen der Kunden entwickelt. Damit lässt sich die Kundenzufriedenheit erheblich steigern. Weitere Möglichkeiten, die Kunden zu binden, sind z. B. Garantien oder besondere Zusatzangebote.

>*»Behandle deine Kunden wie deine Großmutter …*
>*Wenn deine Großmutter 10.000 Follower hätte.«*

Guter Kundenservice ist womöglich das mächtigste Werkzeug, um neue Kunden zu gewinnen und bestehende zu halten (vielleicht sollten wir bei Gelegenheit ein Buch über dieses Thema schreiben). Selbst wenn einer deiner Kunden ein Problem mit deinem Produkt hatte, kannst du aus dieser Herausforderung einen Growth Hack zaubern. Dein Kundenservice sollte

▶ schnell antworten,

▶ das Problem des Kunden lösen,

▶ Verantwortung für die Lösung des Kundenproblems übernehmen, auch wenn die Ursache des Problems nicht direkt vom Unternehmen zu verantworten ist,

▶ menschlich reagieren,

▶ die berühmte »Extrameile« gehen.

Was ist diese *Extrameile*? Einige Beispiele: Im November 2016 erlebte Marc Carter ein Drama: Sein 13-jähriger autistischer Sohn hatte seinen Becher zerbrochen – das einzige Gefäß, aus dem er trinken wollte. Als sein Sohn wegen Dehydrierung ins Krankenhaus eingeliefert werden musste, postete er voller Verzweiflung ein Bild des Trinkbechers auf Twitter mit der Bitte, nach identischen Exemplaren Ausschau zu halten. Sein Aufruf wurde über 12.000-mal retweetet – aber ohne Ergebnis. Bis der Hersteller auf das Problem aufmerksam wurde, die Gussform wiederfand und einen Lebensvorrat an Trinkbechern für Marcs Sohn produzierte[1].

Auch der Customer Support von Lego antwortete antwortete einem Kind auf seine Bitte, ein verloren gegangenes Spielzeug zu ersetzen, menschlich und einfühlsam.[2] Ebenso der Kundenservice des Ritz-Carlton, der das verlorene Kuscheltier »Joshie« nicht nur fand, sondern dem Kuscheltier auch einen unvergesslichen Aufenthalt im Hotel spendierte – und diesen auf Twitter mit der Welt teilte.[3]

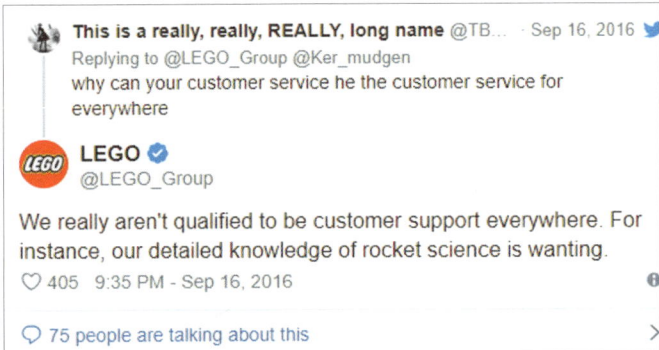

Abbildung 7.1 Der Kundenservice von Logo macht so einiges richtig.

---

1 *https://www.dailymail.co.uk/femail/article-3983242/Father-s-search-sippy-cup-autistic-son-comes-end.html*

2 *https://www.babble.com/parenting/a-7-year-old-boy-lost-a-lego-figure-and-legos-customer-service-won-everything/*

3 *http://customerthink.com/joshie_the_giraffe_a_remarkable_story_about_customer_delight/*

Den negativen Effekt von fehlendem Fingerspitzengefühl im Kundenservice (oder sogar das Fehlen von jeglicher Empathie) erlebte United Airlines, als sie sie einen Passagier (mit einem gültigen Ticket) aus einem überbuchten Flugzeug gewaltsam entfernen ließen.[4]

Neben der Möglichkeit, Produkte und Dienstleistungen direkt online zu beziehen, kannst du z. B. Abonnements anbieten. Weitere besondere Kundenbindungsinstrumente sind:

▶   persönlicher Kundenberater

▶   Garantien

▶   Hotline und Chatbots

▶   Online-Expertenberatung

▶   neue Zahlungsmöglichkeiten (PayPal, Stripe, Apple Pay, paydirekt)

▶   24-Stunden-Kundenservice

▶   keine Lieferkosten

Best Practice: Four Seasons

Das Unternehmen mit dem vielleicht besten Kundenservice ist die bekannte Luxus-Hotelkette »Four Seasons«. Ihr Mantra lautet: »Do whatever you think is right when servicing the customer.« Diese Vorgabe erlaubt allen Mitarbeitern, vom Manager bis zum Pagen, Maßnahmen zur Erfüllung des Kundenwunsches zu ergreifen. Das heißt, jeder Mitarbeiter ist in der Verantwortung, dem Kunden zu helfen – und darf es auch tun! Im Gegensatz zu vielen anderen Unternehmen müssen Mitarbeiter nicht ihre Vorgesetzten um Erlaubnis fragen, wenn es dem Kunden dient. Die Bedeutung dieser Vorgabe kann gar nicht hoch genug eingeschätzt werden, denn häufig fehlt es gerade den Mitarbeitern »an der Kundenfront« an der Kompetenz, hilfreiche Maßnahmen selbständig umzusetzen. Stattdessen arbeiten sie in Furcht, ihre Kompetenzen zu überschreiten und dafür getadelt oder sogar bestraft (z. B. durch Abmahnung oder Kündigung) zu werden.

In einem Four Seasons geht es nicht darum, den Kunden ausschließlich beim aktuellen Aufenthalt zufriedenzustellen. Es geht darum, den Kunden zu begeistern, so dass er immer wieder zurückkommt.

Um das zu erreichen, wird Kundenfeedback, sowohl gut als auch schlecht, in den Mitarbeiterräumen öffentlich ausgehängt. Wenn Gäste einen Mitarbeiter ausdrücklich loben, bekommt dieser sogar einen einmaligen Bonus.

---

4   Dieser Vorfall ist so prominent, dass er seinen eigenen Wikipedia-Artikel hat, weswegen wir ausnahmsweise auf diese Quelle verweisen: *https://en.wikipedia.org/wiki/United_Express_Flight_3411_incident*

In ihrem Buch »Kundenverblüffung« gibt die Schweizer Beratungsagentur Neumann & Zanetti kreative Tipps, wie du deine Kunden über das *Kundenverblüffungsprinzip* nachhaltig an dich binden kannst: Kunden ließen sich heute nicht mehr mit den üblichen Aktionen wie Gutscheinen, Vergünstigung oder guter Qualität begeistern. Die Methoden der Kundenverblüffung könnten vom Restaurant über ein lokales Kleidergeschäft oder eine moderne Onlinedienstleistung alle anwenden. Kleine Hinweise zu Zusatzleistungen würden oft Großes bewirken. Ein Handwerker wendet die Methode an, indem er darauf hinweist, dass er auch noch gleich etwas repariert hat, was früher oder später zu Problemen geführt hätte. Ein Kundenberater merkt sich, dass der Kunde am Telefon erkältet war, und schickt ihm ein Gute-Besserung-Paket mit Hustenbonbons. Ein Unternehmen kann diese kleinen Gesten in die Prozesse einbauen, indem es den Mitarbeitern einen Verblüffungsschrank zur Verfügung stellt. Dort werden zu häufig auftretenden Kundenproblemen jeweils kleine Geschenke aufbewahrt.

Bei größeren digitalen Businessmodellen gibt es ebenfalls Möglichkeiten, Kunden zu verblüffen. Häufig reicht es im Kundendienst, Reklamationen zu sammeln und zu vermehrt auftauchenden Problemen, die man nicht schnell beheben kann, Workarounds oder kreative Hacks zu testen.

Das in den 2000er Jahren sehr beliebte Onlinespiel »Hattrick« hatte zeitweise große Probleme mit der Serverleistung aufgrund des starken Zuwachses innerhalb kürzester Zeit. Da die Verfügbarkeit des Dienstes darunter litt und man die Probleme damals nicht schnell in den Griff bekam, entschieden sich die Betreiber, regelmäßig über die Verfügbarkeit des Dienstes zu informieren und den Nutzern nur die tatsächlich verfügbare Zeit in Rechnung zu stellen. Dieser Hack war in zweierlei Hinsicht ein Geniestreich: Die Nutzer erkannten durch die transparente Kommunikation, dass die Probleme gar nicht so dramatisch waren, wie diese in der Community teilweise diskutiert wurden, weil die Verfügbarkeit trotz allem immer nur knapp unter 100 % lag, und zweitens empfand man diese Geste als fair, und so gewann der Anbieter das Vertrauen der Nutzer zurück.

7.2   Marketing Automation

Automatisierung hilft dabei, die interne Kommunikation zwischen Sales, Marketing und Kundenservice zu verbessern und an Effizienz zu gewinnen. Vor allem die Lead-Pflege lässt sich über Marketingsoftware wie beispielsweise HubSpot hervorragend automatisieren. Dienste wie *Zapier* helfen dir dabei, einfach und schnell, ohne die Programmierung von aufwändigen Schnittstellen, diverse Tools miteinander zu verbinden. Das spart oft Zeit und hilft dir dabei, Fehler zu vermeiden oder wichtige Aufgaben nicht zu vergessen. Du kannst beispielsweise in *Trello* Aufgaben und Projekte erstellen, diese terminieren und zugehörige Erinnerungen in Outlook oder Google Kalender automatisch erstellen lassen.

Eine etablierte Methode ist die Definition von triggerbasierten Workflows. Bestimmte Aktionen deiner Nutzer lösen interne Prozesse aus, weisen deinen Mitarbeitern Aufgaben zu oder versenden Mails an deine Kontakte. Doch bevor du automatisierst, solltest du überprüfen, ob deine Prozesse immer noch sinnvoll sind. Ein schlechter Prozess bleibt ein schlechter Prozess, auch wenn er automatisiert wird. Analysiere also zuerst das Verhalten deiner Kunden, und sammle Informationen darüber, wie Kunden deine Website oder deine Produkte nutzen.

7.2.1   Verhaltensbasierte Kommunikation

Deine Kunden werden täglich über alle Kanäle hinweg mit Informationen geflutet. Aus diesem Grund sind automatisierte E-Mails oder andere Kommunikationsformate, basierend auf emotionalen Triggern, der effektivste Weg, das Engagement mit deinen Kunden zu optimieren.

Sende einem neuen Kontakt zum Beispiel eine passende Ressource, wenn er einen bestimmten Bereich auf deiner Website besucht. Oder sende einem Kontakt, der deine Website längere Zeit nicht mehr besucht hat, eine E-Mail, um ihn zurückzuholen.

Best Practices für verhaltensbasierte Kommunikation:

Thema	Beschreibung
Buyer's Journey verstehen	Tracke, wie deine Kontakte mit dir interagieren, und versuche, jeden Berührungspunkt (*Touchpoint*) zu verstehen. Dazu benötigst du eine Datenbank, die alle Informationen über deine Kontakte und deren Verhaltensweisen speichert. Warum besucht er einen Bereich auf meiner Website und verlässt diese dann, ohne etwas zu unternehmen?
Maßnahmen bestimmen	Bestimme die Maßnahmen, die ein Kontakt ergreifen könnte. Wie reagiert ein Kontakt auf dein Produkt? Was muss ich liefern, damit der Kunde das nächste Mal etwas kauft oder auf meiner Website eine bestimmte Aktion durchführt?
personalisierte Konversation	Starte eine personalisierte Konversation. Deine Kommunikation sollte so zielgerichtet wie möglich sein und sich an die richtigen Personas wenden. Trotz aller Automatisierungsmaßnahmen sollte deine Kommunikation so persönlich wie nur möglich sein.

7.2.2 Ziel definieren

Als Erstes solltest du festlegen, was du mit der Automatisierung überhaupt erreichen oder verbessern möchtest. Gestalte deinen Workflow so, dass deine Kontakte damit ihre Ziele besser erreichen. Häufig geht es dabei darum, von einer Lifecycle-Phase in die nächste zu kommen.

Mögliche Automatisierungs-Ziele:

- **Formularübermittlungen:** Bringe deine Leads dazu, eine Demo oder Konsultation zu bestellen oder deinen Kundendienst zu kontaktieren.

- **Mehr Page Views:** Deine Leads sollen sich eine Case Study downloaden, ein Pricing anschauen oder einfach eine bestimmte, für den Verkaufsprozess wichtige Information konsumieren.

- **Klicks und Konversionsraten optimieren:** Dein Prozess soll für mehr Klicks, bessere Konversionsraten oder mehr Interaktion sorgen.

- **Ressourcen sparen:** Du möchtest Zeit und Geld sparen und deinem Kundendienst häufige, wiederkehrende Aufgaben abnehmen.

7.2.3 Segmente definieren

Sobald dir klar ist, was du mit deinem Workflow erreichen willst, solltest du dir Gedanken über die Segmentierung machen. Intelligente Workflows senden den richtigen Kontakten die richtige Information zum richtigen Zeitpunkt. In HubSpot lassen sich Kontakte beispielsweise über sogenannte »Enrollment Triggers« automatisch in passende Listen speichern.

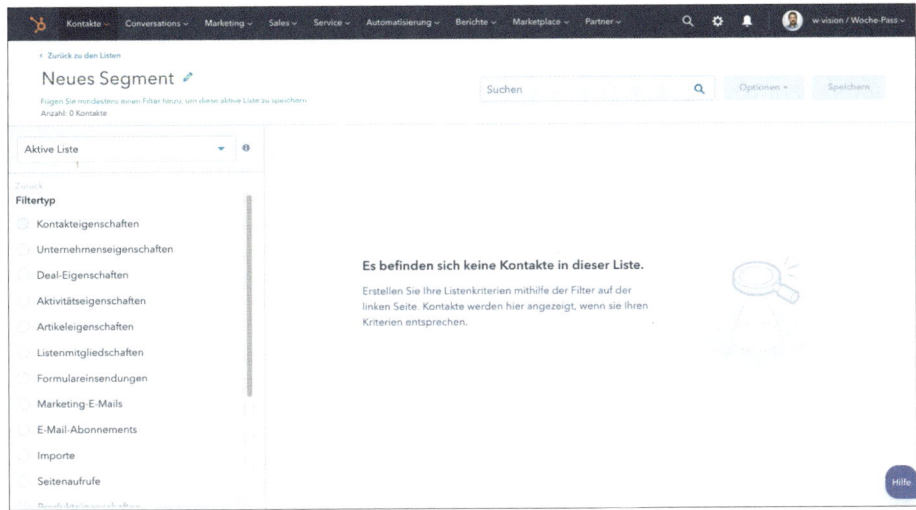

Abbildung 7.2 Definition eines neuen triggerbasierten Segments in HubSpot

Folgende Segmente sind dabei möglich:

- ▶ Segmente nach Thema oder Interesse
- ▶ Segmente nach Lifecycle Stage
- ▶ Segmente nach Kontakteigenschaften
- ▶ Segmente nach besuchten Seiten (Page Views)

7.2.4   Die richtigen Inhalte wählen

Damit deine Kontakte den Mehrwert deines Angebots verstehen lernen, solltest du ihnen hochwertige Inhalte liefern. Wähle als Nächstes für jedes Segment die passenden Inhalte aus. Das können beliebte Blogartikel, Whitepaper, Videos oder wichtige Informationen sein. Diese werden später per E-Mail an die entsprechenden Kontakte geschickt.

7.2.5   Workflow erstellen

Definiere, welche Schritte ausgeführt werden sollen. Der Prozess muss in einer ersten Version nicht perfekt sein. Du wirst mit der Zeit immer besser verstehen, wie deine Kunden funktionieren, und auf dieser Basis deine Prozesse anpassen. Vergiss nicht, zu bestimmen, wann der Prozess abgeschlossen und das Ziel erreicht ist. Du kannst auch definieren, dass Kontakte, die über den Workflow das Ziel nicht erreichen, über eine *Re-Engagement-Kampagne* später nochmals kontaktiert werden.

In HubSpot beginnt jeder Workflow mit einem Aufnahme-Trigger. Es wird also eine Aktion definiert, die den Workflow automatisch auslösen soll. Das können kontaktbasierte Auslöser sein oder bestimmte Aktivitäten und Interaktionen auf der Website, um nur zwei der sehr vielen möglichen Trigger zu nennen.

Für jede nachfolgende Aktion können zusätzlich Bedingungen und Verzweigungen festgelegt werden. Du kannst also sehr detailliert festlegen, wann welche Aktion ausgeführt werden soll.

Mögliche Aktionen, die ausgelöst werden können:

- ▶ Tickets, Deals oder Aufgabe erstellen und einem Mitarbeiter zuweisen
- ▶ Benachrichtigungen, E-Mails oder SMS versenden
- ▶ Kommunikation über Chatbots steuern und automatisieren
- ▶ Kontakte zu einer Liste hinzufügen oder entfernen
- ▶ Kontakten und Unternehmen neue Informationen und Eigenschaften zuweisen
- ▶ weitere Workflows auslösen

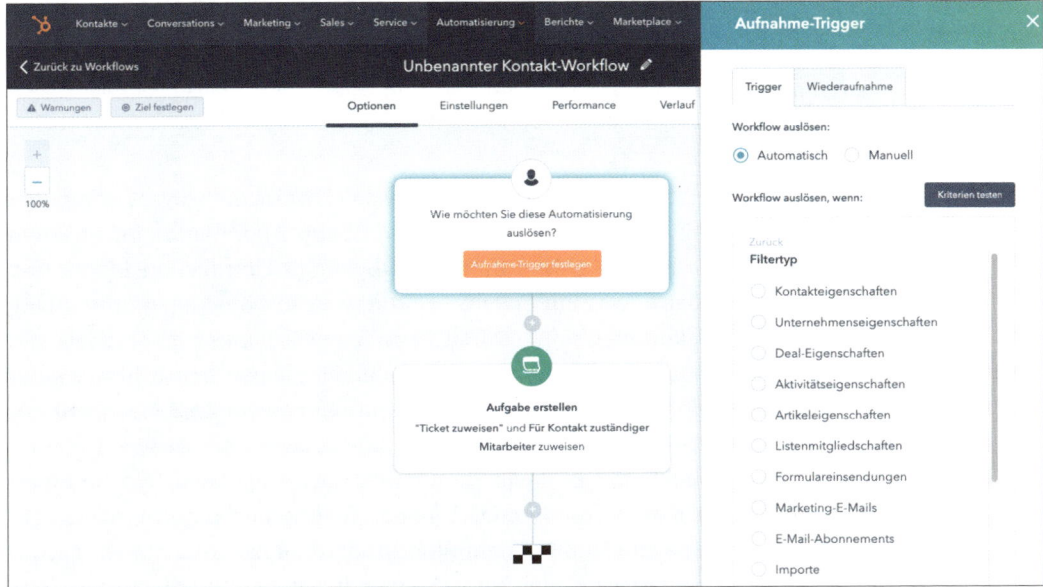

Abbildung 7.3 Definition eines Workflows in HubSpot

7.2.6 E-Mail-Sequenzen

Durch die Nutzung automatisierter E-Mails kannst du Ressourcen einsparen und effizient auf die Bedürfnisse deiner Newsletter-Abonnenten reagieren. So kannst du Folge-E-Mails nur den Abonnenten senden, die auf die erste E-Mail reagiert haben. Auch automatisierte A/B-Testings sind möglich. Und durch die Anbindung an ein CRM-System (Customer Relationship Management) hast du weitere Möglichkeiten, die dich bei der Lead-Pflege unterstützen.

Mögliche Anwendungsbeispiele für E-Mail-Automation

▶ Begrüßungs-E-Mails: Die einfachste Form der E-Mail-Automation sind Willkommens-E-Mails, die ein Nutzer erhält, sobald er sich bei dir registriert oder ein Produkt gekauft hat.

▶ Reaktivierung: Sende E-Mails an Kunden, die seit längerer Zeit nichts mehr bei dir gekauft haben.

▶ Warenkorbabbrecher: Sende E-Mails an Kunden, die den Kaufprozess in deinem Shop abgebrochen haben.

▶ Reminder: Sende Erinnerungs-E-Mails für Veranstaltungen an deine Kunden.

▶ Conversion-Optimierung: Sende zielgerichtete Inhalte automatisiert an die richtigen Empfänger.

> ▸ Bei der Evaluation eines E-Mail-Automationstools solltest du die Kosten im Auge behalten. Es gibt sehr viele Tools, die sich vom Funktionsumfang und Pricing her stark unterscheiden, wie beispielsweise Mailchimp, Infusionsoft, AWeber oder Hub-Spot. Die Liste mit allen Tools findest du unter den Downloadmaterialien zum Buch.

Für meinen (Tomas Herzberger) Blog habe ich beispielsweise eine Sequenz aus vier automatischen E-Mails erstellt. Ich begrüße den neuen Abonnenten zu unserem Newsletter »Think Growth«, schicke ihm den Download-Link für ein EBook und sage ihm kurz und knapp, was ihn erwartet und dass er in zwei Tagen erneut eine Nachricht von mir bekommen wird. Damit gebe ich ein kleines Versprechen, das ich – unterstützt von der Automatik – auch erfülle; ein kleiner Schritt hin zu einer vertrauensvollen Beziehung. Anschließend bekommt er eine weitere Nachricht mit Links zu den Best-of-Artikeln meines eigenen Blogs sowie eine Auswahl meiner Gastartikel. Danach bekommt er – wie Stammleser auch – alle zwei Wochen meinen Growth-Hacking-Newsletter. Einmal angelegt, funktioniert dieser Prozess vollautomatisch, sorgt für Traffic auf meinem Blog, stellt die Beziehung auf ein gesundes Fundament und spart sehr viel Zeit. Das Feedback war bisher ausnahmslos positiv.

7.2.7 Chatbots

Durch den Einsatz von automatisierten Chatbots können Unternehmen Kunden beim Surfen auf der Website proaktiv ansprechen. Die digitalen Kundenberater können Produkte vorschlagen oder kurze Dialoge mit den Kunden führen. Chatbots befolgen vordefinierte Regeln, werden aber immer intelligenter. So hätte ein Weinhändler z. B. die Möglichkeit, seine Kunden über den Facebook Messenger zu beraten. Anstatt im umfangreichen Sortiment nach neuen Weinen zu suchen, würdest du also im Facebook Messenger nach einem Wein aus einer bestimmten Region fragen und der Weinhändler-Bot die passenden Angebote liefern.

Einsatzmöglichkeiten für Chatbots

- ▸ News: Frage, was in der Welt gerade so passiert, und der Bot liefert dir die letzten Neuigkeiten.
- ▸ Frage den Chatbot nach dem aktuellen Wetter.
- ▸ Frage den Chatbot nach einer bestimmten Person oder nach einem bestimmten Objekt.
- ▸ Lass den Bot einen Termin für dich vereinbaren.

Apples Siri, Microsofts Cortana oder der Google Assistant zeigen, was durch den Einsatz künstlicher Intelligenz möglich ist. Diese virtuellen Assistenten entwickeln sich rasant weiter und lernen aus Fehlern. Man spricht in diesem Zusammenhang von *maschinellem Lernen* (*Machine Learning*). Google hat an seiner jährlichen Entwicklerkonferenz, der Google I/O, demonstriert, wozu sein Assistent in Zukunft in der Lage sein wird. So erkennt der Bot berühmte Gebäude oder Gemälde und liefert nach der Aufnahme gleich die passenden Informationen über die Objekte. Es ist sogar möglich, während des China-Urlaubs mit chinesischen Zeichen beschriftete Anzeigetafeln mit einem Foto zu übersetzen.

Chatbots sind deshalb auch so interessant für Unternehmen, weil die Menschen heute Messenger-Apps wie WhatsApp oder den Facebook Messenger häufiger nutzen als soziale Netzwerke:

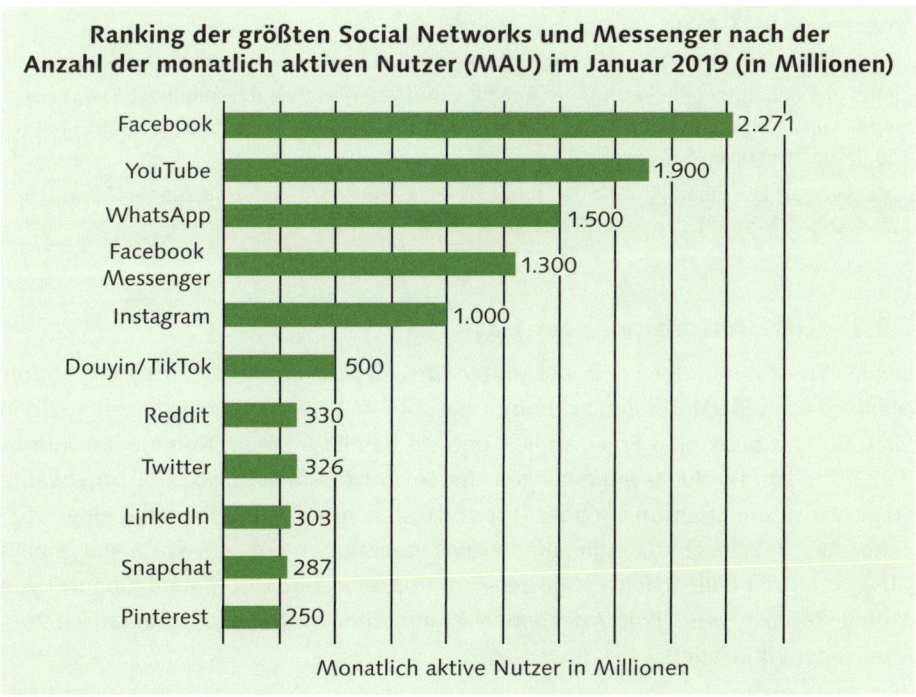

Abbildung 7.4 Menschen nutzen heute lieber Messenger-Apps als soziale Netzwerke. (Quelle: statista/statista.com)

7.3   Facebook Messenger

Neben dem klassischen Facebook und den Gruppen spricht vieles dafür, dass der Messenger die dritte wichtige Säule von Facebook wird – insbesondere, wenn wie angekündigt die Messenger von Facebook, Instagram und WhatsApp demnächst miteinander verschmolzen werden.

In den letzten beiden Jahren ist rund um Messenger-Marketing ein regelrechter Hype in der Fachwelt ausgebrochen, und viele kleine und große Unternehmen experimentieren mit Möglichkeiten, wie sie ihre Fans noch enger an sich binden und mit ihnen kommunizieren können. Ein Grund dafür: Im Gegensatz zu E-Mails sind die Öffnungs- und Klickraten bei Messenger-Nachrichten deutlich höher, denn noch ist dieses Medium neu und nicht von Marketern ausgereizt. Außerdem ersparst du dir bei der Lead-Generierung den mühsamen »Umweg« über eine Landingpage samt Formular, was die Lead-Generierung stark vereinfacht. Denn mittlerweile kannst du auf Facebook sogar Werbeanzeigen schalten, die die Neuakquise von Abonnenten deines Chatbots als Ziel haben anstatt der klassischen Ziele Reichweite oder Klicks.

Messenger vs. E-Mail

E-Mail: Du schaltest eine Facebook-Anzeige, die auf eine Website mit Formular verlinkt. 2 % der Nutzer klicken auf die Anzeige, und von diesen Nutzern füllen 5 % das Formular aus. Mit dieser Methode müssen 1.000 Menschen deine Anzeige sehen, damit du 1 Lead bekommst.

Messenger: Du schaltest eine Facebook-Anzeige mit dem Ziel »Messenger-Abonnenten«. 2 % Klickrate bedeuten 20 Leads statt nur einem.

7.3.1   Der »Autoresponder«-Hack

Dennis Yu ist ein in der Szene bekannter Growth Hacker und Gründer von *Mobile Monkey*, einer Plattform für Facebook-Chatbots. Mit seinem Tool kannst du deinen Fans auf Facebook eine Frage stellen und sie damit zu einem Kommentar auffordern. Das kannst du bewerkstelligen, indem du beispielsweise eine provokante Frage stellst, um Erfahrungen oder Tipps bittest, zum Kommentieren mit einem GIF aufforderst (»Wie geht es dir an diesem Montagmorgen? Antworte mit einem GIF!«) oder ein Quiz machst. Mit der Funktion »Facebook Comment Guard«[5] von Mobile Monkey wird jeder, der einen Kommentar hinterlässt, automatisch zum Messenger eingeladen.

7.3.2   Der »Ich will doch nur helfen«-Hack

Du kannst Apps wie Intercom oder Drift nutzen, um deine Webseiten-Besucher mit einer Chat-Funktion zu unterstützen und Customer Support anzubieten. Du kannst aber alternativ auch ein Facebook-Messenger-Widget einbauen, das den gleichen

---

5   Die detaillierte Anleitung für diesen Hack findest du hier: *https://mobilemonkey.com/blog/how-to-use-messenger-chatbot-for-facebook-group*.

Zweck (in beschränktem Umfang) anbietet. Dafür werden die Nutzer Teil deiner »Liste«, und du kannst deinen Content jederzeit an sie verteilen.

Wenn du für dich oder dein Unternehmen einen Chatbot bauen möchtest, gibt es gut dokumentierte Entwickler-Richtlinien. Oder du nutzt einen Chatbot-Baukasten wie Chatfuel oder botcast.ai, die dich bei der Einrichtung unterstützen.

7.4   Methoden und Hacks aus der Wirtschaftspsychologie

Aus der Wirtschaftspsychologie erhalten wir empirische Studien, die uns helfen, die Zusammenhänge zwischen menschlichem Denken, Verhalten und Emotionen in Bezug auf das Kaufverhalten zu verstehen. Wirtschaftspsychologen versuchen, die Wirkungskette zwischen Kundenzufriedenheit und Kundenbindung zu erforschen und funktionale Zusammenhänge oder Einflussgrößen zu erklären.

Sie verknüpfen Anteile aus verschiedensten Wissenschaftsgebieten und Teilgebieten der angewandten Psychologie.

Auch deshalb finden immer mehr Psychologiestudenten den Weg in die Wirtschaft und arbeiten in Marketing- oder User Experience-Teams.

7.4.1   Psychologische Trigger

Es gibt eine Reihe an Triggern (Auslösern), die einen großen Einfluss darauf haben, wie Menschen unsere Produkte nutzen. In der Nutzerforschung versuchen wir, möglichst genau herauszufinden, was unsere Kunden wollen, und genau diese Auslöser ausfindig zu machen. Es gibt verschiedene Arten von Auslösern, die wir uns zunutze machen können:

▶ **Werbung**: Wir senden unseren Kunden Werbebotschaften, um sie auf unsere Produkte aufmerksam zu machen oder ihre Meinung bezüglich unseres Unternehmens oder unseres Produkts zu beeinflussen.

▶ **Das Produkt:** Unternehmen geben deshalb häufig zuerst Produktproben frei oder entscheiden sich für Freemium-Modelle, weil man so schon mal einen Platz im Leben des Kunden bekommt. Kunden testen Produktmuster, stellen kostenlose Give-aways irgendwo zu Hause auf und werden damit immer wieder an die Existenz des Unternehmens erinnert. Lead-Management oder App-Installationen sind ebenfalls eine Form dieser Taktik. Der Kunde lädt sich die kostenlose App herunter und wird so immer wieder daran erinnert, dass es dein Unternehmen überhaupt gibt. Über Notifications und E-Mail-Marketing kannst du den Kunden so kostenlos immer wieder zurückholen.

► **Empfehlungen:** Die Königsdisziplin in Sachen Kundenzufriedenheit war schon immer verdientes Vertrauen. Nichts ist so wertvoll wie langjährige Kundenbeziehungen, die auf Vertrauen basieren. Empfehlungen anderer Kunden waren schon immer wichtig, heute können wir über virales Marketing und Referral-Programme über diesen Weg auch viel höhere Reichweiten erreichen.

Daneben gibt es emotionale Trigger; Nir Eyal beschreibt sie in seinem Buch »Hooked« als innere Auslöser, die immer dann ausgelöst werden, wenn in deinem Kopf eine Routine oder Gewohnheit aufgerufen wird. Du hast Hunger, also läufst du zum Kühlschrank oder bestellst über eine App eine Pizza. Du fühlst dich einsam, also loggst du dich in einem sozialen Netzwerk ein. Du hast das Bedürfnis, dich mitzuteilen, also postest du eine Anekdote aus deinem Alltag auf einem sozialen Netzwerk. Eyal sagt, dass Gefühle die stärksten Auslöser sind, insbesondere negative Gefühle seien mächtige innere Auslöser – Langeweile, Frustration, Angst, Verwirrung, Schmerz und Unwohlsein.

Das in Kapitel 5, »Acquisition: so bekommst du mehr Nutzer«, bereits beschriebene Gefühl, etwas zu verpassen (Fear Of Missing Out), machen sich Unternehmen häufig zunutze. Auch du kannst dir die Gefühle und Emotionen zunutze machen und damit Handlungen auslösen. Dazu musst du viel Zeit darin investieren, deine Nutzer besser zu verstehen.

7.4.2   Die Macht der Begeisterung

Manchmal lohnt es sich, einmal über den Tellerrand zu blicken und sich auf die neuen und teilweise auch umstrittenen Thesen wie die von Dr. Gerald Hüther einzulassen. Dr. Hüther ist ein deutscher Neurobiologe und Autor. Dr. Hüther studierte am Max-Planck-Institut für experimentelle Medizin im Gebiet der Hirnforschung. Er meint, dass der wichtigste Rohstoff einer Gesellschaft die Begeisterung der Menschen am Entdecken und Gestalten ist. Laut Hüther besitzt jedes Kind seit Geburt diese Begeisterungsfähigkeit, die dafür sorgt, dass unsere Kinder spielerisch lernen und sich automatisch weiterentwickeln. Leider werde dieser kostbare Schatz im Moment zu stark unterdrückt und verkümmere zusehends. Die Macht der Begeisterung kann dir als Unternehmer in vielerlei Hinsicht behilflich sein. Begeisterte Kunden sind dabei nur ein wichtiges Element. Die Fähigkeit, die eigenen Mitarbeiter und auch wichtige Partner für ein Thema oder deine Produktidee zu begeistern, ist mindestens ebenso wichtig.

Die Hirnforschung hat in den letzten Jahren eine Vielzahl an Erkenntnissen zutage gefördert, wie Lernprozesse optimal gestaltet und Emotionen im menschlichen Gehirn stimuliert werden können. So besagen die Forschungsergebnisse, dass wir dann lernen, wenn die neuronalen Äste in unserem Gehirn wachsen. Im limbischen

System werden ankommende Reize als wichtig oder unwichtig bewertet. Weitergeleitet wird nur, was als wichtig erscheint. Damit wir überhaupt etwas lernen, müssen wir zuerst einmal dafür sorgen, dass Informationen als wichtig wahrgenommen und bewertet werden. Es wäre beispielsweise sinnvoll, beim Einstieg in ein neues Thema vorhandenes Wissen zuerst wieder zu aktivieren und sich mit dem Thema so auseinanderzusetzen, dass man das große Bild versteht.

> *»Willst Du ein Schiff bauen, rufe nicht die Menschen zusammen, um Pläne zu machen, die Arbeit zu verteilen, Werkzeug zu holen und Holz zu schlagen, sondern wecke in ihnen die Sehnsucht nach dem großen, endlosen Meer.«*
> *– Antoine de Saint-Exupéry, französischer Schriftsteller*

Wird die Information dann weitergeleitet, werden unterschiedliche Bereiche im limbischen System aktiv, die jeweils andere Aufgaben wahrnehmen und unterschiedlich stimuliert werden können. Der präfrontale Cortex ist für die Emotionen zuständig, hier findet auch die Impulskontrolle statt. Dann gibt es ein Belohnungssystem oder die Amygdala, in der Gefühle, Furcht und Stress verarbeitet werden. Verschiedene Studien aus der Hirnforschung belegen, dass wir dann die größten Lernerfolge erzielen, wenn unterschiedliche Bereiche im Gehirn gleichzeitig aktiviert werden. Entgegen weitläufiger Meinungen ist die Funktionsweise des Gehirns wesentlich komplexer als ein Muskel, der einfach durch Wiederholungen trainiert werden kann. Hüther sagt zum Beispiel, nachzudenken und sich zu konzentrieren sei nicht unbedingt die Lieblingsbeschäftigung des Gehirns, dieses sei zuallererst damit beschäftigt, wichtige Körperfunktionen aufrechtzuerhalten. Also müssen wir es zuerst einmal in die Lage versetzen, neues Wissen aufzunehmen. Natürlich wird durch die Wiederholung des Lernstoffs das Gehirn stimuliert. Die schlechte Nachricht ist also; wir müssen immer noch lernen. Die gute Nachricht ist aber, dass laut Dr. Hüther die Verzweigungen in unserem Hirn dann wachsen, wenn wir emotionale Erfolgserlebnisse haben. Freude an dem zu haben, was wir tun, spielt also auch beim Lernen eine sehr wesentliche Rolle.

7.4.3   Storytelling: Die Macht guter Geschichten

Du erinnerst dich sicher an Rotkäppchen, andere Geschichten der Gebrüder Grimm oder an die Geschichten, die dir deine Eltern vor dem Einschlafen erzählt haben. Teilweise sind dir vielleicht sogar noch winzige Anekdoten in Erinnerung geblieben.

> *»Stories are about 22 times more memorable than facts alone.«*
> *– Jerome Bruner, amerikanischer Psychologieprofessor*

Auch der deutsche Psychiater und Hochschullehrer Manfred Spitzer meint, dass nicht das Pauken von langweiligen Regeln große Lernerfolge bringt, sondern das

Üben an vielen konkreten Beispielen, die äußeren Bedingungen und die Neugierde. In der Psychologie wird dieser Effekt *Kontextualisierung* genannt.

Es sind also gute Geschichten, die dafür sorgen, dass Menschen ihr volles Potenzial entfalten, sich Gelerntes merken können und sich weiterentwickeln. Ich selbst (Sandro) habe das natürlich gleich an meiner sechs Jahre alten Tochter getestet. Tatsächlich konnte ich an ihr schon immer die Begeisterung für die unterschiedlichsten Themen beobachten. Und als sie mich vor kurzem fragte, ob ich ihr zeigen kann, wie man rechnet, kamen mir sofort die Worte von Dr. Hüther in den Sinn. In den kommenden Wochen zeigte ich ihr kleine Übungen und versuchte von Anfang an, vor allem die Begeisterung für das Thema in ihr zu wecken. Ich erzählte ihr Geschichten, lobte sie für jeden kleinen Erfolg, und tatsächlich wichen die Strichmännchen den Zahlen. Meine Tochter malte überall Zahlen hin und stürmte immer öfter mit leuchtenden Augen zu mir ins Büro und sagte Dinge wie: »Papa, 8 plus 8 gibt 16.« Ich lobte sie für jeden Erfolg, und bei falschen Ergebnissen zeigte ich ihr, was sie falsch gemacht hatte, versuchte aber zu verhindern, dass sich Frustration entwickelt. Nach einigen Wochen lief ich vom Büro in die Küche und hörte meine Tochter sagen: »Papa, 18 plus 18 gibt 36.« Kurz dachte ich: »Ist meine Tochter ein Genie oder hochbegabt?« Ehrlich gesagt glaube ich das eher nicht. Ich bin sicher, sie hat sich viele der Rechnungen einfach gemerkt, aber es war offensichtlich für mich, dass ich sie zu keiner Zeit selbst dazu motivieren musste, zu rechnen. Und wenn ich an meine Schulzeit zurückdenke, finde ich das in diesem Alter doch schon sehr erstaunlich.

7.4.4 Die Macht der Gewohnheit

Viel vom dem, was wir in unserem Leben machen, hat mit erlernten Gewohnheiten zu tun. Die meisten von uns kennen die bekannten »Neujahrsvorsätze«, die nach kurzer Zeit dann doch wieder begraben werden, weil wir in alte Muster zurückfallen. Laut einer Studie des University College London dauert es in der Regel mehr als 2 Monate, bis wir eine neue Gewohnheit übernehmen und diese dann automatisch abläuft, genauer gesagt 66 Tage[6]. Es ist also wenig überraschend, dass so viele Menschen ihre Vorsätze so schnell wieder begraben.

Die Studie zeigt ebenfalls, dass es aber nicht tragisch ist, wenn du die neue Gewohnheit nicht jeden Tag durchführst oder sie einmal vergisst. Viel wichtiger ist, dass du auch nach spätestens zwei Tagen wieder damit fortfährst und dass diese Aussetzer nicht zu oft vorkommen.

---

6 Phillippa Lally, Cornelia H. M. van Jaarsveld, Henry W. W. Potts, Jane Wardle: How are habits formed: Modelling habit formation in the real world. In: European Journal of Social Psychology, *https://onlinelibrary.wiley.com/doi/abs/10.1002/ejsp.674*.

Eine wichtige Erkenntnis ist auch, dass die regelmäßige Durchführung wichtiger ist als die Intensität der Durchführung. Wenn du eine tägliche Sporteinheit am Morgen als neue Routine etablieren möchtest, ist es gemäß der Studie erfolgsversprechender, wenn du mit einem Liegestütz beginnst, auch wenn dieser natürlich kaum einen Effekt auf deine Muskelkraft oder Fitness hat.

Als Unternehmen kannst du dir diesen Effekt zunutze machen, indem du dafür sorgst, dass deine Kunden dein Produkt nach und nach in ihre Alltagsroutine einbauen, bevor sie dafür bezahlen müssen. Je häufiger deine Kunden dein Produkt nutzen, desto stärker wird die Bindung sein. Ein bekanntes Beispiel ist die Google-Suche. Bing ist es auch nach Jahren nicht gelungen, Google vom Thron zu stoßen, obwohl die Ergebnisse häufig gar nicht so weit auseinanderliegen. Auch wenn natürlich die Qualität der Google-Suche ihren Teil dazu beigetragen hat, dass wir uns nicht davon abwenden, ist das »Googeln« längst Teil unserer täglichen Routinen. Oder hast du schon mal gehört, dass einer deiner Kollegen etwas »gebingt« hat?

7.5   Onboarding

Der Begriff *Onboarding* stammt aus dem Personalmanagement. Er bezeichnet alle Maßnahmen, die dazu dienen, einen neuen Mitarbeiter in das Unternehmen zu integrieren. Eigentlich beginnt das Onboarding demnach bereits bei der Aktivierung der Nutzer. Das erste Ziel ist demnach, dass die Nutzer langsam an den Wert deines Produkts herangeführt werden und erkennen, dass es sich lohnt, wieder zurückzukehren und das Produkt mehrfach zu nutzen.

Im Personalmanagement beginnt das Onboarding beim betriebsbereiten Laptop oder der Zugangskarte bis hin zur Einladung zum nächsten Teamevent. Je besser das Onboarding gelingt, desto schneller wird der neue Mitarbeiter effizient arbeiten können. Im Folgenden beschäftigen wir uns damit, warum Onboarding nicht nur für Personal-, sondern auch für Produktverantwortliche extrem wichtig ist.

7.5.1   Der »Super Mario«-Hack

Mit einiger Wahrscheinlichkeit kennst du den ersten Level des sehr populären Videospiels »Super Mario Bros« für den Game Boy oder für NES: Mario steht in der linken Bildschirmhälfte nach rechts gewandt. Nichts passiert. Was macht der Nutzer? Er testet die Bedienung und geht nach rechts. Mario ist fortan in der Mitte des Bildschirms und bewegt sich laufend, springend und schwimmend durch die Welt. Mit diesem simplen Designtrick wurde das ganze Spielprinzip einer der erfolgreichsten Gaming-Franchises aller Zeiten erklärt (ohne einen einzigen Call-to-Action »Gehe nach rechts!«).[7]

Abbildung 7.5 Der erste Moment von Super Mario

Viele der Elemente guten Onboardings kommen aus der Gaming-Branche. Gute Spieldesigner verstehen es meisterhaft, die Spieler mit kleinen, einfachen Schritten in den Spielfluss zu bringen. Sinn und Zweck sind die spielerische Erläuterung der Steuerungselemente und die schnelle Belohnung für das Erreichen von kleinen Zielen. Diese kleinen Belohnungen wecken bei uns das Bedürfnis, immer weiterspielen zu wollen und noch mehr Belohnungen zu bekommen.

Onboarding beschreibt – wenn man nicht über Personalmanagement spricht – den Prozess der Einführung eines neuen Nutzers in ein Produkt. Man lässt dem Nutzer die Wahl, ob er das Produkt auf eigene Faust erkunden möchte, oder – in der Regel die bessere Alternative – nimmt ihn bei der Hand und zeigt ihm Schritt für Schritt die wichtigsten Funktionen. Ziel eines guten Onboarding-Prozesses ist die schnellstmögliche Erreichung des »Aha-Effekts«, also des Kernnutzens des Produkts. Beispielsweise soll der neue Nutzer eines sozialen Netzwerkes sich möglichst schnell mit seinen Bekannten verbinden und austauschen können. Du zwingst ihn dazu, dein Produkt zu benutzen, *während* du es ihm erklärst.

Neben dem Vorteil, dass der Kunde schnell dein Produkt nutzt, fühlt er sich von dir als Unternehmen nicht allein gelassen. Du positionierst dich als Enabler und stehst ihm helfend zur Seite. Im idealen Fall enthält der Onboarding-Prozess sogar bereits die ersten Schritte, damit sich der Nutzer (z. B. durch die Eingabe von persönlichen Daten in sein Profil) bereits »committet« und die Löschung seines Accounts schwerer wird – nicht technisch, aber emotional.

---

7   Das Video »Design Club – Super Mario Bros: Level 1-1 – How Super Mario Mastered Level Design« erklärt das geniale Onboarding bei Super Mario Bros im Detail: *www.youtube.com/watch?v=ZH2wGpEZVgE*.

Twitter machte sich diesen Effekt zunutze: Durch Datenanalyse hat das Team des Kurznachrichtendienstes herausgefunden, dass eine Abhängigkeit zwischen der Nutzeraktivität und der Anzahl der verfolgten Nutzer besteht. Faktisch bedeutet das: Wenn ein Nutzer mindestens 30 anderen Profilen folgt, ist er tendenziell deutlich intensiver und länger auf Twitter aktiv als Menschen, die weniger Profilen folgen. Die Schlussfolgerung: Bereits im Onboarding-Prozess muss der neue Nutzer mindestens zehn Accounts folgen, damit er möglichst schnell den Aha-Moment erlebt und den Vorteil von Twitter erkennt. Das ist auch der Grund dafür, dass Twitter dem Nutzer sehr oft neue Accounts empfiehlt. Denn je mehr Interaktion, desto geringer ist die *Churn Rate*.

KPI: Churn Rate (Abwanderungsquote)

Churn beschreibt die Anzahl der Nutzer, die in einem definierten Zeitraum kündigen oder inaktiv werden. Diese Anzahl wird dann in Relation zu dem noch bestehenden Kundenstamm gesetzt. So erhält das Unternehmen die Kennzahl, die eine Aussage darüber trifft, wie viele Kunden verloren gehen. Die *Retention Rate* ist die andere Seite der Medaille und beschreibt den Anteil der Kunden, die in diesem Zeitraum die Geschäftsbeziehung mit dir fortgesetzt haben.

Ein anderes Beispiel: *Groove*, eine einfache Helpdesk-Software für Unternehmen zum Preis von 15 US-Dollar pro Nutzer, war mit einer Churn Rate von 4,5 % konfrontiert, was das Geschäft unrentabel machte. Also analysierte das Unternehmen mithilfe der Analytics-Software Kissmetrics das Verhalten von zwei Nutzersegmenten:

▶ diejenigen, die Groove länger als 30 Tage lang aktiv nutzten

▶ diejenigen, die Groove vorher kündigten oder inaktiv wurden

Sie fanden heraus, dass ein Nutzer, der bei seiner ersten Session über 2 Minuten auf der Plattform war, mit deutlich höherer Wahrscheinlichkeit ein zahlender Kunde werden würde als Nutzer mit einer kürzen Session.

Also schickten sie die E-Mail aus Abbildung 7.6 an Nutzer, deren erste Session kürzer als 2 Minuten war.

Das Ergebnis: Groove konnte die Churn Rate um 71 % reduzieren.

Auch nach der ersten Anmeldung auf Pinterest muss sich der neue Nutzer für eine definierte Anzahl von Interessen entscheiden, bevor er mit der eigentlichen Nutzung beginnen kann. Denn ohne diese vorab gewählten Themenfelder würde er keine Bilder sehen, und die Wahrscheinlichkeit, dass er der Plattform frustriert und gelangweilt den Rücken kehrt, ist deutlich größer, als wenn er sofort Bilder aus seinen Interessengebieten sieht.

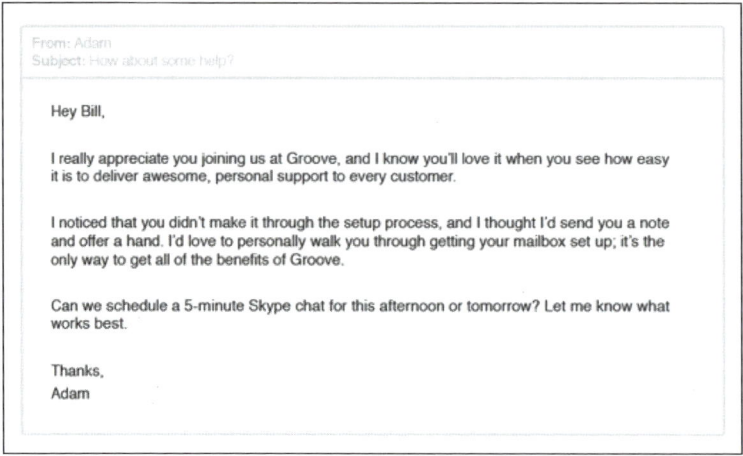

Abbildung 7.6 E-Mail von Groove an Nutzer, die das Onboarding früh abgebrochen haben

Die Onboarding-Prozesse von *Duolingo*, *Prezi*, *Canva* und *Slack* sind ebenfalls hervorragende Beispiele und mit einer der Gründe, warum diese Start-ups so erfolgreich sind.

Diese Unternehmen bedienen sich der folgenden Taktiken:

▶ **Schnelle Aktivierung:** Die Nutzer kommen sofort ins »Tun«, indem sie eine Auswahl treffen. Dieser Klick auf den Button ist das erste Mal, dass dein Nutzer »Ja« zu deiner App sagt – und je schneller und öfter er »Ja« sagt, desto höher sein emotionales Commitment. Sorge also dafür, dass der erste Klick schnell und einfach ist.

▶ **Videos:** Fluch und Segen. Auf der einen Seite erklärt ein gut gemachtes Video sowohl die Vorteile als auch die Funktionen deiner Software. Auf der anderen Seite macht es den Nutzer passiv: Er lehnt sich zurück und lässt sich berieseln, ohne selbst etwas zu tun (was du eigentlich willst). Also solltest du darauf achten, dass deine Videos sehr kurz sind und den Nutzer zum nächsten Schritt des Onboardings bringen. Als Alternative können dir oft Animationen helfen.

▶ **Gamification & Unlocking:** Menschen hassen unvollständige Dinge, wir bringen gerne Aufgaben zu Ende – besonders wenn es Spaß macht und eine Belohnung bringt. Viele Unternehmen arbeiten mit »Badges« oder »Stickern«, die sie als Belohnung für die regelmäßige Aktivität freischalten und mit denen sich der Nutzer virtuell schmücken kann, gerne auch noch mit einem passenden Titel wie »Super-User«.

▶ **Hotspots:** Als Hotspots bezeichnet man Overlays, die den Nutzer beim ersten Mal deutlich machen, was sie zu tun haben. Damit sorgst du gleichzeitig für Orientierung als auch Commitment, denn der Nutzer füllt im Rahmen dieser »Tour« sein Profil aus und beginnt bereits, deine Software zu benutzen.

▶ **Einfache Upgrades:** zeige dem Nutzer (ohne ihn zu nerven) die Vorteile der bezahlten Version deiner App. Ein kostenloser, unverbindlicher Trial macht es dem Nutzer leicht, die Vorteile der Bezahlvariante zu entdecken. Du kannst Upgrades auch mit Gamification-Elementen verknüpfen, indem du den Nutzern beispielsweise zwei Tage kostenlos das Upgrade schenkst, wenn sie eine Rezension schreiben, einen Freund einladen oder mit einem Tweet auf dein Produkt aufmerksam machen. Mehr Details in Abschnitt 9.5, »Das Dilemma mit Freemium«.

▶ **Großartiger Customer Service:** Wenn sich Nutzer länger mit deiner Software beschäftigen, werden sie an irgendeinem Punkt Fragen stellen. Die Qualität und Geschwindigkeit der Beantwortung dieser frühen Fragen sind oft ein ausschlaggebendes Kriterium für den Erfolg deiner Software! Bereite deswegen eine hervorragende *FAQ (Frequently Asked Questions)* vor, schule deine Mitarbeiter gut, und sorge für gute Erreichbarkeit! Wenn sich dein Produkt bereits etabliert hat, kann auch eine User-Community, in der andere Nutzer die Fragen beantworten, deinen Support unterstützen. Denke daran, dass sich die Nutzer den Kanal für ihre Fragen und Probleme aussuchen, nicht du! Achte deswegen auch auf Social-Media-Kanäle und Frage-Antwort-Portale wie GuteFrage.net!

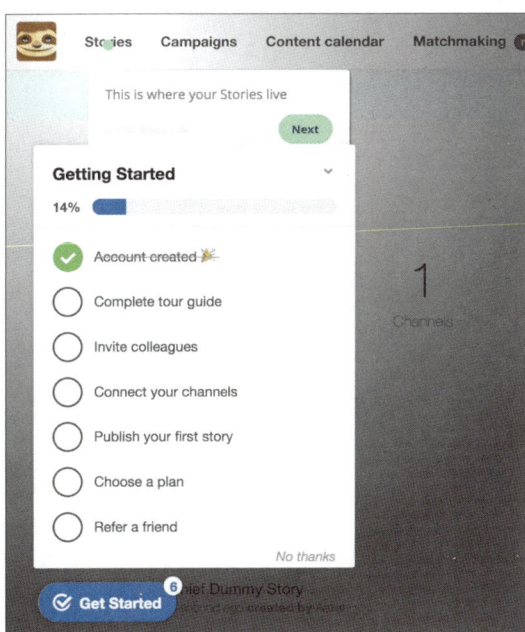

Abbildung 7.7 StoryChief nutzt eine Checkliste und Gamification-Elemente, damit der Nutzer das Onboarding vollendet.

7.5.2   Der »YouTube Tutorial«-Hack

Nach dem Kauf ist vor dem Kauf. Die zentrale Frage ist jetzt: Auch Videos können als Kundenbindungsinstrument ein wertvolles Puzzleteil sein. Beispielsweise nutzen viele Firmen Tutorial-Videos mit Service-Tipps oder FAQ-Videos, um den Kunden die Nutzung des Angebots zu erleichtern. Viele wissen nicht, dass YouTube nach Google die zweitgrößte Suchmaschine ist. Manchmal tauchen bei der Produktnutzung Probleme auf. Die Waschmaschine ist defekt, oder ein Feature einer Online-App wird nicht verstanden? Dann suchen viele häufig auf YouTube nach Videos, die dabei helfen, ein Problem zu beheben oder die Nutzung zu verstehen.

Auch wenn Produktqualität, Service, Support oder Ratgeber-Communities zentrale Bausteine sind, können gute Videos dabei helfen, passende Antworten zu liefern und auch Shitstorms abzuwenden. Auch Google selbst nutzt YouTube, um seine Produkte zu erklären.

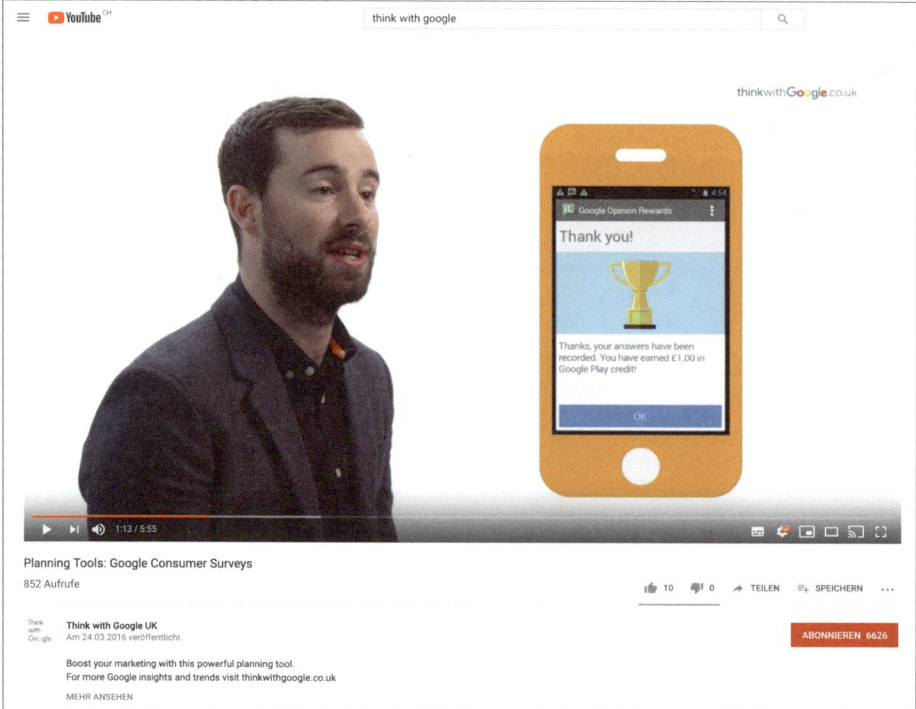

Abbildung 7.8 Googles Tutorial-Kanal auf YouTube: »Think with Google«

Versuche, die Videos schlank zu produzieren. Produkte ändern sich schnell. Hole dir lieber Hilfe von Experten, um das Setup einzurichten, und lass dir von Profis aufzeigen, wie eine erfolgreiche Videostrategie aussieht und wie Videos schnell, effizient und trotzdem in ansprechender Qualität hergestellt und vorbereitet werden können. Wie du deine Videos optimieren solltest, liest du in Abschnitt 5.8.

7.5.3   Der »Chefarzt«-Hack

Als Alternative oder Ergänzung zum Onboarding-Prozess in der App bzw. auf der Website selbst kannst du auch eine Reihe von E-Mails an neue Nutzer verschicken, die dein Produkt Schritt für Schritt erläutern. Uber erklärt auf diesem Weg sehr wirkungsvoll die Funktionsweise der App. Die E-Mails kannst du auch entsprechend der Aktivität des Nutzers steuern: Hat er sein Profil noch nicht ausgefüllt? Beschreibe in der E-Mail, wie einfach das geht, welche Vorteile er dadurch hat, und fordere ihn auf, jetzt gleich aktiv zu werden. Insbesondere solche Nutzer, die sich zwar registriert haben, aber nicht aktiv geworden sind, können mit einer kurzen E-Mail an den Produktnutzen erinnert werden. Sollten sie danach immer noch nicht reagieren, könnte man sie schlicht und einfach nach dem Grund fragen. Somit stößt du nicht nur die Tür zu einer fairen Beziehung auf Augenhöhe auf, sondern erfährst noch mehr über die Sorgen und Nöte deiner potenziellen Nutzer.

Wenn diese E-Mails nicht nur von einem Mitarbeiter des Customer Supports (geschweige denn anonym), sondern vom Gründer selbst verschickt werden, kann das einen zusätzlichen positiven Effekt haben: Der neue Nutzer bekommt die »Chefarztbehandlung« und fühlt sich bedeutend und wichtig.

7.5.4   Der »Drill Sergeant«-Hack

Nutze jede Chance, die sich dir bietet, um deinen Nutzern die Vorteile deines Produkts ins Gedächtnis zu rufen! Das kann eine E-Mail-Serie sein, die das Produkt Schritt für Schritt erklärt oder den Nutzer daran erinnert, dass bereits X Tage seit seiner letzten Aktivität vergangen sind. Oder dass er ein Produkt in den Warenkorb gelegt, den Kauf aber nicht abgeschlossen hat. In diesem Fall kannst du die Erinnerung sogar mit einem Rabatt verbinden. Der Streaming-Provider Netflix hat sogar Win-back-E-Mails an ehemalige (!) Kunden geschickt, um sie über ein neues, attraktiveres Angebot zu informieren (siehe Abbildung 7.9).

Du kannst dem Nutzer auch anbieten, browserbasierte Benachrichtigungen, sogenannte *Push Notifications*, zu bekommen, wenn du beispielsweise neuen Content oder ein neues Produkt veröffentlichst. Ein gängiges Tool dafür ist PushCrew, das in der Basisversion sogar kostenlos ist.

Ist dein Produkt eine App, kannst du auch Alerts und Notifications nutzen, um deine Kunden zur Nutzung anzuregen. Fitness-Apps wie Runtastic geben beispielsweise Bescheid, wenn der Nutzer X Tage keinen Sport mehr gemacht hat, und motivieren ihn zum Weitermachen.

Abbildung 7.9 Win-Back-E-Mail von Netflix

Dabei gilt es, genau das richtige Maß an Kommunikationsquantität zu finden: Zu selten, und der Nutzer hat dich und die Gründe für die Registrierung vergessen. Zu oft, und er fühlt sich belästigt und kündigt. Das richtige Maß ist allerdings nicht bei jedem Kunden gleich, und daher kann es auch hier helfen, mit den Kunden-Personas zu arbeiten und individuelle Benachrichtigungskampagnen zu definieren.

7.5.5   Der »Roter Teppich«-Hack

Diese Technik eignet sich besonders für Start-ups, die noch ganz am Anfang stehen und gerade die ersten Nutzer gewinnen. Es geht darum, eine Beziehung aufzubauen, die Loyalität dieser Early Adopters für sich zu gewinnen und ihnen zu zeigen, wie wichtig sie für dein Unternehmen sind.

Als Dankeschön für ihr frühes Vertrauen kannst du ihnen beispielsweise ein kostenloses T-Shirt oder Ähnliches schicken und sie bei Gefallen darum bitten, ein Foto von sich (mit dem T-Shirt) auf Social-Media-Kanälen zu posten und dein Start-up zu taggen. Du kannst diese Kampagne auch mit einem Gewinnspiel kombinieren.

Neben Merchandising kannst du deinen VIPs auch Zugang zu exklusivem Content geben, auf den der »gemeine« Nutzer sonst keinen Zugriff hat. Wenn du keinen Content hast, kann das beispielsweise ein Google-Hangout mit dir und deinem Team sein. Damit bekommst du gleichzeitig auch noch wertvolles Kundenfeedback.

Sei kreativ, und überlege dir originelle und überraschende Dankeschön-Geschenke. Ein überraschendes, unangekündigtes Geschenk oder ein handgeschriebener Brief können Wunder wirken, weil sich dein Wettbewerb sehr wahrscheinlich nicht diese Mühe macht.

Um deine VIPs nicht nur zu Beginn, sondern auch über einen längeren Zeitrahmen hinweg zu identifizieren, empfehlen wir die Verwendung des gängigen *Net Promoter Scores* (NPS)[8]. Dabei handelt es sich um eine Kennzahl, die den Unternehmenserfolg und die Kundenzufriedenheit darstellt. Datenbesessene Growth Hacker (aber auch Investoren) lieben Kennzahlen, und diese ist sehr einfach zu verstehen: Die Kunden werden gefragt: »Wie wahrscheinlich ist es, dass Sie [Firma/Produkt] einem Freund oder Kollegen weiterempfehlen würden?« Die Antwort erfolgt auf einer Skala von 0 (= sehr unwahrscheinlich) bis 10 (= sehr wahrscheinlich).

Du kannst die Antwortenden außerdem in folgende Gruppen einteilen:

▶ Promotor (9–10): loyale Enthusiasten

▶ Passive (7–8): Unentschlossene

▶ Kritiker (0–6): Kritiker

Wenig überraschend sind die loyalen Enthusiasten deine VIPs, denen du den roten Teppich ausrollen solltest. Erstelle eine Twitter-Liste von ihnen, und retweete sie gelegentlich. Bitte sie auch aktiv um öffentliche Bewertungen.

7.6   Offboarding

Hast du es erst einmal geschafft, den Nutzer auf deine Website zu bringen, solltest du auch alles Mögliche versuchen, ihn bei dir zu halten. Mache es ihm schwer, deine Website zu verlassen – natürlich nicht technisch, sondern moralisch. Und denke daran, dass fortwährendes Lernen das oberste Ziel sein sollte. Und von Nutzern, die dein Angebot nicht annehmen, kannst du eine ganze Menge lernen. Also hab keine Scheu davor, sie zu fragen. Denn was hast du zu verlieren?

7.6.1   Der »Komm bleib noch«-Hack

Perfektion ist unerreichbar – und so sicher wie das Amen in der Kirche wird es Kunden geben, die ihren Account löschen werden. Diese Funktion solltest du auch nicht in den Untiefen der Einstellungen verstecken. Aber du kannst dich eines Tricks bedienen, um den Kunden im letzten Moment vielleicht umzustimmen: Trennungsangst.[9]

---

8   Auf *www.wufoo.com* gibt es vorgefertigte NPS-Umfragen, die du leicht in eine E-Mail oder auf deiner Website integrieren kannst. Alternativ kannst du diese Umfragen auch mit Typeform oder Google Forms umsetzen.

9   Weitere Beispiele und eine ausführliche Beschreibung dieses Hacks findest du hier: *www.alterspark.com/blog/emotional-design-attachment-anxiety*.

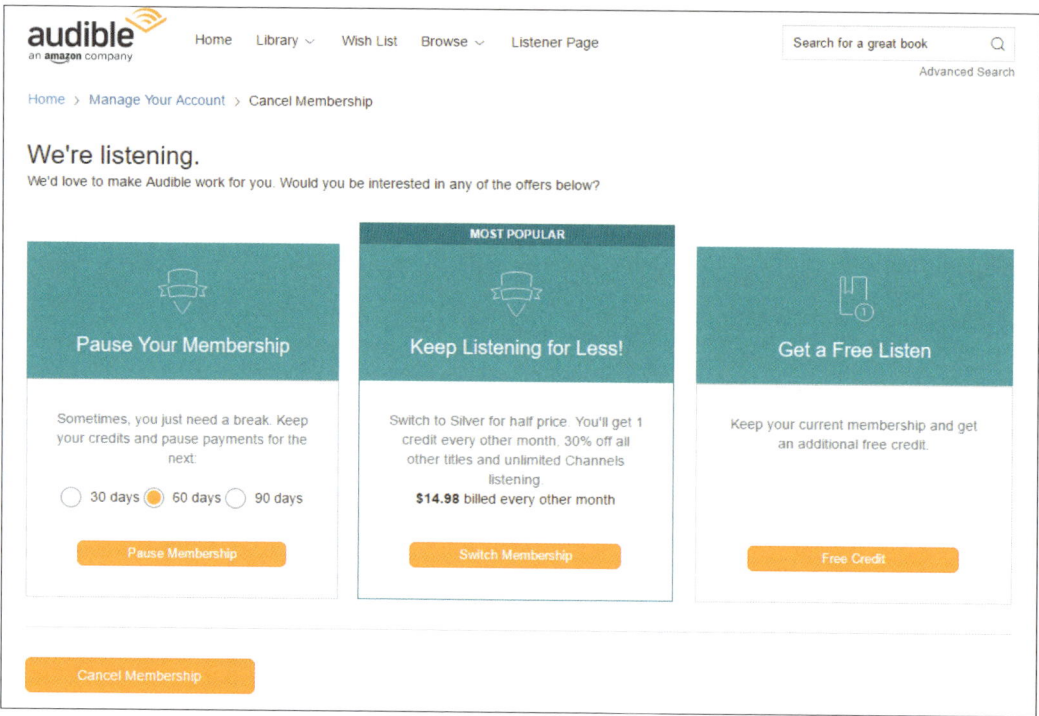

Abbildung 7.10 Die »Bleib noch!«-Seite von Audible

Bei diesem Hack geht es letztendlich darum,

▶ dem Nutzer vor Augen zu führen, welche Nachteile seine Kündigung hat,

▶ ihm ein schlechtes Gewissen zu machen,

▶ ihm Optionen anzubieten, um eine finale Trennung doch noch zu vermeiden oder mindestens hinauszuzögern,

▶ oder wenn man sich schon trennen muss, dann erhobenen Hauptes – vielleicht gibt es in der Zukunft ja ein Wiedersehen.

Beispiel: Klickt dein Kunde auf ACCOUNT LÖSCHEN, leitest du ihn auf eine Zwischenseite um. Dort kannst ihm auf eine freundliche Art zu verstehen geben, dass du seine Entscheidung zur Kündigung verstehst. Aber eröffne ihm die Alternativen wie einen Rabatt, einen günstigeren Tarif, oder biete ihm an, seine Mitgliedschaft nur zu pausieren, statt final zu kündigen. Der zu Amazon gehörende Hörbuch-Anbieter Audible macht das hervorragend.

Weiteres Beispiel: Der hessische Strom-Anbieter Mainova schickt jedem ehemaligen Kunden eine Postkarte (!), auf der er sich für die gemeinsame Zeit bedankt. Außerdem drückt er seine Hoffnung aus, dass man in der Zukunft wieder zurückwechseln könne. Wenn schon nicht für eine Reduzierung der Churn Rate (denn dazu ist der Zeitpunkt zu spät), dann sorgt diese Vorgehensweise zumindest für ein positives Markenimage.

7.6.2   Der »Letzte Chance«-Hack

Facebook ist mit der gleichen Herausforderung wie Audible konfrontiert: Den Nutzer davon zu überzeugen, seinen Account nicht zu löschen. Aber die Herangehensweise ist vollkommen unterschiedlich:

Hast du schon einmal deinen Facebook-Account gelöscht (oder es versucht)? Es ist nicht einfach. Zum einen ist die Funktion in den Untiefen der Einstellungen deines Accounts versteckt. Dort kannst du deinen Account auch nicht sofort löschen, sondern zunächst deaktivieren. Dir bleiben zwischen 14 und 30 Tage, um ihn wieder zu reaktivieren. Zum anderen wirst du dich mit der Seite aus Abbildung 7.11 konfrontiert sehen:

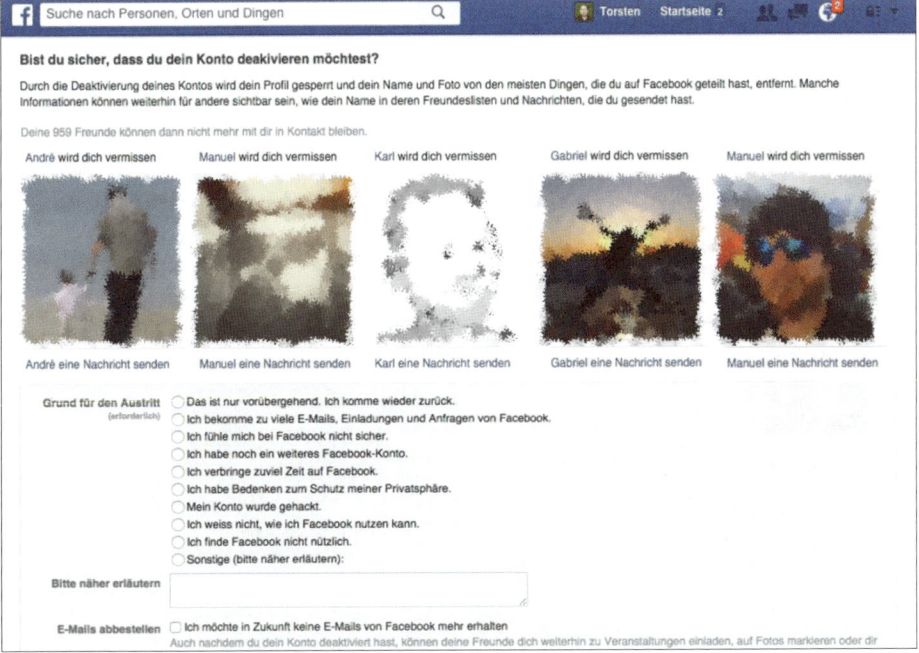

Abbildung 7.11   Diese Seite hat 1 Millon Facebook-Nutzer davon abgehalten, ihren Account zu löschen.

Auf dieser Seite wird alles dafür getan, dass der Nutzer seinen Account nicht deaktiviert.

- Der Nutzer muss einen Grund dafür angeben, warum er seinen Account deaktivieren möchte.

- Dem Nutzer wird suggeriert, dass seine engsten Freunde ihn vermissen werden.

- Deswegen kann der Nutzer seinen Freunden eine *letzte* Nachricht schicken.

»Diese Veränderung hat rund 1 Mio. Nutzer für über ein Jahr auf der Seite gehalten«, erzählte Julie Zhuo, heute Vice President Product bei Facebook, im Jahr 2010 auf einer Konferenz.

7.6.3   Der »Columbo«-Hack

»Nur noch eine Frage …« Peter Falk alias Columbo lockte die Verdächtigen stets aus der Reserve, indem er sie mit einer letzten Frage konfrontierte, als er eigentlich schon zur Tür raus war. Die Wenigsten rechneten damit und gaben entscheidende Informationen preis. Mit sogenannten *Exit-Intent-Pop-ups* kannst du das Gleiche erreichen: In dem Moment, in dem der Nutzer die Seite verlassen möchte und den Mauszeiger auf die Navigationsleiste des Browsers bewegt, öffnet sich ein Pop-up-Fenster. Das ist deine letzte Chance auf eine Interaktion: Biete dem Interessenten einen Rabatt an, um ihn doch noch zum Kauf zu bewegen. Oder frage ihn, warum er die gewünschte Aktion nicht ausgeführt hat (siehe Abbildung 7.12).

Abbildung 7.12 Talerbox fragt nach Feedback nach der Newsletter-Abmeldung

Diesen Hack kannst du auch verwenden, wenn dein Kunde seinen Account bereits gekündigt hat: Stelle ihm auf der Bestätigungsseite eine einzige Frage. Widerstehe der Versuchung, eine komplette Umfrage zu integrieren. Frage ihn nur, warum er dein Produkt nicht mehr benutzen will. Frage ihn, was ihn am meisten an deinem Produkt stört. Da er sich bereits entschieden hat, dich zu verlassen, wird er dir vermutlich ehrlich antworten – und du hast nichts mehr zu verlieren.

7.7 Loyalität und Community

Durch einen absoluten Fokus auf Kundenzufriedenheit (die sogar höher priorisiert wird als die Zufriedenheit der Investoren und Aktieninhaber) hat es Amazon von einem Online-Buchladen zum erfolgreichsten E-Commerce-Unternehmen der Welt geschafft. Dabei hat Amazon seine Waren- und Lieferkette derart perfektioniert, dass sie so gut wie alles verkaufen und liefern können – und das mit der größtmöglichen Kundenzufriedenheit. Suche in deinem Bekanntenkreis jemanden, der bei Amazon bestellt hat und mit dem Bestell- und Lieferprozess *nicht* zufrieden war – es ist nicht leicht.

7.7.1 Der »Amazon«-Hack

Wohl kein Unternehmen kennt seine Kunden so gut wie Amazon, denn kein Unternehmen sammelt mehr Daten über die Käufe und Wünsche seiner Kunden. Das macht das Verkaufen deutlich leichter, denn Amazon kann perfekte Empfehlungen aussprechen: 35 % der Produktkäufe auf Amazon basieren auf Empfehlungen. Die auf dem Verhalten der Nutzer basierenden Film- und Serienempfehlungen von Netflix sind sogar für 75 % der Käufe verantwortlich. Je besser du die Wünsche und Erwartungen deiner Bestandskunden kennst, desto mehr Erfolg wirst du haben.

Konkret bedeutet das, dass du deinen Kunden in deiner App, auf deiner Website oder per E-Mail Vorschläge für ihren nächsten Kauf unterbreiten solltest. Analysiere den Kauf- und Entscheidungsprozess von einzelnen Kundensegmenten, um die Empfehlungen stetig zu verbessern. Somit kannst du auch Personas definieren, die stellvertretend für einzelne Kundensegmente stehen. Bei Netflix wären das beispielsweise »Binge-Watcher« (Menschen, die eine neue Serienstaffel gerne am Stück sehen), »Fans von Emily Blunt« oder »Horror-Fans«.

Für dich bedeutet das: Nutze dein Wissen über deine bestehenden Kunden. Wenn du weißt, welche Produkte sie gekauft haben, weißt du auch, wo der Schuh drückt und welche weiteren Produkte und Dienstleistungen ihnen helfen können, ihre Probleme zu lösen. Mache dir dieses Wissen zunutze, indem du ihnen passende Produkte anbietest, die deine vorherigen ergänzen.

Das menschliche Gehirn und die grundlegenden Verhaltensmuster haben sich laut Anthropologen und Neurobiologen in den letzten 20.000 Jahren kaum verändert. Kein Wunder also, dass sich Amazons Erfolg auf einige wenige, grundlegende menschliche Handlungsmuster – sogenannte *kognitive Verzerrungen* – zurückführen lässt:

▸ Den Wunsch nach **sofortiger Belohnung** bedient Amazon durch 1-Click und Amazon Dash, mit deren Hilfe der Bestellprozess radikal abgekürzt wird: Bei 1-Click wird die Bestellung sofort ausgelöst, ohne dass die Zahlungs- und Adressdaten bestätigt werden. Amazon Dash ist ein physischer Knopf, bei dessen Bestätigung das jeweils hinterlegte Produkt in der gewünschten Menge automatisch gekauft wird (z. B. Windeln oder Waschmittel). Den Vogel abgeschossen hat der Pizza-Lieferservice *Dominos* mit seiner »Zero Click«-App. Sobald die App gestartet wird, muss der Kunde **nichts** tun, um seine hinterlegte Lieblingspizza zu bestellen. Er hat zehn Sekunden Zeit, den Bestellprozess abzubrechen.

▸ **Einfachheit** führt zur Gewohnheit: Bei Amazon muss man sich nur einmal registrieren und kann dann eingeloggt bleiben, das verkürzt ebenfalls den Bestellprozess. Außerdem hat Amazon trotz eines stetig wachsenden Angebots noch nie einen Website-Relaunch[10] durchgeführt. Mit dem Ergebnis, dass sich die Kunden stets zurechtfinden.

▸ **Konsistenz.** Wenn wir einmal eine Wahl getroffen haben, bleiben wir gerne dabei. Das erklärt den großen Erfolg des Kundenbindungsprogrammes Amazon Prime.

7.7.2 Der »Prime«-Hack

Abo-Modelle, bei denen die Kunden regelmäßig einen festen Betrag zahlen, um die Produkte zu nutzen, sind keinesfalls eine Innovation. Trotzdem erleben sie aktuell eine Renaissance, ausgelöst durch Amazon. Mit dem Launch seines Prime-Angebots[11] hat Amazon den Sprung von Loyalität zu Gewohnheit geschafft. Das Programm wurde einzig und allein dazu erdacht, die Mentalität der Nutzer zu beeinflussen und Amazon nicht nur als primären, sondern einzigen Onlineshop zu setzen. Sind die Prime-Mitglieder auf der Suche nach einem neuen Produkt, wer-

---

10 Statt eines Relaunches werden ständig dutzende von Optimierungs-Experimenten durchgeführt. Statt seltenen großen Änderungen gibt es daher ständig kleine, die den Kunden aber nicht auffallen.

11 Für einen Mitgliedsbeitrag von 69 Euro/Jahr oder 7,99 Euro/Monat profitieren die Kunden von Amazon-Prime-Vorteilen, wie z. B. kostenfreiem Premiumversand für viele Artikel, unbegrenztem Streaming von Filmen und Serienepisoden mit Prime Video sowie Streaming von Songs mit Prime Music. Das Programm wurde einzig und allein dazu erdacht, die Mentalität der Nutzer zu beeinflussen und Amazon nicht nur als primären, sondern einzigen Onlineshop zu setzen. Wer-

den Prime-Kunden in der Regel zuerst bei Amazon nach diesem Produkt suchen und meist auch dort bestellen. Das Ergebnis? Ein Prime-Kunde gibt durchschnittlich im Jahr etwa doppelt so viel aus wie ein »normaler« Kunde.[12]

Viele prominente Unternehmen wollen es Amazon gleichtun und haben ebenfalls Abo-Modelle gestartet, darunter so prominente Marken wie *Volvo*, die ihre Fahrzeuge im Programm »Care by Volvo« dauerhaft vermieten[13]. Über das Start-up *Cluno*[14] kann man sogar einen Porsche per Abo mieten. In diesen Fällen wird das Auto nicht mehr gekauft, sondern dauerhaft (und mitsamt aller Nebenkosten außer Benzin) gemietet.

Noch sinnvoller sind Abos für Produkte des täglichen Bedarfs, die regelmäßig wieder eingekauft werden müssen. Beispiele dafür sind *Lola*, die Frauen-Hygiene-Produkte verkaufen sowie *Happy Coffee*, die … nun ja, eben Kaffee verkaufen.

7.7.3   Der »Vielflieger«-Hack

Verbessere dein Angebot, und belohne deine treuen Kunden. Geschenke und Giveaways sind eine schöne Sache, aber noch besser sind solche Belohnungen, die zur weiteren Nutzung deines Produkts und mehr Käufen motivieren. Du könntest beispielsweise ein Loyalitätssystem einrichten, bei dem Kunden Punkte bekommen, wenn sie dein Produkt kaufen. Vielfliegerprogramme wie Miles & More oder Bonusprogramme wie Payback basieren auf diesem Prinzip.

> **Tipp**
>
> Je einfacher und spielerischer du die Sammlung von Punkten gestaltest, desto größer wird der Erfolg sein. So könntest du allein schon für die Registrierung oder das Ausfüllen des Kundenprofils Bonuspunkte vergeben. Wenn dich Kundenbindungsprogramme interessieren, schau dir auf jeden Fall auch Abschnitt 9.3.1, »Das Dilemma mit dem MVP«, an!

7.7.4   Der »Wir sind alle im selben Boot«-Hack

Kern deines Unternehmens ist die Lösung des Kundenproblems. Was läge also näher, als den Kunden an der Optimierung deines Produkts teilhaben zu lassen? Viele Start-ups, wie beispielsweise *Finanzguru* oder *Kontist*, rufen ihre Nutzer dazu auf, Vorschläge für die Verbesserung der App einzureichen. Alle anderen Nutzer kön-

---

12 *https://www.fool.com/investing/general/2014/04/21/whats-a-prime-member-worth-to-amazoncom.aspx*

13 *https://www.volvocars.com/de/carebyvolvo/*

14 In den USA ist dies durch das Programm »Porsche Passport« möglich.

nen diese Vorschläge einsehen und mitunter sogar über sie abstimmen. Auf diese Weise werden aus Nutzern Co-Produzenten, die natürlich entsprechend motiviert und emotional involviert in deinen Erfolg sind.[15]

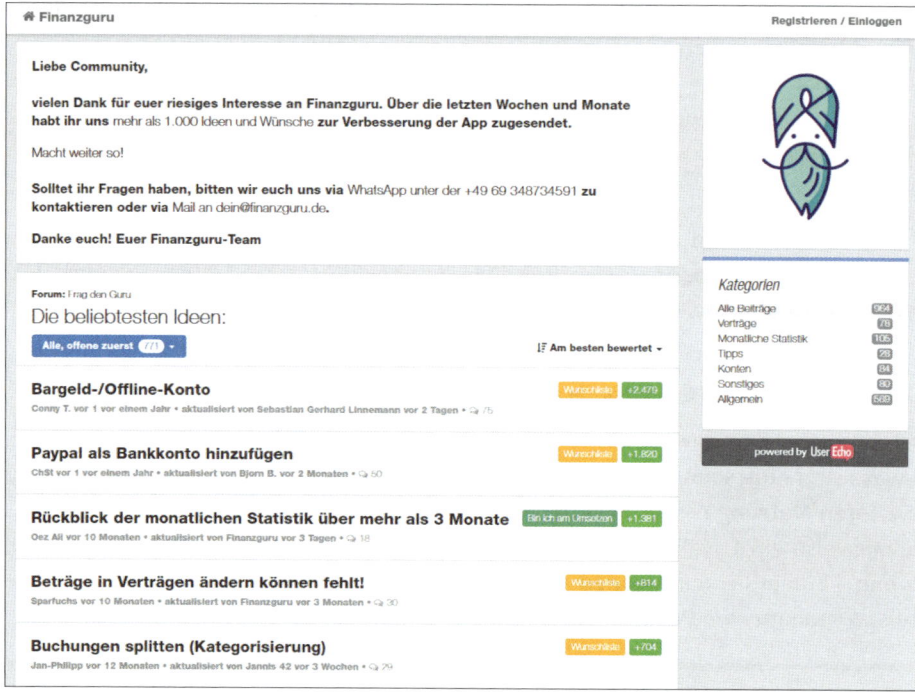

Abbildung 7.13   Finanzguru fragt seine Nutzer nach Verbesserungsideen.

7.7.5   Der »Zum Lachen gehen wir auf die Website«-Hack

Lass uns über Humor sprechen. Kein einfaches Thema in Deutschland, insbesondere im B2B-Bereich. Immerhin sind wir seriös und professionell, da hat Humor ja nun wirklich gar keinen Platz! Das ist sehr schade, denn Einkäufer und Geschäftsführer sind auch nur Menschen. Humor wird als Werkzeug im Marketing viel zu oft vernachlässigt – also eine sehr gute Chance für dich als Growth Hacker, dich vom Wettbewerb abzuheben!

> »A man without a smiling face must not open a shop.« – Chinesisches Sprichwort

Der E-Mail-Provider Mailchimp hat Gamification und Humor an vielen Stellen der User Experience eingebaut. »Wir begegnen allen unseren neuen Nutzern, als ob wir uns mit ihnen auf ein Date verabreden wollen«, sagt Aarron Walter, Director of

---

15 Das Tool User Echo (*userecho.com*) kann dir dabei helfen.

User Experience bei Mailchimp. »Wir haben herausgefunden, dass humorvolle Texte, unser Maskottchen Freddy, der Mail-Affe, und viele kleine Easter-Eggs eine ansonsten mondäne Aufgabe zu einem spannenden Erlebnis machen, auf das sich die Menschen freuen.«

Damit beweist Walter, dass die Generierung von positiven Emotionen im Vordergrund des Nutzererlebnisses stehen sollte. Denn nur, wenn die Nutzer eine emotionale Verbindung mit deinem Produkt und deinem Unternehmen aufbauen, wenn sie es wirklich mögen und vermissen würden, werden sie dein Produkt nicht nur fortwährend nutzen, sondern es auch ihren Freunden empfehlen und dich bei Kritik verteidigen. Nicht umsonst spricht man vom »Apple Fan Boy«, der große Loyalität zu »seinem« Unternehmen beweist und auch bereit ist, höhere Preise zu bezahlen. Das ist die Macht der emotionalen User Experience. Produkte, die einfach, unterhaltsam, problemlösend, überraschend und/oder einzigartig sind, haben es immer einfacher, viral verbreitet zu werden, sei es organisch oder orchestriert.

Und oft ist es ganz einfach! Beispiel: Du könntest dich vor eine Kamera stellen und die Vorteile deines Start-ups aufzählen. Klingt langweilig? Ist es auch. Aber wie wäre es, wenn du dabei ein Müsli isst?[16] Oder auf einem Gabelstapler fährst?[17]

Abbildung 7.14 YNAB (You Need A Budget) bewirbt seine Personal-Finance-Management-App. Und Crunch Berries.

Gerade bei digitalen Unternehmen ist das Interface quasi die Marke. Denk an Google: eine schlichte weiße Seite mit einem Suchschlitz und darüber der bekannte Schriftzug. So minimalistisch die Seite ist, so gerne wird sie von Google verändert:

---

16 Das Video von YNAB findest du auf *https://www.youtube.com/watch?v=22aEQMD3dfE*.

17 Das Video von Dollar Shave Club findest du hier: *https://www.youtube.com/watch?v=ZUG9qYTJMsI*.

Regelmäßig wird das Logo durch eine Abwandlung, eine Animation oder sogar ein kleines interaktives Spiel zur Feier eines besonderen Tages ausgetauscht. Dieses »Doodle« trägt – neben den quietschbunten Buchstaben – zum positiven Markenimage von Google bei.

Viele Unternehmen sorgen mit Humor, Cleverness oder Überraschung dafür, dass sich die Nutzer auf einer emotionalen Ebene mit ihnen verbinden. Und damit heben sie sich vom Wettbewerb ab:

> »We can't help but create relationships with things that we interact with over and over and over again. Whether it's a company, a brand, a tool, a service, equipment, you eventually attribute characteristics and personalities to that object that you're interacting with and anthropomorphize it.«
> – Kevin Hale, Gründer von Wufoo

Unternehmer wie Hale haben eine ganz bestimmte Herangehensweise an UX Design und Texte: Sie stellen sich die erste Interaktion mit einem neuen User als Date vor. In ihren Texten sprechen sie die Nutzer direkt an, und zwar mit einer persönlichen, freundlichen und humorvollen Tonalität. Das funktioniert deswegen so gut, weil 95 % aller Designelemente auf den Webseiten dieser Welt identisch (und damit langweilig) sind. Wenn nun jemand diese gewohnte Nutzung durchbricht, ohne dass es sich negativ auf die Usability auswirkt, dann kann sich das sehr positiv auf das Brand-Image und damit auch auf die Retention auswirken, beispielweise die Erreichung eines Meilensteins bei der Nutzung des Produkts wie Udemy oder Google Guides:

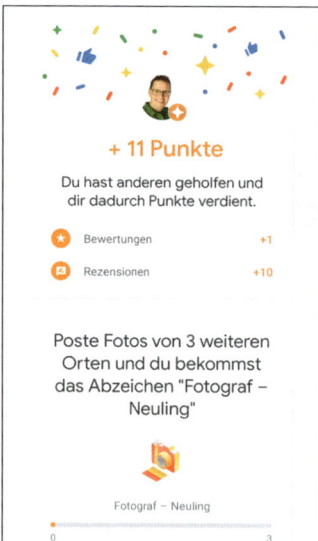

Abbildung 7.15 Feiere die Meilensteine deiner Nutzer

Selbst so etwas Banales wie ein Anmeldeformular kann durch eine Prise Humor für ein Lächeln auf dem Gesicht deiner Nutzer sorgen:

Abbildung 7.16 Bei Zapier kann man schmunzeln

Du kannst theoretisch jeden Text, jeden Button und sogar jede URL daraufhin überprüfen, ob er nicht eine Prise Menschlichkeit und Humor vertragen könnte.

Klassische Kandidaten dafür sind:

▶ Newsletter-Betreff und -Nachricht

▶ Unsubscribe Message[18]

▶ die »Über uns«-Seite

▶ Blog

▶ »Inhalt wird geladen«-Animation (Slack arbeitet mit wechselnden motivierenden Zitaten)

▶ 404-Seite

▶ AGB (weniger humorvoll, aber hilfreich sind beispielsweise die Zusammenfassung der AGB von Shopify auf *https://www.shopify.de/legal/agb*)

▶ Easter-Egg. Im Chrome-Browser kann man sich beispielsweise mit einem kleinen Jump-and-Run-Spiel die Zeit vertreiben, wenn man gerade offline ist.[19]

---

18 HubSpot hat dafür dieses großartige Video erstellt: *www.youtube.com/watch?v=Lt8p0_Cp76c& feature=youtu.be*

19 Auf Google selbst gibt es einige versteckte Gimmicks. Beispielsweise mit der Suchphrase »do a barrel roll«. Auch »use the force luke« in der YouTube-Suche sorgt für Spaß.

▶ Bestätigungsseite (z. B. nach einem Kauf, einer Registrierung oder einem Download), bestes Beispiel: Mailchimp

Abbildung 7.17 Mailchimp versteht die Gefühlslage beim E-Mail-Versand.

Nimm dich selbst nicht zu wichtig! Natürlich wird es Menschen geben, die deinen Sinn für Humor nicht teilen – aber nicht jeder Mensch muss auf Teufel komm raus auch dein Kunde werden (siehe Kapitel 2, »So funktioniert Growth Hacking«). Auch im Shop *meinherzschlag.de* wird sich nicht jeder wohlfühlen – aber ein Exil-Bayer, der seine Heimat vermisst, wird ihn lieben (siehe Abbildung 7.18).

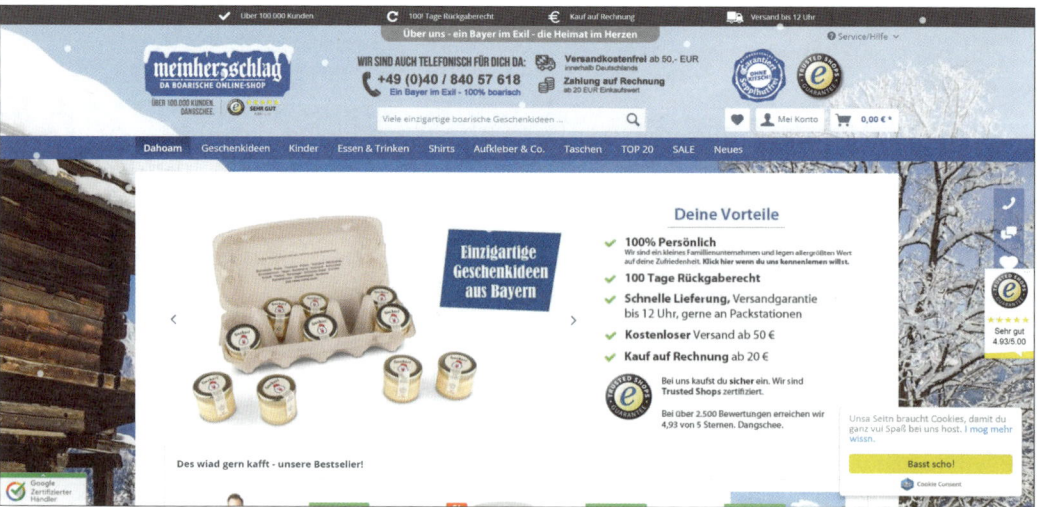

Abbildung 7.18 100% bayerischer E-Commerce-Shop

7.7.6 Der »Tribe«-Hack

Seth Godin, ein amerikanischer Autor und Unternehmer, schreibt in seinem Buch »Tribes: We Need You to Lead Us«, dass Menschen irgendwo dazugehören müssen, um sich gut zu fühlen. Dazu brauche es Leader, die mit einem starken Glauben an eine Idee vorausgehen:

> *»Leaders challenge the status quo. They create a culture around their goal and involve others in their culture.«*
> *– Seth Godin*

Godin meint, dass ein Leader sich nur stark genug für eine Idee einsetzen muss, damit die Menschen ihm folgen. Du kannst das für dich ausnutzen, indem du in einer frühen Phase deiner Produktentwicklung mit deiner Idee vor die Community trittst und diese mit viel Leidenschaft präsentierst und verteidigst. Es gibt zwar keine Garantie, dass die Community die Idee annehmen wird, aber wenn deine Idee grundsätzlich für gut befunden wird und du dich dann stark um die Interessen der Community kümmerst, ist die Chance größer, dass diese dich als Leader akzeptiert und dir in Zukunft folgen wird. So hast du die Möglichkeit, eine Community zu bilden und deine Produktideen sehr früh an den Bedürfnissen dieser Community zu entwickeln. Nicht nur das, du lernst so auch deine Zielgruppe besser kennen und kannst anhand echter Profile deine Personas entwickeln. Und die Community lernt dich und deine Stärken kennen, was das Vertrauen zwischen dir und deinen potenziellen Kunden fördert.

Best Practice: Riser

Riser ist ein österreichisches Start-up, das Motorradfahrer miteinander verbindet. Um ihren »Tribe« zu verstärken, haben Nora Dejaco und ihr Team das Konzept der *Riser Ambassadors* ins Leben gerufen. Riser Ambassadors sind Fahrerinnen und Fahrer rund um den Globus, die entweder besondere Kenntnisse und Insights in bestimmten Regionen haben oder aber Experten in einem bestimmten Fahrstil sind.

In der App steht ihnen die Möglichkeit zur Verfügung, anderen Tipps zu geben und sich dadurch auch einen Namen zu machen.

Außerdem erstellen die Ambassadors Content für den Riser-Blog in der Form von Geschichten um ihre Motorräder und Reisen.

Vorteile für das Unternehmen:

▶ Stärkung des Vertrauens der Nutzer in die App

▶ Stärkung der Community

▶ Stärkung des eigenen Ökosystems innerhalb der App

▶ Verstärkung der Wechselhürden, insbesondere für die Ambassadors selbst

---

7.7.7   Der »De Blasio«-Hack von Uber

Uber ist eines der Unternehmen, die durch ihre »Mit dem Kopf durch die Wand«-Mentalität in den letzten Jahren weltweit stark gewachsen ist und sich dadurch nicht nur Freunde gemacht hat. Insbesondere alteingesessene Taxiunternehmer sind auf Uber nicht gut zu sprechen. In New York führte das 2015 dazu, dass die Taxi-Lobby starken Druck auf den damaligen Bürgermeister Bill de Basio ausübte, damit er den Erfolg von Uber verhinderte (zum vermeintlichen Schutz der Arbeitsplätze).

Wie reagierte Uber auf diese Bedrohung, die sie von einem der wichtigsten Märkte in den USA verbannt hätte? Mit einem Produktfeature! Kunden von Uber in New York fanden einen Knopf mit der Aufschrift »De Blasio's Uber«. Daraufhin gab es entweder gar keine Fahrzeuge mehr, oder die Wartezeiten waren mindestens 25 Minuten lang – also das vermeintliche Wunsch-Ergebnis der Taxilobby. Im gleichen Moment konnten die Nutzer ihrem Bürgermeister eine E-Mail schreiben und sich gegen den Taxi-Bescheid aussprechen. Bekanntlich war die Maßnahme ein voller Erfolg. Uber hatte es geschafft, ein »Wir«-Gefühl mit seinen Nutzern zu etablieren, und machte sich die Macht der Kunden zunutze.

Key Learnings

Retention ist für den Erfolg deines Projekts extrem wichtig, denn es ist einfacher und profitabler, einen bestehenden Kunden zu behalten, als einen neuen zu gewinnen. In diesem Kapitel hast du gelernt:

1. warum guter Kundenservice deine mächtigste Waffe ist

2. was du von Super Mario lernen kannst, um das Onboarding zu einem intuitiven Prozess zu machen

3. welche psychologischen Trigger du dir zunutze machen kannst

4. warum du dich selbst immer nicht allzu ernst nehmen und die Meilensteine deiner Nutzer feiern solltest

5. wie andere Unternehmen eine starke Community aufgebaut und damit eine höhere Retention erreicht haben

---

8 Referral: so wirst du weiterempfohlen

Welches Unternehmen wird nicht gerne von seinen Kunden weiter-
empfohlen? Es werden nur hervorragende Produkte weiterempfohlen,
aber längst nicht jedes hervorragende Produkt profitiert von Empfeh-
lungen. Hier erfährst du, warum das so ist.

Michael Birch ist ein englischer Physiker und Programmierer – und der Inbegriff dessen, was die Medien gemeinhin als »Serien-Entrepreneur« bezeichnen. Gemeinsam mit seiner Frau Xochi (grandioser Vorname!) gründete er eine Vielzahl von Unternehmen, nicht selten mehrere parallel. Dies gelang ihnen fulminant, als das von ihnen gegründete Social Network *Bebo* im Vereinigten Königreich zwischenzeitlich mehr Nutzer hatte als AOL, Amazon oder die Seiten der BBC. Xochi und Michael verkauften Bebo an AOL im Jahr 2008 zu einem Preis von 850 Millionen US-Dollar. Man kann also mit gutem Gewissen davon ausgehen, dass Michael Birch ein, zwei Dinge von Start-up-Marketing versteht. Und er bringt es auf den Punkt:

> *»Viral marketing is at the heart of growth hacking.«*
> *– Michael Birch*

Growth Hacker sind bestrebt, einen messbaren viralen Effekt in das Produkt einzubauen, eine sogenannte *Viral Loop*. Jesse Farmer, der Co-Founder des Fashionshops *Everlane*, ist der Meinung, dass gute Growth Hacker virales Wachstum planen, sogar konstruieren können. Aber auch Gründer und Marketer, die sich selbst nicht zu den besten Growth Hackern zählen würden, können die Voraussetzungen für virales Wachstum optimieren, wenn sie einige einfache Regeln befolgen.

KPI: Viraler Koeffizient (K)

Die wichtigste Metrik bezüglich der Viralität eines Produkts ist der sogenannte *virale Koeffizient*. Du berechnest ihn wie folgt:

1. Berechne die Einladungsrate: Anzahl der Einladungen / Anzahl der bestehenden Nutzer.

2. Berechne die Akzeptanzrate: Anzahl der Sign-ups / Anzahl der Einladungen.

3. Multipliziere die beiden miteinander, und du hast den viralen Koeffizienten:
   K = Akzeptanzrate × Einladungsrate.

Wenn K > 1, hast du eine virale Verbreitung. Es wird pro Nutzer mehr als 1 weiterer Nutzer durch organische Viralität dazukommen.

bestehende Nutzer	2.000
versendete Einladungen	1.500
akzeptierte Einladungen	150
Einladungsrate	0,75
Akzeptanzrate	10%
viraler Koeffizient	**7,5**

Tabelle 8.1 Beispiel: Berechnung des viralen Koeffizienten (K)

Letztendlich geht es beim Empfehlungsmarketing um die Planung und Erschaffung eines Produkts, das die Menschen so sehr lieben, dass sie ihren Freunden, Kollegen und Familien davon erzählen. Denke daran: Wenn ein Produkt nicht von wenigstens einer kleinen Gruppe heiß und innig geliebt wird, hilft auch der beste Growth Hack nicht. Durch die Funktionsweise oder Usability musst du es schaffen, ein Produkt zu erschaffen, das positive Emotionen weckt.

> *»Finde heraus, was der beste Moment im Nutzererlebnis deines*
> *Produktes ist – und füge exakt dort einen großen Sharing-Button ein!«*
> *– Dan Martell, Entrepreneur und Investor*

Es klingt banal – aber gerade kleine und mittelständische Unternehmen vernachlässigen oft diese Möglichkeit des Social Sharings. Dabei bedarf es nur dreier Dinge, um eine virale Verbreitung anzustoßen:

1. **Den Aha-Moment**
   Das ist der Moment, in dem das Problem des Nutzers gelöst wird (mehr dazu haben Sie bereits in Kapitel 6, »Activation: so aktivierst du deine Nutzer«, erfahren).

2. **Einen großen Sharing-Button**
   Da du nicht immer genau weißt, welches soziale Netzwerk (oder Messenger oder E-Mail) dein Kunde favorisiert, empfiehlt es sich, nicht nur einen, sondern mehrere Buttons anzubieten. Mit Tools wie Sumo.com oder Po.st kannst du sehr einfach diese Buttons einbinden, mit deinen Profilen vernetzen und den Erfolg messen.

3. **Die Aufforderung zum Teilen**
   Sei es auf einer »Danke für deinen Einkauf«-Seite, in einem Blogpost oder einem Video: Sag deinen Nutzern immer, was sie tun sollen!

8.1   Der Klassiker – das Referral-Programm

Ein Growth-Hacking-Klassiker, der aber gute Chancen auf Erfolg hat, ist Freund-schaftswerbung und sind Empfehlungsprogramme. Diesen Mechanismus nutzen eine Vielzahl etablierter Unternehmen mit Abonnement-Funktion wie Versiche-rungen oder Zeitungen. Noch effektiver ist wechselseitige Freundschaftswerbung, bei der nicht nur der Werber, sondern auch der Beworbene profitiert.

Und so funktioniert dieser Hack: Das Unternehmen stellt dem Bestandskunden einen Empfehlungslink zu Verfügung, den dieser mit seinen Freunden teilt, und er wird belohnt, wenn andere sich über diesen Link für das Produkt oder den Dienst anmelden – beispielsweise durch ein Werbegeschenk, einen Rabatt oder wie bei Dropbox durch ein kostenloses Upgrade (bei Dropbox Speicherplatz).

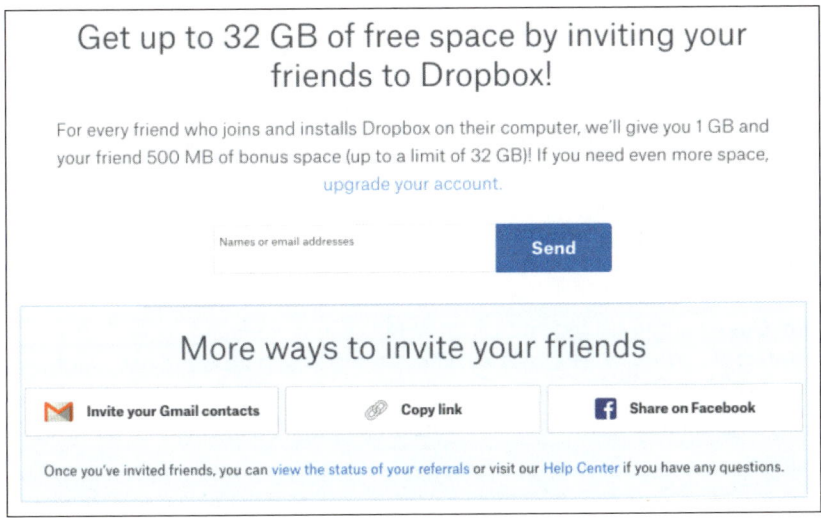

Abbildung 8.1 Dropbox macht Empfehlungen einfach.

Die Entwicklung einer Funktion zum Einladen neuer Nutzer zu einem Produkt dürf-te für die meisten Unternehmen kein Hexenwerk mehr sein. Auch als Sean Ellis die-sen Hack für Dropbox entwickelte, war die Funktion an sich nichts Weltbewegen-des. Entscheidend für den Erfolg war der Mehrwert, den die Funktion durch das Einladen der Freunde gebracht hatte. Seine Freunde in eine App oder zu einem neuen Service einzuladen ist inzwischen eine Standardfunktion, was aber nicht be-deuten soll, dass sie an Wert verloren hat. Wenn es dir gelingt, den Nutzer davon zu überzeugen, dass er durch das Einladen seiner Freunde ebenfalls davon profi-tiert, kann ein Referral-Programm nach wie vor sehr gute Resultate liefern.

Neue Mitglieder einladen

Lade neue Mitglieder per E-Mail in die Organisation ein

E-Mail Adresse *	Name (optional)
max.muster@mustermail.ch	max.muster@mustermail.ch
max.muster@mustermail.ch	max.muster@mustermail.ch
max.muster@mustermail.ch	max.muster@mustermail.ch
max.muster@mustermail.ch	max.muster@mustermail.ch
max.muster@mustermail.ch	max.muster@mustermail.ch

(+) Weitere E-Mail-Adresse hinzufügen   ODER   Mehrere aufeinmal versenden

Einladung versenden

Abbildung 8.2 Ein klassisches Invite-Feature für ein SaaS-Produkt der Firma w-vision AG, Luzern CH

Best Practice: Dropbox

Dropbox erreichte zwischen 2008 und 2019 ein Nutzerwachstum von 3.900 % in nur 15 Monaten! Das schafften sie, indem sie kontinuierlich und basierend auf den Ansprüchen der Nutzer ihr Produkt verbesserten und ein mittlerweile legendäres Empfehlungsprogramm aufbauten.

Die beidseitige Belohnung wurde von den Nutzern aus folgenden Gründen gut angenommen:

▶ Mehr Speicherplatz diente als Belohnung = erweiterte Version des gleichen Produkts.

▶ Die Empfehlung war Teil des Onboarding-Prozesses.

▶ Die Menschen hatten eine klare Vorstellung von den Vorteilen.

▶ Dropbox machte es den Leuten sehr einfach, ihre Freunde einzuladen.

▶ Die Leute konnten jederzeit den Status ihrer Empfehlungen einsehen und wussten daher, ob ihre Freunde ihre Einladung auch angenommen hatten (und konnten sie gegebenenfalls daran erinnern).

Unsere wichtigste Empfehlung lautet also: Überlege dir, wie du es erreichen kannst, dass deine Nutzer den Wert einer Einladung erkennen. Entwickle eigene Ideen, und dann teste so viele Varianten wie möglich.

Viele Unternehmen wie *DriveNow* (ehemals MyTaxi), *Uber* und insbesondere *Airbnb* sind durch diesen Mechanismus gewachsen. Die Benutzer laden ihre Freunde per E-Mail zu Airbnb ein oder indem sie einen personalisierten Empfehlungscode teilen. Wenn Freunde sich daraufhin ebenfalls anmelden, erhalten sie 35 Euro Airbnb-Guthaben. Darüber hinaus erhält der Werber ebenfalls eine Gutschrift über 35 Euro, wenn er verreist, bzw. 65 Euro, wenn er als Gastgeber fungiert. Somit profitieren alle drei Parteien: das Unternehmen, der Werber und der Beworbene.

Als Unternehmen ist es natürlich kritisch zu wissen, wie hoch die Akquisekosten für einen einzelnen neuen Nutzer maximal sein dürfen, wenn der ROI positiv sein soll. Diese Kosten hängen wiederum vom durchschnittlichen Customer Lifetime Value ab.

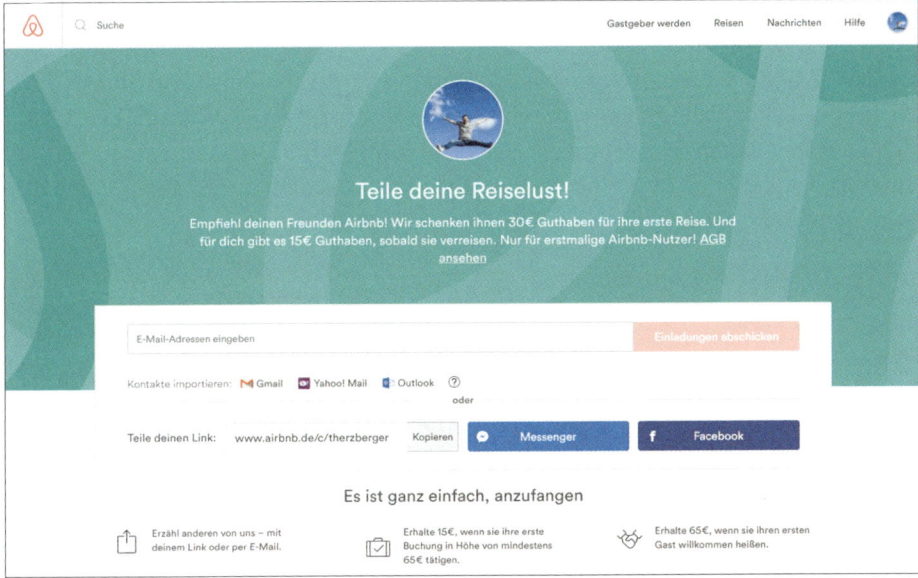

Abbildung 8.3 Empfehlungsmarketing bei Airbnb

8.2   Virales Marketing

Als der österreichische Extremsportler Felix Baumgartner am 14. Oktober 2012 aus seiner Druckkapsel in 38.000 Metern Höhe trat, stockte der halben Welt der Atem. Etwa 200 Fernsehsender und digitale Netzwerke berichteten live von dem Ereignis, das von dem österreichisches Getränkehersteller Red Bull gesponsert wurde. Auf YouTube sahen rund 8 Millionen Menschen gleichzeitig zu, und im Nachklapp wurden Videos und Inhalte über Monate hinweg viral verbreitet.

Der britische Moderator James Corden war Gastgeber einer kleinen Talkshow, die erst am späten Abend ausgestrahlt wurde und deswegen ein Nischendasein fristete – bis er gemeinsam mit der Sängerin Adele einige ihrer größten Hits während einer gemeinsamen Autofahrt sang. Auch dieses Video wurde auf YouTube 136 Millionen Mal angeklickt, und Corden ist seitdem einer der bekanntesten Talkshow-Hosts der USA.

Natürlich bewegen sich diese Beispiele in einer Größenordnung, die »normale« Unternehmen kaum jemals erreichen werden. Trotzdem, Viralität ist bis zu einem gewissen Grad auch für uns Normalsterbliche möglich.

Im Kern geht es darum, Kontakte des dritten Grades zu erreichen. Was das ist? Kontakte des ersten Grades kennen dich bzw. dein Unternehmen persönlich. Kontakte des zweiten Grades kennen weder dich noch deine Marke und sind deswegen deutlich schwerer zu beeindrucken. Hier stirbt der meiste Content. Erst wenn dein Content Menschen des dritten Kontaktgrades erreicht, ist dein Content viral. Die wichtigste Lektion für viralen Content ist: Wenn der Content nicht gut ist, wird er deinen ersten Kreis nicht verlassen. Es ist die Kombination aus Aufmerksamkeit mit einer starken (aber nicht irreführenden) Headline und einem großartigen Video, das »viral geht«.[1]

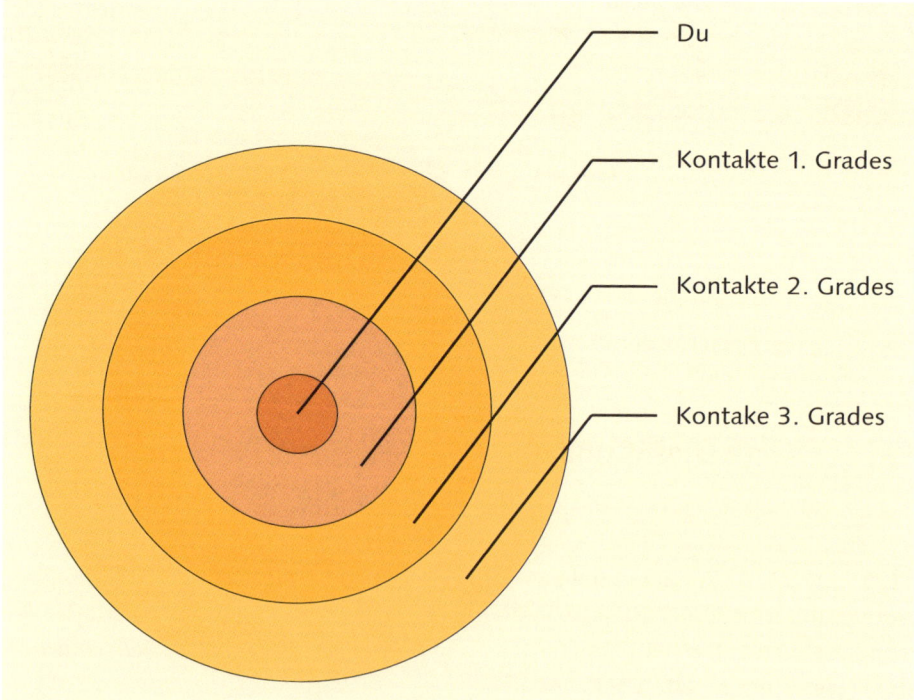

Abbildung 8.4 Viralität bedeutet die Ansprache der Kontakte 3. Grades.

---

1   Scott Stratton & Alison Stratton: Unbranding. 100 Branding Lessons for the Age of Disruption

Viraler Content muss einen sehr starken Mehrwert bieten; er sollte humorvoll, emotional und persönlich sein.

8.2.1 Der »Wir leben nicht in einer Blase«-Hack

Mithilfe des Sharing-Buttons können die Nutzer das Produkt empfehlen, ohne die Seite verlassen zu müssen. Deswegen empfiehlt es sich auch, auf Sharing statt auf »Gefällt mir« zu setzen, denn somit erhöhen sich die Chancen auf eine virale Verbreitung. Aus demselben Grund kann es sich lohnen, das Kommentar-Plug-in von Facebook auf einen Blog zu integrieren, weil die Kommentare somit nicht nur auf der Seite selbst, sondern auch auf Facebook veröffentlicht werden. Welche Buttons du einsetzt und welche sozialen Netzwerke du damit präferierst, hängt von deiner jeweiligen Zielgruppe ab und wird sich von Markt zu Markt und von Produkt zu Produkt unterscheiden.

Diese Technik des Cross-Postings ist ein wichtiger Grund dafür, warum sowohl Spotify als auch Instagram so schnell so viele Nutzer gewinnen konnten: Beide Plattformen haben das Teilen von eigenen Bilder oder Liedern auf eine bestehende Plattform (insbesondere Facebook) sehr vereinfacht. Somit haben sie die hohe Reichweite von anderen Plattformen und den Mitteilungsbedarf der eigenen Nutzer für ihr Wachstum sehr erfolgreich genutzt. Spotify ist eines der wenigen europäischen »Unicorns«, also Start-ups mit einer Bewertung von über 1 Milliarde US-Dollar, und ist mit über 100 Millionen Nutzern der weltweit größte Musik-Streaming-Anbieter. Instagram wurde für inzwischen für 1 Milliarde US-Dollar von Facebook gekauft und hat über 700 Millionen aktive Nutzer.

Idealerweise forderst du deine Nutzer nicht dazu auf, sondern gibst ihnen auch noch einen guten Grund dafür, deine Inhalte zu teilen. Beispielsweise könntest du implizieren, dass sie dadurch ihre Personal Brand aufbauen und deswegen höhere Chancen auf die nächste Karrierestufe haben. Oder dass sich durch die öffentliche Bekanntmachung die Wahrscheinlichkeit erhöht, dass sie eine Diät durchhalten oder endgültig mit dem Rauchen aufhören.

8.2.2 Der »Harry's«-Hack

Freundschaftswerbung ist beim besten Willen keine neue Marketingmechanik. Viele Unternehmen – insbesondere Zeitungsverlage, Banken oder Clubs – belohnen ihre Kunden, wenn sie einen ihrer Freunde dazu überreden, ebenfalls Mitglied zu werden bzw. das Produkt zu kaufen. Würde diese Mechanik nicht funktionieren, wäre sie nicht so lange am Markt. Digitales Marketing erlaubt uns aber Verfeinerungen dieses Konzepts, denn prinzipiell stehen folgende Mechanismen zur Verfügung:

- **Einseitige Belohnung:** Für jeden Freund, der das Produkt kauft, bekommst du ein Geschenk.

- **Beidseitige Belohnung:** Für jeden Freund, der das Produkt kauft, bekommt ihr beide das gleiche Geschenk.

- **Einseitige, unterschiedliche Belohnung:** Du bekommst ein Geschenk, wenn du einen Freund dazu bringst, das Produkt zu kaufen. Aber wenn du fünf oder zehn deiner Freunde zum Kauf überredest, bekommst du jeweils pro Zielerreichung ein anderes Geschenk.

- **Beidseitige, unterschiedliche Belohnung:** Du bekommst ein Geschenk, wenn du einen Freund dazu bringst, das Produkt zu kaufen. Aber wenn du fünf oder zehn deiner Freunde zum Kauf überredest, bekommst du jeweils pro Zielerreichung ein anderes Geschenk – *und* deine Freunde erhalten ebenfalls ein Geschenk.

Die Mechanik funktioniert nach dem aus dem Affiliate Marketing bekannten Prinzip: Jeder Teilnehmer erhält eine Nummer, die mit seiner E-Mail-Adresse verknüpft ist. Kommt ein Besucher über einen Empfehlungslink, der einen Referral-Code enthält, auf die Seite und hinterlässt seine E-Mail-Adresse, wird die Trackingnummer in einem Cookie gespeichert, und es wird überprüft, mit welcher E-Mail-Adresse diese verknüpft ist. Somit kann exakt nachvollzogen werden, welcher Kunde wie vielen seiner Freunde das Produkt empfehlen konnte.

Das haben sich auch die Betreiber des Rasierzubehör-Shops *Harry's* gedacht: Gegründet wurde das Unternehmen im Jahr 2012 von den College-Freunden Andy Katz-Mayfield und Jeff Raider. Harry's setzte vor dem Start eine Empfehlungskampagne auf, die dem Unternehmen das nötige Publikum zuführen sollte: Die künftigen Kunden sollten andere Interessenten werben. Meldeten sich fünf der Freunde mit E-Mail-Adresse an, erhielt der Empfehlende eine Rasiercreme. Mit der Zahl der erfolgreichen Empfehlungen stieg die Attraktivität der Belohnungen: Teilnehmer, die Harry's 50 potenzielle Kunden zuführten, erhielten kostenlos einen Jahresbedarf an Rasierklingen.[2] Mittlerweile hat Harry's über 2 Millionen Kunden und ist sogar bei Target, einem der größten Discounter der USA, verfügbar.

---

2 Die Geschichte von Harry's ist aus zwei weiteren Gründen bemerkenswert: Zum einen haben die Gründer den Code ihrer Empfehlungskampagne auf GitHub veröffentlicht, und er kann von jedem Start-up adaptiert werden: *https://github.com/harrystech/prelaunchr*. Zum anderen haben sie Feintechnik, eine über 100 Jahre alte Rasierklingenfabrik im thüringischen Eisenfeld, gekauft und können somit ihre eigenen Rasierklingen in höchster Qualität herstellen. Das macht sie nicht nur weniger anfällig für andere Marktteilnehmer, sondern sorgt auch für ein zweites Standbein, da Feintechnik auch für andere Rasierklingenhersteller arbeitet.

Auch Vladislav Melnik und sein Co-Founder Nico Puhlmann nutzten diese Technik für den Launch von *Chimpify*: Um die ersten 100 Kunden für ihr neues Start-up zu bekommen, starteten sie einen Empfehlungswettbewerb. Die Nutzer konnten in einer Rangliste aufsteigen, indem sie Chimpify ihren Freunden und Bekannten empfahlen und sich diese über einen individuellen Link anmeldeten, den sie über Social Media geteilt hatten. Zu gewinnen gab es unter anderem T-Shirts und ein Jahr kostenlose Mitgliedschaft. Statt der ersten 100 gewann Chimpify auf diesem Weg die ersten 1.000 zahlenden Kunden in nur neun Tagen.

Diese Mechanik ist komplett automatisierbar, auch für kleine Start-ups. Dabei helfen dir Tools wie *Maître*, *iRefer*, *Viral Loops* und das WordPress-Plug-in *Viral Sign Ups*. Eine Liste aller Tools findest du in den Downloadmaterialien zum Buch unter *https://www.rheinwerk-verlag.de/4896/*.

PayPal, Uber und MyTaxi machten sich dieses Hacks zunutze, um schnelles virales Wachstum zu generieren und Märkte aggressiv zu besetzen – auch wenn es durch die doppelseitige Belohnung (mit Guthaben zwischen 10 und 15 Euro pro erfolgreicher Empfehlung) nicht günstig war.

8.2.3   Der »Get your SWAG«[3]-Hack

Mit großer Wahrscheinlichkeit hast auch du in deiner wilden Jugend die Sünde begangen, dir während eines Urlaubs ein T-Shirt der lokalen Ausgabe des Hard Rock Cafes zu kaufen – nur um es danach nie wieder zu tragen. Lassen wir die modischen Aspekte dieses Kaufs einmal außen vor, kann man das T-Shirt sowie alle anderen Merchandising-Artikel der Kette als großen marketingtechnischen Erfolg bezeichnen. Warum? Weil *jeder* die Marke kennt, ohne auch nur einmal im Leben einen TV-Spot, ein Plakat oder ein Banner gesehen zu haben. Merchandising kann ein Unternehmen zu einer globalen Marke machen, und T-Shirts sind kein schlechter Ausgangspunkt, weil sie von jedem Mann und jeder Frau getragen werden können (ob man das auch tun sollte, steht auf einem anderen Blatt).

Du kannst dir dieses Prinzip zunutze machen und mit überschaubaren Kosten dein eigenes Merchandising entwerfen. Shirts sind ein guter Anfang, da sie weder in Produktion noch Versand aufwendig oder teuer sind. Ein originelles Design kannst du dir auf Freelancer-Plattformen wie *99Designs* für wenig Geld kreieren lassen und die T-Shirts unter anderem bei *spreadshirt.com* günstig bestellen. Verschenke sie an deine 100 wichtigsten und treuesten Fans. Idealerweise werden sie das Shirt auch in der Öffentlichkeit tragen und somit weitere Nutzer auf dein Produkt aufmerksam machen. Wenn du das lieber nicht dem Zufall überlassen willst, kannst du deine

---

3 SWAG: Stuff We All Get

Fans anspornen, ein Bild von sich und dem Shirt via Social Media zu teilen. Gleichzeitig kannst du daraus einen Wettbewerb machen und das beste Bild belohnen. Die Prototyping-App *InVision* hat dieses Prinzip so perfektioniert, dass sie inzwischen sogar einen eigenen Onlineshop betreibt, auf der man die Shirts nicht nur kaufen, sondern durch Social Sharing auch gewinnen kann (siehe Abbildung 8.5).

Abbildung 8.5 InVision macht nicht nur Software, sondern auch T-Shirts.

8.2.4 Der »Ice Bucket«-Hack

Manchmal braucht es nicht mehr als eine originelle Idee und einen warmen Sommer, um einen viralen Hit zu landen. Die »Ice Bucket Challenge« war eine als Spendenkampagne gedachte Aktion im Sommer 2014. Sie sollte auf die Nervenkrankheit amyotrophe Lateralsklerose (ALS) aufmerksam machen und Spendengelder für deren Erforschung und Bekämpfung sammeln. Die Herausforderung bestand darin, sich einen Eimer eiskaltes Wasser über den Kopf zu gießen und danach drei oder mehr Personen zu nominieren, es einem binnen 24 Stunden gleichzutun, sowie 10 US-Dollar bzw. Euro an die ALS Association zu spenden. Wollte man sich keinen Eimer Wasser über den Kopf gießen, sollte man 100 US-Dollar bzw. Euro spenden. Auch wenn dieser Aktion von einigen als »Slacktivismus«[4] kritisiert wurde, darf man die Wirkung nicht unterschätzen: Durch die Unterstützung zahlreicher Prominenter wurde die Kampagne mit einem Spendenvolumen von ca. 42 Millionen US-Dollar ein voller Erfolg (siehe Abbildung 8.6). Ein Grund dafür war die durch die Nominierung von Freunden eingebaute Viralität.

---

4 Slacktivism: Die Unterstützung von politischer oder sozialer Bewegung mit einem Minimum an Aufwand, wie beispielsweise die Signatur einer Onlinepetition.

Abbildung 8.6 Bill Gates und Mark Zuckerberg bei der »Ice Bucket Challenge«

8.2.5   Der »Sparbrötchen«-Hack

Im Rahmen deines Check-out-Prozesses sollte nichts zwischen deinem Kunden und dem erfolgreichen Kauf stehen. Denn letztendlich ist die erfolgreiche Conversion das Ziel aller Marketingbemühungen. Einzige Ausnahme: Viralität. Wenn der Nutzer dein Produkt seinem Netzwerk weiterempfiehlt, kann das für dich langfristig noch mehr Umsatz bringen.

Dazu kannst du deinem Kunden kurz vor Kaufabschluss um ein Like, einen Tweet oder einen Newsletter-Subscribe bitten, für den er dann einen kleinen Rabatt auf seinen Einkauf bekommt. Damit haben beide Parteien einen eindeutigen Vorteil.

Aber Vorsicht: Teste genau die Wirkung dieses zusätzlichen Schrittes im Check-out-Prozess. Sollte die Conversion Rate deutlich nach unten gehen und den positiven Empfehlungseffekt überwiegen, dann nimm den Spatz in der Hand und verzichte auf diesen Hack.

8.2.6   Der »Schneeballsystem«-Hack

Im folgenden Beispiel ist eine ganze Reihe der hier vorgestellten Hacks miteinander kombiniert worden – mit durchschlagendem Erfolg!

Best Practice: Initiative Q

Ende 2018 sorgte das Unternehmen Initiative Q aufgrund seines hervorragenden viralen Marketings für Aufsehen in der Szene. Dem Krypto-Unternehmen gelang es, gleich mehrere Trigger nahtlos miteinander zu kombinieren und damit sehr viel Wachstum und Erfolg zu haben – wohlgemerkt vor dem eigentlichen Produktlaunch! Die Onlinemarketing-Experten Felix Beilharz und Karl Kratz[5] haben die Funktionsweise des Unternehmens und des Marketingsystems unter die Lupe genommen:

1. **Exklusivität – das Invite-Prinzip**
   Um die neue Kryptowährung Q bekommen zu können, musste man von einem Bestandsnutzer eingeladen werden. Das macht neugierig, das schafft Begehrlichkeit.

2. **FOMO – die Fear Of Missing Out**
   Durch die Exklusivität entsteht bereits der sogenannte *FOMO-Effekt*. Man weiß zwar nicht genau, was das ist, was da alle gerade teilen, aber irgendwas mit »das neue Bitcoin« hat man gelesen, also dieses Mal bloß nicht wieder den Zug zum Reichtum verpassen! Tatsächlich spielt Q dieses Spielchen noch deutlich weiter, denn zu verpassen gibt es nicht nur die Exklusivität des Dabeiseins, sondern auch bares Geld. Denn sollte (!) Q jemals ein etabliertes Zahlungssystem werden, werden die Qs in der Rate 1 : 1 in Dollar einlösbar sein. Und mag die Chance darauf auch noch so gering sein – das darf man doch nicht verpassen!

3. **Schneeballprinzip – die Pyramide**
   Hat man es nun »geschafft« und eine Einladung bekommen, geht das Rennen erst richtig los. Denn natürlich bleibt es nicht dabei – den richtigen Nutzen bekommt man erst, wenn man weitere Leute zur Initiative Q einlädt. Je mehr, desto besser. Für jeden erfolgreich eingeladenen Nutzer gibt es weitere Qs, so dass die potenzielle Dollar-Summe immer weiter anwächst, je mehr man einlädt.

   Wie es sich für eine gute Pyramide gehört, ist da aber auch noch nicht Schluss. Nein, man bekommt nicht nur für jeden eingeladenen Nutzer Qs, sondern auch für die von diesem erfolgreich Eingeladenen. Je mehr Freunde man also einlädt, desto höher die Chance, dass auch davon wieder einige Freunde einladen, und desto schneller ist man reich.

---

5 Eine vollständige Analyse der viralen Trigger und der Funktionsweise von Initiative Q ist beispielsweise auf den Blogs von Felix Beilharz (*https://felixbeilharz.de/initiative-q-virales-marketing-in-8-lektionen/*) und Karl Kratz (*https://karlkratz.de/onlinemarketing-blog/initiative-q*) zu finden.

4. Dringlichkeit – abnehmender Nutzen im Zeitverlauf

Ein besonders genialer Hack liegt in der erzeugten Dringlichkeit des Systems. Denn der Wert, den ein eingeladener Nutzer für den Einladenden hat, ist nicht etwa statisch, sondern nimmt im Laufe der Zeit ab.

Je früher man einsteigt, desto mehr Punkte erhält man für jede Einladung. Wartet man lieber noch eine Woche oder zwei, um zu schauen, wie sich das Ganze entwickelt, wird jede spätere Einladung weniger wert, und der potenzielle Reichtum rückt schon wieder in weite Ferne.

5. Knappheit – oder doch nicht?

Neben dem Exklusivitätsprinzip setzt Q auch auf Knappheit. Man kann nämlich nur 5 Invites vergeben. Sind diese aufgebraucht, hört der Link auf zu funktionieren.[6] Dieses Verfahren hat schon bei Gmail hervorragend funktioniert.

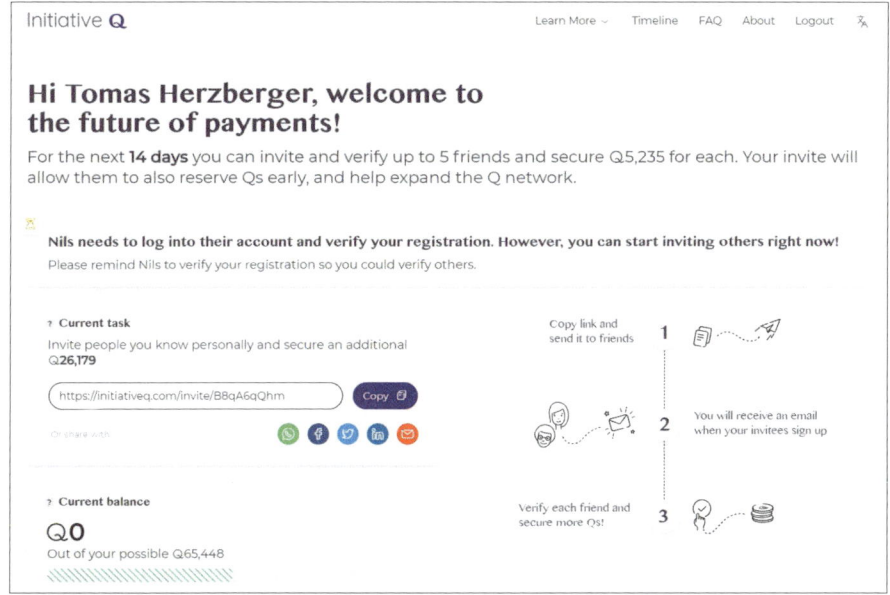

Abbildung 8.7 Virales System par excellence bei Initiative Q

6. Gamification – den Spieltrieb wecken

Auch der Spieltrieb des Menschen wird von Initiative Q bedient: in einem optisch ansprechenden Balken dargestellt, der aufzeigt, wie viele Invites man noch hat oder braucht. Hier sieht man, wie viel man bereits erreicht hat, wie viel aktuell noch möglich ist und was zukünftig möglich sein wird. Ein unausgefüllter Balken oder nicht erledigte Aufgaben reizen den Jäger und Sammler in uns, und

---

6 Zumindest wurde das suggeriert, tatsächlich konnte man bis zu 40 Einladungen verschicken.

wir tun alles (oder zumindest sehr viel), um Vollständigkeit zu erreichen, also alle notwendigen Bedingungen zu erfüllen.

Eine Steigerung des Gamification-Elements wäre es nur noch gewesen, wenn man die eigene Punktzahl mit der von Freunden hätte vergleichen können.

7. **Trust durch Bekanntheit – das Influencer-Prinzip**
   Einer der Gründer von Initiative Q war auch schon beim Start von PayPal dabei – wenn das mal nicht Beweis genug ist, dass es sich hier um ein legitimes Unternehmen mit großen Ambitionen handelt! Auch wenn der Name[7] nirgendwo erwähnt wurde: Die Marke PayPal war schon Referenz genug.

8. **Kein Risiko**
   Es ist einfach. Es ist kostenlos. Und man kann großes Glück haben. Warum sollte man nicht teilnehmen? Es kostet nur eine Registrierung.

9. **Risikoumkehr – das Risiko ist, *nicht* teilzunehmen**
   Was Q und auch die Promotoren immer wieder betonen, ist, dass es ja nichts zu verlieren gibt. Alles, was man preisgibt, sind eine E-Mail-Adresse und ein Name, sonst nichts. Kein Investment, keine weiteren Daten. Das Risiko ist also minimal. Auf der Gegenseite steht der enorme, mögliche Gewinn, falls Q sich wirklich durchsetzt und alles wirklich wie geplant abläuft. Die Teilnahme an Q ist also nicht nur risikofrei, das wahre Risiko ist also, *nicht* teilzunehmen.

Waren diese Maßnahmen erfolgreich? Im November 2018 verkündete das Unternehmen 5.000.000 Nutzer.[8] Nicht schlecht für ein Unternehmen ohne Produkt.

8.3 Content Seeding

Mit Content Seeding ist das Aussähen oder gezielte Verteilen von Inhalten gemeint. Das Prinzip ist eigentlich nicht neu. Früher wurden bereits im Rahmen der PR-Arbeit Inhalte an andere Medien verteilt. Durch die Möglichkeiten, die uns Social Media heute bieten, hat dieses Thema noch mal ganz eine andere Bedeutung erhalten. Unternehmen können die Verteilung der Inhalte nun selbst in die Hand nehmen und sind nicht mehr nur auf den Goodwill der Medienpartner angewiesen.

---

7 Es ist Saar Wilf (44), Mitgründer von Fraud Sciences Corp., einem Unternehmen aus Tel Aviv. Fraud Sciences setzte Methoden zur Profilerstellung zur Identifizierung betrügerischer Transaktionen ein. Paypal kaufte Fraud Sciences im Jahr 2008. Saar Wilfs Unternehmen wurde damit das Anti-Betrugssystem von Paypal.

8 *https://twitter.com/InitiativeQ/status/1067475919688867840*

Über folgende Kanäle kannst du deine Inhalte verteilen:

▶ über die eigene Unternehmensseite oder das Corporate Blog

▶ über Social-Media-Kanäle oder Businessnetzwerke wie XING oder LinkedIn

▶ über Presseportale und Onlinemagazine

▶ über Frage-Portale wie Gutefrage.net oder Quora

▶ über Blognetzwerke wie Medium oder Tumblr

▶ über andere Blogger und Influencer

▶ über Blogparaden[9]

▶ über deinen Newsletter

8.3.1 Der »Dann mache ich es eben selbst«-Hack

Der Digital-Marketing-Experte, Neil Patel, verrät auf seinem Blog einen seiner effektivsten Content-Seeding-Hacks. Patel sagt, dass er in einem Artikel auf seinem Blog über 100 URLs verlinkt habe. Nachdem er den Artikel veröffentlicht habe, habe er alle der 100 URL-Inhaber persönlich angeschrieben und darauf aufmerksam gemacht, dass er sie in seinem Artikel verlinkt habe, und gleichzeitig einen Link zum Artikel mitgeschickt. Das Resultat dieser Aktion seien hunderte Social Shares gewesen, die wiederum tausende neuer User auf seine Seite gebracht hätten.

8.4 Influencer Marketing

Eine neuere und zurzeit sehr beliebte Form des viralen Marketings ist das *Influencer Marketing*. Unternehmen statten Menschen mit einer hohen Reichweite auf Social-Media-Kanälen wie Instagram oder Facebook mit ihren Produkten aus. Die sogenannten *Influencer* lassen sich gegen einen Pauschalpreis, der sich grob nach der Anzahl der Follower richtet, in Alltagssituationen beim Gebrauch dieser Produkte fotografieren und posten diese Fotos – immer in der Hoffnung, dass einer dieser Beiträge »viral geht«.

Mittlerweile ist auch dieser Kanal »erwachsen« geworden und längst kein Geheimtipp mehr: Jeder kennt die Kosmetik-Tutorials und Outfits-of-the-Day auf den großen Accounts von Bibi Heinicke, Pamela Reif, Paola Maria, Caro Daur usw. Die Werbeformate sind naheliegend, erprobt und erfolgreich. Viele Agenturen wie bei-

---

9 Ein Blogger veranstaltet eine Blogparade und initiiert diese mit einem Blogpost. Die Teilnehmer der Blogparade verfassen einen Blogartikel zu diesem Thema und posten einen Link dazu in die Kommentare des Ursprungsartikels. Der Veranstalter sammelt alle Links und postet diese in einem Artikel.

spielsweise HitchOn haben sich auf die Vermarktung von Influencern spezialisiert und unterstützen sowohl die Influencer als auch die werbetreibenden Unternehmen. Experten wie Sarah Emmerich arbeiten als »Coach« für angehende Influencer und stehen mit Tipps und Tricks zur Seite. Längst geht es nicht mehr nur darum, jeden Tag nette Bilder und Videos zu produzieren: Influencer expandieren nun auf Laufstege, entwickeln eigene Kollektionen, treten in TV-Spots auf oder lächeln uns aus dem Schaufenster von Drogerien und Einzelhändlern an.

Aber auch außerhalb von Fashion und Beauty ist Influencer Marketing relevant, und du wirst schnell relevante Accounts in jeder Nische finden, beispielsweise Achtsamkeit, Nachhaltigkeit, Interior Design, Handwerk oder Angeln.

Was diese Influencer auszeichnet, ist Expertenwissen in bestimmten Bereichen. Hier entsteht die Spezies der Micro-Influencer! Diese tummeln sich nicht immer auf den klassischen Kanälen wie YouTube oder Pinterest, sondern vielleicht in Foren.

8.4.1   Warum Influencer Marketing sinnvoll sein kann

Junge Menschen sind zunehmend schwieriger über klassische Medien wie Fernsehen, Radio oder Zeitschriften erreichbar. Stattdessen nutzen sie Social Media. Influencer Marketing ist für viele werbetreibende Unternehmen eine der wenigen Möglichkeiten, diese Zielgruppe noch zu erreichen. In der Zielgruppe der 14- bis 19-Jährigen sind es laut einer Studie 50 Prozent der Internetnutzer in Deutschland, die sich innerhalb eines Jahres Produkte gekauft haben, weil diese von einem YouTuber empfohlen wurden[10] – für viele Werbetreibende ein Paradigmenwechsel.

Außerdem umgeht man mit Influencer Marketing das Problem der Adblocker, da bezahlte Posts zwar als Werbung gekennzeichnet sind, aber als solche nicht von den Adblockern erfasst werden.

Es gibt drei Kategorien von Influencern:

1. **Micro-Influencer** mit wenigen, aber sehr engagierten und loyalen Followern (in Deutschland bis zu 10.000 Follower, international bis zu 100.000 Follower)

2. **Macro-Influencer** mit vielen Followern, aber deutlich weniger Engagement (zwischen 100.000 und 500.000 Follower)

3. **Mega-Influencer**; die Crème de la Crème, mit Millionen von Followern

---

10 Siehe *https://www.wuv.de/specials/influencer_marketing/influencer_so_wirksam_wie_fernseh-werbung*

8.4.2 Was du beim Influencer Marketing beachten solltest

Wenn du einen Influencer für dein Unternehmen einsetzen möchtest, gilt es, einige Dinge zu beachten.

▶ Definiere grundsätzliche Regeln, die dir bei der Inszenierung deines Produktes wichtig sind, aber lasse den Influencern genügend Gestaltungsspielraum, um authentisch zu sein.

▶ Kläre vor der Kontaktaufnahme, was du dir von der Zusammenarbeit erhoffst und was der Influencer genau für dich tun soll.

▶ Definiere die wichtigen KPI, im Vorfeld. Geht es dir nur um Reichweite, also Impressions? Oder möchtest du Leads oder sogar Verkäufe generieren?

▶ Strebe eine langfristige Partnerschaft an, die für beide Seiten ein Gewinn ist. Eine einmalige Buchung von 2–3 Posts kann dir kurzfristig Reichweite und Aufmerksamkeit verschaffen, wird aber keinen nachhaltigen Effekt erzielen.

▶ Dann kannst du dich auf die Suche nach einem geeigneten Influencer machen. Du kannst das über eine Influencer-Agentur machen oder mit einem geeigneten Tool nach passenden Personen suchen. Die weltweit führende Datenbank für Influencer ist *Influencer.db*. Mit Tools wie Followerwonk oder Impactana kannst du ebenfalls Influencer finden.

▶ Achte bei deiner Auswahl nicht nur auf die Reichweite, sondern insbesondere auf die Engagement Rate, das heißt, wie groß ist der Anteil der Follower, die auf die Posts reagieren?

▶ Außerdem sollte die Quote zwischen »normalen« und werblichen Posts deutlich über 5 : 1 sein, ansonsten ist man nur noch ein weiterer Werbepartner und bekommt entsprechend wenig Beachtung.

▶ Der Influencer sollte natürlich zu deinem Produkt und deiner Marketingstrategie passen. Alles andere ist unglaubwürdig, und mit etwas Pech landet dein Beitrag auf »Perlen des Influencer-Marketings«[11].

▶ Achte darauf, dass du genügend Kapazitäten und Ressourcen hast. Wenn eine Influencer-Kampagne erfolgreich ist, hast du in kurzer Zeit einen sehr großen Anstieg der Nutzer und Bestellungen. Stelle sicher, dass du diese Nachfrage auch bedienen kannst, und kläre mit dem Influencer, wann er über dich posten soll.

---

11 Sollte jeder Marketeer VOR der eigenen Kampagne mal gesehen haben: *https://www.facebook.com/influencerperlen*

8.4.3   Die Gefahren des Influencer Marketings

»Du wirst nicht eben eingeladen, die Bundeskanzlerin zu interviewen, wenn du gerade mal 3 Videos gemacht hast.«
– Björn Tantau, Online-Marketing-Experte

Influencer Marketing ist allerdings auch sehr umstritten. Viele Unternehmen sehen darin eine Geheimwaffe, mit der sie ihre (meist junge) Zielgruppe erreichen, die schon lange keine klassischen Medien wie TV und Radio mehr konsumiert. Das hat zu vier Problemen geführt:

1. Gefühlt bezeichnet sich jeder Mensch mit über 1.000 Followern auf Instagram als Influencer und wird von Unternehmen mit Produktproben überhäuft. Das Problem dabei: Follower kann man kaufen. Nicht jeder Mensch mit einer hohen Reichweite ist auch tatsächlich in der Lage, seine Fans zu beeinflussen. Eine Kontrolle findet oftmals nicht statt.

2. Viele der sogenannten Influencer posten gerne ein Bild von sich mit einer schicken Handtasche, Make-up-Artikeln oder schicken Schuhen, »vergessen« dann aber, diesen Post als Werbung zu kennzeichnen, wozu sie allerdings rechtlich verpflichtet sind. Damit begeben sie sich auf sehr dünnes Eis und können in Deutschland leicht abgemahnt werden.

3. Viele Unternehmen machen Influencer Marketing, weil es gerade sehr hip ist. Dabei vergessen sie aber nicht nur, einen entsprechenden Funnel aufzubauen und den Traffic auch zu monetarisieren, sondern auch ein konsistentes Tracking der Maßnahmen. Sprich: Es wird viel Geld für einige Posts verpulvert, ohne dass man die Ergebnisse misst. Eine Todsünde für jeden guten Growth Hacker!

4. Weil Influencer Marketing in Mode ist und man immer öfter über die Honorare von echten Influencern lesen kann, versuchen viele Leute, sich selbst als Influencer darzustellen, insbesondere auf YouTube, Instagram, Snapchat und TikTok – mit überschaubarem Erfolg. Denn was vielen nicht klar ist: Erfolgreiche Social Media Influencer wie Dagi Bee oder LeFloid haben viel Zeit und viel Arbeit in den Aufbau ihrer Kanäle investiert. Viele Menschen sehen aber nur den aktuellen Stand und nicht die jahrelange Arbeit, die für den Erfolg notwendig war.

Wenn du dich mit dem Thema Influencer Marketing im Detail beschäftigen möchtest, empfehlen wir dir das gleichnamige Buch von Sven-Oliver Funke[12].

---

12 *https://www.rheinwerk-verlag.de/4683*

8.4.4   Der »Stadtsalat«-Hack

Das Hamburger Start-up »*Stadtsalat*« hat sich auf die Lieferung von frischen Salaten und Bowls spezialisiert. Co-Founder Moritz Mann erzählt uns, wie Influencer Marketing auch mit kleinem Budget erfolgreich eingesetzt werden kann.

Die Ausgangslage: Stadtsalat ist ein junges Start-up in Hamburg mit überschaubarem Budget für Werbung, aber die Produkte sind sehr »instagrammable«. Wer fotografiert denn nicht schön angerichtetes Essen, insbesondere wenn es gesund ist? In einem ersten Prototypen-Test setzte das Unternehmen noch auf Flyer-Werbung und Pull-Marketing in Form von Google Ads, was jedoch nicht gut genug funktionierte.

Neue Vermarktungswege mussten her — und weil Facebook Ads vor allem als Re-Targeting super funktionierten, mussten noch andere Wege her, um Stadtsalat bekannt zu machen und Traffic auf die Seite zu bringen.

Das Ziel: Stadtsalat will die Bekanntheit des eigenen Unternehmens in Hamburg (=Liefergebiet) steigern, insbesondere bei Menschen, die sich in der Mittagspause (gesundes) Essen bestellen würden – und natürlich mehr Salate verkaufen.

Die Vorgehensweise: Recherche nach Micro-Influencern mit weniger als 10.000 Fans, die lokal in Hamburg eine hohe Reichweite haben. Diese Micro-Influencer sind günstiger, haben eine hohe Glaubwürdigkeit, haben weniger Streuverluste und höheres Engagement als große Influencer.

Der eigentliche Hack: Die Nutzer, die durch die Influencer-Posts auf Stadtsalat aufmerksam geworden waren und die Website besucht hatten, wurden anschließend mithilfe von Re-Targeting daran erinnert. Außerdem waren sie die Ausgangslage für Lookalike Audiences auf Facebook. Somit konnte Stadtsalat aus einem Awareness-Kanal handfeste Performanceziele (Verkäufe) erreichen.

Moritz und sein Team wählen die Influencer nach vier Kriterien aus:

1. Engagement Rate: Wie viel Interaktion (Kommentare, Likes) findet auf Posts des Accounts statt?

2. Engagement-Qualität: Werden ausführlichere, inhaltliche Kommentare von Followern geschrieben? Oder gibt es eher kurze »Nice pic«-Kommentare?

3. Engagement-Verteilung: Hat ein Influencer auf bestimmten Hashtags mehr Engagement als auf anderen? Sind die für die eigene Marke relevanten Hashtags mit gutem Engagement ausgestattet?

4. Content-Qualität und Authentizität: Ist der Inhalt authentisch, passt er zur eigenen Marke?

Best Practice: Wie man Micro-Influencer richtig einsetzt

Influencer übernehmen im Marketing-Mix von Stadtsalat verschiedene Aufgaben.

▶ **Bekanntheit**: Gerade zu Beginn war es wichtig, unserer Marke auch auf den Social-Media-Kanälen ein Gesicht zu geben und dort eine gewisse Bekanntheit zu erlangen. Über Influencer konnten wir viele Menschen erreichen, die sonst vielleicht nie von Stadtsalat erfahren hätten. Unser Vorteil: Das Thema Food funktioniert in fast allen Altersklassen sehr gut.

▶ **Audience-Building:** Die direkten Verkäufe, die wir aus der Zusammenarbeit mit Influencern gewinnen, sind zwar verschwindend gering. Entscheidend ist: Hier passiert Kaltakquise! Sie filtern für uns die Leute heraus, die grundsätzlich an Stadtsalat interessiert sind. Und ermöglichen uns, diese Interessenten dann regelmäßig direkt anzusprechen – und irgendwann zum Kauf zu animieren.

▶ **Glaubwürdigkeit**: Influencer geben unserer Marke durch den Charakter der persönlichen Empfehlung Glaubwürdigkeit.

▶ **Hervorragender Content:** Influencer produzieren Content, der perfekt für Social Media geeignet ist. Könnten wir gar nicht! Vor allem ist es Content, der perfekt für die eigene Community geeignet ist. Sie helfen uns, unseren eigenen Redaktionsplan um gute Visuals zu erweitern. Durch das Analysieren ihrer Posts (Engagement Rates und Kommentare) können wir verifizieren, welche Bilder und Texte gut performen. Die Besten bekommen einen besonderen Platz in unseren Werbeformaten – das spart Kosten und eigene Ressourcen.

8.5   Blogger Relations

Influencer Marketing ist aber nicht nur für Mode-, Schmuck- oder sonstige B2C-Artikel geeignet. Auch im B2B-Umfeld spielen Influencer eine immer wichtigere Rolle. In diesen Fällen wird oft von *Blogger Relations* gesprochen, weil Influencer ihre Meinung häufig via Blog kundtun. In diese Kategorie fallen aber auch YouTuber, Podcast-Betreiber, Influencer auf LinkedIn oder Xing oder sogar Journalisten. Die Grenzen sind fließend.

Best Practice: Blogger Relations beim Produktlaunch

Das Koblenzer Start-up 247Grad setzte im Vorfeld zum Launch einer neuen B2B-Software sehr erfolgreich Influencer Marketing ein: Mit BuzzSumo fanden sie relevante Menschen mit großer Reichweite in ihrer Nische. Sehr früh kontaktierten sie diese Influencer und lockten sie mit einem exklusiven Einblick in ihre Beta-Version. Obwohl die Blogger kein Geld für Promotion bekamen, fühlten sie sich durch die frühe Ansprache geschmeichelt und wurden zu begeisterten Early Adopters des Produkts, die den Produktlaunch mit ihrer eigenen Reichweite unterstützt hatten.

Deine Herausforderung: Du musst die passenden Blogger nicht nur finden, sondern auch auf dich aufmerksam machen und sie davon überzeugen, dass dein Unternehmen es wert ist, darüber zu berichten.

Nehmen wir für das folgende Beispiel an, dass in deiner Branche eine Bloggering *die* Meinungsführerin ist, die deinem Unternehmen mit positiver Berichterstattung einen großen Schub geben kann. Wie kannst du das schaffen?

Die Aufwärmphase

Bevor du deine anvisierte Bloggerin direkt anschreibst, solltest du drei Wochen dafür sorgen, dass sie deinen Namen kennt. Und das geht so:

▶ Kommentieren der Blog-Posts (möglichst früh nach Veröffentlichung)

▶ auf den wichtigsten Social-Media-Kanälen folgen

▶ Teilen oder Retweeten der Beiträge deiner Blogger

▶ den Blogger in den eigenen Beiträgen markieren

▶ mit gezielten Brand-Awareness-Kampagnen auf dein Unternehmen aufmerksam machen, indem du z. B. auf Facebook eine Custom Audience mit »deinen« Bloggern bildest (siehe unten)

Dein Pitch

Seid ihr miteinander über Social Media warm geworden und kannst du davon ausgehen, dass ihr dein Name bekannt ist, kannst du dein Anliegen per E-Mail pitchen. Persönliche Nachrichten auf LinkedIn oder Xing sind auch möglich, aber hier hast du keine Möglichkeit, zu messen, ob deine Nachricht geöffnet worden ist[13]. Natürlich kannst du dabei eine Vorlage verwenden, diese sollte aber trotzdem so persönlich wie möglich sein. Beachte dabei Folgendes:

1. Halte dich kurz, und respektiere die Zeit deines Gegenübers.

2. Mach schon in der Betreffzeile deutlich, worum es dir geht (Beispielsweise: »Interesse an einem Gastbeitrag zum Thema XY?«).

3. Demonstriere ihr, dass du mit ihrer Arbeit vertraut bist und welchen Einfluss sie auf dein Leben hat.

4. Wenn du sie zu ihrer Arbeit beglückwünschst, ist die Aussicht auf eine Antwort höher. Alles andere wäre unhöflich (Stichwort Reziprozität).

---

13 Es gibt eine ganze Reihe von Tracking-Tools für die gängigen Email-Provider. Eine Liste findest du u. a. hier: *https://www.saleshandy.com/blog/best-email-tracking-tools/*

5. Wenn möglich: Mach ein wenig »Name-Dropping«, und erwähne andere Größen in deinem Feld, mit denen du zusammengearbeitet hast (Stichwort Social Proof), und verlinke auf deine bisherigen Arbeiten.

6. Zeige Verständnis dafür, dass sie vielbeschäftigt ist und unter Umständen keine Zeit hat.

Mit UTM-Tags oder Bit.ly kannst du messen, ob die Bloggerin auf deine Links geklickt hat – und weil du PixelMe, Google Tags und den Facebook-Pixel einsetzt, kannst du sie einer Custom Audience hinzufügen.

Die Follow-up-Phase

Du musst es nicht bei einer einzelnen Mail belassen. Stattdessen kannst du nachhaken und ein oder zwei Reminder verschicken. Diese sollten sich immer auf deine ursprüngliche Mail beziehen und *sehr* kurz sein, denn du willst ja niemanden nerven.

8.5.1 Die »Old School«-Hacks

Offline-Events wie Messen und Konferenzen eignen sich besonders gut, um mit Branchengrößen in Kontakt zu treten. Vielleicht gibt es demnächst eine Konferenz, auf der die Bloggerin einen Vortrag hält? Dann solltest du versuchen, mit ihr persönlich ins Gespräch zu kommen. Denn der persönliche Kontakt ist deutlich wichtiger und intensiver als der digitale.

Wir bekommen jeden Tag dutzende von E-Mails, was die Gefahr erhöht, dass deine Nachricht im Spam-Ordner landet, übersehen oder schlicht ignoriert wird. Was durch den Fokus auf E-Mails vernachlässigt wird, sind die klassischen Vertriebsmethoden wie Briefe und Werbegeschenke.

Mit klassischen Briefen hebst du dich deutlich von der Masse ab – insbesondere wenn sie handgeschrieben sind – und durch das haptische Erlebnis ist die Verbindung gleich größer. Auch originelle und kreative Werbegeschenke können dazu beitragen, dass die Influencer geneigt sind, über dich zu berichten. Mit individuellen Voucher-Codes oder Links kannst du auch die Ergebnisse messen. Übrigens ist klassische Post nicht von der Double-opt-in-Thematik betroffen, du brauchst also keine vorherige Einverständniserklärung. Aber auch hier gilt: Qualität vor Quantität!

Abbildung 8.8 Um hervorzustechen, musst du neue (alte) Wege gehen

---

Key Learnings

Virales Marketing kann man nicht planen oder kaufen – aber man kann die Chancen erhöhen. In diesem Kapitel haben wir dir mehrere Wege gezeigt, wie andere Unternehmen virales Wachstum erzielt haben:

1. mit einem zweiseitigen Empfehlungsprogramm wie es Dropbox, Airbnb oder Initiative Q getan haben
2. Punkt Guerilla Marketing wie Streetbranding
3. durch nicht-skalierbare Maßnahmen wie beispielsweise die persönliche Kontaktaufnahme mit Bloggern mit passendem Content
4. durch Micro-Influencer wie Stadtsalat
5. durch Methoden, die andere vernachlässigen (wie einen handgeschriebenen Brief)

9 Revenue: so verdienst du Geld

Du hast Traffic auf deiner Website generiert (= Acquisition). Dann hast du es geschafft, aus dem anonymen Traffic identifizierbare und kontaktierbare Leads zu generieren (= Activation). Am Ende möchtest du diese monetarisieren und Nutzer zu Kunden machen. Das ist Kern deines Online-Business, denn ohne Umsatz hast du de facto kein Geschäft.

Eine der wichtigsten Metriken in diesem Zusammenhang ist der sogenannte *Customer Lifetime Value*.

KPI: Customer Lifetime Value (CLV)

Der Customer Lifetime Value beschreibt den Wert eines Kunden für ein Unternehmen, bei dem nicht nur vergangene, sondern auch zukünftige Umsätze berücksichtigt werden. Es wird also der durchschnittliche Wert berechnet, wie viel ein Kunde im Laufe der Geschäftsbeziehung ausgibt. Kennt man diese Metrik, kann man sie mit den Kosten für Akquise und Kunden-Support vergleichen.

Für diesen Abschnitt möchten wir dir Neil Patel (nochmal) vorstellen. Patel ist einer der führenden und mit hunderttausenden Followern einer der bekanntesten Online-Marketing-Experten weltweit. Er wurde in London geboren, ist in Kalifornien aufgewachsen und studierte an der dortigen California State University Marketing, nachdem er bereits mit 16 seine erste Website entwickelt hatte (diese aber nicht vermarkten konnte). Mit 17 verkaufte er seinen ersten Beratervertrag als SEO-Experte und feierte damit seinen Durchbruch. In den Staaten ist er vor allem als Gründer oder Co-Gründer verschiedener Website-Analyse-Firmen wie *Crazy Egg* oder *Quick Sprout* bekannt. Patel verhalf dadurch unter anderem Amazon, AOL oder Viacom zu mehr Erträgen im Web und gilt als Experte für Reichweitenoptimierung. Neil Patel ist Verfechter der im Folgenden beschriebenen Elemente zur Umsatzsteigerung: Stolperdraht und Kernangebot.

9.1 Digitale Business- und Growth-Modelle

Auch wenn es weiterhin Unternehmen geben wird, die über konventionelle Wege Geld verdienen, wird kaum eine Branche darum herumkommen, sich mit der Digitalisierung auseinanderzusetzen und zu ergründen, was diese für eine Auswirkung auf ihr Business Modell hat. In den meisten Fällen ändern sich vor allem die Vertriebswege. Kunden halten sich zunehmend auf digitalen Kanälen auf und können dort auch schneller und günstiger akquiriert werden. Also auch wenn man nach wie vor Produkte im stationären Handel verkauft, erreicht man neue Kunden über Social Media oder Google.

Immer häufiger sehen sich auch klassische Branchen neuen digitalen Konkurrenten gegenüber und finden nur mit Mühe Antworten. Airbnb stellt die Hotelbranche vor große Herausforderungen, Uber verdrängt nach und nach sogar die berühmten gelben Taxis aus New York, und überall auf der Welt suchen Taxiunternehmen Gegenstrategien über staatliche Regulierung, weil sie dem Produkt Uber wenig entgegenzusetzen haben.

In der Musikbranche verdrängen disruptive Lösungen wie Spotify und Apple Music längst klassische Labels. Durch die Digitalisierung der Gesundheitsbranche kann man mit einer »Smart Watch« seine Fitnessziele überwachen, den Puls messen und wird neuerdings sogar vor Herzrhythmusstörungen gewarnt. Das ist ebenso eine gute Sache wie ein riesengroßer neuer Markt. Es ist also höchste Zeit, dass sich alle Unternehmen mit dem Thema Digitalisierung auseinandersetzen und überprüfen, welche Maßnahmen nötig sind, damit sie auch in Zukunft existieren können.

Wir haben für dich die wichtigsten digitalen Businessmodelle zur Inspiration zusammengetragen. Der Gedanke dahinter ist nicht, dass du dir jetzt einfach eines dieser Modelle aussuchst und darauf dein neues Business aufbaust. Das würde in den meisten Fällen nicht funktionieren.

> »Kopiere niemals blind andere Businessmodelle, was für andere funktioniert, muss für dich nicht funktionieren. Lass dich inspirieren, aber teste jeden Ansatz bevor du lange darüber nachdenkst.«
> – Julia Weiper, Freeletics

Die Zusammenstellung wird dir helfen, zu verstehen, wie erfolgreiche digitale Businessmodelle funktionieren können, aber so oder so solltest du, wie in Kapitel 3, »So stellst du die Weichen auf Wachstum«, beschrieben, zuerst die Weichen richtig stellen, die Wünsche deiner Kunden erfüllen und darauf dann ein auf deine Lösung bezogenes Geschäftsmodell entwickeln.

9.1.1 Der klassische Onlineshop

Auch wenn kleine Onlineshops totgesagt werden, gibt es immer noch viele Erfolgsgeschichten kleiner Unternehmen, die über eine E-Commerce-Lösung die digitale Transformation gemeistert haben. Das E-Commerce-Modell ist alles andere als tot, es ist schlicht zum Standard für sehr viele Unternehmen geworden. Wenn du heute überleben willst, musst du deine Produkte auch online verkaufen. Das Angebot ist somit viel größer, und einen Onlineshop zu eröffnen ist längst nicht mehr innovativ, sondern eine Grundvoraussetzung für ein funktionierendes Business. Wenn in einem Dorf zwei Massagesalons öffnen, wird derjenige mit dem intuitiven Online-buchungsprozess Vorteile haben, auch wenn natürlich nach wie vor die Qualität der Massage das wichtigste Kriterium für den Erfolg bleibt.

9.1.2   Das E-Commerce Growth Model

Vor einiger Zeit führte ich, Sandro Jenny, ein Gespräch mit einem E-Commerce-Händler. Er hatte mich um Rat gebeten, weil seine Verkäufe immer wieder zurück-gingen, insbesondere im Sommer. Er hatte die Idee, neue, speziell auf den Sommer zugeschnittene Produkte zu entwickeln. Wir rieten ihm, abzuwarten und zuerst das Problem genauer zu analysieren. Wir hatten zwar einen Zusammenhang gefunden: Alle Produkte stagnierten im Sommer. Da im Produktsortiment Winter- und Som-merkleider gleichermaßen vertreten waren, nützte uns diese Erkenntnis allein also nichts. Daraus hätten wir keine Maßnahmen ableiten können, die tatsächlich etwas verändert hätten.

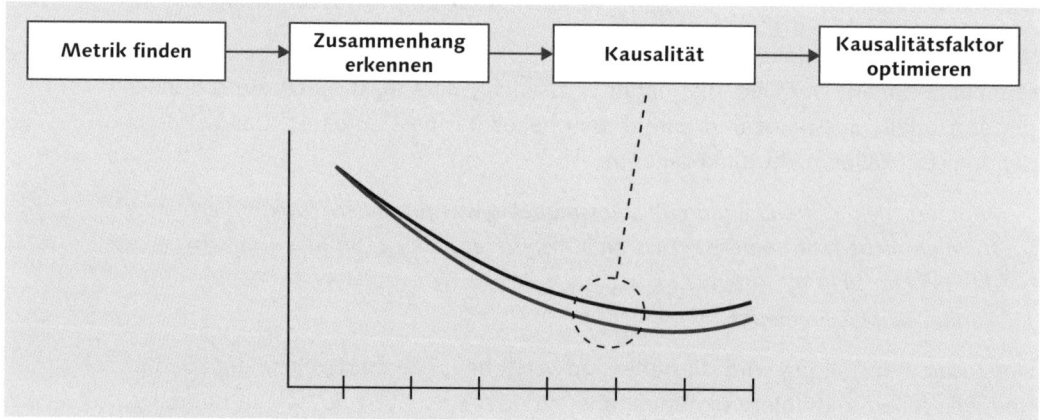

Abbildung 9.1 Die Kausalität beschreibt die Beziehung zwischen Ursache und Wirkung.[1]

In so einem Fall gibt es mehrere Wege, eine Kausalität herzustellen (siehe Abbil-dung 9.1). Entweder du führst eine Nutzerbefragung durch, oder du analysierst die bestehenden Daten. Uns brachte eine Google-Analytics-Statistik schlussendlich auf die richtige Fährte: Im Gegensatz zum Winter waren im Sommer die Abbruchrate und die mobile Nutzung höher. Also stellten wir die Hypothese auf, dass die Kun-den im Sommer und in der Ferienzeit wohl vermehrt mobile Geräte nutzten und

---

1   Benjamin Yoskovitz: Lean Analytics. O'Reilly: Boston et al. 2013

die Verkäufe darum und wegen der schlechten mobilen Website zurückgingen. Wir gingen dem Problem nach, und wie erwartet funktionierte der Bestellprozess auf mobilen Geräten nicht zufriedenstellend. Der Kunde ließ die mobile Website optimieren, und tatsächlich verbesserte sich die Situation.

Das ist zwar kein Hack, aber dieses Beispiel zeigt, wie wichtig es ist, das Problem zu verstehen, um dem Produkt überhaupt eine Wachstumschance zu geben. Hätte der Onlinehändler einfach neue sommerliche Produkte entworfen, hätte es wohl nichts an seiner Situation geändert. Nebst einem grundlegenden Verständnis für das Problem solltest du versuchen, die richtige Metrik zu finden, d. h. einen Zusammenhang zwischen Ursache und Wirkung herzustellen, nur dann kannst du in einem zweiten Schritt die richtigen Hebel in Bewegung setzen, um das Wachstum zu steigern.

Um das Problem vollumfassend verstehen zu können, musst du also nicht nur die Zusammenhänge, sondern auch die Kausalität erkennen. Das hilft dir dabei, eine gute Hypothese zu formulieren. Eine Hypothese ist eine Annahme, deren Gültigkeit zwar für möglich gehalten wird, die bisher aber nicht bewiesen ist. Die Hypothese ist die Vorstufe der Theorie, zu der sie werden kann, insofern es niemandem gelingt, sie zu widerlegen.

Mögliche Annahmen sind beispielsweise:

▶ *TikTok* ist der beste Kanal, um ein junges Publikum zu erreichen.

▶ Emotionale Headlines funktionieren besser als sachliche.

▶ Mein Kunde bevorzugt das Produkt XY.

▶ Mit günstigen E-Books erzeuge ich mehr Umsatz als mit teuren.

▶ Über ein Social Login erreiche ich mehr Registrierungen als mit einer Registrierung über die E-Mail-Adresse.

▶ Wenn die Kunden in unserem Shop per Rechnung bezahlen können, verkaufe ich mehr Produkte.

Bevor du selbst all deine Hypothesen testest, solltest du überprüfen, ob es nicht bereits bestehende Informationen oder Theorien gibt, die deine Annahme bestätigen oder widerlegen. Damit kannst du viel Zeit sparen.

Unterstützt wird die Prüfung einer Hypothese also häufig durch eigene empirische Untersuchungen. Das können Usability-Berichte, Wettbewerbsanalysen, Studien, Beobachtungen oder andere Datensammlungen sein. Ein Growth Hacker sollte also möglichst viele Daten sammeln, um eine Theorie später auch belegen zu können.

9.1.3   Spotify: Das Freemium-Modell

Wie beim Free-Modell sind Freemium-Businessmodelle bei der Registration kostenlos oder bleiben kostenlos, bieten aber kostenpflichtige Zusatzangebote oder die Möglichkeit, das Produkt werbefrei zu nutzen. Vor allem Apps und Spiele bieten den Download häufig kostenlos an, und über In-App-Käufe kann der Nutzer dann weitere Funktionen freischalten.

9.1.4   Netflix: Das Premium-Modell

Anders als Spotify ist Netflix ohne Bezahlung gar nicht nutzbar. Das unterscheidet das Freemium- vom Premium-Modell.

9.1.5   Facebook: Das Free-Modell

Beim Free-Modell bietest du dein Produkt kostenlos an, um eine möglichst hohe Reichweite zu erreichen. Sobald du eine große Masse an Nutzern erreichst, kannst du das Angebot über Werbung monetarisieren. Facebook und viele Onlinemagazine oder größere Blogs nutzen dieses Modell, wobei vor allem klassische Display Ads (sprich: Banner) sich immer schlechter verkaufen lassen. Facebook setzt deswegen auf sogenannte »Native Ads«, die kaum von normalen Beiträgen zu unterscheiden sind. Sie sind zwar als Werbung gekennzeichnet, aber ähneln optisch normalen Nutzerbeitrag. Facebook legt auch großen Wert darauf, dass die Ads nicht zu werblich wirken, und prüft alle Medien in den Ads auf zu hohe Textanteile.

9.1.6   New York Times: Das Subscription-Modell

Eine spezielle Form des Premium-Modells ist das Subscription- oder Abo-Modell. Vor allem die Verlagsbranche erhofft sich, in Zukunft über Abo-Modelle einen Großteil der wegfallenden Werbeumsätze zu kompensieren. Große Verlagshäuser wie die New York Times oder der norwegische Medienkonzern *Shibsted* gelten in dieser Hinsicht als Vorbilder für die gesamte Verlagsbranche. Fairerweise muss man betonen, dass skandinavische Medien wie Aftenposten nur über eine sehr hohe Reichweite von über 100.000 Digital-Abos hohe Umsätze generieren konnten – etwas, was für andere kleinere Verlage geringerer Reichweite schwer zu erreichen sein wird. Trotzdem sollte man diesen Erfolg nicht abwerten, denn wer so viele digitale Abos zu verkauft, macht zweifellos vieles richtig.

9.1.7   Triple-looped Growth Model für Medienunternehmen

Als Kevin Indig ein Kind war, las sein Vater beim Frühstück die Zeitung. Es war nicht nur eine Gewohnheit, es war ein Ritual: Kaffee und Papier. Als er 18 Jahre alt wurde, las sein Vater noch immer beim Frühstück die Zeitung, aber Kevin konsumierte die Nachrichten von Google. Er bekam so nicht nur viel schneller Nachrichten als sein alter Herr, sondern bekam sie auch kostenlos, zusammen mit Jobs, Kleinanzeigen und Immobilien.

Dieser subtile Unterschied signalisiert mehr als nur Generationsunterschiede zwischen ihm und seinem Vater. Im Jahr 2009, ein Jahr nach dem Zusammenbruch der Weltwirtschaftskrise, brachen vielerorts die Einnahmen der Zeitungsindustrie ein. Die Werbeeinnahmen sanken, und dieser Trend hat sich seitdem fortgesetzt. Viele Verlage schlossen die Türen.

Auch die New York Times musste sich 250 Millionen Dollar leihen, um zu überleben. Die San Francisco Chronicle musste 150 Personen gehen lassen und die verbleibenden Mitarbeiter um steile Zugeständnisse bitten, um eine Schließung zu vermeiden.

Zwischen 2000 und 2015 sanken die Werbeeinnahmen der meisten Verlage um zwei Drittel. Aber es war nicht nur eine Branche, die vor dem Aussterben stand, sondern auch das vorherrschende Modell des Journalismus, das die Meinung der meisten Menschen bildet. Journalisten haben eine moralische Verantwortung, objektiv zu berichten; sie sind ein wichtiger Bestandteil einer Demokratie.

Was müssen Zeitungen heute tun, um das Ruder herumzureißen? Kevin Indig arbeitet mittlerweile als VP SEO & Content bei G2 in San Francisco und hat ein Wachstumsmodell entworfen, das Verlagen dabei helfen soll, auch in Zeiten der Digitalisierung zu wachsen. Das Herzstück des Modells besteht aus drei Wachstumsschleifen (Triple-looped Growth Model) und ist nicht nur für Verlage interessant:

1. Loop: User Acquisition
2. Loop: Conversion
3. Loop: Retention

Growth Loops visualisieren den Wachstumsprozess besser als der gewohnte Sales Funnel, da sich die Leser nicht von einer Stufe zur nächsten bewegen. Sie kreisen sozusagen um die wichtigsten drei Phasen (Acquisition, Conversion, Retention) wie ein Satellit um die Erde. Je näher sie kommen, desto wahrscheinlicher ist es, dass sie am richtigen Ort landen, das heißt sich anmelden und auch nicht wieder abspringen. Sie nutzen mehrere Kanäle gleichzeitig, manchmal in einem anderen völlig anderen Kontext.

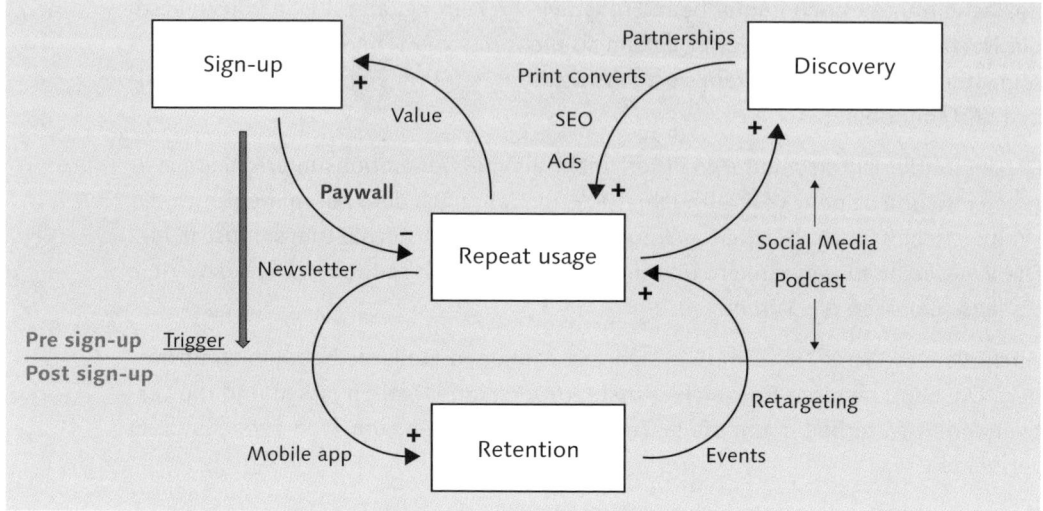

Abbildung 9.2 Das Triple-looped Growth Model von Kevin Indig[2]

Das Wachstum der Zeitungen beginnt damit, dass die Leser die Inhalte finden, sie wiederholt konsumieren und sich anmelden – vorausgesetzt, die Inhalte sind für sie wertvoll genug. In vielen Fällen melden sich Menschen wegen eines emotionalen Auslösers an, was ein Rabatt oder ein Angebot sein kann.

Kanäle verbinden das Verhalten, Inhalte treiben es voran. Die großen Bausteine dieses Wachstumsmodells basieren auf folgenden Verhaltensweisen:

▶ **Discovery:** Die Nutzer entdecken das Angebot und die redaktionellen Inhalte.

▶ **Repeat Usage:** Die Nutzer nutzen das Angebot wiederholt.

▶ **Sign-up:** Die wiederholte Nutzung sorgt dafür, dass sie sich registrieren.

▶ **Retention:** Die Nutzer kehren immer wieder zurück und konvertieren so schlussendlich zu zahlenden Kunden.

Die Grundlage dafür sind qualitativ hochwertige und relevante Inhalte. Es ist wie die Schwerkraft, die den Satelliten näher heranzieht. Tatsächlich können wir sagen, dass Zeitungen erneut den Product-Market-Fit erreichen müssen. Sie müssen Inhalte bereitstellen, die ihre Zielgruppe liebt und begehrt. Ohne diese Grundlage funktioniert das Wachstumsmodell nicht.

Die drei »Growth Loops« sind nicht voneinander getrennt, sie sind verbunden. Wenn wir uns die Kanäle ansehen, sehen wir einige von ihnen mehrmals im Wachs-

---

2   Kevin Indig: *https://www.kevin-indig.com/building-a-triple-looped-growth-model-for-news-papers/*

tumsmodell, in verschiedenen Loops. Social Media zum Beispiel ist ein Kanal für die Nutzerakquisition und sorgt auch dafür, dass sie wieder zurückkehren.

9.1.8 Das Affiliate-Modell

Unter *Affiliate-Modell* verstehen wir eine Partnerschaft zwischen zwei Parteien. Du kannst entweder selbst ein Affiliate-Modell deines Produkts anbieten oder – wenn du noch kein Produkt hast – ein passendes Produkt auf einem Affiliate-Marktplatz wie z. B. *Awin* oder *Digistore24* suchen und es dann verkaufen. Du verdienst dann mit jedem Verkauf des Produkts mit, wenn dieses über deine Kanäle verkauft mit. Viele Influencer oder YouTuber verlinken unter ihren Posts und Videos Produkte und Empfehlungen. Du kaufst das Produkt dann beispielsweise auf Amazon oder in einem anderen Shop. Über einen Parameter in der URL liefert der Affiliate-Partner seinen Link-Code, über welchen man nachvollziehen kann, ob der Verkauf über einen Affiliate-Partner zustande gekommen ist. Beide Parteien werden somit informiert, wenn Verkäufe über ihre Kanäle stattfinden. Dieses Modell ist gerade zu Beginn interessant, da man schnell überprüfen kann, ob überhaupt eine Nachfrage für ein Produkt besteht, ohne es selbst entwickeln oder herstellen zu müssen.

9.1.9 Private Labeling

Eine fortgeschrittene Variante des Affiliate-Modells ist das *Private Labeling*. Beim Private Labeling kannst du auf Plattformen wie *Alibaba* nach Zulieferern oder Herstellern bestimmter physischer Produkte suchen und unter deinem Namen oder Label verkaufen. Anders als beim Affiliate-Modell erkennt der Käufer nicht, dass du das Produkt nicht selbst hergestellt hast. Amazon hat eigens ein Programm für dieses Businessmodell entwickelt, das sich »Fulfillment by Amazon« oder auch kurz »Amazon FBA« nennt. Somit kannst du nicht nur das Produkt unter deinem Namen herstellen lassen, sondern auch gleich den gesamten Verkaufsprozess – von der Lagerung über den Verkauf bis hin zum Versand und First-Level Support – für dich erledigen lassen. Alles, was du tun musst, ist, die Produkte vom Zulieferer an Amazon senden zu lassen. Die meisten Verkäufer starten mit einem fertigen Produkt und lassen einfach ihr Logo daraufdrucken.

Es ist häufig auch möglich, Produktverbesserungen für deine Variante umsetzen zu lassen. Die Strategie ist denkbar einfach: Die Verkäufer suchen in den Produktbewertungen nach kritischen Meinungen oder negativen Eigenschaften und lassen die Produkte dementsprechend optimieren. In der Praxis ist aber wie immer Kreativität gefragt. Das Angebot ist mittlerweile riesig, und es ist sehr schwer, Nischen zu finden, die noch nicht bedient werden. Trotzdem bleibt dieses Geschäftsmodell für viele gerade am Anfang interessant.

9.1.10   Software Whitelabels

Auch von Software lassen sich Whitelabel-Lösungen verkaufen. Anbieter wie Shopify stellen ihre technische Infrastruktur zur Verfügung, und Verkäufer können diese einfach unter ihrem eigenen Namen nutzen. Auch News-Magazine nutzen häufig Mantel- oder Mandanten-Lösungen, weil Medienunternehmen so die häufig hohen Entwicklungskosten auf viele verschiedene Partner abwälzen können, die alle ein ähnliches Geschäftsmodell verfolgen.

9.1.11   Das SaaS-Growth-Modell

Anstatt eine Software zu kaufen und sie lokal zu installieren, bieten Unternehmen ihren Nutzern die Möglichkeit, sich online zu registrieren und die Software so zu nutzen. Der Zugang für den Nutzer ist einfach, und kaum ein Businessmodell lässt sich so gut skalieren wie SaaS-Lösungen. SaaS-Produkte sind schnell übersetzbar, und auch eine Internationalisierung ist häufig ohne hohe Kosten möglich. Außerdem lassen sich bei SaaS-Lösungen auch schnell viele Varianten testen, was SaaS natürlich zum idealen Growth-Hacking-Modell macht.

Die Entwicklung von cloudbasierten Services, auch *Software-as-a-Service* oder kurz *SaaS* genannt, erfreut sich seit einiger Zeit zunehmender Beliebtheit. Neue Tools sprießen wie Pilze aus dem Boden; es gibt heute praktisch für jeden Arbeitsprozess irgendeine Software oder ein App. Und kaum hat man im Unternehmen ein neues Tool etabliert, entdeckt man ein neues Produkt, das die Probleme deiner Teams noch viel eleganter und besser löst. Diese Entwicklung ist großartig und eröffnet Start-ups viele neue Möglichkeiten. Man kann eine neue Geschäftsidee schnell etablieren, ohne hohe Investitionen tätigen zu müssen, und kann diese mit einem kleinen Team auch skalieren, ohne hohe Risiken eingehen zu müssen. Deshalb ist kaum ein anderes Geschäftsfeld so gut für Growth Hacking geeignet wie das SaaS-Modell.

Aber immer dann, wenn etwas so viele Vorteile und Chancen bietet und sich so großer Beliebtheit erfreut, ist auch die Konkurrenz entsprechend hoch. Technisch mag es einfacher geworden sein, ein SaaS-Produkt oder eine App zu entwickeln, dafür hat die zunehmende Professionalisierung dafür gesorgt, dass nur die wirklich guten Ideen und Produkte sich langfristig durchsetzen. Und die Nutzer sind anspruchsvoller geworden.

Ohne eine überragende User Experience hat kein SaaS-Modell heute eine Chance. Zufriedenstellen reicht nicht mehr – die Nutzer bleiben nur, wenn die neue Lösung begeistert. Wir entwickeln Produkte nicht für anonyme Zielgruppen, sondern für Menschen, deren Verhaltensweise teilweise schwer einzuschätzen ist. Um Menschen zu begeistern, muss man ihnen tolle Erlebnisse liefern. Damit das gelingt, muss du zuerst ihre Erwartungen, Wünsche und den Kontext, in dem sie sich bewegen, verstehen. Aus diesem Grund ist es längst gang und gäbe, dass Unternehmen sich Unterstützung von Wirtschaftspsychologen holen, um die Produktentwicklung zu optimieren.

Es gibt viele psychologische Hacks (siehe Abschnitt 6.7), die du dir zunutze machen kannst. Nutze beispielsweise die Macht der Gewohnheit. Durch Freemium-Modelle kannst du deinen Kunden die Möglichkeit geben, dein Produkt zu verwenden, bevor sie dafür bezahlen müssen. Sobald deine Kunden das Produkt mehrmals eingesetzt, den Mehrwert erkannt und es in die tägliche Routine eingebaut haben, bietest du ihnen zusätzliche Funktionen an oder beschränkst das bestehende Angebot.

Zur Preisgestaltung kannst du die Erkenntnisse aus der Preispsychologie nutzen. Dass Preise, die auf die Zahl 9 enden und unter einem runden Wert liegen – wie »5,99 Euro« –, funktionieren, ist weitläufig bekannt. Es gibt aber weitere Wahrnehmungseffekte, die du dir zunutze machen kannst. So bewirken auch absteigende Werte wie »432« oder das Weglassen des Währungssymbols signifikant bessere Ergebnisse. Auch wenn man nicht pauschal sagen kann, dass solche psychologischen Effekte überall gleich gut wirken, können sie erwiesenermaßen dazu beitragen, dass deine Kunden süchtig nach deinem Produkt werden.

Soziale Netzwerke wie Facebook manipulieren ihre Nutzer richtiggehend, indem sie psychologische Trigger (Auslöser) nutzen, um diese immer wieder auf die Plattform zu bringen. Fühlt sich der Nutzer einsam, loggt er sich ein, um sich mit anderen Menschen zu unterhalten. Hat er das dringende Bedürfnis, einen Erfolg oder Frust zu teilen, loggt er sich ebenfalls ein, um darüber zu posten. Wenn dir so etwas gelingt, ist die Chance groß, dass du deine Kunden langfristig binden kannst oder sogar zu Empfehlern machst.

9.1.12 Amazon: Das Marktplatz-Modell

Plattformen wie ImmoScout24, AutoScout24 oder Booking.com suchen sich eine Nische, versuchen dort, eine hohe Reichweite zu erreichen, um dann ebenfalls native Ads oder Werbung zu diesem Thema zu verkaufen oder Zusatzangebote anzubieten. Dann gibt es Platzhirsche wie Amazon, die selbst gar nichts verkaufen, sondern eine derart hohe Reichweite und Marktdominanz erreichen, dass quasi alle anderen Shops gezwungen sind, Produkte ebenfalls über diesen Kanal anzubieten.

9.1.13 Digitale Ökosysteme

Wo viele neue Start-ups eher eine Nische suchen und sich spezialisieren, versuchen globale Größen wie Apple, Google, Samsung oder Facebook, ganze Ökosysteme zu schaffen, in denen der Nutzer alle seine Bedürfnisse befrieden kann. Sie verkaufen

Computer, Fitness-Uhren, Cloud-Lösungen und möchten in einem nächsten Schritt, dass die ganze Welt Einkäufe über ihre Zahlensysteme abwickelt. Apple Pay, Google Pay oder Samsung Pay waren nur der Anfang. Facebook hat mit der Ankündigung einer eigenen dezentralen Währung *Libra*, die auf einer Blockchain-Technologie basieren soll und kein geringeres Ziel als die Revolution der Finanzmärkte hat, gerade sämtliche Finanzplätze, Banken und Finanz-Dienstleister aufhorchen lassen.

Auch wenn diese Art von Marktdominanz, wohl auch berechtigterweise, immer mehr als Gefahr für die Weltwirtschaft wahrgenommen wird, sind ganzheitliche Ökosysteme im Kern für die Nutzer eine großartige Sache. Es ermöglicht uns, viele mühsame Arbeiten – wie das Hin- und Herkopieren von Daten oder Verbinden von Services – zu automatisieren oder zu vereinfachen. Gute Ökosysteme sind aus User-Experience-Perspektive ein großer Fortschritt und auch in kleinerem Rahmen für Unternehmen umsetzbar.

Entstehen durch digitale Ökosysteme Monopole? Diese Gefahr besteht durchaus, insbesondere bei den sogenannten GAFA-Konzernen[3]. Und insbesondere Google wurde bereits mehrfach aufgrund des Missbrauchs seiner marktbeherrschenden Stellung zu hohen Geldstrafen verurteilt[4].

Allerdings hat ein solches Ökosystem für den Nutzer durchaus Vorteile: Wenn z. B. ein Dienstleister in Zukunft seinen Kunden ermöglicht, viele seiner Services über digitale Kanäle abzuwickeln, die Nutzer selber entscheiden können, wie sie beispielsweise ihre Rechnungen bezahlen oder über welche Kanäle sie mit dem Unternehmen kommunizieren möchten, entsteht ein enormer Mehrwert für beide Seiten. Dazu muss es gelingen, die eigenen Services und Angebote konsistent und benutzerfreundlich kanalübergreifend zu verbinden. Das ist nicht einfach, aber eine der effektivsten Wege, die digitale Transformation zu meistern.

9.1.14   Sharing Economy

Wie anfangs erwähnt, haben sehr bekannte Modelle wie das von Airbnb und Uber in kürzester Zeit ein sehr großes Publikum erreicht. Carsharing, Coworking-Spaces oder das Mieten von diversen Haushaltsgegenständen erfreuen sich immer größerer Beliebtheit. Auch Tauschgruppen auf Facebook sind eine Art Sharing-Modell. Dabei stehen nicht zwingend nur wirtschaftliche, sondern auch ökologische Aspekte im Vordergrund. Fans dieser Bewegung stellen fest, dass es keinen Sinn macht,

---

3   GAFA = Google, Amazon, Facebook, Apple

4   Beispielsweise haben die EU-Wettbewerbshüter Google im März 2019 eine Strafe in Höhe von 1,49 Mrd. Euro aufgrund des Missbrauchs der marktbeherrschenden Stellung des Google-Ad-Sense-Programms auferlegt. 2018 waren es sogar 4,34 Mrd. Euro wegen des mobilen Betriebssystems Android.

dass in einem Dorf mit 30 Familien auch 30 Rasenmäher oder 30 Staubsauger stehen. Vor allem im Bereich der Mobilität rechnen viele damit, dass wir irgendwann keine Autos mehr besitzen werden, sondern einfach je nachdem, was wir gerade tun möchten, das passende Transportmittel buchen. Am Gedanken, samstags für das Entsorgen der Abfälle ein größeres Auto mieten zu können, um dann am Montag wieder mit dem kleinen Flitzer durch die Stadt zur Arbeit zu fahren, ist tatsächlich etwas dran. Inwiefern oder wie schnell die Menschheit für diesen Paradigmenwechsel bereit ist, wird sich zeigen.

9.2 Stolperdraht

Ein Stolperdraht (oft auch als *Tripwire* bezeichnet) ist oft der zweite Schritt in einem Sales Funnel und folgt somit auf den Lead-Magneten. Ein Stolperdraht ist ein einfaches Produkt, das für den Kunden mit einem geringen Risiko und geringen Kosten verbunden ist. Es sollte der Inbegriff eines Angebots sein, das man nicht ablehnen kann – ein Produkt mit hohem Mehrwert zu einem radikal attraktiven Preis.

Elektronikmärkte nutzen hohe Rabatte auf Niedrigpreis- und Low-Involvement-Artikel wie DVDs, Möbelhersteller günstige Angebote in ihrem Restaurant und Schnellrestaurants die Grundangebote für 1 Euro. Das primäre Ziel dieser Sonderangebote ist nicht der Verkauf des jeweiligen Produkts, sondern die Kunden in und durch den Laden zu bewegen. Somit steigt die Wahrscheinlichkeit für den Kauf des teureren *Core Offers* deutlich.

Die Hauptaufgabe des Stolperdrahtes ist die Etablierung einer geschäftlichen Beziehung, weil der Nutzer in diesem Schritt (im Gegensatz zum Lead-Magneten) ein Produkt oder einen Service kauft. Dieser Kaufvorgang ändert das Verhältnis zwischen Nutzer und Anbieter grundlegend, denn ein Bestandskunde ist für dein Unternehmen mehr wert als ein Neukunde. Warum? Je nach Branche kostet es dich zwischen 3 % und 30 % mehr, an einen Neukunden zu verkaufen als an einen Bestandskunden.

Psychologisch unterstützt der Tripwire die Vertrauensbildung zwischen Käufer und Verkäufer. Bei geringem Risiko kann der Käufer das Angebot kennenlernen und sich von der Qualität und dem Kundenservice überzeugen. Zudem fühlt sich der Kunde dem Anbieter zu Dank verpflichtet (Stichwort Reziprozität) und wird deswegen eher gewillt sein, das Kernprodukt zu kaufen.

Wichtig zu wissen: Deine Kunden wollen nicht deinen Service oder dein Produkt kaufen. Was sie wirklich kaufen wollen, ist der versprochene Mehrwert bzw. der positive Impact, den das Produkt auf ihr Leben oder ihre Arbeit haben wird. Letzten Endes musst du für dich herausfinden, was für dich und deine Zielgruppe der beste

Weg ist. Ein Stolperdraht ist nicht zwingend notwendig, damit der Sales Funnel funktioniert, er kann aber helfen. Der Köder muss dem Fisch schmecken, nicht dem Angler.

Abbildung 9.3 Beispiel für einen »Free-plus-Shipping«-Tripwire

Beispiele für Stolperdrähte

▶ Versand eines Buches, für das der Kunde nur die Versandkosten bezahlt. Dieser Hack nennt sich *Free-plus-Shipping*. So hat Russel Brunson, der Gründer von *clickfunnels.com*, erfolgreich neue Kunden geworben und seine Personal Brand aufgebaut.

▶ Eine Trial-Phase für deinen Service oder dein Produkt zu einem niedrigen Preis zwischen 1 und 10 Euro (»Try now for only 1 €!«). Hier geht es nicht darum, Geld zu verdienen, sondern die vermeintlich hohe Hürde zu einer Kunde-Käufer-Beziehung nach unten zu setzen.

▶ Das kleine Stück eines großen Kuchens. In deinem Fall ein einzelnes Feature oder ein Service aus deinem kompletten Paket. Die Käufer sollen sich mit deinem Angebot vertraut machen und »reinschnuppern«.

▶ Anbieter von Kursen bieten oftmals einen Schnuppertag oder eine Schnupperstunde an, während der das Angebot kostenlos oder stark vergünstigt getestet werden kann.

▶ Bei physischen Produkten bietet sich der Verkauf von Produktproben an. Seien es Honig, Kaffee, Olivenöl, Kosmetik, Parfum oder Wein: Mit einer kleinen Produktprobe kann der Käufer einen risikofreien Eindruck von deinem Angebot erhalten.

▶ Neukundenrabatt: Besonders bei Businessmodellen, die auf Abonnements basieren, kann es sich lohnen, wenn die Kunden auf ihre erste Bestellung einen besonderen Rabatt bekommen.

9.3 Kernangebot

Was ist ein Kernangebot? Airbnb startete als ein Kleinanzeigenportal für Hipster, die nichts gegen einen gelegentlichen Übernachtungsgast einzuwenden hatten und nebenbei ein wenig Geld verdienen wollten. Aufgrund des Nutzungserlebnisses von Airbnb ist es jetzt mehrere Milliarden US-Dollar wert und revolutioniert die gesamte Hotelbranche. Gleichermaßen hat eBay das Verkaufen von privaten Gegenständen vereinfacht, Uber das gemeinsame Autofahren, PayPal das Bezahlen im Internet und Canva das Erstellen von Grafiken.

All diese Erfolge wurden erzielt, weil diese Unternehmen etwas Bestehendes einfacher machten. Die Probleme gab es schon lange vorher, und die Menschen hatten Lösungen, die funktionierten, aber die oft nicht mehr als ein notwendiges Übel waren. Um beim Beispiel eBay zu bleiben: Wer geht schon gerne auf einen Flohmarkt, um etwas zu verkaufen?

Alle diese Unternehmen sind den folgenden Weg gegangen, um ihr Kernangebot zu erstellen:

1. Schau dir an, wie genau Menschen ein beliebiges Problem lösen.
2. Identifiziere Bereiche dieser Problemlösung, die man vereinfachen oder verbessern könnte. Airbnb hat festgestellt, dass viele Menschen gerne gelegentlich ihre Gästezimmer vermieten würden, es für sie aber sehr schwer war, dieses Angebot einer Zielgruppe zu unterbreiten. Auf der anderen Seite hatten sie erkannt, dass es für Besucher, die gerne ein privates Zimmer statt eines Hotelzimmers mieten wollten, keine sicheren und zuverlässigen Inserate gab.
3. Biete die vereinfachte oder verbesserte Lösung an. Airbnb hat einen Marktplatz für Vermieter und Mieter eröffnet, der sicheres »Mikro-Travelling« ermöglicht.

Dein Kernangebot sollte dein bestes, wertvollstes und umfassendstes Produkt sein, egal, ob es sich um einen Service, ein physikalisches oder digitales Produkt handelt. Sowohl dir als auch deinen Kunden sollte klar sein, dass es sich dabei um die »S-Klasse« deines Produktportfolios, um das Filet Mignon handelt. Es ist dein Aushängeschild und soll es für mehrere Jahre sein, ohne dass du viel ändern musst. Tripwire und Lead-Magnet können sich aufgrund neuer Marktbedingungen ändern, aber dein Kernangebot sollte für lange Zeit stabil bleiben.

9.3.1 Das Dilemma mit dem MVP

Viele Unternehmen starten mit einem *Minimum Viable Product* (MVP). Aber die meisten konzentrieren sich dabei auf den Produktteil und weniger auf das *Viable*, also die Praxistauglichkeit. Diese wird von der Nutzererfahrung geprüft. Das Ziel sollte es sein, ein Nutzererlebnis zu schaffen, das denkwürdig, fehlerfrei und rundum angenehm ist.

Was meinen wir mit angenehm? Wenn dein Produkt nicht fehlerfrei ist, sollte das Nutzererlebnis so angenehm wie möglich sein, damit diese positive Erfahrung die kleinen Dellen ausbügelt. Wenn du ein Produkt hast, das angenehm *und* fehlerfrei ist, hast du ein Problem weniger.

9.3.2   Positionierung deines Kernangebots

Ein gutes Kernangebot zu produzieren ist nur der erste Schritt – du musst es deinen Nutzern auch noch verkaufen. Die Positionierung deines Angebots ist dabei ebenso wichtig wie das Produkt selbst. Dabei solltest du zuerst möglichst viele potenzielle Motive berücksichtigen, und die sind seit Jahrhunderten die gleichen geblieben. Nutze also die in Abschnitt 6.6 beschriebenen psychologischen Hacks bei der Beschreibung deines Kernangebots.

9.4   Cross-Selling

Viele kleine Unternehmen und junge Start-ups investieren viel Zeit, Geld und Aufwand in die Akquise von neuen Kunden. Dabei übersehen sie häufig das enorme, ungenutzte Potenzial ihrer Bestandskunden. Diese haben bereits bewiesen, dass sie dir vertrauen, und dein Produkt gekauft. Wenn du effizient sein möchtest, liegt hier (abhängig von deinem Produkt und Businessmodell) enormes Potenzial zur Umsatzsteigerung. Denn es kostet (abhängig von der Branche) drei- bis dreißigmal mehr, einen neuen Kunden zu gewinnen, als einen bestehenden Kunden zu binden. Umgekehrt kann eine Steigerung der Retention von nur 5 % zu einer Umsatzsteigerung von bis zu 25 % führen.

Warum ist das so? Weil die Kunden im Laufe ihrer Geschäftsbeziehung zu dir mehr und mehr kaufen werden und gleichzeitig deine operativen Kosten für diese Bestandskunden sinken. Außerdem können sie durch Empfehlungen neue Kunden für dich generieren.

Was heißt das für dich? Lege einen großen Wert auf Loyalität und damit auf Kunden-Support. Stelle sicher, dass deine Bestandskunden zufrieden mit dir und deiner Leistung sind (zumindest die 20 % deiner Kunden, die in der Regel für 80 % deines Umsatzes verantwortlich sind). Du kannst die Kundenzufriedenheit messen und gleichzeitig Kundensegmente identifizieren, indem du die Methode des Net Promoter Scores (NPS) anwendest (siehe Abschnitt 3.1, »Der »First Mover«-Mythos«).

9.4.1   Der »Miles & More«-Hack

Es gibt Unmengen an Kundenbindungsprogrammen. Insbesondere Fluglinien, Hotels und Mietwagenverleiher haben diese Strategie zu einer Wissenschaft erhoben und sehr komplexe Programme entworfen, um ihre Kunden für die Buchung eines Fluges, Zimmers oder Mietwagens zu belohnen. Aber auch Payback, IKEA oder Starbucks fördern die (und profitieren von der) Loyalität ihrer Kunden. Allein diese Beispiele zeigen, dass Kundenbindungsprogramme erfolgreich sein können, wenn sie richtig eingesetzt werden.

Welche verschiedenen Arten von Kundenbindungsprogrammen gibt es?

Earn-and-burn-Programme

Bei einfachen Earn-and-burn-Programmen können Kunden pro Transaktion Punkte, Meilen etc. sammeln und diese gegen Prämien oder Rabatte einlösen. Im einfachsten Fall eines »Buy 10, get 1 free«-Coupons muss sich der Kunde nicht einmal irgendwo anmelden (aber dem Anbieter gehen dadurch sehr wertvolle Kundendaten verloren).

Vorteil: Es gibt genug vorgefertigte Lösungen, mit denen solch ein Programm sehr schnell implementiert und umgesetzt werden kann.

Nachteil: Solche Standardprogramme gibt es bereits wie Sand am Meer.

Top-Tier-Programme

Top-Tier-Programme sind speziell für die umsatzstärksten Kunden, die mit speziellen Services (z. B. Upgrade in 1. Klasse oder eine goldene Kreditkarte) einhergehen. Dabei wird von dem sogenannten Pareto-Prinzip ausgegangen, nach dem 20 % deiner Kunden für 80 % deines Umsatzes verantwortlich sind (siehe Abschnitt 6.6.1).

Vorteil: Der exklusive Teilnehmerkreis kann individuell betreut werden.

Nachteil: Je nachdem, wie eine Mitgliedschaft definiert wird, ist die Anzahl der Mitglieder meist sehr eingeschränkt und eventuell zu exklusiv.

Kundenbindungsprogramme mit CRM-Verknüpfung

Bei Kundenbindungsprogrammen, die direkt mit dem CRM (Customer Relationship Management)/der Kundendatenbank verknüpft sind, können Kundendaten strukturiert gesammelt und analysiert werden. Programmmitglieder erhalten individualisierte Angebote und können beispielsweise auch am Point of Sale (PoS) persönlich von Verkaufsmitarbeitern bedient werden.

Vorteil: Echtzeitdaten über das Verhalten der Kunden ermöglichen maßgeschneiderte Angebote.

Nachteil: Solche Systeme sind sehr ressourcenaufwendig und natürlich auch nicht ganz billig.

Multi-Partner-Programme

Bei Multi-Partner-Programmen wie *Payback* können die Mitglieder Punkte nicht nur bei einem Unternehmen oder Shop sammeln und einlösen, sondern bei mehreren.

Vorteile: Die Kosten können zwischen den Partnern aufgeteilt werden. Zudem erhält man ein sehr umfassendes Bild von den Kunden.

Nachteil: So ein Programm ist ohne eine komplexe IT-Lösung im Hintergrund nicht umsetzbar und dementsprechend ressourcenaufwendig. Zudem »gehören« die Daten meist nicht den Partnern, sondern dem Betreiber des Programms.

Card-linked Offers

Card-linked Offers sind Bonusprogramme, die direkt über eine Debit- oder Kreditkarte laufen. Dabei werden entweder Punkte gesammelt oder Angebote direkt am PoS abgewickelt bzw. automatisch der Karte wieder gutgeschrieben.

Vorteile: Ein solches Programm macht es Kunden sehr einfach, denn sie brauchen weder eine zusätzliche Karte noch einen Gutschein, um von eurem Angebot zu profitieren. Und natürlich entsteht auch mit einem solchen Programm ein sehr umfassendes Kundenprofil.

Nachteil: Sofern ihr selbst kein Finanzinstitut seid und eigene Kredit- oder Debitkarten herausgebt, seid ihr auf die Kooperation mit einem solchen angewiesen.

9.4.2   Der »Darf es noch etwas mehr sein?«-Hack

Viele Unternehmen lassen einen Berührungspunkt in der Customer Journey komplett außen vor und vergeuden damit die Chance auf zusätzlichen Umsatz: die Danke-Seite.

Unabhängig vom Businessmodell oder dem gekauften Produkt sagen die meisten Unternehmen nach dem Check-out, also dem erfolgreichen Kauf, »Danke für den Kauf« – und lassen den Nutzer dann ohne einen weiteren Call-to-Action allein. Das ist schade, denn dieser Kunde hat gerade alle seine für den Kauf relevanten Daten eingegeben und dir das Vertrauen geschenkt und dein Produkt gekauft – sowohl Bedarf als auch Finanzkraft sind also validiert. Warum dann nicht versuchen, ein weiteres Produkt zu verkaufen?

So kann die Danke-Seite genutzt werden, um dem neuen Kunden ein besonders attraktives Angebot für ein ähnliches Produkt zu machen. Diesen Hack kannst du auch bereits bei der Lead-Generierung einsetzen: Biete dem Nutzer ein Produkt gleich nach seiner Registrierung an. Auf diese Weise kannst du gegebenenfalls einen Teil der Werbekosten (wenn der Nutzer beispielsweise über Anzeige auf Facebook gekommen ist) wieder hereinholen.

9.4.3 Der »Lockvogel«-Hack

Der Erotikartikel-Händler EIS bietet regelmäßig ausgewählte Produkte kostenlos an, er verschenkt die Ware quasi. Der Haken? Es gibt einen Mindestbestellwert von 4,95 Euro, die Kundin muss also auch noch ein Produkt zum regulären Preis kaufen. Das merkt sie aber erst, wenn sie bereits im Check-out und damit psychisch »committet« ist. Die Wahrscheinlichkeit, dass sie den Shop jetzt verlässt und von ihrem Schnäppchen zurücktreten wird, ist durch den Lockvogel deutlich gesunken.

9.4.4 Der »Panini-Sammelalbum«-Hack

Zwei Wissenschaftler im Bereich Konsumentenforschung, Prof. Xavier Drèze der Wharton-Universität und Joseph C. Nunes von der University of Southern California's Marshall School of Business, haben ein spannendes Experiment durchgeführt: Sie gaben den Kunden einer Autowaschanlage Bonuskarten. Die Hälfte dieser Bonuskarten hatte Platz für acht Stempel, die andere Hälfte Platz für zehn, aber zwei waren bereits im Vorfeld abgestempelt worden. Beide Gruppen mussten also acht Autowäschen bezahlen, bevor sie eine Wäsche umsonst bekommen würden.

Das Ergebnis? Die vorab gestempelten Karten führten zu einer deutlich (+ 82 %!) höheren Rückkehr der Kunden. Die Ursache? Die Kunden mit den vorab gestempelten Karten mussten nicht bei null anfangen, sondern waren bereits im Prozess des Sammelns begriffen. Gefühlt waren sie dem Ziel schon näher.

Diese Taktik wird auch als *künstlicher Vorteil* bezeichnet; André Morys bezeichnet es als *Completion*: Die Neigung, einmal angefangene Aufgaben fertigzustellen, entsteht durch das Bedürfnis, mental damit abschließen zu wollen. Unterbrochene oder unvollständige Aktionen erzeugen eine unangenehme Spannung, die dazu führt, Tätigkeiten zu beenden. Dieses Prinzip lässt sich auch auf einen Sales Funnel anwenden: Mache deinem Nutzer deutlich, welche Schritte er schon absolviert hat und wie viele er noch gehen muss.

Nach dem gleichen Prinzip funktionieren nicht nur die berühmten Fußball-Sammelalben von Panini, sondern beispielsweise auch die Sticker und Badges einer Community wie *Foursquare* bzw. *Swarm* (siehe auch Abschnitt 6.7.6, »Der »Blaue Mauritius«-Hack«). Wichtig ist dabei auch, die einzelnen Erfolgsschritte zu »feiern«, also den Nutzer zu seiner bisherigen Aktivität (beispielsweise dem Ausfüllen eines langen Formulars) zu beglückwünschen und ihn gleichzeitig für die nächsten Schritte zu motivieren. Damit stellst du eine Verbindung auf persönlicher, emotionaler Ebene her und legst den Grundstein für Vertrauen zwischen dir und deinem Kunden. Selbst nach erfolgter Bestellung kannst du diese *Cheering*-Taktik nutzen und deinen Kunden beispielsweise dazu beglückwünschen, dass er zum besten Preis gekauft hat oder sich voll und ganz auf deine Garantie oder deinen Kundenservice verlassen hat. Je besser du verstehst, wie sich der Kunde in jedem Moment des Bestellprozesses fühlt, desto besser kannst du deine Texte darauf abstimmen und auf die Bedürfnisse, Gefühle und Motive deines Kunden eingehen.

9.4.5 Der »Colgate«-Hack

Sicherlich kennst du die Zahnpasta-Marke *Colgate*, die seit Jahrzenten erfolgreich am Markt ist. In den 1950er Jahren hatte sie zunehmend mit wachsendem Umsatzrückgang aufgrund höheren Wettbewerbes zu kämpfen. Daraufhin wurden die Mitarbeiter nach Ideen gefragt, wie man das Wachstum wieder beschleunigen könnte (allein das war eine gute Idee). Ein Mitarbeiter schlug vor, das Loch in der Tube zu vergrößern, damit die Menschen mehr Zahnpasta verbrauchen und häufiger kaufen würden. Colgate setzte die Änderung schließlich um, und tatsächlich: Der Verbrauch und der Umsatz stiegen. Denn die Verbraucher orientieren sich beim Zähneputzen nicht an der tatsächlichen Menge, sondern an der Länge des Zahnpasta-Streifens auf der Zahnbürste – und der ist meistens gleich lang.

Wie kannst du das für dich nutzen? Kenne deine Kunden, und studiere ihr Verhalten. Motiviere sie dazu, mehr zu verbrauchen bzw. zu kaufen. *McDonald's* fragt nicht umsonst, ob du deinen Burger als Menü oder ob du dein Getränk »in groß« haben möchtest. Auch das berühmte »Darf es sonst noch etwas sein?« deiner Lieblings-Fleischwaren-Fachkraft im Supermarkt dient einzig und allein einem höheren Einkaufswarenwert.

9.4.6 Der »Preisstaffel«-Hack

Was sind gestaffelte Preise? Grundsätzlich versteht man darunter das Angebot eines Produkts zu unterschiedlichen Preisen mit leicht unterschiedlichen Variablen. Beispielsweise wird der Versand am gleichen Tag, innerhalb von zwei Tagen oder innerhalb der nächsten Woche einen Einfluss auf den Preis haben.

Preisstaffeln können dazu führen, dass du mehr Umsatz erzielst, da du es deinen Kunden ermöglichst, mehr Geld auszugeben. Außerdem segmentieren sie automatisch deine Kunden anhand ihrer Preissensitivität und vergrößern damit auch die mögliche Anzahl der Kunden. Denn einige werden zu der günstigsten Lösung greifen, andere zu der teuersten; sie haben die Auswahl. Gerade die niedrigste Preisstaffel wird häufig von neuen Kunden gewählt, um dein Produkt erstmalig kennenzulernen und es auszuprobieren, bevor sie schließlich in ein höherpreisiges Segment wechseln. Der unterschiedliche Preis ist auch ein wichtiger Unterschied zwischen deinem Stolperdrahtprodukt und deinem Kernangebot. Außerdem ist es einfacher für dich, Abstufungen eines einzelnen Produkts zu erstellen und entsprechend anzubieten als verschiedene Produkte.

Durch Preisstaffeln kannst du gegebenenfalls auch mit einem günstigeren Wettbewerber konkurrieren, ohne dein Produkt zu verscherbeln. Außerdem sind die meisten Kunden auf der Suche nach dem besten Preis-Leistungs-Verhältnis. Wenn du ihnen die Wahl zwischen verschiedenen Preisstaffeln lässt, haben sie das Gefühl, die volle Kontrolle zu haben und das für sie beste Angebot gewählt zu haben.

Neun Ideen, um deine Preisstaffeln zu gestalten

1. **Quantität:** Für einen höheren Preis bekommen die Kunden in Relation mehr von deinem Produkt. So verkauft McDonald's seine Getränke und Menüs.

2. **Qualität:** Für einen höheren Preis bekommen die Kunden ein besseres Produkt. Denke an das Angebot von Sonderausstattungen bei jedem Autokauf.

3. **Subjektive oder gefühlte Qualität:** Manchmal sind zwei Produkte nahezu identisch, werden aber dennoch zu unterschiedlichen Preisen verkauft. Denke dabei an Hard- und Softcover eines Buches oder Blue-Steel- und Collector-Editionen von Filmen auf DVD oder Blu-ray. Der Film ist der gleiche, aber die Sondereditionen haben einen höheren Wert durch eine bessere Haptik, ein zusätzliches Booklet und aufgrund ihrer begrenzten Verfügbarkeit.

4. **Service:** Einige Kunden sind gewillt, mehr für einen besseren, persönlicheren Service zu bezahlen. Du kannst deinen Kunden beispielsweise einen Assistenten zur Verfügung stellen, der ihnen bei der Implementation des Produkts zur Hand geht, wie es beispielsweise die Mitarbeiter der Genius Bars in den Apple Stores tun.

5. **Dauer:** Je länger ein Vertrag bzw. ein Abonnement dauert, desto günstiger wird es in der Regel, weil du weniger Ressourcen in die Akquise investieren musst (siehe Cross-Selling).

6. **Erlebnis:** Der Klassiker schlechthin – jeder Passagier in einem Flugzeug startet in derselben Stadt und landet zum selben Zeitpunkt am selben Zielort. Warum bezahlen einige Kunden dafür den dreifachen Preis? Weil ihnen das Erlebnis eines Fluges erster Klasse mit all seinen kleinen Annehmlichkeiten diesen Preis wert ist.

7. **Personalisierung:** Je individueller das Produkt, desto mehr Aufwand bedeutet es für dich als Hersteller, desto höher wird der Preis für den Kunden.

8. **Zeitpunkt:** Abhängig vom Zeitpunkt eines Produktkaufs kann der Preis stark variieren. Krassestes Beispiel sind wohl Schokoladen-Weihnachtsmänner nach Weihnachten oder auch die beliebten Frühbucher- bzw. Last-Minute-Angebote von Reiseveranstaltern.

9. **Exklusivität:** Ist meistens ein Bestandteil von persönlicherem Service, hochwertiger Qualität und einem damit verbundenen besseren Gesamterlebnis. Um in den Genuss dieser Aspekte zu kommen, muss der Kunde mehr bezahlen – dafür ist er unter seinesgleichen. Diese Abgrenzung gegenüber der Allgemeinheit macht exklusive Angebote sehr begehrenswert. Denn wer würde nicht gerne in den VIP-Raum eines populären Clubs gelangen oder in die First-Class-Lounge am Flughafen? Ein weiteres gutes Beispiel ist die Centurion Card von American Express, die man nur bekommen kann, wenn man im Vorjahr mindestens 250.000 US-Dollar ausgegeben hat.

Ebenso wichtig wie die inhaltliche Differenzierung sind die Namen der unterschiedlichen Preisstaffeln. Wie immer, wenn es um Texte für deine Zielgruppe geht, solltest du dir deine Buyer-Persona ins Gedächtnis rufen und verstehen, wie deine Zielgruppe tickt und auf welche Formulierungen und Tonalität sie anspringt. Vermeide dabei banale Namen wie »Preis #1«, »Preis #2« ebenso wie übertriebene Super-duper-Angebote. In Tabelle 9.1 haben wir einige Ideen für die Benennung deiner Preisstaffeln zusammengestellt.

günstigste Staffel für neue Kunden	zweite und damit mittlere Staffel	für die finale Staffel und die finanzstärksten Kunden
Einführung	Basic	Plus
Starter	Standard	Professional/Pro
Express	Klassik	Ultimate
Beginner	Fortgeschrittener	Experte
Economy	Business	Premium
für Freelancer/Einzelpersonen	für kleine Unterhemen	Enterprise
Bronze	Silber/Gold	Platinum

Tabelle 9.1 Mögliche Preisstaffeln

9.5 Das Dilemma mit Freemium

Viele SaaS-Anbieter machen sich das Freemium-Konzepts zu eigen: Sie bieten dem interessierten Nutzer den Zugang zu ihrem Produkt für einen eingeschränkten Zeitraum und/oder mit eingeschränkter Funktionsweise kostenlos an, damit der Nutzer das Produkt testen und sich von den Vorteilen überzeugen kann. Anschließend soll er dann den Premium-Plan, also das Kernangebot, kaufen. Durch den kostenlosen Test wird Vertrauen zum Kunden aufgebaut, das anschließend für eine hohe Conversion sorgen soll.

So weit, so gut. Dass diese Strategie erfolgreich ist, zeigen unzählige Beispiele wie Google Drive, Dropbox oder Mailchimp. Aber warum funktioniert das lange Ausprobieren eines Produkts so gut? Wenn etwas nicht auf Anhieb verstanden oder Produkteigenschaften im Vorfeld eingesehen werden können, entsteht der Wunsch, das Produkt ausprobieren zu können – dabei gewöhnt man sich häufig so daran, dass man es nicht mehr hergeben möchte.

Und an dieser Stelle tritt laut André Morys der sogenannte *Endowment Effect* ein: Das Produkt entwickelt einen emotionalen Mehrwert für den Nutzer, er gewöhnt sich daran. Menschen erachten Dinge, die sie bereits besitzen, als wertvoller als etwas, was sie noch nicht haben, vor allem dann, wenn sie einen emotionalen Wert darin sehen. Dies gilt auch, wenn sie sich emotional darauf eingestellt haben, etwas bald besitzen zu können. Wenn du es also schaffst, dass die Nutzer etwas in dein Produkt investieren (eine Entscheidung, Zeit oder positive Emotionen), dann werden viele davon auch Geld investieren wollen, um diesen Status quo aufrechtzuerhalten.

Der Übergang von kostenlos zu bezahlt ist kritisch für den Erfolg deines Unternehmens. Denn es wird dir nichts nützen, wenn viele Nutzer dein Produkt kostenlos nutzen. Dann hast du kein Geschäft, sondern eine Non-Profit-Organisation. Daher lohnt es sich, ein besonderes Augenmerk auf diesen Moment zu legen und Alternativen zu testen.

9.5.1 Der »Denk an mich«-Hack

Nutze während der Testzeit jedes dir zur Verfügung stehende Mittel (in der Regel E-Mail), um mit dem potenziellen Kunden in Kontakt zu bleiben. Es gibt eine Vielzahl von Anlässen, die eine Nachricht rechtfertigen, beispielsweise die folgenden.

Basierend auf der Interaktion des Nutzers

▶ Die Erreichung eines kritischen Aha-Moments: Slack-Benutzer bekommen eine Nachricht, wenn ihr Team 2.000 Nachrichten geschrieben hat.

- Die Darstellung der Interaktion: Der Nutzer bekommt einen Bericht darüber, was genau er in dieser Woche alles erreicht hat (z. B. Tickets eröffnet, Dateien gespeichert, Lieder angehört). Slack, Google, Runtastic und Jawbone sind einige der Unternehmen, die dieses Feature nutzen.

- Der Nutzer hat sich zwar zum Test angemeldet, sich danach aber nie wieder eingeloggt. Es kann sich lohnen, ihn an den kostenlosen Test zu erinnern, ihm mögliche Vorteile zu präsentieren (z. B. per Video) und ihn auf die FAQ-Seite oder deinen Kunden-Support zu verweisen, sollte er Fragen haben.

Basierend auf Zeit

Der Nutzer bekommt automatisch und unabhängig von seiner Interaktivität vorab definierte E-Mails in Form einer Drip-Kampagne. In diesen E-Mails wird der Nutzer willkommen geheißen, der Onboarding-Prozess wird erläutert, und die wichtigsten Features werden erklärt. Gegen Ende des Test-Trials wird er daran erinnert, dass er sich bald für ein Produkt entscheiden muss, und ihm werden noch einmal die Vorteile aufgezeigt. Dropbox und Basecamp nutzen diesen Hack.

9.5.2   Der »Countdown«-Hack

Noch bevor der kostenlose Zugang deiner Nutzer abgelaufen ist, kannst du sie per Push-Nachricht oder E-Mail aktivieren, auf die bezahlte Version umzusteigen. Mache das Angebot schmackhaft, indem du einen besonderen Rabatt gewährst und beispielsweise die ersten drei Monate nicht berechnest. Um den Entscheidungsdruck auf den Nutzer zu erhöhen, kannst du diesen Rabatt nur in einem begrenzten Zeitraum anbieten, indem du z. B. sagst: »Genug getestet? Hole dir jetzt die Premiumversion, und du bekommst den ersten Monat geschenkt! Dieses Angebot ist bis 23:59 (Countdown) gültig.«

9.5.3   Der »Weicher Übergang«-Hack

Eine andere Alternative, um die Conversion Rate beim Übergang zwischen der kostenlosen Testphase und der bezahlten Premiumphase zu erhöhen, ist, ihn »aufzuweichen« und das finale Ende hinauszuzögern, aber trotzdem einen kleinen Schritt in Richtung Kauf zu gehen. Diese Methode ist insbesondere für Nutzer geeignet, die sich nicht entscheiden können und einen Anstoß benötigen.

Am Ende der Testphase stellst du deinen Nutzer (per E-Mail oder Pop-up auf deiner Website) vor die Wahl: Entweder kauft er jetzt dein Kernprodukt, oder er verlängert die Testphase um einen kurzen Zeitraum, beispielsweise fünf weitere Tage. Damit er das tun darf, muss er aber seine Kreditkarten-Informationen bereits hinterlegen. Damit ist die Hürde zum Kauf fünf Tage später etwas geringer, weil der Nutzer bereits ein Commitment eingegangen ist.

9.5.4 Der »Darf ich helfen?«-Hack

Eben weil der Übergang zwischen Trial und Premium so entscheidend ist und da sich manche Kunden nicht überwinden können (oder sich zwischen verschiedenen Preisstaffeln nicht entscheiden können), solltest du sie bei diesem Schritt so gut es geht an die Hand nehmen. Hilfreich ist beispielsweise die Integration eines Livechats beim Check-out. So kann der potenzielle Kunde jede mögliche Frage oder Befürchtung, die ihn noch vom Kauf abhält, adressieren. Und solltest du sogar einen preislichen Spielraum haben, könntest du im Rahmen des Livechats sogar noch den Preis reduzieren, um damit dem Kunden das Gefühl zu geben, ein echtes Schnäppchen gemacht zu haben.

9.5.5 Der »Ich bin doch nicht blöd!«-Hack

Der *Decoy-Effekt* wurde von den Psychologen Joel Huber, John W. Payne und Christopher Pluto entdeckt. Was verbirgt sich dahinter? Der deutsche Begriff *asymmetrischer Dominanzeffekt* ist nur wenig hilfreich. Als Decoy bezeichnet man eine Ablenkung, in diesem Fall eine Ablenkung von dem Produkt, das man wirklich verkaufen möchte. Richtig verstehen kann man diese Bezeichnung aber auch erst, wenn man den Decoy-Effekt an einem Beispiel studiert hat: in diesem Fall an Popcorn (siehe Abbildung 9.4).

Abbildung 9.4 Der Decoy-Effekt am Beispiel Popcorn

Ist der Kunde mit zwei Alternativen konfrontiert, wird er das Popcorn für 7 Euro als die teurere Alternative empfinden und häufiger zur günstigeren greifen. Sind es aber drei Alternativen und eine davon hat ein unproportionales Preis-Leistungs-Verhältnis wie in diesem Beispiel das Popcorn für 6 Euro, so kann die teuerste Variante als die beste wirken und wird dementsprechend häufiger gekauft.

Eine Studie verdeutlicht die Effektivität dieses Vorgehens. Der US-Verwaltungsökonom Dan Ariel führte zwei Experimente mit jeweils 100 Studenten als Probanden an der *MIT Sloan School of Management* durch. Diese sollten sich für ein hypothetisches Produkt aus zwei bzw. drei entscheiden, in dem Fall ein Abonnement einer Zeitschrift. Das Experiment war angelehnt an dieses Angebot für ein Abonnement der Zeitschrift »The Economist«, bei dem Kunden zwischen drei Alternativen wählen konnten:

Abo-Alternativen

1. *Economist.com* subscription – **59 US-Dollar**: one-year subscription to *Economist.com*
2. Print Subscription – **125 US-Dollar**: one-year subscription to the print edition of *The Economist*
3. Print & web subscription – **125 US-Dolalr**: one-year subscription to the print edition of *The Economist* and *Economist.com*

Das Ergebnis?

▶ 16 Probanden haben sich bei dem ersten Versuch für das Online-Jahresabo, das 59 US-Dollar kostet, entschieden. Kein Teilnehmer nahm das Jahresabo als Printausgabe für 125 US-Dollar und 84 wählten das Online- und Printabo für 125 US-Dollar.

▶ Bei dem Kontrollexperiment ohne Decoy-Effekt entschieden sich 68 Probanden für die Onlinevariante und 32 für die Print- und Onlineversion.

▶ Rechnerisch bedeutet dies, dass bei dem ersten Versuch ein Umsatz von 11.444 US-Dollar generiert wurde. Bei der zweiten Variante waren es lediglich 8.012 US-Dollar.

Durch den simplen Verzicht auf eine auf den ersten Blick nutzlose Offerte hat sich die gesamte Abonnentenstruktur verschoben, und das nicht unerheblich!

Was bedeutet das für dich? Wenn du deinen Kunden zwei Alternativen (Paket A und Paket B) anbietest und die meisten sich für das günstigere Paket A entscheiden, dann kannst du eine (mehr oder weniger) fiktive dritte Produktalternative schaffen. Das ist Paket B light. Es ist fast identisch mit Paket B und kostet einen Bruchteil weniger. Oder du ergänzt Paket B um einen marginalen Bonus und schaffst damit Paket C zum gleichen oder leicht höheren Preis wie Paket B.

SurveyMonkey verwendet diese Technik (siehe Abbildung 9.5).

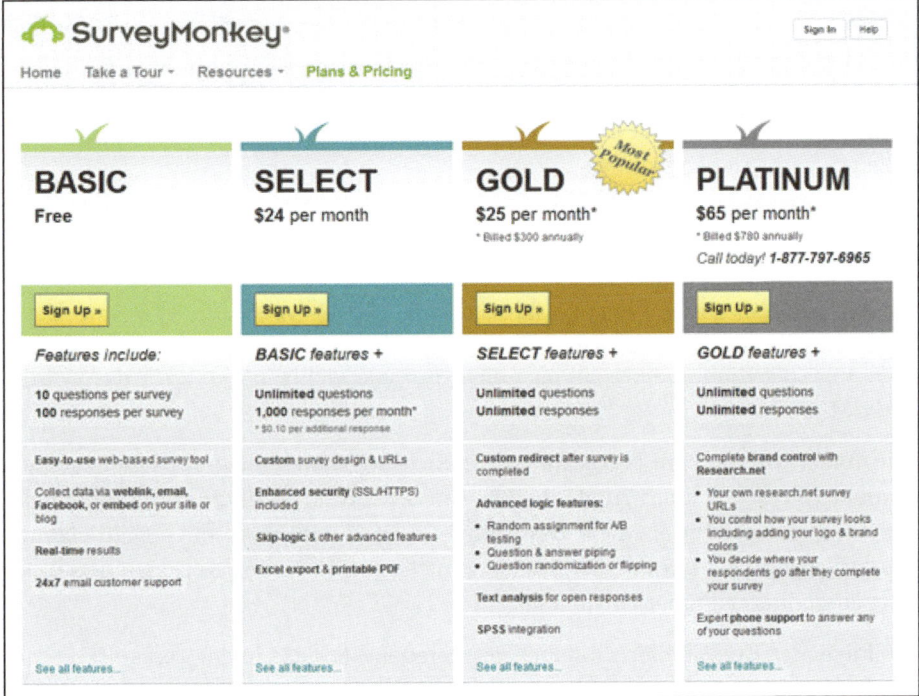

Abbildung 9.5 Preisstaffeln des Umfrage Start-ups SurveyMonkey inklusive Decoy

SurveyMonkey schafft mit der Kategorie »Select« eine nahezu gleich teure Variante und damit ein Decoy im Vergleich zum Hero-Product »Gold«, das im Vergleich als bessere Alternative wahrgenommen wird.

Auch Apple hat sich dieser Technik beim Release des iPhone 6 bedient, als es das Smartphone mit 16 GB, 64 GB und 128 GB Speicherplatz anbot. Viele Beobachter waren überrascht, dass Apple weiterhin eine 16-GB-Option anbot, während keine 32-GB-Option – die vermutlich weitaus populärer gewesen wäre – existierte. Die Absicht hinter dieser Entscheidung war aber vermutlich, Kunden dazu zu bewegen, eher auf die teurere 64-GB- als auf die 16-GB-Option auszuweichen.

Diese Taktik basiert auf einem psychologischen Effekt, der zum Handwerk eines jeden Growth Hackers gehören sollte: *Framing*. Er sagt aus, dass unsere Wahrnehmung und unsere Entscheidungen von den Rahmenbedingungen beeinflusst werden. Unterschiedliche Darbietungen der gleichen Information beeinflussen Wahrnehmung und Verhalten des Kunden. Welche mentale Referenz erzeugst du bei deinen Kunden? Welchen anderen Wert kann diese Referenz heben oder senken?

An dieser Stelle soll auch der sogenannte *Priming-Effekt* nicht unerwähnt bleiben: Der Begriff Priming bzw. Bahnung bezeichnet in der Psychologie die Beeinflussung der Verarbeitung (Kognition) eines Reizes dadurch, dass ein vorangegangener Reiz implizite Gedächtnisinhalte aktiviert hat. Sprich: »Der erste Reiz setzt den Maßstab«, sagt André Morys. In der Praxis bedeutet das: Wenn zuerst das teurere Produkt angezeigt wird, wirkt das zweite günstiger, als wenn man zuerst das günstigste anzeigt.

9.6   Copywriting

Für einen erfolgreichen Verkäufer ist nicht nur das Preismodell entscheidend, sondern auch die Kommunikation, also nicht nur wie viel, sondern auch das Warum und das Wie.

Wie immer, wenn es um Textgestaltung in Richtung deiner Zielgruppe geht, solltest du deine Buyer-Personas zurate ziehen, um die ideale Tonalität und die richtigen Keywords zu verwenden. Dein Ziel sollte es sein, den Kunden mit seinen eigenen Worten abzuholen, um Verständnis für seine Herausforderung zu zeigen und somit Vertrauen dir gegenüber aufzubauen.

Die folgenden Tipps helfen dir dabei, verschiedene Ansätze in der Verkaufskommunikation zu formulieren.

9.6.1   Der »Digitale Verführung«-Hack

Beschreibe nicht dein Produkt oder seine Vorzüge gegenüber dem Wettbewerb, sondern beschreibe deinen Kunden, wie sie sich bei der Benutzung fühlen werden, und vor allen Dingen, wie sie sich fühlen werden, wenn durch dein Produkt ihr Problem gelöst wird.

Stelle dir vor, was die Lösung dieses Problems für die Anerkennung deiner Kunden in ihrem sozialen Umfeld (Freunde, Familie, Kollegen) bedeutet, und skizziere diese Gefühlswelt. Baue durch unspezifische Verben (entdecken, erleben, fühlen) emotionale Welten im Kopf deiner Kunden, in denen sie sich wohlfühlen. In seinem Vortrag »Die Kunst der digitalen Verführung«, definierte Karl Kratz ein ganz bestimmtes Gefühl, das beim Nutzer geweckt werden soll: »Das bin ja ich – das will ich auch!« Wenn sich der Nutzer von dir »abgeholt« fühlt, wird er dir vertrauen. Ohne diesen emotionalen Bezug findet keine Reaktion, also kein Kauf, statt – und schon gar keine Weiterempfehlung.

Abbildung 9.6 Im Onlineshop für Hundefutter »Futalis« wird eine emotionale Bindung beim Käufer aufgebaut, indem er das Hundefutter für einen Hund individuell konfigurieren kann.

Diese positive, emotionale Entwicklung solltest du immer einer reinen Ersparnis durch niedrige Preise vorziehen. Denn niedrige Preise können durch deinen Wettbewerb kopiert oder sogar unterboten werden, sie sind kein USP. Aber wenn du deine Kunden durch eine emotionale Gefühlswelt an dich bindest, hast du wirklich einen Wettbewerbsvorteil erreicht.

9.6.2 Der »Buh!«-Hack

André Morys nennt diesen Effekt *Loss Aversion*: die Angst, etwas zu verlieren. Und so funktioniert es: Einen Besitz oder einen bestehenden Vorteil zu verlieren ist schlimmer, als etwas erst gar nicht besitzen zu können. Menschen wollen stets verhindern, dass ihnen etwas genommen wird, was sie bereits besitzen und schätzen. Du kannst dir diesen Effekt zunutze machen, indem du in deinen Texten dieses Szenario veranschaulichst: Was würde passieren, wenn sie dein Produkt nicht kaufen oder deinen Service nicht nutzen würden? Würden sie wertvolle Zeit durch die Erledigung von monotonen Arbeiten verlieren? Dem Wettbewerb hinterherhinken? Den Vorgesetzten, den Nachbarn oder die eigenen Freunde nicht beeindrucken können? Wenn du deine Personas gewissenhaft definiert hast, dann wirst du auch verstehen, welche Ängste und Motive deine Nutzer haben – und wie du auf diese reagieren kannst.

Wirkungsvoll ist dieses Prinzip auch in Zusammenhang mit einer Ja/Nein-Entscheidung, wie beispielsweise die Frage, ob dein Nutzer auch deinen Newsletter abonnieren möchte. Du kannst dem Nutzer die Konsequenzen seiner Wahl durch den Text auf dem Button verdeutlichen, sowohl positiv als auch negativ. Beispiele: »Ja, ich möchte schlauer sein als meine Kollegen« oder »Nein, ich möchte nicht mehr Zeit sparen«, siehe auch Abschnitt 6.7.4, »Der »Nur noch zweimal schlafen«-Hack«.

9.6.3   Der »Starbucks«-Hack

Studien haben gezeigt, dass oftmals ein kleines Adjektiv zu enormen Unterschieden hinsichtlich der Kaufbereitschaft führen kann. So führt der Text »eine kleine 5-€-Gebühr« zu mehr Verkäufen als »eine 5-€-Gebühr«. Insbesondere konservative und preissensible Kunden wurden durch das Wörtchen »klein« überzeugt, weil es ihrer Sparsamkeit entgegenkommt.

Der Software-Reseller AppSumo bedient sich häufig der Technik des sogenannten *Known-Effekts*: Dieser hilft dabei, eine unbekannte Größe (wie einen Preis) verständlich zu machen, wenn sie mit etwas verglichen werden kann, was allgemein bekannt ist. Dazu gehören z. B. die Kosten von etwas, die Größe oder die Haltbarkeit. Durch Formulierungen wie »Zum Preis von drei großen Kaffees bei Starbucks« oder »Das ist so viel wie ein großer Eisbecher« veranschaulicht AppSumo nicht nur den abstrakten Preis selbst, sondern verleitet die Kunden auch dazu, ihre Prioritäten abzuwägen: Ist ihnen ein großer Becher Eis wichtiger als die bequeme Lösung ihres Problems? Prinzipiell ist es immer eine gute Idee, potenziellen Kunden den Mehrwert des Produkts möglichst genau zu benennen – seien es beispielsweise Zeit, Umsatz oder Leads. Eine gute *Guestimation* zeigt dein Verständnis für die Situation deines Kunden und sorgt für Vertrauen.

9.6.4   Der »Anwalt des Teufels«-Hack

Anstatt die Befürchtungen deiner Kunden zu ignorieren oder durch vermeintliche Vorteile aufzuwiegen, kannst du sie auch direkt ansprechen: »Du machst dir Sorgen um die Qualität? Wir garantieren dir eine lange Lebenszeit oder dein Geld zurück«, »Du machst dir Sorgen um den Service? Du erreichst uns unter diesen Kontaktdaten.« Wenn du dich in die Position deiner Kunden hineinversetzt und mit ihnen bereits vor dem Kauf über ihre Befürchtungen sprichst, dann werden sie Vertrauen zu dir fassen und dein Produkt mit größerer Wahrscheinlichkeit kaufen.

Um die Befürchtungen der Kunden zu antizipieren, kannst du eine Umfrage auf deiner Website integrieren und die Nutzer auf deiner Website fragen, was der größte Grund dafür ist, dass sie (noch) nicht gekauft haben. Hast du das Themengebiet eingegrenzt, kannst du später die Befürchtungen weiter detaillieren und dich erkundigen, welche Informationen den Nutzern noch fehlen oder ob sie Fragen zu deinem Preis haben. Durch diese Interaktion wirst du deinen Verkaufstext fortwährend optimieren können. Ein Tool für diese On-Site-Befragungen ist beispielsweise Hotjar.

9.6.5 Der »Taten zählen mehr als Worte«-Hack

Vertraue nicht nur auf Adjektive: Versetze dich in die Situation, dass du neue Mitarbeiter für dein Unternehmen einstellen willst und eine Bewerbung nach der anderen durchliest. Ein Bewerber schreibt, wie talentiert, ehrgeizig und teamorientiert er oder sie ist. Der nächste beschreibt stattdessen, dass er ein Team angeführt hat, dass er erfolgreich ein Blog betreibt und dass er einen Preis gewonnen hat. Ist der zweite Bewerber nicht deutlich attraktiver?

Verben sind bedeutsamer als Adjektive, da sie nicht Absichten und Potenzial beschreiben, sondern Aktionen belegen. Besonders wenn deine Wettbewerber mit Adjektiven in ihren Produktbeschreibungen nur so um sich werfen, kannst du dich durch Belege der Fähigkeiten deines Service oder deines Produkts abheben.

9.6.6 Der »Power-Wörter«-Hack

Verwende so oft wie möglich »du« bzw. »Sie« in deinem Verkaufstext. Denn es geht nicht um dich und dein Produkt, sondern dein Kunde bzw. seine Herausforderungen stehen im Mittelpunkt. Weitere mächtige Wörter sind »kostenlos«, »gratis«, »weil«, »sofort« und »neu«. Der langfristige Erfolg von Apple hängt unter anderem davon ab, dass sie jedes Jahr eine »neue« Version ihres Produkts herausbringen, weil sie genau wissen, dass insbesondere ihre treuen Stammkunden aus Prinzip stets das Neueste haben wollen.

Key Learnings

In diesem Kapitel geht es darum, wie du mehr Umsatz generieren kannst. Am Beispiel erfolgreicher Unternehmen haben wir dir gezeigt:

1. auf welchen digitalen Geschäftsmodellen erfolgreiche Unternehmen basieren
2. dass der erste Kauf nur der Beginn einer langfristigen Kundenbeziehung ist
3. was ein Stolperdraht, Cross- und Up-Sale sind und wie du sie in dein Angebot integrieren kannst
4. wie andere Unternehmen die Abonnenten ihrer kostenlosen Trial-Version in zahlende Kunden umwandeln
5. welche Kraft in deinen Texten steckt und wie du sie entfalten kannst

9.7   Zusammenfassung und Schlussfolgerung

Eine Weisheit des Dalai Lama war der wichtigste Grund, warum wir dieses Buch geschrieben haben: Wir wollten unser Wissen über Marketing an diejenigen weitergeben, die sich unsere persönliche Beratung nicht leisten können, aber von deren Wachstum auch die wirtschaftliche Zukunft Europas abhängt: Start-ups und KMU.

>*»Teile dein Wissen mit anderen – das ist eine gute Möglichkeit,*
>*Unsterblichkeit zu erlangen.«*
>*– Dalai Lama*

Natürlich können auch Konzerne und Unternehmen mit einem großen Werbeetat von diesem Wissen profitieren, denn in Zeiten von Adblockern und der vollkommen unterschiedlichen Mediennutzung der Millenials ist der Kampf um Aufmerksamkeit in vollem Gange. Kreative Marketingmethoden sind auch in diesen Unternehmen gefragt, denn für sie sind Start-ups eine potenzielle Bedrohung.

Ebenso wie Scrum die Produktentwicklung verändert hat, so verändert Growth Hacking das Marketing: Es wird dynamischer, kreativer und besser.

Was war Growth Hacking doch gleich?

Definition von Growth Hacking

Growth Hacking ist ein interdisziplinärer Mix aus Marketing, Datenanalyse und Entwicklung. Das einzige Ziel von Growth Hacking ist das Wachstum eines Unternehmens. Dafür wird ein Prozess zugrunde gelegt, der die schnelle Identifikation von skalierbaren Kommunikationskanälen ermöglicht. Oder zusammengefasst: Growth Hacking ist die optimale Synthese aus Produkt, User Experience und Marketing – mit Wachstum als Ziel.

Ein Wort der Warnung: Bevor du mit Growth Hacking beginnst, stelle auf jeden Fall sicher, dass du den Product-Market-Fit erreicht hast und deine Customer Journey wasserdicht ist. Es bringt dir nichts, wenn du Abertausende Nutzer auf deine Website holst, aber dein Produkt fehlerhaft ist oder dein Kunden-Support noch nicht den Ansprüchen gewachsen ist. Wenn du zu früh zu viele Ressourcen in Growth Hacking investierst, kann es für dich gefährlich werden, denn du verprellst unter Umständen deine Early Adopters, und eine zweite Chance bekommst du vielleicht nicht mehr. Investiere dein Geld und deine Zeit zuallererst in dein Produkt und in die Zufriedenheit deiner Nutzer – denn das wird den Unterschied ausmachen!

Worauf wir dich nicht vorbereiten können, sind die psychischen Ansprüche, die Growth Hacking an dein Team und dich stellen wird. Denn ihr solltet euch darauf einstellen, zu scheitern. Mindestens 60 % aller Hacks werden keinen positiven

Effekt auf dein Business haben, und die meisten der übrigen 40 % nur einen kleinen. Aber lasst euch davon nicht enttäuschen, sondern genießt den Prozess des Lernens (und damit verbundenen Scheiterns) wie ein Kind, das laufen lernt: aufstehen, Tränen trocknen und weitermachen – und dabei nie das Ziel aus den Augen verlieren. Auch Maßnahmen, die euer Wachstum nur um wenige Prozent verbessern, sind extrem wichtig. Denn am Ende ist es die Summen dieser kleinen Schritte, die den Unterschied zwischen Gewinnen und Verlieren machen.

> »On this team, we fight for that inch. On this team, we tear ourselves, and everyone around us to pieces for that inch. We claw with our finger nails for that inch. Cause we know when we add up all those inches that's going to make the fucking difference between WINNING and LOSING.«
> – Al Pacino als Tony D'Amato in dem Film »Any Given Sunday«

Mittlerweile hat *Growth Hacking* seinen – unserer bescheidenen Meinung nach – wohlverdienten Platz im Werkzeugkoffer von Marketern gefunden, wenn auch bislang nur von wenigen. Unabhängig davon, ob wir von »Growth Hacking« oder »Growth Marketing« sprechen: Die Entwicklung im Marketing hin zu einer deutlich dynamischeren und agileren Methodik ist nicht aufzuhalten, ebenso wie Scrum-Methoden ihren festen Platz in der Entwicklung gefunden haben. Die vergangenen Jahre haben gezeigt, dass Unternehmen, die agil entwickeln und kommunizieren, sehr schnell sehr erfolgreich werden können und – basierend auf ihrem Geschäftsmodell – durchaus in der Lage sind, ganze Industrien umzukrempeln, wie es Airbnb, Uber oder PayPal getan haben.

Zum Schluss: Ein Geschenk und eine Bitte

Wir haben ein schickes Paket für dich zusammengestellt, damit du schnell und günstig dein Unternehmenswachstum beschleunigen kannst. Besuche unsere Website *http://growthhacking.rocks* für Details!

Wir hoffen, dass dir dieses Buch gefallen hat. Wenn dem so ist, dann würden wir uns sehr über eine 5-Sterne-Rezension auf Amazon freuen.

Warum? Durch deine positive Bewertung werden mehr Menschen auf dieses Buch und das Thema Growth Hacking aufmerksam. Und damit könntest du einen kleinen Beitrag leisten, dass deutsche Gründer noch schlauer und ihre Unternehmen noch innovativer und erfolgreicher werden. Und natürlich freuen wir uns, wenn du das Buch deinen Kollegen, Wegbegleitern, Freunden und Gleichgesinnten empfiehlst.

Solltest du Fragen haben oder einen Themenbereich vermisst haben, dann zögere bitte nicht, uns zu schreiben, damit wir das in der nächsten Auflage berücksichtigen können. Du findest uns in den gängigen sozialen Medien. Unsere E-Mail-Adressen findest du auf *http://tomasherzberger.de* und *https://sandrojenny.com/*.

A   Quellen

Growth Hacking ist zwar keine neue Marketingdisziplin, aber doch ein neues Thema. Es gibt daher noch nicht allzu viele Fachbücher, auf die wir zurückgreifen konnten. Die wenigen Experten teilen ihr Wissen zwar gerne, aber das oft auf Konferenzen, Webinaren oder in Blogartikeln. Wir haben uns daher entschieden, »Grundlagenforschung« zu betreiben, und viele Experten selbst gefragt. Daher sind in diesem Anhang mehr Websites als Fachbücher gelistet.

Du willst dein Wissen noch vertiefen und gründlicher in die Materie einsteigen? Dann brauchst du nicht jeden Link auf dieser Liste abzutippen. Wir haben einen letzten Hack für dich: Gehe auf die Seite zum Buch (*http://rheinwerk-verlag.de/4896*) und hole dir aus den Downloadmaterialien die Liste der Links als Lesezeichen für deinen Browser!

▶ Sujan Patel: The Ultimate Guide to Marketing Your Startup. In: Year One
  http://sujanpatel.com/marketing/startup-year-one

▶ Ash Maurya: Running Lean: Iterate from Plan A to a Plan That Works, O'Reilly 2001

▶ James Currier: Creating the Mindset For Growth:
  https://blog.kissmetrics.com/five-mindsets-of-growth

▶ Kissmetrics:
  http://de.slideshare.net/kissmetrics/25-growth-hacks-guaranteed-to-move-the-needle

▶ Wilson Hung:
  https://sumome.com/stories/marketing-strategy

▶ David Arnoux:
  www.growthtribe.io/blog/brass-framework

▶ Jessica Kandler: The Beginner's Growth Hacking Guide for Agencies:
  http://mysiteauditor.com/blog/beginners-guide-to-growthhacking-for-agencies

▶ Dave McClure: Startup Metrics for Pirates:
  http://500hats.typepad.com/500blogs/2007/06/internet-market.html

▶ André Morys: Growth Canvas:
  www.konversionskraft.de/conversion-optimierung/growth-canvas.html

- Josue Valles: 9 Conversion Tricks That Are Borderline Magic:
  https://klientboost.com/cro/conversion-tricks

A.1   Kapitel 1 – So profitierst du von Growth Hacking

- Tweet von Tom Anderson:
  http://i.amz.mshcdn.com/OOc-dRAVIoubxumUS8LGj6sqJ68=/fit-in/1200x9600/http%3A%2F%2Fmashable.com%2Fwp-content%2Fuploads%2F2012%2F12%2FhLV4k.png

- Brian Balfour: Traction vs Growth:
  www.coelevate.com/essays/traction-vs-growth

- Ramli John: Why Growth Hacking Could Be Killing Your Startup:
  https://medium.com/@ramlijohn/why-growth-hacking-could-be-killing-your-startup-e9851151364a#.7r6j08dbb

- Steve Blank: What's A Startup? First Principles:
  https://steveblank.com/2010/01/25/whats-a-startup-first-principles

A.2   Kapitel 2 – So funktioniert Growth Hacking

- Chris Out: What is Growth Hacking? The 7 Pillars explained:
  https://rockboost.com/en-us/blog/the-7-pillars-of-growth-hacking

- Alistair Croll und Benjamin Yoskovitz: Lean Analytics: Use Data to Build a Better Startup Faster, O'Reilly 2013

- Rob Fitzpatrick: The Mom Test: How to talk to customers & learn if your business is a good idea when everyone is lying to you, CreateSpace Independent Publishing Plattform 2013

- Jonathan Aufray: Growth Hacking Definition: the Definitive one:
  www.growth-hackers.net/growth-hacking-definition

- Kleiner Perkins: Internet Trends 2017:
  www.kpcb.com/internet-trends

- Timi Olotu: Understanding the pivotal role ux plays in growth hacking, by its inventors. An interview with Sean Ellis, creator of growth hacking, and Morgan Brown, co-author of »Hacking Growth«:
  https://www.userzoom.com/blog/understanding-the-pivotal-role-ux-plays-in-growth-hacking-by-its-inventors

- YouTube Company Statistics:
  www.statisticbrain.com/youtube-statistics

- Stefan Mey: Datenschutz 2018. Die 10 wichtigsten Punkte:
  www.horizont.at/home/news/detail/datenschutz-2018-die-10-wichtigsten-punkte.html

- Neil Patel und Bronson Tayiler: Growth Hacking:
  www.quicksprout.com/the-definitive-guide-to-growth-hacking

- Ask-Me-Anything with Jason Barbato, Growth Strategist at IBM:
  https://growthhackers.com/amas/ama-with-jason-barbato-growth-strategist-at-ibm

- Jürgen Schäfer: Lob des Irrtums: Warum es ohne Fehler keinen Fortschritt gibt,
  C. Bertelsmann Verlag (2014)

- Christian Ohm und Annika Lutz: Von den Finnen lernen – Marketing
  Transformation im Industrieunternehmen:
  https://www.marconomy.de/von-den-finnen-lernen-marketing-transformation-im-industrieunternehmen-a-812650/

- Nasty Gal: Women's Online Clothes & Fashion Shopping:
  https://www.nastygal.com/

- Urlaubsguru, Ferienangebote:
  https://www.urlaubsguru.de/

- Spotifys Nutzerwachstum, Quartz, Global news and insights for leaders:
  https://qz.com

- Facebook, Richtlinien für Seiten, Gruppen und Veranstaltungen:
  https://www.facebook.com/policies/pages_groups_events/

A.3   Kapitel 3 – So stellst du die Weichen auf Wachstum

- Justin Mares und Gabriel Weinberg: Traction, Portfolio Penguin 2015
- Ava Seave: Fast Followers Not First Movers Are The Real Winners:
  https://www.forbes.com/sites/avaseave/2014/10/14/fast-followers-not-first-movers-are-the-real-winners/
- Don Norman: The Design of Everyday Things. Basic Books: New York 2013.

A.3.1   Wettbewerbsanalyse

- Johnathan Dane: 17 PPC Spy Tools That'll Crush Your Competition:
  https://klientboost.com/ppc/ppc-spy-tools

A.3.2 Branding

▶ Simon Sinek: Always start with Why:
http://www.youtube.com/watch?v=u4ZoJKF_VuA

▶ Daniel Hüfner: Gründen mit Strahlkraft. Wie Startups auch ohne Budget den Grundstein für eine erfolgreiche Marke legen:
http://t3n.de/news/startup-marke-2-664894

▶ How Startups Can Utilize Lean Principles For Branding:
http://inboundrocket.co/blog/how-startups-can-utilize-lean-principles-for-branding

▶ Denise Lee Yohn: Start-Ups Need a Minimum Viable Brand:
https://hbr.org/2014/06/start-ups-need-a-minimum-viable-brand

▶ Patrick J. Woods: The Brand Strategy Canvas: a One-Page Strategy for Startups:
https://de.slideshare.net/patrickjwoods/the-brand-strategy-canvas-a-aoneap

A.3.3 Personas

▶ Sujan Patel: 150 Buyer Persona Questions You Must Ask:
http://sujanpatel.com/marketing/150-buyer-persona-questions

▶ Tim Allen: How to Create Audience Personas on a Budget Using Facebook Insights:
https://moz.com/blog/facebook-insights-create-audience-personas-budget

▶ Kevin Baldacci: 7 Customer Service Lessons from Amazon CEO Jeff Bezos:
http://www.salesforce.com/blog/2013/06/jeff-bezos-lessons.html

▶ Julie Supan: What I Learned From Developing Branding for Airbnb, Dropbox and Thumbtack:
http://firstround.com/review/what-i-learned-from-developing-branding-for-airbnb-dropbox-and-thumbtack

▶ Hellen Roring: Kunden gezielt ansprechen mit dem Limbic® Ansatz:
https://www.more-fire.com/blog/kunden-gezielt-ansprechen-mit-dem-limbic-ansatz/

▶ Robert Weller: Neuromarketing in der Praxis: Wie du die Limbic® Map und Limbic® Types im Marketing sinnvoll einsetzt:
https://www.konversionskraft.de/neuromarketing/limbic-map-types.html

A.3.4 Grundstein für digitales Business

▶ MG Siegler: A Pivotal Pivot:
https://techcrunch.com/2010/11/08/instagram-a-pivotal-pivot

- Jobs-To-Be-Done (JTBD) – So findest du heraus, was deine Kunden wirklich wollen:
  http://jobstobedone.org/

A.3.5   Product-Market-Fit (PMF)

- Satya Nadella: Hit Refresh: Wie Microsoft sich neu erfunden hat und die Zukunft verändert. Plassen Verlag (2017)
- Bernhard Kalhammer: Start-up Hacks: Was Unternehmen wirklich voranbringt. Redline Verlag (2019)
- Julia Chen: The 21 Growth Strategies Used by Top Growth Teams:
  www.appcues.com/blog/growth-strategies
- Sagi Shrieber: How to start building an audience when you don't have any audience yet:
  https://medium.com/swlh/how-to-start-building-an-audience-when-you-dont-have-any-audience-yet-f484d7dfdcd3
- How does Typeform use NPS to boost customer satisfaction and improve its product roadmap:
  http://www.retently.com/blog/typeform-nps-customer-satisfaction-product-roadmap
- Strategyzer AG, Business Modell Canvas, Value Proposition Canvas :
  www.strategyzer.com

A.3.6   Positionierung

- David Khim: 26 Powerful Value Proposition Examples That Convert Visitors:
  https://sumo.com/stories/value-proposition-examples

A.3.7   Der größte Hebel für mehr Wachstum: Nutzererlebnis

- Mobile first, Statista.com:
  https://de.statista.com/infografik/1077/facebooks-mobile-nutzer

A.4   Kapitel 4 – Der Growth-Hacking-Workflow: so gehst du vor

- Growthhackers.com, North Star (Software):
  https://northstar.growthhackers.com/

▶ Joe Escobedo:
https://www.forbes.com/sites/joeescobedo/2017/10/14/from-500k-to-530m-
members-how-linkedin-built-a-half-a-billion-community/#8d7dc5941208

▶ Objectives und Key-Results: Murakamy GmbH:
http://murakamy.com/okr-online-kurs-seminar

▶ Die Product-Market-Fit-Pyramide: Dan Olsen: The Lean Product Playbook. John
Wiley & Sons: Hoboken 2015.

▶ Alyson Shontell: How An Early Facebook Employee Messed Up, Got Fired, And
Cost Himself $185 Million:
www.businessinsider.com/how-noah-kagan-got-fired-from-facebook-and-lost-
185-million-2014-8?IR=T

▶ Noah Kagan: Quant-based Marketing:
http://okdork.com/quant-based-marketing-for-pre-launch-start-ups

▶ Gabriel Weinberg: The 19 Channels You Can Use to Get Traction:
https://medium.com/@yegg/the-19-channels-you-can-use-to-get-traction-
93c762d19339#.vavgq0tfu

▶ Pierre Lechelle: Maybe you shouldn't have a Growth Team – Interview with
Pedro Magriço from Typeform:
www.pierrelechelle.com/interview-pedro-magrico-typeform

▶ Robert Weller: Growth Marketing. Was ist das und warum gibt es das eigentlich
gar nicht?:
http://www.toushenne.de/newsreader/growth-marketing.html

▶ Gary W. Keller und Jay Papasan: The One Thing: Die überraschend einfache
Wahrheit über außergewöhnlichem Erfolg. BARD PR (2013)

▶ AMA with Damien Coullon, LinkedIns Head of Growth:
https://growthhackers.com/amas/cfe5095d-b135-4e3a-93e2-d1523eefa2df

▶ Brian Balfour: Don't Let Your North Star Metric Deceive You:
https://brianbalfour.com/essays/north-star-metric-growth

▶ Jeffrey Bussgang und Nadav Benbarak: Every Company Needs a Growth
Manager:
https://hbr.org/2016/02/every-company-needs-a-growth-manager

▶ Robert Weller: Das perfekte Growth Team: Wen braucht es, um erfolgreich zu
wachsen?:
https://www.konversionskraft.de/strategie/growth-team.html

▶ Brainstorming:
http://www.ideenfindung.de/

▶ Die 6-3-5-Methode, Christian Moser: User Experience Design. Springer: Berlin/ Heidelberg 2012.

▶ Google Analytics, Analysesoftware: *https://analytics.google.com/*

▶ Kissmetrics, Analysesoftware: *https://www.kissmetrics.com/*

▶ Mixpanel, Analysesoftware: *https://mixpanel.com/*

▶ Facebook Business Manager: *https://business.facebook.com/*

A.5   Kapitel 5 – Acquisition: so bekommst du mehr Nutzer

▶ Justin Mares: Social and Display Ads Advertise. 19 Ways Growth Hackers Acquire Customers:
http://de.slideshare.net/jwmares/traction-trumps-everything/12-Social_and_ Display_Ads_Advertise

▶ OMR Report: The Playbook:
https://omr.com/report/produkt/the-playbook-13-online-marketing-strategien/

▶ Bernhard Kalhammer: Start-up Hacks: Was Unternehmen wirklich voranbringt. Redline Verlag (2019)

A.5.1   E-Mail-Marketing

▶ Luke Wroblewski: »Mad Libs« Style Form Increased Conversion by 25–40 %:
www.lukew.com/ff/entry.asp?1007

▶ Sarah Peterson and Sean Bestor: How to Build an Email List. 85 List Building Strategies:
https://sumome.com/stories/email-list-building

▶ Nico Moreno: 13 Insanely Clickable Email Subject Line Examples:
https://sumo.com/stories/email-subject-line-examples

A.5.2   Google Display Network

▶ Jonathan Dane: 7 AdWords Display Hacks That Will Leave Your Competitors Crying in the Corner:
http://de.slideshare.net/kissmetrics/7-adwords-display-hacks-that-will-leave- your-competitors-crying-in-the-corner

▶ Jason Puckett: A/B testing over $1m worth of display ads – 5 things we learned:
https://3qdigital.com/featured/ab-testing-over-1m-worth-of-display-ads- 5-things-we-learned

▶ Christian Kunz: Google: Die neuen Discovery Ads versprechen große
Reichweite:
https://www.seo-suedwest.de/4867-google-discovery-ads-versprechen-grosse-reichweite.html

A.5.3   Content Marketing

▶ Justin McGill: Why these 9 companies choose transparency:
http://thenextweb.com/entrepreneur/2015/03/28/why-these-9-companies-choose-transparency/#gref

▶ Sarah Peterson: 51 Headline Formulas to Skyrocket Conversions:
https://sumome.com/stories/headline-formulas

▶ Alex Bennett: Headlines. When the Best Brings the Worst and the Worst Brings
the Best:
www.outbrain.com/blog/headlines-when-the-best-brings-the-worst-and-the-worst-brings-the-best

▶ Christian Kleemann: 50 Marketing-Experten, die du nicht auf dem Schirm hast,
jedoch kennen solltest:
https://unbounce.com/de/social-media-de/marketing-experten

▶ Ben Harmanus: 75 Marketing-Expertinnen, mit denen du dich vernetzen
solltest:
https://unbounce.com/de/social-media-de/marketing-expertinnen

▶ Leo Widrich: Introducing the Public Buffer Revenue Dashboard. Our Real-Time
Numbers for Monthly Revenue, Paying Customers and More:
https://open.buffer.com/buffer-public-revenue-dashboard

▶ Online Marketing Rockstars Report Content Marketing:
https://omr.com/report/produkt/growth-hacking

▶ Mirko Lange: Das »FISH Modell« und der »Content RADAR« – zwei
Strategietools fürs Content Marketing:
http://www.talkabout.de/das-fish-modell-und-der-content-radar-zwei-geniale-tools-fuer-content-marketing

▶ Brice Berdah: Reddit and Reddit Ads Hitchhiker's Guide: Content Marketing
Feedback Session:
https://medium.com/@BBerdah/reddit-and-reddit-ads-hitchhikers-guide-5d47a99cf076

▶ Ben Harmanus & Robert Weller: Content Design: Durch Gestaltung die
Conversion beeinflussen. Carl Hanser Verlag GmbH & Co. KG (2017)

A.5.4   Suchmaschinenoptimierung (SEO)

▶ Die Deutschen lieben Google:
www.faz.net/aktuell/wirtschaft/grafik-des-tages-die-deutschen-lieben-google-14999842.html

▶ Tammy Everts: When Design Best Practices Become Performance Worst Practices:
https://uxmag.com/articles/when-design-best-practices-become-performance-worst-practices

▶ Sean Work: How Loading Time Affects Your Bottom Line:
https://blog.kissmetrics.com/loading-time

▶ MozBar für Google Chrome: *https://moz.com/*

A.5.5   Google AdWords

▶ Statista: Google's ad revenue from 2001 to 2016:
www.statista.com/statistics/266249/advertising-revenue-of-google

▶ Lauren Johnson: Google's Ad Revenue Hits $19 Billion, Even as Mobile Continues to Pose Challenges:
www.adweek.com/news/technology/googles-ad-revenue-hits-19-billion-even-mobile-continues-pose-challenges-172722

A.5.6   Presse

▶ Vincent Dignan: The Secret Sauce – a step by step guide to growth hacking:
www.secretsaucenow.com

A.5.7   App Stores

▶ Sujan Patel: Growth Hacking for Mobile Apps:
http://sujanpatel.com/mobile/growth-hacking-mobile-apps

A.5.8   Engineering as Marketing

▶ Alex MacCaw: Using free products for lead generation:
http://blog.clearbit.com/how-were-using-free-tools-to-engage-developers

▶ John McLaughlin: 9 iconic growth hacks tech companies used to boost their user bases:
http://thenextweb.com/entrepreneur/2014/05/28/9-iconic-growth-hacks-tech-companies-used-pump-user-base

- Danny Schreiber: 11 Ways to Win Your Customers' Hearts with Humor:
  https://zapier.com/blog/use-humor-on-your-website

- Visakan Veerasamy: PayPal's $60m Referral Program: A Legendary Growth Hack:
  www.referralcandy.com/blog/paypal-referrals

A.5.9   Offline-Events

- Christian Häfner: Zwei Guerilla Marketing Aktionen zum Nachmachen für weniger als 250 €:
  https://de.letsseewhatworks.com/guerilla-marketing

- Kipp Bodnar: How A Block of Ice Increased One Company's Customers By 225 %:
  http://blog.hubspot.com/blog/tabid/6307/bid/7007/How-A-Block-of-Ice-Increased-One-Company-s-Customers-By-225.aspx

A.5.10   Social Media

- OMR Report »The Playbook«. 13 Erfolgsstrategien für dein Marketing:
  https://omr.com/report/produkt/the-playbook-13-online-marketing-strategien/

- Verena Ho: How To Improve Facebook Engagement: Insights From 1bn Posts:
  http://growthhackers.com/articles/how-to-improve-facebook-engagement-insights-from-1bn-posts

- Johnathan Dane: Facebook Ads Research Tips & Ad Spy Tools For Higher Performance:
  https://klientboost.com/ppc/facebook-ads-research

- Daniel Schorr: Instagram Followers Hack – 100.000+ Instagram-Follower in einem Jahr:
  https://letsseewhatworks.com/instagram-followers-hack

- Josh Fechter: The BAMF Bible:
  https://www.producthunt.com/posts/the-bamf-biblev

- Sarah Peterson: Instagram Marketing: How We Got 100k Followers In 8 Months:
  https://sumo.com/stories/instagram-marketing

- Tomiwa Adey: The Playbook to Getting 1 Million Highly Targeted Leads From Twitter Without Paying a Cent:
  https://medium.com/@tomiwaadey/the-playbook-to-getting-1-million-highly-targeted-leads-from-twitter-without-paying-a-cent-9780775473ce

- Facebook, Facebook Gruppen, Facebook Insights:
  https://www.facebook.com/

A.5.11   YouTube

- Cisco Visual Networking Index: Forecast and Methodology, 2016–2021: *www.cisco.com/c/en/us/solutions/collateral/service-provider/visual-networking-index-vni/complete-white-paper-c11-481360.pdf*

- John Mannes: Unilever buys Dollar Shave Club for reported $1B value: *https://techcrunch.com/2016/07/19/unilever-buys-dollar-shave-club-for-reported-1b-value*

- Dollar Shaving Club Video: *www.youtube.com/watch?v=ZUG9qYTJMsl*

Das BookBook von IKEA: *www.youtube.com/watch?v=MOXQo7nURs0*

A.5.12   Community Building

- Kavaj-Blog: *http://blog.kavaj.de/blog/category/mykavaj*

- Queensland-Blog: *http://teq.queensland.com/industry-resources/teq-case-studies/best-job-in-the-world*

- Milliarden-Reichweiten ohne Marketing: Kicktipp ist ein Phänomen: *http://www.xing-news.com/reader/news/articles/296381*

- TCS Club Schweiz, YouTube-Erklärvideo: *https://www.youtube.com/watch?v=uy32A65yhYo*

A.6   Kapitel 6 – Activation: so aktivierst du deine Nutzer

A.6.1   Lead Magnet

- Nick O'Neill: The Lead Magnet Bible: 29 Killer Bribes To Grow Your Email List: *www.holler.com/lead-magnet-bible*

- Sean Bestor: The Definitive Guide to Content Upgrades: What We Learned Analyzing 100,000 Opt-Ins: *https://sumo.com/stories/best-content-upgrade*

A.6.2   Pop-ups

- Viele Beispiele für Exit Intent Pop-ups: *https://wisepops.com/exit-popup-examples*

A.6.3   Landingpages

▶ Pamela Vaughan: Why You (Yes, You) Need to Create More Landing Pages:
https://blog.hubspot.com/blog/tabid/6307/bid/33756/Why-You-Yes-You-
Need-to-Create-More-Landing-Pages.aspx#
sm.007tgjw81cbdeym11px20mc79x37i

▶ Tomas Herzberger: 8 Tipps für mehr Erfolg mit Landingpages:
www.bieg-hessen.de/blog/webdesign/8-tipps-fuer-mehr-erfolg-mit-
landingpages

A.6.4   Psychologische Hacks

▶ Dale Carnegie: How To Win Friends And Influence People. Pocket Books (2010)

▶ konversionsKRAFT: Behaviour Patterns:
https://static.konversionskraft.de/2017/07/konversionsKRAFT-Behavior-
Patterns-Kartenset.pdf

▶ Roland Eisenbrand: Marketing-Instrument »Drop«: Warum diese Methode aus
der Streetwear-Szene zum Trend wird:
https://omr.com/de/drop-marketing-fashion-lifestyle-branding/

▶ André Morys: Die digitale Wachstumsstrategie: 10 Prinzipien für ein profitables
Onlinegeschäft. Springer Gabler (2018)

▶ Liesa Carton: Key tips for copy that converts:
https://www.agconsult.com/en/usability-blog/key-tips-for-copy-that-converts/

▶ Deniz Kilic: Über Booking.com sprechen alle Optimierer: was macht sie so
erfolgreich?:
https://www.konversionskraft.de/conversion-optimierung/online-experimente-
bei-booking-als-erfolgsfaktor.html

▶ Jonathan John: How to Use Urgency to Hack Your Conversion Rate:
http://optinmonster.com/how-to-use-urgency-to-hack-your-conversion-rate

A.7   Kapitel 7 – Retention: so kommen deine Nutzer zurück

▶ Alex Turnbull: How One SaaS Startup Reduced Churn 71% Using »Red Flag«
Metrics:
https://blog.kissmetrics.com/using-red-flag-metrics

▶ Danny Schreiber: 11 Ways to Win Your Customers' Hearts with Humor:
https://zapier.com/blog/use-humor-on-your-website

A.7.1   Onboarding

▶ Sean Ellis: Growth Hacking with Data. How to Find Big Growth with Deep Data Dives:
http://de.slideshare.net/seanellis/growth-hacking-with-data-38835040/23-Q_A_datahacks

A.7.2   Loyalität

▶ Mark Macdonald: How To Grow Your Ecommerce Business Without New Customers:
www.shopify.com/blog/10747977-how-to-grow-your-ecommerce-business-without-new-customers

▶ Daniel Bentley: I asked for eggs:
https://medium.com/this-happened-to-me/i-asked-for-eggs-c9e6fd3ef792#.assvi6b1a

▶ Gary Vaynerchuk: Go Big on Community Management!:
http://www.slideshare.net/vaynerchuk/140722-human-sideoncm

▶ Wes Bush: The Ultimate Guide to Hack Your Free Trial Conversion Rat:
https://userpilot.com/blog/free-trial-conversion-rate/

A.7.3   Exit Intent

▶ Brian Cugelman: How companies use social pain, to stop customers from leaving:
http://www.alterspark.com/blog/emotional-design-attachment-anxiety

A.7.4   Customer Experience

▶ Phil Charron: What the Four Seasons Taught Me about Customer Experience:
https://www.thinkcompany.com/2016/04/what-the-four-seasons-taught-me-about-customer-experience/

▶ Krystal Barghelame: The People Create the Experiences: How Four Seasons Built an Army of Customer Champions:
https://www.medallia.com/blog/the-people-create-the-experiences-how-four-seasons-built-an-army-of-customer-champions/

▶ Micah Solomon: Four Seasons' Customer Service: Consulting The Systems Behind The Click Of A Hotel Door:
https://www.forbes.com/sites/micahsolomon/2013/11/17/secret_shopping_four_seasons/

A.7.5   Loyalität und Community

▶ Fitz Tepper: Uber Launches »De Blasio's Uber« Feature In NYC With 25-Minute Wait Times:
https://techcrunch.com/2015/07/16/uber-launches-de-blasios-uber-feature-in-nyc-with-25-minute-wait-times/

A.8   Kapitel 8 – Referral: so wirst du weiterempfohlen

▶ Katharina Blaß: Facebook-Phänomen »Plank Challenge«:
www.spiegel.de/netzwelt/netzpolitik/facebook-phaenomen-plank-challenge-das-steckt-dahinter-a-1014017.html

▶ Aaron Ginn: Defining A Growth Hacker: 5 Ways Growth Hackers Changed Marketing:
https://techcrunch.com/2012/09/07/defining-a-growth-hacker-5-ways-growth-hackers-changed-marketing

▶ The Top 20 Valuable Facebook Statistics:
https://zephoria.com/top-15-valuable-facebook-statistics

▶ Philip Storey: The 6 Best Growth Hacks to Get Customers Without Having to Pay for Them:
https://blog.kissmetrics.com/the-6-best-growth-hacks

▶ Bernhard Warner: Why This Shaving Startup Made a $100 Million Gamble on a 100-Year-Old Factory:
www.inc.com/magazine/201605/bernhard-warner/harrys-razors-german-factory.html

▶ Roland Eisenbrand: Noch keine Website, aber schon mal 100.000 E-Mail-Adressen eingesammelt. Die Launch-Story von Harry's:
http://www.omr.com/noch-keine-website-aber-schon-mal-100000-e-mail-adressen-eingesammelt-die-launch-story-von-harrys

▶ George Vasiliadis: Dropbox grew 3900% with a simple referral program. Here's how!:
https://viral-loops.com/blog/dropbox-grew-3900-simple-referral-program

▶ The Ultimate Guide To Blogger Outreach:
https://www.thehoth.com/blogger-outreach/

▶ Sven-Oliver Funke: Influencer-Marketing: Strategie, Briefing, Monitoring. Inklusive Best Practices aus echten Kampagnen sowie Tipps zu rechtlichen Fragen. Rheinwerk Verlag (2018)

- Scott Stratten: UnBranding: 100 Branding Lessons for the Age of Disruption. Wiley (2018)

- OMR Report: Influencer Marketing:
  https://omr.com/report/produkt/influencer-marketing/

A.9   Kapitel 9 – Revenue: so verdienst du Geld

A.9.1   Digitale Business- und Growth-Modelle

- eCommerce Growth Model, Benjamin Yoskovitz: Lean Analytics. O'Reilly: Boston et al. 2013.

- Kevin Indig, Triple-looped Growth Model:
  https://www.kevin-indig.com/building-a-triple-looped-growth-model-for-newspapers/

A.9.2   Cross-Selling

- Ian Kingwill: What is the Cost of Customer Acquisition vs Customer Retention?:
  www.linkedin.com/pulse/what-cost-customer-acquisition-vs-retention-ian-kingwill

- Mark Macdonald: How To Grow Your Ecommerce Business Without New Customers:
  www.shopify.com/blog/10747977-how-to-grow-your-ecommerce-business-without-new-customers

- Fred Reichheld: Prescription for cutting costs:
  www.bain.com/Images/BB_Prescription_cutting_costs.pdf

- Amy Gallo: The Value of Keeping the Right Customers:
  https://hbr.org/2014/10/the-value-of-keeping-the-right-customers

- Matt Marshall: Aggregate Knowledge raises $5M from Kleiner, on a roll:
  http://venturebeat.com/2006/12/10/aggregate-knowledge-raises-5m-from-kleiner-on-a-roll

- Xavier Amatriain, Justin Basilico: Netflix Recommendations: Beyond the 5 stars (Part 1):
  http://techblog.netflix.com/2012/04/netflix-recommendations-beyond-5-stars.html

- Alex McEachern: Loyalty Case Study: Starbucks Rewards:
  www.sweettoothrewards.com/blog/loyalty-case-study-starbucks-rewards

- social triggers: How to Increase Online Customer Loyalty By 82 %:
  https://socialtriggers.com/customer-loyalty-online

- Jakob Hagger: Traffic Kurs Teil 2: Traffic-Refinanzierung-Strategie:
  http://www.jakobhager.com/traffic-kurs-teil-2-traffic-refinanzierung-strategie

- Ian Kingwill: What is the Cost of Customer Acquisition vs Customer Retention?:
  https://www.linkedin.com/pulse/what-cost-customer-acquisition-vs-retention-ian-kingwill/

A.9.3   Kernangebot

- Ty Magnin: From Trial to Paid – How We Accelerated Sales by 68 % with Our Very Own Paywall:
  www.appcues.com/blog/from-trial-to-paid-how-we-accelerated-sales-by-68-percent-with-our-very-own-paywall

- Ashli Norton: How to Quickly Convert Trial Users Into Paying Customers:
  https://blog.crazyegg.com/2014/09/19/convert-trial-users

A.9.4   Cross-Sales

- Steve Young: How a Made-up Product Increased Conversions by 233 %:
  http://unbounce.com/conversion-rate-optimization/made-up-product-increased-conversions

- Joachim Weimann: Bloß nicht Äpfel mit Äpfeln vergleichen:
  www.faz.net/aktuell/finanzen/meine-finanzen/denkfehler-die-uns-geld-kosten/denkfehler-die-uns-geld-kosten-57-bloss-nicht-aepfel-mit-aepfeln-vergleichen-12126130.html

- Keith Perhac: Why Tiered Pricing Is the ONLY Way to Price Your Product:
  http://summitevergreen.com/why-tiered-pricing-is-the-only-way-to-price-your-product

- Sascha Kern: Der Decoy-Effekt in der Angebots- und Preisgestaltung:
  www.omt.de/webinare/decoy-effekt-preisgestaltung

- Jochen Mai: Decoy-Effekt: Falsche Köder als Entscheidungshilfe:
  http://karrierebibel.de/decoy-effekt

Index

H

I

J

K

U

V

W

X

Y